동남아시아
도시들의 진화

인간과 문화를 품은
바닷길 열두 개의
거점들

동남아시아
도시들의 진화

인간과 문화를 품은
바닷길 열두 개의
거점들

성균관대학교
출 판 부

프롤로그

동남아시아는 오래된 두 문명의 중심부인 인도 동부와 중국 남부의 변방이자 연결로[1]였다. 동남아시아가 이른바 '황금의 땅Suvarnabhūmi'으로 소문이 나기 시작한 시점은 기원전 1500년 전후로, 당시 고대 그리스와 중국의 상인들은 이 지역을 금이 나는 반도Golden Chersonese라 믿었다. 하지만 이 지역은 9세기까지도 이슬람 상인들에게 적도의 별을 따라 6~9월에 부는 몬순계절풍Monsoon Wind을 타고 '일곱 개의 바다'를 거쳐야 닿을 수 있는 멀고도 험한 곳이었다.

이 황금의 바닷길을 열어준 말라카해협Selat Melaka과 남중국해(South China Sea, 南海)는 기원전 인도와 중국의 교류로 발견되었고, 기원전 1세기에서 기원후 1세기 사이 로마제국의 항구도시 오스티아Ostia와 중국대륙의 관문인 광저우(Guangzhou, 廣州)를 연결했다. 이 해상로는 이후 당나라(Tang Dynasty, 唐朝, 618~907)가 아바스술탄왕조(Abbasid Caliphate, 750~1258)와 티베트제국(Tibetan Empire, 618~842) 연합군과의 탈라스전투(Battle of Talas River, 751)에서 패하고, 중원에서 안사의 난(Anshi Rebellions, 安史之亂, 755~763)이 일어나면서 지도상에 등장하게 된다. 중국, 페르시아, 아라비아, 유럽을 연결하던 내륙의 실크로드가 폐쇄되면서 상인들은 바람과 해류를 잘 아는 해상 유랑족의 도움을 받아 이 해상로를 활용하기 시작한 것이다.

동남아시아 해상교역의 첫 패권자는 수마트라섬의 말라유 세력이 세운 말라유왕국(Melayu Kingdom, 末羅瑜國, ?~692)이었다. 뒤를 이어 이를 흡수한 스리위자야왕국(Srivijaya Kingdom, 650~1377)과 싱가푸라왕국(Kerajaan Singapura, 1299~1398)이 성장했다. 특히 스리위자야왕국은 당시 동남아시아 해류를 따라 이동하며 해상생활을 하던 라웃족Orang Laut의 힘을 빌려 약 700년간 말라카해협과 순다해협Selat Sunda의 교역시장을 지배했다.

이 해상교역로는 거칠고 무거운 모직물을 대신한 면직물과 실크, 부패를 막고 잡냄새를 제거하는 향신료 그리고 도자기와 차[茶]시장을 열었다. 이 교역로를 따라 항구이자 시장도시인 잠비Jambi·팔렘방Palembang·싱가포르Singapore·말라카Malacca·방콕Bangkok·하노이Hanoi·반탐Bantam·자카르타Jakarta 등으로, 서쪽에서 힌두교·대승불교Mahāyāna·상좌부불교Theravada·이슬람교·기독교(가톨릭·프로테스탄트)가 유입되었고, 그 반대 방향에서 유교와 마조媽祖신앙이 중국 상인들을 따라 전파되었다. 중국은 당에서 송나라(Song Dynasty, 宋朝, 960~1279) 시기에 광저우를 교역 중심지로 삼았으며, 이후 원나라(Yuan Dynasty, 元朝, 1271~1368)는 취안저우(Quanzhou, 泉州)를, 명나라(Ming Dynasty, 明朝, 1368~1644)는 푸저우(Fuzhou, 福州)를, 청나라(Qing Dynasty, 清朝, 1636~1912)는 샤먼(Xiamen, 廈門)·홍콩(Hongkong, 香港)·마카오(Macau, 澳門) 등을 각각 선택해 교역 기능을 독점하고, 기존 항구들과 경쟁했다.

15세기부터 동남아시아의 해상교역은 아프리카로부터 아라비아, 페르시아, 인도 남부를 왕래해온 이슬람 상인들과 오스만제국(Ottoman Empire, 1299~1922)과 명나라의 지원을 받은 말라카해협의 말라카-조호르술탄왕조(Kesultanan Melayu Melaka, 1400~1511; Kesultanan Johor, 1528~1855)의 지배를 받았다. 그러나 16세기부터 이 지역은 말레이반도의 술탄 세력을 누르고 교역권을 확보한, 포르투갈·네덜란드·프랑스·영국·스페인·미국 등 기독교 세력의 전쟁터가 되어버렸다. 이들의 패권 경쟁은 현재 말라카해협 위에 과거 영국령 말레이시아와 네덜란드령 인도네시아의 경계를 남겨놓았다.

이후 프랑스와 영국의 주도로 건설된 수에즈운하(Suez Canal, 1859~1869)와 증기선의 운항으로 유럽과 아시아 간의 장거리 운송이 가능해짐에 따라, 동남아 각 해안의 교역항들과 내륙에 위치한 토착 세력의 행정 거점, 농장 그리고 산악의 광산과 분지까지 하나로 연결하는 대륙권의 철도체계가 완성되었다. 해안의 교역항에는 은·구리·실크·차·도자기·쌀·목재 등의 전통적 생산품과 주석·고무·설탕·커피 등이 집산되어 운송되었고, 또한 유럽의 공장에서 생산된 생필품과 인도에서 재배된 아편까지 유입되어 거대한 교역시장이 형성되었다. 이곳에는 출신 배경에 따른 상인회가 설립되었으며, 각각의 상인회관이 사찰·극장·학교·병원·은행 등의 기능으로 운영되면서 커뮤니티의 구심 역할을 맡았다. 그 주변으로 성공한 지역 상인들의 저택과 방문 상인들의 호텔이 세워짐으로써 하나의 항구도시가 완성되었다.

제2차 세계대전 종전 후, 이 지역의 주요 도시들은 행정과 경제활동의 중심지로 빠르게 커나갔다. 특히 대규모 인구와 글로벌 자본의 유입으로 도시와 교외가 하나의 광역도시권 내에 혼재하는 다핵도시들로 확장되었다. 이 지역의 대표 도시들인 광저우, 방콕, 마닐라, 하노이, 사이공 등은 현재 모두 인구 1천만 명 이상의 광역도시로 성장해왔다. 또한 상하이와 싱가포르를 비롯해 홍콩·광저우·가오슝·샤먼 등 16개 항구가 운송량(TEU) 기준으로 세계 20대 항구에 포진해 있다. 이 도시들은 전 세계 해운의 약 25퍼센트를 점유하는, 세계에서 가장 번잡한 말라카해협을 통해 중동산 원유와 중국산 제품들을 교역한다.

이 책은 동남아의 도시들이 어떻게 내륙 토착 세력의 오래된 행정 거점에서 현대 다핵도시로 변모해왔는가를 다룬다. 이를 위해 동남아의 대표 도시 열두 곳을 선정했다. 토착 세력의 통치 거점과 하천의 항구로 형성된 운하 중심의 원도심原都心, 중국인과 인도인의 이주에 따른 교역 거점과 대항해시대 유럽과 아메리카 세력들이 건설한 철도·트램과 도로 중심의 구도심舊都心 그리고 제2차 세계대전 이후 인구 유입과 광역교통체계라는 대규모 개발 거점 중심의 신도심新都心으로 구분한 뒤, 각 단계의 성장과 변화 형태와 그 중첩된 결과물들을 비교·분석해나갔다. 이 과정은 문헌 고찰, 지도 분석, 현장 답사 순으로 진행되었다.

특히 이 책은 일반적인 '동남아시아Southeast Asia', 다시 말해 180년 전 육지를 중심으로 그려진 이 지역의 경계선으로부터 벗어나, 음식·향신료·보석·실크 등의 교역 그리고 믿음·가치·지식·기술 등의 교류를 이끌어온 도시들의 성장 과정을 보다 긴 배경에서 추적했다. 이 관점에서 나가사키, 타이베이, 광저우를 그 대상으로 포함시켰다. 이 도시들은 동남아시아의 연속된 큰 흐름을 채워주는 부분으로서, 전체와 함께 더 깊이 이해될 수 있고, 하나로 꿰어졌을 때 모두를 더 돋보이게 하면서 함께 성장해온 해양의 항구들이기 때문이다.

또한 이 책은 동남아 도시들의 진화 과정을 '문화적 다양성을 담아내는 다핵도시로의 변화'로 설정해, 동남아 도시들이 지니고 있는 문화 다양성의 역할에 주목했다. 요컨대 동남아 도시들은 토착 세력, 이주 세력, 식민교역 세력, 식민행정 세력, 외국자본 간의 인종·종교·문화의 접촉과 확산, 충돌과 혼합을 도시의 문화적 다양성으로 수렴해왔다. 이 과정에서 각 지역권의 입지 특성은 도시의 형성과 성장에 영향을 주었으며, 도시 중심부는 각 세력이 기대하고 요구하는 기능과 프로그램으로 채워지고 재정의되면서 변화해갔다. 예컨대 인력의 이동과 물자의 운송을 유도하는 하천과 운하, 철도와 트램, 모노레일과 지하철 그리고 최근의 고속철도, 공항철도, 순환도로 등의 교통운송체계는 거대 광역권을 가진 다핵도시로의 성장을 이해하는 의미 있는 변수였다.

이 책은 크게 세 개의 부로 나누어 진행된다.

제1부 '링난과 난하이, 기회의 땅과 바다'에서는 동남아시아에 큰 변화를 유도한, 중국대륙으로부터 한족漢族의 남하와 기회의 땅으로 알려진 난하이(Nan Hai, 南海)로의 이주 그리고 이를 통한 동남아시아의 지리적

시작점을 정의하며, 그 범위를 결정해온 광저우, 하노이(Hanoi 河內), 홍콩, 쿠알라룸푸르(Kuala Lumpur, 吉隆坡)를 소개한다.

중국 남부 링난(Lingnan, 嶺南)문화권의 역사적 중심부이자 대륙 진입을 위한 주강삼각주(Pearl River Delta, 珠江三角洲)의 중심항구이며 초거대 공업도시로 성장해온 광저우, 베트남 세력의 역사적 중심부인 홍강삼각주(Hong River Delta, 紅江三角洲)의 행정 거점으로 형성되어 중국과 프랑스 세력의 육상 및 철도교역으로 성장해온 하노이, 링난문화권과 영국 세력의 빅토리아 항구Victoria Harbour로 형성되어 지속적인 간척사업을 통해 공장, 신도시, 금융 거점의 홍콩, 슬랑오르Selangor분지의 주석광산 개발과 함께 상업 거점으로 성장해온 말레이 세력의 중심부인 쿠알라룸푸르가 그 주인공이다.

제2부 '쿠로시오의 마조여신과 교역상인'에서는 적도와 북극을 연결하는 거대한 쿠로시오해류의 흐름을 타고 남중국해와 타이완해협을 따라 이동해온 중국 상인의 교역활동 그리고 대발견의 시대(Age of Discovery, 15~17세기 중반)에 서유럽들의 교역 거점과 식민행정으로 형성된 대표적 도시들인 자카르타(Jakarta, 雅加達), 마닐라(Manila, 馬尼拉), 타이베이(Taipei, 台北), 나가사키(Nagasaki, 長崎)를 소개한다.

자바섬 서쪽 내륙의 순다세력의 행정 거점인 보고르Bogor와 연계된 순다해협과 자카르타만의 항구로서 네덜란드 세력의 교역과 생산 거점으로 성장했으며, 이후 인도네시아의 수도로 치리웅강Ci Liwung을 중심으로 대규모 확장을 지속해온 자카르타, 루손섬의 토착 톤도 세력·중국의 교역 커뮤니티·스페인과 미국의 식민지배를 겪으며 광역도시로 성장해온 마닐라, 중국 본토 푸젠성福建省 중국인의 이주 거점으로 형성되어 내륙 토속문화와 일본 지배기를 겪고, 차와 사탕수수 그리고 온천문화를 혼합하며 담수이강(Tamsui River, 淡水河)의 내항과 외항이 함께 성장해온 타이베이, 쿠로시오해류의 종점 항구로서 포르투갈과 네덜란드 세력과의 접촉을 통해 일본의 근대화를 이끌었던 나가사키가 그 주인공이다.

제3부 '몬순바닷길과 대륙철도선'에서는 동남아 도시들의 중심 교역로를 결정해온 말라카해협과 이를 중심으로 해운과 육상운송체계를 갖추고 대표적인 다핵도시로 성장해온 방콕(Bangkok, 曼谷), 말라카(Malacca, 馬六甲), 호치민시(Ho Chi Minh City, 胡志明市), 싱가포르(Singapore, 新加坡)를 소개한다.

타이반도의 역사도시인 아유타야Ayutthaya의 외항으로 형성되어 이후 차오프라야강삼각주Chao Phraya River Delta의 중심항구이자 철도 거점으로 태국의 수도로서 성장해온 방콕, 말라카해협 중심부이자 말라유 세력의 거점으로서 포르투갈·네덜란드·영국의 교역 거점으로 성장했으며, 말레이시아정부가 주도하는 항구 개발로 현대 항구도시로 다시 부상 중인 말라카, 인도차이나반도의 관문인 메콩강삼각주Mekong River Delta에 중국인이 주도한 쌀 생산의 거점항구이자 철도와 연결된 프랑스 해상교역의 중심부로 성장했던 호치민시, 말라카해협과 남중국해를 연결하는 싱가포르해협의 중심항구로서 산업신도시와 해안 간척을 통해 도시 중심부를 확장하며 성장해온 도시국가 싱가포르가 그 주인공이다.

2022년 새봄을 기다리며, 광화문에서
한광야

목 차

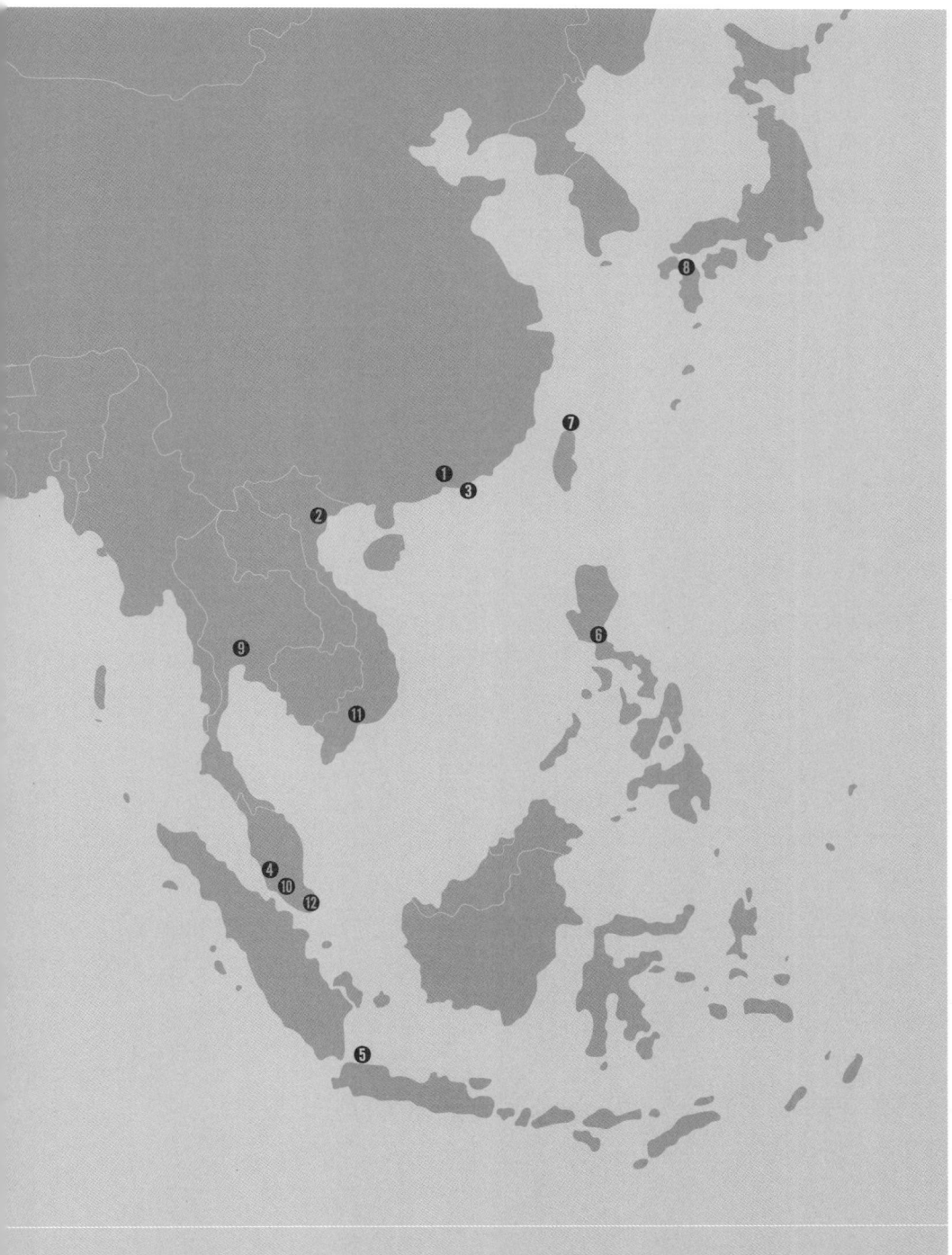

동남아시아의
도시들

1. 광저우
2. 하노이
3. 홍콩
4. 쿠알라룸푸르
5. 자카르타
6. 마닐라
7. 타이베이
8. 나가사키
9. 방콕
10. 말라카
11. 호치민시
12. 싱가포르

서 론

동남아 도시와
다양성

동남아 도시의
여섯 가지
주제

동남아
도시와
다양성

■

이 책은 동남아 도시의 형성과 진화 과정을 다양한 도시 구성집단의 사회적 활동과 이를 통해 형성된 물리적 도시 기능의 결과물로 가정하고, 이를 결정해온 도시의 입지조건, 구성집단의 협력과 경쟁체계, 도시구조와 확장 과정과의 상관관계를 고찰한다. 여기서 동남아 도시는 토착 세력의 지역행정 거점, 대륙권 외국기업의 교역항구, 글로벌 자본의 광역권 다핵 개발이라는 세 개의 도시 중심기능과 그 특성이 타협하고 충돌하며 성장해온 도시로 이해한다.

   동남아 도시 다양성의 기원은 다음의 세 가지 도시 성장체계에서 검토되었다. 첫째, 수계 중심으로 기능해온 내륙-해안 지역권에서 지배와 존재의 정통성을 확보하려는 지역 및 토착 세력의 행정 거점으로, 하천과 운하 중심의 지역 토착 원도심原都心. 둘째, 대륙을 연결하는 해양교역 체계와 협력과 경쟁 주체인 다국적 세력들의 교역항구와 식민행정 거점으로 성장해온, 항구와 철도 중심의 다국적 구도심舊都心, 셋째, 거대한 광역도시권 내에서 독립행정과 도시 경쟁력을 확보하기 위해 국가 및 도시 행정주체와 글로벌 자본이 주도하는 다핵의 신개발 거점들과 대중교통인 메트로metro와 도시순환도로ring road 등의 광역교통체계와 공항고속철도 중심의 글로벌 신도심新都心. 도시 다양성은 이러한 세 도시체계들의 확장·충돌·분리의 종합적 결과물로 이해될 수 있다. 이에 대해 구체적으로 설명해본다.

첫째, 도시 다양성은 도시 구성집단이 지역문화권에서 획득하려는 지배의 권위와 존재의 명분을 확인시켜주는 정통성이 확장된 결과다. 도시 구성원들은 이 정통성을 일상 환경에서 확인하고 재정의한다. 정통성은 물리적 결과물로 상징화되며, 필요에 따라 다른 지역으로 복사되고 변형된다.

동남아 도시의 지배 세력은 본래 장소에서 자의나 타의로 이탈하면서 지속 가능한 권위를 보장하는 정통성에 대해 확인과 검증의 도전을 받아왔다. 특히 내륙 토착 세력과 해안 상인 세력과의 교역과 경쟁에서 이러한 정통성은 재정의됨으로써 다양해졌다. 예컨대 광저우를 양청羊城과 수이청穗城의 결합으로 설명하는 설화나 기록 등에서 이러한 사례가 확인된다. 여기서 양羊은 남하해온 중원 세력을, 다오수이(稻穗, 벼 이삭)는 남방 세력을 상징하며, 광저우는 양자의 혼합체로서 북방문화와 남방문화의 정통성을 함께 수용한 도시로 이해된다.

이 정통성은 세력자로부터의 칭호나 지혜로운 자로부터 신임 받은 문자와 물품으로 승계되거나 시각적으로 웅장하고 아름다운 건축물과 장식을 통해 확인되었다. 그리하여 도시 구성원이 직관하기 용이한 왕궁, 사찰, 학교, 시장 등에 집중되었다. 또한 정통성은 소유 집단의 이주와 함께 이동하면서, 그 물리적 징표가 복사되고 변모되기도 했다. 예컨대 시암 세력의 황금 부다(Phra Phuttha Maha Suwana Patimakon)는 아유타야왕조의 정통성의 확인해주고, 타이베이와 하노이의 문묘(Confucian Temple, 孔廟)와 만세사표萬世師表 현판은 유학의 통치철학과 과거제도의 당위성을 천명하며, 차이나타운의 시작점인 마조신사(Mazu Temple, 天后宮)는 출항 나간 뱃사람의 무사 귀환을 비는 믿음의 장소였다. 호치민시의 노트르담대성당Notre-Dame Cathedral Basilica of Saigon은 가톨릭교의 정통성을 인도차이나까지 전달했다.

한편 도시 구성집단이 각자의 존재가치를 증명하고 정통성을 확보하는 활동은 그 도시가 다양성을 개발하는 과정으로 이해될 수 있다. 특히 범람이 잦은 하천과 운하는 도시 구성집단이 적정한 거리를 부여한 중립 영역으로 기능했으며, 필요에 따라 교통과 교역의 수단으로서 경쟁 구도에 포용성을 부여해주었다. 이는 호치민시 자연 운하를 중심으로 크메르인은 조론 서쪽의 프레이노코르(Prey Nokor, 현재 Phu Lam), 베트남인은 벤응에Ben Nghe, 중국인은 비엔후아Bien Hua와 디안Di An에 그 중심을 두고 공존해온 사례에서 확인된다.

둘째, 도시 다양성은 토착 세력에 대응하면서 수익을 극대화하기 위해 외국 세력과 다국적 기업이 구축한, 교역항구의 성장과 쇠퇴에 기인해왔다. 이들은 생산과 유통을 위한 해상교역체계의 협력과 경쟁구도 속에서 상대적으로 빠르게 변화했다.

동남아 도시항구의 대표적 정책 이슈는 막대한 초기 투자비용이 요구되는 교통과 운송체계의 건설이다. 토착 세력과 외국 지배 세력 간의 대결구도 속에 형성된 상업 거점은 하천과 운하 중심의 지역권 교역항구로부터 점차 지역과 대륙을 연결하는 대규모의 신항구와 철도의 건설로 확장된다. 이러한 운송체계는 과거 지배 세력이 주도한 노예전쟁의 승리와 노예 노동력의 확보로 가능했다. 이후 민간 상인과 기업조직은 대규모 인력과 재원을 체계적으로 투여해 지역권 너머 대륙권으로부터 확보해온 노예 교역시장과 대규모 자본을 유치하기 위한 금융시장을 개발해갔다.

특히 식민항구의 건설과 채광사업에 투입되는 대규모 노동력과 이주해온 고급 기술인력은 인종적·문화적으로 차별화된 이주민 커뮤니티들을 조성했다. 이들은 보통 2~5년간의 건설 기간이 종료된 후, 그 도시의 구성원으로 정착하거나 다른 항구로 이주하며 커뮤니티를 확장해갔다. 예컨대 방콕, 호치민시, 하노이 등지에서 프랑스 해군이 주도한 요새 건설사업과 포르투갈, 네덜란드, 영국 세력과 기업들이 주도한 노예 교역은 노동인구 이주의 역사적 사례들이다. 또한 중국 본토에서 성공을 좇아 이주한 중국인 노동자들이 전 세계 도시에 조성한 차이나타운의 확산이나 보다 넓게는 한국 고속철도 건설을 주도한 프랑스 엔지니어들이 서울 서래마을에 전수한 프랑스 빵, 치즈, 와인문화의 확산 과정도 이와 비슷하다.

동남아 항구도시의 건설사업은 19세기부터 토지소유권을 확보한 외국 민간기업들의 핵심 사업으로 추진되었다. 특히 민간기업이나 식민통치의 행정주체로서 '상인의 탈을 쓴 국가A State in The Guise of a Merchant'[1] 라고 불린 영국 동인도기업은 당시까지 토지를 소유한 동남아 왕조와 지역 세력 중심의 사회체계를 해체하고, 민간에 토지소유권을 제공하면서 토지시장과 시장경제 중심의 해상교역과 식민행정을 체계화했다.

항구도시마다 수에즈운하 개통의 영향으로 장거리 대형 증기선 입항을 위한 대규모 항만이 건설되고, 항구와 항구, 항구와 내륙을 연결하는 대륙 간 항구-철도네트워크가 조성되었다. 이를 통해 내륙과 해안, 해양과 해양을 잇는 거점항구들이 연결되면서 구성집단 간의 문화 교류도 증폭되었다. 거점항구의 하천과 운하, 철도역을 중심으로 세관, 시장, 호텔 등이 세워지고, 새로운 상업 거점이 완성되었다. 이 시기 교역항구는 내륙의 원도심을 능가하며 도시의 새로운 얼굴이자 관문으로 자리 잡으며 구도심을 완성했다.

그러나 동남아 도시들은 이렇게 상호 협력하는 모양새를 취하면서도, 개별적으로는 서로 경쟁하는 특성도 동시에 가져왔다. 예컨대 동남아 중세 교역권 내에서 팔렘방은 말라카해협의 교역주도권을 말라카에게 잃었고, 자카르타는 자바해와 남중국해의 교역주도권을 싱가포르에게 잃었으며, 중국 푸젠성 해안에서 취안저우, 푸저우, 장저우, 샤먼 간의 주도권 경쟁 과정도 이러한 면모를 보여준다. 현대에 이르면, 동남아 항구도시들이 서로 유치하려는 세계박람회나 아시안게임 등의 사례도 주도권을 쟁취하기 위한 각 도시 간의 경쟁심을 잘 설명해준다.

셋째, 도시 다양성은 광역도시권을 갖춘 거대한 글로벌 상업도시에서 서로 다른 도시 거점과 커뮤니티를 공존시키는 대중교통체계와의 연결성 그리고 이들의 공존을 유도하는 중립공간인 공공환경의 포용성으로

결정된다. 호환성과 이를 위한 중립 공간으로서의 공공 공간 그리고 제2
차 세계대전이 끝난 뒤 각 국가별로 진행된 독립을 전후하여, 육상 인프
라를 중심으로 단시간에 진행된 대규모 도시 개발과 글로벌 자본의 유입
은 도시로 인구를 집중시키고, 단일한 중심을 가진 방사형의 항구도시를
단숨에 다핵의 광역도시로 확장시켰다. 이러한 광역도시 내에서는 하천
과 운하 중심의 원도심과 항구와 철도 중심의 구도심 주변으로 독립된 다
수의 작은 신도심들이 도시순환도로와 메트로로 연결되면서 동시다발적
으로 개발되는 클러스터체계가 형성되었다.[2]

이렇게 다핵구조를 구성하는 도시 거점들은 광역도시권 내에서 역사
적·기능적·경관적 독립성을 유지하면서 동시에 상호 연결된 구조를 갖
고 있을 때 그 기능을 극대화할 수 있다.

동남아
도시의
여섯 가지 주제

━━━

동남아 도시들의 형성과 진화 과정을 이해하는 데 좋은 시작점으로 삼을 만한 주제와 키워드들을 다음과 같이 여섯 가지로 정리해보았다.

화산·계절풍·해류·마조신앙

인도와 중국을 연결하는 동남아시아의 동쪽 경계는 움직이고 충돌하는 태평양의 지진대地震帶다. 전 세계 지진의 약 90퍼센트가 이 지역에서 발생한다. 또 8월에서 10월 사이 전 세계 태풍의 약 3분의 1이 이곳에 집중되어 예측 불가능한 재난을 발생시킨다. 이 지역에 신앙과 종교가 뿌리 깊게 자리 잡은 이유다. 그럼에도 이 지역의 화산은 신비롭고 비현실적인 경관을 제공하기도 하고, 분출된 유황 토사와 온천수는 벼의 성장을 도와 농업 생산성을 높이고, 인간의 질병(복통과 피부병)까지도 치유한다고 믿어져 왔다.

　쌀을 주식으로 하는 동남아시아는 모계 중심의 문화와 우기의 빗물을 저장하는 치수시스템이 도시의 핵심 체계로 기능했다. 폭우로 인한 강과 호수의 범람을 막고, 주변 농지에 농업용수를 대는 댐과 운하의 건설이 일상적이었다. 이들은 마을과 도시를 나누는 경계이자 이동 및 운송의 경로였고, 외부의 공격을 방어하는 해자垓字의 기능도 갖고 있었다. 또 물소는 농업 생산의 상징물로, 그 뿔은 사원 지붕으로 형상화되어 도시경관을 장식하곤 했다.

동남아시아의 지리 범위와 문화 특성은 적도를 중심으로 움직이는 두 개의 자연현상으로 결정된다. 먼저 적도를 중심으로 6~11월에는 서에서 동으로(인도양에서 태평양으로), 12~5월에는 동에서 서로(태평양에서 인도양으로) 부는 아시아 몬순계절풍이다. 여기에 적도의 따뜻한 해류가 남중국해에서 타이완을 지나 베링해로 흘러가는 맑고 깊은 쿠로시오해류가 더해진다.

몬순계절풍은 쿠로시오해류와 함께 인도양과 태평양을 연결하는 거대한 선형의 바다시장을 유도하며, 인도 남부와 스리랑카로부터 적도를 따라 아체Aceh와 케다Kedah를 지나 싱가포르까지 이 지역 지식·기술·문화의 교류를 이끌었다. 이를 통해 쿠로시오해류는 적도에서 북쪽의 광저우 너머로 타이완과 멀리 나가사키를 연결하며 상호 교역하고 경쟁하는 문화권을 확장했다.

말라카해협이 남중국해와 연결되며 해상교역과 이주가 증가한 시점은 10세기 말이다. 이 시기 중국은 송나라의 건국을 맞고 있었다. 중국 민간신앙과 도교에 등장하는 바다의 여신이자 동남아 중국인들의 신앙 대상인 마조(Mazu, 媽祖)는 푸젠성에 실존했던 효녀 린모니앙(Lin Moniang, 林黙孃, 960~987)을 말한다. 그녀를 숭앙하며, 가족의 평화와 안전한 항해를 기원하던 마조신앙은 12세기를 지나며 동남아로 넓게 확산된다. 그 증거가 지역의 중국인 커뮤니티 중심부에 들어서 있는 마조사당들이다.

해양 중개 세력·스리위자야-싱가푸라·말라카해양법

인도 구자랏Gujarat과 중국 광저우를 연결하는 말라카해협이 지도에 등장한 건 당나라 때 대륙의 실크로드가 봉쇄되면서부터다. 아라비아, 페르시아, 인도 남부의 상인들은 천체의 별이 인도하는 적도의 바닷길을 따라 실론에서 인도양을 건너 케다와 말라카해협을 지나 광저우에 도착했다.

이 험난한 바닷길은 바그다드 태생의 지리학자 아마드 알-야쿠비(Ahmad al-Ya'qubi, ?~897/8)에 의해 이슬람 땅에서 광저우에 가기 위해 통과해야 하는 '일곱 개의 관문 바다'로 소개되었다. 그는 네 번째 말라카해협과 다섯 번째 싱가포르해협을 뱀과 식인종으로 가득 찬, 가장 위험한 구간으로 기술했다. 이에 당시 상인들은 말라카해협을 피해 케다에서 육로를 통해 동쪽 항구인 케란탄Kelantan으로 향했고, 여기서 다시 타이만을 지나 푸난왕국(扶南, Nokor Phnom, 50/68~550/627)의 메콩강삼각주Mekong Delta로 이동했다.

말라카해협의 바닷길을 개척한 주체는 아라비아 상인과 불교 승려이다. 3세기 전후로 중국 장안과 인도 동부의 불교 승려들은 아랍 상선을 타고 자이나교·힌두교·불교 등의 성지이자 인도의 황금시대들 주도한 마가다왕조(Kingdom of Magadha, 기원전 6세기~기원전 3세기)의 수도인 갠지스강 유역의 파탈리푸트라Pataliputra를 방문하곤 했다. 뒤이어 말라카해협의 교역로는 7세기를 전후로 수마트라섬 멜라유강Sungai Melayu의 지역 세력이 세운 멜라유왕국(Melayu Kingdom, ?~692)과 이를 흡수한 스리위자야왕국(Srivijaya Kingdom, 650~1377)의 주도로 순다해협과 연결되어, 팔렘방과 잠비를 중심으로 동남아 상업교역의 중심 해로로 약 700년간 성장했다.

그렇다면 그 위험한 말라카해협을 이용한 해양교역은 어떻게 가능했을까? 말라카해협을 중심으로 남중국해와 인도양을 연결하는 몬순교역의 주체는 동남아시아 섬들을 거점으로 활동하던 오스트로네시아족Austronesian People의 세랏족Orang Selat과 싱가포르에 거점을 둔 라웃족Orang Laut 그리고 홍콩에 거점을 두고 중국 푸젠성부터 광둥성까지 해안을 따라 활동한 탄카족Tanka People이다. 이들은 항해가 가능한 쌍동선outrigger ship, 雙胴船을 제작해 이미 기원전 1,500년을 전후로 인도 남부, 실론, 광저우, 자바섬을 연결했고, 기원전 2세기부터 15세기까지 말라야 세력의 지원 하에 동남아시아 중개교역을 진행했다. 이들은 스리위자야-싱가푸라왕국, 말라카-조호르술탄왕조 그리고 중국의 당·송·원·명나라의 용병으로서 막강한 병력을 갖추고 해적을 소탕했으며, 해로를 감찰하고 상선을 지원하고 항구를 운영했고, 해안의 하천 하구를 중심으로 바랑가이라는 수상 마을을 형성했다.

이후 말라카해협의 해상교역은 중국 원나라의 지원을 받은 싱가푸라왕국(Kerajaan Singapura, 1299~1398)과 자바 세력이 세운 마자파힛제국(Majapa-hit Empire, 1293~1527)의 지배를 받은 타마섹(Temasek, 淡馬錫, 현재 싱가포르) 그리고 명나라와 오스만제국의 지원을 받고 개종한 말라카술탄왕조(Ke-sultanan Melayu Melaka, 1400~1511)의 말라카를 중심으로 전개되었다. 명나라는 정화(鄭和, 1371~1435)의 대원정을 시작으로 17세기까지 말라카해협의 지배권을 확보했다.

그즈음 말라카술탄왕조가 '말라카해양법Undang-Undang Laut Melaka, Maritime Laws of Malacca'을 공표했다. 거기엔 상선과 선원의 관리와 운영에 관한 규정이 담겨 있었다. 말라카는 동남아에서 아프리카 마다가스카르섬까지 활동하는 이슬람 상인들의 구심점으로 기능했다. 17세기 이후로는 네덜란드 세력의 지원을 받은 조호르술탄왕조(Kesultanan Johor, 1528~1855)의 리아우Riau와 아체Aceh가 이슬람 상업활동의 중심으로 성장했다.

토착 세력·요새·호수와 운하·사찰과 시장

동남아의 토착 세력은 해안이 아닌 내륙에서 담수를 찾아 세력 거점을 형성했다. 내륙의 구릉지대는 해안보다 기온이 낮아 상대적으로 거주하기에 쾌적하고, 모기도 피할 수 있었다. 하지만 우기에 발생하는 하천 범람과 유입 토사로 이동과 접근이 불가능한 거대 충적지가 형성되어 지역 세력들 사이에 경계지로 남겨졌다. 이는 다수 세력이 모여 통일 세력을 갖추는

데 방해물로 작용했다. 통일은 세력을 모으는 운송체계를 전제로 삼았다.

이 지역에서 해안과 내륙의 경계는 해안과 하천을 따라 형성된 맹그로브숲Mangrove forest이었다. 이는 북위 25도~남위 25도 사이의 해안이나 하천 하구에 조성되어, 토사 침식을 막는 대신 침전에 일조하며 해안의 생태계를 구성했다. 또 해안에서는 조수 간만의 차를 이용해 염전을 조성하여 소금을 생산했고, 하천과 바다가 만나는 만灣의 얕은 바다에서는 진주 채집과 양식이 가능했다. 만과 하천 하구에 교역 거점이 조성된 시점은 서유럽 세력이 도착한 16세기 중엽이다. 이때부터 해안의 항구와 내륙의 세력 거점이 해운으로 연결되면서 새로운 물자 이동이 시작되었다.

토착 세력의 행정 거점은 왕궁 요새로, 주변에는 하천으로 해자를 조성해 방어체계를 만들고, 그 서쪽에는 습지를 이용해 인공호수인 서호西湖를 만든 뒤, 운하를 파서 이를 해자와 하천까지 연결했다. 서호와 해자는 외세에 대한 방어기구이자 폭우 시 범람하는 빗물을 받아두는 저장시설이며, 운송과 이동을 맡은 도로로 기능했다. 운하는 구역의 경계를 정하고 블록체계를 완성하며 도시의 형태를 결정했다. 운하의 나루터 주변에는 물을 찾아 땅속 200~300미터까지 뿌리가 자라는 용수나무Banyan Tree가 마을 중심의 의미를 지닌 채 자연 제방을 형성했다. 힌두교 시바여신을 상징하는 이 나무는 스리랑카 상좌부불교의 흔적으로 자리 잡았다.

또 서호와 운하 나루터 주변에는 불교사찰과 도교사원 그리고 힌두사원과 함께 시장이 조성되어, 도시 상업활동의 중심부를 구성했다. 특히 종교시설은 우물을 두고 학교와 병원의 기능도 갖추고 주변 커뮤니티의 중심으로 기능했으며, 차와 실크를 생산하는 공장과 유사시 병영기지로까지 활용되었다. 무엇보다 이러한 종교 거점은 주거지로부터 사람을 끌어들여 다양한 생산·소비활동을 촉진시켰으며, 이곳에서 연중 거행되는 종교행사는 도시축제의 전형을 완성했다. 반면 하천과 운하의 나루터 주변에는 정기적으로 이동식 수상시장이 서기도 했지만, 물 위에 세워진 특성상 도시 중심부의 기능을 다하지는 못했다.

한족의 이주·차이나타운·사원·회관·숍하우스

중국대륙의 중심 세력인 한족漢族은 그 기원을 황허黃河 중하류의 중원에서 활동했던 신석기 농경민에 둔다. 이들의 초기 세력 거점은 뤄양(Luoyang, 洛陽), 정저우(Zhengzhou, 鄭州), 카이펑(Kaifeng, 開封), 신샹(Xinxiang, 新鄕)이다. 광둥성 싱닝(Xingning, 兴宁) 태생의 한족 문화학자인 로샹린(羅香林, Lo Hsiang-lin, 1906~1978)의 주장에 따르면, 이들은 당나라 시기의 1차 이주(317~819)를 시작으로, 19세기에 태평천국의 난(太平天國之亂, 1850~1864) 이후 진행된 5차 이주(1867~)까지 대륙의 정치적 혼란을 피해 중원에서 장시성(Jiangxi, 江西省), 푸젠성(Fujian, 福建省), 광둥성(Guangdong, 廣東省) 등으로 남하했다. 이들의 남하는 양쯔강(揚子江, 창장) 이남의 푸저우, 취안저우, 샤먼, 광저우, 산토우, 홍콩 등과 동남아 도시의 성장에 큰 영향을 미쳤다.

한족 이주민들이 메콩강삼각주에 도착한 건 송나라 해체기 무렵으로, 몽골 세력이 중국을 침략해(1205~1279) 원나라가 건국되던 혼돈기다. 이때 송나라 일부 지배 세력은 항저우로부터 메콩강삼각주로 이주한다. 또 명나라가 기울고 청나라가 건국할 즈음엔, 반청운동이 일어난 저장성, 푸젠성, 광둥성 등의 해안 지역에서 거주와 교역을 금하는 천계령(Great Clearance, 遷界令, 1661~1683)이 시행되며, 명 말기 군사 세력이 1680년대를 전후로 메콩강삼각주로 이주해 정착한다. 이들은 베트남 후레왕조(Later Le Dynasty, 後黎朝, 전기 1428~1527, 후기 1533~1789)의 후원 하에 메콩강삼각주의 지배세력으로 활동했다.

당나라 후기부터 남하해 푸젠성과 광둥성으로 이주해온 한족은 방어 목적의 커뮤니티를 조성했다. 작은 요새처럼 성을 갖추고 내부에 미로 같은 골목을 중심으로 주택을 배치시켰으며, 사원과 서원이 중심부를 완성했다. 당나라 해체와 함께 푸저우로 이주해온 한족이 조성한 산팡치샹(Sanfang Qixiang, 三坊七巷)과 송나라 해체와 함께 홍콩으로 이주해온 한족이 조성한 성채 커뮤니티(Wall, 圍)가 그 대표적인 사례다.

산팡치상은 세 개 도로와 일곱 개 골목을 중심으로 형성된 마을로서, 현재까지도 명·청 시기의 목조 및 석조 건물들을 보존하고 있다. 또한 당나라 말엽이던 973년 홍콩 북쪽 산가이(新界)에선 장시성 당혼팟(Tang Hon Fat, 鄧漢黻) 가문이 삼틴(Sham Tin, 쑥田, 현재 Kam Tin, 錦田)에 정착해 캇힝와이 마을(Kat Hing Wai, 吉慶圍)을 세웠다. 당씨 가문은 원나라 후기 다시 이곳으로 이주해와 홍콩의 최대 주거지로 성장시켰다. 이 마을은 해적 방어를 위한 성채(규모: 100×90m)를 조성하고, 내부에는 격자형 주거블록과 과거시험을 준비하는 초우웡이학당(Chou Wong Yi Kung Study Hall, 周王二公書院, 1685)을 두었다. 삼틴에 인접한 핑산마을은 홍콩에 현존하는 유일한 고대 탑으로 '별(학자)을 모아 배출한다'는 마을의 비전을 담은 추이싱라우(Tsui Sing Lau Pagoda, 聚星樓, 1486)가 마을 진입부에 서 있다. 마을 내부에는 토신당과 당족홀(Tang Ancestral Hall, 鄧族)을 중심으로 역시 과거시험을 준비하던 얀통콩서당(Yan Tong Kong Study Hall)이 입지해 있다.

한편 중국 푸젠성 취안저우 진장(Chinchiang, 晋江), 난안(Nan-an, 南安), 후이안(Hui-an, 惠安)의 이주자들은 타이베이 해협을 건너 담수이강과 신단천(Xindian Jiang, 新店溪)의 합류지에 항구를 조성하고, 현재 타이베이 원도심인 망가(Mangka, 艋舺, 현재 Wanhua, 萬華)를 형성했다. 항구 배후에는 이주민 고향의 롱산사(Longshan Temple, 龍山寺, 7세기) 이름을 딴 불교사찰인 롱산사가 세워져 마을 중심부를 이루었고, 그 주변에는 시장과 상업구역인 보피리아오(Bo Pi Liao, 剝皮)가 형성되었다. 흥미롭게도 타이완 다수의 커뮤니티들이 푸젠성 롱산사를 기리고 있다. 처음 조성된 루강 롱산사(1647)를 시작으로, 이들은 타이난 롱산사(1715)를 포함해 각지에 커뮤니티의 중심부를 이루었다.

타이베이 불교사찰은 좋은 기운을 받기 위해 풍수원리를 따라 배치되었다. 주로 건물들은 동쪽을 넓게 바라볼 수 있도록 부지 서쪽에 배치되며[座西朝東], 사각형으로 구성된 두 개의 중심 공간(진입홀-코트야드-중앙홀 그리고 천정을 갖춘 두 개의 이동 공간, two-hall and two-covered passage-way design, 兩殿

兩廊式)으로 완성되었다. 한편 자비의 부다Buddha of Compassion로서 금박으로 장식된 관인(Guanyin, 觀音菩薩)을 모시는 중앙의 건물과 이를 중심으로 오른쪽에는 마조상, 왼쪽에는 다산상(Goddess of Child Birth, 註生娘娘)이 위치한다.

롱산사 주변에는 어부와 상인의 신앙과 사교활동의 중심인 마조사원[天后宮]이 입지하고, 차 교역의 중심부로 기능한 칭수이사(Qingshui Temple, 清水巖, 1787), 송나라 때 도교신자로 의료활동을 했던 오본(Wu Ben, 吳本, 979~1036)을 신격화한 보생대제(Baosheng Dadi, 保生大帝)를 모시는 다롱동 바오안사(Dalongdong Baoan Temple, 大龍峒保安宮)가 도시의 상징적 중심부를 구성한다. 또한 취푸의 공자사당을 모델로 조성된 공자사당(Taipei Confucius Temple, 孔子廟, 1879)과 도시 수호신을 모시는 성황당(Xiahai City God Temple, 霞海城隍廟, 1859)과 그 주변의 용레시장(Yongle Market, 永樂布業商場, 1908)과 전통연극을 공연해온 다다오쳉극장(Dadaocheng Theatre, 大稻埕戲苑)이 상업활동의 중심부를 완성한다.

동남아로 이주해온 중국인은 출신 지역과 가문을 중심으로 비영리단체인 공시(Kongsi, 公司)를 설립하여 출신지와의 교역, 인력의 수급, 고향의 가족 및 친인척과 교류했다. 이러한 사회관계는 회원들이 공동으로 조성한 후이관(Hui Guan, 會館, Assembly Hall)을 중심으로 맺어졌다. 후이관은 공동시설인 사원, 학교, 유치원, 병원, 연극장 등을 갖춘 콤플렉스로서 호텔과 은행으로도 기능했으며, 무엇보다 시장 내 상거래 분쟁을 해결하고 상권을 지키는 구심점이었다. 쿠알라룸푸르의 페탈링도로에 광둥성 차오저우(Chaozhou, 潮州)와 산토우(Shantou, 汕頭) 출신의 하카인이 조성한 공시(Hakka Guangdong Hai San Chaozhou Kongsi, 海山潮州公司), 푸젠성 이주자가 조성한 공시(Hokkien Fujiang Ghee Hin Kongsi, 福建義興公司, 1820)는 그 대표적 사례다. 후이관 주변에는 이주민 중심으로 운영되는 면류 식당과 밀과 타피오카 전분으로 면을 생산했던 제면소가 일상의 중심부를 구성한다.

동남아 도시의 상업 거점을 완성한 대표 건축은 도로를 따라 이층으로 길게 늘어선 숍하우스shophouse다. 이는 격자형 도로체계 위에 좁고 긴 필지에 조성된 복합건물로서, 항구와 가로 배후에 입지하는 창고인 웨어하우스와 상대 개념인 건축물이다. 1층의 상점과 2층의 주거 기능을 갖추고 항구와 도시의 중심 상업가로를 완성했다. 광저우 숍하우스인 치로우(Qi Lou, 騎樓)의 여이데도로(Yide Road, 一德路)와 홍콩 숍하우스인 퉁라우(Tong Lau, 唐樓)의 섹동추이(Shek Tong Tsui, 石塘咀), 쿠알라룸푸르의 페탈링도로와 암팡도로Ampang Street, 싱가포르의 아모이도로Amoy Street, 샤먼의 시밍(Siming, 思明), 자카르타의 글로독(Glodok, 裏驢刻), 마닐라의 비논도(Binondo, 岷倫洛), 방콕의 삼판타웅(Samphanthawong, 三攀他旺) 등이 대표적이다.

숍하우스는 좁고 긴 필지에 목재로 기둥과 빔을 구축하고 진흙 벽돌로 벽을 시공한 뒤, 필지 중앙에는 코트야드를 두고 환기를 유도하며, 그 주변으로 방을 배치했다. 숍하우스 2층부는 도로로 돌출되어 인접한 건물들의 그것과 함께 비와 햇빛을 가리는 연속된 아케이드 보행로를 완성했다. 숍하우스의 벽은 라임 플라스터로 마감되어 인디고·블루·그린으로 채색되고, 벽과 지붕에 앉은 포르투갈·네덜란드·인도·중국 푸젠성·이슬람·모던 건축 장식들이 커뮤니티와 그 도시의 정체성을 완성해나갔다. 말라카 헤렌도로(Heeren Street, 현재 Tun Tan Cheng Lock)와 용커도로(Jonkers Street, 현재 Hang Jebat Road)에는 18세기에 집중 조성된 후이관과 페라나칸(Peranaka, 峇峇娘惹) 주택을 포함해 총 600여 개의 숍하우스가 입지해 있다. 이들은 최근 현재 박물관, 카페, 음식점 등으로 리모델링되어 사용 중이다.

철도와 항구·식민행정·성당과 교회·학교와 병원·사교클럽

16세기 초엽부터 서유럽 기독교 국가들은 오스만제국의 비호를 받던 말라카술탄왕조로부터 말라카해협의 교역 주도권을 확보하며 교역 거점을 조성해나갔다. 포르투갈의 말라카 지배(1511~1641)를 시작으로, 프로테스탄트 국가 네덜란드의 자카르타 지배(Batavia, 1619~1945), 성공회 국가 영국의 벤쿨렌(British Bencoolen, 1685~1824)·페낭·말라카·싱가포르·홍콩 빅토리아시티의 지배로 진행되었다. 가톨릭을 믿는 스페인의 마닐라 지배(1571~1897)도 있었다. 이후 영국은 영국-네덜란드 조약(Anglo-Dutch Treaty, 1824)을 통해 말라카해협을 남북으로 양분해 소유했고, 프랑스는 사이공과 하노이를 중심으로 인도차이나 지배(1887~1945)를 시작했다.

특히 네덜란드의 지도 제작기술, 프랑스의 요새 건설기술, 영국의 운하 건설자본과 증기선 제조기술, 독일과 벨기에의 철도 건설기술이 동남아시아로 유입되면서, 이 지역은 광저우의 실크 교역로Silk Road, 말라카의 향신료 교역로Spice Route, 볼리비아 포토시Potosi의 은 교역로Silver Flow 등의 교역 중심부를 완성했다. 이에 따라 서유럽 세력은 항구를 내륙의 행정 거점, 농장, 광산으로 연결시키고, 이를 다시 대륙권의 다른 항구로 연결하는 거대한 철도와 항구를 건설해갔다. 이러한 분위기는 영프 합작의 수에즈운하 개통으로 가속화되었다.

네덜란드 건축역사가인 테민크 그롤Temmink Groll[3]에 의하면, 네덜란드는 동남아시아 도시를 건설할 때, 운하와 도로 이름으로 헤렌(Heeren, Lord)을 첫 번째로 사용하고, 이후 주변 도로와 운하에 프린센(Prinsen, Prince)을 부여했다. 자카르타와 말라카의 타운 중심부를 완성하는 데 이 방식이 활용되었다. 암스테르담의 세 운하에 안에서 밖으로 각각 헤렌운하(Hee-rengracht, Lord's Canal), 카이저운하(Keizersgracht, Emperor's Canal), 프린센운하(Prinsengracht, Prince's Canal)로 이름을 부여한 것과 같은 방식이다.

이 시기 방콕은 버마를 차지한 영국과 인도차이나를 차지한 프랑스 사이에서 중립적 입지 특성과 외교력을 동원해 독립행정을 유지했다. 하지만 유럽 기업의 투자(1894~1950)로 철도와 트램이 건설되기 시작하면서 당시까지 운하 중심의 왕궁도시에서 하천·운하가 연계된 동남아 철도운송의 거점으로 변화했다. 1893년부터 시작된 다섯 개 철도선과 일곱 개 트램선 건설이 그 시발이었다. 북부철도선(Northern/Northeastern Line/Thai

Railways, 1896, 방콕-아유타야-치앙마이)이 놓이고, 방콕(Bangkok Railway Station, 1897)과 차오프라야강 상류 타이족의 역사도시인 아유타야가 연결되었으며, 동남쪽으로는 팍남철도선(Pak Nam Railway, 1893~1959)이 방콕(Hua Lampong Railway Station, 1893)과 방콕 신항으로 건설된 사뭇프라칸Samut Prakan을 연결했다. 또한 차오프라야강 서쪽에 건설된 남부철도선(Southern Line, 1901)은 방콕(Noi Railway Station, 1903, 이후 톤부리철도역)과 말라카해협의 진입항구인 버터워스(Butterworth)를 연결했다. 결국 방콕은 안다만해와 타이만을 직접 연결하는 육상운송의 종점역으로 변화했고, 해운을 통해 멀리 광저우까지 연결되는 동남아의 운송 거점으로 성장하기 시작했다.

하지만 서로 다른 건설주체가 서로 다른 목적을 갖고 추진한 방콕의 세 철도선은 상호 독립적으로 기능했다. 북부철도선은 독일 프리드리히 크루프제철기업(Friedrich Krupp AG, 현재 타센크루프)의 지원을 받은 북부철도공사Northern Railway Authority가, 남부철도선은 영국 철도엔지니어 헨리 기튼스(Henry Gittens, 1858~?)가 주도한 남부철도공사Southern Railway Authority가 각각 운영했다. 따라서 차오프라야강을 두고 방콕철도역과 돈부리에 위치한 노이철도역은 분리되어 기능했다. 이후 두 철도역은 두 철도선의 운영주체가 왕실철도부(Royal Railway Department, 1917)로 통합된 1927년에 연결되었다.

또한 이 시기 방콕에는 여객운송을 위한 트램선이 영국 기업(Bangkok Tramways Co. Ltd)과 독일·벨기에 합작 기업(Siam Electricity Co. Ltd)의 민간 투자로 건설되었다. 방콕 최초의 트램선인 방콜램트램선(Bangkolem Line, 1888~1962, 9km)을 시작으로 삼센트램선(Samsen Line, 1901~1963, 8.6km), 도시순환트램선(City Circle Line, 1892~1968)을 포함해 총 일곱 개의 트램선이 라타나코신섬과 그 북쪽과 동쪽의 외곽으로 운하를 따라 도시 확장을 유도했다. 트램선 정거장은 파둥크룽카셈운하과 연계되어 입지했고, 이를 중심으로 시장이 조성되었으며, 그 배후지에 성당과 교회, 부속학교, 도서관, 클럽 등을 중심으로 유럽인 커뮤니티Silom와 중국인 커뮤니티Samphanthawong가 성장했다. 하지만 방콕의 트램선은 제2차 세계대전 이후 방콕의 급속한 도시 확장 과정에서 도로에 밀려 기존 운하의 일부 구간과 함께 해체되었다. 이에 따라 기존 트램선으로 연결되었던 원도심과 구도심은 상호 독립되어 기능하기 시작했다.

특히 실롬은 차오프라야강의 오리엔탈항구(Oriental Pier, 현재 Sathorn Pier) 배후의 농지였다. 이후 오리엔탈항구는 대형 선박의 입항 문제로 화물운송 기능이 남동쪽으로 12km 떨어진 신항 토에이 부두(Khlong Toei Pier, 1857)로 이전되면서 여객운송 거점으로 변화했다. 이에 따라 실롬엔 포르투갈대사관(Ambassorder's Residence, 1820)과 영국영사관(British Consulate General, 1875, 현재 Bangkok Central Post Office, 1940)이 조성되었고, 부두에 인접한 창고시설 자리엔 오리엔탈호텔(Oriental Hotel, 1863, 현재 Mandarin Oriental Hotel, 1876), 트로카데로호텔(Trocadero Hotel, 1922), 로열호텔Royal Hotel 등이 신축되었다.

이즈음 실롬의 프랑스인 커뮤니티는 성모승천대성당(Assumption Cathedral, 1821, 1919), 성모승천칼리지(Assumption College, 1885), 방락시장(Bang Rak Market, 1860년대)을 중심으로 형성되었다. 영국인과 미국인 커뮤니티는 크라이스트교회(Anglican Christ Church Bangkok, 1864), 간호병원(Bangkok Nursing Home Hospital, 1898), 성요셉학교(Saint Joseph Convent School, 1907), 넬슨도서관(Neilson Hays Library, 1869) 그리고 영국클럽(British Club, 1903)을 중심으로 성장했다.

이 시기 대표적인 교역물은 영국이 주도한 차와 아편이다. 타이베이 바다항구인 담수이로부터 타이베이 내륙 원도심인 망가와 구도심인 타투디아(Twatutia, 大稻埕)는 중국 본토와 타이베이에서 생산된 차와 직물의 가공과 수출의 중심부였다. 특히 차의 교역은 스코틀랜드 상인으로 타이베이 차 잎의 상품성을 인지한 존 도드John Dodd와 샤먼 태생으로 타이베이로 이주해온 리춘성(Li Chunsheng, 李春生, 1838~1924)이 동업하면서 오리엔탈뷰티(Oriental Beauty Tea, 東方美人茶)로 홍보한 우롱차(Oolong Tea, 白毫烏

龍茶)가 국제적으로 유통되었다. 푸젠성 안시(Anxi, 安溪)에서 옮겨진 차나무 씨앗이 타이베이에서 재배되고, 이후 샤먼으로 보내져 가공된 뒤, 다시 타이베이에서 상품화되어 수에즈운하를 통해 런던과 뉴욕으로 운송되는 방식이었다.

아편이 인도에 전해진 건 기원전 330년 알렉산더 대왕 시기까지 거슬러 올라간다. 7세기쯤 아랍 상인들을 통해 중국에 전해져 치료용으로 사용되었고, 이후 북아메리카에서 유입된 담배와 함께 17세기부터 중국에서 확산되기 시작했다. 18세기를 전후해선 포르투갈 상인의 주도로 동남아 해상교역의 중심 상품으로 자리 잡았다. 1773년부터 영국 동인도기업이 인도 벵골 지역에서 아편 재배와 판매를 독점하며 중국 판매를 시작했다. 당시 아편은 인도 말라와Malawa와 말와Malwa에서 재배되어 봄베이를 통해서 광저우의 실크·도자기·차와 교역되었다.

영국 동인도기업의 아편 교역은 1830년대 차, 도자기와 함께 자딘매터슨기업(Jardine, Matheson & Co., 1832)을 포함한 민간으로 이전된다. 자딘매터슨기업은 홍콩-마카오-광저우를 연결한 중국의 첫 번째 증기여객선(Jardine, 1835)과 캘커타-상하이의 증기화물선(Indo-China Steam Navigation Company Ltd., 1881)을 운영하며 동남아 해양교역을 독점했다. 자딘매터슨 본사인 홍콩의 코노트센터(Connaught Centre, 康樂大廈, 1841, 현재 Jardine House, 怡和大廈, 1973)는 빅토리아항구(Victoria Harbour, 1842)와 캔톤시장(Canton Market, 1842)과 함께 센트럴(Chung Wan, 中環)의 개발을 주도했다. 특히 자딘매터슨은 카우룽-캔톤 철도선(Kowloon–Canton Railway, 九廣鐵路, 1910)을 건설하고, 스타페리사(Star Ferry Company, 1898)를 인수했으며, 홍콩트램사(Hong Kong Electric Traction Company, 1904)를 설립해 해운과 육상의 교통운송을 독점했다.

거대도시와 교통운송체계·간척 및 수변 확장·산업단지·뉴타운과 메트로

동남아 도시들은 19세기 후반부터 대규모 항구 확장을 추진했다. 지중해-홍해-아라비아해를 연결하는 수에즈운하의 개통으로 대형 증기선의 입출항이 잦아진 덕에, 선적의 수용은 물론 화물의 집하와 다양한 방식의 보관을 위해 부두의 크기와 기능이 확장되었다. 이 시기부터 기존 하천이 정비되어 구항구는 확장·재건되고, 인접 해안에 신항구가 신설되었다. 특히 컨테이너 선박의 접항은 신항의 조성과 함께 해안 간척으로 추진되었다. 이때부터 동남아 도시들은 화물운송은 신항으로, 여객운송의 구항으로 그 기능을 분화시켰다.

신항은 대형 선박의 입출항을 위해 연안의 바닥을 깊게 굴착하고, 이를 통해 얻은 토사와 인접 구릉의 해체로 얻은 토사로 간척한 인공 해안으로 조성되었다. 또한 기존 철도선이 신항으로 연장되면서, 해상과 육상이 연결된 화물운송체계가 완성되었다. 여객운송 기능으로 전환된 구항 주변의 창고 및 보조시설은 주택·호텔·오피스·컨벤션센터·도로 및 교통환승 거점으로 재개발되었다. 이러한 대규모 간척은 해안 갯벌이 사라지고 생태계 훼손이라는 사회및 환경 문제도 유발했다. 하지만 간척을 통한 현대적 도시 기능의 확보와 도시 중심부의 확장은 이지역 항구들간의 경쟁력 확보와 경제적 수익이라는 정책목표에 우선권과 면죄부를 부여했다.

해안 간척사업은 규모상 안정적인 투자 자본을 전제로 진행되며, 경기를 고려한 수익의 회수가 상대적으로 오래 걸린다는 단점이 있다. 이에 국가나 정부 등의 공적 사업주체는 수요에 대응해 사업을 추진하거나 민간 사업자와 협업을 통해 자금을 투입한다. 이때 국가나 정부는 간척을 포함해 항구·철도·도로 등의 공공 인프라를 건설하고, 민간 개발자는 간척으로 조성된 토지를 매입 또는 임대하여 개발 사업을 추진한다.

또한 아시아 여러 도시들은 1990년대부터 항공운송 주도권 확보를 목표로 국제공항 확장을 위한 간척사업도 추진했다. 싱가포르 창이국제공항(Changi Int'l Airport, 1981) 제2터미널(1990) 확장을 시작으로, 홍콩의 첵락콕국제공항(Chek Lap Kok Int'l Airport, 1998) 건설이 추진되었다. 도쿄 나리타 국제공항(Narita Int'l Airport, 成田國際空港, 1986), 오사카 간사이국제공항(Kansai Int'l Airport, 關西國際空港, 1994), 상하이 푸동국제공항(Pudong Int'l Airport, 1999), 인천국제공항(2001) 등이 대표적 사례들이다.

동남아시아에서 진행된 대규모 간척사업 가운데 가장 대표적인 건 홍콩의 사례이다. 이는 주로 홍콩섬과 코우롱반도의 중심 해안 간척을 통해 토지 부족이 심각한 센트럴과 완차이에 집중되었다. 홍콩은 첫 번째 비공식 간척사업인 퀸즈로드 간척(Queens Road Reclamation, 皇后大道塡海, 1842)을 시작으로, 본함 간척(Bonham Reclamation, 1852~1859), 프라야 간척 Praya Reclamation, 신도시 간척(1~3단계, 1973~1996), 신공항 간척(1991~1998), 센트럴과 완차이 간척(Central and Wan Chai Projects, 1993~2018)이 연속 추진되며 부족한 토지를 확보해갔다.

먼저 본함 간척은 성완의 서북부 해안을 따라 퀸즈로드 센트럴 구간과 본함 스트란드Bonham Strand를 조성했으며, 이후 프라야 간척과 동쪽의 추가 간척(Praya East Reclamation Scheme, 1921~1931)은 홍콩의 중심 수변인 프라야(Praya, 海旁, 현재 Des Voeux Road, 德輔道, 1904)를 조성했다. 센트럴 간척은 1990년대 이후 홍콩정부가 1·2·3단계(Central 1, 1993~1996; Central 2, 1994~1997; Central 3, 2003~2017)로 진행했다. 1단계 간척은 성완 해안선을 350m까지 확장하고, 국제금융센터Int'l Finance Center, 포시즌즈호텔Hong Kong Four Seasons Hotel, 홍콩역MTR Hong Kong Station, 중앙부두(Central Pier 1~7), 홍콩해상박물관Hong Kong Maritime Museum을 완성했다. 2단계는 영국해군기지(Tamar Naval Base, 添馬艦, 1897~1997)를 매립하고, 타마르공원添馬公園과 시틱타워(Citic Tower Building, 中信大廈, 1997), 홍콩정부와 입법부 Government and Legislative Council Complex를 조성했으며, 3단계는 중앙부두(Central Pier 7~10)를 완성했다.

홍콩섬 반대편의 침사추이는 카우룬철도역(Kowloon Station, 九龍車站, 1916)이 1975년 폐쇄되고, 그 기능이 홍홈철도역(Hung Hom Station, 紅磡車站, 1975)로 이전되면서 비워진 철도역 부지에 홍콩우주박물관(Hong Kong Space Museum, 香港太空館, 1980), 홍콩문화센터(Hong Kong Cultural Center, 香港文化中心, 1989), 홍콩예술박물관(Hong Kong Museum of Art, 香港藝術館, 1983)이 조성되면서 홍콩 대표 관광지로 변신했다. 이와 함께 인접한 침사추이이스트(Tsim Sha Tsui East, 尖沙咀東)와 홍홈(Hung Hom, 紅磡)에는 차이나페리터미널(China Ferry Terminal, 中國客運碼頭, 1988), 하버시티(Harbour City, 1986~1989, 2001~2003, 2012~2015) 쇼핑몰과 함께 대형 호텔들이 개발되며 새로운 홍콩 수변을 완성했다.

한편 동남아 도시 중심부 외곽에는 대규모 산업단지와 뉴타운 그리고 이들을 연결하는 통근교통체계로서 메트로가 갖춰져 있다. 이렇게 구성된 광역대중교통체계는 인구 10~30만 명의 신도시 개발과 어울려 진행된 일종의 대중교통 거점개발Transit-oriented Development의 사례다. 이와 함께 지역권 쇼핑몰, 공원, 도서관 등이 조성되어 도시 외곽 뉴타운을 중심으로 지역 거점을 형성해왔다. 그 대표적 사례가 싱가포르이다.

싱가포르는 1960년대에 독립한 도시국가다. 도시 중심부 확장 수요에 대응해, 중앙정부 산하 주택개발위원회(Housing and Development Board, 1960)의 주도로 싱가포르섬 남쪽 주롱(Jurong, 裕廊)과 싱가포르섬 북쪽 조호르해협에 인접한 슴바왕(Sembawang, 三巴旺)에 두 개의 산업 거점과 신도시가 건설되면서, 싱가포르의 초기 산업화 정책이 진수되었다.

주롱산업구역(Jurong Industrial District, 1960~2016)은 주롱항구를 중심으로 조선소, 제철소, 화학공장이 조성되고, 그 북동쪽에 국립싱가포르대학 캠퍼스가 조성되어 산업클러스터를 구성했다. 1970년대에는 주롱타운기업(Jurong Town Corporation, 1968, 현재 JTC Corporation)의 주도로 주롱강을 따라 레이크가든Jurong Lake Garden, 중앙공원Jurong Central Park, 조류공원Jurong Bird Park이 조성되고, 이스트타운(Jurong East, 裕廊東)과 웨스트타운

(Jurong West, 裕廊西)이 조성되었다.

또한 싱가포르는 1950년대 급속한 도시 인구 증가에 따른 주택 수요
에 대응하기 위해, 대규모 주거시설, 특히 공공주택public housing을 중심
으로 스쿼터와 슬럼 문제를 해결하기 위해 뉴타운이 추진되었다.

싱가포르의 첫 번째 뉴타운은 싱가포르주택신탁Singapore Improvement
Trust이 주도하여 도시 중심부 남서쪽 끝에 조성한 퀸즈타운(Queenstown,
女皇鎭, 1952~1968)이다. 이후 우드랜즈뉴타운(Woodlands, 兀蘭), 호우강뉴타
운(Hougang, 后港), 센강뉴타운(Sengkang, 盛港)을 포함, 총 25개의 뉴타운이
조성되었다.

뉴타운과 산업단지는 1967년부터 싱가포르정부와 유엔 산하 기구의
지원을 통한 대중교통체계인 MRT Mass Rapid Transit의 건설과 함께 진행되
었다. 싱가포르는 토지가 제한된 섬의 특성을 고려하여 도로를 최소화하
는 대신, 철도 중심의 대중교통체계를 채택함으로써 1972년부터 MRT를
추진했다. 이 MRT는 도시 중심부의 남북관통선(North South Line, 1987, 6km)
과 동서운행선(East West Line, Pasir Ris/Changi Airport-Tuas Link, 1990, 57km)이
뼈대다. 두 노선의 교차점엔 시청역City Hall MRT Station과 래플스플레이스
역Raffles Place MRT Station이 환승 거점으로 기능하며 있다.

제 1 부

링난과 난하이,
기회의 땅과 바다

제 1 장

광저우

1. 링난의 판위와 선불교의 유에시우

링난 지역과 주강삼각주

중국 남부의 주강(Zhujiang, 珠江, Pearl River) 지역은 오랫동안 중원과 양쯔 강 지역으로부터 구별되는, 독자적인 링난(Lingnan, 嶺南)[1] 문화권을 지켜 왔다. 링난 지역은 북쪽의 난링산맥(Nanling Mountains, 南岭 또는 Wuling, 五岭) 을 자연 방어벽으로 두고, 주강으로 합류하는 세 하천의 운하체계를 따 라 넓은 충적범람원(Pearl Delta, 珠江三角洲)[2]에서 성장해왔다. 특히 이 지역 은 남해(南海, 현재 South China Sea)를 통해 도입된 신문물과 가치를 받아들 여 이를 대륙으로 확산시킨, 중국의 오랜 관문이기도 하다.

링난 지역의 초기 지배 세력은 양쯔강 남부 저장성의 찬탕강(Qiantang River, 錢塘江) 유역을 거점으로 성장한 바이유에족(Baiyue People, 百越族; Yue People, 越族)이다. 이들은 붉은 토양의 철분과 천연 비료인 석회를 찾아 정 착해, 벼농사를 짓고 배를 만들었으며 철제 무기를 제작해 사용했다. 이 들은 유에국(State of Yue, 越國, ?~기원전 306)의 해체에 따라 남하하여 푸젠성 에서 광둥성을 중심으로 광시자치지역(Guangxi Zhuang Autonomous Region, 廣西僮族自治區), 윈난성, 북부 베트남에 그 세력을 형성했다.[3]

주강삼각주 일대의 광저우, 마카오(1749)

링난 지역의 중심부인 광저우(Guangzhou, 廣州)가 바이유에세력이 건국한 남월(Kingdom of Nanyu, 南越, 기원전 204~기원전 111)의 거점인 판위(Panyu, 番禺)⁴로 형성된 시점이 이즈음이다. 이 지역의 토양은 석회가 풍부하고 진흙이 상대적으로 적은 모래로 구성되어 있어 벼농사에 유리했다. 광저우가 '쌀의 도시'로 불려온 이유이다. 또한 석회는 흙 반죽에 강도를 더하고, 콘크리트로 변화시키고, 습기를 흡수하는 특성이 있어, 건축 재료와 도자기 유약 재료로 유용하게 사용되었다.

난링산맥을 넘는 수운과 육상로

육상로를 통해 광저우를 중원과 연결하려는 노력은 이미 진나라(Qín Dynasty, 秦朝, 기원전 221~기원전 206 수도: Xianyang, 咸陽) 때부터 시행되었다. 광저우는 동서 방향으로 600km로 펼쳐진 난링산맥을 구성하는 다섯 개의 산⁵으로 중원과 양쯔강 지역과 구분되었다. 진나라는 이 산들을 넘는 다섯 개의 육로⁶를 건설하여 중원과 '다섯 양의 도시City of the Five Lambs/Goats'로 불려온 광저우을 연결했다. 여기서 다섯이란 숫자는 세상과 인간을 구성하는 다섯 요소(나무, 불, 흙, 금속, 물)에 의미를 부여하는 도교적 믿음에 그 뿌리를 두고 있다.

다섯 육로 가운데 시켱산(Mt. Shikeng, 石坑嶝)을 통해 중원의 뤄양, 시안과 베이징을 연결하는 샤오관(Shaoguan, 韶關)⁷과 메이링산(Meiling Mountains, 梅岭)을 넘는 다유링도로(Dayuling Road, 大庾岭道)를 통해 양쯔강 남부의 항저우, 수저우, 난징을 연결하는 메이관(Meiguan, 梅關)⁸이 대표적이다. 이 도로를 통해 중원의 유교와 도교 그리고 저장성과 푸젠성의 주자학이 광저우로 전달되었고, 광저우에서 생산된 물산과 대승불교가 전파되었다. 또한 이 길을 통해 중원의 한족이 남하했으며, 남송의 왕조가 항저우에서 피난해왔다.

광저우가 주강의 수계를 이용해 해운 거점으로 기능하기 시작한 시기도 진나라 때이다. 주강 수계는 이 지역의 풍부한 강수량(연간 2,123mm)[9] 덕분에 광저우를 중심으로 부채 모양의 거대한 수운 중심의 지역문화권을 완성하며 멀리 중원으로 연결되었다. 광저우의 내항(Inner Port, 河口港)은 시자오(Xijiao, 西郊, 현재 Xiguan)부두와 이후 그 기능을 대신한 주강변의 탄지부두(Tianzi Wharf, 天字碼頭) 그리고 사미안(Shamian, 沙面)이다. 이곳으로부터 광저우는 주강과 세 개의 상류천들을 통해 대륙으로 연결되었다.

먼저 광저우는 베이강(Běi Jiang, 北江)을 따라 중국 내륙의 관문인 샤오관을 통해 내륙 거점인 우한으로 연결되었다. 특히 주강의 상류천인 리강(Li Jiang, 漓江)은 진나라가 건설한 링추운하(Lingqu Canal, 靈渠)를 통해 광시성 귀린(Guilin, 桂林)에서 양쯔강 상류천인 상강(Xiang Jiang, 湘江)으로 이어졌다. 이를 통해 광저우는 양쯔강을 지나 대운하를 이용해 중원으로 연결되었다. 또한 동강(Dong Jiang, 東江)은 동북쪽으로 휘저우(Huizhou, 惠州)와 메이저우(Meizhou, 梅州)을 지나 장시성으로 이어졌고, 시강(Xi Jiang, 西江)은 포산을 지나 광시자치지역과 멀리 윈난성으로 연결되었다.

진나라-남월의 판위청과 한-당나라 유에시우

바이유에족이 광저우에 세력 거점을 조성한 시점은 기원전 1100년경이다. 당시 유에시우산(Yuexiu Shan, 越秀山) 남쪽, 현재 유에시우(Yuexiu, 越秀)에 난우청(Nanwucheng, 南武城)[10]이 조성되었다. 광저우의 기원은 다음과 같이 민간에 전래되는 도교 전설을 통해 엿볼 수 있다. 마을에 여러 해 가뭄이 들어 주민들이 유에시우산에 모여 7박 7일 동안 기도했더니, 다섯 명의 선인과 다섯 마리의 양이 나타나 그 중 한 선인이 앞으로 이곳에서 번성하리라 예언했다는 내용이다. 이 전설에는 중원에서 남하한 이주민의 정착 과정과 그 당위성이 담겨 있다.

이후 광저우는 기원전 222년 진나라에 흡수되었고, 이 지역 행정관으로 파견된 런사오(Ren Xiao, 任囂)와 자오투오 장군(Chao To, 趙佗, 재위 기원전 203~기원전 137)의 지배를 받았다. 이에 따라 난우청은 진나라 군사 거점인 판위청(Panyu Cheng Town, 番禺城)으로 기능했다. 판위청은 동서로는 베이징도로(Beijing Road)에서 강비안도로(Cangbian Lu, 倉邊路)까지, 남북으로는 유에화도로(Yuehua Lu, 越華路)에서 종산도로(Zhongshan Road, 中山路)까지를 경계로 했다.

진나라가 해체되면서 자오투오 장군은 이 지역의 바이유에족과 함께 중원과는 독립된 남월(Kingdom of Nanyue, 南越, 기원전 204~111)을 건국했다. 진나라의 판위청은 남월의 수도이자 왕궁으로 계승되었다. 남월은 새로운 지배자로 한무제漢武帝가 등장하고 한나라에 흡수될 때까지, 동남아시아·인도·아프리카 등과 해상교역을 유지하면서 지역 행정권을 가진 속국으로서 민유에국(Kingdom Minyue, 閩越)과 함께 지역 세력권을 유지했다.

남월의 판위청은 북쪽으로는 유에시우산과 더 멀리 바이윤산(白雲山, Baiyun Shan)을 두고, 남쪽으로는 주강을 두고 입지했다. 당시 판위청은 남북 방향의 종산4-5로를 중심으로, 그 북쪽의 동평중로(Dongfeng Middle Road, 東風中路)에서 남쪽으로 수문과 항구를 두었던 시후도로(Xihu Road, 西湖路)까지로, 동서로는 캉비안도로(Cangbian Road, 倉邊路)에서 지팡도로(Jiefang Road, 解放路)까지로 그 영역이 정의되었다.

판위청이라는 이름은 종산4-5로의 남쪽에 위치한 판산(Pan Shan, 番山, 현재 Sun Yat-Sen Zhongshan Library, 中山圖書館와 송나라기의 Jiu Si Ting, 九思亭의 부지)과 위산(Yu Shan, 禺山 또는 Lu Shan, 현재 GrandBuy Department Store, 广百百貨 北京路店 부지)[11]에서 기인한다. 위산은 당나라 말기인 907년 광저우의 확장으로 평지가 되었고, 판산은 남한(Southern Han, 南漢) 시기에 역시 평지가 되었다.

당시 남월왕궁(현재 Site of Nanye Kingdom Palace, 南越王宮)은 현재 종산4-5로 북쪽으로 주강의 남동쪽 교외지인 란화산(Lianhua Shan, 蓮花山)에서 석재와 목재를 강으로 운반하여 건설되었다. 또한 유에시우산 서쪽에 남월

자오모왕King Zhao Mo의 묘(Mausoleum of the Nanyue King, 南越王墓)가 입지했다. 이곳은 1983년 남월왕묘의 발굴 이후, 남월왕묘박물관(Museum of the Western Han Dynasty Mausoleum of the Nanyue King, 西漢南越王博物館)으로 이용되고 있다.

한나라는 226년 이 지역을 직접 통치하기 위한 행정체계로 광저우를 설치하고, 판위청을 대신하는 행정 거점인 유에시우를 조성했다. 한나라 유에시우의 행정 기능은 이후 당나라까지 이어졌고, 그 지역행정 거점 Guangzhou Prefecture이 현재 인민공원(People's Park, 人民公園, 1921)으로 청나라 때까지 지속되었다.

유에시우의 호수와 운하

남월 판위청이 보여주는 도시 구조적 특성은 무엇보다 남월/난유에 문화권의 주요 도시들이 공유하는 도시 중심부 주변의 호수와 해자 기능을 가진 운하다. 이러한 도시 호수는 도시 조성기에 자연 하천을 이용해 만들어진 상수원 기능을 가진 인공 호수로서, 우기나 폭우 시 하천수를 저장하여 하천의 범람을 막는다. 도성 주변에 해자로 조성된 인공 운하는 이동과 도시 방어 수단으로 활용되었다. 이러한 특징은 수저우와 타이호(Tai Hu, 太湖)를 포함해, 항저우와 시호(Xi Hu, 西湖), 푸저우와 시호(Xi Hu, 西湖), 하노이와 타이호(Ho Tay, 太湖) 등에서 공통적으로 확인된다. 광저우는 도성을 중심으로 그 서북쪽에 리우화호(Liuhua Lake, 流花湖)를 두었고, 현재 시후도로Xihu Road와 후이푸동로Huifu East Road 사이의 광저우 치위도로Guangzhou Qiyi Road 구간에 시호(Xi Hu, 西湖)를 조성해 주강과 하천의 범람에 따른 수해[12]를 관리했다.

한편 남월에 왕궁의 서북쪽으로 현재 판탕(Pantang, 泮塘)에는 유에시우산에서 흘러내려온 시마천(Sima Creek, 駟馬涌)이 리지완운하(Lizhiwan Canal)

리지완운하(© 한광야, 2019)

와 시관천(Xiguan Creek, 西關涌)으로 합류하여, 시관을 지나 주강의 리치만(Lycheewan Bay, 荔枝湾)과 황사(Huangsha, 黃沙)로 흘렀나갔다. 리치만은 리치나무(Lychee Tree, 荔枝木)[13]의 자연 서식지로서, 남월 시기부터 천변을 따라 넓게 식재되었다.[14]

이후 리치만에는 당나라 정콩탕Zheng Congtang 군수의 주도로 리우화호(Liuhua Lake, 流花湖)를 중심으로 리유안정원(Liyuan Garden, 荔園)이 조성되어 연회장으로 이용되었고, 남한 시기에는 팡화유안(Fanghua Yuan, 芳華苑), 화린유안(Hualin Yuan, 華林園), 창화유안(Changhua Yuan, 昌華苑) 등이 조성되어 왕궁 정원으로 이용되었다. 송·명나라 시기에 리치만은 광저우 8경의 하나로서 유명해졌으며, 원나라 때에 레몬정원이 조성되었고, 명나라 때는 일반 관광지로 자리 잡아 청나라 때까지 명성을 얻었다고 한다. 또한 청나라 시기에는 13행구역Thirteen Hongs에서 소금 장사로 성공해 광저우 최대 거상이 된 판시청(Pan Shicheng, 潘世成)이 리치만 옆에 리치나무 정원인 해산산관(Haishan Xianguan, 海山仙館, 1830)[15]을 조성했다. 하지만 리치만은 20세기 초부터 주강 유입 지점의 모래 충적으로 쇠퇴해갔고, 리치나무를 대신해 채소밭이 조성되었으며, 주변으로 공장과 빈민가가 들어서기 시작했다.

현재 리치만은 리지완운하를 따라 1990년대부터 광저우시 주도로 시작된 도시 재생이 진행되고 있다. 이과정에서 리지완문화구역(Lizhiwan Cultural and Recreational District)이 지정되어 2009년부터 총 121개 구간의 운하가 재건되고, 하수처리시설이 설치되었다. 특히 리지완운하 3단계 프로젝트 통해 은닝도로(Enning Road, 恩宁路) 주변에 광둥오페라박물관(Cantonese Opera Art Museum, 粵劇藝術博物館, 2012~2016)이 전통 링난정원의 형태로 조성되었다. 이곳은 명나라 때부터 성장해 현재 유네스코무형문화재로 지정되어 있는 광둥오페라(Cantonese Opera, 廣東粵劇)의 거점으로, 링난 지역의 건축양식을 갖춘 광둥오페라아카데미(Academy of Cantonese Opera, 粵劇八和會館, 현재 Guangdong Association of Chinese Cantonese Opera Artists)가 입지해 있다.

남월 시대에 광저우의 초기 부두는 하이주도로(Haizhu Road, 海珠路) 서쪽으로, 현재 광샤오사찰(Guangxiao Temple) 서쪽의 디이진도로(Diyi Jin Road)에 입지했다. 수나라 때는 상사지우도로(Shangxiajiu Road, 上下九街) 북쪽으로 현재 화린사찰(Hualin Temple, 華林寺) 위치에 부두가 기능했다. 이후 당나라 시기에는 광타도로(Guangta Road, 光塔街)와 그 남쪽의 휘푸서로(Huifu West Road, 惠福西路)를 따라 입지했던 광타부두(Guangta Port, 光塔港)가 기존 부두를 대체했다.

유에시우산의 도교사원, 시자오의 선불교사찰

중국 제일의 신앙으로는 본토에서 자생한 도교와 인도에서 전래된 대승불교가 꼽힌다. 대승불교가 광저우로 처음 유입된 시점은 진나라 때인 3세기이며, 이후 중국대륙은 200년간 정치적 대혼돈 상태인 남북조시대(Northern and Southern dynasties, 南北朝時代, 386~589)로 접어들어 신앙과 종교의 전파가 빠르게 진행되었다.[16]

광저우의 대승불교는 6세기에 시자오(Xijiao Cun, 西郊)를 중심으로 번성하며 도교[17]와 유학의 영향을 깊이 받았으며, 명상과 수련을 강조하는 중국 선불교(Chan Buddhism, 禪宗)[18]로 성장했다. 중국에 유입된 대승불교와 도교와의 연관성은 무엇보다 대승불교가 경전이 아닌 구술에 의존했기 때문으로 추측된다. 이후 남한 시기에 스리랑카의 상좌부불교Theravada Buddhism가 전파되며 사찰에 보리수나무가 식재되기 시작했으며, 수행과 명상 방식에 따라 일군의 파들로 분화되었다.

광저우의 도교는 대승불교의 정치적 영향력에 미치지는 못했지만, 사회 각 계층에서 불로장생不老長生과 득도성신得道成仙의 가치를 추구하고 중의학의 이론적 배경을 제공하며 사회 일반으로 넓게 확산했다. 특히 갈홍(Ge Hong, 葛洪, 284~364)[19]과 포선녀(Bao Gu, 鮑姑, 309~343)가 유에시우산

아래 지에팡북로(Jiefang Bei Road, 解放北路)에 유에강유안사원(Yuegangyuan 越崗院, 319, 현재 Sanyuangong Taoist Temple, 三元宮)에서 도를 수행하며 의술 활동을 벌였다. 이후 유에강유안에는 포선녀 사후 그녀를 기리는 사당인 포녀선사(鮑姑仙祠, 319)가 조성되었고, 명나라 시기인 1643년 산유안공 도교사원으로 개명되었다. 송나라 때는 유에시우 서남쪽으로, 현재 후이푸서로(Huifu West Road, 惠福西路)에 광저우 5대 도교 성인을 모시는 우샨관 도교사원(Wuxian Guan Taoism Temple of the Five Immortals, 五仙霞洞)이 건립되어 광저우의 대표적인 도교사원으로 기능했다.

한편 광저우에서 대승불교의 성장은 남월의 마지막 왕인 자오잔데왕 (Zhao Jiande, 趙建德, 재위 기원전 112~기원전 111)의 왕궁이 광사오사찰(Guangxiao Si Temple, 光孝寺, 233)로 개조되면서 시작되었다. 6세기를 전후로 시자오에 다수의 사찰이 조성되면서 선불교가 번창했다. 광사오사찰은 4~10세기에 인도와 스리랑카 그리고 중국의 승려들의 순례사찰로 사용되었으며, 유학과 도교의 영향도 받게 되었다.

또한 상샤지우도로(Shangxiajiu Road, 上下九步行街) 북쪽으로 옛 주강의 둑방과 함께 기능했던 부두(현재 화린사찰 부지)는 6세기에 대승불교를 전파한 보리달마(Bodhidharma, 碧眼胡)를 기리는 시라이수도원(Xilai Monastery, 西來初地)이 조성되었다. 이후 보리달마는 선불교의 거점인 허난성 사오시산 (Shaoshi Shan, 少室山)의 사오린사찰(Shaolin Monastery, 少林寺)에서 활동했다. 시라이수도원은 17세기에 현재 화린사찰로 개명[20]되고 인접한 시장과 함께 성장했다.

상좌부불교의 유입과 함께 식재되어 광저우의 새로운 경관을 만들어낸 보리수나무는 깨달음의 공간을 상징하는 의미 너머, 습지의 물을 흡수해 땅 속 뿌리의 성장을 돕고 토지를 단단하게 묶어주는 자연 둑방의 기능도 갖고 있었다. 또한 광사오사찰 동쪽으로 9층탑Huata을 가진 리우롱사찰(Liurong Si Temple, 六榕寺, 537; Baozhuangyan Temple, 宝庄嚴寺, Temple of the Six Banyan Trees, 1373 재건)은 재건 과정에서 여섯 그루의 보리수나무(Banyan Tree,

리우롱사찰의 보리수나무 정원(ⓒ 한광야, 2019)

榕樹木) 정원을 조성하며 상좌부불교의 중심이 되었다. 또한 주강 남부의 허난섬Henan Island에 찬치우사찰(Qianqiu Si Temple, 千秋寺, 10세기, 현재 Hai-chuang Park, 海幢公園)이 조성되었는데, 이 사찰은 명나라 시기 하이주사찰(Haizhu Temple, Hoi Tong Monastery, 海幢寺)로 개명되었고, 광저우 세력가였던 궈룽유에(Guo Longyue, 郭龍岳)의 개인 소유 정원으로 이용되다가, 청나라 초기에 번성하면서 1642년을 전후로 보리수가 식재되어 대규모로 확장되었다.

한-당나라의 교역, 광타부두, 판팡

광저우와 동남아시아를 연결하는 해상교역로South China Sea Route[21]는 언제부터 사용되었을까? 육상 실크로드를 대신해 남해(Nanhai, 南海, 현재 South China Sea)의 해상 교역로가 개척된 시점은 진·한 시기로 추정된다. 앞서 언급했듯이 한나라의 해상로를 이용해 유에시우 시자오를 방문한 인도 승려들을 통해 대승불교가 유입되었으며, 당나라의 불교 승려로 나란다 수도원(Nalanda Mahavihara)에서 수학한 의정(Yijing, 義淨, 635~713)을 포함한 승려들이 상선을 이용해 정기적으로 광저우에서 팔렘방을 지나 실론과 인도를 방문했다.[22]

　　이후 남해와 말라카해협, 순다해협을 이용한 해상교역로가 본격적으로 기능한 시점은 중원과 중앙아시아를 연결했던 육상교역로가 폐쇄된 8세기 후기로 확인된다. 당시 해상교역의 주체는 인도를 가운데 두고 동쪽의 당나라와 서쪽의 아바스술탄왕조(Abbasid Caliphate, 750~1258)가 상호 교역권을 두고 충돌했다. 당나라는 아바스술탄왕조-티베트제국 연합군과의 탈라스전투(Battle of Talas River, 怛羅斯會戰, 751)에서 패하며 지금의 위구르·타지키스탄·우즈베키스탄 등지의 영토를 잃었고, 이어 안사의 난(An-Shi Rebellion, 安史之亂, 755~763)으로 중원의 교역로가 해체되었다. 8세기 후반부터는 해상교역로가 육상교역로의 기능을 대체했다.

당시 유에시우에서 출발하는 해상교역로는 시관의 상시아주도로 위에 난하이서사원(Nanhai West Temple, 현재 Guangzhou Restaurant, 廣州酒家)에서 시작했다. 또한 팔렘방에서 올라오는 해류와 바람의 중간 거점인 푸젠성 취안저우는 해상교역로의 종점 및 출항 항구로서, 서로(West Street, 西街)에 위치한 힌두-불교사찰인 카이유안사찰(Kaiyuan Temple, 開元寺, 685) 역시 출항의 시작점이었다.

유에시우 외항(Outer Port, 海口港)은 진나라 시기 동강과 주강의 합류지인 롱토우산(Long Tou Shan, 龍頭山)의 서쪽 푸수만(Fuxu Wan, 扶胥湾)의 푸수항구(Fuxu Gang Port, 扶胥港)[23] 그리고 송나라 때부터 본격적으로 기능한 황푸섬(黃埔島, 현재 Pazhou Island, 琶洲島)의 황푸항구(Huangpu Gang Port, 黃埔港, 현재 Huangpu Ancient Port, 黃埔古港)였다. 황푸항구에는 남해의 바다신을 모시는 난하이동사원(Nanhai East Temple, 南海觀音寺, 594, 현재 南海神廟, Boluo Temple)이 해상 실크로드의 출항 장소로 기능하기 시작했다.

페르시아와 아라비아의 상선들은 몬순계절풍을 이용해 6~9월 광저우에 도착해서, 11~2월에 광저우의 황푸를 출발해 하이난와 하노이를 지나 말라카해협의 말라카 또는 순다해협의 팔렘방을 거쳐 인도 남부와 실론으로 되돌아갔다. 이후 실론에 도착한 상선은 페르시아만의 머스켓Muscat, 아덴만의 아덴Aden, 홍해의 메카Mecca를 지나 알렉산드리아와 다마스쿠스에 도착했고, 이곳에서 다시 서로마제국의 수도인 로마와 티레Tyre 그리고 안티오크Antioch를 통해 동로마제국의 수도인 콘스탄티노플로 연결되었다.

당·송 시기 유에시우는 해외교역과 함께 빠르게 성장했다. 당나라 때 이미 시박사市舶使가 설립되어 해상교역활동을 규제했고(714년), 외국 상인구역인 판팡(Pan Pang, 蕃坊)이 조성되어 번방사蕃坊司의 관리를 받았다(741년). 광저우는 이때부터 페르시아와 아라비아의 상인들의 실크·도자기·차·향신료 등의 교역 거점으로 기능했다.

또한 9세기를 전후하여 유에시우에서는, 시자오(XiJiao, 西郊)에 인접한 외국인구역인 판팡이 현재 중국에서 가장 오래된 모스크이자 상업활동의 중심지였던 화이성모스크(Huaisheng Mosque 懷聖寺)와 광타사원(Guangta Minaret, 光塔寺)이 입지한 광타로(Guangta, Road 光塔路)를 중심으로 성장했다. 당시 당나라는 광저우와 함께 취안저우 남쪽 구역과 항저우 동문 밖에도 모스크·바자·병원을 중심으로 외국인 거주구역이 조성되었다.

광저우 판팡의 주요 세력은 당나라 때 페르시아 상인(Bosi, 波斯)에서 송나라 때 아라비아 상인(Dashi, 大食)으로 교체되었으며, 수장(番長, fānzhǎng)은 행정과 분쟁을 조정했다. 광타로는 9~12세기에 아라비아 커뮤니티 Ummah의 중심부로서 아라비아로(Dashi Street, 大食街 또는 Big Paper Street, 大紙街)로 불렸으며, 이후 광타가(Guangta Jie, 光塔街 이후 Guangta Road, 光塔路)로 개명되었다.

당나라 장안 태생의 기행 작가인 두환(Duhuan, 杜環)은 탈라스전투에서 인질로 잡혀 끌려가 모로코를 포함한 아랍권 도시들을 방문하고 762년 광저우로 귀국했다. 원나라 때 취안저우 태생의 여행가인 왕다유안(Wang Da Yuan, 汪大淵)은 두 차례의 여행을 통해 스리랑카, 벵골, 모로코 등지를 방문했다. 또 모로코 타니에르Tangier 태생의 상인 이븐바투타(Ibn Battuta, 伊本白圖泰, 1304~1369)는 친이슬람인 정책을 추진하던 원나라 시기에 취안저우에 도착하여 3년 동안 광저우·푸저우·항저우·베이징 등을 방문하면서 중국 도시들의 특성과 경제 환경에 대해 기록했다. 그는 취안저우와 광저우에서 생산되는 실크와 도자기를 극찬했고,[24] 취안저우의 선박 제조기술을 서유럽에 전파했다고 전해진다.

2. 네 개의 도성, 서원, 운하-항구

송-명나라의 네 도성과 운하

광저우가 크게 성장한 시기는 송나라 때이다. 내륙의 육상교역로가 봉쇄된 송나라가 남해를 이용한 해상교역에 의존하면서 광저우의 확장과 방어가 시급해졌다. 결국 네 차례의 도성 증축으로, 광저우는 독특한 콜라주 도시로 확장했다. 특히 몽골의 공격을 받은 남송 왕족이 1276년 수상 진의중(Chen Yizhong, 陳宜中)과 함께 푸저우를 거쳐 광저우로 이주해오면서, 광저우의 위상도 상승했다.

모던 광저우의 형태가 결정된 시기가 이즈음인 송과 명나라 때이다. 먼저 남송 때 지역행정 중심부가 입지한 중성(Zhongcheng, 中城, Yacheng, 子城)이 기존하던 남한 때의 왕궁南漢興王府[25] 기초 위에 동일한 규모로 건설되었고, 공무원 주거구역과 관청창고를 가진 동성(Dongcheng, 東城)과 상업 기능을 갖춘 서성(Xicheng, 西城)이 건설되어 1153년 세 개의 도성구역이 갖춰졌다. 이후 도성 남쪽으로 확장부(Yanbian City, 東西雁翅城, 1210)가 추가되었다.

이에 따라 남송 때의 광저우는 남북으로는 동펑중로(Dongfeng Middle Road, 東風中路)에서 유다이하오운하(Yudai Hao Canal, 玉帶濠, 현재 Dade Road, 大德路)로, 동서로는 시하오운하(Xihao Canal, 西濠, 현재 Renmin)와 동하오운하(Donghao Canal, 東濠, 현재 Yuexiu Road)로 각각 경계되었고,[26] 그 외곽에 시관과 동관의 교외지가 입지했다. 명나라 때인 1377년엔 교통과 방어를 위해 네 개의 도성이 하나로 통합되어 북쪽으로 유에시우산까지 확장되었고, 총 여덟 개의 도성문이 갖춰졌다.

남송의 광저우는 지역행정 거점인 경약안부찰거사(經略安撫使司, 현재 廣東省財政府 부지)와 남쪽의 주강을 청수안도로(Cheng Xuan Jie Street, 承宣街, 현

공자학당(ⓒ 한광야, 2019)

재 Beijing Road)로 연결해 남북으로 항구 도시의 중심성을 상징화했다. 여기에 청수안도로와 종산도로의 교차점 주변으로 남송의 정통성을 확인하는 공자묘Panyu Confucian Temple와 공자학당(Panyu Xuegong, 番禺學宮, 1241)이 세워져 그 상징성이 더해졌다. 명나라는 건국과 함께 청수안도로와 종산도로의 교차지에 링난 지역에 가장 큰 청황당(Chenghuang Miao, 廣州都城隍廟, 1370, Guangzhou City God Temple, Ducheng Temple, 都城廟)을 더했다.

또한 종산도로에서 주강에 이르는 청수안도로 서쪽에는, 현재의 다마찬로(Dama Chan Road, 大馬站路)와 사오마찬로(Xiaoma Chan Road, 小馬站路) 주변으로, 역참(Station Chan, 驛站)과 곡식창고粮倉와 군용창고用物資倉庫 등이 입지했다. 종산도로부터 청수안도로의 동쪽에는 과거시험장인 공유안(Gongyuan, 貢院 Civil Servants Examination Hall, 현재 孫中山文獻館 부지)이 웬데도로(Wende Road, 文德路)를 따라 링난지역 지식 생산의 중심부를 구성했다.

서원과 지식 생산

당나라와 송나라의 광저우가 선불교의 도시였다면, 명나라의 광저우는 도교와 유학의 숭상하는 서원(Shuyuan, 書院, Confucian Academy)의 도시였다. 서원은 국가과거시험(Imperial Examination, 科舉) 준비를 위한 시설이었다. 남송 말기에서 원나라 시기 중원과 항저우로부터 이주해 광저우에 정착하기 시작한 한족은 명나라 때부터 과거를 통해 수도인 난징과 베이징의 중앙권력을 재확보하기 위해 서원을 거점으로 활용했다.

중국대륙에 유학을 비롯한 지식의 생산 거점인 서원이 처음 건립된 시점은 당나라 때인 725년이다. 당나라 후기에는 중국 전역에 민간이 운영하는 서원이 건립되기 시작했으며, 북송 시기에는 다수의 서원들이 정부 지원을 받으며 건립되어 경제적으로 독립되어 운영되었다. 북송의 서원[27] 가운데 가장 대표적인 것은 허난성과 후난성을 중심으로 불교사찰에서 서원화된 송양서원(Songyang Academy 嵩陽書院, 1035)과 도교사원에서 서원화된 시구서원(Shigu Academy, 石鼓書院, 1035)이다. 이들은 황제로부터 현판을 기부 받아 운영되면서 사회 지배계층의 서원문화를 만들어갔다.

이후 남송 때 서원은 주희(Zhu Xi, 朱熹, 1130~1200)에 의한 학문의 체계화와 과거제도의 부흥 노력으로 도시의 중심 교육기관으로 기능했다. 당나라 시기 장시성 지우장(Jiujiang, 九江)에 조성되었던 백록동서원(White Deer Grotto Academy, 白鹿洞書院)은 점점 쇠퇴해가다, 남송 때 주희에 의해 재건되어 이후 명·청 시기를 거치며 명실상부한 유학의 중심부로 기능했다. 백록동서원은 주희와 더불어 명나라의 저장성 출신으로 지행합일을 주장한 왕양명(Wang Shouren, 王陽明, 1472~1529)의 주요 활동무대였다.

명나라 때 광저우 도성 내부에는 남송 때 조성된 공자학당이 공자묘와 강의실을 갖추고 종산4로에 입지했다. 종산도로 남쪽으로 베이징도로의 동쪽에는 과거시험장인 공유안이 웬데도로를 따라 현재 손중산문헌관부터 남쪽의 웬밍도로를 따라 입지했다. 또 베이징도로 서쪽부에 유에시우서원가越秀書院街를 중심으로 다수의 서원들이 입지했다. 이곳에는 링난 지역 첫 번째 서원인 루산서원(Lushan Academy, 禺山書院)과 판산서원蕃山書院, 란시서원(Lanxi Academy, 濂溪書院), 완무초당(Wanmu Caotang, 粤洲草堂) 등이 위치했으며, 위엔서원(Yuwen College, 晦翁書院)은 기존 시후도로의 렌왕불교사찰(Renwang Temple, 仁王寺)을 개조하여 조성되었다.

명나라 시기 광저우의 서원 확장은 당시 광둥성 출신 학자들의 정치활동과 서원 유치 노력의 결과로 이해된다. 이 시기 광둥성 신휘(Xinhui, 新會) 태생의 유학자인 진헌장(Chen Baisha, 陳獻章, 1428~1500), 광저우 정청(Zeng-cheng, 增城) 태생의 유학자로 난징 국자감(國子監, Imperial Nanjing University, 1382)[28]에서 활동한 담약수(Zhan Ruoshui, 湛若水, 1466~1560) 등이 모두 광둥성에서 활동하며 유학의 성장과 서원의 확장을 주도했다. 특히 담약수는 양양명의 친구로서 이 지역에 약 40개 서원의 설립을 주도했다.

운하의 확장과 상업-항구

송나라 때 광저우는 서쪽과 동쪽의 경계를 정의하는 시하오운하와 동하오운하가 도성을 방어하는 해자와 운하로 기능했다. 이후 명나라 시기에 두 운하를 연결하는 유다이운하(Yudaihao Canal, 玉帶濠, 현재 Dade Lu Road, 大德路—Uudaihao Road, 玉帶濠路)가 건설되었고, 도성 내부의 배수와 화재 방어를 위해 남북으로 흘러 유다이운하로 합류되는 여섯 개의 운하(Liumai Canal, 六脉渠, 1370)[29]가 건설되었다. 결국 유다이운하는 국제 상선의 정박 기능을 갖추면서 주변의 상업 거점으로 성장했다. 또한 유다이운하 남서쪽으로 주강과 평행하게 다구안운하(Daguan River, 大觀河, 현재 Shibafu Lu Road, 十八甫)가 조성되어 부두와 상업 기능이 확장되었다. 이후 이들은 토사가 충적되어 복개되어 항구의 기능을 상실했다.

이러한 광저우의 도시 확장과 일련의 운하 건설은 광저우 내항의 기능을 점차 내륙에서 남쪽 주강변으로 이전시켰고, 이에 따라 항구를 중심으로 형성된 상업 거점도 이전되었다. 결국 광저우의 내항은 당나라 시기 시관의 상시아주도로 주변의 난하이서사원(Nanhai West Temple, 현재 Guangzhou Restaurant, 廣州酒家 부지 주변)으로부터 송나라 시기 시하오운하와 광타부두를 거쳐 명나라 시기 유다이운하와 다구안운하로 이전했으며, 다시 청나라기에 남쪽 탄지부두(Tianzi Matou, 天字碼頭)로 이전했다.

한편 송나라 광저우부터 외항은 푸수만의 푸수항구와 황푸섬(黃埔島, 현재 Pazhou Island, 琶洲島) 동남쪽의 황푸항구(Huangpu Gang Port, 黃埔港)가 현재까지 약 천년 동안 외항으로서 기능해왔다. 황푸마을Huangpu Village은 봉황새 두 마리가 날아오른 곳으로 믿어져 펭푸Fengpu로 불렸던 곳이다. 황푸항구는 청나라 때인 1685년 중국 4대 세관(Jiangxi, Zhejiang, Guangdong, Fujian)의 하나로서 광동성세관(Guangdong Customs House, 粤海關大樓, 1686)을 중심으로 특히 1757~1842년 사이 중국 영토 내에서 해외교역이 유일하게 허용되었던 독점 항구였다. 황푸항구에는 2006년 제사홀ancestral hall

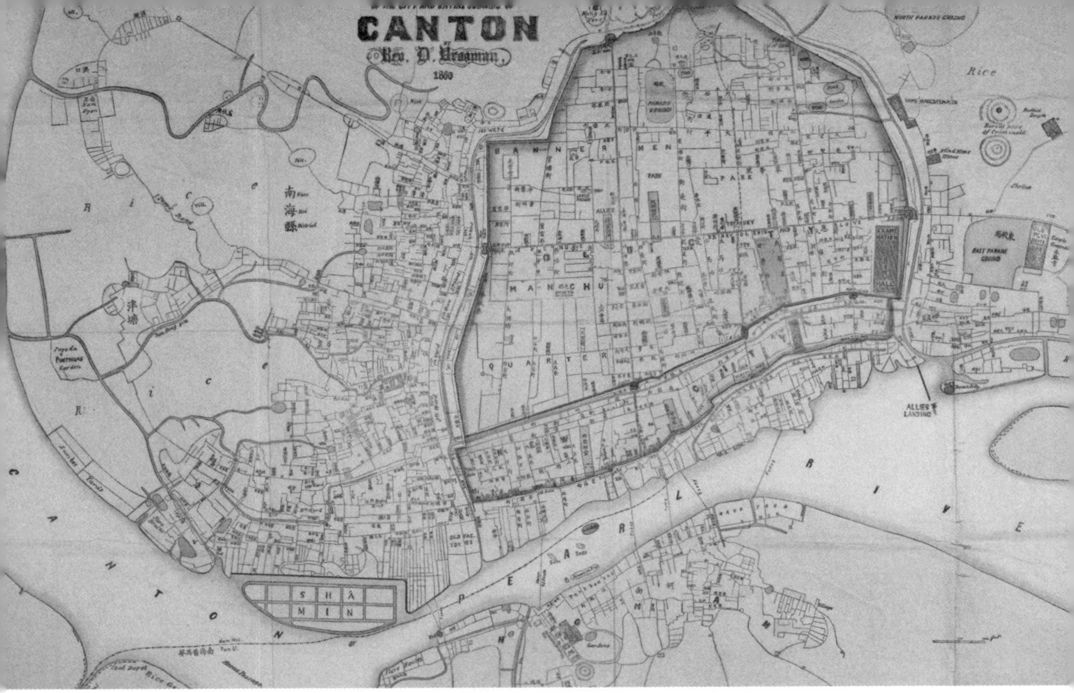

광저우의 운하체계를 보여주는 지도(1860)

황푸섬과 황푸항구(1858)

을 중심으로, 황푸박물관과 황푸공원이 재건되었다.

포르투갈 교역, 판팡, 포산, 순더운하

송나라 때 광저우가 보여주는 기존 도시들과의 차별성은 무엇보다 상업 도시로의 본격적인 성장이다. 송나라는 건국 직후부터 해상교역(Shibo, 市舶)에 집중하고, 이를 관리하는 해상교역소인 시박사(Shibo Si, 市舶司, 971)를 조직하여 조공이 아닌 세금으로 해상교역을 양성했다. 광저우는 송나라의 첫 번째 시박사가 세워진 항구였다. 물론 광저우는 714년에 이미 해상교역을 관리하는 당나라의 시박사市舶使를 설립했고, 외국상인 거주구역(Pan Pang, 蕃坊)를 관리하는 번방사蕃坊司가 활동한 도시다. 광저우에 이어서 항저우(杭州市舶司, 989), 밍저우(明州市舶司, 992), 취안저우(泉州市舶司, 1087) 등에서도 시박사가 조직되며, 원나라 때는 시박제거사(Shibo Tiju Si, 市舶提舉司, 해상교역관리소)로 개칭되어 그 기능이 이어졌다. 해상교역소를 통한 해외교역 관리는 결국 항구의 상업·주거·창고 기능 등의 성장을 통해 도시 개발과 확장을 주도하는 결과를 낳았다.

이후 중국 해상교역의 거점은 원나라 때 취안저우로, 명나라 때는 태조(재위 1368~1398)가 공표한 해금법海禁法으로 독점교역 기능을 획득한 푸저우로 이동했다. 푸저우는 이시기에 필리핀과의 교역독점권을 획득하면서 1470년을 전후로 빠르게 성장했다.[30]

한편 포르투갈이 중국대륙에 접근해온 시기는 이슬람 세력이 인도-남해의 해상교역 주도권을 확보하고 있던 1510년대다. 포르투갈은 1511년 명나라의 속국인 말라카술탄국의 말라카를 점령했고, 1513년 코우룽반도 서쪽 경계인 타마오섬(Tamao Island, 현재 Tuen Mun, 屯門)을 지나, 1514년 드디어 광저우에 도착했다. 이들은 1517년 명나라와 상업교역을 개시하며 당시 해적활동의 거점이던 타마오섬에 요새를 건설했고, 1521년까지

광저우에 주재했다.[31]

이후 포르투갈-명 조약(Luso-Chinese agreement, 1554)이 체결되면서 마카오에 포르투갈의 교역 거점이 조성되었다. 이를 통해 포르투갈은 주변의 해적을 소탕하고 관세를 지급하며 광저우 실크 교역을 독점했다. 포르투갈은 17세기 초까지 마카오를 중심으로 마카오-말라카-고아-리스본을 연결하며 실크와 도자기의 교역을 주도했고, 1640년을 전후로 마카오-마닐라를 연결하며 아카풀코에서 수입되는 페루의 백은 교역을 추가했다.

주강삼각주에서 언제부터 실크緋緞가 생산되었는지는 확실치 않다. 아마 남북조시대 중원의 한족을 통해 이 지역으로 양잠養蠶과 소사繅絲를 통한 실크 생산기술이 이전되었을 것으로 추정된다. 염료로 사용되는 다양한 식물이 풍부하게 서식하는 까닭에, 4세기 초부터 이 지역에서는 염색 실크가 생산되었다.[32] 특히 주강삼각주의 견사蠶絲와 강남 지역의 생사生絲를 혼합해 만든 이 지역 광사廣紗는 타 지역 실크보다 우수해, 페르시아와 아라비아 지역에서 선호되었다.

명나라 영락제(永樂帝, 재위 1402~1424)와 청나라 도광제(道光帝, 재위 1820~1850) 때가 정부 장려로 실크 생산과 해외교역이 가장 팽창한 시기이다. 이때 약 3~4만 명의 인력이 이지역의 방직업에 종사했다. 시차오(Xiqiao, 西樵)와 순더(Shunde, 順德)는 명나라 때부터 지금까지 운하Shunde Waterway를 따라 주변 지역을 거대한 실크 생산지로 변화시키며 광저우와 연결되었고, 광저우 북쪽 화두(Huadu District, 花都, 옛 Huaxian, 花縣)[33]의 신화(Xinhua Town, 新華)는 바이니강(Baini River, 白坭水)과 연결되며 실크 생산의 거점으로 기능했다. 화두의 바오상유안(Baosangyuan Garden, 廣州 宝桑園)은 현재도 뽕나무재배축제Mulberry Harvesting Festival 행사장으로 이용되는 곳이다.

또한 송나라 때 광저우는 도자기 해외교역의 거점이기도 했다.[34] 광저우 교외지인 시완은 이미 천년의 도자기 생산의 역사를 갖고 있다. 또한 약 500년 전부터 난펑요(Nanfeng Kiln, 南風古灶)를 중심으로 도자기·타일·기와 등을 생산하며 링난 지역의 중요한 도자기 생산지로 성장했다. 이곳은 도자기 원료인 고령토가 풍부해 대규모 가마터 조성이 용이했으며, 펑강(Feng Jiang, 汾江)과 남쪽 동핑강(Dongping Waterway, 東平河)의 자연운하를 통해 생산된 도자기를 광저우로 운송하기 손쉬웠기 때문이다.

이후 원나라 때 페르시아-아라비아에서 수입된 파란색 염료가 활용되고, 명나라 때는 유약이 개발되면서 시완의 도자기 생산량은 크게 늘어났다. 특히 명나라 때는 도자기생산조합産生了行會도 설립되어 확장된 해외시장에 대응했으며, 주변의 가오야오(Gao Yao, 高要), 시후이(Si Hui, 四會), 동관(Dong Guan, 東莞), 산수이(San Sui, 三水)로부터 많은 노동인력이 이주해 오기도 했다.

3. 광동체제, 시관, 13행구역, 사미안

청나라 광저우 도성과 운하 확장

원나라의 취안저우, 명나라의 푸저우를 이어, 청나라의 광저우가 다시 중국대륙의 중심 교역항구로서 성장했다. 강희제(康熙帝, 제위 1661~1722)의 해안퇴거령(Imperial Edit for Great Clearance, 遷界令, 1662~1669) 해제가 그 계기가 되었다. 이에 따라 1684년부터 광저우는 샤먼, 송장Songjiang, 닝보Ningpo와 함께 개항항구로 기능했다. 특히 유럽과 아메리카 세력과의 해상교역을 광저우에서만 허용하는 정책인 광동체제(Canton System, 一口通商, 1757~1842)의 발효로, 광저우는 사실상 청나라의 독점 교역항구가 되었다.

광저우는 제1차 아편전쟁(1840~1842) 전까지 약 160년간 이러한 독점 해상교역을 통한 막대한 도시성장 동력을 획득했으나, 그 동력은 또한 광저우의 거대한 사회적 충돌을 초래했다. 이즈음 광저우는 태평천국의 난으로 약 2~3천만 명이 사망하고, 광저우인-하카인 간의 내전(Punti-Hakka

Clan Wars, 1855~1867)으로 백만 명이 사망했으며, 제3차 광저우흑사병
(Guangdong Bubonic Plague, 1894)으로 약 6만 명 사망함으로써 도시 기능이
급감했다.

청나라 시기 광저우는 명나라의 도성체계[35]를 유지하고, 중앙부 원도
심으로부터 남쪽 주강 주변과 도성 밖 서쪽의 시관(Xiguan, 西關; West Gate
Quarter, 현재 Liwan 荔湾)이 구도심으로 개발되면서 국제 교역 거점으로 성장
했다. 당시 내항인 사미안(Shamian, 沙面)과 외항인 황푸항구, 먼 바다항구
로는 마카오가 국제교역을 주도했다. 특히 초대 광둥성 지사인 동양자
(Tong Yang Jia, 佟養甲, 재임 1647~1651)의 주도로 주강 북쪽의 범람원이 약
200m 너비의 육지(Chiken Wing City, 鷄翼城)로 간척되었다. 이후 1680년대
에 시관의 남쪽으로부터 13행구역(Shisan Hang, 十三行, Thirteen Factories
District)과 사미안섬까지 해외교역활동의 주체인 외국인 커뮤니티가 조성
되었다.

하지만 중국은 제1차 아편전쟁의 패배로 난징조약(南京條約, 1842)을
체결하면서 홍콩·샤먼·푸저우·닝보·상하이와 함께 광저우까지 개항해
야 했다. 이어 제2차 아편전쟁(1856~1860)에서도 패배함으로써 베이징조
약(Convention of Beijing, 1860)을 통해 코우룽(Kowloon, 九龍)의 소유권과 신
가이(New Territories, 新界)의 임대권까지 내주었다. 이로써 광저우는 청나
라 독점 교역항구로서의 위상과 기능을 홍콩과 상하이에 순차적으로 넘
겨주게 되었고, 이후 쇠퇴하는 항구 기능을 대신해 산업생산 도시로 변
했다.

광동체제, 시관, 13행구역, 사미안

중국의 독점 교역항구로 광저우 상업활동의 주체는 중국 상점(hang, 行)과
해외 상점(yanghang, 洋行)으로 나뉘어 기능했다. 이들의 교역활동은 광둥

성 세관감독관(Guangdong Customs Supervisor, 粵海關部監督)과 양광총독(Viceroy of Liangguang, 兩廣總督)의 승인으로 허가되었다. 수출품은 저장성·후난성·장시성·푸젠성에서 생산된 차와 광저우의 도자기와 실크였으며, 수입품은 은·구리·아편 등이었다.

광저우의 해외교역과 제조생산의 중심은 명나라 말부터 성장한 시관이었다. 시관은 도성의 서쪽 경계를 정의해온 두 개의 서문인 타이핑문(Taiping Gate, 太平門)과 시문(West Gate, 正西門) 밖 강 범람지로, 시관평원西關平原으로 불려왔다. 이곳은 당나라 이전에 하천변에 자연촌락이 입지해 있었으며, 이미 남북조시대부터 실크 생산기술이 안착된 곳으로 추정된다. 이후 시관은 주강 내항의 부두와 함께 상업 거점을 형성하며 성장했다. 특히 시관은 역사적으로 중국에서 "서양 학문이 동양으로 유입된(Western Learning Spreading East, 西學東漸)"[36] 중심부이자 명나라 말기에서 청나라 초기에 예수회 선교사들이 입국하고, 아편전쟁을 전후로 서구의 지식과 미디어가 유입된 곳이다.

송나라 때 시관은 주강 주변 사저우(Shazhou, 沙洲)의 하천변이 간척되고 도로가 조성되며 개발이 시작되었다. 명나라 때는 1405년을 전후로 이곳에 세관(Haiguan, 海關)이 설립되고, 사미안섬 북쪽에 외국 상인들이 머무는 화이유안역관(Huaiyuan Posthouse, 懷遠驛館)이 조성되어 120여 개의 숙소가 갖춰져 있었다. 당시 화이유안역관은 푸젠성 유안유안역관Yuan Yuan Posthouse과 안후이성 안유안역관Anyuan Posthouse과 함께 운영되었고, 이후 그 기능은 13행으로 대체되었다.

청나라 때 시관은 1686년부터 광사오사찰 서편의 부두에서 타이핑문까지 상시관(Upper Xiguan, 上西關)으로 불리는 곳에 방직공장들이 입지했으며, 이와 함께 주택과 상점들도 들어섰다. 특히 1757년 광동체제가 실행되어 외국 상인의 수가 급증하면서 상시관을 이은 하시관(Lower Xiguan, 下西關)이 주강변의 황사까지 확장되었다.

광저우 시관에는 시관저택(Xiguan Dawu, 西關大屋, Xiguan Residence)으로

불리는 상인 저택이 집중 형성되어 사회주의혁명기(1947~1950) 전까지 번성했다. 시관저택은 링난과 시관 전통주택의 특성을 갖춰 폭이 좁고 긴 필지 위에 천정(skylights, 天井)을 갖는 형태였다. 또한 회색 벽돌로 시공된 파사드와 목재 대문, 현관, 진입홀, 메인홀, 세 개의 방이 대칭으로 배치되고, 후면에는 파티오정원을 두었으며, 목재 조각과 만주식 창문으로 장식되었다.37 리완박물관(Guangzhou Liwan Museum, 荔湾博物館), 민속의복박물관(Xiguan Folk Customs Museum 西關民俗館) 등이 그 대표적 사례들이다.

한편 1699~1714년 사이 마카오에 거점을 조성한 포르투갈과 마닐라에 거점을 둔 스페인과 함께 프랑스와 영국의 동인도기업 상선들이 광저우를 방문하여 매년 1~2회 파저우에 정박했다. 이후 오스트리아·네덜란드·스웨덴·프러시아·미국 등이 또한 교역에 참여했다. 이들은 1711년 시관 남쪽으로 사미안섬의 북동쪽에 13행도로(十三行街, 현재 Heping East Road, 和平東路)를 중심으로 13행구역(十三行, 현재 Canton 13 Factories Museum, Xiguan Garden, Guangzhou Wen Hua Gong Yuan 부지)으로 불린 교역 거점을 형성했다.

13행구역은 1757~1842년 사이에 청나라와 서양 세력 간의 유일한 합법적 교역구역으로서, 영국 동인도기업이 청나라의 차와 실크를 매입하고 인도에서 생산된 아편의 판매 거점으로 활용했다. 이 13행구역에는 영국·프랑스의 조계지(concession, 租界地), 미국·프랑스·네덜란드·이탈리아·독일·포르투갈·일본 기업들의 교역소·사무소·거주지·창고 등이 입지했다. 이곳에는 영국 동인도기업이 설립한 영국관(1715)을 시작으로, 프랑스관(1728)·네덜란드관(1727)·덴마크관(1731) 등이 동서로 약 17~18개가 조성되었다. 또한 당시 의료 선교사였던 피터 파커Peter Parker가 설립한 안과병원(博濟医院, 1895, 현재 中山大學 孫逸仙紀念医院)이 개원했다. 13행구역은 1822년과 두 차례의 아편전쟁 중에 화재로 소실되면서 그 기능이 인접한 사미안섬으로 확장·이전되었다.

사미안섬은 아편전쟁 전까지 주강의 모래 퇴적지와 유흥지로 이용된 곳이다. 프랑스와 영국은 아편전쟁 중 이곳을 요새로 활용했으며, 전쟁에

시관저택의 코리더 공간

13행구역의 모습(1820)

승리한 뒤 그 소유권을 확보했다. 프랑스는 이곳을 조계지로 개발했다. 사미안섬 동북쪽에는 인공수로인 사미안운하가 조성되어 북쪽의 시관과 격리되었다. 이곳에는 우물이나 상수도원이 없었으며 중국인이 직접 식수를 공급하고 하수를 처리했다. 광저우의 사미안은 당시 네덜란드 세력이 나가사키에서 교역 거점으로 이용한 데지마(Dejima, 出島)에 비교된다.

사미안에는 동서 방향의 세 도로, 남북 방향의 다섯 도로가 공원·운동장 등과 함께 조성되었고, 사미안도로에는 극장, 교회, 우체국, 병원 등이 입지하며 그 중심부를 완성했다. 당시 사미안의 건물들은 주강에서 100야드(약 91m)씩 떨어져서 세워졌는데, 대개 링난 지역의 목재 구조체 위에 네 가지 건축 유형(New Baroque, Neoclassical, Verandah, Pseudo-Gothic)의 파사드를 갖추고, 지상층 창고와 상부층 주택을 갖춘 2~3층 건물로 시공되었다.

링난 전통 건축과 모던 도시 건축

링난 지역의 건축은 흥미롭게도 남월을 시작으로 당나라 건축양식에 송나라 건축양식이 융합되어 그 고전적 기준이 완성되었다. 링난의 건축은 석재를 사용한 기초 위에 목재로 2~4층의 구조를 세우고, 습기에 강한 벽돌로 벽을 세운 뒤, 기와로 지붕을 덮었으며, 도로에 면한 좁고 긴 필지를 따라 안쪽으로 코리더(Laang Hong, 冷巷, cold alley)의 공간 배치를 갖고 있어 공기 순환에 유리하다. 필지 중앙의 코트야드(skylights, 天井)를 중심으로 공간이 배치되어 중앙부에 채광을 집중하되, 그 주변에는 채광이 최고화된 음영공간을 두고 있다.

그 대표적 사례가 19세기말 민간학교로 건축된 천씨서원(Chen Clan Academy, 陳氏書院, 현재 Guangdong Folk Art Museum)이다. 이곳은 홍콩 사업가인 첸뤼난Chen Ruinan이 제안하고 첸자오난Chen Zhaonan이 기획하여[38] 후손의 교육과 과거시험 준비를 위해 설립되었다. 1905년 과거제도가 폐지

될 때까지 기능했으며, 이후 산업학교Clan's Industry College와 중등학교 등으로 기능했다. 종산7도로에 면한 부지에 남북으로 총 19개의 건물이 두문(Head-entrance, 頭門), 모임홀(Gathering Hall, 聚賢堂), 후홀(Back Hall, 後堂) 등 여섯 개의 코트야드를 중심으로 대칭형으로 조성되었으며, 링난 지역의 목재, 벽돌, 도기 등의 장식요소로 활용되었다.

링난 건축의 또 다른 특징은 도시의 상업문화를 담아낸 고밀도 주택에 있다. 이를 드러내는 대표적 사례가 19세기 후반부터 1960년대까지 유에시우와 시관의 도시 개발을 유도해온 가로형 상업 건축물인 치로우(Qilou, 騎樓)다. 이는 청나라 말기에 기존의 좁은 도로가 확장되면서, 지상부의 상업 기능과 상층의 주거 기능을 합쳐, 도로를 따라 2~5층의 연속 건물 형태로 개발되어온 도시 건축이다. 주로 부유한 상인들이 주도했다.

광저우대성당(Cathedral of the Sacred Heart, 1863/1888)을 중심으로 형성된 유이데도로(Yide Road, 一德路), 렌민중로(Renmin Zhong Road, 人民中路), 렌민남로(Renmin Nan Road, 人民南路), 완푸도로(Wanfu Road, 万福路), 타이캉도로(Taikang Road, 泰康路) 등을 따라 대표적인 치로우 건축물들이 들어서 있다.

광저우 치로우 건축은 통라우(Tonglau, 唐樓)로도 불린다. 이는 건설 당시 중국 남부를 넘어 타이완과 동남아시아 도시들에서 대거 유입되는 도시 이주민을 대상으로 개발된 아파트tenement house와 상가를 가진 숍하우스를 가리킨다. 광저우의 치로우는 같은 시기 개발된 홍콩의 통라우, 페낭의 숍하우스, 싱가포르의 숍하우스 등과 함께 가로 전면부의 상점을 따라 지붕을 가진 폭 1.5m(5ft)의 포티코 보행공간을 갖고 있어서 햇빛과 비바람을 피할 수 있다. 치로우 건축은 또한 도로에 면해 폭 4.5m(15ft)의 좁고 긴 필지 중앙에 채광과 환기를 위한 코트야드를 두고 있다. 치로우의 높이는 2~4층이며 한 층고는 4.5m로 자연 환기에 유리하다. 이러한 이유로 치로우는 난유에 전통주택(Baiyue Stilt house, 干欄屋)과 함께 주통주택(Zhutong House)으로도 불려왔다.

광저우대성당을 중심으로 유이데도로를 따라 조성된 치로우 건축물들(ⓒ 한광야, 2019)

4. 주강삼각주의 철도선과 외곽순환도로, 하이주, 티안허

청나라 후기 광저우는 중국의 거대한 변화를 주도했다. 중국 역사에서 광저우는 약 4천년 동안의 지배자 중심의 왕조를 마감하고, 그 구성원이 었던 시민 중심의 공화국 탄생을 이끌어낸 새로운 가치의 도시였다. 이 시기 광저우는 아편전쟁을 통해 부정한 영국에 도전했으며, 하카족 후손으로 광둥성 종산 태생의 사회개혁가인 쑨원[39]이 호놀룰루에서 창당한 흥중회(Hsing Chung Hui, 興中會, 1894, 현재 중국 국민당의 전신)의 중심부가 1949년 난징에서 광저우로 잠시 이전해 머물렀다.

광저우의 개혁은 푸저우 태생의 임칙서(Lin Zexu, 林則徐, 1785~1850)가 후난성과 후베이성 지사로 아편 폐기를 주도하고, 황제로부터 전권을 위임받은 흠차대신欽差大臣으로 광둥성을 방문하면서 시작되었다. 그는 1839년부터 광저우에서 영국 동인도기업이 주도한 아편 교역을 금지했고, 이에 따라 광저우는 아편전쟁의 거점으로 부상했다. 뒤이어 이곳은 중화민국 건국을 유도한 1·2차 광저우봉기(1895, 1911), 휘저우봉기(1900), 신해혁명(1911)의 중심지였으며, 쑨원의 공화국 건국활동과 토지균분을 주장한 중국동맹회(Tongmenghui, 中國同盟會, 1905)의 주 무대였다.

이러한 배경에서 우에시우 종산로의 공자사당은 농민운동교육원 (Peasant Movement Training Institute, 廣州農民運動講習所, 1924~1926)으로 활용되었다. 1920년대 중반 이곳은 마오쩌둥이 주도한 사회개혁 교육 과정이 진행된 장소였으며, 국민당과 공산당 간의 첫 번째 국공합작(1924)으로 군벌시대를 종료하는 혁명군이 조직된 장소였다. 이즈음 공자사당 남쪽으로 현재의 루쉰기념관(Guangzhou Lu Xun Memorial Hall, 魯迅紀念館)과 중산대천문관측대(Sun Yat-sen University Observatory Former Site, 中山大學天文台旧址)를 중심으로 캔톤국립대학(National Canton University, 國立廣東大學, 1924, 현재 중산대학)이 쑨원의 지도로 설립되었다.

광둥성 중산에 세워진 쑨원기념관

도성의 해체

공화국의 광저우는 도로 중심의 서유럽식 도시계획법을 도입해 광저우의 물리적 변화를 추진했다. 먼저 방어 기능을 잃고 도시 확장의 장애물로 남겨진 청나라 시기의 도성과 16개의 도성문이 1911~1912년 해체되었다. 이로써 도성은 유에시우산공원 내에 남겨진 구간을 제외하고 모두 사라져버렸고, 공원 내 잔여 구간은 보수 후 2008년에 개장되었다.

이와 함께 좁고 굽은 기존 도로가 확장되었고, 중심 교통체계였던 운하가 도로로 복개되었으며, 새로운 상업 거점과 공원이 조성되었다. 예를 들어 판팡의 광타가Guangta Street와 다치로Dazhi Alley가 광타도로(Guangta Lu, 1934)로 연결되어 확장되고, 청수안도로는 도시 거점들을 연결하는 넓은 블러바드Boulevard인 베이징도로로 정비되었다. 또한 리치완운하 Lizhiwan Canal, 시하오운하Xihao Canal, 리우마이운하Liumai Canal 등이 도로화되었다. 이러한 도로 정비 과정에서 하수시설이 설치되고, 아케이드와 치로우숍하우스를 중심으로 유이데도로(Yide Road, 一德路)와 상시아지우 도로(Shang-xiajiu Pedestrian Street, 上下九步行街), 완푸도로(Wanfu Road 万福路) 등이 현대 광저우의 상업 거점으로 등장했다.

이즈음 청나라 지역행정 거점이 광저우의 첫 번째 공원(People's Park, 人民公園, 1921)으로 조성되었다. 또한 사미안섬 동쪽으로 신고전주의 건축 양식을 갖춘 광둥세관(Guangdong Customs Building, 1916, Big Bell Tower, 현재 粤海關大樓)과 광둥우체국(Guangdong Postal Building, 廣東郵務大樓, 1913, 현재 Postal Expo Hall)이 항구의 새로운 중심성을 정의했다. 한편 주강 둑방이 건설되면서 광저우의 남쪽을 시작으로 서쪽과 동쪽의 도시 확장도 진행되었다. 이에 따라 광저우는 1930년부터 시관의 생산공장 기능이 도시 외곽으로 이전했다.

흥미롭게도 광저우는 그 지역권에서 석탄이 생산되지 않아 상대적으로 공업화가 늦게 시작된 도시였다. 따라서 20세기 초부터 건설되기 시

광둥세관

작한 세 개의 철도선인 광산철도선(Guangzhou-Sanshui Railway, 廣三鐵路, 1894, 1904), 광코철도선(Kowloon-Canton Railway, 1909), 우한철도선(Guangzhou-Hankou/Yuehan Railway, 粤漢鐵路, 1900~1936)이 기존 주강삼각주 지역의 운하 기능을 대신하며 서남쪽의 포산과 동쪽의 선천 그리고 남쪽의 하이주섬을 중심으로 공업구역의 이전과 성장을 유도했다. 이에 따라 시골로부터 대규모 인구가 유입되면서, 광저우 인구는 1950년 1,048,975명에서 2020년 추정 인구 13,301,532명[40]에 이를 정도로 빠르게 성장했다.

이러한 인구 증가로 광저우의 확장은 중심부를 둘러싼 북쪽 구릉과 서쪽의 하천들을 피해 동쪽 저지대에서 먼저 시작되었고, 1980년대부터는 전 방향으로 진행되었다. 이후 광저우의 도시 확장은 1997년부터 건설된 지하철 14개 노선과 도시순환도로(Guangzhou East-South-West Ring Road, 1998~2002)의 개통으로 가속화되었고, 포산·순더·종산·마카오·홍콩·선천·동관을 연결하며 인구 2천5백만 명의 거대한 광역도시권을 완성했다. 특히 이 도시순환도로는 시정부와 홍콩의 두 기업이 공동 투자해 설립한 광저우고속도로합자벤처기업(Guangzhou Freeway, Cheung Kong Infra-structure Holdings Limited, Hopewell Holdings Limited)이 30년간 민간사업 후 공공으로의 이양을 목표로 1992년부터 기획하여 2002년에 완공한 것이다.

광저우 철도선과 공업생산 거점

광저우의 첫 번째 철도선은 1894년 미중개발사(American China Development Company, 1895)가 건설한 광산철도선으로, 광저우와 남서쪽 교외지인 포산을 연결했고 이후 산수이까지 연장되었다. 여기에 주강을 중심으로 북쪽과 동쪽 방향으로 두 개의 철도선이 추가로 건설되었다. 먼저 주강의 광저우와 북쪽으로 양쯔강의 우창(Wuchang, 武昌)을 연결하는 우한철도선은 당시까지 중국대륙의 남북을 연결해온 해상운송체계를 1936년부터

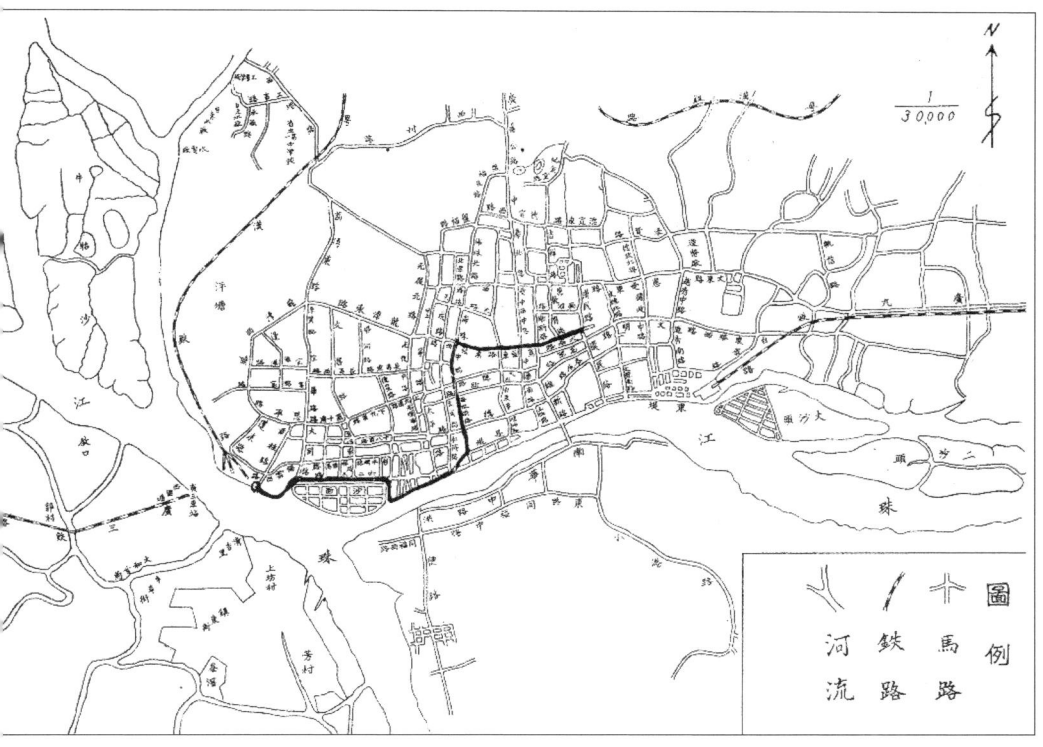

대체했으며, 광저우 교외지의 산업생산을 급속히 확대시켰다. 우한철도
선은 주강을 중심으로 사미안 서쪽의 황사철도역(黃沙, 기능은 현재 광저우철
도역으로 이전)에서 출발해 주강 변의 황사대로HuangSha Avenue를 지나 우창
서가붕徐家棚과 연결되었고, 이곳에서 경한철도京漢鐵路를 통해 베이징 서
역으로 연결되었다.

또한 동쪽 광저우와 코우룬(Kowloon, 九龍)을 연결하는 광코철도선은
다사토우철도역(Dashatou Staion, 大沙頭)으로부터 선천(深圳, Shenzhen)을 중
심으로 광둥 구간(廣東段鐵路/華段線路, 1909)과 홍콩 구간(香港段/英段線路,
1907)으로 나뉘어 건설되었다. 이 철도가 지나는 광저우동역(Guangzhou
East Railway Station, 廣州東站, 1940, 현재 Tianhe Station, 天河站)은 티안허의 신개
발 거점으로 기능해왔다.

광산철도선으로 연결된 포산은 송나라 때 도자기 주산지였으며, 명

주강을 중심으로 양쪽에 위치한 철도역과 철도선들을 보여주는 광저우시 지도(1942)

·청 시기를 지나며 실크와 염색품·종이·철제품 등의 생산 중심부로 성장했다. 세계 최대 간장 제조사인 포산 하디탄식품기업(Haitian Flavouring & Food Co., 海天味業)이 17세기부터 이곳에 자리 잡아 지금껏 운영되고 있다.

포산은 운하를 통해 광저우로 연결되었으나 20세기 초부터 그 기능이 철도운송으로 대체되었으며, 결국 하천에 모래가 퇴적됨에 따라 운하운송은 불가능하게 되었다. 1949년 이전까지 포산은 제례용 종이·돈·폭약·향·인쇄품 등을 생산했으나, 이후 상아조각·옥공예품·수공예품·부채·도자기 등의 광저우 수공예품의 주산지로 부상했다. 1980년대부터는 덩샤오핑(Deng Xiaoping, 鄧小平, 재임 1982~1987)이 주도한 개혁개방정책에 따라 식품·전자·섬유 제품 등이 함께 생산되고 있다.

덩샤오핑은 외국자본의 거점인 홍콩·마카오·타이완 인근의 선천·주하이·산토우·샤먼을 특별경제구역으로 지정했다. 이는 광코철도선으로 연결되는 선천이 해외투자를 유치하며 중국의 실리콘밸리로 성장하는 계기가 되었다. 현재 중국 최대 IT기업인 텐센트(Tencent Holdings Ltd., 騰訊, 1998)가 이곳 선천에서 창업된 기업이다. 또 광저우 동쪽 뤄강(Luogang, 蘿崗)에 입지한 광저우경제개발구역(Guangzhou Economic and Technological Development District, 廣州經濟技術開發區, 1984)은 화학·전기·기계·금속 분야의 산업 거점을 기능하고 있다.

남쪽 확장과 하이주

광저우는 1930년부터 유에시우산의 젠하이루(Zhenhai Tower, 鎮海樓, 1928)에서 남쪽으로 중산기념비(中山紀念碑), 중산기념당(中山紀念堂), 시청사(市府合署大樓), 중앙공원(中央公園, 현재 People's Park)을 지나 웨이신로(Weixin Lu Road, 維新路)까지 도로체계를 개선하고, 이와 연계된 치위도로(Qiyi Road, 起義路)–하이주다리(Haizhou Bridge, 海珠橋)를 건설하며 남쪽으로 확장했다.

하이주다리는 광저우의 첫 번째 콘크리트 다리로서 주강 양쪽 수변의 교통을 연결하며, 호이퉁사찰를 중심으로 형성된 하이주(海珠, 옛 Henan, 河南)의 개발을 유도했다.

남쪽의 하이주는 1980년대 후반까지 광저우의 현대식 주거구역였으며, 또한 대규모 공장 거점으로도 기능했다. 하이주 북쪽 구역에는 중산대학의 남부캠퍼스와 중남부중국예술원(Central South China Fine Arts School, 현재 Guangzhou Academy of Fine Arts, 廣州美術學院, 1953)이 우창에서 이전해왔으며, 베이징 중국과학원(Chinese Academy of Sciences, 中國科學院)의 남해연구원(South Sea Institute of Oceanology)이 입지하여 광저우의 대표적인 지식·예술·기술의 거점을 조성했다. 그러하여 1980년대 후반부터 하이주는 금융과 비즈니스의 새로운 거점으로 성장했으며, 주강 변은 현재 광저우에서 대표적인 부촌으로 변화했다.

또한 중산대학 캠퍼스의 남쪽에 조성된 종다직물클러스터(Zhongda Ruifang Textile City, 中大瑞紡紡織城, Zhongda Textile Cluster)과 중국 남부 최대의 직물시장인 종다직물시장Zhongda Fabric Market에서는 약 30만 명의 노동자가 일하고 있다. 이곳은 1980년대 후반 네 개의 마을에서 출발해 현재 약 1만 개의 상점(Haizhu District CCPC, 2009)[41]을 가진 직물 클러스터로 성장했다. 하이주는 중국의 대표 영화사인 펄리버영화스튜디오(Pearl River Film Studio, 현재 Pearl River Film Group)가 입지하며, 이와 함께 하이주 동쪽 파저우Pazhou Island에는 광저우컨벤션센터(Guangzhou Int'l Convention and Exhibition Center, 현재 Canton Fair Complex, 廣交會展館)가 세워져 산업활동의 구심점으로 기능해왔다.

동쪽 확장과 티안허

광저우는 1980년대부터 주강을 따라 동쪽 티안허(Tianhe, 天河)를 넘어 동쪽으로도 확장해갔다. 이 개발의 거점은 은하수라는 이름을 가진 티안허의 농경지들이었다. 티안허구역은 서쪽의 동허와 동쪽의 티안허로 경계되는 넓은 습지로서, 1980년까지도 대학 캠퍼스를 제외하면 거의 농경지였다.

티안허의 중심부는 북쪽의 광저우동역과 남쪽의 캔톤타워(Canton Tower, 廣州塔, 2009, Guangzhou TV Astronomical Tower, 廣州電視台天文及觀光塔)를 중심으로 남북으로 광유안고속도로(Guangyuan Expressway-Shougouling Road)에서 주강 변의 린장애베뉴Linjiang Avenue 그리고 동서로 화사도로Huaxia Road-Tiyu West Road부터 시안춘도로Xiancun Road-Tiyu East Road로 경계된 개발지다.

티안허 개발은 제6회 중국체육대회(Sixth National Games, 1986)를 계기로 1985년부터 광저우 도시체육시설과 행정 기능이 이전해오면서 빠르게 개발되었다. 먼저 스타디움·체조경기장·수영장을 중심으로 티안허스포츠센터가 건설되었고, 그 주변으로 주거단지가 개발되었다. 이 시기 주거단지는 샤오추(Xiaoqu, 小區, little district)로 불렸으며, 10층 내외의 주거동 한 층에 4세대를 두었으며, 최대 20개의 주거동이 한 단지를 구성했다. 최근 샤오추는 4~6개의 주거동에 30층 이상의 타워로 변화되고 있다.

티안허철도역을 1988년부터 기존의 서쪽 역을 대신해, 광저우동역 Guangzhoudong Railway Station을 중심으로 철도·지하철·버스 교통체계를 집중시켜 개발하기 시작했다. 광저우동역은 광코철도선과 함께 광저우–선천철도선(Guangzhou-Shenzhen Railway, 廣深鐵路), 광저우–메이저우–산토우철도선(Guangzhou-Meizhou-Shantou Railway 廣梅汕鐵路)이 교차하는 철도선의 중심이 되었다.

한편 2000년대부터 티안허는 광저우 대표 초고층 건축물들의 중심부로 주강 북쪽에서 스포츠센터 남쪽까지 주장신도시(Zhujiang New Town, 珠江新城)가 개발되어왔다. 특히 2010년 아시안게임의 주요 행사장으로 사용된 광저우대극장Guangzhou Opera House, 광둥성박물관Guangdong Museum 등의 대규모 문화시설이 조성되었으며, 그 주변으로 광저우서탑Guang-

zhou International Finance Center West Tower과 광저우동탑Guangzhou Chow Tai
Fook Finance Centre East Tower, 중신광장China Int'l Trust and Investment Plaza 등
이 입지했다.

　또한 커윤루지하철역(Keyun Lu Station, 科韻路站, 2009) 주변에 하이테크비
즈니스와 소프트웨어산업의 창업 거점으로 티안허과학테크놀로지파크
(Tianhe Science and Technology Park, 天河科技園)와 교육·연구기관 등이 밀집되
어 있다. 그 남쪽 주강 수변의 버려진 통조림캔공장(Yingjinqian Canned Food
Factory, 1893, Guangdong Canned Food Factory)에는 최근 광저우 레드토리예술
디자인팩토리Guangzhou Redtory Art & Design Factory와 현대미술관 및 국제
아티스트 기획전시관을 조성한 레드토리(Redtory Art Village, 紅磚厂, 2009) 재
생프로젝트가 진행 중이다.

광저우대극장

레트로리 재생프로젝트가 진행 중인 통조림캔공장(ⓒ 한광야, 2019)

제2장

하노이

통킹만 및 홍강삼각주의 지도(1873)

1. 홍강삼각주와 당나라의 라타인

카이강과 붉은 충적지

금·은·철의 매장 자원이 풍부한 중국 윈난성(Yunnan Sheng, 云南省)에서 시작되는 카이강Sông Cái은 철분과 구리의 붉은 진흙을 품고 동남쪽으로 800km를 흘러가 통킹만(Bắc Bộ, 北部灣, Gulf of Tonkin Vịnh)의 넓은 충적지를 형성한다. 프랑스 식민정부는 이 강을 붉은 홍강(Fleuve Rouge, Sông Hồng, 紅河)으로 불렀다.

홍강은 내륙 윈난성 고지의 청동기 토착 세력인 바이족(Bai People, 白族)의 거점인 달리(Dali, 大理)[1]와 중국 저장성 사오싱(Shaoxing, 紹興)과 수저우(Suzhou, 蘇州)에서 청동검을 만들었던 바이유에족(Baiyue People, 百越族) 후손인 락비엣족(Lạc Việt People, 雒越族)이 남하해 정착한 하노이(Hanoi, 河內)를 연결해온 오래된 교역길이다. 락비엣족은 이 지역에서 수로를 조성해 벼농사를 짓고, 운하를 건설해 배를 운행했으며, 무엇보다 사람을 모으는 황동북Mat Tren Cua Trong Dong과 신을 부르는 황동향단지를 만들었던 철의 주인공이다.

홍강의 교역길에는 히말라야산맥-아이라오산(Ai Lao Son, 哀牢山, Tiếng

베트남 세력의 상징적 중심부인 판시판산 진입부에 형성된 시장도시 라오나이

Trung)이 끝나고, 인도차이나의 지붕으로 불리는 판시판산(Peak Phang/Fan Xi Pang, 番西邦峰, Hoàng Liên Son Range, 黃連山脈)이 시작되는 베트남의 상징적 중심부가 입지한다. 피부병을 치료한다는 신령한 오렌지색 풀(애기똥풀, Chelidonium Majus)의 서식지이기도 한 이곳에 형성된 오래된 시장인 라오나이(Lāo Nhai, 老街, 현재 Lao Cai, 老街)는 중국 문화와 내륙 구릉지의 소수 부족들이 만나온 베트남의 경계가 되었다. 프랑스 식민정부는 선선한 이곳에 하계 리조트타운(Sa Pa)을 조성했다.

건기(11~3월)와 우기(4~10월)를 가진 대표적인 이모작 곡창지대인 홍강삼각주(Đông Bằng Sông Hôngi, 紅河 三角洲)[2]에 인간의 거주가 시작된 시점은 기원전 3000년경으로 추정된다. 홍강의 석회Limestone 토양은 벼의 성장을 유도하는 칼슘과 마그네슘의 보고였고, 우기에 쓸려 내려오는 붉은 진흙은 길이 80km의 해안선 배후에 거대한 충적지를 조성했다.

락비엣의 퐁쩌우 메린과 아우락의 동안 코로아

홍강삼각주의 토착 세력은 바이유에족 후손으로 중국 광시성(Guangxi, 廣西)에서 베트남 북부의 홍강삼각주까지 넓은 지역에 거주했던 락비엣족이다. 이들은 상상속의 새인 락조Chim Lạc가 날아 인도하는 곳을 따라 홍강삼각주로 이주해와 정착했다고 믿고 있다. 락비엣족은 이후 조수를 이용해 논(Lạc Dien, 雒田, ricefields of Lạc)을 조성하고 물소Con Trau와 돼지를 사육하면서 홍강삼각주를 논으로 변화시켰다.[3]

락비엣족은 홍강삼각주를 거점으로 반랑국(Văn Lang, 文郎)을 건국했다. 하노이 북서쪽 70km 지점에서 홍강이 그 수계를 'U'자 형태로 방향을 바꾸면서 좌안의 로강(Song Lo, 瀘江, Riviere Claire, Clear River)과 우안의 다강(Song Da, 李仙江, Riviere Noire, Black River)이 합류한다. 이 합류지인 비엣트리Việt Trì의 남쪽에 위치한 퐁쩌우(Phong Châu, 峯州)의 메린(Me Linh, 麓泠,

Miling)은 베트남의 첫 번째 고대 수도가 되었다. 락비엣족은 메린을 중심으로 베트남 북부 내륙, 광둥성 서부, 광시성 북부 산지에 거주했던 아우비엣족(Âu Việt People 甌越族, Ouyue)과 교역을 했으며 하류에서는 배를 이용해 어업도 했다.

홍강삼각주에 내륙 세력이 도착한 시기는 베트남과 중국 광시성이 연결되는 하노이 북쪽 230km 지점의 카오방(Cau Bang, 高平)으로부터 바이유에족의 후손으로 광둥성 서부와 광시성 동부의 서구西甌 세력의 툭판(Thuc Phan, 蜀泮, Khai Minh Phan, An Duong Vuong, 安陽王, 재위 기원전 208~기원전 179)[4]이 이주해오면서부터이다. 툭판은 당시 진시황의 토벌을 피해 홍강삼각주로 이주해와 아우비엣 세력을 규합하여 반랑국을 정복하고 아우락국(Au Lạc Kingdom, 甌雒/甌駱)을 건국했다. 아우락국의 수도는 하노이 북동쪽 16km 지점의 동안(Dong Anh, 東英)에 조성된 코로아성(Thành Cổ Loa, 古螺)이었다. 이후 아우락국은 중국 진나라의 조타(Zhao Tuo, Triệu Đà, 趙佗, 재위 ?~기원전 137)가 건국한 남월(Nam Việt, 南越)에 흡수되어 그 지배를 받았다.

동안의 코로아는 홍강 내류의 청동기시대 풍응유엔 문화(Phung Nguyen culture, 기원전 2000~기원전 1500)와 기원전 2세기를 전후로 동손문화(Dong Son Culture, 기원전 1000~기원전 100)를 주도한 반랑국과 아우락국의 세력 거점으로 기능하며 중국과 인도의 영향을 받았다. 특히

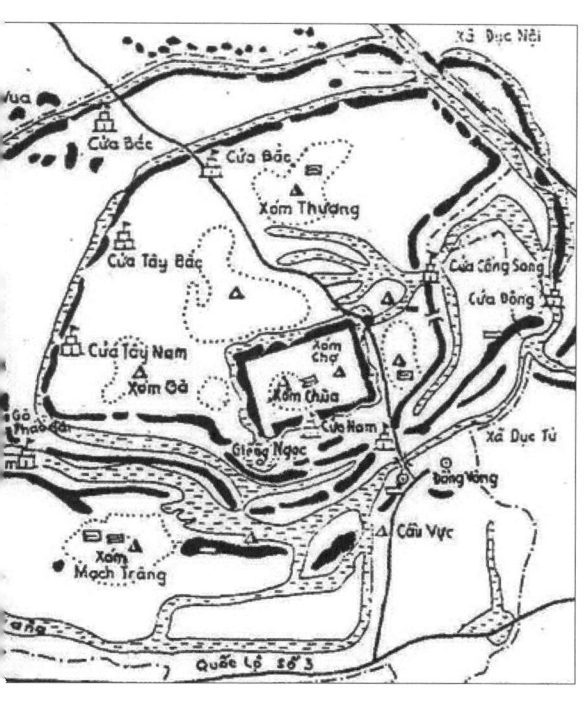

코로아성

코로아성은 현재 코로아Co Loa, 둑투Duc Tu, 비엣흥Viet Hung 사이의 삼각형 부지에 입지하며, 홍강의 지류천인 호앙강(Song Hoang, 黃江)과 주변 습지를 이용한 해자와 세 겹의 성으로 건설되어 달팽이를 뜻하는 로아탄이 (Loa Thanh, 螺城)로도 불렸다. 코로아성은 외성Thanh Ngoại과 중성Thanh Trung 그리고 그 중심에 사각형의 왕궁요새(Thành Nội, 현재 Thuc Phan An Duong Vuong Temple, 1687)로 구성된 겹겹의 요새였다.

한나라의 자오지와 당나라의 루오쳉

홍강삼각주가 중국 본토의 행정적 지배를 받기 시작한 시기는 춘추전국시대 촉나라(Shu, 古蜀, ?~기원전 316) 때부터다. 중국대륙의 세력들에게 윈난성의 금·은·동·철·주석 등과 그 교역로인 홍강삼각주의 쌀과 물소뿔은 원정과 정복 대상이 되기에 충분했다. 이 지역의 청동은 기원전 1000년 이전[5]에 중원으로 유입되었다고 한다. 이 지역은 한나라(Han Dynasty, 漢朝, 기원전 206~220)를 시작으로 진나라(Jin Dynasty, 晉朝, 266~420)로 이어지며 중국세력의 1차(기원전 111~40)·2차(43~544) 지배를 받았으며, 이후 당나라의 3차 지배(602~905)와 명나라의 윈난성 정복(1381~1382)에 이은 4차 지배 (1408~1428)를 받았다.

홍강삼각주는 한나라를 시작으로 삼국시대 오나라(Wu, 吳, 222~280)와 이후 진나라의 지배 하에서 자오지(Giao Chi, 交趾, 이후 Giao Cau, 交州, Jiaozhou) 로 불렸다. 한나라 때 자오지의 초기 중심부는 반랑국의 수도였던 메린이 며, 이후 행정 기능은 하노이 동쪽 20km 지점인 박닌Bac Ninh의 루이라우 (Luy Lâu, 贏)에 조성된 요새Xã Thanh Khương로 이전되었다. 자오지에는 6세기 중엽에 광저우와 동일한 화폐[6]가 통용되며 하나의 지역경제체계를 형성했다. 이 시기 루이라우는 자오지의 행정수도뿐만 아니라 통킹만을 통한 베트남의 동해와 남중국해 해상교역의 중심부로 성장하여, 이후 새로운 수도로 조성된 광시성 남서부 내륙의 롱비안(Longbian, 龍編)과 어깨를 나란히 했다.

홍강삼각주에 유학과 불교가 전파된 시기는 한나라와 삼국시대 오나라의 지배기였다. 왕망(Wang Mang, 王莽, 재위 9~23)이 세운 신나라(Xin Dynasty, 新朝, 9~25)의 혼란기를 피해 광시성 창우(Cangwu, 蒼梧)로 피난와 자오지의 태수로 활동한 시세(Shi Xie, 士燮, King Sĩ, Sĩ Vương, Si Nhiep, 재임 187~226)가 약 40여 년간 이 지역문화의 성장을 도왔다. 이 시기 자오지는 오나라와 조공관계를 유지하며 성장했고, 시세가 사망한 후 광저우로부터 독립해 자치행정을 시작하며 자오저우(Giao Cau, 交州, Jiaozhou)로 개명되었다.

한편 하노이가 중국 세력의 홍강삼각주 행정 거점으로 기능한 시기는 당나라(Tang Dynasty, 唐朝, 618~907)의 지배기 약 300년 동안이다.[7] 당나라는 670년부터 홍강삼각주의 지역행정을 위해 안남도호부(安南都護府, 670~866)를 현재 박닌Bắc Ninh과 그 주변 지역에 조성했다. 안남도호부의 초기 중심부는 투타인(Tu Thanh, 子城)이었으며, 8세기 후반 지역행정관 장백의(Zhang Boyi, 張伯儀)의 주도로 반란 진압과 방어가 용이한 타이호수(Hồ Tây, 西湖) 남서쪽으로 라타인(La Thanh, 羅城, Luocheng)이 조성되어 그 기능을 갖게 되었다.

라타인은 타이호수 남서쪽의 투레Thu Le부터 콴응우아(Quan Ngua, 현재 Ba Dinh)를 포함했으며, 9세기 초까지 확장하며 탄김(Jincheng, 金城, Thanh Kim)으로도 불렸다. 이후 당나라 행정관 고병(Gao Pian, 高駢)의 주도로 866년 관응와Quan Ngua부터 박타오Bach Thao를 포함하는 외성이 건설되어 다이라타인(Dai La Thanh, 大羅城, Daluocheng)으로 개명되어 증축되었다.

하노이 동쪽 20km 지점 안남도호부 자오지의 루이라우와 롱비안(Longbian, 龍編)은 중국 본토에서 왕복시王福時, 두심언杜審言, 심전기沈佺期 등 유학자들이 피난과 귀양을 온 곳으로, 또한 인도 대승불교가 직접 전파되어 중국 선불교와 교류가 이뤄진 곳이기도 하다.[8] 3세기엔 로마제국 외교단과 상인들이 홍강을 통해 내륙의 쿤밍(Kunming, 昆明)과 청두(Chengdu, 成都)를 오가며 윈난성의 금과 홍강삼각주의 물소뿔[9]을 교역했다고 전해진다.

진국사

루이라우에는 시세의 시니엡사원(Temple of Si Nhiep, 2세기)과 베트남에서 가장 오래된 불교사찰인 디엔웅사찰(Diên Ứng 延應寺; Chùa Dâu; Pháp Vân, 法雲寺, 2세기)이 조성되어 대승불교와 상좌부불교의 순례지로 기능했다. 또한 저장성 우저우(Wuzhou, 婺州) 태생의 학자로 유학의 관점에서 불교를 소개한 모박(Mou Po, Mau Bac, 牟博, 165/170~?)[10]이 이 지역에 불교를 전해주었으며, 인도와 교역하던 아버지를 따라 자오지에 정착한 강승회(Kang Seng-Huei, 康僧會, ?~280)는 베트남의 첫 번째 선불교 대사로 활동했다.[11] 한편 인도 동부에서 마하지바카(Marajivaka, Maha Kỳ Vực)[12]를 포함한 승려들이 294년을 전후로 상선을 이용해 자오지에 도착했으며, 이곳에서 광저우를 통해 진나라의 수도인 뤄양을 방문했다.

이에 자오지의 수도인 루이라우와 당나라 안남도호부의 라타인은 불교활동의 중심부로서 기능하기 시작했다. 홍강삼각주에서 불교는 4~6세기에 성장하며 10세기에는 베트남 토속신앙을 흡수하며 14세기까지 번성했다. 이 시기 홍강 수변에 하노이에서 가장 오래된 불교사찰인 진국사(Trân Quôc Pagoda, 鎭國寺, 6세기, 1615년 현재 부지로 이전)가 반수안국(Vạn Xuân, 萬春, 544~602)을 건국한 리남왕(Lý Nam Đế, 李南帝, 재위 544~548)의 주도로 조성되었다. 아울러 도교는 불교와 함께 10세기를 전후해 리왕조와 쩐왕조의 지원을 받으며 성장했다.[13]

2. 리-쩐-레 왕조의 탕롱과 올드쿼터

홍강삼각주에 변화가 시작된 계기는 홍강을 중심으로 내륙과 해안의 세력들을 통일한 리왕조(Nhà Lý, 家李, 1009~1225)의 등장과 이들이 건국한 다이비엣왕국(Đại Cô Việt Quôc, 大瞿越國; Đại Việt Quôc, 大越國, 1009~1225)의 수도인 탕롱(Thăng Long, 昇龍, 현재 하노이)의 건설이다.

탕롱은 리왕조를 시작으로 15세기 베트남의 황금기를 주도한 쩐왕조(Nhà Trần, 陳朝, 1225~1400)와 전레왕조(Le So Dynasty, 1428~1527), 막왕조(Mac Dynasty, 1527~1592), 후레왕조(Later Le Dynasty, 1533~1788)의 수도로서, 응우엔왕조(Nguyễn dynasty, 1802~1945)가 수도를 후에로 옮긴 1802년까지 다이비엣국(Đại Việt, 大越, 1054~1400, 1428~1804)의 정치·경제·문화의 중심부로 기능해왔다.[14]

특히 탕롱은 베트남의 역사를 한줄로 요약한 "북거(Bac Cu, 北拒)와 남진(Nam Tien, 南進)"[15] 이라는 19세기 이전 베트남 역사의 중심무대였다. 리왕조는 현재 베트남 영토에서 11세기부터 탕롱을 중심으로 북부(Mien Bac, 域北)의 베트남 세력들을 통합했고, 15세기 말 부터는 중부(Mien Trung, 域中, Trung Phiân, 中分, Trung Kỳ, 中圻) 말레이문화권의 참파 세력과 18세기 말 남부(Mien Nam, 域南) 힌두문화권의 푸난왕조와 크메르 세력을 흡수했다. 또한 리왕조는 중국 송나라와의 영토분쟁을 종결하며 북동쪽으로 중국 광시성 친저우(Qinzhou, 欽州)와 친난(Qinnan, 欽南)과 맞닿은 랑손(Lạng Son, 諒山)[16]과 북서쪽으로 라오카이(Lao Cai, 老街)를 베트남 영토의 시작점으로 정의했다.

리왕조의 불교 탕롱, 레왕조의 유교 통킹

홍강삼각주의 북부 세력들을 통합한 리왕조의 시조인 리타이토왕(Ly Thai To, 李太祖; Lý Công Uẩn, 李公蘊, 재위 1009~1028)은 1010년 수도를 하노이 남쪽 90km 지점의 호아루(Hoa Lu, 華閭, 현재 Ninh Binh)[17]에서 당나라가 홍강변에 조성한 안남도독부의 라타인으로 이전했다. 용의 기운을 믿는 리왕조의 새로운 수도로서 라타인은 '날아오르는 용'이라는 뜻을 가진 탕롱으로 개명되었다.[18] 이후 탕롱은 리왕조 후기의 왕조 내분 전쟁과 세 번의 몽골·원나라 침략(1258, 1285, 1288)을 겪었으며, 리왕조를 이은 쩐왕조의 초기인 1230~1243년 도성이 확장 개축되며 풍탄으로 개명되었다.

리왕조의 수도 이전은 호아루의 제한적 입지 규모와 호아루 중심의 토착 세력이 쥐고 있던 기득권을 극복하려는 의지[19]에서 비롯되었다. 또 라타인은 홍강을 이용한 이동과 운송이 용이하고 당나라가 조성해온 문화 자원을 흡수해 송나라에 적극적으로 대응하겠다는 의도의 결과였다.

리왕조는 송나라와 긴장과 협력의 외교관계를 유지하며 북쪽으로 영토를 정의하면서 베트남의 정치적 독립을 확보했으며, 남쪽의 말레이 세력인 참파왕국(Chăm Pa, 192~1832, 수도 Indrapura 현재 Da Nang, 875~978; Vijaya 현재 Bình Định 지역, 978~1485; Panduranga, 현재 Phan Rang, 1485~1832)의 영토를 흡수했다. 이 과정에서 송나라의 행정체계와 유교 그리고 인도 불교의 가치를 흡수하며 확장되는 영토의 행정체계를 구축했다.[20]

리왕조의 이러한 송나라의 외교관계는 그 시조인 리타이토왕의 태생적 배경과 관계가 깊다고 보여진다. 그는 탕롱 동쪽 20km 지점의 박닝Bac Ninh의 동응안(Dong Ngan, 東岸)의 꼬팝(Co Phap, 古法) 태생으로, 중국 푸젠성의 후손인 아버지와 베트남인 어머니인 팜씨(Phạm thị, 范氏) 사이에서 태어나 꼬팝사찰(Cổ Pháp Pagoda)에서 승려 리칸반(Lý Khánh Ván)의 지도를 받으며 성장했다. 또 쩐왕조 시조의 찬타이통왕(Trần Thái Tong, 陳煚, 재위 1226~1258)도 리왕조 후기에 푸젠성에서 하노이 남동쪽 50km 지점의 홍항Hưng Hà으로 이주해와 홍강 하류에서 어업과 해적활동으로 세력을 키운 잔킨(Tran Kinh, 陳京)의 후예였다.

쩐왕조의 풍탄은 2대 왕인 타이통(Thai Tong, 太宗)의 주도로 송나라와 교류하며 불교도시로 성장했으며, 유교를 받아들이면서 유명무실해진 과거제도를 재도입했다. 또한 풍탄은 원·명과 교류하면서 자바섬을 포함한 해상교역을 통해 시장과 수공예 생산활동이 성장했다. 풍탄의 이러한 성장에는 명나라 때 정화가 남중국해와 말라카해협의 교역로를 안정시키며 동남아시아 해상교역을 촉진한 배경이 깔려 있다.

리왕조의 탕롱이 큰 변화를 겪은 때는 레왕조[21]의 건국 즈음이다. 탕롱은 명나라의 베트남 지배 이후 레왕조의 건국과 함께 통킹(Đông Kinh,

Tonkin, 東京)으로 개명되었다. 당시 탕롱은 중국으로부터 유교의 가치를 받아들인 레로이왕(Le Loi, Emperor and Founder of Le Dynasty, 재위 1428~1433)과 레탄통왕(Le Thanh Tong, 黎聖宗, 재위 1460~1497)의 황금기(Prospered Reign of Hông Đức, 洪德之盛治, 1428~1497)를 누렸다.

탕롱황성과 외곽의 불교사찰

탕롱은 하천과 연못으로 둘러싸인 도시였다. 전레왕조(Le So Dynasty, 1428~1527)가 15세기 중엽 제작한 지도인 '홍두반도(Bản Dô Hông Đức, 洪德版圖, 1467~1490)'에 의하면, 탕롱은 동쪽에 홍강을 두고, 북동쪽에서 서남쪽으로 흐르는 또릭강(Song To Lich, 蘇瀝江, Song Kim)이 도성을 방어하는 해자로 기능했다. 현재 하노이 주요 도로들(Hàng Đào, Hai Bà Trưng, Lý Thường Kiệt, Hàng Chuôi)은 대부분 홍강 수계의 하천들 이었다. 가장 폭이 넓은 홍강 구간이 현재 호안키엠호수(Hô Hoàn Kiêm, 湖還劍, Lake of the Returned Sword, 1428)로 조성되어 있다.

탕롱의 수계는 11세기와 15세기에 타이호수와 호안키엠호수를 건설하며 크게 변화했으며, 이렇게 조성된 두 개의 호수는 이후 하노이의 성장 방향을 결정했다. 홍강 습지였던 하노이의 서북쪽 구역은 리왕조 리타이토왕의 주도로 간척되면서 탕롱의 성장을 유도했으며, 이후 레왕조 레로이왕의 주도로 건설된 호환키엠은 도성 동쪽에 올드쿼터(Phố Cô Hà Nôi, 36 Pho Phuong)의 성장을 유도했다.

리왕조의 탕롱은 당나라 라타인의 기초 위에 풍수의 입지 원칙을 고려하여 하천·호수·인공구릉²²을 주변에 두고 입지하며 경관점을 완성했다. 이러한 도성 건설의 원칙은 저장성 항저우와 푸젠성 푸저우의 그것들, 특히 도성 서쪽의 호수(Tay Ho, 西湖)와 인접 하천을 연결하는 운하를 조성해 하천 범람과 가뭄에 대응하고 유사 시 방어체계로도 이용하는 도시

19세기 말 하노이 지도(1873)

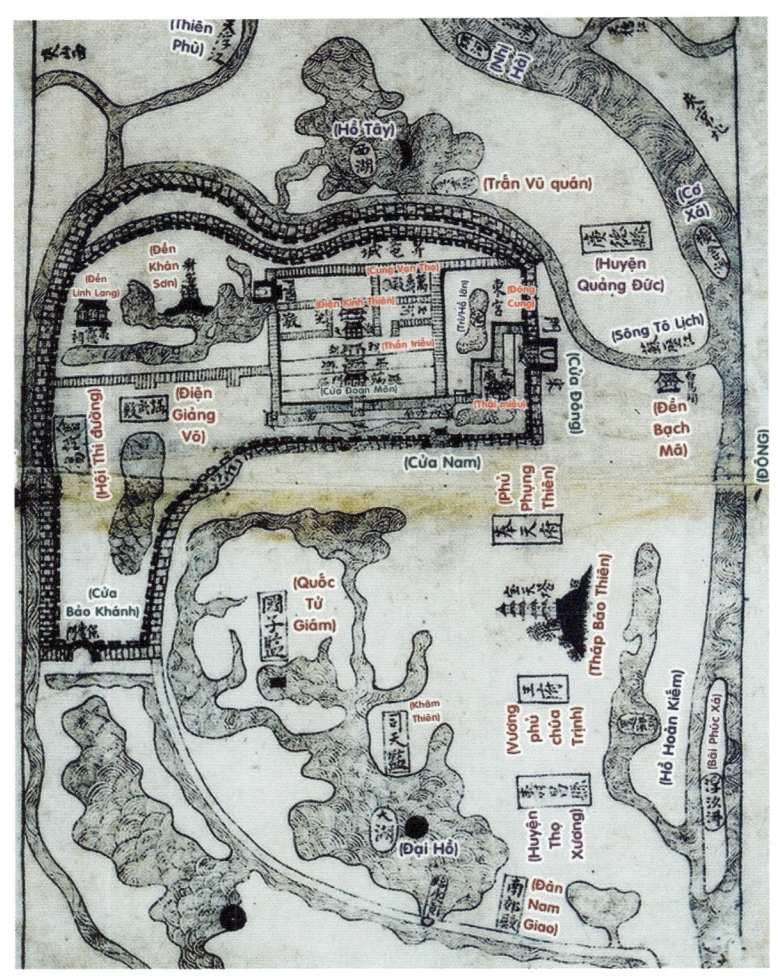

설계 기법을 차용한 것이다.

    탕롱은 중앙부의 왕궁요새(Thăng Long Emperial Citadal, 昇龍皇城)와 그 동쪽에 일반 거주지와 공방상가가 들어선 일반구역Kinh Thanh으로 구성되었다. 왕궁요새는 정방형 모양으로, 북쪽의 판딘풍도로Phan Dinh Phung Street, 남쪽의 트란푸도로Tran Phu Street, 동쪽의 풍흥도로Phung Hung Street, 서쪽의 흥부옹도로Hung Vuong Street로 정의되었다. 또한 왕궁요새는 북쪽의 타이호와 동쪽의 투리츠강과 홍강으로 경계되었고, 중앙에는 킨티엔궁(Cung

탕롱요새 지도(1490)

Kinh Thien, 敬天宮)과 킨티엔사찰(Dien Kihn Thien, 敬天殿)이 입지하고, 그 동쪽에 동궁(Dong Cung, 東宮)과 남쪽에 태조묘(Thai Mieu, 太廟)가 왕궁요새를 완성했다.

왕궁요새의 남문(Cua Nam, 南門) 외곽에는 공자묘와 국립고등교육기관인 구옥투잠(Quoc Tu Giam)과 천문기상대인 캄티엔잠(Kham Thien Giam), 바오티엔종탑(Bao Thien Tower)이 입지했다. 또 동문(Cua Dong, 東門, 현재 Quan Chưởng) 외곽으로 투릭강이 홍강으로 흘러나가며, 하천운송을 위한 부두가 입지했다. 투릭강의 북쪽에는 하노이의 오래된 자연 마을인 광둑(Huyen Quang Duc, 廣德縣)이 중심을 이루었다. 강의 남쪽에는 탕롱과 함께 조성된 박마사찰(Den Bach Ma, 9세기)[23]이 입지했다. 또한 홍강변에는 리타이토왕의 지배기에 이미 제방과 운하가 조성되어 여름에는 홍수를 막고 겨울에는 가뭄을 막아 벼농사를 도왔다.

리왕조의 탕롱은 불교의 도시였다. 탕롱은 리타이토왕 지배기에 밖으로 송나라와 불교를 통해 교류했으며, 사찰은 송나라와의 교류 거점이었다. 리타이토왕은 건국 초기 군인과 승려의 연합군을 조직했으며,[24] 불교를 국교로 승인했다. 그가 재위한 5년간 리왕조 영토 내에 1,000개 사찰이[25] 운영되었다. 또한 탕롱에는 토지신에게 제사지내는 사직단과 추안탄도교사원(Đên Quán Thánh, Trân Vũ Quán 眞武觀)도 각각 조성되었다.

이에 탕롱의 주변에는 다수의 사찰들이 입지했다. 먼저 탕롱 북쪽 타이호수변에 동코사(Dong Co Temple, 1028)가 입지했고, 탕롱요새 서쪽에는 못콧사찰Chùa Một Cột과 함께 칸손사찰Den Khan Son, 린랑사찰Den Linh Lang, 장보사찰Dien Giang Vo, 호이티두옹Hoi Thi Duong이 입지했다. 또한 호안키엠 서쪽과 현재 성요셉대성당 동쪽으로 리왕조 제5대 리탄통왕(Ly Than Tong, 李神宗, 재위 1128~1138)의 병을 고친 승려 응유엔민콩(Nguyen Minh Khong, 李國師, 1065~1141)을 기리기 위해 조성된[26] 리국수사원(Chua Ly Quoc Su Pagoda, 1131)과 탕롱요새 건설 당시 토지 여신을 상징하는 큰 돌이 발견되어 조성된 바다사원(Chua Ba Da, 이후 Centre of the Lâm Tế tông Zen School, 현재 Office for

the Civic Buddhist Association of Hanoi)이 입지한다.

한편 리왕조 제3대 리탄통왕(Lý Thánh Tông, 李聖宗, 재위 1054~1072) 지배기에는 송나라와 참파왕국과 경쟁하며 영토가 꽝빈Quảng Binh Province과 꽝치Quảng Trị Province로 확장했다. 이 시기 탕롱의 반뮤사당(Văn Miếu, 文廟, 1010)이 중국 산둥성 취푸의 공자사당을 모델로 조성되었고, 그 인근에 왕족과 귀족을 위한 학교인 국투잠(Quốc Tử Giám, 國子監, 1076~1779)이 운영되었다. 리왕조는 1075년부터 과거를 통해 공무원을 선발했으나 곧 그 기능을 잃었으며, 이후 유교적 가치에 근거한 행정체계를 구축한 레왕조 때 과거제도는 다시 부활했다.

올드쿼터와 홍강의 부두

탕롱은 리왕조와 쩐왕조 때 주변 농촌에서 다수의 농민과 중국인이 이주해오며 성장했다. 이들은 왕궁요새 건설에 동원되어 노동을 제공했을 것이다. 이에 1010년부터는 탕롱 동쪽 외곽에 올드쿼터(Phố Cổ Hà Nội, 36 Pho Phuong)가 조성되면서 상업이 성장했다. 올드쿼터는 왕궁요새 동북쪽 모서리 쪽에서 자오동사찰Chua Cau Dong 동쪽으로 홍강변의 가오시장Cho Gao으로 흘러나가는 투릭강(Song To Lich, 현재 Hang Luok-Ngo Gach-Nguyen Sieu-Cho Gao)과 두옹도로Hang Duong와 마도로Hang Ma를 중심으로 기능했다.[27] 이후 두 도로변의 시장은 프랑스 지배기에 조성된 동수안시장(Chợ Đông Xuân, 同春, Springfield Market, 1889)으로 대체되었다.

탕롱의 올드쿼터는 11~13세기 송나라의 해체와 원나라의 건국과 맞물려 푸저우와 광저우로부터 중국인이 이주해오면서 기술과 교역을 지원하는 중국인 커뮤니티와 함께 성장했으며, 15세기 명나라의 지배기를 거치며 전성기를 누렸다. 특히 투릭강을 건너는 일군의 다리(Dong Bridge-East Bridge, Thai Hoa Bridge, Cau Bridge, Tay Duong Bridge 등)가 하노이의 상업

탕롱의 황성요새(1884)
하노이의 반뮤사당(문묘)

올드쿼터 정경(ⓒ 김대석, 2017)

활동의 성장을 도왔다. 이즈음 올드쿼터에 36개의 길드 거점이 조성되어 '36 포푸옹36 Phố Phường'으로 불렸다. 탕롱에서 비단·옷·소목·부채·빗 등의 대표 공예품이 대규모로 거래되기 시작한 것도 이때다. 현재 올드 쿼터의 숍하우스들도 이러한 과정을 거쳐 18~19세기에 집중적으로 조성 된 결과다.

올드쿼터의 도로들은 홍강변의 부두들과 함께 기능하며[28] 투릭강이 홍강으로 합류하는 지점의 쌀상점가Pho Cho Gao, Marché de la rue du Riz를 중심으로, 옷상점가Hang Gai·기름상점가Hàng Dau Street·대나무물품상점 가Hang Tre 등의 생필품과 은상점가Hàng Bac·구리상점가Hàng Đông·솜상 점가Hàng Bong·실크와 직물상점가Hàng Dao·약재가Hàng Thuoc Bac·가죽상 점가Hàng Da·타로상점가Hàng Khoai·종이상점가Hàng Giay·제사 및 장례용 금은박종이상점가Hang Ma·빗상점가Hang Luoc·벽돌상점가Hang Ngo Gach 등의 특화 물품을 매매하는 숍하우스들이 집중되어 형성되었다.

올드쿼터의 생선시장이었던 항맘Phố Hàng Mắm상가 정경(20세기 초)

3. 프렌치쿼터, 박람회, 철도체계

탕롱이 1300년간 누려온 베트남 북부 행정 거점으로서의 위상과 800년 간 지켜온 베트남 수도로서의 위상을 잃은 시점은 18세기 후기이다. 응유옌왕조(Nguyễn Dynasty, 1802~1945)의 광중왕(Quang Trung, 光中, Emperor of Annam, Nguyễn Huệ, 阮惠, 재위 1788~1792)은 타이손의 반란과 지배(Nhà Tây Sơn, 西山朝, 1770~1802)를 종료한 뒤 사이공을 거점으로 세력을 모아 푸슈안(Phu Xuan, 현재 Hue)과 탕롱을 각각 1801년과 1802년에 획득했고, 이후 수도를 사이공에서 푸슈안으로 이전했다. 이에 탕롱은 베트남 북부 열한 개 도시들의 지역행정 거점으로 강등되어 북부의 수도라는 뜻의 박탄(Bac Thanh, 北京)으로 개명되었다.

이후 탕롱은 1883년부터 프랑스의 행정 지배를 받는 프랑스보호령(Protectorat du Tonkin, 1883~1945, 1945~1948)의 도시가 되었고, 베트남 남부 사이공의 뒤를 이어 프랑스 인도차이나 식민행정[29]의 수도(French Indochina Hanoi, 1902~1954)로 기능했다. 이때부터 탕롱은 베트남의 수도 기능을 잃었으나, 프랑스 지배하에 경제 및 문화의 중심으로 기능하기 시작했다. 가톨릭 사제이자 학자였던 테오필 드 라 리라위(Théophile Le Grand de la Liraye, 1819~1873)의 말을 빌리면, "하노이는 더 이상 수도는 아니지만, 베트남의 인구·상업·생산·교역·지식·예술·미술 등에서 뛰어난 중심 도시였다."

프랑스의 지배

프랑스 세력이 탕롱에 도착한 시점은 이미 17세기 초이다. 유대인 후손으로 아비뇽 태생의 예수회 선교사였던 알렉상드르(Alexandre de Rhodes, 1591~1660)가 1624년 부터 하노이에서 선교를 시작했다. 이후 프랑스는

1858년 가톨릭 선교활동에 대한 박해에 대응해 스페인과 함께 베트남의 투란(Tourane, 현재 Đà Nẵng, 沱灢)을 공격해 확보한 후, 남진하여 1859년 사이공과 메콩강삼각주를 획득하고 사이공조약(Traité de Sàigon, 1862)[30]을 체결함으로써 비엔호아Bien Hoa, 자딘Gia Dinh, 딘투옹Dinh Tuong의 지배를 시작했다.

19세기 후반 응우옌왕조가 투안안전투(Trân Cửa Thuận An, 1883)에서 프랑스에 패하고 '후에조약(Traité de Hué, 1883)'을 체결하면서 안남Annam과 통킹Tonkin의 프랑스 지배가 시작되었다. 프랑스 대통령 프랑수아 사디 카르노 대통령(Francois Sadi Carnot, 재임 1887~1994)은 1888년 7월 하노이를 프랑스 식민총독관이 주도하는 프랑스 도시로 공표했다. 이에 하노이는 20세기 초부터 인도차이나 프랑스의 식민행정 거점으로 변화되기 시작했다.

프랑스 지배하의 탕롱에서는 탕롱황성[31]이 해체되고, 호안키엠의 수계가 정비되었으며, 철도와 트램선이 조성되었다. 이에 따라 탕롱은 타이호수 동쪽의 호안키엠과 동다, 타이호수 서쪽의 카우자이Câu Giây와 투리엠Từ Liêm, 그리고 바이마우호수Ho Bay Bau를 중심으로 하아바중Hai Ba Trung이 확장되었다. 특히 이 시기 개최된 하노이세계박람회(Exposition de Hanoi, 1902~1903)는 대규모 철도선 조성을 계기로 하노이철도역Ga Hanoi과 세계박람회 행사장을 중심으로 하노이의 남쪽 확장을 가속화했다.

탕롱황성 해체와 하노이요새

하노이의 심장부로서 전례왕조 때 건립된 탕롱의 황궁요새는 막왕조와 후레왕조 때 심각하게 훼손되어, 수도의 위상을 잃고 방치되었다. 이후 황궁요새는 응유옌왕조 자롱왕(Gia Long, Emperor of Việt Nam, 재위 1802~1820) 통치기에 프랑스 공병 주도로 그 규모가 축소되었고, 그 석재와 목재는 후에로 옮겨졌다. 이때 황궁요새는 중앙부를 제외하고 동·서쪽이 해체되고 성벽 높이가 후에의 그것보다 8m 낮아지면서 하노이요새로 개명되었다.[32]

하노이요새는 남쪽의 정문Doan Mon과 북문Chinh Bac Mon을 포함해 다섯 개의 성문을 두었으며, 남문 앞에는 석재로 시공된 하노이타워(Ky Dai, Flag Tower)가 입지했다. 하노이요새 중앙부에는 응유엔왕조 시기에 벽돌로 시공된 킨티엔궁Kinh Thien Palace과 공주궁(Tinh Bac Lau, Rear Palace)을 두어, 왕들이 베트남 북부를 방문했을 때 사용했다.[33] 이후 하노이요새는 프랑스의 식민행정을 위한 군사기지와 행정시설로 쓰이기 위해 킨티엔궁이 해체되고, 그 자리에 프랑스 포대사령부(1886)의 본부가 입지했다.

폴 두메르와 프렌치쿼터, 행정시설, 트램체계

프랑스 지배기에 하노이의 큰 변화는 1902년 프랑스 인도차이나식민정부(Union Indochinoise, Liên bang Đông Dương, 1887~1945, 1945~1954)의 수도가 사이공에서 하노이로 이전되면서 시작되었다. 이에 따라 하노이는 프랑스 세력이 거주하며 확장해온 프렌치쿼터와 함께 새로운 행정 거점의 위상과 기능을 갖게 되었다. 프랑스 오리악Aurillac 태생으로 훗날 프랑스 대통령에 오르는 인도차이나 식민총독관 폴 두메르(Paul Doumer, Gouveneur-Général, 재임 1897~1902)의 계획 하에 도시 개발은 추진되었다.

폴 두메르는 하노이에 부임한 후 부패한 사이공과 차별화된 하노이를 구상했다. 그의 5년 임기 동안, 가로수가 심어진 애비뉴와 박람회 행사장 본관(Grand Palais de l'Exposition, Nhà Đấu xảo, 1902)을 포함해, 웅장한 보자르 건축양식의 공공건축물 그리고 폴두메르다리(Paul-Doumer Bridge, 1899~1902, 현재 Cau Long Bien)를 지나 베트남 북부와 해안을 연결하는 철도역과 철도체계의 기초가 완성되었다.

54 — TONKIN - Hanoï — Rue Paul Bert

50 A. TONKIN - Hanoï — Gare, façade extérieure

폴버트도로
하노이철도역

하노이오페라하우스

이 시기에 하노이의 프랑스 커뮤니티인 프렌치쿼터는 뜨득왕(King Tự Đức, Nguyễn Phuc Húng Nhôm, 재위 1847~1883)이 승인한 프랑스 조계구역(French Concession, 1874)으로 형성되었다. 하노이의 프렌치쿼터는 호안키엠을 중심으로 서쪽 성요셉대성당 중심의 종교활동구역, 동쪽 폴버트스퀘어(Square Paul Bert, 현재 Ly Thai To Square) 중심의 식민행정 거점으로 성장했다. 이후 남북으로 리타이토도로Pho Ly Thai To, 동서로 왕궁요새와 조계지를 연결하는 폴버트도로(Rue Paul Bert, 현재 Trang Tien Street)가 하노이의 새로운 중심부를 정의했다. 당시 하노이 인구 약 15만 명 가운데 프랑스인은 약 5천 명이었다.

하노이 프렌치쿼터는 가로수길로 조성된 블러바드 격자체계의 도시 설계 아이디어를 이용해 새로 조성된 신고전 건축양식의 공공건물과 저택들로 채워졌다. 이는 프랑스가 주도해 세계적으로 유행시켰던 보자르 건축양식과 도시 설계의 실험장으로서 당시 전통적인 베트남 양식의 주거 환경과 대조를 이루었다. 프렌치쿼터에는 성요셉대성당을 중심으로 함롱성당(Nhà Thờ Hàm Long Ham Long Church, Hàm Long Street), 추아박성당(Eglise des Martyrs, 현재 Cua Bac Church, Nhà thờ Cửa Bắc, 1932) 등이 프랑스 커뮤니티의 중심부를 구성했다.

프렌치쿼터에서 프랑스인들의 일상은 초기에 장두피스도로(Rue Jean Dupuis, Phố Hàng Chiếu)를 중심으로 이뤄지다 폴버트도로(Rue Paul Bert, 현재 Trang Tien Street)로 이전했다. 폴버트도로와 동칸블러바드Blvd. Dong Khanh의 교차지에 입지한 고다드백화점(Godard's Department Stores, 1910, 현재 Trang Tien Plaza Mall)이 상업활동의 중심이 되었고, 주변의 메트로폴호텔(Hotel Metropole, 1901)과 두 개의 카페(Café de la Paix와 Cafe Alexandere) 그리고 파리의 가니에르궁Palais Garnier을 모델로 건축된 하노이오페라하우스(Opéra de Hanoï, Nhà hát lờn Hà Nội, 1901~1911)가 사교활동의 거점이 되었다.

한편 이 시기 하노이 올드쿼터의 항두웅도로Hang Duong와 항마도로 Hang Ma에 입지했던 두 개의 시장은 동수안시장(Cho Đông Xuân, 同春, Springfield Market, 1889)으로 새로 건설된 폴두메르다리 진입부에 조성되어 베트남인 상업활동의 중심부가 되었다. 이어 하노이철도역(Ga Hang Co, 1902, 현재 Ga Hanoi)이 육상도시로서 새로운 하노이의 진입부를 정의했다.

한편 호안키엠호수 동쪽에는 프랑스 정원 양식으로 폴버트스퀘어(Paul Bert Square, 현재 Ly Thai To Square)가 조성되면서 콜로니얼 건축양식의 식민 행정 건물들이 들어섰다. 폴버트스퀘어 북쪽에는 타운홀(Town Hall, 현재 Hanoi Municipal People's Committee UBND Thành Phố Hà Nội), 동쪽에는 인도차이나뱅크(Banque de l'Indochine, 1887, 현재 Ngân Hàng Nhà nước Việt Nam), 남동쪽에는 통킹총독궁(Palais du Résident Supérieur du Tonkin, Dinh Toàn Quyền Bắc Kỳ, 1919, 현재 Nha khach Chính phủ, State Guest House of the Vietnamese Government), 남서쪽에는 하노이우체국(Post and Telegraph Office, 1899, 현재 Hanoi Post Office), 재경부 (Ministry of Finance Building, 1827, 현재 Hanoi Department of Foreign Affairs)이 각각 입지했다. 또 폴버트스퀘어에 자유의 상Statue of Liberty이 세워졌지만, 이후 식민행정관 동상(현재 리타이토 동상이 입지)이 이를 대신하게 되었다.

하노이의 프랑스 건축은 베트남 건축양식과 조합되어 콜로니얼 양식으로 진화했다. 홍강에 처음 건설된 롱비엔다리(Cầu Long Bien, 1899~ 1902)와 비엔동칼리지(Vien Dong College, 1899)는 대표 사례이다. 여기에 타이호수 남쪽의 원필라사찰에 인접해 세워진 인도차이나총독궁(Palace of Gouvernement General de L'Indochine, 1906, 현재 Presidential Palace), 오페라하우스와 인접한 루이피노극동아시아학교(Louis Finot Ecole Francaise d'Extreme-Orient, 1910, 현재 Viện Bảo Tang Lịch sử Việt Nam, National Museum of Viet-namese History), 호안키엠호수 남서쪽의 법원(현재 Supreme People's Court of The Socialist Republic of Vietnam, Tòa án nhân dân Tòi cao Việt Nam) 등이 추가되었다.

이후 프랑스 식민 총독관 마샬 메르린(Governor-General Martial Merlin, 재임 1921~1924)의 주도하에 건축가 겸 도시계획자인 에르네스트 에브라드 (Ernest Hebrard, 1875~1933)가 새로운 하노이마스터플랜(Master Plan of Hanoi, 1924)을 준비하고, 재경부건물을 포함해 하노이의 다섯 개의 핵심 건물인 루이피노박물관(Louis Finot Museum, 1932, National History Museum), 파스퇴르연구소(Hanoi Pasteur Institute, 1930, 현재 National Institute of Hygiene and Epidemiology Viện Vệ sinh dịch tễ Trung ương), 하노이대학 본관(Hanoi University Main Building, 1926, 현재 School of Phar-macy)을 완성했다. 이와 함께 투릭강의 수계를 개조해 조성한 프랑스 조경 양식의 호수공원인 박타오보타니칼공원(Vuon Bach Thao Ha Noi, Bach Thao Botanical Garden, 1890, 33ha)도 조성되었다.

또한 하노이를 대표하는 대학·예술학교·병원·박물관 등이 이 시기에 모두 조성되었다. 인도차이나의학교(Indochina Medical College, 1902, 현재 Hanoi Medical University, Đại Học Y Hà Nội), 인도차이나대학(Indochinese University, 1906, Đông-dương Đại-học Viện, 현재 Vietnam National University, Hanoi) 본관이 레탄통도로Le Thanh Tong street를 따라 세워졌다. 아울러 인도차이나예술학교(École Supérieure des Beaux-Arts de l'Indochine, 1925, 현재 Hanoi University of Fine Art, Trường Đại học Mỹ thuật Việt Nam), 탕롱학교(Thang Long School, 1919), 국립미술박물관Vietnam National Museum of Fine Arts도 설립되었다.

프렌치쿼터의 프랑스 주택들은 프랑스 여러 지역의 건축양식을 반영해 조성되었다. 프랑스 중부의 건축 양식을 가진 주택들은 판딘풍도로 Phan Dinh Phung Street·황디에우도로Hoang Dieu Street·찬푸도로Tran Phu Street·레홍퐁도로Le Hong Phong Street 주변에서 찾을 수 있고, 프랑스 남부 양식은 쾅중도로Quang Trung Street와 트란쿡토안도로Tran Quoc Toan Street 주변에 입지한다. 또한 프랑스와 베트남 건축양식이 혼합된 주택들은 리남데도로Ly Nam De Street 주변에서 발견된다. 당시 하노이에서 프랑스 양식의 주택은 약 1,600개에 달했으며, 현재 이 가운데 2/3 정도가 중앙 정부의 건축보전관리를 받고 있다.

이렇게 조성된 하노이의 도시공간 사이를 트램이 운행했다. 하노이엑스포가 개최되기 직전 하노이트램철도사(Compagnie des tramways elec-triques d'Hanoi et extensions, CTEH, 1900)가 설립되어 다섯 개 노선[34]이 운영되었다. 트램선은 호안키엠에서 남쪽의 박마이(Bạch Mai, Rene Robin Hospital,

인도차이나예술학교(ⓒ 김대석, 2017)

Bạch Mai airfield), 북동쪽의 자이Giấy/Bưởi Market로 확장되었고, 이후 서쪽의 차우자이Cầu Giấy, 남서쪽의 타이하Thái Hà Ấp, 하동(Hà Đông, Cho Cầu Đơ)의 외곽 시장들을 연결하면서 방사형으로 하노이의 도시공간을 확장시켰다.[35]

하노이트램선의 출발점은 현재 호안키엠 북서쪽에 입지한 코코티에르광장(Place des Cocotiers 또는 Place du General Negrier, 현재 Dong Kinh Nghia Thuc Square)으로, 호안키엠 서쪽의 둑방길인 레타이토도로Rue Lê Thái Tổ·차우고도로Rue Cầu Gỗ·티엔호앙도로Dihn Tien Hoang의 교차점이었다. 특히 코코티에르광장에 면한 항다오도로변에는 게이오의숙(慶應義塾大學, 현재 Keio University)[36]을 모델로 설립된 도쿄의숙(Đông Kinh Nghĩa Thục, 東京義塾, Tonkin Free School, 1907)이 잠시 입지해 있었다. 도쿄의숙은 당시 하노이에서 처음으로 서양식 교육을 제공하며 프랑스 지배 하의 베트남 독립운동과 사회개혁을 주도했던 곳이다.

하노이박람회, 내륙-항구의 철도체계

하노이가 모던 도시로서 대규모로 확장된 계기는 철도선의 건설과 함께 추진된 하노이세계박람회(Exposition de Hanoi, 1902~1903)의 개최였다. 당시 박람회는 식민총독 폴 두메르의 아이디어로 추진되어, 타인타이황제(Thành Thái, Emperor of Đại Nam under French Protectorate of Annam and Tonkin, 제위 1889~1907)가 참석한 행사이다. 아쉽게도 박람회는 적자로 종료되었으나 일군의 시설들이 하노이의 남쪽부터 조성됨에 따라 하노이 남쪽 개발의 거점이 되었다.

하노이세계박람회의 행사장은 호암키엠호수 남쪽의 하노이철도역(Ga Hà Nội, Ga Hàng Cỏ, 1902, 재건 1976, 현재 Ga Hanoi) 동쪽에 위치했으며, 현재 비엔통낫공원Công Viên Thống Nhất 북쪽에 조성된 경마장(1890년대 후반) 위에 아

돌프 부시(Adolphe Friederich Heinrich Bussy, 1835~1915)가 설계한 박람회 본관
(Grand Palais de l'Expoition, Nhà Đấu xảo, 1902)이 세워졌다. 이 본관은 제2차
세계대전 때 폭격으로 파괴되었고, 현재 문화교류전당(Friendship Cultural
Palace, Cung Văn hoá Hữu nghi)이 들어서 있다.

하노이철도역이 폴두메르다리와 함께 개통된 시점이 이때다. 하노이
철도역은 베트남 북서부 내륙의 중국 윈난성과 통킹만 그리고 하노이와
남쪽 끝의 사이공을 연결하는 철도 거점으로 기능했다. 당시 윈난성에서
채굴된 주석이 내륙의 만하오(Manhao, 蔓耗)에서 집산되어, 홍강 운하를 따
라 바다항구인 하이퐁(Hai Phon)으로 운송되었다.[37] 이에 하이퐁과 윈난성
을 연결하는 윈난-하이펑 철도선(Yunnan-Haiphong Railway, 滇越鐵路, Tuyến
đường Sắt Hải Phòng-Van Nam/線塘鐵 海防-雲南, Chemins de Fer de L'Indo-Chine et du
Yunnan, 1904~1910)과[38] 남북으로 호치민시까지 연결하는 철도선(Reunification
Express, Tàu Thống Nhất, Hanoi and Ho Chi Minh City, 1899~1936)의 중심이 되었다.

하노이박람회 당시 정경

4. 사회주의 도시구조와 광역권 도시 확장

호치민(Hồ Chí Minh, 재임 1951~1969)의 주도로 인도차이나전쟁(1946~1954)에서 프랑스에 승리하고 프랑스 식민지배[39]를 끝내면서, 하노이는 다시 베트남의 수도로 기능하기 시작했다. 이 시기 베트남은 사회주의 종주국인 소련과의 교역협정(Trade and Maritime Agreement, 1958)을 시작으로 상호 경제협력(Treaty of Friendship and Corporation, 1978) 관계를 유지한다. 이에 하노이는 1995년까지 사회주의 베트남의 수도[40]로 기능했다. 베트남 통일(Libera-tion of Saigon, Fall of Saigon, 1975) 이후엔 사회주의 시장경제(socialist-oriented market economy)를 추구한 개혁정책(Chính sách Đổi Mới, 刷新政策, Doi Moi Policy, 1986)의 중심으로, 외국자본의 유치를 통한 시장경제 지향의 도시개발을 추진해왔다.

초기의 하노이는 사회주의 도시개발을 주도한 도시순환도로인 링도로와 방사형 도로체계를 갖추며 중소 규모의 위성형 거점구조로 성장해 나갔다. 하지만 이후 외곽순환도로와 연결된 고속도로 중심의 광역도시권이 성장하면서 이러한 개발 거점들이 동시다발적으로 확장되는 모습을 보여준다. 이러한 클러스터형 도시 확장은 다수의 동남아시아 도시들에서 관찰된다.[41]

이 과정에서 하노이는 산업·서비스·상업·교육 등 도시 기능을 도시 외곽으로 이전시키며 단일 중심 도시로부터 도시 구조를 변화시켜 왔다. 이에 따라 북서쪽으로는 미딘Mỹ Đình과 시퓨트라Ciputra, 남서쪽으로는 중호아Trung Hoa–난친Nhan Chinh–하타이Ha Tay, 탁탓Thach That–쿠옥와이Quoc Oai의 호아락하이테크파크Hoa Lạc High-tech Park 그리고 남쪽으로는 탄수안Thanh Xuan, 카우자이Cầu Giấy, 하이바중Hai Ba Trưng, 황마이Hoang Mai 등이 하노이의 교외 확장을 주도했다.

이 시기에 하노이는 먼저 세 개의 도시 순환도로와 다섯 개의 방사형

도로의 건설과 함께 도시의 기능적 시설간의 공간 분리 원칙에 기반한 '하노이구역계획안(Zone Plan for Hanoi Construction, 1962, by I. A. Antyonov)' 그리고 타이호 서·남서부의 신개발 거점과 다섯 개 공장구역을 제안한 레닌그라드도시연구계획원(Leningrad Insitute of Urban Research and Planning)의 '하노이기본계획안(Hanoi General Plan, 1973, Leningrad Plan)'에 따라 도시체계가 재정비되었다.

통일 후 하노이는 홍강과 타이호 주변으로 새로운 도시 거점을 제안한 '하노이종합계획안(Master Plan for Hanoi, 1981)'을 시작으로, 인구 150만 명의 하노이를 구상한 '2010년 하노이종합계획(Hanoi Master Plan by 2010, 1992)'과 반경 30~50km의 광역도시를 제안한 '2020년 하노이종합계획(Hanoi Master Plan by 2020, 1998)'을 기초로 현재까지 지속적으로 외곽으로 확장해왔다. 특히 '2010년 하노이 종합계획'은 상업 중심의 36포푸옹구역과 프렌치쿼터, 정치·행정 중심의 바딘Ba Dinh을 구상하면서 도시 인프라 건설과 하노이의 남북 확장을 유도했으며, '2020년 하노이 종합계획'은 호안키엠과 바딘의 인구 집중을 유도하며 2030년까지 인구 8백만 명의 광역도시로서 하노이의 성장을 제안해왔다.

사회주의 기능도시와 구조주의 건축

하노이는 1955~1995년 사이 소련 블록을 구성하면서 소련의 사회주의 도시개발과 건축양식의 영향을 받으며 경관이 변했고, 주요 지명들이 개명되었다.[42] 제2차 세계대전 종전 후, 소련은 유럽식의 대규모 도시 재개발 방식과 모더니즘 건축양식에 프랑스 양식을 추가하여 기능 분화된 위성형 도시 구조를 가진 사회주의식 도시개발을 추진했다. 이에 모스크바는 모스크바노동궁(Moscow Palace of Labour, 1922)의 현상설계를 시작으로 구조주의Modern Constructivist 건축양식을 개발해나갔다. 이러한 사회주의 도시구조가 하노이의 변화를 지배했다.

먼저 1960년대부터 하노이 초기 도시개발을 유도한 일군의 도시계획 안과 실제 도시공간으로 조성된 일군의 사례들이 사회주의 하노이를 완성했다. 특히 레닌파크Công Viên Lenin, Lenin Park와 주변 건물들, 유니언파크Công Viên Thống Nhất와 대학타운(La Cite Universitaire de Hanoi, 1941) 행정건물에 조성된 하노이공과대학(Hanoi Polytechnical Institute, 1956, 현재 Hanoi University of Science and Tech-nology, Đại học Bách khoa Hà Nội) 등이 대표적이다. 이후 중앙역 동남쪽으로 하노이박람회장의 중심 공간인 베칸공원(Vườn Bể cảnh)과 베트남-소련문화전당(Viet Xo Friendship Labour Cultural Palace, 1985, Cung Van Hoa Huu Nghi)[43]이 레닌파크를 모델로 조성되었다.

또한 베트남 정치와 역사의 중심인 바딘광장(Quảng trường Ba Đình) 그리고 모스크바 붉은 광장Red Square의 레닌묘(Mavzoley Lenina, 1961)를 모델로 지어진 호치민묘(President Ho Chi Minh Mausoleum, Lăng Chủ tịch Hồ Chí Minh, 1975),[44] 호암키엠 동쪽 리타이토가든-호아치린가든(Vườn Hoa Lý Thái Tổ-Vườn Hoa Chí Linh)과 그 주변에 조성된 일군의 중앙정부 기관들인 건설부(Minstry of Construction headquarters, Le Dai Hanh Street), 임업부General bureau of Forestry, Statistics Bureau, 산업부Minstry of Indsutry, 국립영빈관Government Guest House, 우체국 등도 이에 해당한다.

하노이는 1960~1965년부터 대규모 도시 기능시설의 공간적 분리를 원칙으로 하는 사회주의 도시개발에 따라 주거지·생산공장구역·공공시설 등이 개발되었다. 특히 첫 번째 도시계획안인 하노이구역계획안에 따라 세 개의 순환도로와 도시 중심에서 외곽으로 나가는 다섯 개의 방사형 도로 건설이 제안되었다. 이 계획안은 하노이의 올드쿼터를 상업구역으로 제안하고, 타이호수 서쪽을 새로운 개발 거점으로 제안했으나 실현되지는 못했다. 그럼에도 이 시기 사회주의 도시계획의 노력은 하노이가 생산활동을 중심으로 균일한 거리를 두고 소규모 주거 기능을 가진 위성 도시들을 중심으로 성장하도록 유도했다.

먼저 1960년대 하노이는 남쪽 하이바쭝의 파스퇴르공원을 연결하는 동서 방향의 응유엔콩주도로Nguyen Cong Tru와 동다의 킴리엔Kim Lien에 콘크리트 구조의 아파트를 건설했다. 또 하노이 서쪽 외곽부인 탄수안 Thanh Xuan의 투옹딘Thuong Dinh에는 하노이공장(Hanoi Engineering Plant, 1957, 이후 Machine Tool Plant no.1)과 파라이발전소Pha Lai Thermo Electric Power Station 가 건설되었다. 이후 이 부지는 탄수안의 로열시티로 개발되었다.

1970년대부터 하노이는 도시계획가 소콜로브S. I. Sokolov가 중심이 된 레닌그라드도시연구계획원이 준비한 하노이기본계획안에 따라 성장했다. 이 계획안은 타이호수 서쪽에서 남서쪽까지 하노이의 신개발 거점과 블러바드를 통해 주거 커뮤니티와 다섯 개의 공장구역을 제안했다. 또 도시 중심부를 보행공간으로 유도하는 링철도와 공항이 제안되었으며, 이후 이를 근거로 노이바이공항(Sân Bay Quốc Tế Nội Bài, 1978)이 건설되었다.

외곽순환도로와 광역권 교외개발: 중호아, 미딘, 탄수안, 카우자이, 하이바쭝, 황마이

모던 하노이의 교외 확장을 주도한 교통인프라는 하노이 중심부에서 10km 지점의 서북부터 남부까지 C자 형태로 조성된 세 번째 도시순환도로(Ring Road 3, Pham Van Dong, 12차선)이다. 이 도로는 2000년대 초부터 건설되기 시작했으며, 그 주변의 미딘국립스타디움(Mỹ Đình National Stadium, 2003)과 함께 개발된 미딘Mỹ Đình, 그리고 하노이컨벤션센터와 함께 개발된 중호아Trung Hoa의 주거지 개발을 유도했다.

이후 하노이의 제3도시순환도로의 남쪽 구간(2010)과 홍강다리Cau Thanh Tri와 함께 북쪽 구간(2012)이 개통되었으며 순환도로로서 기능하고 있다. 이 과정에서 이는 공업구역이었다가 최근 대학과 첨단연구단지로 재개발 중인 탄수안Thanh Xuan, 타이호 동쪽 시퓨트라(Ciputra International

City Complex, 2004),[45] 기업 연구시설과 대학을 중심으로 성장하고 있는 카우자이Cầu Giấy 그리고 하이바쭝Hai Ba Trung의 타임즈시티(Hanoi Vinhomes Times City, Khu Do Thi, Times City)와 황마이Hoang Mai의 마노르센트럴파크 Manor Central Park Hanoi 등 대규모 주거지·오피스·쇼핑센터의 교외 신개 발이 가속화되어 왔다.

이러한 제3도시순환도로 주변의 대규모 사업은 하노이 남서쪽의 금융 비즈니스의 거점인 중호아의 개발로 시작되었다. 이곳에는 베트남국립컨 벤션센터(Vietnam National Convention Center, 2004~2006)와 하노이 최고층 빌딩 인 경남하노이타워(Keangnam Hanoi Landmark Tower, 2011)가 건축되었다. 이 후 중호아 남쪽으로 제3도시순환도로와 AH13의 교차점을 중심으로 탄 수안엔 베트남국립대학와 하노이대학을 포함해 일군의 대학들이 조성되 었다.

이에 따라 응우옌트라이도로Nguyen Trai Street에 아시아 최대 지하쇼핑 몰(Vincom Royal City Megamall, 2013)로 아이스링크와 워터파크를 갖춘 로열 시티(Khu đô thị, Royal City Royal City, 2013)가 개발되었다. 이 개발은 제3도시 순환도로-CT08을 따라 탁탓Thach That-쿠옥와이Quoc Oai에 조성된 베트 남의 첫 번째 국립첨단테크놀로지파크인 호아락하이테크파크(Hoà Lạc High-tech Park, 1998)와 연계되어 최근 하노이의 도시 확장을 주도해왔다. 하노이는 2008년에는 남서쪽 교외지인 하타이Ha Tay[46]도 흡수했다.

호아락하이테크파크는 글로벌 IT사업을 주도하는 팍스콘Foxconn·인 텔Intel·삼성 등의 기업체가 입지해 20만 명을 고용하는 첨단연구단지다. 이곳에는 음식건조기술개발기업(Food Processing Technology Company, 1988) 에서 베트남 최대 소프트웨어 기업으로 성장한 에프티피소프트웨어(FPT Software, 1999)와 첫 민간 대학인 에프티피대학(FPT University, Trường Đại học FPT Hà Nội, 2006), 국방부가 창업한 비에텔그룹(Viettel Group, Tập đoàn Công nghiệp-Viễn thông Quân đội, Army Telecommunication Industry Corporation)의 비에 텔소프트웨어가 공군학교(Air Defence Academy, Học Viện Phong Khong-Khong

Quan)와 함께 입지해 있다.

한편 하노이의 제3도시순환도로 서쪽의 미딘에는 미딘국립스타디움이 건설되면서 가든쇼핑센터(The Garden Shopping Mall, 2010), 찬홍콴기업 Tran Hong Quan Trading이 개발한 서비스 레지던스, 크라운플라자웨스트호텔콤플렉스(Crowne Plaza West Hotel, 2010)가 들어섰다. 특히 이곳은 하노이 중등교육의 거점이기도 한데, 대규모 아파트 단지Ct1-Ct9와 쇼핑몰을 중심으로 코리안 커뮤니티가 활성화되어 있다.

제3도시순환도로와 제2도시순환도로(Ring Road 2, Vo Chi Cong Street) 사이의 타이호 동쪽엔 베트남도시개발기업Urban Development and Infrastructure Investment Cooperation과 인도네시아 중국계 기업인 시퓨트라그룹Ciputra Group이 공동 출자한 시트라웨스트레이크시티개발사(Citra Westlake City Development Co, Ltd)가 개발한 시퓨트라콤플렉스가 입지한다. 또 타이호 서쪽 카우자이에는 수안투이도로Xuan Thuy Street에 조성된 세 개의 주거 타워와 인도차이나플라자(Indochina Plaza, 2012), 베트남국립대학Vietnam National University의 메인 캠퍼스 그리고 하노이교육대학Hanoi University of Education이 입지해 있다.

아울러 제3도시순환도로 남쪽으로 호안키엠의 남부에서는 하노이 최대 인구 집중구역인 하이바중이 하노이공과대학(Hanoi University of Technology ại học Bách khoa Hà Nội, 1958)과 타임즈시티쇼핑센터와 함께 성장 중이다. 타임즈시티(Hanoi Vinhomes Times City, Khu Do Thi Times City, 2013)는 빈그룹(Vin Group, 1993)이 민가이도로(Minh Khai Street)를 중심으로 아파트·병원·학교·쇼핑센터 등으로 구성한 콤플렉스다. 또 제3도시순환도로 남쪽 구간의 황마이Hoang Mai에서는 메모리얼공원(Memorial Park, 2017)을 중심으로 일본 미쓰비시기업Mitsubishi Corporation과 비테스코Bitexco Group가 개발한 혼합용도 콤플렉스인 마노르센트럴파크Manor Central Park Hanoi를 시작으로, 17개의 고층 타워군과 저층 주택지가 개발되고 있다.

제3도시순환도로(ⓒ 김대석, 2017)

제 3 장

홍콩

홍콩 산가이의 서쪽 끝이자 광저우의 진입부인 투엔문의 지도(1866)

1. 남송의 이주와 진주 생산

난하이(Nanhai, 南海)로 불려온 대륙의 끝에 중국의 최초 통일국가인 진나라(Qin Dynasty, 秦朝, 기원전 221~기원전 206, 수도: Xianyang, 咸陽)[1] 세력이 도착한 시점은 기원전 214년이다. 이 지역은 산가이(New Territories, 新界; Xīnjie, San Gai)와 코우룬반도(Kowloon Peninsula, 九龍半島) 그리고 바다 건너 홍콩섬(Hong Kong Island, 香港島)과 주변의 섬들로 모두 합쳐 홍콩으로 불려왔다.

진나라 진시황제의 자오투오장군(Zhao Tuo, 趙佗 Trieu Da, King of Nayue, 재위 기원전 203~기원전 137)이 기원전 214년 당시 바이유에족(Baiyue People, 百越, Hundred Yue Bach Vát)이 지배했던 광동성, 광시성, 북부베트남을 정복하고, 그의 군사 거점인 판위청(Panyu Town, 番禺城, Ren Xiao Town, 任禺城)을 광저우 유에시우(Yuexiu, 越秀)에 조성했다. 이후 진나라가 해체되며, 홍콩은 자오투오장군이 건국한 남월(Kingdom of Nanyue, 南越國, Nam Viet, 기원전 204~111, 수도: Panyu, 番禺)과 이후 남월을 흡수한 한나라(Han Dynasty, 漢朝, 기원전 202~9, 25~220)[2]의 남중국해를 향하는 관문이었다.

한나라가 통치하던 홍콩은 소금의 생산지였다. 당시 산가이의 해안은 하천이 바다로 합류하는 하구를 중심으로 넓은 갯벌이 입지했고, 그 배후의 구릉지는 바람을 막아 조수를 이용한 염전을 조성하기에 적합했다.

이후 산가이에 병영이 조성된 시점은 당나라(Tang Dynasty 唐朝, 618~907) 시대이다. 이 시기에 홍콩은 판유를 대체한 당나라의 지역행정 거점인 웨시우의 지배를 받았다. 산가이의 캐슬픽만(Castle Peak Bay, 靑山灣)의 투엔문강(Tuen Mun River, 屯門河) 하구에는 736년 인도·페르시아·아라비아와의 대외교역을 감시하고 해안을 방어하기 위해 약 2천여 명이 주둔하는 해군기지(Tuen Mun Tsan, 屯門鎭, 현재 틴하우사원)가 기능했다.

산가이에 중국 본토로부터 한족 세력이 이주(한족의 2차 이주, 892)해 정착한 시점은 당나라 말기인 901년이다. 이에 따라 중국 본토의 농업기술이 홍콩으로 이전된 것으로 추정된다. 홍콩은 2~6월, 7~12월 벼를 이모작하는데, 특히 겨울을 지내며 성장한 쌀은 영양분이 상대적으로 높고 향이 좋다고 한다. 당시 정착한 한족들은 산가이 5대 씨족을 구성하는 하우(Hau, 侯)·당(Tang/Deng, 鄧)·팡(Pang/Peng, 彭)·리우(Liu, 廖)·만(Man, 文) 가문들로 성장했다. 이들의 마을은 광둥성 단어로는 '마을벽으로 둘러싸인'이라는 의미의 '와이(Wai, 圍)' 또는 '추엔(Tsuen, 村)'으로 불린다.

산가이의 소금 생산과 진주 채집

홍콩은 해안에서 만(Bay, 灣)과 작은 만(Cove, 湾)을 중심으로 형성된 마을과 타운을 거점으로 성장했다. 만은 바다와 육지가 만나는 'C' 형태의 지형을 가진 해안의 일정구역이다. 만은 파도와 태풍으로부터 배를 보호할 수 있어 부두가 형성될 수 있는 최소 요건을 갖춘 곳으로, 배후지의 구릉이 부두로 불어오는 바람을 막아주며 만으로 흐르는 하천은 마을의 성장을 유도했다. 특히 하천이 바다를 만나 염분이 상대적으로 낮은 만의 해수는 굴의 서식지를 형성하여 진주 채집이 활발하게 이루어졌고, 조수를 이용해 염전을 조성하고 소금을 생산하는 것이 용이했다.

홍콩에 이러한 염전사업이 활성화된 시점은 당나라 시대다. 신가이의

조수 간만의 차이는 소금 생산과 진주 채집을 촉진했다. 이미 푸젠성의 푸티안莆田의 소금 생산자들은 800년[3] 부터 멀리 하이난Hainan의 단저우 (Danzhou, 儋州)의 양포염전(Yangpu Ancient Salt Field, 洋浦鹽田)에 정착[4]하며 소금을 생산해왔다. 이후 홍콩은 당나라의 멸망과 송나라의 건국 사이의 오대십국시대(Five Dynasties and Ten Kingdoms Period, 五代十國, 907~979)에 당나라의 지역 세력으로 리우얀(Liu Yan, 劉龑, 재위 917~942)이 건국해 광둥, 광시, 하이난 그리고 멀리 홍강삼각주까지 통합한 남한국(Southern Han, 大漢, 917~971)의 지배를 받았다.

　새롭게 건국한 송나라(Song Dynasty, 宋朝, 960~1279)는 염전사업에 관심을 갖고 코우룬만Kowloon Bay을 따라 현재의 군동(Kwun Tong, 官塘)에 대규모 소금염전인 군푸청(Kwun Fu Cheung, 官富場, 명조의 Kwun Fu Magistracy 官富巡檢司)[5]을 조성해 소금을 생산했다. 코우룬의 북동쪽에 송나라가 조성한 코우룬의 성채도시(Kowloon Walled City, 九龍寨城)[6]는 이 지역의 소금 생산을 관리하는 병영 거점이었다. 흥미롭게도 산가이 남동쪽 끝의 팟통문 (Fat Tong Mun, 佛堂門)에 홍콩에서 가장 오래된 마조사원(Tin Hau Temple, 1266)이 조성된 시점이 이즈음이다. 푸젠성에서 카오룬으로 이주해온 소

홍콩에서 가장 오래된 팟통문의 마조사원(ⓒ 한광야, 2019)

금 상인인 람타오이(Lam Tao Yi, 林道義)는 항해 중 난파되어 조스하우스베이(Joss House Bay, Tai Miu Wan, 大廟灣)에 도착했고, 감사한 마음을 담아 이곳에 바다의 안녕을 지키는 마조여신을 위한 마조사원을 건립했다.

홍콩에서 진주 생산은 761년과 964년을 기점으로 단계적으로 서로 다른 목적을 가지며 발전했다. 먼저 진주는 당나라 시대인 761년 중국 역사에서 귀금속으로서 처음 등장했다. 당시 수종 황제(Emperor Suzong of Tang, 唐肅宗, 재위 756~762)의 명으로, 투엔문의 해군이 동원되어 산가이 타이포의 토로항구(Tolo Harbour, 吐露港)를 중심으로 진주 채집이 시작되었다. 타이포만은 타이모산(Tai Mo Shan, 大帽山, 957m)에서 발원한 람츠엔강Lam Tsuen River이 바다로 합류하는 지점으로 수심이 얕아 진주양식에 유리했다.

당시 진주 채집은 진주의 채굴과 함께 굴 껍질을 가공하여 석회 생산으로 이어졌다. 굴 껍질의 석회는 인접한 나이통곡산(Nai Tong Kok Shan, 泥塘角山)의 석회가마에서 가공되어 건축과 선박의 시공 재료로 사용되었다. 석회는 재료의 균일성과 내구성을 향상시키고 서로 다른 재료들 사이의 틈을 메워 방수력을 증가시켰다. 이후 진주는 964년 송나라의 태조(Emperor Taizu of Song, 宋太祖 趙匡胤 재위 960~976) 때부터 광저우로 유입되어 스리랑카[7]와 인도 상인을 통해 귀금속으로서의 가치를 얻었다.

산가이의 진주 채집은 송나라를 건국한 태조가 통치하던 964년에 본격적으로 성장했다. 타이포는 이미 남한국 시기에 메이추엔(Mei Chuen To, 媚川都)으로 개명되며 진주 생산의 중심부로 성장했고, 송나라에게 신가이의 진주는 교역의 주요 수익원이었다. 타이포의 진주 생산은 초기에는 배를 타고 연안에서 굴을 채집하는 방식으로 진행되었고, 이후에는 굴 양식으로 변화했다. 이 시기에 타이포에는 진주 채집을 위한 선박이 제작되고 병영이 건설되었으며, 양식장이 조성되어 진주의 생산 거점으로 발전했다. 하지만 산가이는 이후 양질의 진주를 생산하는 하이난섬 북쪽의 헤푸(Hepu, 合浦)[8]의 진주양식에 뒤처지게 되었다.

푼티인, 하카인, 호키엔인, 탕카인의 이주와 해안 퇴거령

송나라 시대의 홍콩은 중계교역의 거점이었다. 송나라의 선박 제조기술은 금속 제조를 바탕으로 획기적으로 성장하며 화물운송을 위한 대형선박을 제조했다. 이에 광둥성과 푸젠성은 매우 밀접한 관계를 갖고 함께 성장했다. 광저우는 해로를 통해 푸젠성에 식량을 공급했고, 푸젠성은 도자기와 철재제품을 공급[9]했다. 이러한 상관관계는 두 지역 간의 해운 운송을 규제하기 위해 홍콩의 동쪽입구인 퉁룽저우(Tung Lung Chau, 東龍洲)에 조성되었던 세관(Fat Tong Mun, 佛堂門, 현재 틴하우사원의 위치로 추정)[10]을 통해 확인된다.

홍콩은 북송(Northern Song, 960~1126)이 해체되어 수도를 카이펑(Kaifeng, 開封)에서 항저우(Hangzhou, 杭州)로 이전하고, 남송(Southern Song, 1127~1279)이 건국되면서 변화를 겪었다. 이 과정에서 공자의 후손이 산둥성 취푸에서 남쪽으로 내려와 항저우 내륙 지역에 취저우(Quzhou, 衢州)를 형성했고, 이 무렵 중국 중원에서 한족의 남하(한족의 3차 이주, 1127)가 진행되었다. 취저우는 산둥성 취푸를 이은 이름이다. 이후 남송의 항저우가 1276년 쿠빌라이칸(Kublai Khan, 재위 1260~1294)이 이끄는 몽골 세력에 의해 점령되어, 남송의 황궁은 공황제(Emperor Gong of Song, 宋恭帝, 재위 1274~1276)를 두고 마황후(Empress Ma), 왕자(이후 Emperor Shi of Song, 宋帝昰, 재위 1276~1278)와 자오빙 공주(Zhao Bing, 趙昺)가 1276년 웬저우(Wenzhou, 溫州)와 취안저우를 지나 1276년 코우룬만에 도착하여 친완[11]에 머물렀다.

이 시기에 홍콩은 중국 본토의 다수 지역들로부터 이주해온 이주민과 중국 동해안의 해류를 따라 거주지를 옮겨온 해상 유랑민이 거주지였다. 중원의 후난(Hunan, 湖南)에서 광둥성으로 이주해와 정착한 홍콩원주민으로는 푼티족(Punti People, 本地人)이 있었고, 황하강에서는 하카족(Hakka People, 客家人)[12]이 이주해와 홍콩에 정착했다. 또한 푸젠성에서는 호키엔족(Hokkien People, 閩南儂)이 이주해왔다.

홍콩에 해상문화가 해안과 해류를 따라 넓게 유입된 계기는 중국 해안의 해상 유랑 세력인 탕카인(Tanka People, 蜑家 水上人)의 활동에서 기인한다. 탕카인은 북쪽의 저장성으로부터 푸젠성 광시성, 광둥성, 홍콩 지역, 마카오, 하이난 그리고 멀리 베트남까지 해안을 따라 항해하며 해안의 만에 이동커뮤니티를 조성해왔다. 이러한 관점에서 탕카인은 바이유인(Baiyue People, 百越)의 후손으로 여겨지며, 이들의 초기 세력 거점에서 남하하며 베트남까지 이동하며 활동했다. 특히 베트남에 정착한 탕카인은 단족Dàn People으로 불려왔다. 탄카인은 이미 인도와 페르시아 상인이 활동하던 4~5세기를 전후로 홍콩에서 활동하며 해양교역의 운송주체로도 활동했을 것으로 추정된다.

홍콩의 해안주거지는 16세기를 전후로 유럽 세력들의 방문을 받았고, 이후 청나라의 강시황제가 집행한 '해안퇴거령(遷界令, Imperial Edit for Great Evacuation, 1662~1669)'으로 큰 변화를 겪었다. 먼저 포르투갈 세력은 타마오섬(Tamao Island, 屯門, 현재 Tuen Mun)을 방문하여 그 세력 거점(1514~1521)을 조성[13]했고, 네덜란드 동인도회사는 1607년 란타우섬(Lantau Peak Island, 大嶼山, Fung Wong Shan, 鳳凰山)을 방문했다. 이러한 외국 세력에 대응한 해안퇴거령은 중국 서남해안의 마을과 해체와 교역·생산활동을 해체시켰고, 해안거주자의 내륙으로 이주가 진행되었다. 그 결과 홍콩의 만으로부터 하천의 중상류에 마을이 조성되었다.

캐슬픽만의 투엔문, 미어스만의 타이포, 하우회만의 캄틴-핑산, 사틴과 타이와이

홍콩에서 외세의 문화가 가장 먼저 유입되어 정착한 장소는 산가이 남서쪽 지역인 캐슬픽만(Tsing Shan Wan, 靑山灣, Castle Peak Bay)이다. 이곳은 광저우의 입구로서 이미 5세기를 전후로 인도의 불교문화가 전래되어 자리 잡은 장소이다. 캐슬픽만의 구릉에는 홍콩에서 가장 오래된 불교사찰인 칭산선원(Tsing Shan Temple, 靑山禪院)이 위치한다. 칭산선원은 인도의 대승불교 승려인 부이토(Reverend Pui To, 杯渡禪師)가 5세기 중엽에 칭산사찰Tsing Shan Temple과 부이토탑Pui To Pagoda을 처음 설립하면서 건립되었다. 이후 캐슬픽만의 투엔문강 하구에는 당나라의 해군기지인 투엔문병영(Tuen Mun Tsan Naval Barracks, 屯門鎭, 736, 현재 Kau Hui Old Marketplace)이 운영되었고, 영국의 지배가 시작되기 직전까지 광저우의 방어 거점이었다. 현재 이곳에는 티엔하우사원(Hau Kok Tin Hau Temple, 后角天后廟, 1637)이 위치한다.

이후 홍콩에 중국 중원의 문화가 본격적으로 유입된 시점은 크게 당나라 말기의 한족의 1차 이주(892)와 북송 말기의 한족의 3차 이주(1127년)이다. 이 시기는 변방인 홍콩의 어촌문화와 한족의 중원문화가 융화되는 계기가 되었다. 특히 이 과정에서 하천의 중·상류와 하구에 주거지가 조성되었다.

홍콩의 대표적인 초기 주거지는 산가이 북동부에 위치한 타이포(Taipo, 大埔)[14]이다. 타이포는 홍콩 지역에서 가장 높은 산이자 녹차로 유명한 타이모산(Tai Mo Shan, 大帽山, 957m)의 울창한 숲을 중심에 두고 있다. 타이포는 타이모산과 나이통콕산(Nai Tong Kok Shan, 泥塘角山)의 분지에 입지하여 외세의 침입에 방어하기 적합했으며, 산의 높은 지형이 바람을 막아주어 미어스만(Mirs Bay, Tai Pang Wan, 大鵬灣)의 토로항구에서 비교적 잔잔한 파도와 얕은 수심을 유지해주어 굴 서식에도 좋은 환경을 제공해주었다.

타이포는 이미 964년부터 971년까지 토로구항구(Old Tolo Harbor, 吐露港, 현재 Po Heung Bridge, 寶鄕橋)와 타이포구시장(Tai Po Old Market, 현재 포흥다리 북쪽편)을 중심으로 한 진주 채집을 기반으로 거주지가 형성되기 시작했다. 당시 거주지는 타이모산에서 발원해 흘러 내려오는 람츠엔강(Lam Tsuen River, 林村河)과 선천(Shenzhen, 深圳)에서 흘러 내려오는 타이포강(Tai Po River, 大埔河, Dapu He)의 합류지점에 형성되었다.

타이포의 상업중심지(Fu Shin Street, 富善街)에는 주민들 간의 분쟁을 해

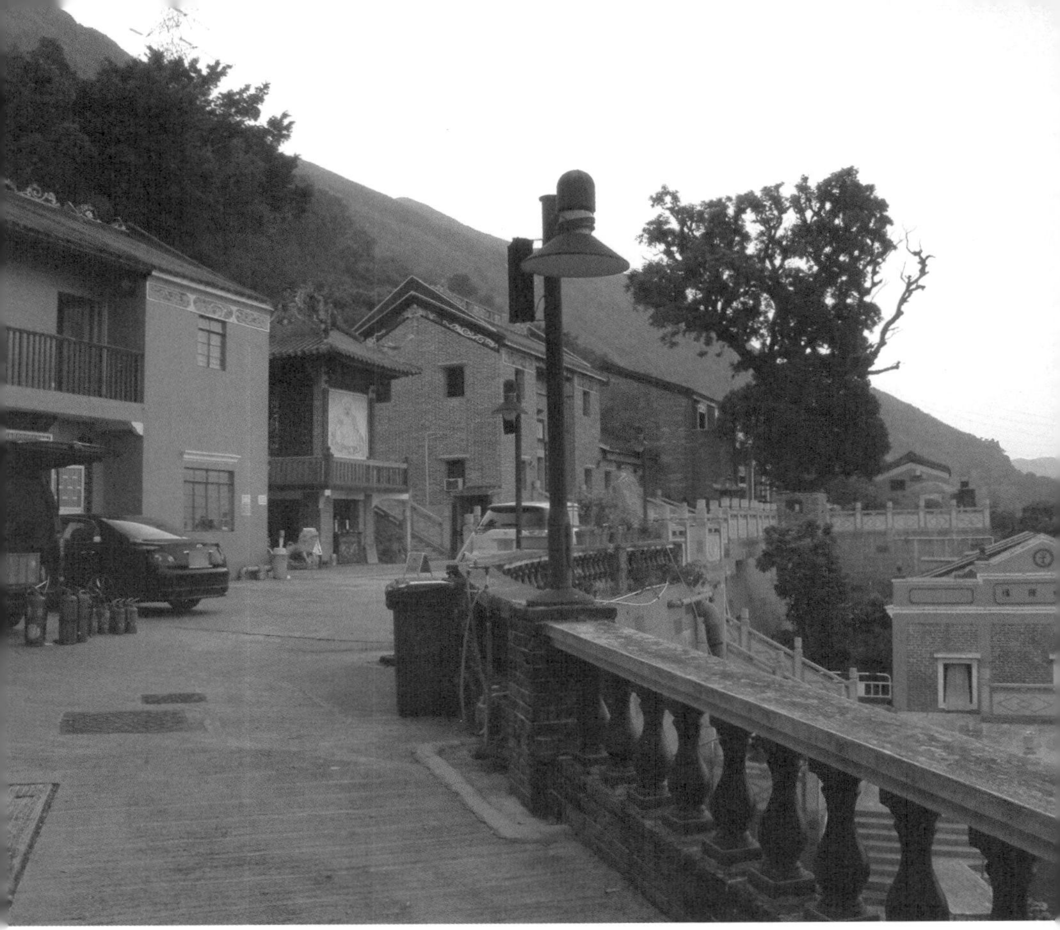

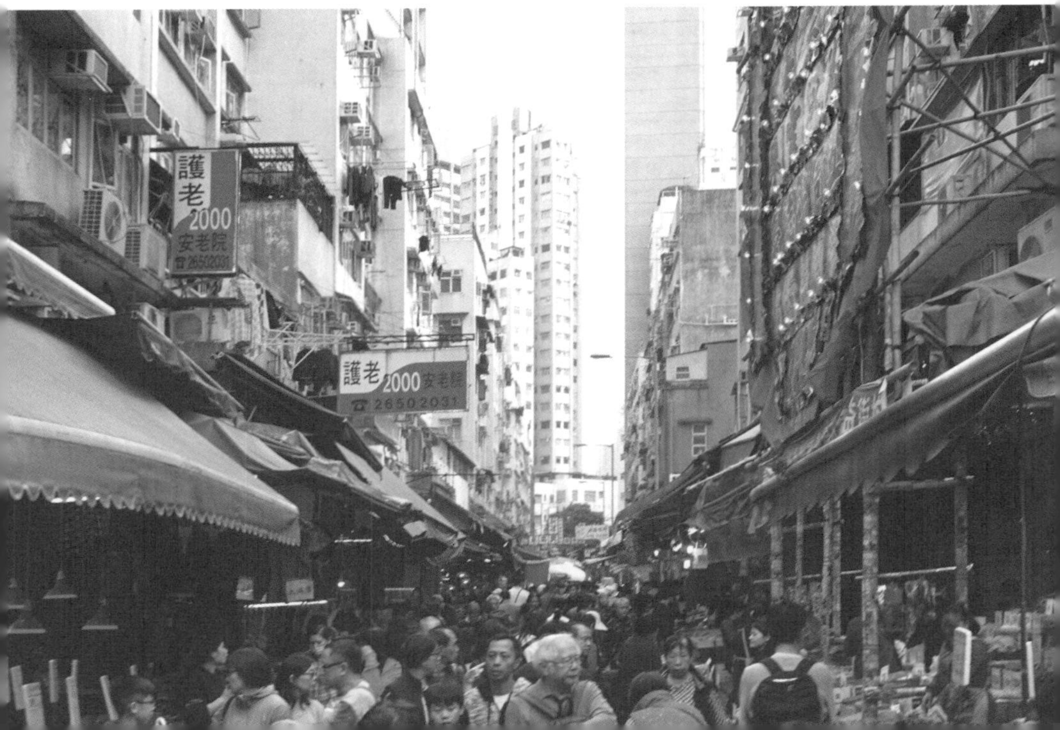
護老
2000
安老院
☎ 26502031
護老
2000
安老院
☎ 26502031

결하는 신(Wéndi, 文帝, 공자)과 무술의 신(Wǔdi 武帝, Guan Yu)을 모신 웬우사(Wenwu Temple, 文武廟, 1891)가 위치하고 있다.

한편 타이포는 송나라 가오종황제(Emperor Gaozong of Song, 宋高宗 재위 북송 1127~1129, 남송 1129~1162)의 공주와 당웨이갑(Tang Wai Kap, 鄧惟汲)의 결혼을 통해 중국대륙의 진주시장을 독점하며 성장했다. 당웨이갑은 장시성(Jiangxishung Province, 江西省) 지수이(Ji Shui County, 吉水縣)에서 캄틴으로 이주해온 당씨 가문의 후손이었다. 당시 송나라의 가오종황제는 '진강사고(Jingkang Incident of the Jin-Song Wars, 靖康事變, 1125~1127)'로 카이펑을 떠나 항저우로 피신하여 그곳에서 남송을 건국했다. 이즈음 가오종 황제의 공주는 홍콩으로 피신해와 캄틴에서 당웨이갑과 결혼을 하게 되고, 그녀의 큰 아들인 당룸(Tang Lum, 鄧林)이 가오종황제로부터 중국 내 진주 생산과 교역의 독점권을 획득했다. 이후 타이포는 원나라기에 선박제조 기술이 향상되고, 토로항구의 얕은 해안에서의 굴 양식이 성공하면서 진주 생산지로 청나라 초기까지 번성했다.

한편 산가이 북서쪽의 선천과 홍콩의 경계인 하우회만(Hau Hoi Wan, 后海灣, Deep Bay, Shenzhen Bay, 深圳湾)의 남쪽 내륙의 삼틴(Sham Tin, 쑹田, 현재 Kam Tin Heung, 錦田鄉)에는 당나라 후기인 973년을 전후로 장시성(Jiangxi Province, 江西省)에서 이주해온 당씨(Tang Clan, 鄧族) 가문의 당혼팟(Tang Hon Fat, 鄧漢黻)이 조성한 홍콩의 초기 거주지인 캇힝와이 마을(Kat Hing Wai, 吉慶圍)이 위치하고 있었다. 캇힝와이는 캄틴강(Kam Tin River, 錦田河)의 두 개의 상류천을 외세로부터 마을을 보호하는 해자로 삼아 그 가운데에 조성되었다. 캇힝와이는 원나라 후기에 장시성에서 당씨 세력이 추가로 이주해 오면서 홍콩의 대표적인 주거지로 성장했다. 캇힝와이는 이후 청나라의 해안퇴거령에 발맞춰 해적 침입을 방어하기 위한 직사각형(규모: 80×100m)의 성체마을(walled village 圍)로 발전하였다. 마을 내부에는 과거시험을 준비하는 초우윙이 학당(Chou Wong Yi Kung Study Hall, 周王二公書院, 1685)과 국립군인시험을 준비하는 체육시설인 쳉춘위엔(Cheung Chun Yuen, 長春園, 19

광둥과 난하이, 기회의 땅과 바다

투엔문의 칭산선원 입구(ⓒ 한광야, 2019)
타이포 옛 시장과 그 중심부에 위치한 웬우사(ⓒ 한광야, 2019)

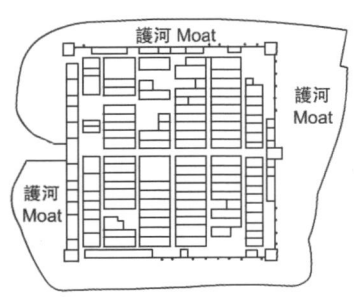

護河 Moat

護河 Moat

護河 Moat

추이싱라우탑(ⓒ 한광야, 2019)

세기 중엽)[15]을 중심으로 격자형 주거블록(규모: 16×48m)이 형성되었다.

또한 하우회만을 따라 캄틴의 서쪽으로 유엔롱(Yuen Long, 元朗)에는 당씨(Tang Clan, 鄧族) 가문의 또 하나의 오래된 마을인 핑산(Ping Shan, 屛山)이 형성되었다. 핑산 마을은 북쪽으로 흐르는 산푸이강(Shan Pui River, 山貝河)의 동쪽에 조성되었으나, 이후 모래가 퇴적되어 하천은 수로로서의 기능은 하지 못하게 되었다. 핑산은 성충와이를 포함한 세 개의 성체마을(Sheung Cheung Wai, 上璋圍; Fui Sha Wai, 灰沙圍; Kiu Tau Wai, 橋頭圍)과 여섯 개의 촌으로 규모가 확장되었다.[16] 핑산 입구에는 추이싱라우탑(Tsui Sing Lau Pagoda, 聚星樓, 1486)이 서 있는데, 이는 홍콩에 현존하는 유일한 고대 탑으로 '학자星를 모아 배출한다'는 마을의 비전을 상징한다. 핑산은 두 개의 코트야드와 세 개의 건물로 구성된 당족홀(Tang Ancestral Hall, 鄧族, 14세기초)

산가이 마을의 공간구조 모형 / 캇힝와이 마을의 공간구조 도면
캇힝와이 마을의 골목길(ⓒ 한광야, 2019)

과 얀통콩 서당Yan Tong Kong Study Hall, 토신당Shrine of the Earth God 그리고 마을 우물을 중심으로 마을의 기능이 형성되었다. 핑산마을은 동쪽으로 구릉을 두고 조성된 옛 시장마을(Un Long Hui, 元朗舊墟)을 중심으로 1970~ 1980년대부터 개발된 유엔롱신도시(Yuen Long New Town, 元朗新市鎭)와 1990년대에 개발된 북쪽의 틴수이와이신도시(Tin Shui Wai New Town, 天水圍新市鎭, 1993) 사이에 위치하고 있다.

한편 산가이 중앙부의 사틴(Sha Tin, 沙田)은 과거 렉유엔(Lek Yuen, 瀝源)으로 불리기도 하였는데, 이는 "깨끗한 물의 근원"이라는 뜻으로 싱문강(Shing Mun River, 城門河)의 맑은 강물에서 비롯된 이름이다. 이 지역의 대표 수종이자 홍콩(Fragrant Harbour, 香港)의 이름의 기원이 되는 침향나무(Agarwood, 沈香木)가 나무 수액 생산을 목적으로 송나라 때 부터 이곳에 식재되었다. 사틴의 옛 마을은 타이와이역(Tai Wai MRT Station) 서쪽의 금산(Kam San, 金山)과 북쪽의 락산(Mount Pleasure, 樂山)을 두고 형성된 칙추엔와이마을(Chik Chuen Wai, 積存圍)이다. 칙추엔와이마을은 명나라 말기인 1574년 동관(Dongguan, 東莞)에서 이주해온 16개 가문들이 조성[17]했으며, 이후 싱문강을 따라 마을들이 추가되었다.

사틴의 중심부에는 싱문강 북쪽의 사틴시장Sha Tin Market과 사틴센터, 사틴타운홀이 있다. 싱문강 변의 남쪽에는 남송의 장군인 체쿵(Che Kung, 車公, 1127~1279)을 기리는 체쿵사원(Che Kung Temple Miu, 車公廟)이 위치하고 북쪽에는 홍콩문화박물관(Hong Kong Heritage Museum, 香港文化博物館, 2000)이 위치하고 있다. 사틴의 북쪽에 위치한 만불사(Ten Thousand Buddhas Monastery, 萬佛寺, 1951)는 13,000개의 불상으로 장식된 입구로 유명한 사찰이다.[18] 이후 사틴은 영국 세력이 건설한 코우룬-캔톤철도선의 종점역(Sha Tin Station, 沙田鐵路站, 1910)이 조성되면서 성장했으며 이후 1970년대에 싱문강을 직선화하고 주변을 매립하여 사틴신도시(Sha Tin New Town, 沙田新市鎭)가 조성되었다.

사틴 마을의 중심부와 신도시(2017)

2. 코우룬과 빅토리아시티의 병영, 부두, 마을

홍콩섬과 코우룬반도로 정의되는 홍콩항구(현재 Victoria Harbour, 維多利亞港)에 큰 변화가 시작된 것은 영국 세력의 지배이다. 당시까지 홍콩항구는 광저우와 중국의 남부 해안을 방어하는 해군 병영의 거점이었다. 이미 홍콩항구에는 1425년을 전후로 명나라 초기의 해군장군 정화(Zheng He, 1371~1435)의 해군 병영이 입지했고, 또한 반대편의 코우룬반도에는 청나라 말기에 린제수(Lin, Zexu, 林則徐, 1785~1850)의 주도로 1836년 병영이 조성되었다. 수변 도시에서 이러한 해안의 병영은 배후지나 주변에 민간항구가 형성되고 이를 중심으로 마을이 형성되었음을 의미한다.

영국 세력의 지배 전까지 홍콩섬의 민간항구는 서쪽 해안의 애버딘항구(Aberdeen Harbour, 香港仔)였다. 애버딘항구는 탕가족의 오래된 수상 거점이었으며, 특히 명나라 시대에는 산가이에서 생산된 침향나무의 진액이 이곳에서 집산되었고 교역되었다. 이것이 '향의 항구(Fragrant Harbour, 香港, Heung Gong)'로 불려온 홍콩 이름의 기원이다. 이후 향포는 애버딘항구를 넘어 섬 전체를 지칭하는데 이용되었다. 한편 코우룬반도에서는 현재 웨스트코우룬이 오래된 코우룬부두로 기능했다.

영국 세력의 홍콩 지배는 제1차 아편전쟁(1839~1842)에서 승리한 결과로 난징조약(Treaty of Nanking, 南京條約, 1842)을 통해 홍콩섬의 소유권을 획득하며 시작되었다. 이에 영국 세력의 행정시설이 빅토리아항구에서 거번먼트힐Government Hill을 중심으로 조성되어 영국의 홍콩정부(Britisch Hong Kong Government, 1841~1997)가 설립되었다. 이미 1841년부터 홍콩섬에서 주둔하던 영국 군대는 센트럴과 완차이의 사이에 머레이병영(Murray Barracks, 美利兵房, 1850), 웰링턴병영(Wellington Barracks, 威靈頓兵房, 1850), 해군병원(Royal Naval Hospital, 1841~1997) 등의 군사 거점을 조성했다. 또한 영국 세력은 제2차 아편전쟁(1856~1860)의 승리와 베이징조약(Convention of

Beijing, 1860)을 통해 코우룽의 소유권을 획득하고 신가이를 99년(1898~1997) 년간 조차의 형식으로 확보했다.

결국 영국 세력의 홍콩 지배는 기존의 홍콩항구, 애버딘항구와 코우룬부두 중심의 오래된 해안 및 배후지의 구조를 해체시켰고, 현재 홍콩의 중심부를 완성했다. 이러한 변화는 영국 지배기 초기에 홍콩섬의 병영 기능이 코우룬으로 이전해가면서, 홍콩항구는 상업과 교역의 거점으로 성장했다. 코우룬의 병영은 수니이슬람교의 인도 병사와 영국군의 거점으로, 그 배후에는 중국대륙의 이주민이 정착하며 기존의 야우마테(Yau Ma Tei, 油麻地)와 함께 침사추이(Tsim Sha Tsui, 尖沙咀)와 몽곡(Mong Kok, 芒角)이 다문화 거점으로 성장했다.

코우룬의 침사추이병영과 야우마테

당시까지 코우룬은 광저우와 함께 중국대륙을 방어하는 청나라의 군사 거점이었다. 이 시기에 푸젠성 푸저우의 호우관(Houguan, 侯官) 태생으로 해안 지역의 세금과 소금 전매 업무를 담당하는 고위관리였던 린제수(Lin Zexu, 林則徐, 1785~1850)[19]는 1836년 외세의 침략에 대응해 코우룬의 구릉을 중심으로 병영을 조성했다. 이에 따라 코우룬반도의 침사추이에는 오스틴도로(Austin Road)와 조단도로(Jordan Road) 사이의 언덕에 군청요새(Kwun Chung Fort, 현재 Kowloon Park, 九龍公園, 1970)와 코우룬반도 동남쪽의 구릉지에는 침사추이요새(Tsim Sha Tsui Point, 현재 Signal Hill Garden, 訊號山, 1974)가 건설되었다.

코우룬을 획득한 홍콩정부는 중국 본토에 군사 거점을 조성하기 위해서 홍콩섬에 조성했던 군사시설을 코우룬의 청나라 병영으로 이전시켰고, 당시 군사시설과 상업시설이 혼재하던 홍콩섬은 민간 상업항구로 전환되어 영국 동인도기업의 교역 거점으로 성장할 수 있었다. 이에 따라

침사추이의 군청요새에는 위트필드병영(Whitfield Barracks, 威菲路兵房, 1864)
이 조성되어 홍콩섬의 머레이병영과 웰링턴병영의 기능이 이전해왔다.
위트필드병영에는 특히 해양경찰본부(Marine Police Headquarters, 1884)가
조직되어 홍콩섬의 아편교역을 보호하기 위해 인도 출신 병력이 배치되
었다. 이에 병영에는 인도의 수니이슬람교 병사를 위한 코우룬모스크
(Kowloon Mosque and Islamic Centre, 九龍淸眞寺暨伊斯蘭中心, 1896)와 영국상인
폴 차터(Paul Charter, 1846~1926)의 기부로 조성된 성앤드류 성공회교회(St.
Andrew's Church, 聖安德烈堂, 1906)가 입지했다.

  홍콩은 태평천국의 난(太平天國之亂, 1850~1864)과 개항을 거치면서 빠르
게 성장했다. 홍콩의 인구는 산가이에서 코우룽과 홍콩섬으로 이주해온
군인·농부·어부·노동자로 급속히 증가했고, 이후 광둥성의 동관
(Dongguan, 東莞), 하이펑(Haifeng, 海豐)과 광둥성 동부의 차오산(Chaoshan, 潮
汕)으로부터 이주가 이어졌다. 이 시기에 홍콩의 인구는 1841년에 7,450
명, 개항 직후인 1861년에 119,320명 그리고 1901년에 368,987명으로 증
가했다.[20] 당시 중국 이주민들은 코우룬의 병영 주변의 침사추이과 그
배후의 야우마테·몽곡·홍콩섬의 성완에 정착했다. 당시 중국 상인들은

코우룬 야우마테의 부두 정경(1880)

시장과 상권을 확보하기 위해 여러 도시에서 온 상인들과 서로 경쟁하고 충돌했다.[21]

이 시기의 대표적인 중국인 거주지인 코우룬의 야우마테Yau Ma Tei는 영국의 지배가 시작되기 이전에는 코우룬만에서 소금을 생산해서 광저우로 상납하던 어촌이었다. 또한 군청요새에 인접해 형성된 군청시장(Kwun Chung Market, 官涌街市)은 광저우오페라Cantonese Opera의 공연장소로서 템플가로(Temple Street, 廟街)에 위치했고, 코우룬에서 가장 오래된 사원인 틴하우사원(Tin Hau Temple, 天后古廟)과 도시 수호신을 모시는 싱웡사(Shing Wong Temple, 城隍廟, 1897), 학교로 이용된 궁소(Kung Sor, 公所, 1894)와 수유엔(Hsu Yuen, 書院, 1920),[22] 푹탁사원(Fuk Tak Temple, 福德祠, 1903) 등이 코우룬의 중심부를 구성했다. 이 사원들은 홍콩의 가장 오래된 자혜의료기관인 둥화의료그룹(Tung Wah Group of Hospitals, 東華三院, 1870) 산하의 중국사원위원회(Chinese Temples Committee, 華人廟宇委員會)가 1928년부터 맡아 운영해온 곳들이다.

빅토리아항구와 빅토리아시티

빅토리아항구(Victoria Harbour, 維多利亞港)는 홍콩의 상징이자 얼굴이다. 빅토리아항구는 홍콩섬과 가오룽반도 사이의 해로(폭: 약 800~1,300m)에 위치하고 있으며, 남쪽으로 타이핑산(Tai Ping Shan, 太平山, 현재 Victoria Peak, 扯旗山, 1840)을 포함한 주변의 구릉이 강한 바람을 차단하여 선박의 정박에 필수적인 안전한 해수면을 갖추고 있다. 또한 이곳의 평균 수심이 12m로서, 10,000톤급 해양선박 약 50척이 정박할 수 있어 최적의 천연항의 조건을 갖춘 항구이다.[23] 현재 빅토리아항구는 매년 약 220,000척의 해양선박과 하천선박이 방문하는 세계 최대 항구이다.

빅토리아 항구가 홍콩을 대표하는 공간이 된 시점은 영국 세력이 1841

년 기존의 홍콩항구를 확장하여 상업부두를 조성하면서이다. 이에 따라 홍콩항구는 빅토리아여왕의 이름을 기리며 빅토리아항구로 개명되었고, 이후 홍콩섬의 북쪽 해안의 병영들이 코우룬으로 이전해 나가면서 그 성장이 가속화되었다. 이를 계기로 홍콩섬 북쪽 해안의 센트럴과 완차이 사이의 군사시설 부지는 최근까지도 공공 기능과 민간 상업시설로 개발되고 있다.

빅토리아항구가 역사 속에서 처음 문서에 등장하는 시점은 명나라 때인 17세기이다. 당시 명나라의 전술가인 마오유안위(Mao Yuanyi, 茅元儀, 1594 ~1640)이 저술한 병법서인 『무비지』(Wubei Zhi, 武備志, 1621, A Treatise on Armament Technology)에는 명나라 초기의 해군장군 정화의 해군부두를 설명하는 항해지도(1425년 전후)를 수록했다. 이후부터 부두는 명나라와 청나라의 주요 해군기지로 활용되었을 것으로 추정된다. 따라서 민간의 항구 기능은 계절에 따라 발생하는 태풍을 피할 수 있는 홍콩섬 서쪽 해안의 애버딘항구에 집중되었다.

영국 세력의 지배하에 홍콩항구를 중심으로 북쪽 해안은 빅토리아시티(City of Victoria, 維多利亞城)로 불렸다. 이 시기에 빅토리아시티는 '네 개

빅토리아시티의 경관(1903)

구역과 아홉 개 마을(Four Wans and Nine Yeuks Neighbourhood, 四環九約)'으로 구획되었다. 먼저 빅토리아항구를 바라보는 중완(Chung Wan 中環, 1841, 현재 Central)을 중심으로 홍콩부두에 면한 해안은 행정·금융·상업의 중심부로 '프라야Praya'로 불렸다. 프라야의 남쪽 배후에는 거버먼트힐(Government Hill 政府山)의 구릉에 행정·종교 거점과 영국인 주거지가 형성되었다. 영국인 주거지가 코우룬이 아닌 이곳에 먼저 조성된 이유는 당시 영국 세력의 핵심 수출품인 아편의 안전한 교역을 위함이다. 그리고 중완의 동쪽에는 중국인 거주지인 하완(Ha Wan, 下環, 1842, Lower Ring)이 조성되었고, 중완의 서쪽으로 영국 상인의 신거주지인 성완(Sheng Wan, 上環, 1870, Upper Ring)과 홍콩에서 페스트가 유행하면서 병원·의과대학·대학을 중심으로 형성된 거주지인 사이완(Sai Wan, 西環, 1880, West Ring)이 케네디타운(Kennedy Town, 堅尼地城, 1886)을 중심으로 위치했다.

센트럴: 프라야, 퀸즈스퀘어, 거버먼트힐

빅토리아시티의 중심부인 중완은 빅토리아항구와 캔톤시장(현재 Central Market, 中環街市)[24]의 상업 거점과 빅토리아병영(Victoria Barrack, 域多利兵房, 1842)이 조성되며 형성되었다. 중완의 퀸즈스퀘어(현재 Statue Square)를 중심으로 남쪽에는 시청(City Hall, 香港大會堂, 1869~1933)과 HSBC은행이 홍콩 식민행정의 중심부가 되었고, 동쪽에는 크리켓운동장(Cricket Ground, 이후 Legislative Council Building 부지)이 위치했다. 현재 시청은 1950년대에 코넛도로 북쪽부가 간척되면서 퀸즈부두Queen's Pier와 시티홀가든City Hall Memorial Garden을 중심으로 시립도서관과 함께 신축되었다.

퀸즈스퀘어에서 해안선을 따라 조성된 프라야(Praya, 현재 Des Voeux Road), 할리우드도로(Hollywood Road, 荷李活道), 퀸즈도로(Queen's Road, 皇后大道)가 도시 기능을 수용하며 홍콩부두와 거버먼트힐을 중심으로 동서 방

향으로 성장했다. 먼저 프라야를 중심으로 중앙에 캔톤시장이 위치했고, 그 서쪽에는 홍콩-마카오-캔톤 증기선의 부두가 위치했다. 캔톤시장은 1850년대에 홍콩부두에서 데보우도로로 옮겨 조성되면서 그 이름도 센트럴마켓(Central Market, 中環街市)으로 변경되었다. 이후 센트럴마켓은 1895년 빅토리아 건축양식으로 신축되었다.

중완의 본격적인 개발은 자딘하우스(Jardine House, 怡和大廈, 1841)의 건축으로 시작되었다. 자딘하우스는 스코틀랜드 덤프리스셔Dumfriesshire 태생의 외과의사였던 윌리엄 자딘(William Jardine, 1784~1843)이 개업한 상점으로 이후 두 차례 재건축되었다. 그럼에도 중완을 상징하는 중심부는 영국인이 처음 홍콩섬에 도착했던 장소인 포세션포인트(Possession Point, 水坑口, 1841, 현재 Hollywood Road Park)[25]이다.

한편 영국 세력이 19세기에 조성한 병영구역으로 현재 애드미럴티Admiralty에는 웰링턴병영, 머레이병영, 빅토리아병영과 애드미럴티군항Admiralty Dock이 위치했다. 이중 애드미럴티군항은 그 북쪽 해안이 간척되어 타마해군기지HMS Tamar가 되었다. 이후 홍콩정부는 1970년대에 영국해군으로부터 토지를 반환받아 기존 홍콩부두(Hong Kong Dockyards,

퀸즈스퀘어(1955)

1878)에 MRT역과 홍콩정부 콤플렉스(Central Government Complex, 2011)를
조성했다.

한편 퀸즈스퀘어의 남쪽부인 거번먼트힐에는 콜로니얼 르네상스 건
축양식으로 조성된 거번먼트하우스(Government House, 香港禮賓府, 1841, 1855
년 현재 위치로 이전)·세이트존성공회대성당(Cathedral Church of St. John, 聖約翰座
堂, 1849)·세인트폴칼리지(St. Paul's College, 聖保羅書院, 1851)가 위치하여 북쪽
으로 빅토리아항구의 넓은 바다 경관을 제공해주었다. 거번먼트힐은 서
쪽으로는 홍콩흑사병(Yunnan Bubonic Plague Pandemic, 1855)의 확산을 막기
위해 조성된 홍콩동식물원(Hong Kong Zoological and Botanical Garden, 香港動植
物公園溫室, 1864)을 그 경계로 했다. 거번먼트힐의 상부에는 식민정부 관료
와 영국선교사의 커뮤니티가 조성되었다.

특히 홍콩섬의 경관을 즐길 수 있는 중심부인 타이핑산은 영국 지배
기에 빅토리아여왕의 이름을 기리며 빅토리아피크로 불렸다. 홍콩정부
는 1904년부터 1947년까지 산간보호령을 시행하여 중국인의 거주를 금
지했다. 그럼에도 빅토리아피크는 1867년부터 1930년까지 항구의 경관
을 조망할 수 있다는 점과 기온이 해안보다 상대적으로 낮아 지배층이 선

1930년대에는 코넛하우스로 불렸던 자딘하우스(1930) / 에딘버러플레이스에서 바라본 현재의 자딘하우스(2007)

호하면서 홍콩 총독과 외국인의 저택들이 입지했다. 빅토리아피크에는 19세기 후반부터 스코틀랜드 사업가인 알렉산더 핀 스미스(Alexander Fin Smith)의 주도로 힐탑호텔(Hilltop Hotel, 1873~1936)이 개발되어 빅토리아피크 중턱에 위치한 홍콩호텔과 경쟁했다. 이즈음 빅토리아피크와 센트럴을 연결하는 유일한 교통수단인 피크트램(Peak Tram, 1888)이 홍콩정부의 주도로 건설되었다.[26]

한편 영국 세력의 세인트존 성공회대성당·거버먼트하우스·군사요새를 중심으로 그 서쪽 400m에는 영국의 로마가톨릭 선교회가 건립한 홍콩대성당(Hong Kong Catholic Cathedral of the Immaculate Conception, 聖母無原罪主教座堂, 1843, 1888)이 홍콩 가톨릭커뮤니티의 중심부를 정의했다. 홍콩대성당은 원래 1843년 미드레벨 에스컬레이터 서쪽부의 포팅거가로Pottinger Street와 웰링턴가로Wellington Street의 교차지에 조성되었으나, 이후 웰링턴도로가 상업화되면서 1888년 그곳에서 남쪽 300m의 현재 위치로 이전해왔다.

이후 마카오에서 활동하던 프랑스 상인과 선교사 그리고 중국인이 1860년대부터 홍콩으로 대거 이주해왔다. 이에 따라 프랑스 로마가톨릭교 선교회의 티몰레온 라이몬디(Timoleon Raimondi, 1827~1894)의 주도로 또하나의 로마가톨릭교 성당인 성조셉 성당(St. Joseph Church, 1872, Mid-levels)이 미드레벨에 건립되었고, 인접하여 세인트조셉칼리지(St. Joseph College, 聖若瑟書院, 1875)가 현재 홍콩공원Hong Kong Park의 서쪽에 세워져 프랑스인 커뮤니티의 중심부를 이루었다.

성완과 완차이

홍콩의 두 번째 영국인 주거지인 성완은 영국 정부가 베이징조약으로 코우룬을 식민지로 확보한 후인 1870년부터 본격적으로 조성된 상업구역이다. 성완은 원래 할리우드도로의 남쪽 구릉으로 중국 본토에서 추방되거나 도피 중인 중국인의 거주지로 형성되었다. 빅토리아항구가 조성된 이후, 중원에 거주하던 중국인은 타이핑산가로(Tai Ping Shan Street, 太平山街)를 따라 성완에서 중완까지 거주했다. 또한 태평천국의 난을 피해 1850년대 본토로부터 이주해온 중국 상인은 이곳에 상업 거점을 형성했다. 이에 따라 제로비스가로Jervois Street와 본함스트랜드Bonham Strand West는 부두와의 편리한 접근성으로 상업의 중심부가 되었고, 코넛서로Connaught Road West와 데보우서로Des Voeux Road West는 쌀과 해산물 매매의 중심부가 되었다. 성완에는 포산(Foshan, 佛山)의 장인들이 이주해와 조성한 불교 사찰인 관음당(Kwun Yum Tang, 觀音佛堂, 1840)을 중심으로 상인이 조성한 만모사원(Man Mo Temple, 文武廟, 1847), 광북이사당(Kwong Fuk Yi Ancestral Hall, 廣福義祠, 1851)이 성완 커뮤니티의 핵심이 되었다.

성완에 본격적으로 영국인이 거주하기 시작한 시점은 홍콩섬에 페스트가 발발한 1870년부터이다. 당시 페스트는 성완의 서쪽 경계인 사이잉푼(Sai Ying Pun, 西營盤)을 중심으로 크게 확산되었다. 이에 홍콩정부는 확산을 방지하고자 기존 사이잉푼의 홍등가를 서쪽의 사이완으로 이주시켰다. 이에 따라 사이잉푼의 홍등가는 현재의 블레이크가든(Blake Garden, 卜公花園, 1894)에 조성되어 페스트 확산의 완충지가 되었고, 그 주변으로 동남아시아와 광둥 지역의 풍토병을 연구하는 의료선교시설들이 입지했다. 이곳에는 런던선교회(London Missionary Society, 1795)가 설립한 홍콩의학교(1870)[27]·앨리스병원(Alice Memorial Hospital, 雅麗氏何妙齡那打素醫院, 1887, 현재 Alice Ho Miu Ling Nethersole Hospital)·네더솔 병원(Nethersole Hospital, 雅麗氏何妙齡那打素醫院, 1893)·홍콩세균연구소(Hong Kong Bacteriological Institute, 1906, 현재 Hong Kong Museum of Medical Science)·잉와여학교(Ying Wa Girl's School, 英華女學校, 1900)[28]를 중심으로 의료·선교·교육 거점이 구축되었다. 그럼에도 중국인들은 당시 수술치료에 대한 거부감으로 타이핑산도가 입지한 둥화병원(Tung Wah Hospital, 東華醫院, 1872)에서 중국식 치료를 이용했다고 전해진다.

영국 지배기 이전까지 완차이(Wan Chai, 灣仔)는 어촌이었다. 이후 중국 노동자들이 1842년을 전후로 완차이로 이주해오면서 중국인 거주지가 형성되었다. 당시 중국 노동자들은 퀸즈도로를 따라 해안에 불교사찰인 홍싱사원(Hung Shing Temple, 洪聖古廟, 1847 이전)과 완차이 옛시장(Old Wan Chai Wet Market, 灣仔街市, 1858)을 중심으로 거주했다. 완차이는 스프링가든 골목(Spring Garden Lane, 春園街)과 삼판가로(Sam Pan Street, 三板街)를 중심으로 1900년대부터 사창가가 형성되었고, 리퉁가로(Lee Tung Street, 利東街, 혹은 Wedding Card Street)·아모이가로(Amoy Street, 廈門街)·산토우가로(Santown Street, 汕頭街)·맥그리거가로McGregor Columbia Street를 중심으로 부두·창고·선박정비소가 들어섰다. 영국 해군은 완차이 옛시장 동쪽에 입지한 호스피탈힐Hospital Hill에 기존 삼센병원(Samsen Hospital, 1843)을 빌려 로열해 군병원(Royal Naval Hospital, 1873, 현재 Ruttonjee Hospital, 律敦治醫院)을 설립했다. 이후 센트럴과 완차이 사이에 입지했던 군사시설이 1860년 코우룬으로 이전하면서 완차이는 본격적인 중국 상인 거점으로 성장했다.

사이완, 케네디타운, 섹통츠이

중완에서 서쪽에 위치한 사이완(Sai Wan, 西環)과 케네디타운(Kennedy Town, 堅尼地城)은 아일랜드 태생의 식민총독 아더 케네디(Arthur Edward Kennedy, Governor of Hong Kong, 재임 1872~1877)가 추진하여 1880년 조성된 중국인 거주지이다. 특히 케네디타운은 영국인 주거지인 성완의 서쪽에 면하여 조성되었고, 홍콩대(Hong Kong University, 1911)를 중심으로 영국인과 중국인 지식인의 주거지로 성장했다.

홍콩대는 홍콩의 지식인과 사업가들이 1901년 식민총독 프레더릭 루가드(Frederick Lugard, Governor of Hong Kong, 재임 1901~1928)에게 홍콩의 교육을 위한 영어학원 설립의 제안으로 설립되었다. 당시 인도 상인 호무세

나오로제 모디(Hormusjee Naorojee Mody, 1838~1911)의 기부로 캠퍼스 부지가 확보되었고, 스와이어그룹Swire Group의 지원으로 먼저 인문대과 공대가 개교했다. 의학부는 런던선교회(London Missionary Society, 1795)가 설립한 홍콩의학교(Hong Kong College of Medicine for Chinese, 1887)를 흡수하여 네더솔 병원에서 개교했으며, 이후 현재 홍콩대 본관으로 이전하여 인접한 퀸메리병원(Queen Mary Hospital, 1937)과 함께 의학교육의 중심지가 되었다.

사이완의 서쪽으로 17세기부터 하카인 주거지이며 채석장으로 이용되었던 섹통츠이(Shek Tong Tsui, 石塘咀)[29]는 사이잉푼(Sai Ying Pun, 西營盤)에서 1870년부터 발생한 페스트의 확산을 막고 주거환경의 개선을 위해 1880년 간척되었다. 하지만 섹통츠이는 성완의 포세션포인트에 위치했던 홍등가가 화재로 소실되어 이전해오면서 홍콩의 중심 홍등가로 변화했다.

현재의 섹통츠이 타이밍연극장의 가로 정경(ⓒ 한광야, 2019)

이곳은 홍콩정부가 1935년 성매매를 금지할 때까지 약 2,000명의 매춘부가 활동했다고 전해진다. 홍콩에서 제작된 영화 '루즈(Rouge, 胭脂扣, 1987)'는 이즈음 1930년대의 섹통츠이를 배경으로 하고 있다.

섹통츠이는 일본 지배기에 다시 일본인의 성매매 상권(Kuramae, 藏前)이 되었으며, 이후 1980년대부터 진행되어온 일군의 도시 재개발[30]로 해체되었다. 이곳에는 홍콩 최초의 극장으로 캔톤오페라의 중심부였던 타이핑연극장(Tai Ping Theatre, 太平戲院, 1890, 1904, 1931, 1932~1981)이 데보우서로(Des Voeux Road West)에 개관하여 1920~1930년대까지 유흥활동의 중심부로 기능했으나 이후 1980년대에 가로변 일부 건물만 남겨지고 재개발되었다.

코우룬-캔톤철도선과 홍콩트램

청나라와 홍콩정부는 19세기 말 홍콩과 광저우 간의 육로 운송체계를 조성하기 위해 홍콩과 광저우를 연결하는 철도선 건설을 추진했다. 이 철도는 홍콩, 광저우, 베이징을 연결하여 중국 내륙의 비단과 도자기를 바다 항구로 운송하기 위한 목적을 갖고 있었다. 당시 홍콩의 육로 운송 거점은 서북쪽 약 140km에 위치한 광저우였다.

최초의 코우룬-캔톤철도선의 구상은 이미 1864년 홍콩정부의 철도 기술자로서 인도철도선(Indian Railways, 1845) 건설에 참여했던 롤랜드 스테픈슨(Rowland MacDonald Stephenson, 1808~1895)에 의해 제안되었다. 그러나 홍콩섬과 코우룬을 철도선으로 연결하는 건설비용의 문제와 홍콩섬-코우룬 간의 독점무역을 진행하고 있었던 해운 기업들의 반발에 부딪히며, 코우룬-캔톤 철도선은 홍콩섬까지 연결되지 못하고 코우룬까지만 운행했다. 이후 홍콩정부는 1898년 코우룬–홍콩섬 항구교역을 독점했던 자딘매터슨기업Jardine Matheson & Co.의 기술제안과 홍콩·상하이은행Hong Kong and Shanghai Bank의 투자로 중국으로부터 철도선 건설을 위한 조계지

이용권을 획득했고, 이후 토지권리가 자딘매터슨기업과 HSBC가 공동 설립한 브리티쉬–차이나철도사British & Chinese Corporation로 이양되었다.

코우룽과 광저우를 연결하는 코우룬-캔톤철도선(Kowloon-Canton Railway, 九廣鐵路, 1910, 35km)이 청나라와 영국의 시공구간으로 나뉘어져 건설되었다. 홍콩정부가 건설한 영국 구간은 코우룬-캔톤철도선의 종착역인 코우룬철도역(Kowloon Station, 九龍車站, 1909)[31]에서 차탐도로(Chatham Road South, 漆咸道南, Signal Hill-Hung Hom)와 옛 국도 1(Route 1, 애버딘-사틴)을 따라 건설되었다. 코우룬철도역에는 홍콩의 첫 번째 호텔인 페닌슐라호텔(Peninsula Hotel Hong Kong, 1928)이 바그다드 출신의 영국계 카두리Kadoorie 가문에 의해 "수에즈 운하 동쪽 지역에서 가장 좋은 호텔"이라는 슬로건을 갖고 개업했다. 카두라 가문은 18세기 중엽 뭄바이에서 사업을 시작하여 19세기 중엽부터 상하이와 홍콩에 호텔을 운영해왔다.

코우룬–캔톤철도선이 화물운송에 주목적을 두었다면, 홍콩의 여객운송을 위해 건설된 교통체계는 홍콩트램(Hong Kong Tramway, 1904, 케네디타운-코즈웨이베이)이다. 홍콩트램은 홍콩정부의 주도로 1881년 홍콩섬의 북쪽 수변을 따라 거점들을 연결하도록 건설되었고 홍콩전력사(Hong Kong

코우룬 남쪽 수변과 중앙의 페닌슐라호텔(1928)

Electric Co. Ltd.)가 투자하여 운영했다. 홍콩트램은 일반적으로 영국식민지에서 트램을 개발할 때, 말을 이용하거나 증기를 이용한 것과는 달리, 처음부터 싱글트랙의 전기 트램으로 건설되어 수변의 퀸즈웨이를 따라 운행해왔다. 홍콩트램은 현재에도 수변과 내륙지 사이의 샵하우스와 초고층 건물들 주변을 관통하며 일상의 도시공간이 갖고 있는 홍콩의 도시 정체성을 가장 잘 경험할 수 있는 대중교통수단이다.

3. 산가이 신도시와 센트럴-침사추이 간척

제2차 세계대전 직후의 홍콩은 빅토리아항구를 두고 상업과 금융활동의 중심부로 발전한 홍콩섬과 코우룬 그리고 제조업과 신도시로 개발된 산가이로 나누어 성장했다. 이 과정에서 코우룬-캔톤철도선을 따라 광저우와 주변 지역에서 이주해오는 중국인 노동력과 중국으로 유입되는 국제자본은 홍콩의 초기 성장 동력이 되었다. 또한 홍콩은 빅토리아항구를 두고 도시 중심부와 교외지 거점들을 연결하는 세 개의 해저터널(Cross-Harbour Tunnel, 1972; Eastern Harbour Crossing, 1989; Western Harbour Crossing, 1997)과 열한 개의 메트로선(Mass Transit Railway, MTR, 港鐵, 1979~)을 중심으로 항구와 육지의 다양한 대중교통 체계들을 하나로 연결하며 확장해왔다.

　홍콩의 제조업은 영국 지배기가 시작된 1842년부터 선박 제조와 라탄 가구 생산으로 시작되었고, 여기에 태평천국의 난을 피해 이주해온 광동성 중국인의 자본·기계·기술·인력이 추가되었다. 이 과정에서 홍콩은 1872년에 인쇄를 시작으로 의류·비누·캔디·성냥·펄프 등을 생산했다. 이러한 생산활동은 이후 제1차 세계대전을 전후로 홍콩의 수공업은 금속·섬유·전기·조선 등의 기계생산으로 변화했다. 특히 영국 경제컨퍼런스(British Empire Economic Conference, 1932)의 결과로 오타와협정(Ottawa Agreement,

1932)에 따라 홍콩에 세금감면제도가 실행되면서, 중국 본토의 공장들이 홍콩으로 이전해왔다. 이 시기에 홍콩의 최대 조선 기업인 초이리 조선 Cheoy Lee Shipyard이 1936년 상하이에서 홍콩으로 공장을 이전했다. 홍콩에서 생산되는 제품들은 1935년 중국 본토와 말레이반도로 수출되었다. 또한 홍콩은 제2차 세계대전 이후 중국 상품의 해외수출이 금지되면서 그 역할을 받아 수출생산에 주력했으며, 중국내전(1947~1950)으로 톈진·상하이·광저우의 기술자들과 기업인들이 홍콩으로 이주해 오면서 성장동력을 받게 되었다. 이후 한국전쟁(1950~1953)은 1950~1960년대의 홍콩의 성장에 큰 기회가 되었다. 홍콩은 1941년에 1,250개 공장과 십만 여명 노동자가 근무했으며, 이후 1954년에는 2,001개 공장과 약 98,200명 노동자, 1970년에는 16,507개 공장과 약 549,000명 노동자로 급성장했다. 하지만 이러한 홍콩의 제조업은 1970년대에 오일위기를 겪으며 쇠퇴했고, 1980년대를 지나며 홍콩의 공장들은 광저우·선천·동안·포산 등으로 이전했다. 이 과정에서 홍콩의 산업구조는 제조업에서 다시 금융과 부동산업으로 변화했다.

이 시기에 홍콩은 도시 전체가 생산·교역 기능을 갖춘 하나의 거대한 산업단지의 변화 과정으로 이해될 수 있다. 특히 홍콩정부는 이러한 도시 변화를 생산과 주거활동이 집약적으로 연계된 도시개발로 주도해왔다. 이를 위해 홍콩정부는 먼저 행정조직으로 이주정착부(Resettlement Department, 徙置事務處, 1954; 1973년 Hong Kong Housing Authority, 香港房屋委員會으로 통합)를 설립하고 1950년대부터 코우룬반도에 공공임대주택단지를 조성했으며, 이후 1960년대부터는 산가이를 중심으로 산업단지와 그 주변의 공공임대주택을 묶은 일군의 신도시를 건설했다. 그리고 이렇게 조성된 교외지의 주택단지들은 홍콩의 대중교통 체계인 메트로(MRT)를 통해 도시 중심부와 산업단지로 연결되었다. 또한 홍콩정부는 홍콩섬의 부족한 토지를 해안선 간척을 통해 확보하고 도시교통인프라를 중심으로 고밀도 고층 개발을 추진해왔다.

공공임대주택, 산업주택단지

홍콩정부는 1950년대에 홍콩 내 이주민과 저소득층의 주택공급을 위해 이주정착부를 설립하고 일련의 대규모 공공임대주택 공급 사업들을 추진했다. 이 시기에 개발된 공공임대주택들은 코우룬반도의 삼수이포(Sham Shui Po, 深水埗)에 조성된 섹킵메이 단지(Shek Kip Mei Estate, 石硤尾邨, 1953)를 시작으로, 침사추이의 도시블록에 혼합용도 단지로 개발된 충킹맨션(Chungking Mansions, 重慶大廈, 1961), 모델주택 단지(Model Housing Estate, 模範邨, 1954, 1979), 사이완 단지(Sai Wan Estate, 西環邨, 1958)이며 대부분 1990년대를 전후로 재개발되어 왔다.

먼저 홍콩정부가 조성하고 이주정착부와 그 후신인 주택국이 관리해온 첫 번째 공공주택단지인 섹킵메이단지(규모: 29개동, 7층, 호별면적: 9.3m²/100ft²)는 코오룬반도의 삼수이포에 홍콩시티대City University of Hong Kong와 인접하고 있다. 섹킵메이 단지에서 발생한 홍콩대화재(1953)는 약 53,000명의 이재민을 낳으며 결국 홍콩주택법Housing Ordinance의 입법을 통해 이주정착부가 주택국으로 흡수되는 계기가 되었다. 이후 섹팁메이 단지는 2012년 재개발(규모: 17개동, 9,200호, 계획인구: 13,900명, 호별면적: 11~56m²)되었다.

침사추이에서 동쪽의 시그널힐공원과 나단도로Nathan Road 사이에 조성된 충킹맨션(규모: 5개동, 17층, 계획인구: 4,000명)은 초대형 도시블록형 혼합용도 컴플렉스로서 메트로(침사추이 MRT역과 이스트침사추이 MRT역)과 직접 연결된다. 또한 홍콩섬의 북동 해안의 쿼리배이(Quarry Bay, 鰂魚涌)와 노우스포인트 사이에 조성된 모델주택 단지(규모: 667호)는 현재까지 그 형태를 유지하고 있는 홍콩에서 가장 오래된 공공임대 주택단지이다. 쿼리배이의 공공도서관 옆에 조성된 익청빌딩(Yick Cheong Building, 益昌大廈; Monster Building, 怪獸大廈, 규모: 5개동, 18층, 2,243호, 계획인구: 10,000명)은 1960년대에 건축된 민간개발 아파트다. 익청빌딩은 코트야드를 중심으로 지상층의 상점과 주택이 혼합 배치된 주상복합 컴플렉스로서, 영화 트랜스포머(Trans-

익청빌딩

formers, 2014)의 배경이 되기도 했다. 홍콩섬의 북서 해안의 케네디타운의 구릉을 깎아 조성된 사이완 단지(규모: 5개동, 10~14층)는 홍콩주택국이 중원에 개발한 유일한 사례이다.

또한 홍콩정부의 이주정착부와 그 후신인 주택국은 1957~1973년 슬럼 재개발을 위한 이주프로젝트Resettlement Programme를 추진하여 여덟 개 산업주택단지를 조성하고 그 주변에 공장Squatter Factory과 작업장Cottage Workshop을 조성했다. 당시 조성된 대표적인 산업단지는 퀀동(Kwun Tong Industrial Estate, 觀塘工業園)[32]·유엔롱(Yuen Long Industrial Estate, 元朗工業園)·타이포(Tai Po Industrial Estate, 大埔工業園)·체웅관오(Tseung Kwan O Industrial Estate, 將軍澳工業園) 등이다.

신도시: 투엔문, 사틴-마온산, 추엔완, 타이포

홍콩정부는 1970년대부터 홍콩 총인구의 약 절반 인구에게 주택을 제공하기 위해 야심찬 신도시개발계획을 수립하고 일군의 신도시들을 조성해왔다. 당시 홍콩의 인구 420만 명(1973년 기준)의 약 42.9퍼센트인 총 180만 명을 위한 주택공급계획이 수립되었다. 이를 실현하기 위해, 홍콩의 신도시는 영국의 '위성도시Satellite Town'의 개념을 기반으로 총 아홉 개의 신도시가 개발되었다.[33]

먼저 1960-1970년대 초에는 투엔문(Tuen Mun, 門新市鎮, 면적: 19ha 인구: 502,000명, 계획인구: 589,000명)·사틴(Sha Tin, 沙田新市鎮, 면적: 40ha, 인구: 691,000명, 계획인구: 771,000명)·추엔완(Tsuen Wan, 荃灣新市鎮, 면적: 32.9ha, 인구: 800,000명, 계획인구: 866,000명), 1970년대 후반에는 타이포(Tai Po, 大埔新市鎮, 면적: 30ha, 인구: 300,000명, 계획인구: 307,000명)·유엔롱(Yuen Long, 元朗, 면적: 11.7ha, 인구: 148,000명)·성수이(Sheung Shui, 上水新市鎮, 면적: 7.8ha, 인구: 255,000명) 그리고 1980~1990년대의 성관오(Tseung Kwan O, 將軍澳, 면적: 10.1ha, 인구: 396,000명)·틴수이와이

(Tin Shui Wai, 天水圍新市鎮, 1993, 면적: 4.3ha, 인구: 286,232명) · 둥충(Tung Chung 東涌)의 신도시들이다.

　이상의 신도시들 중에서 투엔문신도시(1971)는 이미 1959년부터 계획이 수립되어 칭산만(Tsing Shan Wan, 靑山灣, Castle Peak Bay)을 매립한 토지와 타이람힐Tai Lam Hills 사이에 간척된 토지에 조성되었다. 투엔문신도시의 중심부인 투엔문타운플라자(Tuen Mun Town Plaza, 屯門市廣場, 1988)는 부동산 개발자인 시노그룹(Sino Group, 信和集團)의 주도로 MTR역과 인접해 개발되었다. 이와 함께 투엔문신도시 남서부의 매립지에 리버트래이드터미널(River Trade Terminal, 香港內河碼頭, 1999)이 건설되어 홍콩과 주강삼각주 사이의 컨테이너와 대형 화물의 운송 거점으로 기능하고 있다. 또한 사틴에 1970년대 개발된 사틴신도시는 토로항구의 싱문강을 중심으로 간척과 함께 조성되어 그 중심부에 뉴타운플라자New Town Plaza, 사틴도서관 Sha Tin Public Library, 타운홀 등이 위치한다.

　한편 타이포는 1960년대까지도 람추엔강을 중심으로 하는 옛시장 Taipo Old Market 중심의 작은 어촌이었다. 홍콩정부는 1976년 타이포에 공업단지 조성을 위한 간척공사를 시작하고 이후 1990년대 중반에 토지간척이 완료했다. 특히 타이포는 신가이의 행정중심지로 공공기관들이 입주했고, 사틴과 타이포 중간의 박섹콕(Pak Shek Kok, 白石角)에는 홍콩과학원(Hong Kong Science Park, 香港科學園)과 홍콩차이나대학(Chinese University of Hong Kong, 香港中文大學, 1963)[34]이 자리 잡아 성장을 돕고 있다.

수변 간척과 수변 개발: 센트럴, 완차이, 침사추이

홍콩의 교통인프라, 공항, 신도시개발은 대규모 토지확보의 어려움으로 인하여 홍콩정부가 주도하는 간척사업을 통해 진행되었다. 홍콩의 간척사업은 주로 홍콩섬과 코우룬-신가이 사이의 빅토리아항구의 만에 집중되어 왔다. 특히 홍콩의 지리적 특성상 중심부로서 토지 부족이 심각한 센트럴, 완차이, 코우룬 그리고 산가이의 신도시 개발에 간척이 우선적으로 추진되었다. 한편 간척사업에 따라 해안의 만을 중심으로 갯벌이 사라지고 환경오염에 따라 생태계의 훼손된다는 문제가 제기되었다.

홍콩의 간척사업은 홍콩정부가 직접 사업을 구상하여 추진하거나, 민간사업자의 의도에 따라 허가 또는 승인의 방식으로 진행되어 왔다. 간척사업은 대규모 사업자금이 필요하기에 정부의 공공자금이 장기간 투입된다. 이에 홍콩섬의 경우에는 홍콩정부가 간척사업을 직접 추진했다면, 신가이나 코우룬의 경우 민간기업의 주도로 추진되어 왔다. 이 시기에 추진된 홍콩의 간척사업은 퀸즈로드 간척을 시작으로 본함 간척, 프라야 간척, 카이탁공항 간척, 신도시 간척, 신공항 간척, 센트럴과 완차이 간척이 연속적으로 추진되었다.

먼저 홍콩섬의 첫 번째 비공식 간척사업은 퀸즈로드 간척(Queens Road Reclamation, 皇后大道塡海, North Coast Hong Kong Island Reclamation, 1842, 면적: 47,300m²)이다. 퀸즈로드 간척을 통해 센트럴과 사이잉푼을 연결하는 퀸즈도로(Queens Road, 6.5km)가 건설되었다. 퀸즈도로는 홍콩섬의 빅토리아항구 쪽으로 해안선과 평행한 도로들을 모아주며 홍콩 상하이은행 본사와 스탠다드차티드은행을 포함해 홍콩의 금융과 정부행정 기능의 중심부를 연결한다.

홍콩의 첫 번째 공식적인 간척사업인 본함 간척(Bonham Reclamation Phase 1, 文咸塡海計劃第一期, 1852~1859, 면적: 22,300m²)[35]은 당시 주지사인 조지 본함(George Bonham, 재임 1848~1854)의 주도로 홍콩섬의 성완을 따라 서북쪽 해안이 간척되어 퀸즈로드센트럴 구간과 본함스트란드Bonham Strand가 완공되었다. 본함 간척은 두 단계로 구성되어, 1단계(1852~1859)는 원시안이스트가로Wonxian East Street·수항가로Suhang Street·모리슨가로Morrison Street의 구역을 간척했고, 2단계(1868~1903)는 웬시안웨스트가로Wenxian West Street를 중심으로 정부 기능과 항만시설이 조성되었다. 이후 홍콩 수변

공간의 여가공간인 프라야의 간척이 프라야 간척(Praya Reclamation Scheme, 1868~1904, 24ha)과 동쪽의 프라야 확장부 간척(Praya East Reclamation Scheme, 1921~1931)으로 진행되었다.

한편 홍콩섬의 센트럴 간척사업(1993~2017)은 1990년대 이후 홍콩정부가 단계적으로 토지를 매립하여 세 단계로 추진한 대규모 간척사업으로, 이를 통해 공항철도와 공항터미널, 홍콩 MTR역, 센트럴-완차이 우회도로를 포함해 공공시설과 상업시설 및 호텔이 건설되었다. 먼저 센트럴 1단계 간척(1993~1996)은 홍콩공항 프로젝트의 일부로서, 성완 북쪽의 해안을 350m까지 확장하여 센트럴에 약 20ha의 간척부지를 조성하고, 여기에 국제금융센터(Int'l Finance Center 1, 2단계)·포시즌즈호텔Hong Kong Four Seasons Hotel·MTR홍콩역MTR Hong Kong Station·중앙부두 1~7호(Central Pier 1~7)·홍콩해안박물관Hong Kong Maritime Museum을 건설했다. 이후 센트럴 2단계 간척(1994~1997)을 통해 MRT애드미럴티역 북쪽으로 전 영국해군기지(Tamar Naval Base 添馬艦, 1897~1997)의 수변을 매립하고, 타마르공원添馬公園과 다섯 개의 상업용 부지에 시틱타워(Citic Tower Building 中信大廈, 1997)와 홍콩정부와 입법부 콤플렉스Government and Legislative Council Complex가 건설되었다. 또한 센트럴 3단계 간척(2003~2017)으로 공항철도선과 중앙부두 7~10호가 조성되었으나, 이 과정에서 매립계획 규모가 여론의 반대로 인하여 32ha에서 18ha로 축소되었다.

홍콩섬의 부족한 모던 도시 기능을 조성하기 위해 추진된 완차이 간척도 두 단계로 진행되었다. 먼저 완차이 1단계 간척(1994~1995)[36]은 완차이 북쪽으로 코스웨이만(Causeway Bay, 銅鑼灣)의 홍콩 컨벤션전시센터 신관[37](Hong Kong Convention and Exhibition Centre New Wing, 香港會議展覽中心) 건설을 목적으로 면적 7ha의 인공섬을 조성하고, 홍콩아트센터Hong Kong Arts Center·엑스포프럼나드Expo Promenade·르네상스호텔Renaissance Hong Kong·골든바우히니아스퀘어(Golden Bauhinia Square 金紫荊廣場)를 건설했다. 뒤이어 완차이 2단계 간척(2004~2010)은 홍콩컨벤션전시센터의 동쪽으로

1990년대 이후 센트럴 간척사업으로 확장된 수변 부지와 건축된 건물들

센트럴-완차이 우회도로Central-Wan Chai Bypass, 홍콩섬 북부의 쿼리배이
해안도로로서 킹즈도로와 나란히 나있는 아일랜드 이스턴코리더 링크
Island Eastern Corridor Link·해안산책로·완차이페리부두Wan Chai Ferry Pier를
조성했다.

　　한편 코우룬에는 1912년을 전후로 주택단지를 개발하기 위한 카이탁
분드(Kai Tak Bund, 1916~1928) 간척이 의사이자 변호사였던 호카이(Ho Kai, 何
啓, 1859~1914)와 그의 사위 아우탁(Au Tak, 區德, 1840~1920)의 주도로 추진되었
으나 중단되었다. 이후 홍콩정부는 이 부지를 매입하여 1925년 영국공군
비행장과 비행훈련센터로 조성했으며, 추가 매립(1957~1974)을 통해 카이
탁공항(1954~1998)[38]을 건설했다. 또한 홍콩정부는 1970년대부터 카이탁
공항의 활주로 부족문제가 대두되면서 신공항건설의 사업성 조사를 시
작하였고, 이어서 1980년대 말부터 첵랍콕섬(Chek Lap Kok Island, 3.02km²)과
람차우섬(Lam Chau Island, 0.08km²)의 평지 간척지(9.38km²)를 조성하여 첵랍
콕국제공항(Hong Kong Int'l Airport, 赤鱲角機場, 1998, 12.5km²)을 건설하였다.

　　코우룬의 침사추이 수변은 서쪽 끝에 입지한 캔톤-코우룬 철도선의 종
점역인 코우룬 철도역(Kowloon Station, 九龍車站, 1916)이 1975년 침사추이 동
쪽으로 홍홈만(Hung Hom Wan, 紅磡灣)의 간척지에 신축된 홍홈철도역(Hung
Hom Station, 紅磡車站, 1975)으로 이전해나가면서 새로운 국면을 맞이했다. 이
때까지 이곳은 침사추이 동쪽 수변의 화물부두인 홀트부두(Holt's Wharf 藍
煙囱貨倉碼頭, 1910)[39]가 위치하여 살리스버리도로Salisbury Road로 연결되어
기능했다. 홍홈만의 매립공사는 1960년대부터 1990년대까지 진행되어 침
사추이이스트(Tsim Sha Tsui East, 尖沙咀東)와 홍홈(Hung Hom, 紅磡)을 조성했다.

　　이후 코우룬철도역이 이전하고 철도역시계탑(Kowloon-Canton Railway
Clock Tower, 九廣鐵路鐘樓, 1915, 높이: 44m)만이 남았다. 이 부지에는 홍콩우주
박물관(Hong Kong Space Museum, 香港太空館, 1980)·홍콩문화센터(Hong Kong
Cultural Center, 香港文化中心, 1989)·홍콩예술박물관(Hong Kong Museum of Art, 香
港藝術館, 1983)이 순차적으로 조성되었다. 그 서쪽으로는 차이나페리터미

널(China Ferry Terminal, 中國客運碼頭, 1988), 하버시티(Harbour City, 1986~1989, 2001~2003, 2012~2015) 쇼핑몰과 함께 대형 호텔들이 개발되어 기존의 페닌슐라호텔을 중심으로 새로운 수변 거점을 완성해왔다.

이와 함께 동쪽의 시그널힐가든Signal Hill Garden의 남쪽 수변의 홀트부두에는 광둥성 순더 태생의 부동산사업가인 정유둥(Cheng Yu-tung, 鄭裕彤, 1925~2016)의 뉴월드그룹(New World Group, 1970)이 1970년대 말에 쇼핑-호텔-오피스 콤플렉스인 뉴월드센터(New World Centre, 新世界中心)가 개발되었다. 뒤이어 뉴월드센터와 코우룬철도역을 연결하는 침사추이 수변보행로와 할리우드 스타의 길Hollywood Walk of Fame을 모델로 조성된 스타에비뉴(Avenue of Stars, 星光大道, 2004)는 홍콩의 관광국Hong Kong Tourism Board과 영화시상협회Hong Kong Film Awards Association이 연계해 조성하였고, 홍콩섬의 북부 해안Hong Kong Island North Shore of Wan Chai, Admiralty and Central의 18개 건물들이 참여하며 매일 밤 8시에 진행되는 조명야경쇼(A Symphony of Lights, 幻彩詠香江, 2004)을 즐기는 수변공간으로 자리 잡았다.

해저터널과 홍콩역, 메트로-항구-공항 환승 거점

빅토리아항구를 건너는 세 개의 터널들 중에서 가장 먼저 건설된 크로스하버 해저터널(Cross-Harbour Tunnel, 1972)는 빅토리아항구의 홍콩섬과 코우룽반도를 연결하는 첫 번째 해저터널이다. 크로스하버 해저터널은 2차선을 가진 두 개의 철강도로로 잠수된 하나의 튜브로 홍콩섬의 켈렛섬(Kellett Island, 奇力島, 현재 간척)과 코우룬의 홍홈만Hung Hom Bay을 연결하며 매일 116,753대(2013년 기준)의 통행량을 보인다. 크로스하버 해저터널은 홍콩정부가 개발비 20퍼센트를 부담하며, 민간기업인 크로스하버터널사(Cross-Harbor Tunnel Company Limited, 香港隧道 有限公司, 1965)가 30년 운영 후 1999년 홍콩정부로 반환하는 조건으로 시공되었다.

이즈음 홍콩정부는 1967년부터 교통체증을 해결하기 위해 홍콩 MTR(Hong Kong Mass Transit Railway, 1979)의 건설을 위한 대중교통의 타당성연구(Hong Kong Mass Transport Study, 1967, Freeman, Fox, Wilbur Smith & Associates)를 진행했다. 이 연구는 홍콩 인구가 1986년에 6,868,000명(실제 5,525,000명, 2006년 6,857,000명)에 이를 것으로 예측하고, 총 길이 64km의 메트로체계와 이를 위한 지하철네 개선은 1973~1984년에 6단계에 걸쳐 시공할 것을 제안했다. 이 연구 후 홍콩 MTR사업은 착공되어 1979년 센트럴역(MTR Central Station, 1979)을 중심역으로 지하철이 개통되고 연장되어 왔다.

홍콩 MTR은 홍콩의 새로운 중앙역이자 공항터미널로 기능하고 있는 홍콩역(Hong Kong MRT Station, 1998)과 홍콩센트럴페리Hong Kong Central Ferry가 연계된 복합환승체계를 갖고 있다. 홍콩센트럴피어에서 출발하는 센트럴페리는 여객을 홍콩의 본토와 주변의 섬, 마카오를 연결한다. 이에 따라 홍콩부두는 화물운송 기능은 쇠퇴하고 여객운송만이 이루어지고 있다.

홍콩국제공항 프로젝트의 일부로서 홍콩교통체계의 환승중심부로 조성된 홍콩역에는 간척사업과 함께 지상부에는 국제금융센터(Int'l Finance Centre, 國際金融中心 1~2, 1998, 2003)가 설립되었다. 홍콩역 내부는 지상층에는 홍콩 공항터미널이 위치하고, 지하1층의 식당가, 상점가가 있다. 지상층 인접 수변의 센트럴피어와 홍콩역 지하2층의 공항철도Airport Express Train, 공항버스플랫폼과 지하3~4층의 기존 센트럴역(MTR Central Station, 1979)은 모두 보행체계를 통해 연결되어 있다.

국제금융센터와 MTR 홍콩역의 보행데크 연결부(ⓒ 한광야, 2019)

제 4 장

쿠알라룸푸르

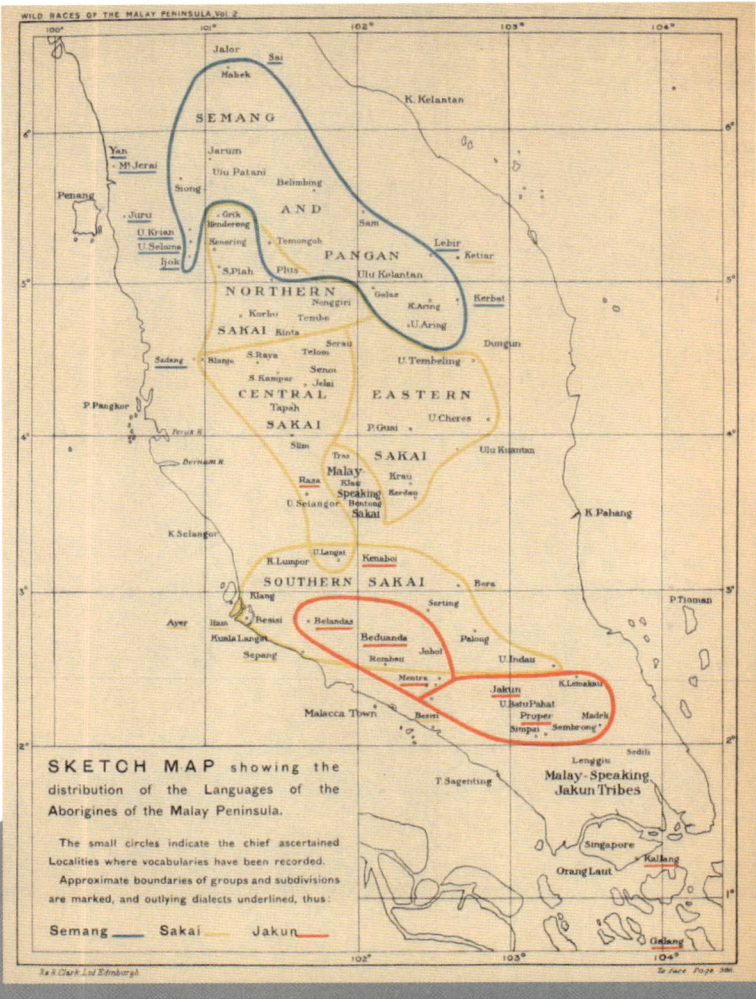

20세기 초 말레이반도의 원주민 세력과 언어 분포도(1906)

1. 말레이반도와 클랑분지

말레이반도의 말레이족과 티티왕사의 아슬리족

인도해와 타이해-남중국해를 나누며 북남 방향으로 길게 뻗어 나온 말레이반도Semenanjung Tanah Melayu, Malay Peninsula는 말라카해협 남쪽의 수마트라섬Pulau Sumatera과 함께 멀라유족Orang Melayu의 오래된 거주 지역이다. 여기서 말레이반도는 쿠알라룸푸르(Kuala Lumpur, 吉隆坡)가 위치한 중부의 슬랑오르(Selangor, 雪蘭莪) 지역을 중심으로 그 지배세력과 지역색[1]이 다른 북부와 남부로 나눠진다.

먼저 말라카Melaka를 중심으로 성장해온 말레이반도 남부는 말라카해협 반대쪽의 수마트라섬의 팔렘방Palembang·잠비Jambi·리아우Riau와 함께 멀라유족의 지역문화권으로 성장해왔다. 이 지역은 잠비의 말레이강Sungai Melayu의 중심 세력이었던 말레이왕국(Melayu Kingdom, 末羅瑜國, Dharmasraya Kingdom, 2/3세기~692)과 이를 흡수한 스리위자야왕국(Kadatuan Sriwijaya, 650~1377) 그리고 스리위자야 세력의 일부가 말레이반도로 이주해 건국한 싱가푸라왕국(Kerajaan Singapura, 1299~1398)과 이를 뒤이은 말라카술탄왕조(Kesultanan Melayu Melaka, 1400~1511)와 조호루술탄왕조(Kesultanan

Johor, 1528~현재)의 세력[2] 거점이었다.

한편 말레이반도 북부는 중국 남부와 티베트-윈난성(Yunnan Sheng, 雲南省)으로부터 이주해와 기원전 4000~1500년에 정착한 아슬리족(Orang Asli, 원주민 또는 첫 주민을 뜻함)의 거주 지역이었다. 아슬리족은 말레이반도의 골격인 티티왕사산맥(Banjaran Titiwangsa, 총길이: 480km)을 따라 북쪽에서 남쪽으로 이동하며 하천변의 구릉지를 중심으로 농경 커뮤니티를 조성했다. 아슬리족의 초기 세력 거점은 티티왕사산맥의 최고지인 코르부산(Gunung Korbu, 2,183m)을 중심으로 페락(Perak, 霹靂)지역의 이포(Ipoh, 怡保)였다.

이후 아슬리족이 쿠알라룸푸르가 입지한 슬랑오르 지역의 클랑분지 Lembah Klang에 도착한 시점은 기원전 2세기이다. 슬랑오르 지역은 티티왕사산맥이 페락에서 남쪽으로 약 200km까지 뻗어 내려와 평지와 만나는 지점으로 일찍부터 말레이반도를 서동 방향으로 관통하는 육로가 형성된 곳이다. 이곳에서 안다만해와 이어진 말레이반도 서해 항구와 클랑(Klang, 巴生)과 말레이반도 동해 항구로 타이만-남중국해로 이어지는 파항(Pahang, Pekan, 彭亨)이 국도 2(Federal Route 2,277km)로 연결된다. 아슬리족은 이 지역의 내륙 고지인 곰박(Gombak, 鵝嘜)으로부터 하천의 합류지인 쿠알라룸푸르를 지나 서해의 클랑 그리고 멀리 남쪽의 말라카까지 이동하며 거주해왔다. 곰박에 아슬리족박물관(Muzium Orang Asli, 1987)이 입지한 이유도 이것이다. 이들은 클랑에 도착한 인도 상인으로부터 면직물과 철재를 얻고 접착제와 방수제로 이용되는 나무진액과 목향을 팔며 클랑분지에서 힌두교-불교를 전파했다.

페락과 슬랑오르의 주석광산

말레이반도 페락[3] 지역의 킨타분지Lembah Kinta는 1세기를 전후로 파키스탄과 접한 인도 북서부의 강가나가르Ganganagar로부터 이주해온 캄부자족Kambuja People의 세력 거점이었다. 캄부자족은 기마에 능한 청동기세력으로 캄부자왕국(기원전 700~기원전 300, 수도: Rajapura, 현재 Rajauri)이 해체되면서, 인도 영토로 이주해 라자스탄Rajasthan·구자랏Gugarat·실론·벵골 지역에 정착했고, 일부 세력은 이주를 계속해 말레이반도를 지나 태국과 메콩강에 도착했다. 캄부자족은 그들이 신성시한 티티왕사산맥을 따라 케다Kedah에서 조호르Johor를 연결하는 말레이반도의 오래된 이동로(현재 Federal Route 1, 1880)를 만들며 활동했으며, 페락을 중심으로 타이핑(Taiping, 太平)과 내륙의 이포와 주석교역을 하며 세력을 확장했다. 주석은 액체화된 구리의 점성을 낮게 해주며, 고체화된 구리에 강도를 더해준다. 이에 거푸집을 이용한 청동기 도구의 생산에 유용한 재료였다.

이후 슬랑오르 지역의 주석광산 개발이 잠재력이 큰 시장으로 발돋움한 것은 19세기 영국 동인도기업(1600~1874)의 주도로 개발이 시작되면서이다. 네덜란드 동인도기업 역시 1650년을 전후로 이 지역의 주석광산 개발과 교역을 추진했으나 실패했다. 영국 세력의 주석광산 개발은 영국-네덜란드 조약(Anglo-Dutch Treaty, 1824)를 통해 네덜란드 세력으로부터 말레이반도를 획득하면서 추진되었다. 말레이반도의 주석광산개발은 먼저 1820년대에 쿠알라룸푸르의 남쪽에 위치한 루쿳(Lukut, 芦骨)과 북쪽의 페락에서 시작되어, 이후 1824년에 클랑분지의 라왕·곰박·암팡으로 확산되었다.[4] 이 시기에 주석광산 개발은 토지를 소유한 말레이 세력의 술탄, 그것을 개발하고 운영하는 영국 및 유럽 자본가 그리고 주석광산에서 일하는 중국 노동자의 이주를 시작으로 체계적으로 진행되었다.

중국인의 이주와 정착

클랑분지의 항구가 중국 명나라(Ming Dynasty, 明朝, 1368~1644)의 지도와 서적에 길영항吉令港으로 소개된 시점은 15세기 초로 추정된다. 이즈음은 말라카해협의 지배 세력인 말라카술탄왕조(Sultanate Malacca, 1400~1511)와 중국 명나라와의 협력관계 속에, 명나라의 해군장군 정화(Zheng He 鄭和, 1371~1435)가 주도한 7차에 걸친 보물원정(Ming's Treasure Voyages, 鄭和下西洋, 1405~1433)이 말라카를 거점으로 진행된 시기이다. 그리고 명나라의 저장성 귀안(Guian, 歸安, 현재 Huzhou, 湖州) 태생으로 푸젠성 성지사로 활동한 마오쿤(Mao Kun, 茅坤, 1512~1602)[5]이 제작한 '마오쿤 해양지도(Mao Kun Map, 茅坤 航海圖)'와 그의 손자인 마오유안이(Mao Yuanyi, 茅元儀; 1594~1640)이 조부의 지도와 함께 무기 제조기술을 소개한 병법서인 '무비지(Wubei Zhi, 武備志, Treatise on Armament Technology, 1621, 1628)'에서 클랑하구는 길영항으로 소개되었다.

이후 중국인이 광산 노동을 목적으로 말레이반도에 도착한 시점은 1820년대이다. 당시 중국 푸젠성 중국인들은 샤먼과 푸저우로부터 이주해와 쿠알라룸푸르로부터 남쪽 60km의 바다항구 포트딕슨(Port Dickson, Negeri Sembilan)[6]의 내륙 거점인 루쿳에 정착했다. 루쿳은 1820년대부터 주석광석Tin Ore이 개발되면서 중국인 노동자를 유치했다. 이즈음은 제1차 아편전쟁(1840~1842)과 난징조약(南京條約, 1842)에 따라 홍콩·광저우·샤먼·푸저우·닝보·상하이가 개항된 시점이며, 다수의 중국인들이 전 세계의 항구도시들에 정착해 노동력을 제공하며 현재 차이나타운들을 조성했다.

이후 루쿳에 이어 쿠알라룸푸르 도시 중심부로부터 동쪽 8km 암팡(Ampang, 安邦, 주석 채광을 위해 조성된 댐을 뜻함)에 주석광산이 개발되기 시작했다. 이 지역의 지배 세력인 슬랑오르술탄왕조(Sultanate Selangor, 1745~현재)의 4대 술탄 라자 압둘라(Sultan Abdul Samad ibni Almarhum Raja Abdullah, 재위 1857~1898)는 암팡에서 주석 채광 사업권을 영국 및 유럽 세력에게 허가하며 그 대가로 세금을 받았다. 이에 중국인 광부들이 루쿳에서 암팡으로 파견되었고, 첫해에 이들 87명 중에서 69명이 전염병으로 사망했다. 그럼에도 암팡의 주석 채광은 성장했으며, 특히 1890년대 초 영국계 아일랜드 광산 엔지니어인 더글라스 오스본Douglas Osborne이 창업한 고펭 주석개발기업(Gopeng Tin Mining Company, 1892)은 유압을 이용한 채굴 방식을 최초로 도입하여 주석 채광의 현대화를 이끌었다.[7]

2. 암팡의 주석광산과 중국인 시장

클랑분지와 암팡의 주석광산

클랑분지는 티티왕사산맥에서 발원하여 남쪽으로 흘러내려오는 클랑강 (Sungai Klang, 巴生河)과 그 지류인 곰박강Sungai Gombak/Sungai Lumpur의 합류지를 중심으로 위치한다. 이곳에서 클랑강은 열대우림 기후의 울창한 숲과 험한 범람원을 형성하며 쿠알라룸푸르를 관통하여 서쪽 32km에 위치한 말라카해협의 바다항구인 클랑(Klang, 巴生)으로 흘러나간다. 클랑분지는 현재 쿠알라룸프르를 중심으로 주변의 도시와 타운을 포함한 쿠알라룸프르 광역도시권(Greater Kuala Lumpur, 인구: 790만 명, 2012년 기준)을 형성하고 있다.

여섯 개의 구릉Bukit으로 둘러싸인 클랑분지는 서쪽의 보타닉가든이 위치한 아만언덕Bukit Aman과 더 외곽의 다만사라언덕(Bukit Damansara, 과거 Federal Hill)로부터 시계 방향으로 툰구언덕Bukit Tunku, 북쪽으로 나나스언덕Bukit Nanas, 북동쪽의 빈탕언덕Bukit Bintang 그리고 남쪽의 페탈링언덕Bukit Petaling을 두고 있다. 이러한 구릉의 지형은 쿠알라룸푸르가 형성 초기부터 지배층과 피지배층 그리고 다인종별 커뮤니티의 중심부로 나뉘어 형성되어 상호 독립적으로 성장하는 데 기여해왔다. 나나스언덕 주변의 캄풍바루에는 이미 1820년대를 전후로 말레이인과 수마트라인 커뮤니티가 형성되기 시작했고, 이후 1874년부터 아만언덕을 중심으로 영국인의 행정시설과 커뮤니티가 형성되었다.

이 시기에 쿠알라룸푸르는 북남 방향으로 북쪽 하천(Church Street으로 복개, 현재 Jalan Gereja)에서 남쪽 하천(Foch Avenue으로 복개, 현재 Jalan Tun Tan Cheng Lock), 서동 방향으로 클랑강에서 페탈링도로Jalan Petaling로 정의되는 하천 변의 시장마을이었다. 당시 마을중심부는 클랑강 동쪽에 현재 메단파사르Dataran Medan Pasar[8]에 입지했던 올드 마켓스퀘어(Old Market Square, 1857)와 그 주변에 자리 잡은 중국인 커뮤니티였다. 이곳은 바다항구인 클랑으로부터 클랑강과 그 상류천인 다만사라하천Sungai Damansara의 합류지로서 최상류 나루터인 다만사라(Damansara, 白沙羅)와 인접했다. 영국 세력은 1870년대부터 클랑강의 증기선을 이용해 클랑항구로부터 내륙의 다만사라까지 화물을 운송했고, 다시 다만사라로부터 쿠알라룸푸르의 원도심까지는 다만사라도로Damansara Road와 마켓도로(Market Street, 현재 Leboh Pasar Besar)로 연결되었다. 이후 클랑강을 이용한 해안과 내륙을 연결하는 수운운송은 1896년부터 조성된 슬랑오르철도선(Serangor Government Railway, 1896)으로 대체되었다.

한편 쿠알라룸푸르가 슬랑오르 지역의 상업 거점으로 형성되기 시작한 시점은 1824년이다.[9] 이 시기는 쿠알라룸푸르 북쪽으로 국도 1(Federal Route 1, 공사기: 1880~1939, 쿠알라룸푸르-센툴-바투케이브-곰박-세라양-라왕-페락)을 따라서 라왕(Rawang, 万撓)과 칸싱Taman Kancing의 주석 채광이 개발되었고, 이후 주석 채광이 암팡을 중심으로 슬랑오르 지역으로 확산되었다. 말레이시아의 국도 1을 대신하는 북남고속도로 1(E1, North-South Expressway, 1994)은 1990년대에 건설되었다.

이에 따라 클랑분지의 클랑강과 곰박강의 'Y' 형태의 합류지는 북쪽의 바투케이브Batu Cave, 칸싱Kancing, 라왕으로 향하는 국도 1 그리고 동쪽의 암팡으로 향하는 암팡도로Raboh Ampang-Jalan Ampang가 만나는 주석 광산의 입구였다. 또한 이곳은 남쪽으로 향하는 페탈링도로Jalan Petaling와 함께 마켓도로(Market Street, 현재 Leboh Pasar Besar)-다만사라도로Damansara

Road를 통해 클랑강을 따라 말라카해협의 클랑으로 연결되는 물자이동의
중심부로 기능했다.

따라서 클랑강과 곰박강의 합류지에는 1857년을 전후로 암팡의 광부
를 지원하는 인력과 물자의 시장이 클랑강 수변에 형성되었다. 당시 중
국 하카인들이 페락의 주석광산을 지배하면서, 1880년을 전후로 광둥인
들은 슬랑오르 지역 주석광산의 개발에 집중했다.[10] 이들은 광둥성 후이
저우(Huizhou 惠州) 태생의 이주민으로, 싱가포르를 통해서 이주해와 루쿳
에서 광부로 활동하고 암팡의 주석광산으로 다시 옮겨왔다. 이들중 일부
는 이곳에서 광부를 대상으로 주석과 생필품을 매매하며, 올드 마켓스퀘
어, 하이도로(High Street, 현재 Jalan Tun H.S. Lee)와 페탈링도로를 중심으로
중국인 커뮤니티를 형성하며 쿠알라룸푸르의 중심 세력으로 성장했다.

영국 세력은 말레이영토의 식민지배(1826~1957)을 직접 행정이 아닌 중
국 이주민 대표를 행정대리인으로 이용하는 간접 행정을 통해, 원주민과

페락 지역의 이포(Ipoh) 주석광산(1910)

이주노동자와의 직접적인 마찰을 최소화했다. 이러한 도시행정의 책임을 가진 원주민과 이주노동자의 대리행정자Headman를 '카피탄(Kapitan, 甲必丹)'이라 한다. 영국 세력의 지배하에 쿠알라룸푸르는 1858년부터 1902년까지 초대 카피탄인 히우시에우(Hiu Siew, 丘秀, 재임 1858~1861), 2대 루임공(Liu Ngim Kong, 劉壬光, Liú Rènguāng, 재임 1862~1868) 그리고 3대 얍아로이(Yap Ah Loy, 甲必丹 葉亞來甲, 재임 1868~1885)를 포함해 총 5대의 중국인 '카피탄시나Kapitan Cina'가 임명되었다. 이즈음 슬랑오르 지역의 중국인 광부의 인구는 1871년 기준 약 12,000명으로, 이들은 매달 170톤의 주석을 생산했다.[11]

마켓스퀘어와 중국인 커뮤니티, 도교사원, 후이관

쿠알라룸푸르의 시장은 루쿳에서 활동하던 중국 광둥성 휘저우(Huizhou, 惠州) 출신의 하카 상인인 히우시에우(Hiu Siew, 丘秀)의 상점에 그 기원을 두고 있다. 당시 히우시에우는 암팡에서 상점을 운영하던 수마트라섬 출신의 주석광산 개발자 수탄푸아사Sutan Puasa의 독려로 클랑강과 곰박강의 합류지점의 동쪽으로 크로스도로(Cross Street, 현재 Jalan Tun Tan Siew)[12]에 개업했다. 이후 히우시에우는 중국인 커뮤니티의 초대 카피탄으로 활동했다.

뒤이어 쿠알라룸푸르의 첫 번째 시장인 올드 마켓스퀘어는 클랑강의 합류지로부터 남동쪽 약 300m 위치하며 주변 거점들을 연결하는 세 개의 도로들인 마켓도로(Market Street, 현재 Leboh Pasar Besar)-다만사라도로Damansara Road・암팡도로Ampang Street, 현재 Raboh Ampang-Jalan Ampang・페탈링도로Jalan Petaling의 갈림길에 형성되었다. 올드 마켓스퀘어에는 은행과 식료품과 생필품을 판매하는 상점들이 입지했고, 카피탄 얍아로이의 승인을 받아 매춘, 카지노, 술집이 운영되었다.

당시 올드 마켓스퀘어에는 홍콩상하이은행 지사HSBC Bank와 상업은행

Mercantile Bank이 위치했고, 아트데코 건축양식의 오시비시빌딩(Overseas Chinese Banking Corporation Building, 1938)과 차터은행(Chartered Bank building, 1919, 현재 Music Museum)이 입지했다. 올드 마켓스퀘어는 이후 1888년 영국 세력의 초대 말레이연합 식민총독관 프랑크 스웨튼함(Frank Athelstane Swettenham, Resident General of the Federated Malay States, 재임 1896~1901)의 주도로 남쪽 250m의 클랑강과 지류천의 합류지점으로 이전해 중앙시장(Pasar Seni Kuala Lumpur, 吉隆坡中央藝術坊, 1888)으로 조성되었다. 이후 중앙시장은 1889, 1895, 1920, 1921년에 각각 확장했고, 1937년에 인접한 창고를 흡수하여 아트데코 건축양식을 갖는 현재 시장 건물로 건축되었다. 중앙시장은 1985년 해체위기를 겪었으나 리모델링되어 현재까지 개장하고 있다.

이 시기에 상업활동은 올드 마켓스퀘어를 중심으로 인접한 마카오도로Macao Street와 호키엔도로Hokkien Street를 중심으로 초기 중국인 커뮤니

올드 마켓스퀘어의 현재 모습(ⓒ 한광야, 2016)

티와 함께 성장했다. 이후 중국인 주거지는 북쪽으로 하이도로(High Street, 현재 Jalan Tun H.S. Lee)와 마운트바텐도로Mountbatten Road−자바도로(Java Street, 현재 Jalan Tun Perak), 남쪽으로 하천을 복개해 조성된 포츠대로(Foch Avenue, 현재 Jalan Tun Tan Cheng Lock)와 동북쪽으로 암팡도로와 페탈링도로를 따라 확장했다.

중국인 커뮤니티의 상징적인 중심부는 올드 마켓스퀘어에 인접한 신체시야 도교사원(Sin Sze Si Ya Temple, 仙四師爺廟, 1864)이었다. 신체시야사원은 카피탄 얍아로이가 클랑내전(Klang War, Selangor Civil War, 1867, 1870~1873)에서 승리한 후 셍멩리Sheng Meng Li, Kapitan of Sungai Ujong와 충라이Chung Lai, Yap loyal lieutenant을 기리기 위해 조성한 쿠알라룸푸르에서 가장 오래된 도교사원이다.

한편 말라카해협의 항구로 이주해온 중국인은 자발적인 상호 협력체

신체시야 도교사원(ⓒ 한광야, 2016)

계를 구축했다. 이러한 사회관계의 대표적인 거점사례가 도시 내에 설립된 후이관(Hui Guan, 會館)이다. 후이관은 향토 모임이나 비영리 단체가 중국의 각 도시들과 지리적인 관계를 맺고 조직으로 기능했다. 쿠알라룸푸르의 후이관은 공시(Kongsi, 公司)라고 불리며, 특정 지역의 동향인들이 함께 조성하고 사용하는 공동시설로 방문객을 위한 숙소와 환전소 기능과 함께, 지역사회의 사원·학교·유치원·병원 기능을 갖고 운영되었으며, 주변에 형성된 상권을 지키고 상거래분쟁을 해결하는 기능했다. 이러한 조직활동은 빠르게 성장하는 쿠알라룸푸르의 토지·주택·시장의 주도권을 두고 충돌로 이어졌다.

특히 이들의 활동은 주석광산의 수입을 두고 슬랑오르 왕자들 간의 충돌로 발생한 슬랑오르내전(Selangor Civil War, 1867~1874)으로 이어졌다. 이후 카피탄 얍아로이와 총종Chong Chong이 카피탄의 행정직을 획득하기 위한 중국인들 간의 내전으로 확대되었다. 이에 쿠알라룸푸르는 기힌파(Hokkien Ghee Hin Society, 義興)와 하카족이 주도한 하이산파(Hakka Hai San Society, 海山)의 내전(1870)으로 확대[13]되며 도시중심부의 파괴를 유발했다.

쿠알라룸푸르의 대표적인 공시 사례는 푸젠성 이주자의 사회적 모임 거점인 호키엔공시(Hokkien Fujiang Ghee Hin Kongsi, 福建 義興公司, 1820)로서 이후 푸젠사(Fujian Company, 福建司, 1885, 현재 Li Xiaoshi Street 7번지)로 설립되어 상거래 분쟁을 조정하고 중국문화 교육을 제공했다. 푸젠사는 1930년에 올드 마켓스퀘어로부터 북동쪽의 현재 부지로 확장 이전하여 슬랑오르 푸젠클럽Selangor Fujian Club으로 개명하고 현재도 슬랑오르 쿠알라룸푸르 호키엔후이관(Selangor and Kuala Lumpur Hokkien Association, Jalan Hang Lekiu 41번지)으로 이어져왔다. 또한 신체시아사원의 동쪽으로 페탈링도로와 툰탄쳉록도로의 교차지에는 광둥성 차오저우(Chaozhou, Teochew, 潮州)와 산토우(Shantou, 汕頭) 출신의 하카인이 조성한 하카 차오저우공시(Hakka Guangdong Hai San Chaozhou Kongsi, 海山潮州公司, 현재 Pacific Express Hotel Chinatown)가 역시 쿠알라룸푸르의 중국인 이민자의 사회활동 거점으로 기능했다.

페탈링도로, 하이도로, 숍하우스

영국 세력의 말레이지배기 초기에 쿠알라룸푸르는 도시계획안을 갖고 있지 못했으며, 구릉 지형과 하천범람을 피해 굽은 도로를 따라 성장했다. 이러한 쿠알라룸푸르에 큰 변화의 계기는 슬랑오르내전(1867~1874)과 뒤이은 쿠알라룸푸르 대화재(1881)이다.

먼저 슬랑오르내전으로 인한 피해는 이미 1870년 이전에 형성되어 상업활동의 중심부였던 페탈링도로[14]에 집중되었다. 페탈링도로는 타피오카제분소Tapioca Mill가 입지한 도로를 의미한다. 당시 카피탄 얍아로이는 1874년 말레이인 농장으로부터 생산되는 타피오카를 가공하는 제분소를 페탈링도로에 조성하여 푸젠성 중국인이 애용하는 면을 생산했다. 페탈링도로의 중앙 교차로에 입지한 김리안기식당(Kim Lian Kee Hokkien Mee Restaurant, 金蓮記福建面, 1927)은 약 100년 동안 푸젠성 면 음식(Chee Cheong Fun, Hokkien Fried Noodles, 猪腸粉)을 판매해 온 대표적 사례이다. 페탈링도로는 이후 카피탄 얍아로이의 주도로 재건되어 쿠알라룸푸르의 중심 상업도로로서 성장했다.

쿠알라룸푸르의 하이도로는 클랑강의 잦은 범람으로 자주 폐쇄되던 암팡도로를 대체하기 위해 조성된 둑방도로이다. 하이도로는 쿠알라룸푸르의 철도선과 첫 번째 철도역인 레지던트역(Resident Station, 1886)과 함께 조성되었을 것으로 추정되며, 쿠알라룸푸르 철도역(Kuala Lumpur Railway Station, 1910)에서 클랑강을 건너 마켓도로Market Street로 연결되며 페탈링도로와 함께 중심 상업도로의 역할을 수행했다. 특히 하이도로를 따라 중국인 사찰·학교와 영국인의 빅토리아학교Victoria Institution 등이 조성되며 커뮤니티의 중심부가 되었다. 현재 하이도로는 마켓도로를 지나 북쪽으로 므나라 방콕은행Menara Bangkok Bank 및 은행들과 연결되며, 자멕모스크 LRT역Masjid Jamek LRT Station를 중심으로 쿠알라룸푸르의 오래된 금융 거점을 구성하고 있다.

페탈링도로 북쪽 진입부(ⓒ 한광야, 2016)
하이도로변의 숍하우스(ⓒ 한광야, 2016)

PETALING STREET
SELAMAT DATANG · WELCOME · 欢迎光临
文殊

WISMA TUN SAMBANTHAN
HOTEL BAJET
raizzy's
raizzy's
Lucy in the Sky
WXM 6774

한편 하이도로와 그 동쪽의 페탈링도로를 따라 다수의 숍하우스Shop-house가 조성되었다. 숍하우스는 도시블록과 가로체계를 따라 긴 장방형의 필지에 조성된 2~3층의 지상부 상가와 그 상부에 주거를 둔 동남아의 대표적인 주상복합 건축물이다. 특히 하이도로는 상대적으로 고지에 조성되어 범람을 피할 수 있었고, 이에 상인들은 1880년대를 전후로 2층 높이의 목재 건물구조에 유럽과 중국의 건축장식을 더한 혼합용도의 숍하우스를 건축했다. 하이도로·페탈링도로·푸두도로Lebuh Pudu로 정의되는 삼각형 블록 주변과 그 북쪽으로 툰페락도로Jalan Tun Perak와 나나스언덕의 진입부까지 그리고 암팡도로·항레키우도로(Jalan Hang Lekiu, 과거 Klyne Street)·툰리도로Jalan Tun H.S. Lee는 호키엔후이관Selangor and Kuala Lumpur Hokkien Association을 중심으로 다수의 숍하우스가 밀집했다.

쿠알라룸푸르는 대화재 이후 도시재건을 위해 하이도로·암팡도로·푸두도로·페탈링도로를 중심으로 건물들을 재정비했으며, 대형 화재를 방지하기 위해 입법된 1884년 건축법은 쿠알라룸푸르의 도시경관을 급속히 변화시켰다. 당시 건축법은 건축 과정에서 목재의 사용을 금지하고 화재의 확산을 막기 위해 벽돌과 타일을 장려했다. 이에 따라 건물 하중을 줄이기 위해 상부 층에는 큰 창호를 두고 유럽의 콜로니얼 건축양식에 중국 풍수원칙을 상징한 팔각형 장식이 건축양식이 추가되었다. 또한 건물전면부에는 보행을 방해하는 소·양·적치물·쓰레기를 숍하우스의 뒤편으로 옮겨 폭 5피트(1.5m)의 연속된 보행로가 조성되어 쿠알라룸푸르원·구도심의 독특한 건축 정체성을 완성했다.

교외 커뮤니티: 말레이인, 자바인, 수마트라인, 인도인

이 시기에 쿠알라룸푸르에는 중국인과 함께 멀라유족·자바인,·수마트라 이주민,·인도 남부의 타밀인·실론인 등이 고향, 업종 그리고 계층에 따라 쿠알라룸푸르의 도시 중심부와 주변 교외지인 바투Batu/센툴Sentul·칸싱Kancing·우루클랑Ulu Kelang·페탈링Petaling·푸두Pudu·브릭필즈Brickfields 등에서 종교시설을 중심으로 독립된 커뮤니티를 형성했다. 이는 교외 농장지의 노동력의 확보를 위해 영국 세력이 적극적으로 추진한 이주정책의 결과이다. 이러한 교외지 커뮤니티들은 당시 쿠알라룸푸르의 도시 확장을 견인하는 동력이 되었으며, 바투도로Batu Road·페탈링도로·푸두도로를 통해 쿠알라룸푸르의 중심부로 연결되었다.

먼저 쿠알라룸푸르의 멀라유족과 자바인은 클랑강과 곰박강의 합류지를 중심으로 말레이도로(Malay Street, 현재 Jalan Melayu)와 자바도로(Java Street, 현재 Jalan Tun Perak)에서 거주했다. 특히 클랑강의 동쪽 수변에는 모스크(현재 Pucuk Rebung Gallery Museum 부지)가 위치했으며, 서쪽으로 곰박강의 동쪽 수변에는 말레이학교(Malat School, 현재 Countdown Clock 부지)가 커뮤니티의 중심부를 구성했으며 자바도로의 남쪽 범람원에는 묘지(현재 자멕모스크 부지)가 위치했다. 또한 카피탄 얍아로이의 주도하에 페락에서 이주해 온 멀라유족은 현재 쿠알라룸푸르의 북동 외곽지인 캄풍바루Kampung Baru[15]의 농장을 중심으로 주거지를 형성했고, 점차 북쪽 외곽의 초우킷(Chow Kit, 秋傑), 바투케이브 주변의 칸싱과 우루클랑까지 저지대로 확장했다. 영국 세력은 1900년 캄풍바루를 멀라유족의 농업정착지(Malay Agricultural Settlement, MAS)로 지정하면서, 이후 현재까지 멀라유족 전통마을의 모습을 보전해오고 있다.

또한 수마트라섬의 서부 파사만Pasaman의 라와(Rawa, Rao)에서 이주[16]해 온 라와인(Rawa People, Ughang Rao)과 수마트라섬 북부에서 이주해온 만달이링인(Mandailing People, Mandahiliang)은 자바도로(Java Street, 현재 Jalan Tun Perak)를 따라 이미 1870년 이전에 캄풍라와Kampong Rawa의 커뮤니티를 형성했다.[17] 이들은 수마트라섬에서 발생한 파드리전쟁(Padri War, 1803~1845)을 피해 루쿳을 통해 이 지역으로 유입되었으며, 1824년을 전후로 바투케이브 주변의 칸싱과 우루클랑에서 주석 채광에서 일했다.

스리마하리아만 힌두사원(ⓒ 한광야, 2016)

한편 쿠알라룸푸르에 인도인 커뮤니티가 본격적으로 조성된 계기는 1877년부터 인도 남부 타밀나두인이 교외지 고무농장의 노동자로 이주해오면서이다. 말레이반도에서 인도인은 중국인과 달리 주로 고무농장에서 일하는 계약직 노동자로서, 농장에 소속되어 종교, 언어, 계급으로 분리되어 단합된 커뮤니티를 구성하기 어려웠다. 이들은 고무농장을 시작으로 벽돌생산과 철도노동자와 철도관리자로 일했다. 인도인과 실론인의 초기 주거지는 하이도로의 스리마하마리아만 힌두사원(Sri Mahamariamman Temple, 1873)를 중심으로 발달했으며, 이후 1884년부터 브릭필즈 Brickfields의 스리랑카 타밀 건축양식으로 건립된 스리칸다스와미 힌두사원(Sri Kandaswamy Kovil, 1902)을 중심으로 커뮤니티를 확장시켰다. 당시 브릭필즈는 쿠알라룸푸르가 1881년 대화재와 대홍수(1926)의 피해를 겪은 후의 재건 과정에서 이용된 벽돌과 타일의 생산기지 역할을 맡았다.

3. 퍼레이드그라운드, 행정시설, 철도선

쿠알라룸푸르의 큰 변화는 영국 세력의 말레이지배(1868~ 1957)가 공식적으로 시작된 1874년부터 진행되었다. 당시 슬랑오르술탄왕조의 술탄 압둘사마드(Sultan Abdul Samad, 재위 1857~1898)는 공식적인 지배자의 권위를 유지하되 영토 내에서 영국 세력의 주둔과 행정을 허용했다. 이즈음 해안 항구인 클랑은 1875~1880년 잠시 슬랑오르술탄조의 수도로 기능했다.

이후 쿠알라룸푸르는 1880년 말레이연방 식민총독관 프랑크 스웨텐함(Frank Swettenham, Resident-General of the Federated Malay States, 재임 1896~1901)의 주도하에 클랑을 대신하여 슬랑오르술탄왕조의 수도가 되었다. 뒤이어 쿠알라룸푸르는 새롭게 설립된 말레이연합(Federated Malay States, 1896)의 수도로서 지정되며 식민행정 기능과 지배 세력의 커뮤니티가 조성되

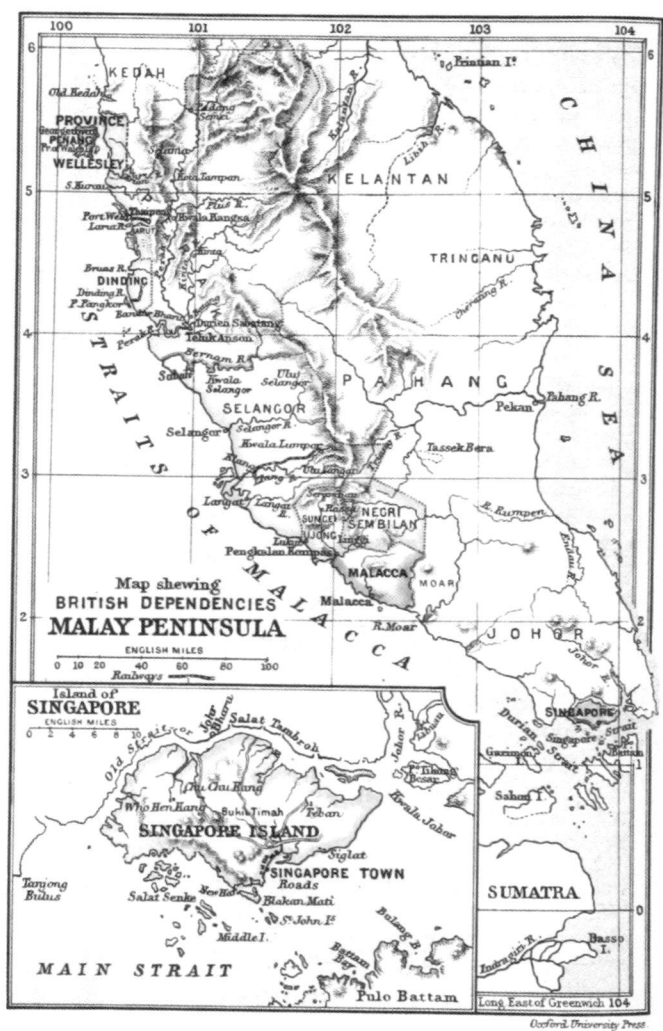

면서 그 위상이 급격히 상승했다.

　쿠알라룸푸르에 철도가 처음 조성된 시점은 이즈음인 1896년이다. 당시 쿠알라룸푸르에 철도가 건설된 계기는 무엇보다 말레이연합의 수도로서 쿠알라룸푸르의 운송과 교통의 거점 기능의 확보를 위해서였다. 이

영국 지배기의 말레이반도 지도(1888)

렇게 조성된 쿠알라룸푸르의 철도선과 철도역을 중심으로 일군의 식민도시 행정시설들이 조성되었고, 올드 마켓스퀘어의 이전으로 도시 중심부가 확장되었다. 또한 쿠알라룸푸르 도시권은 주변 교외지 개발과 시골 인구를 흡수하며 흡수하며 외곽으로 확장했다. 이 시기에 쿠알라룸푸르의 인구는 영국 지배기인 1884년 약 4,500명에서, 1890년 약 20,000명으로, 이후 1900년에 약 30,000명, 1920년에는 약 80,000명까지 증가했다.

식민행정 프로그램: 경찰청, 성당, 행정청, 금융 거점, 클럽, 학교

쿠알라룸푸르에 영국인 커뮤니티가 조성된 시점은 1874년 전후이다. 이즈음 클랑강으로부터 북서쪽 4km 떨어진 툰쿠언덕에는 식민행정시설과 함께 지배층인 영국인 주거지가 형성되었다. 당시 이곳에 영국인 커뮤니티가 조성된 이유는 이곳이 저지대의 습한 열대 무더위를 피하고 수질이 좋은 담수를 확보할 수 있었으며, 클랑강을 경계 삼아 기존 도시 중심부와 거리를 둔 곳이라는 입지적 특성을 갖고 있었기 때문이다.

한편 말레이반도의 식민행정을 위한 영국 세력의 행정건물은 먼저 경찰훈련장인 퍼레이드그라운드(Parade Ground, 현재 Dataran Merdeka)를 중심으로 주변의 아만언덕에 경찰본부(1880)가 조성되었다. 뒤이어 퍼레이드그라운드에는 영국 고딕건축양식을 가진 세인트메리교회(Cathedral of Saint Mary The Virgin, 1894)가 기존 코트언덕Court Hill에 위치했던 쿠알라룸푸르에서 가장 오래된 성공회교회인 목조 성공회교회(Virgin Mary by the Right Reverend George Frederick Hose, the Bishop of Singapore, Labuan & Sarawak, 1887)를 대체하며 건립되었다. 이에 따라 영국성공회교회 부지에는 말레이연합 경찰본부(Federated States Police Headquarters, 1896, 현재 Royal Malaysian Police)가 조성되었다.

또한 퍼레이드그라운드의 동쪽에는 행정 시설과 고등법원High Court

퍼레이드그라운드의 현재 모습(ⓒ 한광야, 2019)
인도-사라센 양식이 구현된 옛 시청(ⓒ 한광야, 2019)

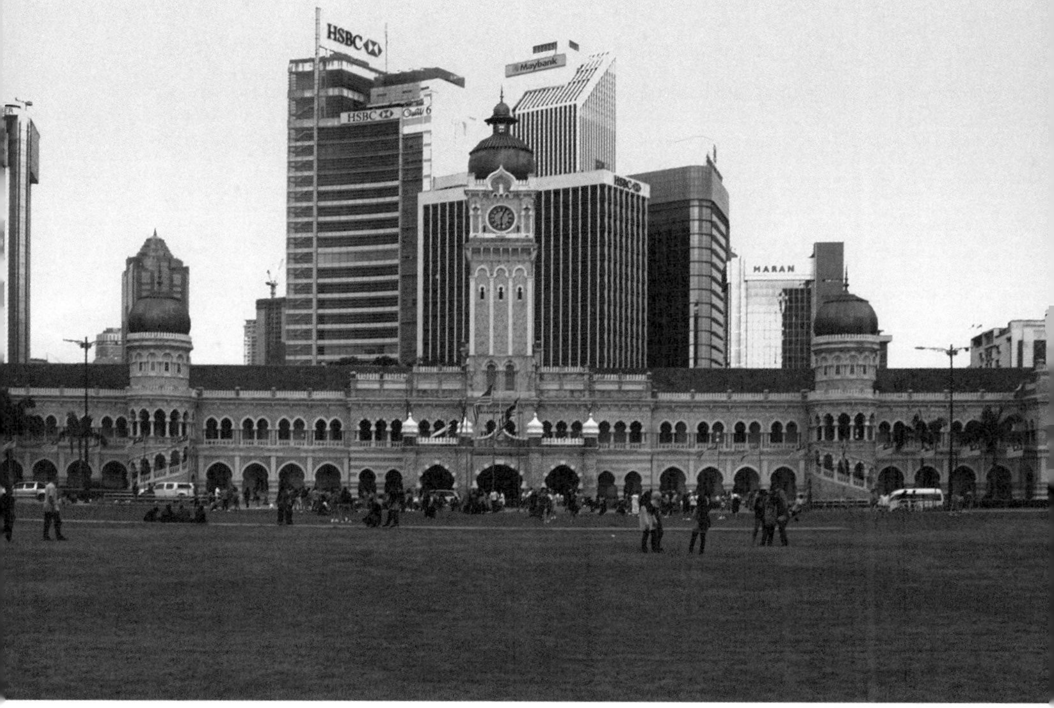
HSBC
Maybank
MARAN

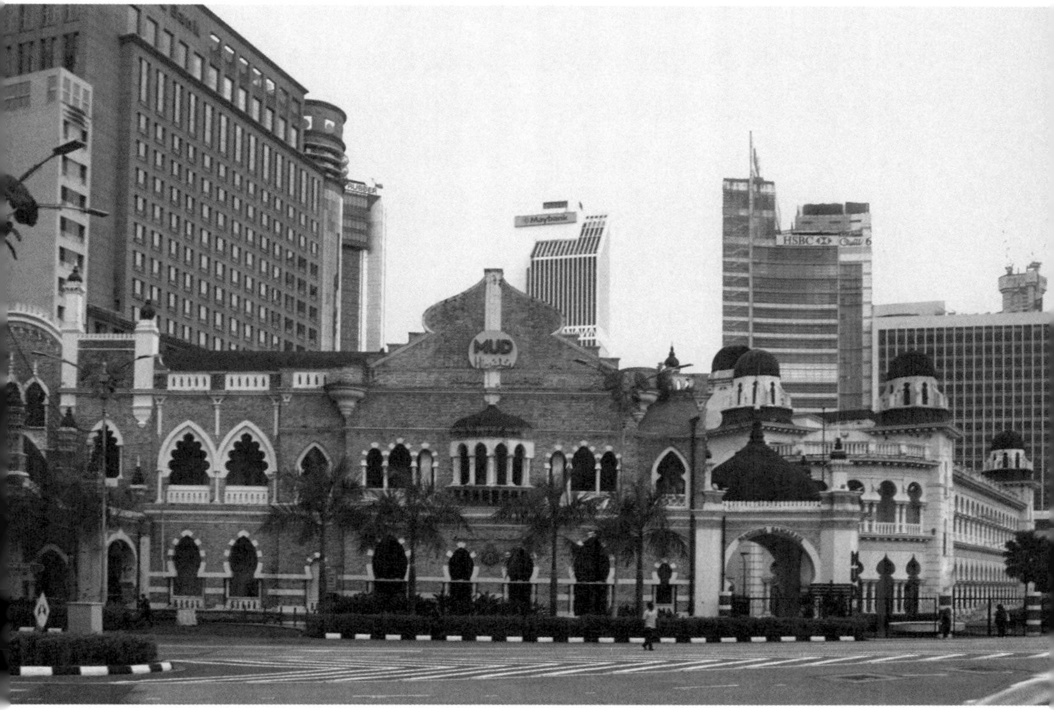
Maybank
HSBC
MUD

및 대법원Supreme Court이 입지했다. 먼저 식민행정청(Offices of the British Colonial Administration, Government Offices, 1897)[18]이 퍼레이드그라운드의 동북부에 신축되어 행정 거점의 중심부를 정의했고, 그 주변으로 시청(Old City Hall of Kuala Lumpur, 현재 Panggung Bandaraya DBKL, 1896~1904)·말레이연합지적청(Federated Malay States Survey Office, 1910)·중앙우체국(Old General Post Office, 1896, 이후 새 건물로 이전, 1984)·말레이연합철도본사(Federated Malay States Railways, 1905, 현재 Muzium Tekstil Negara)가 입지했다. 이 시기에 영국 건축가 아더 후박Arthur Benison Hubback은 영국 지배하의 19세기 인도를 시작으로 쿠알라룸푸르 시청과 말레이연합철도본사, 쿠알라룸푸르 철도역, 자멕모스크 등의 영국 식민도시의 핵심 공공건물들을 모두 설계했다. 그는 특히 식민도시의 공공건축에서 이슬람문화권과 유럽의 건축요소들을 혼합한 인도-사라센 건축양식(Indo-Saracenic Style 또는 Neo-Mughal Style)으로 식민행정의 권위와 중심성을 표현하며 쿠알라룸푸르 도시건축의 정체성을 구현했다.

한편 퍼레이드그라운드의 서쪽에 위치한 로열슬랑오르 클럽하우스(Royal Selangor Club, 1884)는 영국인 커뮤니티의 사회활동 중심부로 기능했다. 이후 아만언덕 남쪽으로 쿠알라룸푸르철도역KL Railway Station의 서쪽부에 조성된 레이크가든(Lake Garden, 현재 Perdana Botanical Garden, 湖濱公園, 1888)이 또 하나의 사회교류의 거점이 되었다. 당시 레이크가든(면적: 173acre)은 동남아 지역의 식생연구를 위한 보타닉가든으로 조성되었고, 내부에 브라스-브라스강Sungei Bras-Bras의 수원에 조성된 인공저수지인 시드니래이크Sidney Lake는 상수원으로 기능했다.

또한 래이크가든의 내부에는 당시 영국 식민총독인 프랑크 스웨텐함의 총독궁(Carcosa Mansion, 1898)과 게스트하우스(King's House, Seri Negara, 1913)가 위치했다. 두 건물은 이후 민간개발자가 임대하여 카르코사 스리느가라호텔(Carcosa Seri Negara, 1989~2015)로 사용되었고, 최근 아시아헤리티지박물관(Asian Heritage Museum, 2017~현재)으로 사용되고 있다. 킹즈하우스에 인접한 로열레이크클럽(Royal Lake Club, 1890)은 영국의 상인·농장주,·식민

행정가와 유럽인의 사교 거점으로 이용되었다. 이즈음 영국인을 위한 빅토리아학교(Victoria Institution, 1893, 현재 Taman Budaya Kuala Lumpur)가 하이도로에 개교했다.

하이도로의 빅토리아 학교의 동쪽으로 페탈링도로의 남쪽 끝에 티어터도로(Theatre Street, 현재 Jalan Panggung, Lorong Panggung)를 중심으로 당시 쿠알라룸푸르의 연극장들이 생겨났고, 그 영향으로 도박·오락·범죄의 거점이 되었다. 쿠알라룸푸르에는 1920년대에 푸두도로에 마제스틱극장(Majestic Theatre, 大華戲院, 1928)[19]이 개관했으며, 이후 1990년대에 엔터테인먼트 콤플렉스로 개조되어 이용되었으나 2009년 철거되었다.

철도선과 항구

영국 지배기의 쿠알라룸푸르가 보여주는 도시구조의 큰 변화는 철도선의 건설과 이에 따른 철도 도시로의 변화이다. 특히 쿠알라룸푸르의 첫 번째 철도선인 클랑밸리철도선(Klang Valley Railway, 1886)은 지역권에서 쿠알라룸푸르가 클랑분지와 말레이반도의 다른 지역들과 연결되는 계기가 되었으며, 쿠알라룸푸르 내에서는 클랑강과 철도선 서쪽의 영국인 커뮤니티와 동쪽 저지대를 중심으로 도시 기능의 분화가 진행되었다.

쿠알라룸푸르의 철도선은 동쪽의 암팡과 북쪽의 라왕의 주석광산 생산품을 쿠알라룸푸르 남서쪽 35km에 위치한 클랑의 스웨텐함항구(Pela-buhan Swettenham, 현재 Pelabuhan Klang, 1901)까지 운송하기 위해 건설되었다. 당시 철도선은 증가하는 광산물산을 대량으로 운송하는 안전한 운송수단으로서 내륙의 주석광산과 해안의 바다 항구를 직접 연결했으며, 이에 발맞춰 바다항구에는 항만시설이 창고와 함께 갖추어 졌다. 또한 말레이반도의 철도선 건설사업 자체가 영국의 민간자본가에게 새로운 투자대상으로 각광받았으며, 영국 정부 역시 효율적인 식민행정을 위한 도시겸

다만사라도로를 중심에 두고 자리 잡은 레지던트철도역(오른쪽)과 철도청 본사(왼쪽)(ⓒ 한광야, 2016)

점들 간의 연결과 권위를 신장하기 위하여 철도선 건설에 주목하였다.[20]

이에 클랑밸리철도선은 먼저 쿠알라룸푸르로부터 클랑의 배후지인 부킷쿠다언덕Bukit Kuda까지 철도선이 조성되었고 이후 1890년 하구까지 연장되었다. 그리고 스웨텐함항구(Port Swettenham, 1901, Pelabuhan Swettenham, 이후 Port Klang, Pelabuhan Klang으로 개명, 1972)가 바다항구로 건설되어 내륙-해안의 운송체계가 완성되었다. 뒤이어 건설된 푸두철도선(Pudu Railway Line, 일부는 현재 LRT Ampang Line으로 사용)이 쿠알라룸푸르와 암팡의 광산을 연결했다. 이를 위해 당시 쿠알라룸푸르의 남쪽 경계였던 하천이 복개되며 포츠대로와 철도선이 조성되었다.

쿠알라룸푸르에 철도선이 건설됨에 따라 도시 중심부에는 두 개의 철도역이 철도운송의 거점으로 기능하기 시작했다. 먼저 쿠알라룸푸르 남쪽으로는 클랑강 서쪽의 영국인 커뮤니티에 위치한 레지던트철도역(Resident Station, 1886)이 위치했으며, 이후 그 자리에 쿠알라룸푸르철도역(Kuala Lumpur Railway Station, 1910)이 건설되었다. 새롭게 조성된 쿠알라룸푸르철도역의 상층부는 호텔(Station Hotel, 이후 Heritage Station Hotel, 1996, 170개 객실)과 연결되었다. 또한 클랑강 동쪽으로 포치대로에 조성된 술탄스트릿철도역(Sultan Street Station, 1892~1960년대, 현재 Jalan Tun Tan Cheng Lock)은 암팡과 쿠알라룸푸르의 연결 거점이 되었다.

쿠알라룸푸르의 레지던츠철도역은 서쪽의 영국 총독의 궁Residence of the British Resident과 연결되었다. 레지던트철도역의 서쪽에는 래이크가든(Lake Gardens, 현재 Perdana Botanical Garden)이 위치했는데, 그 옆 언덕 입구로 당시 빅토리대로(Victory Avenue, 현재 Jalan Sultan Hishamuddin-Jalan Damansara)에는 보자르 및 아트데코 건축양식을 가진 마제스틱호텔(Hotel Majestic, 1932)과 말레이시아 철도청본사(Railway Administration Building, 1817, 현재 Keretapi Tanah Melayu Berhad, Malayan Railways Limited)가 위치했다. 또한 레지던츠철도역의 북쪽으로 창고시설이 조성되어 철도선으로 운송된 물산이 인접한 중앙시장으로 운송되었다.

주석과 고무 공장구역, 왕사마조, 세타팍, 라왕

영국 세력에게 말레이반도의 매력은 주석광산과 금광에서의 생산물이었으며, 또한 영국 상인과 농장주에게 말레이반도는 타피오카, 갬비어Gambier, 후추, 커피, 고무 등 열대작물의 생산지이자 교역시장이었다. 특히 주석과 고무는 당시 유럽의 산업 발전에 기여하며 이끌었고 말레이반도의 산업생산을 주도했다.[21] 윙린켄Wong Lin Ken과 입얏훙Yip Yat Hoong은, "말라야 주석 수출(약 52,000톤)은 당시 세계생산량의 절반 이상을 차지했다"고 말한다. 주석은 클랑분지에서 싱가포르로 운송되어 철강으로 생산되었다.[22] 이러한 생산활동은 클랑분지에서 쿠알라룸푸르의 북쪽 교외인 왕사마주Wangsa Maju·세타팍Setapak·스타팍자야Setapak Jaya·라왕 등이 광산·농장·공장과 이와 연계된 노동자 커뮤니티의 개발로 이어졌다.

당시 클랑분지의 생산활동은 많은 노동력을 필요로 하는 노동집약적 산업이었다. 이에 영국 세력은 인도 남동부의 마드라스(Madras, 현재 Chennai)를 중심으로 한 타밀나두Tamil Nadu 지역의 인도인 그리고 광산·공장·항구의 노동력을 위해 중국 남부로부터의 중국 노동자의 이주를 유도했다.

클랑분지의 최대 규모의 주석공장인 로열슬랑오르(Royal Selangor, 1885)는 이 지역의 대표적인 초기 주석생산 기업이다. 로열슬랑오르는 광동성 산터우에서 이주해온 용군(Yong Koon, 楊坤)이 1885년 쿠알라룸푸르에 응에옥포(Ngeok Foh, Jade Peace) 상점을 개업하여 지금의 대규모 납제품 제조 기업으로 성장했다. 로열슬랑오르의 공장은 현재 쿠알라룸푸르로부터 북동쪽 7km 떨어진 스타팍자야에 위치한다.

한편 동남아시아에서 고무생산은 영국 세력[23]에 의해 고무재배의 기술이 1877년 브라질로부터 말레이반도로 이전되며 시작되었다. 현재 말레이시아의 고무생산량은 세계생산량의 50퍼센트[24]를 차지하며 1980년을 전후로는 말레이시아의 주요 수출품으로써 주석을 능가했다. 슬랑오르 지역의 고무생산은 자동차 타이어의 수요에 힘입어 20세기 초에 세계

고무생산의 중심부가 되었고, 이에 따라 쿠알라룸푸르의 북동쪽 10km의 왕사마주와 북서쪽의 라왕에는 1900년대부터 1980년대까지 스타팍 고무농장을 중심으로 거대한 고무공장 클러스터가 조성되어 가동되어왔다.

이들 중 일부 기업들은 쿠알라룸푸르 도시 중심부에 본사를 두고 운영했다. 그 예로는 앵글로-오리엔탈 광산기업(Anglo-Oriental Mining Corporation, 1928~1950, 이후 London Tin Corporation)은 메르데카광장 북쪽 블록에 아트데코 건축양식을 가진 위스마에크란빌딩(Wisma Ekran Building, 1937)에 본사를 뒀다. 또한 차이나타운의 하이도로(High Street, 현재 Jalan Tun H. S. Lee)와 세실도로(Cecil Street, 현재 Jalan Hang Lekir)의 교차지에는 푸젠성 난안(Nan'an, 南安) 태생의 이주민으로 '고무와 파인애플의 왕(Rubber and Pineapple King)'으로 불린 이공찬(Lee Kong Chian 李光前, 1893~1967)의 리고무기업 본사(Lee Rubber Building, 南益大厦, 1930년대)가 아트데코 건축양식으로 당시 쿠알라룸푸르의 최고 높이(4층) 건물로 건립되었다.

4. 골든트라이앵글과 링도로-메트로

쿠알라룸푸르는 1957년 영국으로부터 독립한 후 말레이시아(United Malays National Organization and Malaysian Chinese Association, 1957)의 수도로서 기능해왔다. 이 과정에서 쿠알라룸푸르는 1974년 슬랑오르주로부터 분리되어 말레이연방영토Federal Territory로서 독립된 행정권역으로 지정되어 왔으며, 1999년부터 쿠알라룸푸르에 과도하게 밀집된 도시 기능의 분산을 위해 연방정부 기능이 남쪽 36km에 행정신도시로 건설된 푸트라자야로 이전해나갔다.

또한 쿠알라룸푸르는 1980년대 후반부터 두 개의 신도심으로 부킷빈탕Bukit Bintang과 쿠알라룸푸르 시티센터Kuala Lumpur City Centre를 개발하

며 동쪽으로 확장했다. 부킷빈탕과 시티센터는 묶어서 종종 골든트라이
앵글Golden Triangle로 불린다. 쿠알라룸푸르는 부킷빈탕과 시티센터가 개
발되면서, 영국 지배기에 교외지 순환도로로 건설된 툰라작도로Jalan Tun
Razak가 도시순환도로인 미들링1 순환도로(1936~1950, 1970)의 중심구간으
로 기능하며 교외지의 신개발에 앞장섰다.

이후 쿠알라룸푸르는 도시 중심부와 외곽부가 함께 성장하는 도시개
발을 진행해오고 있다. 이에 따라 '도시 중심부와 외곽부' 그리고 '외곽부
의 구역들'을 연결하는 'O' 형태의 순환도로 및 대중교통체계인 미들링1
순환도로, 미들링2 순환도로, 이너링 순환도로-모노레일, 아우터링 순환
도로가 순차적으로 건설되었다. 이 과정에서 원·구도심의 기존 대중교통
체계인 LRT와 KTM Komuter/KRT는 현대 도시 거점 개발을 주도해온
모노레일 및 MRT와 연결되고 있으나 원·구도심와 신도심 간에 물리적
제약과 사회·경제적인 여건들이 장애물로 작용하고 있다.

골든트라이앵글: 시티센터, 부킷빈탕

쿠알라룸푸르의 핵심 신개발 거점인 '골든트라이앵글'은 푸두도로, 암팡
도로, 임비도로Jalan Imbi, 툰라작도로로 경계가 정의되는 글로벌 오피스
·상업구역이다. 골든트라이앵글은 연방 정부와 쿠알라룸푸르 시정부의
주도로 1990년대 말부터 암팡도로와 툰라작도로의 교차지 위에 쿠알라
룸푸르의 현대 도시 거점인 쿠알라룸푸르 시티센터(Kuala Lumpur City Centre,
2003)의 개발로 시작되었다.[25]

쿠알라룸푸르 시티센터는 공공시설인 KLCC공원(KLCC Park, 총면적 100
acre)와 샤키린모스크(Masjid As Syakirin, 1996, 규모: 12,000명 수용) 그리고 현대
도시의 핵심시설인 컨벤션센터(Pusat Konvensyen Kuala Lumpur, 연면적 120,000m²)
를 중심으로 호텔·레지던스·쇼핑센터·오피스타워의 개발로 시작되었다.

쿠알라룸푸르 시티센터 공원에 조성된 샤키린모스크(Masjid As Syakirin)

쿠알라룸푸르 시티센터의 컨벤션센터와 KLCC공원은 보행동선을 유도하는 수리아쇼핑센터(Suria KLCC, 1998, KLCC Property Holdings Berhad)와 연계되어 대중교통 거점인 KLCC LRT역(LRT Kelana Jaya Line과 Rapid KL 버스 네트워크)으로 연결되며 거리의 보행체계를 완성하고 있다.

쿠알라룸푸르 시티센터와 주변 부지는 과거 도시 중심부로부터 북쪽 외곽으로 툰라작도로 위에 암팡도로로 연결되는 저밀도 주거지였다. 이곳은 19세기 말에 조성된 슬랑오르클럽Selangor Turf Club의 부지로서 20세기 초에 주변으로 맨션 저택들이 개발되며 부유층 교외주거지로 조성되었다. 이후 슬랑오르클럽 부지의 개발이 연방 정부와 시 정부의 주도하에, 1998년부터 도시 거점의 건설하기 위해 쿠알라룸푸르 개발계획안 Kuala Lumpur City Center Master Plan으로 추진되었다. 이에 따라 슬랑오르클럽과 주거지들이 1988년을 전후로 시 정부에 매각되었다.

뒤이어 슬랑오르클럽이 세르당Serdang으로 이전해나가면서, 중앙부의 KLCC공원을 중심으로 그 남쪽에 컨벤션센터, 서쪽에 페트로나스타워 (Petronas Twin Towers, 1994, 높이: 88층)가 건설되었다. 또한 페트로나스 타워와 므나라 카리갈리 페트로나스(Menara Carigali 3 Petronas, 2012, 높이: 60층)는 수리아쇼핑센터의 포디움으로 연결되며, 그 주변으로 만다린오리엔탈호텔을 포함한 일군의 특급 호텔들(G Tower Hotel, Grand Hyatt Kuala Lumpur, Inter Continental Kuala Lumpur Hotel, Avenue K Hotel)이 필지별로 개발되었다.

한편 골든트라이엥글의 또 하나의 중심부인 부킷빈탕은 쿠알라룸푸르의 핵심 쇼핑·엔터테인먼트 구역이다. 부킷빈탕은 부킷빈탕도로Jalan Bukit Bintang를 중심으로 라자출란도로Raja Chulan Road부터 푸두도로를 경계로 하며, 술탄이스마일도로Sultan Ismail Road를 따라 임비도로까지 확장해왔다.

부킷빈탕은 1950년대 말에 페더럴호텔(Federal Hotel, 1957)의 개발로 시작되었다. 페더럴호텔은 중국인 이주민이자 건설업자로 성공한 로우얏 (Tan Sri Low Yat, 劉蝶)의 주도로 말레이시아의 첫 번째 국제호텔이 현재 부지에 개업했다. 로우얏은 1940년대부터 부동산 개발기업인 로우얏그룹 Low Yat Group[26]을 운영했으며, 이후 그를 아들인 탄스리로우얏Tan Sri Low Yat이 호텔을 이어받아 주변에 전자제품 쇼핑몰인 로우얏플라자(Plaza Low Yat, 1999)을 조성했다.

또한 부킷빈탕의 대표적인 쇼핑몰인 빈탕워크Bintang Walk는 1980년대 후반부터 클랑 태생의 여티웅라이(Tan Sri Dato' Seri Yeoh Tiong Lay, 楊忠禮, 1929~2017)의 부동산기업인 와이티엘그룹(YTL Corporation Berhad, 1955)의 주도로 건설되었다. 이후 이곳은 말레이시아의 대표 패션행사인 'STYLO Fashion Week'와 'Malaysia International Fashion Week (M-IFW)' 등을 주최하며 성장했다. 이즈음 푸두도로와 미들링1 순환도로의 툰라작도로를 연결하는 부킷빈탕도로를 따라 숭아이왕플라자(Sungai Wang Plaza, 金河廣場, 1977)·로우얏플라자·비비파크BB Park, 캐피톨호텔(Hotel Capitol, 1997) 등의 쇼핑몰과 호텔이 대규모로 조성되며, 쿠알라룸푸르의 핵심 쇼핑·엔터테인먼트·관광 거점으로 성장해왔다.

이후 부킷빈탕에는 '쿠알라룸푸르의 해로드백화점'으로 불리며 현재 YTL Land가 운영하는 롯10 쇼핑센터(Lot 10 Shopping Center, 樂天購物中心, 1991)이 들어섰고, 쿠알라룸푸르의 가장 오래된 여학교인 부킷빈탕여학교Bukit Bintang Girls' School가 2000년 체라스Cheras로 이전해나가면서 확보된 부지를 버자야그룹Berjaya Group이 파빌리온쇼핑몰(Pavilion Kuala Lumpur, 2007)으로 개발했다. 또한 파빌리온그룹Pavilion Group은 그들이 소유하는 다른 종합쇼핑몰인 KL플라자(KL Plaza, 현재 Fahrenheit 88, 2010)를 리모델링하여 파렌하이트88로 운영하고 있다.

한편 버자야 타임즈스퀘어Kuala Lumpur Berjaya Times Square는 버자야그룹Berjaya Corporation Berhad이 개발하고 소유하는 대형 쇼핑콤플렉스이며, 실내의 테마파크를 중심으로 약 1,000개의 소규모 매장(상점 1,000개)들과 서비스레지던스(규모: 1,200호실)를 두고 있다. 이 부지는 영국 지배기에 광저우 태생으로 말레이시아로 이주해온 쳉욕초이(Cheong Yoke Choy, 張郁才,

1873~1958)의 소유지였다. 버자야그룹은 조호르주의 바투파핫Batu Pahat 태생의 말레이기업인 빈센트탄(Tan Sri Dato' Seri Vincent Tan Chee Yioun, 陳志遠 Chen Zhiyuan, 1952~)의 기업으로 1980년대 말레이시아에 맥도날드를 처음 개업했으며, 미디어·상수도·인터넷 등의 사업영역을 갖고 있다.

순환교통체계: 모노레일-이너링, 미들링1, 미들링2, LRT, KRT, MRT

쿠알라룸푸르의 일군의 링 순환도로Ring Road들은 삼중의 교통·체계를 완성하며 도시 중심부와 도시외곽 간의 연결을 제공하고 외곽 거점들 간의 상호 연결을 유도하며 광역도시권 내에서 방사형의 도시 확장을 유도해왔다. 쿠알라룸푸르의 순환도로 체계는 먼저 원·구도심의 경계를 정의해 온 '미들링1 순환도로(Middle Ring Road 1, 1995)', 동쪽의 골든트라이앵글의 부킷

리모델링을 마친 KL플라자 내부(ⓒ 한광야, 2016)

빈탕과 쿠알라룸푸르 사회센터를 도시 중심부의 센트럴역과 연결하기 위해 공항철도와 함께 조성된 '모노레일(Monorail, 2002)과 이너링 순환도로(Inner Ring Road, 2009)' 그리고 기존 통근교통체계인 'LRT, KTM Komuter/KRT, MRT와 도시 외곽에 조성된 미들링2 순환도로Middle Ring Road 2(1990년대), 그리고 아웃터링 순환도로KL ORR이다.

쿠알라룸푸르에는 이상의 네 종류의 간선도로와 대중교통체계가 서로 다른 시기에 서로 다른 주체의 투자로 조성되었다. 2004년 이후에는 연방 정부가 대중교통 민간기업을 인수하고, 정부 소유의 공기업인 프라사라나 기업(Prasarana Malaysia, 2004)을 설립하여 운영하면서 LRT를 중심으로 모노레일과 MRT 그리고 이후 인수한 버스체계를 통합하며 체계적인 환승과 물리적인 연결[27]을 진행하고 있다.

특히 쿠알라룸푸르의 현대 도시개발 거점들이 모노레일선과 모노레일역을 중심으로 진행되고 확장되고 있으며, 쿠알라룸푸르의 기존 도시기능과 도시개발의 형태를 결정해온 LRT, KRT, MRT들 간의 연결과 환승은 원·구도심 신도심의 연결이라는 관점에서 핵심 도시성장의 변수이다. 실제로 모노레일과 LRT, KRT, MRT와의 환승체계를 가장 중점적으로 보는 이유는 모노레일이 KLCC, 부킷빈탕 등 주로 현대 쿠알라룸푸르의 도시 거점들을 연결하는 목적으로 건설된 대중교통체계이며, 이를 통해 주요 역의 물리적 환승·연결체계가 부킷빈탕의 모노레일역과 연계되어 쿠알라룸푸르의 현대 도시개발을 주도해오고 있기 때문이다.

먼저 쿠알라룸푸르의 순환교통체계의 첫 번째 사례는 영국 지배기에 그 핵심체계가 조성되어 이후 완성되어 쿠알라룸푸르의 도시경계를 결정해온 링도로인 미들링1 순환도로이다. 미들링1 순환도로는 1936~1950년에 부킷빈탕과 KLCC구역을 지나가는 툰라작도로가 건설되며 시작되었다. 이후 툰라작도로를 중심으로 1995년까지 네 개 도로(Jalan Lebuhraya Sultan Iskandar(Lebuhraya Mahameru)·Jalan Damansara·Jalan Istana·Jalan Lapangan Terbang)가 추가 건설되면서 미들링1 순환도로가 완성되었다.

쿠알라룸푸르는 도시 중심부의 중앙역KL Sentral으로부터 동쪽 외곽에 개발된 골든트라이앵글의 새로운 개발 거점까지 연결하기 위해 모노레일과 이너링 순환도로가 건설되었다. 모노레일과 이너링 순환도로의 건설은 1990년대에 계획이 수립되고 2000년대에 연방 정부의 주도하에 완공되었다. 모노레일은 중앙역에서 공항철도(KLIA Ekspres, 2002)와의 환승체계를 갖추고 있다.

쿠알라룸푸르 모노레일(KL Monorail, 9km, 11개 역)은 KL센트럴 모노레일역KL Sentral부터 골든트라이앵글을 지나 센툴과 티티왕사를 연결하고 있다. 쿠알라룸푸르 모노레일은 특히 새롭게 개발된 현대 도시 거점들을 관통하되 지상의 교통체증을 피하기 위해 공중에 조성된 대안적 교통수단이다. 현재 모노레일의 대표적인 거점인 KL센트럴에서 항투아·임비·부킷빈탕·라자출란 등이 쿠알라룸푸르 도시외곽의 새로운 현대 도시개발을 견인하고 있다.[28]

KL센트럴역은 모든 교통체계가 연결된 쿠알라룸푸르의 도시 관문 역할을 하고 있다. KL센트럴역은 국제공항철도의 운행과 함께 그 환승 거점으로 조성되어, 주변의 복합개발을 유도해온 대표적인 철도역 중심 복합개발 사례이다. 실제로 쿠알라룸푸르의 대중교통체계인 LRT, KRT, MRT, 모노레일, ERL(Express Rail Link for KLIA Transit과 KLIA Ekspres)은 모두 KL센트럴역에서 환승이 가능하며 모노레일과 MRT역은 외부를 통해 센트럴역으로 연결된다. 하지만 쿠알라룸푸르는 KL센트럴역을 제외한 역에서는 대중교통 체계들 간의 물리적 및 시스템적 환승에 제약을 갖고 있는 상황이다.

KL센트럴역 개발은 연방 정부의 주도로 1994년에 계획되어, 기존 철도부지(면적: 72acres)를 현대적인 철도역사로 신축하는 사업이었다. 이후 '쿠알라룸푸르 센트럴 개발계획안KL Sentral Development Plan'은 2000년부터 부동산개발사인 MRCBMalaysian Resources Corporation Berhad과 Keretapi Tanah Melayu Berhad(KTMB), Pembinaan Redzai Sdn Bhd.)의 컨소시

부킷빈탕의 인테그라타워(Integra Tower) 앞 중심도로인 툰라작도로와 암팡도로의 교차로

엄이 주도하며 개발되었다. 현재 KL센트럴역을 중심으로 오피스타워인 센트럴플라자(Plaza Sentral, 2001, 2006)·센트럴타워(Sentral Tower, 2007)·새인트레지스호텔(St. Regis Hotel KL, 2014)·힐튼 KL(2004) 등이 건설되며 쿠알라룸푸르 원·구도심의 도시 재생에 기여하고 있다.[29]

쿠알라룸푸르의 이너링 순환도로(KL Inner Ring Road, 2009)은 쿠알라룸푸르 시의 주도하에 골든트라이엥글의 교통혼잡을 피하고 주변 접근이 가능하도록 네 개 구간의 도로들이 모노레일선과 연결[30]되어 완성되었다.

한편 쿠알라룸푸르의 1990년대에 도시 외곽에 조성된 미들링2 순환도로와 아웃터링 순환도로는 클랑분지의 교외지와 도시 중심부를 연결하는 기존의 통근용 대중교통체계인 KRT, LRT 그리고 최근 완공된 MRT와 연계되어 광역 대중교통체계를 구축해왔다.

먼저 KRT 철도는 영국 지배기에 말레이연합철도사(Federated Malay States Railways, 1885)의 주도로 건설되어 주석과 고무를 수출하던 클랑분지 철도선의 일부를 그대로 사용하여 연장해왔다. 현재 KRT는 북남노선 Batu Caves-Gemas으로 내륙을 연결하며, 서동노선(Rawang Tanjung Malim-Pelabuhan Klang/Port Klang)은 내륙과 해안을 연결하는 통근열차로서 지상에 조성되어 운행되고 있다.

한편 LRT라고 불리는 또 하나의 대중교통체계인 쿠알라룸푸르 경전철Kuala Lumpur Light Rail Transit은 현재 북남노선으로 곰박과 수방자야 Subang Jaya·페탈링자야Petaling Jaya·클라나자야Kelana Jaya를 연결하는 클라나자야선(LRT Kelana Jaya, 1998, 29km) 그리고 쿠알라룸푸르 북부의 센툴티무르역Sentul Timur에서 남쪽의 스리프탈링Sri Petaling을 연결하는 스리프탈링선LRT Sri Petaling, Sentul Timur-Sri Petaling과 암팡선LRT Ampang, Chan Sow Lin-Ampang이 운행되고 있다. 또한 쿠알라룸푸르의 전철-지하철의 혼합식 대중교통체계인 MRT선은 2010년 연방 정부의 주도로 쿠알라룸푸르 광역권의 클랑분지 통합교통체계Klang Valley Integrated Transportation System 로서 계획되어 최근 완공되었다.[31]

교외의 신도심: 카장, 수방, 사이버자야, 푸트라자야

쿠알라룸푸르의 기존 대중교통체계인 KRT, LRT, MRT와 도시외곽에 조성된 두개의 링도로인 미들링2 순환도로와 아우터링 순환도로는 새롭게 형성된 외곽의 도시 거점들과 쿠알라룸푸르를 광역도시권 내에서 상호 연결해주고 있다. 이렇게 조성된 외곽의 도시 거점들은 그 기능에 따라 크게 주거신도시·정부행정 거점·대학 R&D센터의 세 가지 기능을 갖고 조성되어 발전해왔다.

먼저 도시 외곽에 조성된 주거신도시는 쿠알라룸푸르로 밀집되는 주거인구의 분산을 목적으로 조성된 커뮤니티이다. 대표적인 사례들은 커피농장과 고무농장으로 1890년대부터 성장해온 카장(Kajang, 加影)·암팡·센툴·푸두 등으로 모두 통근용 대중교통인 LRT선을 중심으로 조성되었다. 또한 쿠알라룸푸르의 행정 기능을 이주시킨 개발 거점은 1963년 개발을 시작한 샤알람(Shah Alam, 莎亞南)과 1999년 말레이 연방정부의 행정 수도인 푸트라자야이다. 샤알람은 1978년부터 쿠알라룸푸르를 대신하며 슬랑오르 지역의 주도主都로 기능해오고 있다. 최초 샤알람은 클랑과 쿠알라룸푸르 사이에 입지한 고무공장지였으며, 1957년 독립 후 첫 번째 계획도시로 조성되어 성장했다.

한편 쿠알라룸푸르의 대학과 R&D센터를 중심으로 형성된 거점은 수방[32]–페탈링자야, 푸트라자야, 사이버자야가 그 예이다. 쿠알라룸푸르 서쪽으로 국도 15의 수방Subang은 수방국제공항과 페탈링자야 주변으로 클랑과 파항을 연결하는 국도 2(Federal Route 2, 1915~1959: 클랑–페탈링자야–수방자야–쿠알라룸푸르–파항)를 따라 지식·테크놀로지 거점이 조성되었다. 이곳에는 말라야대학교(University Malaya, 1949, 1962)[33]와 함께 시티유니버시티 말레이시아(City University Malaysia, 1984), 순웨이대(Sunway University, 1987), 링컨 유니버시티칼리지(Lincoln University College, 2002), 케임브리지대 출판사(Cambridge University Press, Petaling Jaya) 등이 들어섰다.

또한 인접한 수방에는 세렌다 고무기업(New Serendah Rubber Company Limited, 1897)으로 창업한 하이컴 기업Heavy Industries Corporation of Malaysia Berhad의 글렌마리 산업단지Hicom Glenmarie Industrial Park가 조성되었고, 글렌마리 골프클럽Glenmarie Golf & Country Club, Glenmarie LRT Station and Komuter Station을 포함한 고급 골프클럽들[34]이 개발되어 왔다.

멀티미디어슈퍼코리도어Multimedia Super Corridor는 1996년 마히티르 모하마드Mahathir Mohamad 총리와 연방정부 주택부Ministry of Housing and Local Government 산하의 도시국토계획과Town & Country Planning Department 의 주도로 조성되었다. 이곳은 페트로나스 트윈타워부터 세팡의 쿠알라룸푸르 국제공항까지 길이 50km의 말레이시아 특별경제·첨단기술개발지역(면적: 750km²)이다.

멀티미디어슈퍼코리도어의 두 거점은 세팡에 조성된 사이버자야(Cyberjaya, 1997, 면적: 3.2km², 인구: 약 102,000명, 2017년 기준)와 푸트라자야(Wilayah Persekutuan Putrajaya, 1995, 면적: 49km², 인구: 약 91,900명, 2018년 기준)이다. 푸트라자야는 쿠알라룸푸르의 인구 분산을 목적으로 설계된 연방정부의 행정신도시로서 1980년대 후반에 계획되어 "똑똑한 녹색도시Intelligent Garden City"라는 슬로건과 함께 조성되었다. 푸트라자야는 2001년 연방영토로지정되었으며, 2010년까지 연방정부의 행정과 사법기관인 총리실·보건부·재무부·외무부·교육부·관광문화부·교통부 등 20여개 기관들이 이전하여 위치하고 있다.[35] 특히 이곳은 사업성 문제로 초기의 모노레일을대신한 공항철도(KLIA Transit, 2002)를 통해 공항으로 연결되고 있다.

① 푸트라자야의 중심부인 푸트라 모스크Putra Mosque, ② 수상 집무실과 ③ 연방정부

제 2 부

쿠로시오의
마조여신과 교역상인

제5장

자카르타

말루쿠군도 지도(1683)

1. 순다해협, 자카르타만, 순다클라파항구

자바섬의 힌두 타루마 세력

적도를 따라 수마트라섬과 자바섬을 이어주는 순다해협Selat Sunda이 지도에 등장한 계기는 더 큰 해양권에서 자바해Laut Jawa를 중심으로 서쪽의 인도해, 북쪽의 남중국해, 동쪽의 말루쿠해Laut Maluku가 향신료(후추·시나몬·육두구·정향) 교역상인들로 연결되면서이다. 이 향신료들은 그 특유의 자극적 맛과 향으로 음식의 맛과 풍미를 북돋우어 주지만, 무엇보다 항균 효과가 있어 음식의 부패를 막아주고, 마취 기능과 함께 전통의술의 약재료로 이용되어 왔으며, 화장품의 재료로도 사용되어 왔다. 이러한 향신료의 특성은 적도의 뜨거운 햇볕 아래, 기름진 화산 토양 위에 충분한 강우량이 만드는 습한 공기를 마시며 성장하는 식물들이 원주민에게 전달해주는 귀한 선물이다.

순다해협은 적도의 해류를 따라 동서 방향으로 5,000km 이상을 이동하는 이들을 교역해 온 상인들의 중계 거점이었다. 적도의 바다를 오가는 상인들은 인도 남부 말라바해안Malabar Coast의 코친(Cochin, 현재 Kochi)에서 생산되는 후추, 스리랑카 남서부 해안의 고대항구인 갈레(Qali, 현재

Galle)에서 생산되는 시나몬 그리고 동쪽으로 말루쿠군도(Maluku Islands, Moluccas, Spice Islands)[1]의 반다Island Banda에서 생산되는 육두구와 말루쿠군도 북쪽 끝의 테르나테Island Ternate에서 생산되는 정향을 교역했다. 순다 해협은 멀리 동쪽으로 세람섬Island Seram의 비나이아산(Gunung Binaia, 3,027m)을 중심으로 약 1,000개 섬으로 이루어진 신비의 말루쿠군도로 향하는 기회의 관문이었다. 그럼에도 순다해협은 수마트라의 투아곶Cape Tua과 자바의 푸잣곶Cape Pujat 사이의 좁은 바다(폭 24km)의 지형적 특성으로 인하여 해수의 흐름이 강하고 빨라 위험한 해로였다. 이에 순다해협을 지나가기 전에 정박이 필요했다.

순다해협의 토착 세력은 자바섬 서부West Java에 거주해온 순다족(Orang Sunda, Sundanese People)으로 자바섬의 중부와 동부의 자바족(Orang Jawa, Javanese People)과는 구별된다. 습식농경을 기반으로 하여 행정과 협동으로 세력을 키워야 했던 자바세력과 달리, 순다세력은 건식농사를 기반으로 소규모 커뮤니티를 구성하며 자바섬 서부에서 거주했다.

순다족이 자바섬 서부에 어떻게 정착했는가에 관해서는 두 가지의 주장이 있다. 먼저 순다족은 타이완 원주민인 오스트로네시아족Austronesian ethnic group으로, 이들이 기원전 1500~1000 년[2]에 필리핀군도를 통해 자바섬 서부로 이주해왔을 것이라는 주장과 고대에 하나의 거대한 순다육지Sundaland가 침하되어 자바해협, 말라카해협, 순다해협으로 나뉘어[3]지면서

순다해협 지도(1729)

자바섬에 거주해왔다는 설이 있다.

순다족이 자바섬의 북서부인 자카르타만Teluk Jakarta에 세력을 형성한 시기는 4세기이다. 이 지역은 내륙에서 북쪽의 자바해로 흐르는 13개의 강들이 만나는 넓은 만(폭: 35km)으로 해류가 안정적이고 낮은 수심(약 15m)으로 자연항구로 기능하기에 적합했다. 또한 자카르타만의 해안을 따라 맹그로브숲이 입지했고 그 배후에는 이 지역의 중심 수계인 칠리웅강(Sungai Ciliwung, 119km)과 그 서쪽 지류인 크루쿳강(Sungai Krukut, 31.4km)이 넓은 범람원의 충적지를 형성했다.[4]

칠리웅강과 크루쿳강이 합류하는 자카르타의 메르데카 광장으로부터 북쪽 해안의 맹그로브숲까지는 하천의 범람으로 인하여 인간의 거주가 불가능한 곳으로 쿠루쿳(Krukut, 현재 Taman Sari)으로 불렸다. 그 이름은 묘지를 뜻하는 네덜란드 단어인 커르코프Kerkhof에서 비롯되었다. 이에 크루쿳은 내륙의 구릉지를 중심으로 거주했던 순다족과 브타위족Orang Betawi, Betawi People[5]의 농지·어장·묘지로 이용되었다. 쿠루쿳(이후 바타비아)에 본격적인 거주가 시작된 시기는 네덜란드 세력이 정착한 17세기부터이다.

순다 세력이 인도 문화권의 영향을 받아 이 지역의 초기 세력인 타루마왕국(Kingdom Tarumanagara, 358~669, 수도 Sundapura)을 건국한 시점은 4세기 무렵이다. 타루마왕국은 자카르타의 동쪽으로 다예우 순다슴바와(Dayeuh Sundasembawa, 현재 Bekasi)와 칠리웅강의 수계를 따라 내륙의 보고르를 포함해 현재 자카르타 대도시권에 해당하는 지역을 지배했다. 이들은 자카르타만의 항구를 중심으로 해상교역으로 번성했고, 이를 통해 전파된 힌두교와 불교를 토착신앙으로 받아들였다. 자카르타 북쪽의 캄풍투구Kampung Tugu에서 발견된 비석(Tugu inscription, 5세기 추정)에 의하면, 타루마 세력은 397년 칠리웅강 하구에 순다해협과 자바해의 항구를 조성했고, 칠리웅강 서쪽으로 앙케강의 하구인 무아라앙케(Muara Angke, 현재 Kapuk Muara)에 거주지를 형성했다.

순다왕국과 순다클라파항구

타루마왕국의 자카르타는 669년 자바섬 서부의 새로운 힌두 연합세력인 순다왕국(Karajaan Sunda, 669~1579, 수도 Kawali·Pakuan·Pajajaran)에 흡수되었다. 당시 순다왕국의 타루스바와왕(King Sri Maharaja Tarusbawa, 재위 669~723)은 669년 타루마 세력의 항구를 순다클라파항구(Pelabuhan Sunda Kelapa)로 명명했다. '클라파Kelapa'란 자바어로 코코넛이라는 뜻이다. 자바인은 장소와 마을의 이름을 그 곳에서 가장 눈에 띄고 넓게 서식하고 있는 나무의 이름을 따서 명명했던 전통을 가졌다. 순다클라파항구는 이후 13~16세기에 자바해의 중심항구로서 수마트라섬의 팔렘방, 보르네오섬의 반자르마신Banjarmasin, 말라쿠군도의 술라웨시섬Island Sulawesi을 연결하며, 이 지역의 해양 세력으로 군림한 스리위자야왕국과 마자파힛제국의 지배기에 성장했다.

이 시기에 순다왕국의 수도는 순다클라파의 남쪽 약 60km에 입지한 파자자란(Pakuan Pajajaran, 현재 Bogor)이었다. 내륙의 구릉지인 파자자란은 순다왕국의 지리적 중심부로서, 칠리웅강을 통해 해안의 순다클라파항구와 연결되었고, 구릉지의 바람을 갖고 있어 해안보다 상대적으로 건조하고 '비의 도시Kota Hujan'로 불릴 만큼 비가 많이 내려(연 평균 강수량: 1,700~3,500mm) 상대적으로 낮은 기온을 갖고 있었다. 자바섬의 평균 기온은 30도이며, 그 해안은 32.2도에 달하지만 내륙인 보고르는 25.9도이다. 이러한 특성은 식물이 자라기에 적합하여, 현재 보고르에는 동남아시아 최대 규모인 인도네시아 국가 정원Kebun Raya Bogor이 위치하여 농업과 원예학의 중심지가 되었으며 관광지로도 각광받고 있다.

말라카해협과 자바해를 지나 말루쿠해의 해상교역을 주도하며 성장했던 스리위자야왕국이 인도 남부의 촌라왕국(Chola Dynasty, 기원전 300년대 ~기원후 1279)의 확장으로 쇠퇴하면서, 말레이반도부터 수마트라섬과 자바섬에는 정치적 공백이 발생했다. 또한 이 시기에 중국대륙을 정복한 쿠빌

라이 칸Kublai Khan의 몽골 세력이 자바섬 북부의 투반Tuban을 공격(1292~
1293)했다. 이후 이 지역의 해상교역권을 확보하기 위해 자바섬 동부의 힌
두 세력인 마자파힛제국(Majapahit Empire, 1293~1527, 수도 Majapahit· Wilwatikta,
현재 Trowulan)이 건국되었다. 마자파힛제국은 하얌우룩왕(King Hayam Wuruk,
Sri Rajasanagara, 재위 1350~1389)의 지배기에 인도 남부와 아라비아의 교역을
통해 황금기를 누렸으며, 이슬람 상인들에 의하여 수니이슬람교Sunni Islam
가 교역항구들에 전파되었다.

이슬람 술탄왕조와 자야카르타

순다왕국의 순다클라파항구는 15세기 중엽부터 자바섬 서부 해안에서
새롭게 건국되는 이슬람 세력들과 해양교역과 항구의 주도권을 두고 경
쟁했다. 이슬람 세력들은 원래 순다왕국의 연합 부족세력들로 자바해를
중심으로 교역항구를 운영했다. 이후 이들은 1475년 즈음에 순다왕국에
서 독립하며 독자적인 해상교역을 추구하는 이슬람 왕국들로 성장했다.
먼저 자카르타의 동쪽 약 200km의 치레본Cirebon을 중심으로 치레본 술
탄왕국(Kesultanan Cirebon, 1445~1926)이 1482년 건국되었다.[6] 또한 자카르타
의 동쪽 약 20km에는 드막술탄왕국(Kasultanan Demak, 1475~1554)이 브카시
Bekasi를 거점으로 성장했다. 뒤이어 자카르타의 서쪽 60km에 위치한 반
텐Banten과 그 바다항구인 메락Merak을 중심으로 반텐술탄왕국(Banten
Sultanate, 1527~1813)이 세력을 확장했다.
　인도 해안의 거점을 확보하고 말라카(Portuguese Malacca, 1511~1641)를 확
보한 포르투갈 세력이 순다클라파항구에 처음 도착한 시점은 1513년이
다. 당시 순다왕국의 중심항구였던 순다클라파는 인접한 이슬람 술탄왕
국들의 위협을 받아 외세의 지원이 시급했다. 당시 순다왕국의 프라부 수
라위제자왕(Prabu Surawisesa, 재위 1521~1535)은 포르투갈 세력의 대장 호게 드

알부케르쿠Jorge de Albuquerque와 포르투갈-순다조약(Luso-Sundanese Padrao, 1522)을 체결했다. 이를 통해 순다 세력은 포르투갈의 비호를 확보했고, 포르투갈은 이 지역에서 향신료의 독점교역권을 획득했다.

이에 순다클라파항구는 포르투갈 세력의 지원을 받으며 서쪽 80km의 칠레곤강Cilegon River 하구의 메락 항구를 누르고 자바해 해상교역의 중심부로 성장하여 멀리 이베리아 반도의 리스본까지 교역했다. 하지만 자바해의 해상교역이 성장하면서 순다클라파는 술탄왕조들과의 분쟁의 중심부가 되었다. 결국 순다클라파는 1527년 드막술탄왕국의 장군 파타힐라Fatahillah에게 정복되어 이슬람 세력의 항구가 되었으며, '승리의 요새Jayakerta'라는 뜻의 자야카르타(Jayakarta, 1527~1619)로 개명되었다. 자야카르타는 현재 자카르타Jakarta의 기원이다. 이슬람 세력의 자야카르타는 곧 반텐술탄왕국으로 흡수되었고 자바해의 중심항구로서 자리 잡았다.

2. 바타비아, 치뎅-칠리웅운하, 칼리브사르, 시청광장

로마가톨릭교의 포르투갈 세력에 뒤이어 말라카해의 향신료 교역에 뛰어든 세력은 프로테스탄트교의 네덜란드 세력이다. 이러한 시도는 네덜란드 동인도기업(Verenigde Oostindische Compagnie, 1602, United East India Company)이 1610년을 전후로 자야카르타에 창고를 조성하면서 시작되었다.

당시 초대 총독으로 임명된 피터 보트(Pieter Both, Governor-General of the Dutch East Indies, 재임 1610~1614)는 자야카르타를 통치하던 반텐술탄왕국의 자야카르타왕자Prince Jayakarta에게 1200레알real를 지불하고 칠리웅강의 동쪽으로 중국인 거주지 주변의 토지(면적: 2,070acre)[7]를 매입하여 교역본부(VOC Loge, Trading Post)를 설립했다. 이후 이곳에는 나소우홀(Nassau Huis, 1612)과 모리티우스홀(Mauritius, 1617), 병원 등을 방어하는 자카트라요새

Fort Jacatra와 바티바아요새Kasteel Batavia가 건설되어 교역본부로서 기능하기 시작했다.

자야카르타는 네덜란드 동인도기업의 교역본부(1610~1800)와 네덜란드 세력(Batavian Republic과 Kingdom, 1795~1890)의 식민도시(1800~1942)로써 총 330년 동안 그 지배를 받았다. 이 시기에 자야카르타는 유럽과 연결되는 거대한 대륙 간 해상교역의 주도권을 두고 포르투갈 세력이 지배한 말라카와 영국 세력이 지배한 싱가포르와 경쟁했다.

네덜란드 세력은 1641년 포르투갈 세력으로부터 말라카를 획득(De Stad en Kasteel Malacca, Melaka Belanda, 1641~1825)하고 말라카해협의 해상로를 확보했으며, 1743년부터 자바섬 동부의 새로운 중심항구인 수라바야Surabaya을 조성했다. 이를 통해 자야카르타는 서동 방향으로 인도해의 벵골에서 말라카·팔렘방·수라바야·말루쿠군도의 암본Ambon까지 그리고 자카르타에서 다시 북쪽으로 방콕·마카오·광저우를 지나 나가사키까지 거대한 십자 형태의 대륙 간 해상교역 연결체계를 완성했다. 그럼에도 자야카르타는 영국 세력이 1819년 이 지역의 새로운 거점항구로 조성한 싱가포르에 그 주도권을 잃으며 점차 쇠퇴했다.

네덜란드 동인도기업의 해상교역로

네덜란드 동인도기업은 이미 1594년부터 네덜란드공화국(Republiek der Zeven Verenigde Nederlanden, 1588~1795)의 동아시아 교역기업(Voorcompagnie, Pre-company, 1594~1602)으로 설립되어 1598년부터 네덜란드 상인들의 공동 함대를 출항시켰다. 이들은 1602년 네덜란드 정부로부터 헌장을 받아 포르투갈 세력이 16세기부터 동아시아(인디아·스리랑카·중국 등)에서 독점해온 향신료의 교역권을 빼앗으려 했다. 네덜란드 세력은 당시까지 포르투갈 세력을 통해 향신료를 매입했다. 하지만 포르투갈 본토가 1580년 스페인 세력에게 점령되고 뒤이어 동아시아 교역의 중심항구인 쉘데강 Schelde의 엔트워프가 함락(Fall of Antwerp, 1585)되면서, 서유럽의 교역 거점은 엔트워프에서 런던으로 이전했다. 이에 네덜란드 세력은 동아시아 와의 직접 교역의 대안으로 포르투갈 세력이 동아시아에서 소유했던 교역 거점들을 순차적으로 확보하기 시작했다.

동아시아 교역을 주도했던 네덜란드 동인도기업은 본토의 여섯 개 항구도시(Amsterdam·Delft·Enkhuizen·Hoorn·Middelburg/Zeeland·Rotterdam)에 거점을 두고 활동했다. 이들의 동아시아 교역함대는 자곱 반넥Jacob Cornelius van Neck 함대의 1차 원정(1597~1598)과 2차 원정(1598~1599)을 시작으로, 매년 12~1월에 암스테르담 북쪽 70km에 위치한 텍셀Texel에서 출항했다. 이에 이들은 '크리스마스 함대Kerstvloot, Christmas Fleet'로 불렸다. 텍셀의 적갈색 물은 다량의 철분을 함유하여 오랫동안 부패하지 않았기에 장기 항해에 적합했다. 크리스마스 함대는 적도를 지나 아프리카의 서해안을 따라 북남 방향으로 항해한 후 해류가 갑자기 동쪽으로 흘러나가는 희망봉Cape of Good Hope[8]을 돌아 적도를 따라 항해해 6~7월에 반탐과 자카르타에 도착했다. 이후 크리스마스 함대의 항해는 백만 파운드 분량의 향신료를 갖고 1599년 7월에 암스테르담에서 종료되었다.

크리스마스 함대는 텍셀에서 물과 은을 싣고 출항하여 첫 번째 정박지인 마카오에서 은을 주고 광저우 포산의 실크·도자기·차를 구매했다. 이후 이들은 나가사키에 도착해 이것들을 팔고 구리를 구매했다. 구리는 다시 인도 구자랏의 수랏Surat, 칼카타 북쪽의 벵골, 포르투갈 세력을 누르고 확보한 말라바Malabar, 프랑스 세력을 누르고 확보한 폰디체리Pondicherry 등에서 인도 중부의 골곤다(Golconda, 현재 Hyderabad)에서 생산된 광택과 꽃무늬를 가진 친츠 면직물chintz의 교역으로 이어졌다. 구리는 인도에서 사찰의 지붕과 식기의 재료로 이용되었다. 이후 크리스마스 함대는 마지막으로 자카르타에 도착해 친츠 면직물과 중국산 도자기를 인도네시아 족장들에게 넘겨주고 향신료를 매입했다. 이들은 향신료를 백만 파운드 이

상 신고 7~8월까지 텍셀로 귀항했으며, 이후 가을에 암스테르담에서 경매[9]를 통해 판매했다. 이들의 함대교역은 자곱 반넥의 원정에서 확인되듯 400퍼센트의 수익[10]율을 보장해준 당시 최대 수익사업이었다.

네덜란드 동인도기업은 17세기 초에 당시까지 포르투갈 세력의 모든 해상교역 거점을 차지[11]했으며, 1800년까지 인도해·남중국해·필리핀해를 이용한 거대한 대륙 간 교역체계를 완성했다. 이 해상교역로를 따라 17~18세기에 화물과 함께 여객의 이동이 시작되었다. 네덜란드 동인도기업이 확보한 교역 거점들은 인도 남서부의 크란가노레(Cranganore/ Kodun-gallur, 1662~1789)와 코친(Cochin/Kochi, 1664~1814), 인도 동부의 가가파티남(Nagappattinam, 1658~1781), 실론섬의 코롬보(Colombo, 1656~1796), 말라카해협의 말라카(Melaka, 1641~1798), 자바섬의 바타비아, 말루쿠군도의 암본(Ambon, 1605~1796) 그리고 일본 나가사키 데지마(Dejima 出島, 1634~1854)였다.

1700년 전후의 네덜란드 동인도기업 해상교역 거점들

코타투아 중심부: 운하, 칼리브사르, 시청광장

네덜란드 세력의 자카르타는 과연 어떤 도시였을까? 이 시기에 자카르타는 이슬람 세력의 자야카르타로부터 칠리웅강 하구에 조성한 바타비아 요새를 중심으로 항구·운하·창고·행정청·교회·시장을 중심으로 기능했던 개신교의 항구였다.

당시 네덜란드 상인이며 동인도기업의 4대 식민총독관 얀 코엔(Jan Pieterszoon Coen, Governor-general of the Dutch East Indies, 재임 1618~1623)은 1619년 자야카르타를 해체하고 동인도기업 교역본부를 조성하고 이를 바타비아(Batavia, 현재 Kota Tua)로 개명했다. 바타비아는 라인강삼각주Dutch Rhine Delta를 중심으로 한 고대 게르만족으로 네덜란드 세력의 조상인 바타비에렌(Batavi, Batavieren)을 기리는 이름이다. 당시 얀 코엔은 그의 고향 Hoorn을 기리며 뉘우홈Nieuw Hoorn을 제안했으나 반영되지 않았다. 이후 식민총독관 자퀴 스펙스(Governor-general Jacques Specx, 재임 1629~1632)의 주도로 1632년 바타비아의 도성이 건설되고 치뎅강과 칠리웅강이 직선화되며 확장했다.

바타비아는 이후 1720년대에 황금기를 맞으며, 도성 내부에는 3만 명이, 도성 밖에는 약 8만 명이 거주했으며 1780년을 전후로 경제·문화적 전성기를 누리며 확장했다. 하지만 바타비아는 1730년대부터 1930년대까지 말라리아, 콜레라와 감염병Leptospirosis이 발병하면서 인구가 감소하며 교외지의 개발이 진행되었다. 특히 이 시기에 자카르타 북쪽 해안에서 집중적으로 발생한 말라리아의 원인이 "항구와 어장의 조성과 맹그로브숲의 개발"로 지적되기도 했다.[12] 바타비아에는 1733년 이후 매년 5,000~6,000명의 직원이 도착했으나, 이중 2,000~3,000명이 사망했다.[13] 또한 이즈음부터 동인도기업의 수익이 감소하기 시작했다.

당시 바타비아는 두 개의 요새와 이를 둘러싼 해자로 보호되는 도성의 구조(규모: 1.2×0.8km)를 갖추었다. 먼저 칠리웅강과 크루쿳강의 수계를

파리에서 제작된 바타비아 경관도(1780)
19세기 후반의 칼리브사르

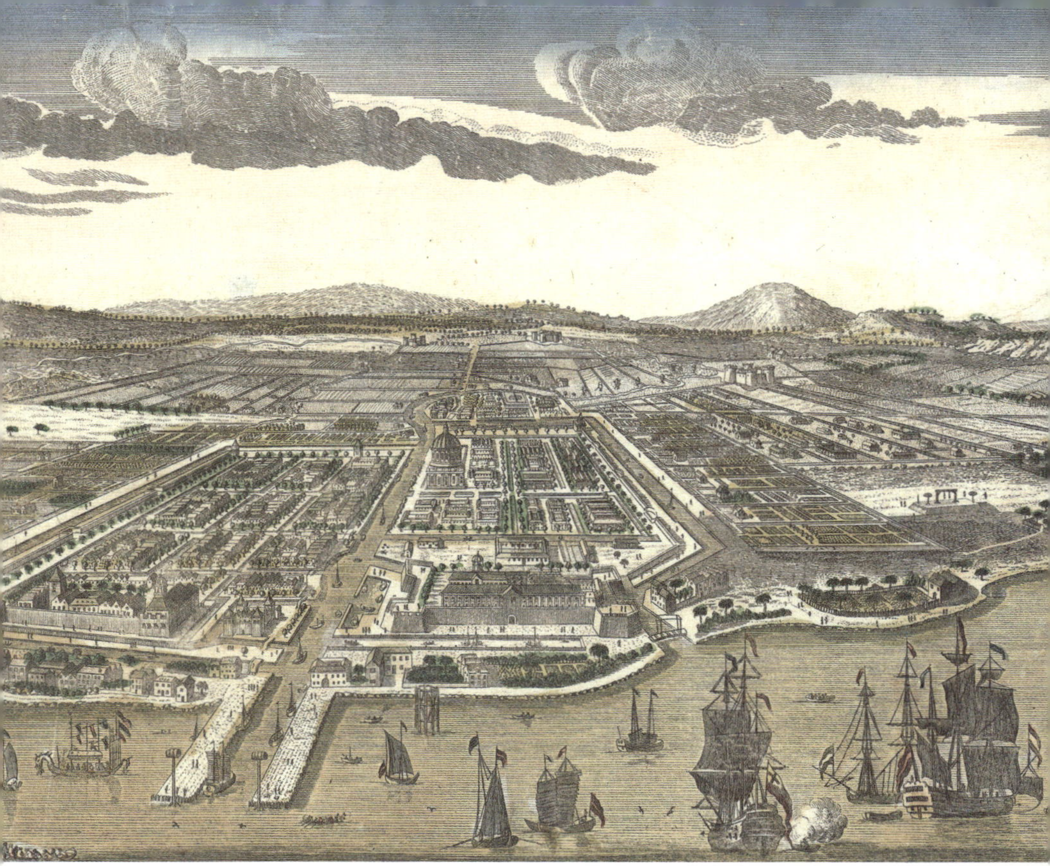

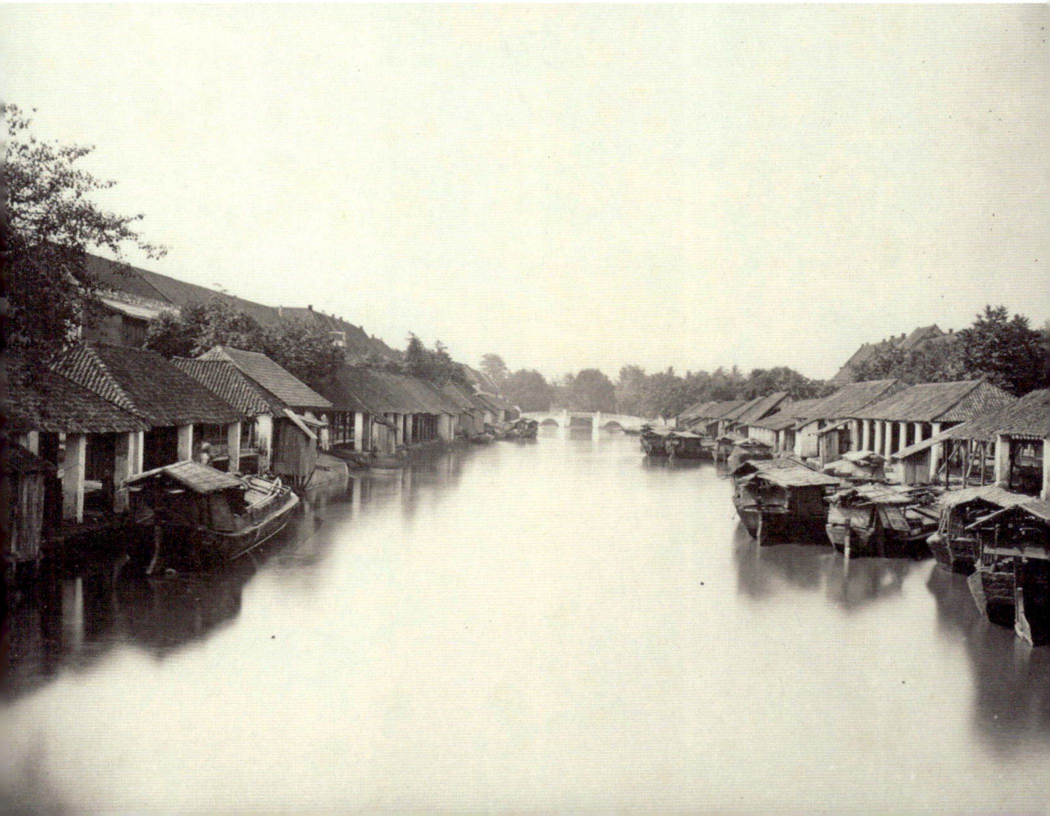

세 개의 운하 해자로 조성하여, 중앙의 크루쿳강운하(Groote Rivier, 현재 Kali Krukut)를 중심으로 서쪽에 크루쿳강운하Kali Krukut와 동쪽의 칠리웅강운하Kali Ciliwung로 도시의 경계를 정의했다. 또한 북쪽 해안에는 요새가 입지했고, 남쪽은 칠리웅강이 'L'의 형태로 굽어지는 지점(현재 자카르타철도역 부지)으로 경계되었다.

당시 바타비아를 대표하는 입구인 칼리브사르Kali Besar는 1632년 굽어 흐르는 칠리웅강의 곡선구간을 직선화하여 조성된 운하이다. 칼리브사르는 해안의 항구에서 내륙의 중심부를 연결하는 소형 선박의 운하로서, 그 서쪽 둑방길Jalan Kali Besar Barat과 동쪽 둑방길Jalan Kali Besar Timur에는 선적·창고·선박정비소와 시장·주택·교회 등이 자리 잡았다. 특히 18세기 초에는 적벽돌로 건축된 총독의 궁Toko Merah을 중심으로 지배층 주거지가 형성되었으나, 이후 1870년부터 주거 기능이 남쪽의 벨테브레덴으로 이전해나가면서 국제교역 사무소로 대체되었다. 칼리브사르의 하구에는 창고(현재 Maritime History Museum of Indonesia, 1977)와 망루탑(Menara Syahbandar, Harbor Master Tower, 1839, 높이: 12m)가 위치했다. 하지만 1900년을 전후로 바타비아의 신항인 탄중프리옥(Tanjung Priok, 1885)이 건설되고 말라리아가 발생하면서 칼리브사르에 위치하던 기업들은 남쪽의 벨테브레덴의 하모니광장Harmonieplein을 중심으로 남쪽도로(Rijswijkse Straat, 현재 Jalan Majapahit)과 동쪽도로(Noordwijk, 현재 Jalan Juanda West)로 이전해나갔다. 결국 칼리브사르는 하천에 토사가 충적되어 운송의 기능까지 마비되면서 20세기에 이르러서는 그 위상을 상실하게 된다. 칼리브사르는 1970년대 초 순다족 후손으로 자카르타 시장 알리 사디킨(Governor Ali Sadikin, 임기 1966~1977)이 추진한 코타투아 도시 재생사업(Revitalization Programs, 1974)과 최근 조코 위도도(Joko Widodo, 재임 2012~2014, 현재 대통령)이 주도한 코타투아 재생사업(Revitalization Plan of Kota Tua)을 통해 원도심의 관광 활성화와 유네스코세계문화유산 등재를 준비하며 운하의 복원과 파타힐라광장의 주요 건물들의 재생이 추진되어 왔다.

한편 바타비아와 그 운하는 과연 어디서 온 것이며, 무엇을 모델로 건설된 것일까? 도시는 지형과 수계를 변화시키고, 구성원의 거주·생산·사회 활동과 구성원과 물자의 이동을 위한 대규모의 교통·운송 인프라의 건설로 진행되기에 막대한 재원과 노동력을 필요로 한다. 이러한 특성은 결국 도시 건설이 기존 도시 사례의 특성을 확인하고 이를 모델로 조성하여 불필요한 과오와 오류를 최소화하면서 추진된다는 의미이다. 따라서 도시 건설은 검증된 모델을 근거로 계획과 실행을 구체화하는 보수적인 과정이다. 이에 도시의 구조나 형태는 한 도시에서 다른 도시로 조심스럽게 전파되어 퍼져나간다.

　특히 항구도시는 그 특성상 항구 기능을 위한 대규모 인프라 건설의 비중이 높고, 항로상 항구들 간의 물리적인 시설의 호환성을 확보해야 한다. 따라서 항구도시 모델의 확산 과정은 더욱 보수적으로 이루어진다. 그럼에도 항구도시 모델의 확산은 육상도시의 비해 보다 밀도 있고 신속하게 진행되는 경향이 있다. 이는 항로를 기반으로 독점적인 교역을 영위하는 상인과 선박제작자의 정기적인 교류와 대규모의 커뮤니티 이주 등의 요인에 기인한다. 이러한 항구도시 모델의 확산 과정은 항구도시를 둘러싸고 있는 토착 지역권에서 기존의 사회가치·생활방식·건축·음식 등을 새로운 요소들과 비교 선택작업을 통해 이전과 변이로 진행된다.

　흥미롭게도 바타비아 운하와 도시블록의 형성·성장 과정은 동 시대에 동인도기업의 본토에서 추진된 암스테르담 운하 개발과 비교할 때 도시의 입지와 운하의 형태, 블록구조와 가로체계, 도시 기능의 배치의 관점에서 유사점이 확인된다. 먼저 네덜란드공화국의 주도로 암스텔강Amstel 습지에 동심원 체계로 조성된 세 개의 운하들Herengracht, Keizersgracht, Prinsengracht은 네덜란드의 황금시대Dutch Gouden Eeuw를 견인하며 암스테르담이 서유럽 교역의 중심부로 빠르게 성장하도록 이끈 도시 인프라였다. 그럼에도 입지적 특성으로 인한 상이한 기후와 강우 조건을 갖고 수도 기능을 가진 암스테르담과 비교하면, 바타비아는 식민 교역활동과 행정 거점으로서 갖고 있는 차별성도 확인된다.

바타비아의 운하는 그 입지조건이 다름에도 불구하고 암스테르담 운하를 모델로 건설되어, 그 규모의 1/5 수준이지만 그 형태와 기본 기능은 암스테르담의 운하의 그것과 유사하다. 암스테르담 운하는 습지를 거주용 토양으로 재조성하여 생활수를 공급하며 방어해자의 기능을 갖고 있을 뿐만 아니라, 암스테르담으로 교역되는 상품들을 운송하는 것을 그 중심 기능으로 맡았다. 이는 네덜란드 동인도기업이 조성한 바타비아 운하의 기능과 동일하다. 바타비아 운하는 남북 방향으로 흐르는 칠리웅강을 직선 운하로 조성하고 이를 중심으로 서쪽의 토착인구역과 동쪽의 네덜란드 지배 세력의 구역을 대칭으로 배치했다. 또한 항구로부터 남쪽 400m에 조성된 운하의 수문인 코타인탄다리(Kota Intan Bridge, 1630)와, 수문의 서쪽에 위치한 시장과 동쪽에 위치한 올드교회(Oude Kerk Hollandse, Kruiskerk, 1632)가 운하를 중심으로 반경 400m의 보행권을 완성했다. 이러한 바타비아 운하와 도시 중심부의 구조는 암스테르담 구항에서 남쪽 약 400m에 조성된 암스테르담 운하의 수문Dam, 수문 서쪽의 상업활동의 거점Dam Square과 동쪽의 종교활동의 중심Oude Kerk으로 완성된 도시 중심부와 이를 U자형으로 감싸는 암스테르담 운하와 유사하다. 또한 암스테르담의 상업중심부와 생산구역인 조단Jordaan의 블록크기는 각각 100m와 50m로 바타비아의 중심부와 농촌의 그것과 동일하다.

하지만 입지조건이 상이한 두 도시 운하 간의 이러한 공통점은 결국 바타비아 운하가 1750~1800년에 적도의 기후조건 하에서 작동하지 않는 결과를 초래했다. 특히 바타비아는 운하의 하구습지에 자연적으로 형성된 맹그로브숲을 두고 있어 조수 간만에 차이를 이용하는 운하의 배수 기능이 원활하게 작동하지 않았다. 특히 우기(12-3월)의 폭우가 밀물과 겹치면 경우, 운하의 범람이 발생되고, 건기에 운하는 수량 확보가 불가능하여 전염병의 원인이 되었다. 또한 바타비아의 운하를 따라 자리 잡은 종교시설을 당시 식민 교역도시를 구성하는 네덜란드 지배 세력 그리고 피

바타비아 운하의 모델이 된 암스테르담의 운하체계 지도(1835)
바타비아의 티커스 운하에서 바라본 시청광장(1738)

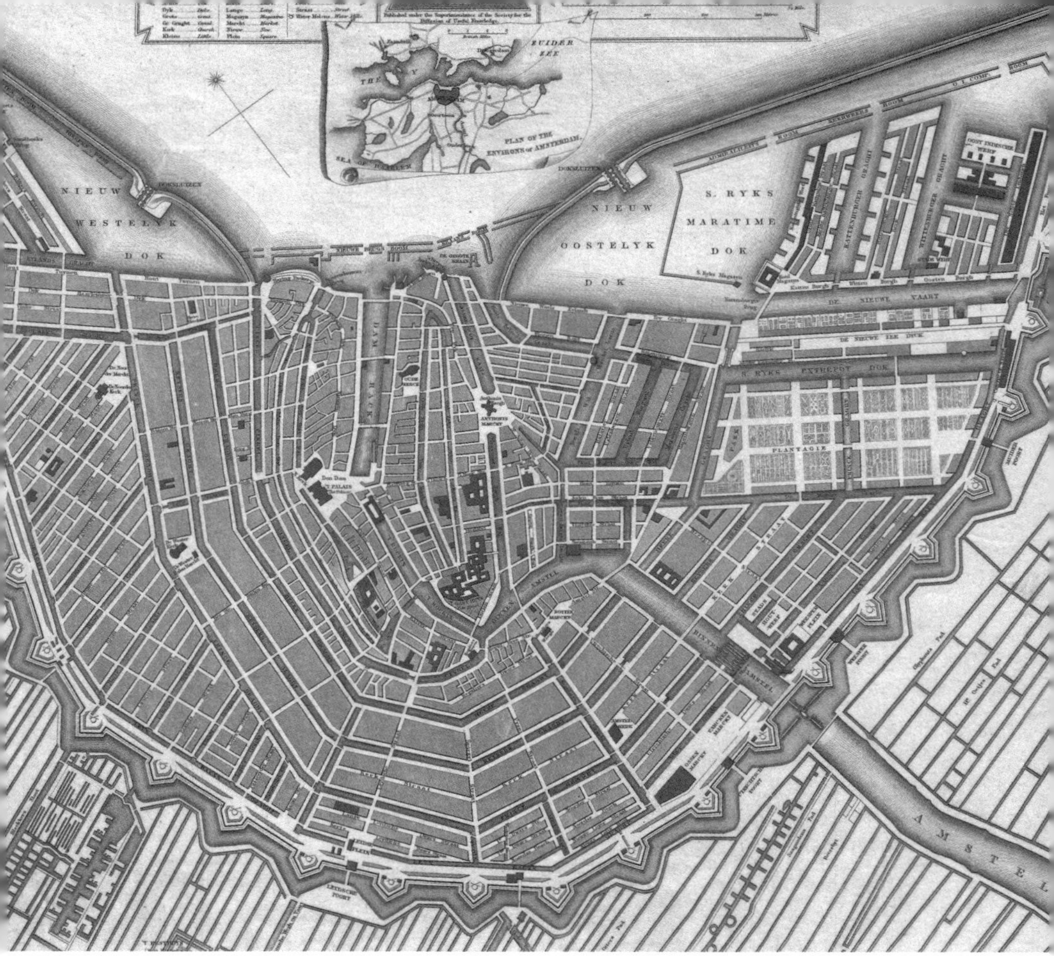
ZUIDER ZEE
PLAN OF THE ENVIRONS OF AMSTERDAM
NIEUW WESTELYK DOK
NIEUW OOSTELYK DOK
S. RYKS MARATIME DOK
DE NIEUWE VAART
S. RYKS EXTREPOT DOK
PLANTAGIE
DAM
AMSTEL
AMSTEL
ANTONIES MARKT
LEYDSCHE POORT

Prospect des Rathhaußes und
neuen holländischen Kirch
Batavia, wie sich solches dem
Canal gegen über præsentiret
das Rathhaus.
der Edlen-Compagnie-Cypiers
Wohnung.
der Stadt-Cypiers-Wohnung.
Eingang der Neuen Thors oder
der Nieu Port-Straße.
die neue holländische Kirche
und Kirchhoff.
Kirchen Lehrers und Dieners
Wohnung.
Chinesische Haüßer.
Tamarinden Baüm an der
großen Rerier.
Rathhauß Plein oder Platz.

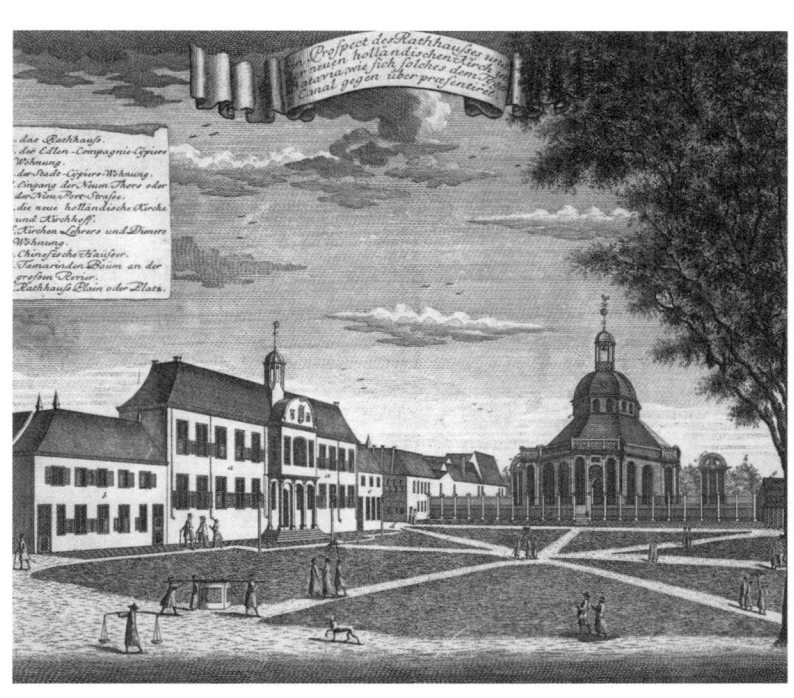

지배 세력으로 토착 세력인 순다인과 자바인, 이주 및 상인 세력인 포르투갈인, 중국인, 아라비아인, 인도인, 노예들의 주거지 분화를 유도했다.

바타비아의 도시 기능은 칠리웅강의 'ㄱ' 형태 구간을 직선화한 그루테운하(Groote Rivier, 현재 Kali Besar-Kali Krukut)와 그 동쪽의 티거스운하Tijgersgracht의 사이에 조성된 시청광장(Stadhuisplein, 현재 Taman Fatahillah)으로 집중되었다. 시청광장의 남쪽에는 동인도기업의 초대 시청(1st Stadhuis, 1622~1627)이 위치했고, 이후 그곳에 2차 및 3차 시청(3rd Stadhuis, 1627, 현재 Museum Sejarah Jakarta)이 건축되었다. 시청광장의 서쪽으로 그루테운하 변에는 구교회(Oude Kerk Hollandse, Kruiskerk, 1632, 1640, 이후 Nieuwe Kerk Hollandse, 1736~1808)가 위치하여 운하 건너편의 시장과 마주했다. 구교회는 지진(1808)으로 해체되었고, 이후 그 곳에는 창고(1936, 현재 Wayang Museum)가 조성되었다. 또한 시청광장의 북서쪽에는 신시장(Nieuwe Markt, 현재 Cafe Batavia)이 주변의 숍하우스와 함께 광장의 북쪽과 동쪽 경계를 정의했다.

한편 그루테운하의 동쪽 둑방길인 헤렌도로(Heerenstraat, 현재 Jalan Pintu Besar Utara)와 그 배후의 프린센도로(Prinsenstraat, 현재 Jalan Cengkeh)가 시청광장의 중심축으로 북쪽의 바타비아요새Kasteel Batavia의 성문과 연결되어 바타비아의 상징공간을 완성했다. 이후 시청광장은 동쪽의 티거스운하를 간척하여 그 부지에 법원(Palais van Justitie, 1870, 현재 Fine Arts and Ceramic Museum)이 조성되면서 법원의 전면공간으로 확장되었다. 또한 시청광장의 북동쪽 숍하우스가 20세기 초에 해체되고 그곳에 우체국(Post-en Telegraaf Kantoor aan Het Stadhuisplein, 현재 Kota Post Office)이 조성되었다. 시청광장은 인도네시아의 독립 후 파타힐라광장Taman Fatahillah으로 개명되었다. 이후 1970년부터 시청의 역사박물관으로 복원(1974년)되면서, 파타힐라광장과 올드코타의 재생사업이 추진되어 왔다.

한편 바타비아의 옛 시장은 그루테운하의 서쪽 편에 과거 자야카르타 시대에 건설된 모스크와 나란히 위치했으며, 이후 신 시장이 시청광장에 조성되었다. 바타비아가 성장하면서 월요일 마다 열리는 월요시장(Pasar

Senen, 1733)과 자카르타 직물매매의 거점으로 형성된 타나아방(Tanah Abang)에는 토요일마다 열리는 직물시장인 타나아방시장(Pasar Tanah Abang, 1735)[14]이 개장했다. 이곳에는 현재 19세기 프랑스 주택을 개조한 자카르타 직물박물관(Museum Tekstil, 1976)이 위치한다.

지배 세력과 피지배 커뮤니티

식민 항구도시는 외부의 지배 세력과 원주민인 토착 세력과의 대결구도를 갖고 형성된다. 이후 식민 항구도시는 지역권 교역을 위한 항구와 운하로부터 점차 지역권의 생산과 대륙권의 교역을 연결하는 대형 항구, 대형 운하 그리고 내륙과 해안을 연결하는 철도를 건설하며 진화했다. 이에 식민 항구도시의 지배 세력은 이러한 교통·운송 인프라의 건설에 필요한 대규모 재원과 인력을 확보하기 위한 체계화된 공급 체계를 구축했다. 이 과정에서 등장한 것이 값싼 노동력을 확보하는 인력시장과 대규모 자본을 유치하기 위한 금융시장이다. 물론 식민항구도시를 위한 인력은 노예전쟁, 노예 교역의 과정을 거치기도 했으나 점차 인력시장으로 대체되었고, 특히 대규모의 값싼 인력은 지역권을 넘어 대륙 간 이주를 통해 확보되었다.

이러한 특성은 대륙 간에 존재하는 상대적으로 저렴한 노동 임금의 확보라는 이점과 함께, 자칫 노동에 투입된 원주민이 필요시 공동체를 조직하여 지배 세력에 대항하는 상황을 방지하기 위해 고안되었다. 따라서 식민 항구도시는 대륙권에서 상이한 인종과 문화적 특성을 가진 대규모의 이주민 노동자 커뮤니티가 조성되며, 2~5년의 계약기간이 종료된 후 이주자들은 그 도시의 구성원으로 남아 토착인과 결혼을 통해 정착하기도 한다. 이 과정에서 이주자의 가족 구성단위는 개인에서 가족으로 변화하며, 이에 따라 학교·도서관·리서치센터·사교클럽을 중심으로 이민자의 커뮤니티가 성장한다.

네덜란드 세력은 16~19세기 대륙 간 노예 교역을 통해 이러한 노동시장을 구축하고 운영했다. 이렇게 정착한 노예와 이주민은 종교·교육·병원 시설 등을 중심으로 독자적인 커뮤니티와 인력 네트워크를 형성하고 시장을 운영했다. 이는 결국 행정 거점 중심의 식민 항구도시가 운하·철도·버스 등의 교통인프라가 건설되면서 서로 다른 인종과 종교를 바탕으로 하는 다수의 커뮤니티로 분화되어 항구도시를 채워나가는데 기여했다. 또한 이들은 장기적으로 지역권의 토착 세력과의 교류를 통해 사회가치와 생활방식의 지속적인 확산과 변이를 창출해왔다.

해상교역의 중심부로 기능한 바타비아는 지배 세력인 네덜란드인과 피지배 세력인 원주민인 순다인과 자바인, 교역상인인 중국인·멀라유인·인도인·아랍인·노예 집단 등이 각각 독립된 커뮤니티를 구성했다. 이들은 1650년경에 운하 내외부와 확장구간을 따라 종교시설을 중심으로 커뮤니티를 구성하며 도시 기능의 분화를 촉진했다. 이에 바타비아는 시청과 교회의 단일 중심구조에서 운하를 중심으로 모스크·불교사찰·성당·교회·시장·병원 등의 서로 다른 거점들을 중심으로 다중심 구조로 분화되며 성장했다.

당시 지배 세력인 네덜란드인 커뮤니티는 1740년 즈음에 원주민이 거주하지 않았던 칼리브사르 운하의 동쪽에 시청·교회·암스테르담 게이트·병원을 중심으로 거주했다. 영국 세력이 초기에 거주했던 운하의 서쪽에는 18세기 후반에 식민총독관 구스타프 임호프(Gustaaf Willem, 재임 1743~1750)가 건축한 총독의 궁(Residence of Governor-General of the Dutch East Indies, 1730, 현재 Toko Merah)이 적벽돌 건물로 세워졌다.[15]

이 시기에 바타비아의 총인구를 보면 1780년에는 약 50,000명이며, 이중 60퍼센트인 약 30,000명 이상이 네덜란드 동인도기업이 관리하던 자바 원주민 노예로 추정된다. 이후 바타비아의 총인구는 1890년에는 115,887명으로 증가했고, 그중 자바 원주민 77,700명, 중국인 26,817명,

유럽인 8,893명, 아랍 및 기타 인구가 2,477명이었다. 다시 총인구는 1905년 2,100,000명으로 증가했으며, 그중 자바 원주민 1,990,200명, 중국인 93,000명, 유럽인 14,000명, 아랍인이 2,800명으로 증가했다. 이 시기에 중국인의 증가와 함께 자바 원주민의 막대한 증가가 두드러진다.

바타비아에서 이러한 자바 원주민의 증가는 네덜란드 동인도기업의 핵심 사업인 노예 교역의 영향을 받아 증가한 결과이다. 당시 동인도기업의 노예 교역은 인도네시아 군도 전역과 대륙 간 교역[16]으로 진행되었다. 노예 교역의 절정기인 17~18세기에는 약 66만 명~110만 명의 노예가 교역되었을 것으로 추정된다.[17] 당시 바타비아에 유입된 노예들은 인도·아프리카·말레이반도의 포르투갈 식민도시에 거주해온 노예들이다. 이들은 네덜란드 동인도기업에 의해 1641년부터 말라카를 시작으로 다수의 식민 거점들을 통해 바타비아로 유입되었다. 당시 노예들은 운하·요새·도성을 건설하고, 플랜테이션 농장에 소속되었다. 이러한 상황은 식민총독관 요하네스 반 덴 보쉬(Governor-general, Johannes van den Bosch, 재임 1830~1833)가 도입한 강제경작제도(Cultuurstelsel, Tanam Paksa, 1830~1870, Cultivation System)로 인하여 더욱 심화되었다. 노예들은 도성 외부의 농지와 포르투갈 성당들(Portugese Stadskerk, 1650; Gereja Sion, 1695; Portugese Stadskerk, 1650; Gereja Tugu, 1678; Gereja Sion, 1695)을 중심으로 주거했다. 이들은 이후 자유인 신분을 획득하며 마데커족Mardijker People으로 자리 잡았다.

당시 원주민 커뮤니티는 기존의 이슬람 항구도시의 중심부로 기능했던 치뎅강의 서쪽 하구에 순다클라파항구를 중심으로 형성된 자바인과 순다인의 커뮤니티이다. 이들은 생선시장(Pasar Ikan, 현재 Vismarkt)과 루아바탕모스크(Mesjid Luar Batang, 1739)를 중심으로 거주했다. 그 남쪽의 페코잔Kampung Pekojan에는 구자랏과 벵골에서 온 인도와 아랍 상인들의 커뮤니티가 카피탄 아랍Kapitan Arab과 인도인의 카피탄 케링Kapitan Keling의 관리 하에 형성되었다. 이들은 자카르타에서 가장 오래된 알안소르모스크(Masjid Al-Anshor, 1648)와 부속학교를 중심으로 기능했다.

또한 순다인과 자바인 커뮤니티의 남쪽으로 중국 푸젠성과 광둥성에서 이주해온 중국 상인들이 거주했다. 중국인은 1619년경 식민총독 얀 코엔의 주도로 약 1,000명이 마카오에서 바타비아로 이주해왔다. 이 시기는 얀 코엔이 1619년 영국 세력으로부터 다시 자야카르타를 획득하고, 도성과 도시를 재건하여 네덜란드 동아시아 기업의 본점으로 조성한 시점이다. 이 과정의 도시재건에 중국인이 투입되었음이 짐작된다.

중국인은 이주 초기에 항구에서 노동을 제공하거나 네덜란드인의 대리인으로 순다인과 자바인 사이에서 소통과 중개무역의 매개체 역할을 했다. 중국인은 칼리브사르에서 선박의 화물하역과 운하와 주택의 건설, 교외지에서 농업에 고용[18]되었고, 네덜란드 세력을 대신해 현지인을 대상으로 권력자로 활동하기도 했다.[19] 이러한 사례에는 중국 푸젠성 상인으로 1769년 바타비아에 정착한 후 대표적인 지배 세력으로 성장한 코우 가문(Khouw family of Tamboen, 許氏家)의 선조인 코우 조엔(Khouw Tjoen, 許潘)이 있다.

당시 바타비아의 중국인들은 네덜란드 세력의 간접 행정을 위한 대리인으로 차이나타운의 카피탄(Captain of the Chinese, 華人甲必丹)을 중심으로 행정체계를 갖고 일정 수준의 독립된 사법권을 갖고 거주했다. 이 시기에 중국인들은 밀수·아편교역·도박·카지노·매춘 등의 사업으로 부를 축적하기도 했다. 이러한 상황은 중국 세력과 네덜란드 지배 세력과의 갈등을 유발하며 중국인대학살(Batavia's Fury, The Chinese War, 1740~1741)로 이어져 결국 네덜란드 세력에 의해 1,000명의 중국인이 처형되었다고 전해진다. 이러한 충돌 이후 아이러니 하게도 바타비아에서 중국인의 역할이 더욱 명확히 증명되어, 결국 중국인의 사회적 위상이 상승하는 결과를 낳았다.[20]

중국인은 초기에 파타힐라광장Fatahillah Square의 서쪽으로 약 500m 지점에 위치한 쿠르쿳운하 수변에 중국인병원(Sinees Sieken Huys, Chinese hospital and home for the aged, 1646~1912, 현재 BRI은행 부지)을 중심으로 거주했다. 중국

인 커뮤니티의 중심은 자카르타에서 가장 오래된 중국인 불교사찰인 김
텍레불교사찰(Kim Tek Ie, 金德院, 1650, 재건 1760)[21]이었다. 이 사찰은 푸젠성
이주민들의 주도로 건설되었다. 한편 중국인대학살 이후 중국인은 도성
외곽의 남쪽으로 현재 글로독(Glodok, 裏踱刻)으로 이주해 새로운 중국인 커
뮤니티를 조성했다.

3. 모렌브리엣, 바타비아 철도선, 벨테브레덴-멘텡 가든시티

네덜란드 동인도기업이 1799년 파산한 이후, 자카르타는 1800년부터 네
덜란드 정부의 직접 지배를 받는 식민행정 도시로 기능했다.[22] 바타비아

파타힐라광장(타운홀광장)에 자리 잡은 자카르타역사박물관(© 한광야, 2016)

에는 이 시기에 북쪽의 바다 항구와 남쪽의 내륙 거점들을 연결하는 운하·철도,·트램,·신항구가 건설되면서 도시의 확장과 거점 기능의 분화가 북남 방향으로 진행되었다. 이 시기에 바타비아는 행정과 주거 기능을 가진 신도시로서 조성된 벨테브레던(Weltevreden, 현재 Sawah Besar), 주거 기능의 유출에 따라 교역업무와 서비스산업 활동으로 채워진 코타투아Kota Tua, 자바해에 면한 북동쪽 해안에 산업과 해운활동의 새로운 중심부인 탄중프리옥 신항구역으로 분화되었다. 바타비아의 인구는 19세기 말에 96,957명(1880)에서 115,567명(1898), 234,697명(1918), 533,000명(1930), 823,000명(1949)으로 성장했다.

바타비아의 이러한 변화는 이미 17세기 후반에 완성된 칼리브사르와 남쪽 교외 구릉지인 벨테브레덴을 연결하는 모렌브리엣운하(Canal Molenvliet, 1645~1663, 현재 Batang Hari, 2.84km)와 그 둑방길이 건설되면서 시작되었다. 모렌브리엣운하는 중국인 커뮤니티 3대 카피탄 포아빙감(Phoa Bing Gam, 潘明岩, Kapitein der Chinezen, 재임 1645~1663)[23]의 주도로 건설되어 칼리브사르·글로독·하모니광장을 연결했다. 또한 모렌브리엣운하의 양쪽 편에 둑방길로 조성된 모렌브리엣 동쪽도로(Molenvliet Oost, 현재 Jalan Gajah Mada)와 서쪽도로(Molenvliet West, 현재 Jalan Hayam Wuruk)는 바타비아의 북남 방향의 확장을 유도하는 첫 번째 중심도로가 되었다. 이에 시청광장과 칼리브사르에 집중되어 있던 행정시설과 지배층 주택들이 18세기말부터 모렌브리엣운하를 따라 남쪽의 구릉지의 벨테브레덴으로 옮겨가기 시작했다. 이에 따라 칼리브사르는 해상교역 기업들의 업무 기능으로 대체되었다.

바타비아의 확장은 뒤이어 지중해와 인도해를 직접 연결하는 수에즈운하(Suez Canal, 1869)의 개통으로 가속화되었다. 이에 따라 텍셀과 바타비아를 연결하는 증기선의 항해기간은 기존의 6개월에서 1.5개월로 단축되었다. 이러한 변화는 유럽과 자카르타 간의 국제교역의 증가를 이끌었고, 발맞춰 신항구인 탄중프리옥항구(Tanjung Priok, 1883)가 바타비아의

19세기 중엽 바타비아 지도(1846)
모렌브리엣운하(1875)

북동쪽 해안에 건설되었다. 이에 따라 칼리브사르의 선적·운송·선박보수 기능은 탄중프리옥으로 이전해나갔다.

네덜란스 정부의 바타비아는 유럽의 산업혁명기(18세기 중반~19세기 후반)에 발맞춰 철도체계가 건설되었고 이는 바타비아의 교외지 개발을 견인했다. 당시 바타비아의 철도체계는 물산운송을 위한 광역권 철도와 여객운송을 위한 도시권의 트램으로 나뉘어 건설되어, 철도 교외 농지로부터 생산품을 신속하게 항구로의 운송하는 것을 목적으로 했다. 또한 도시 중심부에 건설된 트램은 전염병으로 고통 받던 바타비아의 지배 세력의 교외지 이주를 가속화했다. 이러한 교외지로의 이주는 런던에서 활동한 사회개혁가 에버네저 하워드(Ebernezer Howard, 1850~1928)의 가든시티운동 Garden City Movement의 영향을 받으며 진행되었다.

철도와 트램

바타비아에 철도가 조성된 시점은 1871년이다. 이후 철도와 트램은 기존의 네덜란드 동인도기업의 항구·운하의 교역 거점에서 네덜란드 정부의 식민도시로의 변화했다. 네덜란드 정부는 수에즈운하의 개통 직후 자바섬의 내륙 지역의 농장에서 생산되는 사탕수수와 향신료를 바다항구인 바타비아로 운송하기 위해서 바타비아-보고르철도선(Batavia-Buitenzorg Railway Line, 1871, 현재 Kereta Rel Listrik)과 자바해의 신항구인 탄중프리옥을 건설했다. 보고르는 게데산(Gunung Gede, 2,958m)과 사락산(Gunung Salak, 2,211m)의 고지에 위치해 거주를 위한 기온이 상대적으로 쾌적하며, 주변의 비옥한 토지에서 다양한 농작물이 생산되었다. 이에 보고르는 점차 네덜란드 세력가들의 별장과 자바섬 토착 생태계의 연구 거점으로 성장했다.

네덜란드 민간기업인 NIS철도사(Nederlandsch-Indische Spoorweg Maatschappij, 1863)가 운영한 자카르타-보고르철도선은 바타비아 시청역 뒤쪽에 입지한 바타비아북역(Batavia Noord, 1869)을 시작으로 칠리웅강을 따라 남쪽으로 바타비아남역(Batavia Zuid, 1870, 현재 Stasiun Jakarta Kota), 벨테브레던철도역(Weltevreden Station, 1884) 그리고 멘텡 동쪽의 자티느가라철도역(Stasiu Jatinegara, 1910)이 순차적으로 건설되어 뷔텐조르그(Buitenzorg, 현재 Bogor)로 연결되었으며, 남부의 수카부미Sukabumi와 동부의 반둥Bandung으로 확장[24] 되었다. 이후 네덜란드 민간기업인 BOS철도사Bataviasche Oosterspoorweg Maatschapij의 주도로 바타비아남역이 조성되고 이후 철도선이 탄중프리옥 신항구의 탄중프리옥철도역(Stasiun Tanjung Priuk, 1886)으로 연결되었다. 이에 따라 자바 서부 지역의 내륙 거점들과 해안의 구항과 신항이 모두 바타비아를 중심으로 철도로 연결되어 거대한 육상-해양의 운송체계가 작동하기 시작했다.

특히 자카르타 코타철도역으로 불리는 자카르타남역은 이후 바타비아의 금융·상업활동의 새로운 중심부가 되었다. 먼저 자카르타 남역의 서쪽으로 뱅크도로Jalan Bank에는 자바은행(Netherlands Indies Gulden De Javasche Bank, 1931, Central Bank of the Dutch East Indies, 현재 Museum Bank Indonesia)이 개업했다. 자바은행 부지는 원래 바타비아의 성내병원(Binnenhospital, Inner Hospital, 1641~1808, 1910년 해체)이 위치한 곳이었다. 성내병원은 이후 첫 번째 군인병원은 성외병원(Buiten Hospital, Outer Hospital, 1743~1820, 현재 Istiqlal Mosque)과 통합되어 벨테브레덴의 군인병원Militair Hospitaal Weltevreden으로 이주했다. 또한 자바은행의 남쪽으로 네덜란드의 윌리엄 1세(King William I of the Netherlands, 재위 1815~1840)가 설립한 네덜란드 교역협회(NHM, Nederlandsche Handel-Maatschappij, 1824, Netherlands Trading Society)의 모더니즘 건축양식의 본사(Factorij, 1933-1998, 현재 Museum Mandiri of the History of Banking)가 입지했다.

한편 자카르타에 여객운송을 위한 트램이 운행된 시점은 1869년 마차트램이 바타비아트램사(BTM, Bataviasche Tramweg-Maatschappij)의 주도로 운행되면서부터였다. 이후 마차트램은 1883년부터 증기트램으로 대체되었고, 1899년부터는 전기트램이 도입되었다. 바타비아의 첫 번째 트램 (Amsterdam Poort-Molenvliet West-Harmonie)은 북쪽 종점인 바타비아 요새광장(Kasteelplein, 현재 Jalan Nelayan Timur와 Jalan Cengkeh 교차로)에서 프린센도로(Prinsenstraat, 현재 Jalan Cengkeh)와 모렌브리엣운하의 서쪽도로를 따라 사교활동의 거점으로 형성되기 시작한 하모니광장Harmonieplein까지 운행되었다. 같은 해에 두 번째 트램(Harmonie-Tanah Abang-Harmonie-Noordwijk-Kramat-Meester Cornelis)도 운행을 시작했다.

당시 바타비아트램선이 운하를 따라 조성되었다는 것은 트램이 운하의 교통·운송 기능을 대체하기 시작했고, 트램을 따라서 교외에 새로운 주거지가 조성되기 시작했음을 의미한다. 먼저 바타비아트램은 해안 항구로부터 약 10km 이내에서 여객운송을 위해 이용되었다. 특히 트램은 항구를 교외주거지인 벨테브레덴과 연결하여 여객운송을 했다. 또한 모렌브리엣 서쪽도로를 따라서 18세기 후반부터 권력자와 부자의 저택과 정원을 갖춘 여름별장이 입지했다. 이러한 사례는 식민총독관 레이너 드 클럭(Reynier de Klerck, Governor-General of the Dutch East Indies, 재임 1778~1780)의 저택(1760, 현재 Gedung Arsip Nasional, National Archives Building)과 중국 푸젠성 출신의 코우 가문의 후손인 투오탄섹(Khouw Tian Sek, ?~1843)의 저택(Gedung Candra Naya, 1807)이다. 이후 바타비아트램을 따라 조성된 벨테브레덴과 멘텡은 지배층의 주거지와 행정·문화·교육·의료 기능을 흡수했다.

바타비아의 트램선은 1920년대에 전성기를 맞아 총 여섯 개의 트램선이 운영되었다. 당시 트램은 1~3등급으로 나뉘어, 1등급의 유럽인, 2등급의 중국인, 3등급이 본토인용으로 나뉘었고, 생선, 채소 등의 운송을 위한 화물트램pikolanwagen 역시 운행되었다. 인도네시아의 독립 후 자카르타 트램은 운하와는 독립적인 형태로 확장되어 심도심인 크바요란바루 Kebayoran Baru의 개발과 자카르타의 남쪽 확장을 유도했다. 트램은 1962년 해체되었고 그 기능은 버스와 자동차로 대체되었다.

벨테브레덴, 워털루광장과 코닝스광장

네덜란드 지배기 바타비아에서 진행된 큰 변화는 코타투아 남동쪽 5km
떨어진 구릉지에 새로운 도시 거점인 벨테브레덴이 개발된 것이다. 이에
바타비아는 해운과 무역 기업들의 본사와 창고가 위치하는 다운타운
(Benedenstad, Lower City)인 코타투아와 그 남쪽에 행정·상업활동의 거점으
로 성장하는 업타운(Bovenstad, Upper City)인 벨테브레덴의 두 개의 도시 중
심부를 갖게 되었다. 코타투아와 벨테브레덴은 모렌브리엣운하와 두 개
의 둑방도로로 연결되었다.

　이 시기에 벨테브레덴의 개발을 이끈 것은 1732년과 1750년 코타투아
에서 발생한 말라리아 전염병이다. 당시 그루테운하와 북부 구역의 생선
양식장(Fish Pond, 현재 Apartemen Pluit Sea View)의 비위생적인 환경은 말라
리아의 온상지였다. 바타비아는 1732년 전염병으로 약 85,000여 명이 사

네덜란드 동인도기업이 운영했던 자바은행 본사. 현재는 은행박물관이다(ⓒ 한광야, 2016).

망하며, "유럽인의 묘지(Het kerkhof der Europeanen the cemetery of the Europeans) 라는 악명을 얻었다. 이에 코타투아에 거주하던 네덜란드인들은 보다 안 전한 교외의 주거지를 열망했다. 당시 부유층의 네덜란드인은 이미 1760 년대부터 벨테브레덴궁(Landhuis Weltevreden, Great Palace of Weltevreden, 1761~ 1820, 현재 Gatot Soebroto Army Hospital 부지)이 조성되면서 벨테브레덴으로 이주했다.

네덜란드 동인도기업의 식민총독관으로 부임한 허먼 다엔델스(Herman Willem Daendels, Governor General of the Dutch East Indies, 재임 1808~1811)는 "황 폐하고 해로운 올드타운 시대를 종료"하기로 결정했다. 허먼 다엔델스 의 신도심 개발은 당시 유행한 영국의 가든시티운동과 미국의 도시미화 운동과 맞물려 도시에 녹지공간을 확보하고 이를 중심으로 웅장한 고전 건축양식의 공공건물을 신축하며 진행되었다. 이에 1810년대부터 워털 루광장(Waterlooplein, 1814, 현재 Lapangan Banteng)과 코닝스광장(Koningsplein, 1816, 현재 Medan Merdeka)은 코타투아에서 이전해온 행정 기능과 고전 건 축양식으로 조성된 새로운 공공 기능을 가진 신도심으로 변화했다.

허만 다엔델스는 바타비아요새를 해체하고, 도성의 벽돌을 이용해 1809년부터 새로운 행정관저인 다엔델궁(Paleis van Daendel, 1828, 현재 Gedung A.A. Maramis 인도네시아 재무부)을 벨테브레덴의 시작점으로서 워털루광장에 신축했다. 백색궁(Witte Huis, Groote Huis)으로 불린 다엔델궁의 왼쪽 건물 은 행정관저로 조성되었으나 고위 인사의 게스트하우스로 사용되었고, 지상부는 우체국과 인쇄실로 사용되었다. 다엔델궁은 1848년부터 대법 원(Department van Justitie, Supreme Court, Hoogerechtshaf, 1848)으로 사용되었다. 이후 새로운 총독의 궁(Paleis te Koningsplein, 1873)이 1869년부터 코닝스광 장에 조성되었고, 대법원은 인접한 우타라도로Jalan Medan Merdeka Utara의 신축 건물로 이전했다.

한편 칠리웅강 수변의 물소 방목지였던 워털루광장(Waterlooplein, 현재 Lapangan Banteng, 규모: 230×250m)은 식민총독관 허먼 다엔델스의 임기에 퍼

레이드운동장Paradeplaats으로 사용되면서 사각형의 모양을 갖추었다. 이후 워털루광장 북쪽 강변으로 파사르바루(Pasar Baru, 1820, New Market)와 마주한 위치에 벨테브레덴 오페라극장(Schouwburg Weltevreden, 1821, Gedung Kesenian, Gedung Komedi)이 고전 건축양식으로 건립되었다.

워털루광장에는 당시까지 영국군이 조성한 250명 규모의 극장(1814)이 입지했다. 신축된 오페라극장의 개막 첫 공연으로는 셰익스피어의 오셀로(Othello, 1603)가 공연되었다. 이후 유럽 출신의 여성 오페라 가수들이 방문을 기피하고 오케스트라의 운영이 불가능하게 되면서 오페라극장의 흥행은 실패했다. 오페라극장은 일본 지배기(1942~1945)에는 군본부로 사

워털루광장과 이스타크랄모스크와 자카르타대성당(1965~1980)
다엔델궁의 현재 모습(2010)

용되었고, 독립 후 1950년대에는 인도네시아대의 경제법학부Universitas Indonesia Faculty of Economy and Law와 국립연극아카데미Indonesian National Theater Academy, 1970년대에는 시립극장City Theater으로 사용되었다. 그리고 1987년부터는 자카르타예술극장Gedung Kesenian Jakarta으로 이용되고 있다.

또한 워털루광장의 북쪽에는 자카르타대성당(Gereja Katedral Jakarta, Kathedraal van Jakarta, 1859, 1901)이 건립되었다. 자카르타대성당은 1801년 네덜란드 목사 야고부스 넬리센Yacobus Nelissen의 집에서 미사를 보던 것에서 시작되었고 이후 신자의 증가로 주택이 아닌 성당의 필요성이 대두되었다. 이에 넬리센 목사는 당시 총독관 다엔델스Herman Daendels에게 건의하여 1829년 성당을 건축했다. 또한 빌헬름 프로테스탄트 교회(Willems-kerk 1834, 현재 Gereja St. Emmanuel)는 코닝스광장Koningsplein의 구석에 조성되었다.

한편 코닝스광장은 칠리웅강 수변에 위치하여 병사들의 훈련장으로 사용되어 바타비아의 샴드마스Champ de Mars[25]라고 불리기도 했다. 이곳은 자카르타박람회Pekan Raya Jakarta, Jakarta Fair의 전신인 감비르박람회(Pasar Gambir, 1906~1921, Gambir Fair)의 전시장으로 매년 6~8월 이용되었고, 독립 후인 1949년에 머르데카광장Lapangan Merdeka으로 개명되었다. 이후 코닝스 광장은 독립기념물(Monumen Nasional, Monas, 1975, 높이: 132m)이 조성되어 인도네시아를 상징하는 정수와도 같은 공간이 되었다.

코닝스광장의 북쪽 강변으로 리즈위크궁(Paleis te Rijswijk, 1804, 현재 Istana Negara)과 코닝스궁(Paleis te Koningsplein, 1873, 현재 Istana Merdeka ,Istana Gambir)이 건축되어 총독관의 행정콤플렉스를 완성했다. 현재 이 콤플렉스는 인도네시아 대통령궁으로 이용되고 있다. 먼저 건축된 리즈위크궁은 1810~1819년의 기간 동안 네덜란드 동아시아 정부의 요직을 지냈던 자콥 브람 Jacob Andries van Braam의 주도로 1796년부터 공사가 시작되어 네덜란드 동인도 건축양식Indies Empire style, Indisch Rijksstijl에 따라 2층 규모의 총독궁(Paleis van de Gouverneur Generaal, 1804)[26]이 조성되었다. 이즈음 바타비아

총독의 궁Hotel van den Gouverneur-Generaal으로 이용되었던 피터 텐지Pieter Tenzy의 저택(1799, 현재 Bina Graha Presidential Office, 1969)이 건설되었다. 이후 총독의 궁의 기능이 보고르의 뷔텐조르그궁(Paleis te Buitenzorg, 1820)로 이전했으며, 이에 따라 피터 텐지의 저택은 1837년 당시 최고 호텔인 로열호텔(Hotel Palais Royale, 이후 Hotel der Nederlanden, 1846)로 개조되었으며, 1969년부터는 대통령 집무실(Bina Graha Komplek, Bina Graha Presidential Office)로 이용되었다. 1873년에는 코닝스광장과 면하여 코닉스 궁(Paleis te Koningsplein, 1873, 현재 Istana Merdeka; Istana Gambir)이 건립되었다.

코닝스광장 북쪽 지점에는 아시아에서 가장 오래된 유럽식 지식인 모임인 하모니클럽의 클럽하우스(Societeit de Harmonie, 1814, 현재 인도네시아 비서실 관련 부지)가 코타투아의 코타철도역 앞으로 뷔텐뉘우포르드로로(Buiten Nieuw-poorstraat, 현재 Jalan Pintu Besar Selatan)에서 이곳으로 이전해와 네덜란드 문화박람회(Kermis, Dutch Cultural Fair)를 개최했다.

한편 모렌브리트 서쪽도로가 건설되면서 이를 중심으로 일군의 상업 거점이 조성되었다. 먼저 현재 하모니플라자로부터 북쪽 100m 지점의 가자마다도로 옆에 여자기숙학교가 위치하던 부지는 1829년 프랑스 사업가인 안토니 슈란Antoine Surleon Chaulan에게 매각되었다. 안토니 슈란은 그의 고향을 기리며 그 곳에 프로빈스호텔(Hotel de Provence, 1829~1971; Hotel des Indes)을 건설했다. 호텔은 이후 두타메린쇼핑센터(Duta Merlin Shopping Centre, 1971)로 대체되었다.

또한 코닝스광장의 서쪽에는 1778년 바타비아 예술과학협회(Bataviaasch Genootschap der Kunsten en Wetenschappen, 1778~1962)의 본부가 바타비아 중앙박물관(Central Museum 현재 National Museum)에 조성되었다. 당시 바타비아 예술과학협회는 네덜란드 할렘에 설립된 예술과학협회(Hollandsche Maatschappij der Wetenschappen, 1752)를 모델로 네덜란드 동인도기업의 젊은 식물학자이자 변호사였던 자콥스 라더마처(Jacob Cornelis Matthieu Radermacher, 1741~1783)의 제안으로 조성되었다. 바타비아 예술과학협회는 특히 도시미화운동의 주체로서 바타비아를 "동양의 여왕(De Koningin van het Oosten)"이라는 애칭으로 부르기도 했다.

코닝스광장의 북서쪽으로 칠리웅강과 쿠르켓강이 100m의 간격을 두고 만나는 구릉지에는 현재 이스티크랄모스크(Masjid Istiqlal, 1978, Independence Mosque)가 위치하고 있는데, 이곳은 1723년 바이젠저택Baijen's Country House이 있던 자리이다. 이후 이 구릉지는 말라리아로부터 안전할 것으로 생각[27]되어, 성외병원(1743~1820)으로 사용되었고 다시 이곳은 당시 아시아에서 가장 큰 공원으로 빌헬미나공원(Wilhelmina Park, 1834, 9.3ha)과 그 내부에 지하건물Gedung Tanah이라 불렸던 프레더릭 요새(Citadel Prins Frederik, 1837~1961)가 건설되었다. 이후 이곳에는 동남아시아에서 최채 규모의 인원을 수용할 수 있는 이스티크랄모스크가 자리 잡았다.

코닝스광장에서 동쪽으로 칠리웅강 외곽의 교외지에 입지한 식민총독관 반데르 파라Governor-General Van der Parra의 저택에는 군인병원(Militaire Geneeskundige Dienst, 1819, 현재 Gatot Soebroto Army Hospital, Rumah Sakit Pusat Angkatan Darat Gatot Soebroto)이 조성되었다. 이후 그 남쪽으로 네덜란드 식민정부 지배하에 현지 의료인으로 양성하기 위한 교육기관인 STOVIA의 학교(School tot Opleiding van Inlandsche Artsen, 1898, 이후 Batavia Medical School)가 설립되었다. 또한 STOVIA의학교가 확장되면서 인접하여 신관(현재 University of Indonesia Medicine Facility)이 건립되어 약사 및 중·고등 교육 과정이 운영되었다.

멘텡

바타비아의 코닝스광장 남쪽 2.3km에 위치한 멘텡(Kecamatan Menteng, 1911)[28]은 1910년대부터 네덜란드 세력의 신주거지로 조성된 가든시티 Tuinstad이다. 멘텡에는 현재 외국 대사관과 쇼핑센터·호텔이 밀집해있다. 멘텡은 1910~1939년 바타비아 시정부Batavia City Government의 주도로 영국의 전원도시운동을 주도한 에버네저 하워드의 가든시티 개념을 모델로 벨테브레덴에 거주했던 부유한 네덜란드인과 고위 공무원의 차별화된 거주구역으로 계획되었다. 당시 바타비아에는 1870~1910년 철도와 트램의 운행에 따라 교외에서 이주해 온 자바인이 벨테브레덴의 주변에 정착하였고, 그에 따라 부유층을 위한 대안적 주거지 수요가 증가했다.

멘텡은 1910년부터 바타비아 정부가 주관하고 건축가 피터 무젠(Pieter Adriaan Jacobus Moojen, 1879~1955)이 주도하여 신新곤당디아 가든시티 (Nieuwe Gondangdia Garden City, 현재 Menteng, 면적: 730,000m²)로 계획되었다. 이후 피터 무젠이 설립한 보우프로그사(N. V. de Bouwploeg)가 자카르타 최초의 주거단지를 개발했다. 피터 무젠의 멘텡 가든시티 계획안은 1912년 네덜란드 동인도 정부와 바타비아 의회의 승인을 얻었고, 바타비아 정부는 당시 개발되기 이전까지 3,562명의 자바인 농민이 소유하던 논과 코코넛농장를 매입하고 1920년 시공을 시작하여 1940년대에 완료했다.

네덜란드 지배 세력이 식민항구도시에 파견한 건축가와 도시설계가는 지배자의 행정 권력을 건축양식으로 상징화하여 도시 중심부를 조성했다. 이를 위해 그리스·로마의 고전 건축양식을 재해석한 신고전 건축양식Neo-classical Architectural Style을 담은 시청·법원·총독의 궁·우체국·극장·오페라하우스·박물관 등의 행정·공공 건축물이 식민항구도시의 중심이 되었다. 또한 당시 건축가들은 고전 건축양식이나 자국 사회의 모더니즘 건축양식과 토착 지역의 기후와 재료가 반영되는 건축적 특성을 융합하여 새로운 건축양식을 개발했다.

피터 무젠은 네덜란드 클로에팅에Kloetinge, Zeeland 태생으로 엔트워프에서 건축을 공부했고, 네덜란드 동인도기업을 통해 자카르타에 도착하여 1903년부터 1918년까지 근무했다. 이 시기에 피터 무젠은 바타비아와 반둥에서 예술인 모임Kunstkring을 조성하고 활동했으며, 특히 고전적 제국 건축양식을 부정했으며, 절제되고 실용적인 네덜란드 모더니즘 건축양식에 인도네시아의 기후요소를 반영한 건축양식Indies style을 발전시켰다.[29] 이러한 건축양식은 1920년대부터 바타비아의 예술활동의 중심부로서 콘크리트르 이용하여 건설된 네덜란드-인도네시아예술원(Bataviasche Kunstkring, Nederlandsch-Indische Kunstkring, 1914, 현재 Galeri Seni Kunstkring)에 잘 나타나 있으며, 멘텡의 진입부에 건설된 보우프로그본사(N.V. de Bouwploeg Building, 1912, 현재 Masjid Cut Meutia, 1985)도 대표적인 사례 중 하나이다.

당시 피터 무젠은 멘텡을 영국식 가든시티를 모델로 계획했으며, 특히 예술적으로 아름다운 형태를 갖도록 정형화된 도로체계를 제안했다. 멘텡은 그 중심부인 중앙광장에 공공 기능을 집중시키고 방사형의 동심원 구조의 도로체계를 계획하고 세 그룹의 주택군을 배치했다. 하지만 피터 무젠의 계획안은 그의 사망후 1918년 네덜란드 건축가 쿠바츠(F. J. Kubatz)에 의해 수정되었다. 무젠의 초기 계획안(1911)이 쿠바츠의 수정 계획안(1918)로 개정된 이유는 제1차 세계대전에 따른 사회상황의 변화가 가장 큰 요인이라 할 수 있다. 멘텡의 개발 주체인 바타비아 도시관리부는 예산이 부족했으며, 이에 중앙광장을 두 개의 작은 광장(Taman Menteng과 Taman Suropati)으로 대신했고, 3등급으로 차등화 된 주택등급은 단일 등급으로 통합 되어 더 많은 주택을 공급하는 방식으로 변경되었다. 멘텡은 이후 쿠바츠의 계획안에 따라 1919~1939년간 20년의 건설 기간을 거쳐 조성되었다.[30]

멘텡의 중심에는 나소교회(Nassaukerk, 1936)가 자리 잡고 있다. 멘텡의 북쪽 경계에는 가톨릭교 예수회의 카니시우스칼리지(Jakarta Canisius College, 1927)가 위치했고, 동쪽으로는 멘텡극장(Menteng Theater, 1932; 현재 Metropole)이 위치하여 멘텡 커뮤니티의 특성을 정의했다. 이후 멘텡의 서북쪽 진입부에는 사리나 백화점(Sarinah Department Store, 1966, 규모: 15층)이 세워졌다. 이 백화점은 수카르노정부의 주도로 일본에게 전쟁에 대한 배상으로 받은 건물이다.

멘텡의 타만수로파티(Taman Suropati)광장(ⓒ 한광야, 2016)

4. 크바요란바루, 탄제랑-사우스탄제랑, 수도 이전

바타비아는 제2차 세계대전 종전 후 인도네시아의 독립(1945)과 함께 1949년 자카르타Djakarta[31]로 개명되어 그 수도[32]가 되었다. 이후 자카르타는 코닝스광장을 메르데카광장으로 재조성하면서 새로운 시대의 도시 성장을 시작했고, 1960년대부터 자카르타와 그 내륙의 남쪽 교외지를 연결하기 위해 조성된 탐린도로Jalan Mohammad Husni Thamrin와 수디르만도로Jalan Jenderal Sudir-man를 따라 확장했다. 또한 이 두 도로를 연결하는 원형광장(Selamat Datang Monument, 1961)과 독립 후 첫 번째로 건설된 고층 건물인 인도네시아호텔(Hotel Indonesia, 1962; 현재 Hotel Kempinski Jakarta, 높이: 16층)은 모던 자카르타의 상징부가 되었다.

이 시기에 자카르타는 거대한 건설 붐을 타고 동남아시아의 금융·상업의 중심부로 성장했다. 이러한 시도는 인도네시아의 초대 대통령 수카르노(Sukarno, 재임 1945~1967) 정부의 대규모 건설프로젝트와 2대 수하르토(Suharto, 재임 1968~1998) 정부의 도시 교통인프라 건설과 함께 약 50년 동안 진행되었다. 하지만 이 과정에서 2대 대통령인 수하르토 정부의 부패와 1997~1998년의 금융위기를 겪었다. 자카르타 광역도시권(Jakarta Raya, Greater Jakarta, 661km²)의 인구는 이 시기에 지속적으로 증가하여 2011년에 인구 천만의 거대도시로 성장했다.[33]

자카르타의 건설 붐을 통해 자바인들의 주거방식은 전통적인 캄퐁에서 단독주택으로 그리고 고층아파트로 단계적으로 빠르게 변화했다. 먼저 목재와 대나무로 시공된 주택들의 집합체인 마을Kampong은, 네덜란드 지배기에 콜로니얼 도시주택Rumah gedongan, Colonial urban house으로 대체되었다. 도시주택은 개별필지 위에 단독주택Single-family detached house 또는 쌍둥이주택Semi-detached house을 짓는 방식으로 이루어졌다. 이후 단독주택과 전통 주거지는 토지 이용의 관점에서 경제적으로 건설비용이

높은 고층아파트주택Apartment으로 대체되었다.

　　자카르타는 남쪽으로의 도시 확장을 유도한 탐린도로-수디르만도로
와 도시버스(TransJakarta BRT, 2004)와 메트로(Jakarta MRT, 2019)[34]에 뒤이어 남
서쪽과 동쪽의 확장을 이끈 공항과 일군의 교외지 개발들을 진행했다. 또
한 자카르타 센트럴 주변의 남부와 남서부의 교외 개발지들은 내부순환
도로(Jalan Tol Dalam Kota Jakarta, 1963)와 일곱 개의 구간으로 완성된 외곽순환
도로(Jalan Tol Lingkar Luar Jakarta, 1990~현재, 65km, JORR)로 연결되었다. 하지만
자카르타 모노레일사(P.T. Jakarta Monorail)가 두 개의 노선으로 계획한 자카
르타 모노레일(Jakarta Monorail, 2004, 총길이 29km)은 2013년 개통을 목표로 추
진했으나 예산 확보의 문제로 무산되었다. 또한 메르데카광장의 동쪽 외
곽에 조성된 크바요란공항(Bandar Udara Kemayoran, Kemayoran Airport, 1940~1985)
과 그 크바요란공항을 대신하기 위해 자카르타 북서쪽 20km의 벤다
(Benda, Tangerang)에 건설된 수카르노-하타국제공항(Bandar Udara Int'l Soe-
karno-Hatta, 1985)은 자카르타의 동부와 서부의 주거지 개발을 견인해왔다.

탐린도로

자카르타센트럴의 주변 교외지

자카르타의 초기 확장은 도시중심부인 자카르타센트럴을 중심으로 인접한 남쪽과 동쪽의 교외지 개발로 진행되었다. 이러한 개발은 국영기업(P.T. Jasa Marga Persero Tbk)과 수하르토가족이 설립한 민간기업(P.T. Citra Marga Nushapala Persada Tbk)이 1960년대부터 건설한 내부순환도로를 통해 자카르타센트럴을 중심으로 주변의 자치구역들[35] 을 연결하는 방식으로 진행되었다. 특히 자카르타의 내부순환도로는 국도 1을 따라 1960년대부터 동북쪽의 츰파카푸티Cempaka Putih·풀로마스Pulomas·스넨Senen·라와망운Rawamangun ·살렘바Salemba[36]의 고밀도 주거개발을 이끌었다. 현재 이 교외지들은 내부순환도로와 외곽순환도로 사이에 위치하고 있다.

또한 자카르타는 북남 방향으로 탐린도로와 수디르만도로를 건설하여 기존 멘텡과 새로운 개발지인 크바요란바루Kebayoran Baru 그리고 멀리 남동쪽으로 현재 국도 1과 칠리웅강의 교차지에 자티느가라Jatinegara를 개발했다. 자티느가라는 오래된 순다인 거주지였다. 자티느가라에는 네덜란드 군사학교(De Militaire School te Meester Cornelis, 1852~1892)가 설립되었고, 독립 후에는 자티느가라는 인도네시아 공군부대(Tentara Nasional Indonesia-Angkatan Udara, 1945)로 대체되었다. 이후 자티느가라는 크바요란공항의 폐쇄와 함께 건설된 하림 페르다나쿠수마국제공항(Halim Perdana-kusuma Int'l Airport, 1985)와 크리스텐 대학교(Universitas Kristen Indonesia, 1953)의 캠퍼스를 중심으로 자카르타의 행정권역으로 편입되어 빠르게 성장하고 있다.

크바요란바루, 탕에랑, 사우스탕에랑

자카르타의 북남 방향의 중심 도로인 탐린도로와 수디르만도로는 1950년대 건설 이후 현재까지 멘텡과 그 남쪽에 개발된 신도시인 크바요란바루를 연결하며 자카르타의 남쪽확장을 주도해왔다. 이러한 기능은 특히 수디르만도로의 지하에 건설된 MRT레드선(Red Line, Bundaran HI-Lebak Bulus Grab, 15.7km, 13개 역)의 다섯 개의 역으로 인해 가속화되었다.

특히 탐린도로에 조성된 원형의 분수광장은 인도네시아의 독립 후 자카르타 신개발의 시작점이라는 상징성을 갖고 있다. 먼저 분수광장의 남서쪽에 동남아시아의 첫 번째 5성 호텔인 인도네시아호텔이 수카르토 대통령의 주도로 설립되었다. 이후 인도네시아호텔은 므나라타워(Menara BCA Tower, 2008, 56층), 켐핀스키래지던시(Kempinski Residences, 2008, 57층)와 함께 그랜드 인도네시아몰(Grand Indonesia Mall, 2009)을 중심으로 하는 거대한 쇼핑콤플렉스를 완성했다. 또한 원형광장 북서쪽의 플라자인도네시아(Plaza Indonesia Complex)는 세 개의 타워동(Plaza Office Tower, 높이: 42층, Keraton at the Plaza, 높이: 48층, Grand Hyatt Jakarta, 높이: 30층)과 플라자인도네시아몰(Plaza Indonesia Shopping Mall, 1990)로 연결되며 이는 또 다른 대형 쇼핑콤플렉스로 자카르타의 새로운 상업 거점이 되었다.

한편 자카르타의 남쪽 확장을 유도한 신도시 크바요란바루[37]는 바타비아 출신으로 암스테르담에서 공부한 건축가이자 도시계획가인 모 수실로Moh Soesilo가 1948년 계획한 인도네시아 최초의 신도시이다. 크바요란바루는 벨테브레덴에서 남서쪽 약 12km에 조성된 가든시티로서, 현재 MRT레드선의 스나얀역Senayan MRT Station과 아세안역ASEAN MRT Station이 위치하고 있다.

크바요란바루의 중심부Blok M는 일군의 쇼핑센터Blok M Square·Blok M Plaza·Pasaraya Grande를 중심으로, 인도네시아 증권거래소Indonesia Stock Exchange Building, 남자카르타 시청City Hall of South Jakarta, 아세안사무국ASEAN Secretariat Building이 위치하여 공공 기능을 수행하고 있고 그 주변의 주거지와 학교·종교·병원 등이 도시 기능을 완성했다. 또한 크바요란바루의 외곽에는 역시 일군의 쇼핑센터(Plaza Senayan·Gandaria City Mall·Pondok Indah Mall 2)와 체육시설(Stadion Gelora Bung Karno·Pondok Indah Padang Golf Course

·Senayan Golf Course)이 위치하고 있다.

자카르타의 서쪽 확장은 기존 크바요란공항을 대체하는 신공항인 수카르노-하타국제공항(Bandar Udara Int'l Soekarno-Hatta, 1985)의 개항과 이와 함께 개발된 신도시인 탕에랑(Tangerang, 丹格朗)과 인접한 사우스탕에랑의 개발로 진행되어 왔다. 당시 크바요란공항은 자카르타 동쪽에 입지한 하림페르다나쿠수마 공군기지Halim Perdanakusuma Indonesian Military Airbase와 거리가 가까워 공항확장에 따른 안전 문제가 제기되어 왔다. 이에 자카르타는 1970년대 초부터 미국의 지원으로 여덟 개의 대상지(Babakan·Curug·Halim·Jonggol·Kemayoran· Malaka·North Tangerang·South Tangerang) 평가를 진행하고 최종 후보지로 북탕에랑North Tangerang을 결정했다. 이와 함께 하림페르다나쿠수마 공군기지가 민간공항으로 전환되었고, 크바요란공항은 1985년 해체되어 자카르타박람회(Jakarta Int'l Expo, 2010)의 장소로서 이용되고 있다.

한편 자카르타 서북부에 수카르노-하타국제공항이 1980년대 중반에 개항하면서, 그 남쪽으로 탕제랑Tangerang과 남탕에랑South Tangerang의 민간개발자들이 대학들을 유치하였다. 동사에 빈타로자야Bintaro Jaya·부미세르퐁다마이Bumi Serpong Damai·아람수테라Alam Sutera·리포빌리지Lippo Village 등의 신도시들을 개발했다. 특히 남자카르타의 빈타로자야(Bintaro Jaya, 1979, 면적: 2,321ha, 개발자 PT. Jaya Real Property)는 성공적인 개발과 함께 인접한 남탕에랑으로 확장해왔다. 또한 남탕에랑에 개발된 부미 세르퐁다마이시티(Bumi Serpong Damai/BSD City, 1984, 면적: 6,000ha)는 중국 취안저우 출신의 에카 칩타 위자자(Eka Tjipta Widjaja, 黃亦聰, 1921~2019)가 창업한 인도네시아 재벌기업인 시나르마스그룹(Sinar Mas Group, 金光集團, 1962)의 자기업(Sinar Mas Land, 1988)과 미쓰비시기업의 공동투자로 개발되었다. 부미세르퐁다마이는 컨벤션센터(Indonesia Convention Exhibition, 2015)를 중심으로 상류층을 유치하며 개발되어 현재 스마트 디지털시티 프로젝트가 진행 되고 있다.

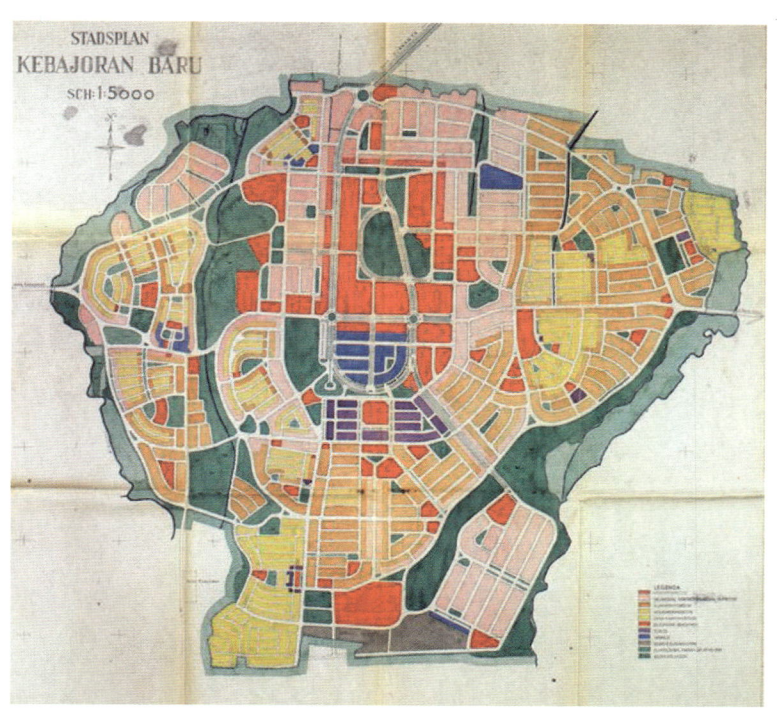

크바요란바루 신도시 개발 계획안
쇼핑센터들이 들어선 크바요란바루의 중심부

범람과 수도 이전

자카르타는 평균고도 7m의 평탄한 저지대에 조성된 도시이다. 이에 자카르타의 남쪽부인 구릉지를 제외하면 자카르타 북부를 중심으로 자카르타 전체 면적의 40퍼센트의 지면이 해수면보다 낮은 높이에 위치한다.[38] 이러한 특성으로 자카르타는 북서부 해안가의 산업구역과 탄중프리옥을 포함한 일군의 주거지들(Muara Baru·Muara Karang·Penjaringan· Pademangan· Pluit·Koja)[39]은 자바해의 조수 간만에 따라 지속적으로 범람의 수해를 겪어왔다. 이러한 해안의 범람은 내륙의 벌목, 하천쓰레기 축적, 지하개발을 통한 지하수 탈수로 더욱 가속화 되었다. 최근 자카르타는 1960·1996· 1999·2007·2013·2020년에 하천범람이 발생했다. 이에 자카르타는 앞으로 해안에서 5km 내에서는 지반침하로 거주가 불가능할 것[40]이며, 최소 5백만 명이 잠재적인 범람피해자[41]가 될 것으로 예측되어 왔다. 또한 자카르타의 토양오염은 심각한 식수부족 문제를 초래하고 있다.

자카르타는 이러한 배경에서 1973년 네덜란드 엔지니어의 자문으로 자카르타의 범람 대응 마스터플랜(Master Plan for Drainage and Flood Control of Jakarta, 1973)을 준비했고, 이에 따라 범람조절을 위해 자카르타센트럴을 감싸는 두 개의 운하를 이용해왔다. 당시 범람대응 마스터플랜은 칠리웅강을 이용해 도시를 감싸도록 조성된 기존의 서쪽운하(Banjir Kanal Barat, West Flood Canal)와 새로운 동쪽운하(Banjir Kanal Timur, East Flood Canal, 23.6km, 2002~)를 조성하고 저수지와 펌프를 함께 운영해왔다.

특히 멘텡의 남쪽 경계선이 되는 서쪽운하는 이미 1918년 바타비아 도시계획안(Batavia City Plan, 1918)에서 제안되어 건설되었고, 망가라이Manggarai 의 수문에서 무아라앙케Muara Angke로 흐르고 있다. 또한 동자카르타에서 북자카르타로 흐르는 동쪽운하는 칠리웅강과 주변의 다섯 개의 하천 (Cipinang·Sunter·Buaran·Jati Kramat·Cakung)을 연결하며 수량을 조절하고 있다. 최근 자카르타 범람대책사업(Jakarta Emergency Dredging Initiative)은 칠리웅강에서 치피낭강까지 지하운하(Siphon, 2016, 1km)[42]를 조성하여 동쪽 운하로 연결했다.

한편 자카르타는 해수면 상승과 함께 지하수의 과용으로 인하여 매년 5~10cm 가량 침하되고 있으며, 특히 북자카르타는 매년 최대 17cm까지 침하하고 있다. 이에 따라 자카르타의 침수지는 2050년에는 110km2에 이를 것으로 예측[43]되고 있다. 이에 대응하기 위해 네덜란드 연구진의 제안에 따라 자카르타 만에는 2014년부터 2025년까지 'ㅇ'형태의 둑방(총 길이: 8km)[44]이 펌프와 저수조와 함께 건설되고 있다. 그럼에도 인도네시아 정부는 이러한 자카르타의 상황을 고려하여 2019년 정부 기능을 10년 내에 동칼리만탄East Kalimantan의 신수도로 이전할 것을 계획하고 있다. 이러한 수도 기능의 이전에 따른 자카르타의 도전과 변화가 기대된다.

제 6 장

마닐라

파시그강과 삼각주 원주민의 생활상(1826)

1. 파시그강과 톤도만달라

파시그삼각주와 타갈로그 바랑가이

마닐라는 파시그강(Ilog Pasig, Rio Pasig, 25km)이 마닐라만Manila Bay으로 합류하는 파시그삼각주의 구릉지를 중심으로 형성되어 주변의 강과 바다의 수계를 따라 확장해온 항구도시이다. 파시그강은 이 지역을 북쪽과 남쪽으로 나누었던 경계이며, 또한 내륙과 해안을 연결해온 수계이기도 했다.

파시그강은 서쪽으로 남중국해를 향해 열려 있는 'ㄱ' 형태의 마닐라만과 그 내륙의 동남쪽 17km에 라구나호수Lake Laguna를 두고, 우기와 건기에 따라 반대 방향으로 흐르며 넓은 범람원을 형성해온 독특한 이동과 운송의 하천이다. 파시그강[1]은 마닐라의 우기(5~12월)에는 라구나호수의 수위가 높아져 그 담수가 서쪽의 마닐라만으로 흘러나가며, 건기(1~4월)에는 마닐라만의 해수가 강의 수량과 조수 간만 차이에 따라 동쪽의 내륙으로 역류해 흐른다. 라구나호수의 수위는 해안의 수위보다 평균 약 1m 높다.

이러한 파시그강의 흐름은 파시그삼각주를 비옥하게 해주었으나, 반대로 하천오염의 주원인이기도 했다. 서쪽 석양의 햇볕이 좋은 파시그삼각주는 이 지역 벼농사의 시작점이 되었다. 파시그삼각주로부터 북쪽 지역을 포함한 루손섬Luzon Island 전역을 루손이라 부르게 된 이유가 여기에 있다. 이 지역의 토착 세력인 타가로그족Tagalog Tribe의 단어인 '루손 (Lusong, 현재 Luzon, 呂宋)'은 벼의 껍질을 벗겨내는 데 사용되는 나무절구 Mortar를 의미하는 단어이다. 포르투갈 세력은 루손을 사용하는 이 지역의 원주민을 '루코이스Lucoes'라 부르기 시작했다.

필리핀의 섬들을 포함한 이 지역에 누가 처음 정착했는가에 관해서는 두 가지 주장이 있다. 하나는 인도해 동쪽의 안다만섬Andaman Islands·니코바섬Nicobar Islands 그리고 말레이반도의 페락Perak·파항Pahang·케다 Kedah 등의 해안도시[2] 원주민인 네그리토인Negrito People이 기원전 5000년 즈음에 해상교역을 통해 루손섬에 이주해와 흩어져 거주하며 원주민 Aeta people이 되었다는 것이다. 두 번째 가설은 현재 중국 남서부인 윈난-귀저우평원(Yunnan-Guizhou Plateau, 雲貴高原)의 오스트로네시아인이 기원전 4500~기원전 4000년에 농업기술을 갖고 타이완을 거쳐 루손섬으로 이주해와 구릉지에 정착했다는 것이다. 흥미로운 것은 서로 다른 두 세력들이 해안과 내륙으로 나뉘어 정착하며 성장해왔다는 점이다.

파시그삼각주 지역은 고대에 '금의 섬Isle of Gold, Island of Chryse'으로 알려졌다. 이곳은 기원전 10~9세기부터 인도 남동부의 마드라스(Madras, 현재 Chennai)를 중심의 타밀나두Tamil Nadu 세력과 교역했다. 중국의 진나라와 당나라도 '금의 섬'의 존재를 인지했다. 또한 멀리 그리스인도 기원전 100년 경 '금의 섬'을 방문했으며, 세부Cebu는 기원후 21년에 그리스 상인의 교역 장소로 이용되었다.

9세기에 제작된 라구나동판(Laguna Copperplate Inscription, 타가로그어: Kasulatang tansong natagpuan sa Laguna)[3]에 의하면, 루손섬과 마닐라만의 토착 세력들은 오스트로네시아인의 일부로 강에서 온 사람들[4]이라는 뜻으로 '타가로그족'으로 불렀다. 타가로그족은 3세기에 동남아시아와 동아시아의 세력들과 접촉하며 마을공동체인 바랑가이를 형성했다. 바랑가이는 배를 뜻하는 말레이 단어인 바랑가이Balangay에서 비롯되었다. 하나의 바랑가이는 50~100호의 가족[5]으로 구성되어 인구는 100~500명가량이었다. 마닐라의 초기 주거지는 기원후 300년대에 약 30~60ha의 면적에 약 1,200개 가구가 모여 살며 최대 약 1만 명의 인구[6]를 가졌을 것으로 추측되어 왔다. 마닐라의 바랑가이는 수원으로 삼는 파시그강과 해안이 갖는 경계지의 특성으로 인하여 루손섬의 다른 바랑가이와 비교하여 상대적으로 규모가 작고 사회구조가 불안정했을 것으로 여겨진다.

톤도-셀루롱-나마얀 세력과 푸저우 교역

파시그삼각주 지역은 루손섬의 초기 농업생산자인 타갈로그족Tagalog Tribe의 지배 거점이었다. 특히 타갈로그족의 바랑가이들은 마닐라만·라구나호수·파시그강을 중심으로 도시-국가의 행정체계인 '만달라스Mandalas'를 형성했다. 산스크리트어로 '원'을 의미하는 만달라Maṇḍala는 동남아시아의 초기 역사에서 '무에앙Mueang' 또는 '크다투안Kedatuan, Principality'으로 불리는 정치세력을 의미한다.

파시그삼각주가 이 지역의 만달라 세력들 간의 각축지가 된 시점은 9~10세기[7]이다. 이곳은 파시그강의 북쪽 구릉지인 톤도Tondo를 중심으로 형성된 톤도왕국(Bayan Tondo, 900년대~1589)과 남쪽으로 부르네이제국(Bruneian Empire, 1368~1888)의 지배를 받으며 구릉인 코타슬루동(Kota Seludong, Maynila, 현재 Intramuros)에 거점을 두었던 마이닐라왕국(Bayan Maynila, 1500~1570)은 중국대륙의 송나라와 원나라와의 교역[8]이 증가하면서 필리핀군도 전체를 대표하는 교역의 중심부로 성장했다. 또한 이즈음 마닐라의 동쪽으로 파시그강 중류의 'S' 형태 구간의 사파(Sapa, 현재 Santa Ana)에는 나마얀왕국(Kingdom of Namayan, 1175~1571)이 성장했다.

이 시기에 톤도왕국의 티마누쿰왕(Timamanukum, Rajah Alon, 재위 1200~?)은 남쪽으로 쿠민탕(Kumintang, 현재 Batangas)과 남서쪽의 비콜란디아(Bicolandia, 현재 Bicol Region)까지 영토를 확장했다. 이후 톤도왕국은 멀라유 세력의 스리위자야제국(Sri Vijaya Empire, 650~1377, 힌두-불교), 자바 세력의 마자파힛제국(Majapahit Empire, 1293~1527, 힌두-불교) 그리고 말라카술탄왕국(Malacca Sultanate, 1400~1527)의 행정체계를 흡수하며 힌두-불교가 지배그룹의 가치와 문화로 확산되었다.

톤도왕국은 복수의 바랑가이들의 연합행정체인 '만달라'의 형태로 기능하며, 필리핀 군도에서 송나라, 원나라, 명나라와의 교역을 독점하며 성장했다. 이에 톤도왕국의 수도는 파시그강의 북쪽 약 2km에 위치한 톤도의 구릉지를 중심으로 동북쪽으로 자연 하천인 마이파조운하Estero de May-pajo·수노그아포그운하Estero de Sunog Apog·비타스운하Estero de Vitas와 남동쪽의 레이나운하Estero de la Reina를 경계로 두고 파스그강 수변의 현재 산니콜라스에 항구와 시장을 두고 교역활동으로 성장했을 것으로 추정된다. 톤도왕국의 인구는 약 43,000명(1570)[9]으로 힌두-불교와 이후 이슬람교를 지배가치로 두고 힌두사원을 중심으로 도시가 형성되었을 것으로 추정된다. 톤도인은 저지대 습지에서 벼농사를 했고, 오리·물소Carabaos·사슴·염소·멧돼지를 사육했으며, 면·염색의류·왁스·꿀 등을 생산했다.

톤도왕국의 성장은 10세기경부터 시작된 송나라의 중심 교역항구인 푸젠성 취안저우(Quanzhou, 泉州)·푸저우·광저우와의 교역활동의 거점항구로 시작되었다. 송나라의 자오 루과(Zhao Rugua, 趙汝适, 1170~1228)가 기록한 '주판지(Zhu Fan Zhi, 諸蕃志, 1225)'에 의하면, 송나라의 취안저우는 1225년을 전후로 마닐라만 남쪽의 민도로섬(Island Mindoro, 스페인어 Mina de Oro)[10]의 세력과 교류했다고 전해진다. 특히 민도로섬 북부 지역의 지배세력으로 루손섬까지 그 영토를 확장했던 마이왕국(Kingdom of Ma-i, 麻逸, before 971~1575, 수도 Bulalacao)의 상인들은 북송 때인 971년에 이미 광저우를 방문했으며, 다시 남송 시대인 982년에 푸젠성에서 교역을 했다고 전해진다. 이들의 상업활동은 이후 원나라기까지 지속되었다. 이후 톤도는 원나라의 중심교역항인 취안저우를 대신한 명나라의 중심 교역항인 푸저우(Fuzhou, 福州)와 청나라의 광저우(Guangzhou, 廣州)와 장저우(Zhangzhou, 漳州)-샤먼(Xiamen, 廈門)과 순차적으로 교역했다.

당시 톤도는 명나라가 해적방어를 목적으로 민간교역을 불허하는 해금법의 규제 대상에서 제외되어 중국 푸젠성 푸저우와 독점 교역을 했다. 이 시기에 톤도왕국은 명나라와의 주공관계를 통한 해상교역을 추진했으며, 용레황제(Yongle Emperor, 朱永樂, 재위 1402~1424)는 명나라의 행정관을 톤도에 주둔시켰다.[11] 톤도는 닐라드와 향신료를 수출했고 푸젠성으로부터 실크와 도자기를 수입했다.

톤도에 중국 상인이 정착하여 커뮤니티를 조성한 시점은 16세기 후반이다. 이 시기는 명나라의 해금법이 해제되었고,[12] 스페인 세력과의 접촉이 시작되기 직전이었다. 이미 파시그강 남쪽의 구릉지인 슬루롱(Selurong, 이후 Maynila로 개명, 현재 인트라뮤로스)에는 1500년 브루네이제국(Brunei Empire, 1368~1888)의 술탄 볼키아(Sultan Bolkiah, 재위 1485~1521)의 공격을 받아 식민 거점이 조성되었다. 이후 슬루롱에는 파시그강 주변의 습지가 정비되고 푸저우·광저우·말라카·자바섬의 상인 거주지가 형성되었다. 특히 푸저우 상인들은 셀루롱의 북서쪽으로 현재 산티아고요새Fort Santiago 주변에 항구와 시장을 조성했다.

2. 스페인 인트라뮤로스와 엑스트라뮤로스, 파리안, 비논도, 퀴아포, 산니콜라스

동남아의 몰루쿠군도(Maluku Islands, 스페인 지배기: 1580~1663)의 일부와 술라웨시Sulawesi, 세부(Cebu, 스페인 지배기: 1565~1898)를 획득한 스페인 세력은 1571년 파시그삼각주의 지배 세력인 톤도왕국을 해체하고, 슬루롱에 스페인의 항구 거점인 인트라뮤로스(Intramuros, 1581~1616)를 조성했다. 이에 따라 마닐라는 이후 약 300년(1581~1897) 동안 스페인 세력의 지배를 받으며 스페인 도시로서 성장했다. 이 시기에 마닐라는 스페인 세력이 주도하는 아메리카와 아시아를 연결하는 거대한 대륙 간 태평양 교역의 아시아 종착항구였으며, 또한 중국 해안의 거점항구들을 연결하는 중간항구로서 기능했다.

스페인 세력의 태평양 교역은 멕시코 아카풀코Acapulco로부터 동일 위도를 따라 서쪽으로 항해하여 태평양을 건너 마닐라에 도착했으며, 다시 이곳에서 포르투갈 상인의 주도로 중국의 푸저우·광저우·마카오와 연결되었다. 이러한 마닐라의 해상교로는 1568년부터 말라카해협과 인도해를 지나 스페인으로 연결되며 지구를 한 바퀴 도는 거대한 해상교역로인 스페인 세빌랴Seville-아카풀코-마닐라-말라카-고아-세빌랴의 항로를 완성하였다. 이 해상교로에서는 중국의 도자기와 실크가 멕시코와 일본의 은과 구리가 교역되었다.[13]

이즈음인 1530년에는 일본의 히로시마 북쪽 해안의 오다시(Oda, 大田市)에서 대규모의 이와미 은광산(Iwami Ginzan Silver Mine, 石見銀山, 1526~1923)이 개발되었고, 뒤이어 도쿄 북쪽 150km에서는 1611년부터 아시오 동광(Ashio Copper Mine, 足尾銅山, Ashio Dozan, 1611~1973)이 개발되었다. 이렇게 생산된 은과 구리는 규슈 하카타로 운송되어 푸저우로 교역되었고, 이후 명나라의 해금법이 집행되면서 그 교역 거점이 하카타에서 나가사키로 이전되었다. 나가사키에 집산된 물산은 마닐라를 중간 거점으로 푸젠성 하카 상인에 의해 장저우·샤먼 또는 포르투갈 상인을 통해 마카오와 광저우로 운송되었다.

인트라뮤로스: 요새, 도성, 대성당, 플라자, 항구-시장

인트라뮤로스(Intramuros, 초기 건설기 1581~1616)는 서쪽으로 마닐라만과 북쪽

-북동쪽으로 톤도와 파시그강을 모두 시야에 두고 있는 슬루롱 구릉지에 스페인 식민정부가 건설한 요새와 항구도시이다. 인트라뮤로스는 건설 당시 스페인 세력이 식민도시의 도시계획원칙으로 법제화한 '서인도 도시계획법Leyes de Indias, Laws of the Indies'을 근거로 원칙에 충실하게 의거하여 변방에 건설된 대표적인 신도시 사례이다.

서인도 도시계획법은 스페인의 아메리카와 필리핀 식민지에서 지배세력인 스페인과 원주민 간의 원만한 관계를 위해 사회, 행정, 경제활동을 규제하는 법이다. 이 법은 원래 필립 2세(Felipe II/King Phillip II, 재위 1556~1598, 1581~1598)의 통치기인 1573년 스페인 신도시의 물리적인 개발을 규제한 '왕령Royal Ordinance'으로 제정되었다. 이후 왕령은 1681년 '인도왕국의 법전Recopilacion de Leyes de los Reynos de las Indias으로 통합되었다. 당시 서인도 도시계획법은 스페인 식민지들의 정착 경험을 근거로 세비야에 거점을 둔 인도카운셀(Council of Indies, 1526)에 의해 마련되었다.

서인도 도시계획법은 도시계획과 개발 과정을 법제화한 것으로 총 148개의 법령으로 구성되어, 스페인의 라틴아메리카와 스페니쉬 필리핀 Spanish Philippines 그리고 미국의 스페인 도시들에게 모두 적용되었다. 식민지 활동가는 이 법에 근거하여 정착지에서의 프레시디오스Presidios/military towns・미션Missions・푸블로스Pueblos/civilian towns를 어떤 위치에, 어떤 건물로 시공하여, 어떻게 주민을 수용할 것인가를 체계적으로 법제화했다. 하지만 실제 적용 과정에서 상당한 변형이 이루어졌다.

서인도 도시계획법은 비트루비우스Vitruvius의 『건축십서』Ten Books of Architecture과 알베르티Leon Battista Alberti의 연구 내용을 기반으로, 타운의 아름다운 경관을 위해 건물은 동일한 형태로 건설하도록 유도하고, 격자형으로 도시블록을 조성하고 이에 따라 성당・플라자・병원・행정관사 등의 위치와 건축적 특성을 약 36개의 상세 조항들로 이루어져 있다. 이들의 일부를 소개하며, 다음과 같다. 다음과 같이 제안했다.

먼저 타운의 중심부인 중심 광장Plaza Major은 실측을 기반으로 확장을

고려하여 계획되어야 했다. 그리고 중심 광장으로부터 도성문과 12개의 중심도로가 격자형으로 배치되고, 타운 주변에 빈 공간을 두어 이후 대칭형으로 타운이 확장할 수 있도록 했다. 도로들은 바람의 방향을 고려하여 중앙광장의 활동에 해가 되지 않도록 계획되었다. 타운에서 병원은 두 개를 두어야 하며 전염병이 아닌 질병을 담당하는 경우에는 성당 옆에 두며, 전염병을 담당하기 위한 병원은 먼 곳에 위치시켰다.

광장은 수변도시에서 바다와 하천에 인접하여 그 입지가 결정되어야 하나, 내륙의 도시의 경우에는 직사각형의 플라자가 타운 중심부로 배치되어야 했다. 광장은 직사각형으로 1:1.5의 비율을 갖고 있어 축제 시 마차의 이동에 혼란이 없도록 했다. 중심 광장은 타운의 확장을 고려하여 충분한 규모를 확보하여야 하며, 폭은 60~152m, 길이는 91~244m, 중간 크기의 최적 규모를 122~183m로 제안되었다.

또한 성당은 광장의 후면에 입지하여 그 중요성과 상징성을 극대화하며, 수변도시의 성당은 광장에 면해서 조성되어 유사시 요새로 작동되어야 했다. 타운에는 공원이 조성되어야 하고, 큰 규모로 타운이 확장되더라도 수용에 무리가 없도록 충분한 규모를 갖고 있어야 하며, 주민들이 여가와 소의 방목을 위해서 조성되어야 했다. 도축장·양식장·염색장 등 노폐물을 생산하는 사업장은 폐기물이 쉽게 처리될 수 있는 곳에 입지해야 했다.

마닐라의 인트라뮤로스는 서인도 도시계획법이 충실히 반영되어 건설된 신항구이다. 인트라뮤로스는 석조요새Nuestra Senora de Guia)와 산티아고요새(Fort Santiago, 1590, 1733)를 포함한 일곱 개의 요새, 성벽과 여덟 개의 성문, 내부해자Foso와 외부해자Contrafoso로 둘러싸인 도시 중심부Poblacion를 말한다. 그리고 인트라뮤로스는 주변의 외곽Extramuruos에 위치한 일군의 교외커뮤니티Arrables Barrior인 파코Paco·톤도Tondo·퀴아포Quiapo·에르미타Ermita 등으로 둘러쌓여졌다.[14]

인트라뮤로스의 성벽과 요새는 해적의 침략(1574)을 받은 후 1580년대

18세기 마닐라의 인트라뮤로스, 산티아고요새, 로마광장 도면(1734)
19세기 인트라뮤로스 지도(1851)

부터 건설되어, 높이 약 6.7m의 성벽으로 완성되었으며, 이후 1872년까지 지속적으로 확장과 보수가 진행되었다. 인트라뮤로스 도성은 중국 상인으로부터 거둬들인 세금으로 시공되었고, 중국인과 톤도인의 노동으로 건설되었다.[15] 이후 인트라뮤로스의 성벽과 요새는 1903년 미국 세력이 파시그강 일대를 간척하면서 해체되어 그 재료로 이용되었고, 여덟 개 성문들은 아쉽게도 모두 해체되었다.[16]

인트라뮤로스는 직사각형 형태(면적: 160acre, 규모: 약 500×700m)의 도성으로 내부에 동서 방향의 여덟 개 도로와 남북 방향의 여덟 개 도로가 격자형의 도시 블록체계(규모: 약 70×100m)를 완성했다. 가장 오래된 동문(Puerta del Parian, 1593)과 중심항구인 파리안항구 그리고 서문(Puerta de Santa Lucia, 1603)과 마닐라만은 동서 방향의 중심도로(Calle Real del Parian, 현재 Real Street)로 연결되었다. 또한 북쪽의 산티아고요새Fort Santiago와 파시그강 그리고 남문(Puerta Real, 1662)은 북남 방향의 중심도로를 통해 연결되었다. 인트라뮤로스는 항구도시로서 그 중심부는 수변을 바라보는 마요르플라자(Plaza Mayor, 현재 Plaza de Roma, 1581, 규모: 60×90m)가 위치하고 있고, 남쪽에는 중심부의 상징성을 극대화하며 유사시에는 요새로 기능하는 대성당(Manila Cathedral, 1580), 동쪽에는 시청(Ayuntamiento, 1783), 서쪽의 총독궁(Palacio del Gobernador, 1976)[17]이 위치했다.[18]

또한 인트라뮤로스는 가톨릭 도시로서 마닐라대성당을 중심으로 아우구스틴 종파의 산어거스틴성당(Iglesia de la Inmaculada Concepcion de Maria de San Agustin, 1607)을 포함한 종파 성당들[19]과 일곱 개의 수도원Convento이 마닐라의 첫 번째 고등교육기관인 산티시모로사리오칼리지(Colegio de Nuestra Senora del Santisimo Rosario, 1611, 이후 Colegio de Santo Tomas, 현재 Universidad de Santo Tomas)를 포함해 일군의 칼리지들과 함께 기능했다.[20] 또한 인트라뮤로스에는 두 개의 고아원 그리고 스페인인·중국인·나환자·일반인을 위한 네 개의 병원이 운영되었다. 특히 산후안병원(San Juan de Dios Hospital, 1578)은 필리핀에서 가장 오래된 병원으로 현재 인트라뮤로스 동

산티아고요새와 해자(ⓒ 한광야, 2017)
인트라뮤로스의 동서를 잇는 레알파리안도로(ⓒ 한광야, 2017)

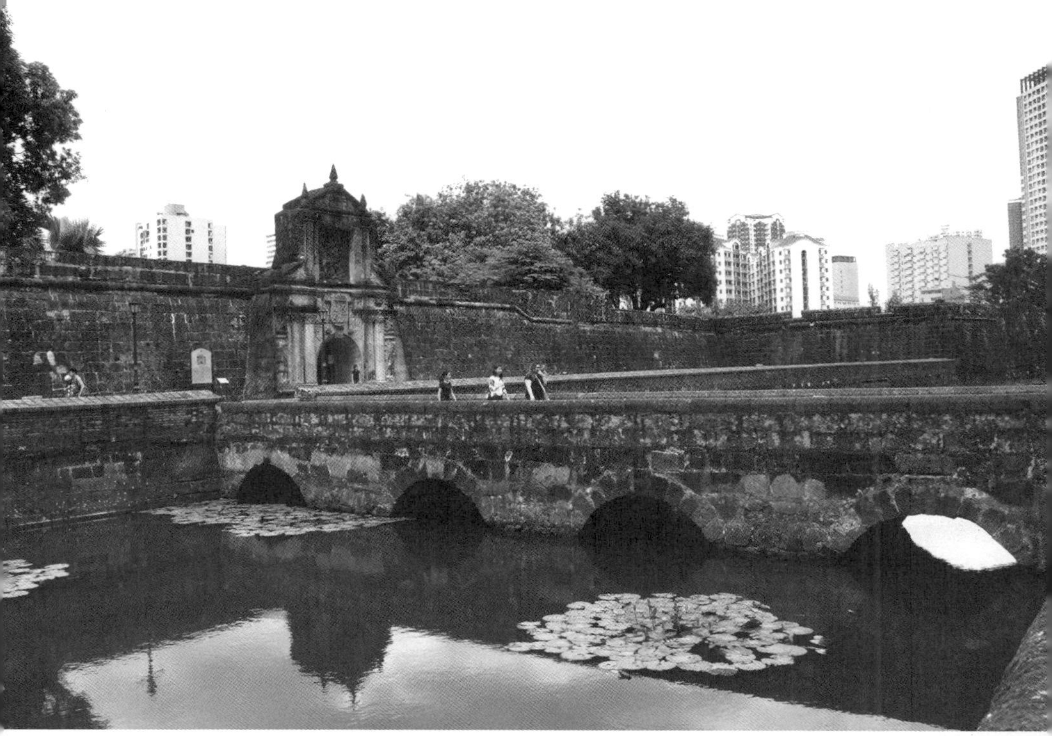

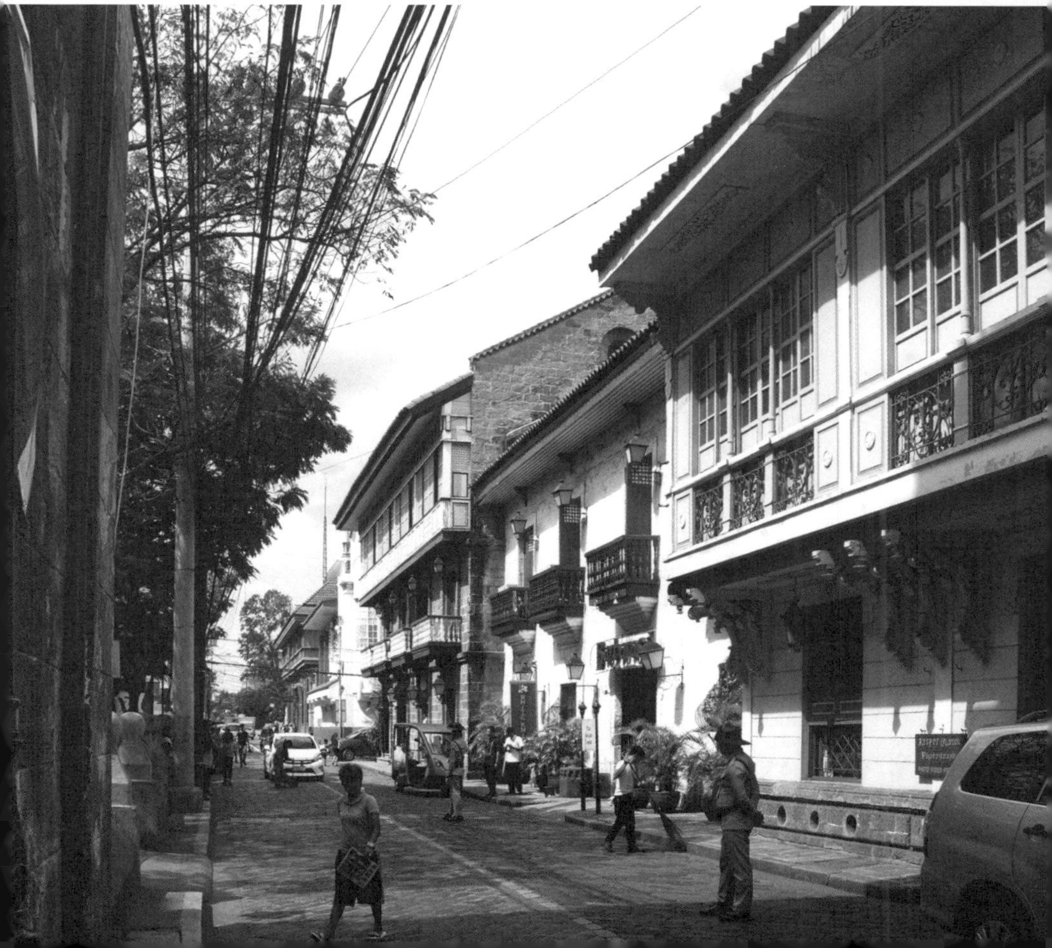

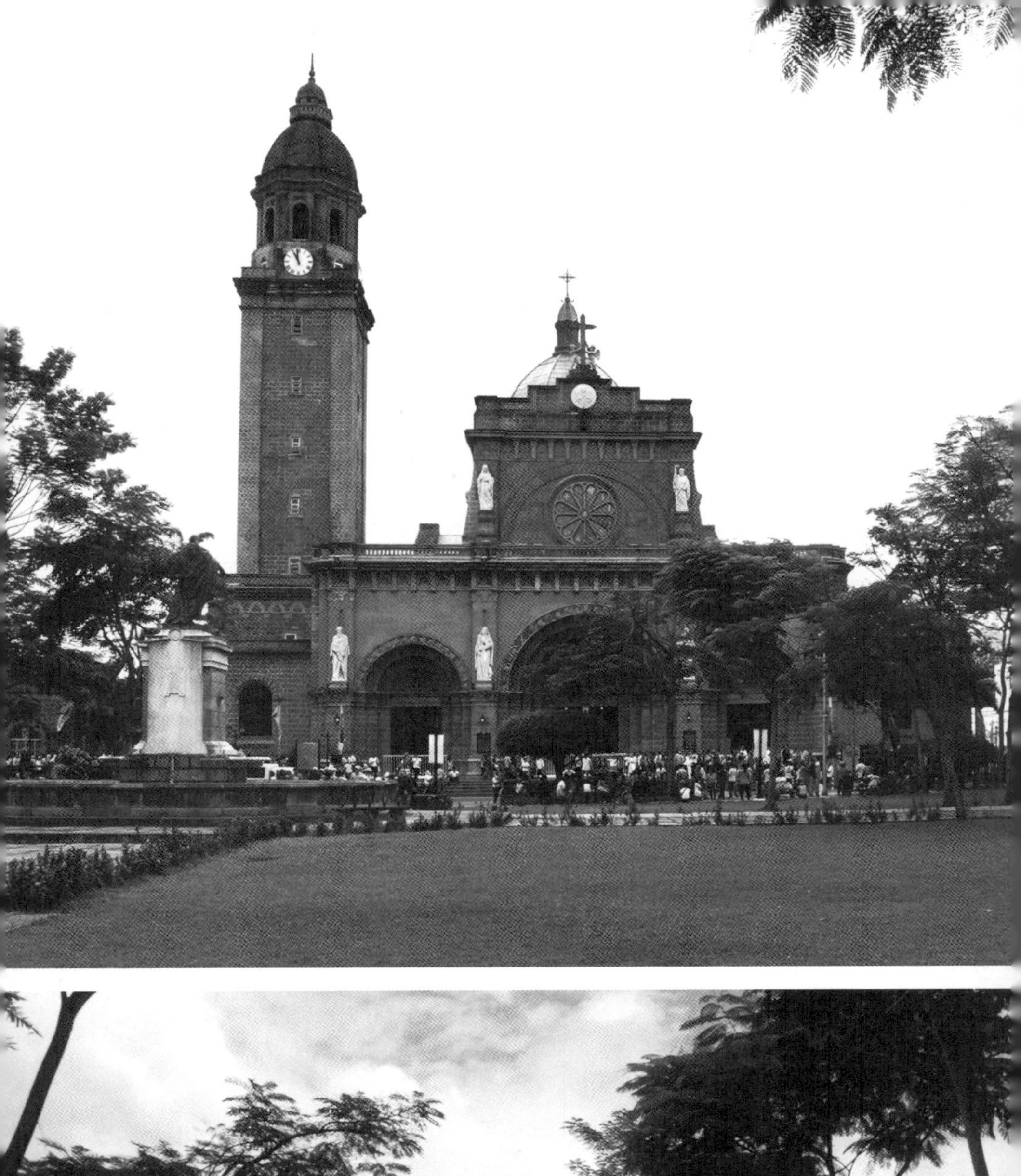

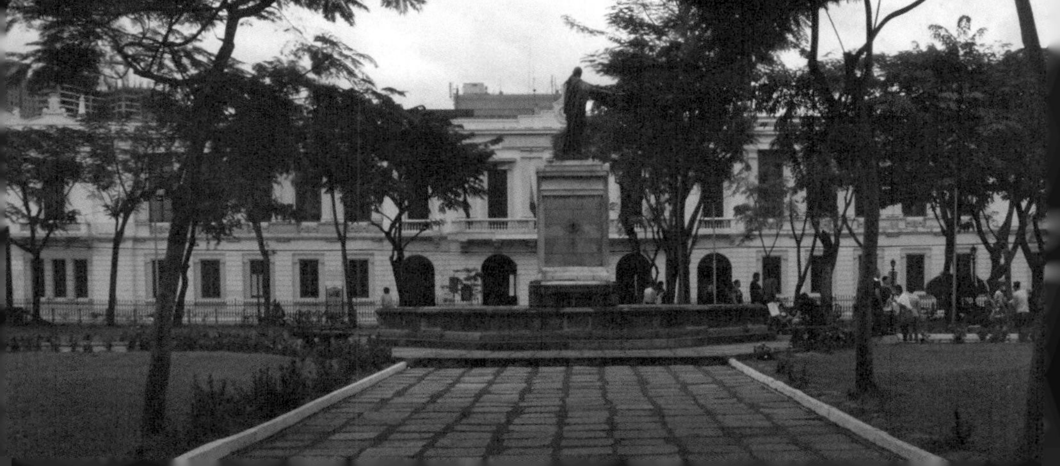

쪽 끝의 리시움Lyceum of the Philippines University에 설립되어 이후 1953년 현재 위치로 이전하여, 현재 산후안병원간호학교(San Juan de Dios Hospital and San Juan de Dios Nursing School, 1913)의 전신이 되었다.

엑스트라뮤로스, 운하부두, 교구성당, 플라자, 시장

스페인 마닐라는 인트라뮤로스의 건설과 동시에 주변의 교외지인 엑스트라뮤로스가 개발되며 빠르게 확장했다. 특히 17세기 중반부터 엑스트라뮤로스에는 청나라의 해금정책과 일본 도쿠가와막부의 가톨릭교 금지령(Ban on Catholicism, 1565, 1568, 1614)과 쇄국령(Sakoku, 鎖國政策, 1639~1854)의 결과로 다수의 스페인 선교사, 중국인, 일본인의 마닐라로 이주해왔다. 이들의 유입으로 엑스트라뮤스는 파리안을 시작으로 파시그강을 넘어 북서쪽과 북쪽, 파시그강을 따라 동쪽 그리고 마닐라만을 따라 남쪽으로 확장했다. 이러한 엑스트라뮤로스들은 일군의 가톨릭 교구를 형성했다. 자연 하천과 하천 정비를 통해 만들어진 운하를 따라 하천변의 나루터와 인접한 시장이 일상 활동의 중심부를 구성했고, 그 배후지에 위치한 교구성당은 타운홀Casa Real의 기능을 대신하며 교구 기반의 행정 거점으로 교외 커뮤니티의 중심부를 완성했다.

특히 인트라뮤로스로부터 이주해나온 푸저우·광저우·마카오 출신의 중국 상인들은 파리안성문Puerta del Parian 밖의 현재 리와상광장Liwasang Bonifacio에 파리안Parian이라 불렸던 상업 거점을 조성했다. 파리안은 당시 광저우-마닐라 교역을 통해 발전하였고, 스페인 마닐라의 상업중심부로 성장했다. 이후 중국 상인들은 1594년을 전후로 파시그강 건너편 비논도Binondo로 이주하여 새로운 커뮤니티를 형성했고, 다시 그 동쪽의 퀴아포Quiapo와 서쪽의 산니콜라스San Nicolas로 퍼져나갔다. 한편 톤도인 커뮤니티는 동북쪽의 산타크루즈Santa Cruz의 현재 호세파벨라 병원(Dr.

마닐라대성당(ⓒ 한광야, 2017)
인트라뮤로스 로마광장의 동부를 정의하는 시청(ⓒ 한광야, 2017)

Jose Fabella Memorial Hospital)[21] 부지를 중심으로 거주했다.

이 시기 스페인 마닐라에는 1591년을 전후로 스페인인 2,000명이 거주했으며, 중국인은 파리안을 중심으로 약 3,000~4,000명이 거주했다.[22] 이후 마닐라의 중국인은 1621년에 10,000명이 거주했다고 알려졌는데, 추가적으로 약 5,000명의 불법 체류자 역시 존재했을 것으로 추정된다. 이후 마닐라에 중국인은 1636년에는 약 30,000명, 1749년에는 약 40,000명,[23] 이후 1886년에는 약 50,800명이 거주했다.[24] 한편 마닐라의 일본인은 딜라오(Dilao, 현재 Paco)에 1593년을 전후로 약 300~400명이 일본인 커뮤니티Nihonmachi를 조성하여 거주했다. 이후 일본인 커뮤니티는 일본 규슈와의 교역활동의 증가하고 본토의 가톨릭교 금지령를 피해 이주해온 가톨릭교인의 증가로 1606년에는 약 3,000명의 커뮤니티로 성장했다.[25]

한편 스페인 마닐라가 보여주는 흥미로운 특성은 초기의 항구와 운하 중심의 해운도시의 형성과 이후 항구와 철도 도시로의 변화이다. 스페인 마닐라는 형성 초기에 그 중심 하천인 파시그강과 일군의 지류 하천들을 이용해 항구와 운하의 도시로서 기능했다. 이러한 수운체계의 역할은 먼저 도시 중심부인 인트라무로스와 교외지를 연결하는 운송교통체계였으며, 또한 스페인 세력의 식민항구와 교역 거점을 연결하는 두 개의 거대한 해상교역로인 '아카풀코-마닐라-세비야'와 '마카오-마닐라-나가사키'의 중간 거점 기능을 했다.

먼저 스페인 마닐라의 도시 중심부와 교외지를 연결했던 운송교통체계는 파시그강과 더불어 비논도의 자연 하천들이었다. 이 자연 하천들은 1630년대에 중국인 커뮤니티가 파리안에서 비논도로 이전하면서 새로운 운하체계로 조성되어 기능했다. 이 시기에 비논도의 운하는 서쪽의 비타운하(Estero de Vita)를 시작으로 레이나운하(Estero de la Reina, 1866)·비논도운하(Estero de Binondo)·만달래나운하(Estero de Magdalena, 이전 Estero San Jacinto)·산라자로운하(Estero de San Lazaro, 이전 Estero de S. Sebastian)·산미구엘안하(Estero de San Miguel)·삼플라록운하(Estero de Samplaloc) 등이다.

이러한 운하들은 비논도를 중심으로 빠르게 성장하는 교외지를 도시 중심부와 연결하며 보다 먼 교외지로의 도시 확장을 유도하며 커뮤니티의 경계를 설정했다. 또한 운하와 부두를 중심으로 시장과 교구성당의 입지를 결정하며 당시 마닐라의 도시경관을 완성했다. 특히 이러한 운하 체계의 거점인 부두에는 시장과 광장이 일상의 중심 공간을 형성했고, 그 배후에는 커뮤니티의 행정을 담당하는 교구성당이 입지했다. 결국 스페인 마닐라의 운하와 부두체계는 도시 거점이 부두·시장·교구성당을 중심으로 초기 도시 확장의 방향과 형태를 결정했다.

이러한 자연 하천형 운하는 19세기 중반에 수에즈운하의 개통(1869)과 대형 증기선의 운항과 입항에 발맞춰 정비되었다.[26] 이 시기는 동남아 도시들마다 부두의 확장, 신항구의 건설, 운하의 정비가 철도선의 건설과 함께 빠르게 진행된 시기이다. 또한 수에즈운하의 개통은 당시까지 범선 교역에 의존했던 마닐라의 중계교역 기능을 종료시키고 결국 국제교역에 대응한 대형 항구와 그 배후의 대규모 농장의 조성과 운영으로의 변화를 이끌었다.[27]

부두와 상업 거점, 파리안, 비논도, 산니콜라스

인트라뮤로스가 건설되기 이전의 스페인 마닐라의 초기 항구는 산티아고 요새 주변의 항구와 파리안Parian de Aroceros의 부두였다. 이중 산티아고요새 주변의 항구는 이미 1225년 이전에 인트라뮤로스에 거주했던 취안저우와 푸저우의 하카 상인이 이용했다고 확인 될 만큼 오래된 항구였다. 또한 파리안부두는 현재 애로세로스포레스트공원Arroceros Forest Park과 리와상광장(Liwasang Bonifacio, Plaza Lawton)의 파시그강 변에 조성된 부두였다.

이후 마닐라는 중국 명나라의 해금법이 해제되기 시작한 1570년대부터 중국과 일본과의 교역이 본격화되면서 중국 상인이 급격히 유입되었다. 또한 스페인 식민정부의 '가톨릭 개종령(1582)'에 따라 인트라뮤로스에 거주하던 중국 상인들은 파리안성문 밖의 현재 애로세로스포레스트공원으로 이주되어 강변에 새로운 상업 거점인 파리안과 파리안항구(1571)를 조성했다. 파리안은 이후 강북의 중국인 커뮤니티로 성장한 비논도와 인트라뮤로스와의 연결 거점으로 기능했으며, 실크 상점Alcaiceria을 포함해 도자기·양초·은·약재 등을 판매하는 100개 이상의 상점들이 1790년 전후까지 번성했다.

이후 인트라뮤로스의 상징적 진입부인 멕시코플라자부두(Plaza Mexico, 현재 Plaza Mexico Ferry Station)가 현재 에스파냐플라자Plaza Espana 앞에 조성되었고, 1630년을 전후로 파시그강의 에스파냐다리(Puente de Espana, 1586, 현재 Road Quintin Paredes)가 개통했다. 또한 파시그강 북안의 산니콜라스에는 1870~1880년대에 간척사업을 통해 산니콜라스부두Puerto San Nicolas가 조성되었으며 수에즈 운하와 연계하여 기능했다.

특히 마닐라의 멕시코플라자부두는 1662년을 전후로[28] 본격적으로 각광받기 시작했다. 이 시기는 산티아고요새가 조성된 이후이며, 멕시코의 아카풀코항구에 산디에고요새(Fuerte de San Diego, 1617)가 항구와 타운의 방어를 위해 네덜란드 엔지니어 아드리안부트(Adrian Boot, 1614~1637)의 간척설계에 따라 건설된 때이다. 또한 네덜란드 동인도기업의 세력이 자카르타의 칠리웅강 하구에 바타비아요새(Kasteel Batavia, 1619)를 건설한 시점이기도 하다. 멕시코플라자항구는 남쪽에 인접한 세관건물인 아듀아나(Aduana, 1823, 1876)와 에스파냐플라자Plaza Espana는 마닐라의 진입부로서 인트라뮤로스의 중심도로와도 연결되어 스페인 지배세력의 중심부두로 이용되었다.

이후 스페인 마닐라의 항구는 '세계 최초의 차이나타운'으로 불리는 비논도Binondo[29]에 건설되었으며, 현재 에스콜타 리버항구로 불린다. 비논도는 1594년을 전후로 푸저우 상인을 위한 새로운 중국인 커뮤니티로 조성되기 시작했으며, 1615년부터 세빌라-아카풀코의 교역을 통해 부를

축적했다. 비논도는 비논도운하Estero de Binondo를 중심으로 그 동쪽에 비
논도성당(Binondo Church, Minor Basilica of Saint Lorenzo Ruiz and Our Lady of the
Most Holy Rosary Parish, 1596)과 현재 로렌조루이즈플라자Plaza Lorenzo Ruiz를
중심으로 커뮤니티를 형성했다.

　　한편 파시그강의 수위를 조절하는 수문으로 선박의 출입을 통제하는
에스파냐다리가 개통되면서 마닐라의 상업활동의 거점이 1630년대부터
파리안에서 비논도로 옮겨갔다. 특히 비논도의 에스콜타도로Escolta Street
는 수에즈운하의 개통과 아카풀코 교역항구로 기능한 산니콜라스부두의
배후지로서 이후 1950년대까지 마닐라의 상업중심지[30]이자 금융 거점으
로 기능했다. 제2차 세계대전 이후 에스콜타도로의 상업과 금융 기능이
마카티로 이전되었다. 에스콜타도로는 파시그강의 배후에 위치하여 서
쪽의 비논도운하와 주변의 모라가플라자Plaza Moraga・세르반테스플라자

에스파냐다리(1930)

비논도성당(2015)

Plaza Cervantes와 동쪽의 레이나운하와 주변의 산타크루즈 비스토스플라
자Plaza Santa Cruz Bistos를 연결하여 항구의 중심부를 구성했다.

철도-트램, 투투반철도역, 파코철도역

스페인 마닐라는 1880년대부터 루손섬과 마닐라를 육로로 연결하는 철
도선을 건설하며 도시의 운송·교통체계를 변화시켰다. 당시 철도선은 화
물운송을 담당했으며, 이와 함께 조성된 트램(현재 마닐라 LRT)은 여객운송
을 담당했다. 하지만 스페인 마닐라는 철도선의 기능이 제한적이어서,
여전히 해운체계를 기반으로 기능했다. 현재 마닐라의 철도체계는 스페
인 시대와 이후 아메리칸 시대에 건설된 철도선의 형태와 운영체계[31]를
그대로 유지하며 운영되어 왔다.
　　마닐라의 최초의 철도선은 1875년 스페인 식민정부 토목과Department

of Public Works for the Philippine의 주도로 화물철도선과 여객트램선Light Rail Transit System으로 구성된 철도계획안으로 준비되었다. 이후 마닐라와 북쪽의 말라본Malabon의 여객운송을 목적으로 스페인 식민정부의 토목과의 리온 몬수르Leon Monssour는 필리피나스 트란비아스기업(La Compania de Tranvias de Filipinas, 1882)의 '마닐라 트램선Tranvias de Filipinas'의 건설을 1878년에 제안[32]했으나, 실제 건설은 철도선과 일치된 트램선의 노선문제로 연기되었다.[33] 당시 마닐라의 트램체계는 비논도의 산가브리엘플라자Plaza San Gabriel를 교통 거점으로 총 다섯 개의 노선이 인트라뮤로스와 말라테교회·말라카낭·삼파록Sampaloc, 톤도를 연결했다.

이후 스페인 마닐라와 루손섬의 지역권을 연결하는 육상교통체계가 조성된 시점은 1880년대 마닐라-다구판철도선이 조성되면서이다. 먼저 마닐라의 철도선은 1887~1892년 마닐라와 북쪽 약 200km에 위치하며 16세기 이전부터 기능해온 항구도시 다구판Dagupan을 화물철도선으로 연결하는 철도선으로 인트라뮤로스를 약 5km 거리를 두고 우회했다. 이러한 특성은 당시 철도선이 여객운송이 아닌 화물운송에 중점을 두었으며, 인트라뮤로스의 지반이 대규모 토목공사를 진행하기에 부적절했기 때문일 것이다. 특히 마닐라-다구판철도선은 마닐라 북쪽 10km의 말라본과 남쪽 20km의 니오그Niog까지 파라나큐강River Paranaque과 해안선을 따라 확장되었다. 이러한 기능적 특성과 형태는 내륙과 해안을 연결하는 운송수단으로서 조성되었던 동남아시아 도시들의 철도선의 그것과 차이점을 갖고 있다.

한편 마닐라 트램선의 최종 계획안이 1887년 확정되었고, 이후 마닐라의 트램 1호선(1889, 현재 LRT 1호선 그린선, 17.2km)이 마닐라의 북쪽으로 마닐라-말라본의 해안선을 따라 건설되었다. 당시 트램 1호선은 말라본[34]의 산업노동자를 위한 통근운송이 주목적이었다. 이후 마닐라의 트램 2호선(1903, 현재 LRT 2호선 블루선, 13.8km)이 동서 방향으로 R-6와 C-1의 일부 구간을 따라 투투반철도역의 동쪽에 위치한 렉토역Recto Station에서 내륙의 후안

루이즈역Juan Ruiz Station을 연결하는 고가 트램선으로 건설되었다.[35] 후안 루이즈는 필리핀 독립전쟁의 거점이며 나마얀왕국의 역사 거점인 산후안(San Juan City, San Juan del Monte)에 위치한다. 마닐라의 트램선은 이후 1980년대에 스위스 취리히의 엔지니어들이 준비한 '마닐라 LRT 계획안'에 따라 현재의 마닐라 LRTManila Light Rail Transit System으로 재설계되었다.

당시 조성된 마닐라의 대표적인 철도 거점들은 파시그강의 북쪽으로 투투반철도역(Tutuban Station, 1891)과 파시그강의 남쪽으로 역시 내륙의 배후지에 조성된 파코철도역(Paco Station, 1908, 1915)이다. 흥미롭게도 투투반철도역은 중국인 커뮤니티의 상업활동 중심부에, 파코철도역은 과거 일본인 커뮤니티의 중심부에 조성되었다.

마닐라의 북부 철도역인 투투반철도역은 다구판에서 시작하여 루손섬의 북부 내륙 지역으로부터 산니콜라스의 마닐라 북항구과 파시그강 남쪽 남부역인 파코철도역으로 화물을 수송했다. 투투반철도역 부지에는 원래 북남 방향으로 흐르는 라이나운하Estero de la Reina를 따라 대규모 담배공장이 있었으며, 그 배후에는 중국인들이 스페인 마닐라 시기에 조성한 디비소리아시장Divisoria Market이 입지했다.

디비소리아시장은 이후 파시그강의 강북 구역 경계를 결정했던 동서 방향의 렉토대로(Recto Avenue, 과거 Paseo de Azcarraga, 현재 C-1도로)로 나뉘어졌다. 이후 이곳은 리버타드극장Teatro Libertad과 조리라 극장(Zorilla Theater, 1803)을 중심으로 극장과 카페가 모여 있는 마닐라의 대중문화의 중심부로 성장했으며, 필리핀 독립운동 모임인 카티푸난(Katipunan, 1892)의 활동 거점으로도 사용되었다. 또한 디비소리아 극장이 그 동쪽에는 마닐라 오페라하우스(Manila Opera House, 19세기 중엽, 현재 마닐라 그랜드 오페라호텔 부지)가 위치하였다.

한편 파시그강 남쪽의 파코철도역은 미국 지배기에 남부철도역으로 조성되어 투투반철도역과 연결되어 마닐라 남쪽 도시 중심부인 에르미타와 말라테로 화물을 운송했다. 파코철도역은 딜라오플라자Plaza Dilao

의 남쪽에 조성되어, 인접한 파코운하Estero de Paco를 통해 파시그강과 마닐라만의 해안으로 연결되었다.

당시 파코운하 수변에는 산페르난도 디딜라오성당(San Fernando de Dilao Parish Church, 1580, 1601, 1814, 1931)과 수도원을 개조한 파코가톨릭학교(Paco Catholic School, 1912)가 있었으며, 그 건너편에 파시그강과 연결된 파코시장Paco Public Market이 커뮤니티의 거점을 구성하며 중심 상업도로(Calle Herran, 현재 Pedro Gil Street)와 연결되었다. 한편 파코철도역이 조성되기 직전 북동쪽에는 마닐라의 대표적인 여성사업가인 도나 로사스(Dona Margarita Roxas de Ayala, 1826~1869)가 1868년 그녀의 여름별장인 콩코디아 단지(La Concordia Estate, 3.5ha)를 기부하여 스페인의 가톨릭 새인트빈센트수녀회 Company of the Daughters of Charity of Saint Vincent de Paul의 도움으로 설립한 콘코르디아칼리지(La Concordia College, 1868)가 위치하여 교육 커뮤니티를 형성했다.

바다항구와 철도선, 노우스항구와 사우스항구

스페인 마닐라의 철도선이 바다 항구와 연계되어 기능하기 시작한 시점은 마닐라만의 간척이 완료되고 그 해안에 노우스항구Manila North Harbor와 사우스항구Manila South Harbor가 조성되기 시작한 1900년대부터이다. 물론 하천 부두로서 파시그강 북안에 산니콜라스부두가 조성된 시점은 이보다 이른 1870년대이다. 이후 산니콜라스부두의 바다에 면한 서쪽부가 간척되면서 해안 항구인 노우스항구가 조성되었다. 또한 미국 지배기에 마닐라만을 중심으로 1903~1908년 항구구역의 대규모 간척이 진행되면서, 남쪽해안에 사우스항구가 조성되었다.

스페인 마닐라에 대규모 간척이 진행된 계기는 수에즈운하의 개통에 따라 마닐라로 들어오는 물류과 자본이 급증했기 때문이다. 특히 파시그

디비소리아시장(ⓒ 한광야, 2017)

강의 항구 확장은 이미 1800년대에 에스콜타구역이 각광받으며 대두되었고, 그 대안으로 산니콜라스부두의 건설이 고려되었다. 이후 수에즈운하의 개통에 따른 대형 선박의 입항이 현실적인 문제로 대두되면서, 결국 산니콜라스구역의 간척과 하천부두의 조성을 이끌었다.

이와 함께 마닐라의 바다항구가 처음 조성된 것은 역시 1870년대이다. 이 시기에 스페인 마닐라는 인트라무로스의 서쪽을 따라 마닐라만의 현재 항구구역을 간척하고 사우스항구Manila South Harbor를 건설했다. 당시 사우스항구는 인트라무로스의 해자를 이용해 멕시코플라자부두Plaza Mexico Ferry Station와도 연결되었다. 이후 미국 지배기인 1900~1940년대에는 간척사업과 항구 확장이 진행되었는데, 이는 철도와 연계된 항구체계의 구축과 항구구역과 바다항구의 확장을 목적으로 추진되었다. 특히 당시 항구의 대규모 확장은 파시그강을 중심으로 북쪽과 남쪽으로 나누어 마닐라만을 따라 대규모 간척사업으로 진행되었다.

특히 그 시작은 미국의 식민정부의 주도로 파시그강의 남쪽에 1903~1908년 사이 진행된 대규모 간척사업이었다. 이를 통해 사우스항구에 네 개의 부두가 추가로 조성되었다. 이러한 항구 확장과 연계되어 배후에는 스페인 통치로부터의 독립을 이끈 국가 영웅 호세 리잘(Jose Rizal, 1861~1896)을 기리기 위한 리잘파크Rizal Park가 대규모로 조성되었다. 또한 기존에 세관 기능을 담당하던 아두아나는 제2차 세계대전 기간 동안 폭격으로 인해 파괴되었고 그 기능은 항구구역에 새롭게 조성된 세관청Bureau of Customs으로 이전했다. 또한 산니콜라스의 해안 간척은 1908년을 전후로 투투반철도역의 남서쪽으로부터 마닐라만의 해안까지 완료되어 노우스항구로 완성되었다.[36] 이에 따라 노우스항구는 투투반철도역으로부터 약 1km 연장 철도선을 통해 마침내 '마닐라 노우스항구-투투반철도역 연결시스템'이 완성되었다. 이후 마닐라 노우스항구는 최근까지 일곱 개의 부두를 갖추고 국제컨테이너터미널(Manila Int'l Container Terminal, 1987)을 건설하며 확장해왔다.

3. 빅마닐라와 에르미타, 그린힐즈, 마카티, 파사이

스페인 세력의 가톨릭 도시였던 마닐라는 미국 세력의 식민지배기(1898~
1945)를 통해 아메리칸 마닐라로 변화했다. 미국은 1898년 스페인-미국전
쟁(Spanish-American War, 1898)에서 승리하고 파리조약(Treaty of Paris, 1898)을
통해 스페인으로부터 마닐라를 획득했다.

이러한 아메리칸 도시로의 변화 과정이 보여주는 마닐라의 특성은 무
엇보다 기존 가톨릭 교구 중심의 지역행정체계와 항구-운하-철도로 이루
어진 인트라무로스 중심의 도시에서, 교외지에 조성된 다핵의 도시 거점
들이 육상교통으로 연결되는 광역도시로의 변화이다. 이러한 도시의 기
능적 변화는 '종교와 행정의 분리[37]'를 추구했던 미군 및 미국 행정의 지

노우스항구 국제컨테이너터미널

배가치에서 비롯되었다. 이에 가톨릭 교구성당을 대신하는 분권화된 자치행정 거점 그리고 하천과 운하를 대신하는 도로와 철도 중심의 광역교통체계가 이 시기 마닐라의 도시 변화를 주도했다. 또한 제2차 세계대전 이후의 냉전기의 대륙별로 배치된 미군 거점들과 마닐라에 조성된 미군 부대는 과거 대항해시대와 유럽 세력의 식민지 개발 과정에서 추진된 대륙 간 해상교역의 거점항구들을 연상시켰다.

이러한 도시체계의 변화는 필리핀의 독립 이후 필리핀 정부가 스페인과 미국의 통치로부터의 정통성을 회복하기 위해 마닐라 내륙에 수도로 조성한 퀘존시티와 맞물려 거대한 광역도시권의 모던 마닐라(Contemporary Manila, 1946~현재)를 형성해왔다. 현재 마닐라는 인트라뮤로스를 중심으로 비논도Binondo·말라테Malate·에르미타Ermita를 포함한 총 열 개의 교외지[38]로 구성된 거대한 광역도시로 성장했다. 그리고 이들은 마닐라의 순환도로인 C-4도로/AH26도로(1965)와 C-5도로(1986~)를 포함한 여섯 개의 순환도로와 열 개의 방사도로 그리고 북남 방향의 트램 1호선(1889, 현재 LRT 1), 서동 방향으로 해안과 내륙을 연결하는 트램 2호선(1905, 현재 LRT 2), 외곽을 순환하는 트램 3호선(1960, 현재 MRT 3)의 광역교통체계로 상호 연결되어 기능하고 있다.

하지만 이러한 변화 과정에서 대토지소유권을 유지해온 지역 세력과 민간 대기업들은 막대한 초기 투자비용과 대규모 토지소유권이 요구되는 운송교통체계의 공동개발자로서 참여하게 되었고, 그 결과 마닐라의 대중교통체계는 상이한 주체가 서로 다른 목적을 바탕으로 사업에 참여하게 되었다. 그 결과 낮은 기능적 연결성을 낳게 되었고, 대규모 개발 사업들 간의 조율을 악화시켜, 결국 하나의 광역도시권 내에서 소득, 인종, 문화적으로 분절된 원구도시와 신도시 그리고 독립된 거점개발들을 초래해왔다.[39]

다니엘 번함의 도시계획안

미군(Philippine Division of the United States Army, 1898~1901)과 미국의 식민행정 (Philippine Commission of the United States, 1901~1945) 하의 마닐라는 인트라뮤로스를 중심으로 파시그강의 북쪽과 남쪽에 입지한 기존의 교구 중심의 열 개 교외 타운들을 흡수하며 하나의 광역도시인 '빅 마닐라Big Manila'로 변화했다. 이러한 '빅 마닐라'로의 변화는 미국 건축가 다니엘 번함(Daniel Burnham, 1846~1912)[40]의 주도로 1903년부터 '마닐라계획안(Plan of Manila, 1906)'이라는 이름으로 계획되었다. 다니엘 번함의 마닐라계획안은 마닐라가 인구 100만의 도시로 성장할 것이라는 가정 하에 미국 워싱턴디시 도시계획안(Washington, D.C. Plan, 1901)과 '시카고 도시계획안(Chicago Plan, 1909)에서 제안된 대로와 공원 중심의 변화체계를 모델로 다음과 같은 마닐라의 광역도시로의 변화를 제안했다.

이와 관련된 다니엘 번함의 대표적인 아이디어는 통합된 새로운 정부의 행정 기능과 현대 도시 기능을 담아내기 위해 기존의 행정 및 문화 기능들이 인트라뮤로스로부터 교외지로 이전되고 새로운 교외 거점들이 조성될 것을 제안했다. 이를 위해 기존의 해자와 인접한 자연 하천인 루네타하천 부지에 중앙정부National Government Centre 기능을 수행하는 건물들을 건설하고, 도시공원인 루네타공원(Luneta Park, 현재 Liwasang Rizal Park)과 호텔카지노 등의 문화시설의 건설이 제안되었다. 아쉽게도 이러한 중앙정부 기능은 이후 필리핀 정부의 새로운 행정 거점으로 조성된 퀘존시티Quezon City로 흡수되었다.

퀘존시티는 독립한 필리핀의 정통성을 갖는 새로운 국가수도로 당시 2대 대통령 마누엘 퀘존(Manuel L. Quezon, 재임 1935~1944)의 비전과 주도로 식민도시인 마닐라를 대신하기 위해 1939년부터 계획되었다. 당시 퀘존시티의 부지확보를 위해 마누엘 퀘존 대통령이 설립한 '국민의 집 찾기 기업(People's Homesite Corporation, 1938)'의 이름이 그 정통성 확보를 위한 노

력을 반증한다. 퀴존시티는 이후 1976년까지 수도로서 기능했으나 이후
마닐라가 그 국가수도 기능을 되찾아오며 수도의 위상을 넘겨줬다. 그럼
에도 퀴존시티는 마닐라와 하나의 행정권으로 통합하는 마닐라 대도시
City of Greater Manila의 개념의 기초가 되었다는 점에서 의의가 있다. '마닐
라 대도시' 개념은 이후 마닐라가 수도로 다시 공포된 1975년 이후, 퀴존

마닐라계획안(1906)

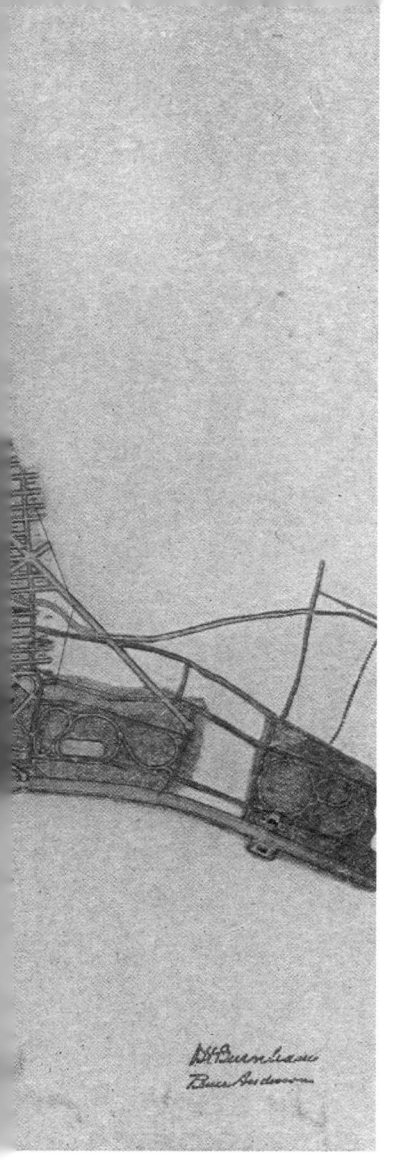

시티를 포함한 거대한 광역마닐라 행정체계인 '필리핀 수도 지역(National Capital Region of the Philippines, 1978)'으로 공포되었고, 이후 네 개 도시(Manila·Quezon City·Pasay·Caloocan)를 포함한 광역 마닐라Metro Manila의 기초[41]가 되었다.

한편 1903년부터 인트라뮤로스 도성의 해체와 해자의 간척이 진행되면서 이를 통해 현대 도시 기능이 구현되었으며, 도성의 해체로 얻은 석재들은 파시그강과 마닐라만의 수변 간척에 활용되었다. 이에 따라 마닐라 사우스 항구와 루네타공원, 골프클럽Club Intramuros Golf Course이 건설되었다.

아메리칸 마닐라의 학교·종교 기능은 인트라뮤로스로부터 외곽으로 이전되거나 새로이 형성되었다. 아메리칸 마닐라는 그 초기부터 인트라뮤로스의 외곽 인접지에 대학구역을 조성하여 이를 중심으로 병원·문화·상업의 기능을 조성했다. 또한 외곽의 교외지에는 군부대·골프클럽·대학·병원·개신교 교회 등을 중심으로 새로운 커뮤니티를 조성했다. 이 커뮤니티들은 이후 모던 마닐라의 광역도시권에서 쇼핑·레저·엔터테인먼트와 주거·업무 기능으로 채워진 도시 거점으로 성장하며 마닐라의 광역도시 변화를 주도해왔다.

또한 다니엘 번함의 마닐라 도시계획안은 인트라뮤로스와 교외지들 간의 연결체계로서 기존의 운하의 적극적인 사용을 넘어, 방사형 도로와 격자형 블록을 제안했다. 이를 위해 중앙 정부와 시 정부가 주도하는 새로운 방사형의 도로들이 건설되어 도시 공간구조의 변화체계를 완성했다.

이러한 관점에서 모던 마닐라는 '마닐라 도시계획안'이 제안했던 육상교통을 이용한 광역도시로의 변화라는 큰 방향과 일치해왔으며, 수변과 녹지의 정비와 도로체계의 조성이라는 관점에서 유의미하다고 평가된다.

빅 마닐라와 광역교통체계

필리핀의 독립 이후 필리핀 정부와 마닐라 시정부가 건설한 마닐라의 육상교통체계인 원주형 경전철 LRT 3호선(1960, 현재 MRT 3)과 일군의 외곽순환도로들은 당시 진행 중이던 교외지의 개발을 가속화했다. 이 과정에서 민간개발사들의 공동개발이 진행되어 일군의 교통 거점과 연계된 대규모 쇼핑·엔터테인먼트 콤플렉스가 건설되었고 광역도시권에서 레저·주거·업무 기능을 중심으로한 다핵의 도시 거점을 완성했다. 그 대표적인 사례는 아얄라기업이 개발에 참여한 마카티Makati, 오르티가스기업이 참여한 그린힐즈Green Hills, SM기업이 참여한 파사이Pasay 등이 있다.

이러한 교외지 개발은 필리핀 정부와 마닐라 시정부가 1950년대부터 통근열차로 건설한 경전철인 LRT 3호선으로 시작되었다. LRT 3호선은 당시 개발 중이던 북쪽의 퀴존시티와 사우스트라이앵글South Triangle, 북동쪽의 그린힐즈, 남쪽의 닐슨필드Nielson Field와 마카티를 연결했다. 이후 LRT 3호선은 1970년대에 진행된 '메트로 마닐라의 도시교통연구(Urban Transport Study in the Manila Metropolitan Area, 1973)', '메트로 마닐라의 교통, 토지이용, 개발계획안(Metro Manila Transport, Land Use and Development Planning Project, 1977)'[42] 그리고 '메트로폴리탄 마닐라 대중철도교통 전략계획안(Metropolitan Manila Strategic Mass Rail Transit Development Plan)'[43]을 근거로 MRT 3호선(Metrostar Express Line, 1989, 17km)으로 재건설되었다.[44]

이와 함께 필리핀 독립 이후 모던 마닐라의 도로체계는 마닐라 시정부의 주도로 퀴존시티 도시계획안을 준비한 루이스 크로프트Louis Croft와 안토니오 카라얀Antonio Kayanan이 작성한 '마닐라 도로계획안(Metropolitan Thoroughfare Plan, 1945)을 토대로 구상되었다. 당시 마닐라 도로계획안의 핵심내용은 열 개의 방사형 도로Radial Road와 여섯 개의 원주형 도로 Circumferential Road이다. 이를 통해 마닐라의 방사형 도로들은 인트라뮤로스와 루손섬의 도시 거점들을 연결하는 도로체계로서 R-1도로를 시작으로 반시계 방향으로 열 개의 도로가 순차적으로 건설되었다. 또한 마닐라의 원주형 도로는 인트라뮤로스를 반원으로 감싸는 순환도로체계로서 1960년대부터 C-1이 건설되어, 마닐라의 신개발 거점을 순차적으로 외곽에서 연결하여 마닐라의 확장을 이끌어왔다.[45]

특히 마닐라의 원주형 경전철인 LRT 3호선과 평행하게 건설된 C-4도로/AH26도로(1965)는 필리핀 정부가 아시아개발은행Asia Development Bank의 자금을 빌려 도시외곽의 공업 및 농업생산 개발을 목적으로 계획되었고, 이후 퀘존시티, 그린힐즈, 마카티를 연결하며 그 개발을 가속화했다. 이후 EDSA대로Epifanio de los Santos Avenue로부터 확장된 C-4도로/AH26도로는 SM기업의 투자로 파사이까지 연장되어 거대한 외곽순환도로로 완성되었다. 또한 C-4도로의 외곽에 조성된 C-5도로는 나이아국제공항(NAIA Airport, 1948)과 포트보니파시오의 외곽에 건설되어 현재 마닐라의 새로운 도시경계로서 그 주변의 신개발을 주도해왔다.

에르미타-말라테, 그린힐즈와 보니파시오, 마가티와 파사이

미국 지배기의 마닐라는 그 통치 초기부터 인트라뮤로스와 인접한 리와 상라잘파크-사우스항구구역에 행정 기능과 문화시설[46]을 두고 외곽에는 군부대와 대학을 중심으로 병원·상업·골프클럽 등으로 구성된 새로운 교외지를 조성했다. 이 교외지들은 필리핀의 독립 이후 현재까지 마닐라의 광역도로체계 위에서 쇼핑·레저·엔터테인먼트와 주거·업무 기

능을 중심으로 도시 외곽 거점으로 성장하며 마닐라 광역도시로의 변화
를 주도해왔다.

　　이러한 거점들은 인트라뮤로스의 남쪽으로 리와상라잘파크에 인접해
대학·병원·연구활동의 거점으로 성장해온 에르미타-말라테Erminta-Malate
를 시작으로 마닐라 북동쪽으로 군부대·쇼핑 거점인 캠프아귀날도Camp

에르마타구역

Aguinaldo-그린힐즈Green Hills와 업무·쇼핑 거점인 보니파시오Bonifacio Global City 그리고 마닐라의 새로운 금융·상업의 중심부로 성장해 온 마카티와 마닐라만의 국제업무·쇼핑·엔터테인먼트 거점인 파사이Pasay가 대표적이다.

미국 지배기 마닐라의 첫 번째 교외 거점은 공공·문화 기능이 밀집한 리와상라잘파크의 남쪽으로 인접한 에르미타Erminta-말라테Malate 이다.

에르미타[47]가 마닐라의 대학과 병원구역으로 조성된 시점은 1900년대 초이고, 그 남쪽에 말라테가 고급 주거지로서 함께 개발되었다. 당시 고급주거지의 개발은 미군 행정의 첫 번째 학교인 마닐라고교(Manila High School, 1906)가 1967년 인트라뮤로스의 옛 부지(현재 Pamantasan ng Lungsod ng Maynila 학교)로부터 현재 빅토리아 도로Victoria Street로 이전해오며 시작되었다. 이후 미국의 식민행정은 기존의 스페인 마닐라의 가톨릭 성당을 유지하며 그 주변에 개신교 교회와 대학을 설립하며 교육과 의료시설을 조성했다.

당시 에르미타에는 필리핀공과대학(Technological University of the Philippines, 1901)·산베다칼리지(El Colegio de San Beda, 1901)·필리핀대(University of the Philippines, 1905)·필리핀대 예술과학칼리지 (University of the Philippines College of Arts and Sciences, 1905)·아담손대(Adamson University, 1932)·마닐라대(University of Manila, 1913)·이스트대(University of the East, 1946) 등이 설립되었다. 한편 필리핀대와 필리핀대 예술과학칼리지

는 기존의 산토토마스대(도미니크 수도원 설립)와 이그나시오대(가톨릭 예수회 설립)과 달리 종교 배경에 무관하게 마닐라 원주민도 다닐 수 있는 사립학교였다

또한 에르미타가 마닐라의 의료 거점이 된 계기는 1902년 발병한 콜레라[48]이다. 당시 인트라뮤로스 동쪽의 말라카냥공원(Malacanang Park, 1936) 일대를 중심으로 콜레라가 창궐하면서, 콜레라연구소로서 마닐라 센트럴대학교(Manila Central University, 1904)가 필리핀 최초의 약학대학으로 설립되었다. 이후 필리핀 종합병원(Philippine General Hospital, 1907)·필리핀대 의과대학병원(University of the Philippines Infirmary, 1931~1947)·새인트마틴 종합병원센터(Medical Center St. Martine Polyclinic, Inc.)·마닐라 닥터스병원(Manila Doctors Hospital, 1953)이 설립되며 거대한 의료 거점을 완성했다.

이러한 에르미타의 변화는 인접한 말라테가 어촌에서 클럽·호텔·대학을 중심으로 미국인과 스페인-필리핀-아메리카 혼혈후손Spanish Mestizo을 위한 고층아파트 상류층 거주지로 개발되는 변화를 유도했다. 하지만 에르미타와 말라테는 제2차 세계대전이 진행되는 동안 도시시설이 파괴된 후 교육·의료·연구 기능들과 거주자가 인접한 퀴존시티와 마카티로 이주해나가면서 도시 내 고급주거지로서의 기능을 잃고 상업지와 홍등가로 대체되며 쇠락했다.

마닐라의 광역도시 확장을 유도해온 두 번째 거점은 미군부대와 그 부속시설이 교외지 도시 거점으로 성장한 캠프 아귀날도Camp Aguinaldo와 인접 신개발지인 그린힐즈 그리고 옛 포트보니파시오(Fort Bonifacio, 1587)로 불렸던 미군부대 포트맥킨리(Fort William McKinley, 1902)와 인접한 보니파시오Bonifacio Global City이다. 특히 이들은 외곽순환도로인 C-4도로/AH26도로[49]를 통해 인트라뮤로스로부터 동쪽으로 산후안과 직접 연결된다.

마닐라의 동쪽 외곽지에 에르미타노하천Ermitano Creek을 두고 조성된 신개발지인 그린힐즈Green Hills는 미군부대인 캠프머피(Camp Murphy, 현재 Camp Aguinaldo, 1935)가 조성되던 1930년대부터 남쪽의 와와골프클럽(Wack

Wack Golf and Country Club, 1930)과 함께 형성된 미국인 커뮤니티이다. 이후 캠프머피는 일본 지배기(1942~1945)에는 일본군에 의해 사용되었고, 제2차 세계대전 종료 후 캠프크래임Camp Crame과 캠프아귀날도Camp Aguinaldo로 나뉘어 사용되었다.

당시 캠프아귀날도는 필리핀 정부의 매입부지(153ha)와 오르티가스기업 (Ortigas and Co. Partnership Ltd.)의 기부 부지(면적: 26ha)를 통합하여 조성되었다. 한편 일본 군부대가 사용했던 전투기 활주로는 현재 북남 방향의 카티푸난대로(Katipunan Avenue/C-5도로)와 동서 방향의 오로라블러바드Aurola Boulevard로 개조되어 카티푸난역Katipunan Station과 함께 이용되고 있다.

또한 그린힐즈에서 산투아리오 교구성당(Santuario de San Jose Parish Church, 1966)과 필리피노 사교클럽(Club Filipino, 1898)[50]가 수행하던 일상 활동의 중심지로서의 역할은 오르티가스기업이 개발한 마닐라 최초의 쇼핑센터

그린힐즈쇼핑센터

인 그린힐즈쇼핑센터(Green Hills Shopping Center, 1966)[51]로 대체되었다. 그린힐즈는 1987년 트램 3호선의 오르티가스역Ortigas MRT Station과 샤우역 Shaw MRT Station으로 연결되었다. 그린힐즈는 1980년까지 마닐라의 대표적인 쇼핑·문화의 거점으로 기능했으나, 1970년부터 마카티가 개발되면서 쇠퇴했다. 이후 그린힐즈는 2001년 오르티가스기업의 주도로 재개발되어 샹그릴라플라자(Shangrila Plaza, 1991)·그린힐즈씨어터몰(Greenhills Theatre Mall, 2002)·비라쇼핑센터(Virra Shopping Center, 2005)·SM메가몰(SM Megamall, 2007) 등이 건설되었다.

한편 마닐라의 외곽순환도로와 연계되어 C-4도로/AH26도로와 C-5도로 사이에 도시 거점으로 개발된 보니파시오시티(Bonifacio Global City, 면적: 25.8km²)에는 아얄라기업의 자회사가 개발한 지역권 버스터미널(BGC Bus Terminal, 2008)과 마켓!쇼핑센터(Market! Market! Shopping Center, 2003, 면적: 170,000m²) 그리고 SM기업이 개발한 에스엠아우라센터(SM Aura, 2013)가 위치하고 있다.

보나파시오는 원래 스페인 마닐라의 보니파시오요새(Fort Bonifacio, 1587)였고 미군에서는 포트맥킨리(Fort William McKinley, 1902)[52]로 사용되었고, 필리핀의 독립 이후에는 필리핀 육군본부(Philippine Army Headquarters, 1957)로 기능했다. 이후 필리핀 육군본부 부지가 1995년 기지전환개발청(BCDA, Bases Conversion and Development Authority)로부터 홍콩 퍼스트패시픽기업 (First Pacific Company Limited, 第一太平有限公司)이 설립한 보니파시오개발사 Bonifacio Land Development Corporation에게 매각되어 보니파시오시티로 개발되었다. 이 과정에서 토지지분을 매입한 아얄라토지기업Ayala Land, Inc.과 에버그린홀딩스사Evergreen Holdings, Inc.가 쇼핑센터와 주거·오피스 타워를 개발했다. 보니파시오의 중심부에는 블록형 공원인 보니파시오 하이가로(Bonifacio High Street, 크기: 400×1,600m)이 있으며, 호텔·컨퍼런스·엔터테인먼트·병원 등으로 둘러싸여 있다. 또한 보니파시오는 하이가로 High Street 주변으로 주거·업무 기능을 가진 포브스타운센터Forbes Town

보니파시오 글로벌시티

Center·맥킨리힐McKinley Hill·세렌드라Serendra·노우스보니파시오North Boni-
facio·업타운보니파시오Uptown Bonifacio 등이 함께 개발되면서 지속적으
로 확장해왔다.

　마닐라의 광역도시 확장을 유도해온 세 번째 거점은 모던 마닐라의 도
시 중심부 기능을 갖고 개발되어온 마카티와 새로운 국제 금융·업무·쇼
핑·엔터테인먼트 구역인 파사이이다. 마카티와 파사이는 특히 마닐라를
북남 방향으로 관통하는 통근열차인 필리핀 국영철도선Philippine National
Railway과 외곽순환 통근 기능을 가진 MRT 3호선의 환승 거점이다. 특히
마가티는 1970년대부터 한국기업의 필리핀 사업진출과 한국인의 관광
·레저와 조기 영어교육 붐의 영향으로 불고스도로P. Bulgos Street와 한인감
리교회(Manila Grace Korean Methodist Church, 1989)를 중심으로 5,600명 규모
의 한국인 커뮤니티를 구성하고 있다.

　마카티[53]는 두 개의 대중교통체계인 서쪽의 필리핀 국영철도선과 동
쪽의 MRT 3호선(AH26도로)이 교차하는 대중교통 거점이며 필리핀 증권거
래소가 위치하고 있는 금융 중심지이다. 이곳은 과거 닐슨기업Nielson
Group이 개발한 닐슨비행장(Nielson Air Field, 1937~1948, 면적: 100acre)[54]의 세
개의 활주로가 아얄라대로Ayala Avenue·마카티대로Makati Avenue·록사스
공원Paseo de Roxas로 개조되어 현재 아얄라트라이앵글가든(Ayala Triangle
Gardens, 2009. 면적: 20,000m²)을 구성하여 마카티의 중심부를 형성했다. 마
카티는 아얄라트라이앵글가든을 중심으로 업무와 호텔 기능과 함께, 그
주변으로 대형 쇼핑센터(Glorietta Mall·Glorietta 2·Tomato Mall)이 건설되었다.

　마카티가 마닐라를 대표하는 상업구역으로 개발된 계기는 아얄라트
라이앵글가든 중심의 공항 기능이 1948년 남쪽의 현재 NAIA공항 부지로
이전되면서이다. 이후 마카티에는 1970년대에 마닐라 시정부의 주도하
고 아얄라기업의 투자하여 아얄라트라이앵글가든을 중심으로 여섯 개의
공원들[55]을 따라 대규모의 가든시티가 조성되었다. 이후 마가티는 현재
EDSA대로를 따라 북남 방향으로 조성된 MRT 3호선의 매갈래인스역MRT

Magallanes Station-아얄라역MRT Ayala Station-부엔디아역MRT Burndia Station과 연결되어 성장해왔다. 이러한 가든시티의 대표적인 사례인 그린벨트 Greenbelt는 독립된 수퍼블록 내에 공원을 중심으로 성당, 커뮤니티 센터, 쇼핑몰을 두고 있어 외부인의 접근이 제한된 배타적인 커뮤니티를 형성 했다.

모던 마닐라가 1970년대 개발한 또 하나의 사례는 마닐라만에 면한 파사이구역의 대규모 간척과 수변개발이다. 모던 마닐라는 1970~1990년에 필리핀 정부가 주도하고 ICCP기업(Investment & Capital Corporation of the Philippines, 1988)의 투자로 대규모의 해안수변지인 파사이(면적: 12km², 규모: 2×6km)를 간척하고 '세계무역 업무구역'을 조성했다. 이에 파사이에는 국제컨벤션센터(Philippine International Convention Center, 1976, 1996)와 세계 무역센터(World Trade Center Metro Manila, 1996)가 앵커시설로 조성되어 인접한 스타시티테마파크(Star City, 1991)·몰아시아(SM Mall of Asia, 2006)·컨벤션센터(SMX Convention Center, 2007)·몰아시아아레나(Mall of Asia Arena, 2012)·솔레어리조트(Solaire Resort and Casino, 2013)의 개발을 견인했다. 최근 SM 그룹은 2011년부터 인접한 파사이 해안의 대규모 매립사업(면적: 300ha)[56]을 추진 중이다.

아얄라트라잉앵글가든(ⓒ 한광야, 2017)

제 7 장

타이베이

FORMOSA

FROM THE LATEST AUTHORITIES

Revised by Rev. W. Campbell

English Miles (69.16=1°)

1. 타이베이분지와 담수이강

타이완섬(Taiwan Main Island, 臺灣本島)의 북부 내륙에서 중국 동해안의 푸젠성 항구도시인 푸저우(Fuzhou, 福州)의 앞바다로 흘러나가는 담수이강(Tamsui Jiang, 淡水河)[1]은 토착 세력인 케타가란족(Ketagalan People, 凱達格蘭族)의 활동 거점이었다. 이 지역은 북쪽으로 화산과 온천수로 알려진 양밍산(Yangming Shan, 陽明山), 서쪽으로 붉은 흙의 테라스를 가진 린커우메사(Linkou Mesa, 林口臺地), 남쪽으로는 눈으로 덮혀 있는 수에산산맥(Xue Shan Range, 雪山山脈)으로 둘러싸여 강렬히 상호 대비되는 병풍의 자연경관을 가진 타이베이분지(Taipei Basin, 臺北盆地)를 형성하고 있다.

타이베이분지의 내륙 항구인 타이베이(Taipei, 臺北)는 담수이강의 상류천인 신단천(Xindian Jiang, 新店溪)의 원도심인 몽가(Monga, 艋舺,, 현재 Wanhua, 萬華)로 형성되었다. 이후 타이베이는 북쪽으로 흐르는 담수이강을 따라 북쪽으로 구도심인 타투디아(Twatutia, 大稻埕)/다다오쳉(Dadaocheng, 大稻埕)과 다통(Datong, 大同)을 지나 타이베이의 북쪽 경계인 지롱강(Jilong Xi, 基隆河)까지 성장해왔다.

중국 푸젠성과 타이완 사이의 타이완해협(Taiwan Strait, 臺灣海峽, 폭: 150~180km, 수심: 70~150m)에서 타이완의 오래된 도시는 중부의 타이난(Tainan, 臺

타이완섬 지도(1896)

南)과 루강(Lukang, 鹿港)/타이중(Taichung, 台中) 그리고 남부의 가오슝(Kao-hsiung, 高雄, 옛 Takao, 打狗)이다. 이들과 비교하면 타이베이는 상대적으로 늦게 형성되어 성장한 항구도시이다. 이러한 역사는 "첫째 타이난, 둘째 루강, 셋째 몽가(Tainan first, Lukang second, Monga third)"라는 말에서도 확인된다.

타이완해협은 남쪽으로 오랫동안 중국인에게 기회의 땅으로 여겨졌던 남해(현재 남중국해)와 북쪽의 동중국해를 길게 연결하는 중국대륙의 동쪽 관문이자 교역 거점이다. 중국을 지배한 왕조들은 타이완해협으로 흐르는 하천과 그 하구에 그들만의 교역 거점들을 조성하고 동중국해와 남중국해 그리고 해협 맞은편의 타이난·루강/타이중·타이베이와 조합을 구성하여 교역했다. 그 예로는 송나라와 명나라 시기에는 민강(Mǐn Jiāng, 閩江)과 그 항구인 푸저우(Fuzhou, 福州), 원나라 시기에는 진강(Jin Jiang, 晉江)–뤄양강(Luoyang Jiang, 洛陽江)과 그 항구인 취안저우(Quanzhou, 泉州), 청나라 시기에는 주룽강(Jiulong Jiang, 九龍江)과 그 항구인 장저우(Zhangzhou, 漳州)–샤먼(Xiamen, 廈門)이 각 왕조의 후원을 받으며 독점교역의 거점으로 성장했다.[2]

케타갈란족의 활동 거점

타이베이에 인간의 거주가 시작된 시점은 신석기시대인 기원전 7000~기원전 4700년으로 중국대륙으로부터의 이주로 시작되었다고 추정된다. 타이완의 인류학자인 폴 리(Paul Jen-kuei, 李壬癸, 1936~)의 주장에 의하면, 현재 미얀마 북부에 거주했던 오스트로네시아인들은 기원전 7000년을 전후로 크게 갠지스강 삼각주·메콩강 하류·양쯔강 하류의 지역으로 이주했다. 이들 중 양쯔강에 정착했던 이주민들이 다시 기원전 5000년을 전후로 중국의 동해안에 도착했고 다시 기원전 4000년 무렵 타이완해협을 건너 현재의 타이완섬에 도착했다는 것이다.[3]

이후 이주민들은 타이완 북부 지역을 중심으로 평지의 케타가란족

(Ketagalan People of Pepo, 凱達格蘭族 平埔)과 고지의 아타얄족(Atayal People, 泰雅族)[4]으로 나뉘었다. 평지의 케타가란족은 타이베이·뉴타이베이(New Taipei City, 新北市)·타오위안(Taoyuan, 桃園)·지룽(Jilong, 基隆)을 중심으로 거주했다. 케타가란족의 설화에 의하면, "이들은 괴물을 피해 고향섬에서 타이완섬으로 이주해 정착했다. 마을이 비옥한 토지를 두고 있어 번성하였고, 주민은 추첨을 통해 긴 대를 뽑으면 남고 짧은 대를 뽑으면 고지로 이주했다"고 전해진다.

케타가란족의 거주지에 관한 기록은 대부분 소실되었으나 타이베이분지를 중심으로 담수이강과 온천을 중심으로 거주지를 형성했다고 확인된다. 담수이강의 상류천인 다한천 북쪽으로 타오위안에 인접한 귀룬세(Guilunshe, 龜崙社, 현재 Guishan, 龜山), 북부의 온천마을인 베이투오(Beituo 北投鑛, 현재 Ketagalan Culture Center, 凱達格蘭文化館 주변)로부터 북쪽의 호베(Hobe, 현재 Tamsui, 淡水)[5]의 케타갈란요새(이후 Fort San Domingo, 紅毛城)와 린지천(Linzi River, 林子溪) 주변의 린지(Linzi, 林子)와 티안라오(Tianliao, 田寮) 등이 거주지의 예이다.

푸젠성 이주민과 교역 거점, 타이난 안핑과 타이중 루강, 샤먼

타이완해협을 건너 중국 본토의 푸젠성 호키엔족(Hokkien People, 福建族)과 타이완 원주민 간의 교류가 시작된 계기는 당나라가 해체되고 5대 10국시대(Five Dynasties and Ten Kingdoms Period, 五代十國, 907~979)를 지나 송나라(Song Dynasty, 宋朝, 960~1279)의 교역활동이 활발해지면서이다. 특히 남송의 수도 항저우(Hangzhou 杭州)는 밍저우(Mingzhou, 明州, 현재 Ningbo, 寧波)를 지나 취안저우와 푸저우를 통해 남해/남중국해로 발돋움했다. 이 시기에 호키엔족의 마조신앙Mazuism이 해로를 따라 확산되었다. 마조여신이 바다를 다스리고 어부를 보살핀다는 마조신앙은 취안저우의 메이저우(Meizhou Island, 湄洲島, Méizhōu Dǎo) 태생인 린모냥(Lin Moniang, 林黙娘, 960~987)

을 여신으로 믿는다.

이후 본토의 호키엔족이 타이완해협과 남해/남중국해를 통해 해외 이주가 시작된 시점은 원나라(Yuan Dynasty, 元朝, 1271~368) 시기이다. 당시 호키엔족과 바이족(바이유에족)은 원나라의 지배를 피해 취안저우를 통해 광둥, 광시, 훙강삼각주, 메콩강을 따라 남하하여 인도차이나로 이주했다. 해류를 따라 남중국해의 교역 거점들로 확산된 이주민들의 마조신앙은 무사귀환을 기원하며 생활했던 그 당시 시대상황을 반영하고 있다. 이즈음이 취안저우와 푸저우를 포함한 중국 동해안의 항구들과 타이완 서해안의 다안강(Daan River, 大安溪)의 다지아(Dajia 大甲)와 윤린(Yunlin County 雲林縣)의 베이강(Beigang 北港)이 교역과 교류를 시작한 시점일 것이다.

한편 중국 본토인 타이완의 원주민에 관한 기록을 발견할 수 있는 시점은 17세기 초이다. 명나라의 푸젠성 태생으로 전략가이자 여행가인 천디(Chen Di, 陳第, 1541~1617)가 타이완 탐험의 경험을 저서 동판지(Dōng Fān Jì, 東番記, 1603)에 담았고 이를 통해 타이완과 그 원주민을 소개했다. 이후 명나라가 해체된 1644년을 전후로 푸저우를 통해 중국 본토인의 타이완 이주가 진행되었을 것이다. 이들은 해안에 정착해 소금을 생산했고, 고지의 원주민이 생산한 사슴가죽과 물물교환을 하기도 했다. 이미 네덜란드 동인도기업은 40년간의 안핑/타이난 지배를 시작한 1624년부터 타이완 남서부의 사탕수수와 쌀을 재배를 위한 노동력 확보를 목적으로 푸젠성의 장저우·취안저우·샤먼 등으로부터 본토의 중국인을 이주시켰다. 이들은 이후 이 지역의 토착 세력인 시라야족(Siraya People, 西拉雅族)과 결혼을 통해 점차 동화되었다.

또한 타이완에는 취안저우·장저우·샤먼·동안(Tong'an, 同安) 등지에서 거주하던 호키엔족과 광둥성 하이펑(Haifeng, 海豐)·루펑(Lufeng, 陸豐) 등지에서 거주하던 하카족(Hakka People, 客家族)의 이주가 명나라 말기 정청공(Koxinga Zheng Chenggong, 鄭成功, 1624-1662)이 안핑(Anping, 安平, 현재 Tainan, 臺南)을 네덜란드 세력으로부터 확보하며 가속화되었다. 이후 청나라가 1708년부터 강시황제의 천계령(Great Clearance, 遷界令, 1661~1683)을 해제하면서, 본토인의 이주가 권장되었다.[6] 이 시기에 타이베이의 남서쪽 70km 지점에 위치한 신추(Hsinchu, 新竹)[7]가 1711년부터 푸젠성 이주민의 초기 주거지로 조성되었다. 타이완에서 본토 중국인의 인구는 1624년에 이미 25,000명에 달했고, 이후 18세기 중엽에는 100만 명까지 증가했다.

이 시기에 중국 본토인이 조성한 초기 세력 거점은 푸젠성과 1785~1845년에 직접 교류하며 성장한 타이중의 루강(Lukang, 鹿港)이다. 루강은 타이완에서 가장 오래된 불교사찰인 롱산사찰(Lukang Longshan Temple, 鹿港龍山寺, 1647)과 마조신사(Lugang Mazu Temple, 鹿港天后宮 Lùgǎng Tiānhòu Gōng, 1590)를 두고 형성되었다. 그리고 타이중과 타이난의 사이의 베이강(Beigang, 北港) 주변의 티로센(Tirosen, 현재 Chiayi, 嘉義)은 푸젠성 장저우 출신으로 상인이며 해적이었던 피터(Chinese Peter, 顏思齊, 1586~1625)가 점령한 거점이었다. 이곳은 배후에 선박 제작에 필요한 양질의 붉은 삼나무가 자생하는 아리산신성림(Alisan Shianglin Sacred Tree, 阿里山香林神木)을 갖고 있는 곳이다. 베이강에 조성된 마조사원(Chaotien Temple, 朝天宮, 1700, 1730)은 1694년 푸젠성 메이저우(Meizhou 梅州)의 마조신사로부터 마조상을 기부 받았고, 이후 1700년에는 기부를 통해 조성되었다.

또한 취안저우의 상인이며 해적으로 일본 규슈의 히라도(Hirado, 平戶)에서 도쿠가와막부 하에 중국인 커뮤니티의 카피탄으로 활동하며 '히라도-마닐라 무역'을 주도했던 리단(Li Dan of Quanzhou, 李旦)이 명나라의 '순찰 장군(Patrolling Admiral)'으로 임명되어 타이완해협의 교역활동을 관장했다. 나가사키의 코부쿠지사찰(Kofukuji Temple, 興福寺, 1624)에 마조신사가 건립된 시점도 이 무렵이다.

한편 푸젠성 난안(Nan'an, 南安) 태생의 상인이며 고싱가 가문(House of Koxinga Zheng Clan, 鄭氏家)의 시조인 정지룽(Zheng Zhilong, 鄭芝龍, 1604~1661)이 타이완으로 이주해와 활동했다. 정지룽의 아들인 정청공(Koxinga Zheng Chenggong, 鄭成功, 1624~1662)[8]은 히라도 태생으로 취안저우에서 성장했으

며, 명나라를 멸망시킨 청나라의 3대 강시황제에 반발하여, 광둥 지역을 중심으로 반청운동(Anti-Qing Sentiment, 反淸復明)을 이끌었다.

정청공은 1661년 안핑의 네덜란드 세력의 거점이었던 지란디아요새(Fort Zeelandia, 熱蘭遮城, 조성 1624~1634)를 점령하고 네덜란드 세력을 몰아낸 뒤 타이난을 중심으로 퉁닝왕조(Kingdom of Tungning, 東寧王國, 1661~1683)를 건국했다. 정청공은 1661년에 광둥·저장(Zhejiang, 浙江)·푸젠 등지에서 이주해온 본토인 약 25,000명과 함께 타이베이 서쪽의 타오위안에 중국인 거주지를 조성했다.

네덜란드 세력의 지배기에 타이완에서 가장 오래된 상업도로인 안핑 옛도로(Anping Old Road, 安平老街)와 그 시작점에 건설된 타이완에서 가장 오래된 마조사원(開臺天后宮, 1668, 현재 Shihmen Primary School, 安平區避難收容處所-石門國小 부지), 푸젠성 해군회관인 하이산홀(Haishan Hall, 海山館, 1684)이 시장과 함께 안핑의 원도심을 형성했다. 또한 안핑 원도심으로부터 동쪽에는 정청공의 투닝왕조 시기에 조성된 공자사당(Tainan Confucius Temple, 台南

지란디아요새

孔子廟, 1665)이 한족의 정통성을 상징하는 핵심 공간으로 조성되어 서쪽의 문묘(Wen Miao, 文廟)와 동쪽의 국학(Guo Xue National Academy, 國學)와 함께 타이완의 첫 번째 학교로 기능했다.

청나라의 천계령

청나라의 강시황제는 반청운동이 일어난 광둥·저장·푸젠 그리고 산둥의 일부 지역에 중국 해안의 거주를 금하는 '천계령(Great Clearance, 遷界令, 1661~1683)'[9]을 공포했다. 당시 천계령은 이 지역 해안의 주민들을 해안에서 최소 20km 이상 떨어진 내륙으로 이주시켜 해안의 접근과 활동을 금지하는 황제령이었다. 천계령은 본토인의 타이완 이주와 해안 주민들의 교류를 금지하여 반청복명反淸復明 운동을 전개하던 정청공 세력의 무력화에 목표를 두었다. 흥미롭게도 천계령은 이후 본토 한족이 내륙을 관통하거나 해상로를 이용해 남하하여 광둥 지역에 정착하는 결과를 낳았다. 홍콩 산가이의 타이포(Tai Po, 大埔)·서부의 유엔롱(Yuen Long, 元朗)·중부의 승수이(Sheung Shui, 上水) 등이 이 시기에 이주해온 하카인이 조성한 마을이다. 또한 청나라와의 펑후해전(Battle of Penghu, 澎湖海戰, 1683)에서 패한 정청공의 해군세력과 명나라의 항청세력은 이후 메콩강삼각주로 이주해와 베트남 왕조의 비호를 받으며 미토(Mỹ Tho, 美萩)·차우독(Châu Đốc)·하티엔(Thành Phố Hà Tiên, 河僊)·카마우Ca Mau의 지역 지배 세력으로 정착했다.

　펑후해전의 결과로 타이완은 청나라의 푸젠성으로 흡수되어 그 행정 지배를 받았다. 이에 따라 타이완과 지리적으로 근접한 푸젠성 샤먼(Xiamen, 廈門)에서는 1722년부터 천계령이 완화되고 1874년에 완전히 해제되면서 타이완해협에서 독점적 해외교역권을 획득하고, 1·2차 아편전쟁으로 청나라의 항구들이 개항[10]될 때까지 성장했다. 특히 샤먼은 당시 청나라 지배를 받는 타이완의 주요 항구들인 안핑/타이난·담수이(Tamsui,

淡水)·지룽Jilong·타카오(Takao, 打狗, 현재 가오슝)로부터 사슴가죽·사탕수수·쌀·차를 집산하고 이를 해외 항구들과 교역했다.

스페인 세력의 지룽, 네덜란드 세력의 담수이

네덜란드 세력과 스페인 세력이 타이완에 도착하여 각각의 교역 거점을 설치한 시기는 1620년대이다. 이들은 타이완을 '아름다운섬(스페인명 Isla Hermosa, 포르투갈명 Ilha Formosa)'으로 불렀다. 네덜란드 세력은 바타비아/자카르타를 통해 1624년 타이난을 점령했으며, 스페인 세력은 마닐라를 통해 1626년 지룽(Jilong, 雞籠/基隆)을 점령해서 세력 거점을 조성했다.

먼저 스페인 세력의 에르모사탐험대(Expedicion Espanola a Isla Ermosa, 1626)는 1626년 마닐라에서 타이완 북동부의 산티아고언덕(Cape Santiago, 三貂角)에 도착한 뒤 해안선을 따라 서쪽으로 이동하여 지룽에 도착했다. 이들은 중국과 일본과의 교역을 촉진하고, 당시 타이완 남쪽을 정복했던 네덜란드·영국·포르투갈 세력들에 대항하기 위해 타이완 북동부의 지룽항구를 점령하고 지룽강을 따라 1630년대 중반에는 담수이까지 그 영역을 확장했다. 당시 토착 세력인 케타갈란족의 활동지였던 지룽에서 담수이까지의 확장은 가톨릭교의 선교[11]와 함께 진행되었다.

스페인 세력의 가톨릭교 도미니칸 종파의 선교사들은 지룽항구에 가톨릭 커뮤니티를 조성하며, 이곳을 산티시마 트리니다드Santissima Trinidad, Holy Trinity로 명명했다.[12] 또한 산티시마 트리니다드 북동쪽에 산살바토르요새(Fort San Salvador, 1624)를 건축하면서, 이를 스페인 아시아식민지(Indias Orientales Espanolas, 1565~1899)의 활동기지로 삼았다. 이후 스페인 세력은 1626년 타이완 북서부 해안의 투찬강(Touqian River, 頭前溪)을 따라 텍참(Teckcham, 竹塹, 현재 Hsinchu, 新竹)과 담수이강 수변의 산도밍고요새(Fort San Domingo, 1624)에 또 다른 거점을 조성했다.

담수이에는 스페인 세력의 도미니칸 종파 선교사로서 1626년부터 4년 간 마닐라의 산토토마스대University of Santo Tomas de Manila에서 강의를 하고 일본어를 배운 야신토 에스키벨신부(Father Jacinto Esquivel,1595~1633)가 선교활동을 했다. 당시 그는 일본으로 항해 중 난파[13]되어 우연히 타이완에 도착했다. 야신토 에스키벨 신부는 케타갈란족의 타파리마을(Pueblo Taparri, 현재 Jinbaoli Old Street, 金包里老街)의 바우티스타성당San Juan Bautista at Tapparri과 담수이의 로살리성당Nuestra Senora del Rosario de Tamsui을 중심으로 가톨릭 커뮤니티를 형성했다. 이후 스페인 세력이 1635년을 전후로 타이완에서 철수할 무렵 지룽에는 약 300명이 거주했으며, 그 중 약 200명이 담수이강의 북쪽에 거주했다.[14]

한편 안핑에 주둔한 네덜란드 세력은 1641년 스페인 세력의 지룽을 획득했다. 이에 북동쪽의 산티시마 트리니다드와 산살바토래 요새는 누르트-홀란드요새Fort Noort-Hollant로 개명되어 개축되었다. 당시 네덜란드 세력은 지룽에 세 개의 소형 요새들을 건설하여 거점을 조성했으며, 학교와 예배당을 설립하여 1668년까지 나가사키와 연계된 네덜란드 동인도기업의 교역 거점으로 활용했다. 또한 네덜란드 세력은 담수이의 산도민고요새를 스페인 세력으로부터 획득하여 안토니오요새(Fort Anthonio, 현재 Angmo Siaa, 紅毛城)로 개명하여 사용하였다. 이 안토니오요새는 현재 요새박물관의 중심 건물로 쓰이고 있다. 당시 네덜란드 세력은 이 지역의 원주민과 본토 중국인을 이용해 가죽과 유황을 생산하고 교역했다.

2. 망가, 타투디아, 부성, 베이토우

1683년부터 청나라의 푸젠성에 속한 타이베이의 위상은 이후 약 200년이 지난 후부터 승격되기 시작했다. 타이베이는 1875년 타이베이 분지의 행정체계로서 푸젠성에 속한 타이베이부(Taipeh Prefecture, 臺北府)로 승격되어 망가를 중심으로 뉴타이베이·담수이·길란(Gilan, 宜蘭縣)·타오위안Tao-yuan·신주新竹·지룽·이란(Yilan, 宜蘭)을 포함했다.[15]이후 타이베이는 1887년 타이난을 대신해 푸젠-타이완성의 성도로서 승격되었다.

이에 따라 초대 타이베이부 행정관 리우 밍추안(Liu Mingchuan, 劉銘傳, 재임 1884~1891)의 주도로 타이베이 부성(Taipei City Walls, 臺北府城, 1879~1884)이 건설되었다. 이 부성은 타이베이부성의 행정시설과 외국 세력에 대응한 방어기지의 군사시설을 갖추었다. 또한 청나라의 근대화 정책에 따라 모던 도시의 도로체계, 철도선, 전기 인프라가 건설되었고 유럽식의 교육과정도 도입되었다.

취안저우인의 망가, 장저우-동안인의 타투디아

청나라의 강시황제가 1709년 취안저우 출신의 천라이장에게 타이완의 토지경작권을 수여하면서, 푸젠성 호키엔족은 취안저우와 장저우를 통해 타이완으로 이주해왔다. 이러한 본토인의 타이완 이주는 1·2차 아편전쟁과 태평천국의 난(太平天國之亂, 1850~1864)으로 가속화했다.

먼저 푸젠성 취안저우의 진장(Chinchiang, 晉江)·난안(Nan-an, 南安縣)·후이안(Hui-an, 惠安縣)에서 이주해온 타이베이의 초기 이주자는 담수이강과 신단천(Xindian Jiang, 新店溪)의 합류지에 부두를 조성하고 그 배후에 조성된 롱산사(Long Shan Si Temple, 龍山寺, 1738)를 중심으로 타이베이의 원도심인 망가(Mangka 艋舺, 현재 Wanhua, 萬華)를 형성했다. 망가는 '카누의 정박 장소'를 뜻하는 타이완 원주민 단어인 '모운가Moungar'[16]에서 유래되었다. 당시 호베(Hobe 현재 Tamsui)로 불린 담수이 항구는 텐진조약(1858)의 결과로 타이완 북부의 교역항구로 개항했다. 하지만 실제 상업활동이 이루어진 중심부는 담수이강의 내항인 망가였다.

망가에 정착한 취안저우 이주민들은 딩자오(Ding Jiao, 頂郊)라는 조직을 조성하여 활동했으며, 반면 장저우·샤먼·동안에서 온 이주민들은 샤자오(Xia Jiao, 廈郊, 下郊)라는 조직을 조성했다. 두 조직은 망가부두의 세금, 샤먼과의 교역권, 종교를 두고 충돌(Ding Xia Jiao Conflict, 頂下郊拼, 1853)[17]했다. 이 충돌에서 패한 장저우·샤먼·동안 이주민은 망가 북쪽의 타투디아(Twatutia, 大稻埕)로 이주해나갔다. 그러나 흥미롭게도 당시 분쟁의 승자인 딩자오 조직의 거점이었던 망가부두는 모래가 퇴적되어 항구로서 기능을 잃고 쇠퇴했다. 한편 타투디아부두는 담수이강의 외항으로 담수이항이 1880년 개항되어 기능하면서, 망가부두를 대신해 빠르게 성장했다.

망가는 초기 취안저우 이주민이 푸젠성 진장에 있었던 롱산사(Longshan

망가 롱산사

Temple, 龍山寺, 7세기)를 기리며 관인Guanyin, 마조Mazu, 관우Guan Yu를 모두 모시는 롱산사(Longshan Temple of Manka, 艋舺 龍山寺, 1738, 1924)[18]를 건립했다. 이후 그 중심으로 마조사원과 차로 유명세를 얻은 칭수이사(Qing-shui Temple, 艋舺 清水巖, 1787, 1958)[19]·바오안사찰(Bao An Temple, 保安宮)· 공자사당 (Confucius Temple, 孔廟) 등이 설립되면서 인접한 보피리아오가로(Bopili-ao Street, 剝皮街)는 타이완 북부의 최대 규모의 시장[20]으로 성장했다.

타이베이의 이러한 사찰은 좋은 기운을 받기 위한 풍수의 배치원칙을 따라서 주로 동쪽을 바라볼 수 있도록 부지의 서쪽에 배치(좌서조동, 座西朝東)되었다. 또한 사각형으로 구성된 두개의 큰 방(진입홀-중정-중앙홀)과 두개의 천정을 갖춘 이동공간(양전양랑식, 兩殿兩廊式)의 형식을 갖춘 공간으로 완성되었다. 한편 자비의 부다Buddha of Compassion로서 금박으로 장식된 관인(Guanyin, 觀音菩薩)을 모시는 중앙의 사당과 이를 중심으로 오

망가의 보피리아오가로(ⓒ 한광야, 2018)

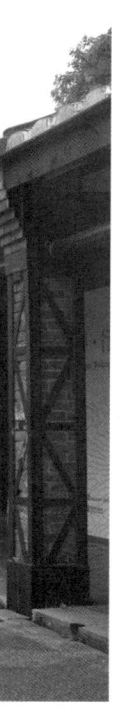

른쪽에는 마조사당, 왼쪽에는 다산상(Goddess of Child Birth, 註生娘娘)이 위치했다.

또한 롱산사의 동쪽에 인접한 보피리아오가로[21]는 타이베이에서 가장 오래된 상업 거점으로 당시 타이베이의 동쪽 교외지인 구팅마을(Guting, 古亭, 현재 Shi-Da Night Market)[22]을 연결했다. 보피리아오의 이름은 원래 푸피리아오(Fupiliao, 福皮寮)로 '목재와 사슴의 가죽을 벗기다'라는 뜻을 갖고 있으며, 사슴의 가죽이 오랫동안 이곳의 대표 상품이었음을 말해준다. 청나라와 일본 지배기에 조성된 숍하우스와 아케이드로 가로 전면부를 갖고 있는 보피리아오가로는 1800년대 말 타이베이의 가장 번화한 상업가로로 성장했다. 이곳의 숍하우스는 벽돌·아취·발코니·장식을 강조한 푸젠성 남부의 건축양식과 일본 지배기와 중화민국 시기의 콘크리트 및 모던 건축양식을 모두 담고 있다. 보피리아오 거리는 2000년대 초에 시정부의 주도로 역사구역으로 지정되고, 2009년부터 일군의 숍하우스들이 복원되었다.[23]

타투디아-다통, 디후아도로, 용레시장, 다다오쳉극장

타이베이의 구도심인 타투디아(Twatutia, 大稻埕)은 망가에 거주하는 취안저우 이주자들의 농지로서 '큰 논'이라는 뜻을 가진 이름이다. 타투디아는 국민당 시대에 다다오쳉(Dadaocheng, 大稻埕)과 일본 지배기에 다이토테이Daitōtei로 개명되어 남쪽의 망가에 대응하는 또 다른 상업 거점으로 성장했으며, 현재 북쪽의 다통(Datong, 大同)으로 확장했다.

이곳의 다다오쳉부두Dadaocheng Dock는 일본 지배기인 1880년에 철도선과 연결되어 원도심의 망가부두를 대신하며 빠르게 성장했다. 특히 다다오쳉은 톈진조약의 결과로 담수이항구가 개항되면서 타이완과 본토에서 생산된 차와 직물의 가공생산과 교역을 맡는 중심지였다. 당시 타이베이의 차 생산은 푸젠성의 안시(Anxi, 安溪縣)에서 차나무 씨앗을 가져와, 타이베이에서 재배하고, 샤먼에서 가공되어 수에즈운하를 통과해 유럽에 판매되었다. 한편 타이베이 주변의 난강(Nangang, 南港)·두부 생산의 성지인 선컹(Shenkeng, 深坑)·신단강(Xindian River)의 둑방에 차밭이 조성되어 차를 생산했다. 타투디아의 차는 다다오쳉부두를 통해서 달리와 담수이로 연결되어 샤먼으로 옮겨져 당시 개통한 수에즈운하를 통해 멀리 유럽과 뉴욕까지 운송되었다

이즈음 태평천국의 난을 피해 샤먼으로부터 타이베이로 이주해온 이주민들은 19세기 중반 타이베이를 유럽에서 '오리엔탈 뷰티(Oriental Beauty Tea, 東方美人茶)'로 불렸던 우롱차(Oolong Tea, 白毫烏龍茶)의 생산과 교역의 최대 거점으로 성장시켰다. 이에 타이완의 수출은 기존의 설탕과 쌀에 이어, 19세기 말부터는 차가 수출교역을 주도했으며, 아편은 이미 17세기부터 수입품으로 교역의 절반 이상을 차지했다.[24]

다다오쳉에는 담수이의 영국영사관을 시작으로 1880년대 말부터 오스트리아·덴마크·프랑스·독일·미국·네덜란드 영사관들이 현재 정저우도로(Zhengzhou Road, 鄭州路)의 동쪽 끝인 현재 충효국중臺灣市立忠孝國中의 북서쪽 구역에 자리 잡았다. 이에 차와 직물을 교역하는 유럽 상인들은 다다오쳉부두의 배후지인 디후아도로를 중심으로 상권을 형성했다. 제레미 테일러Jeremy Taylor의 설명을 빌리면, 이 시기의 다다오쳉은 조약항구Treaty Port로서 "부두·클럽·성당·묘지·영사관·세관으로 구성되어 착취를 위한 조직체계Social system of exclusion and exploitation"였으며 주변과 독립적으로 기능했다.

타이베이의 대명사인 차를 판매하는 타투디아의 첫 번째 차 상점이 개점한 시점은 이즈음이다. 첫 번째 차 상점은 1851년 지룽 태생인 린란티안Lin Lan-tian, 林藍田에 의해 창업되어, 이후 세 개 상점으로 확장했다. 또한 외국상인에 의한 차 교역이 1867년부터 시작되면서, 타투디아에는 1872년을 전후로 다섯 개의 차 상점들이 스코틀랜드 상인인 존 도드John

Dodd를 포함한 영국 상인들에 의해 운영되었다.

존 도드는 홍콩을 통해 1860년 타이완에 도착하여 활동했다. 이즈음 타이베이로 이주해온 샤먼 태생으로 뱃사람의 아들이었던 리춘성(Li Chun-sheng, 李春生, 1838~1924)이 존 도드의 동업자로 활동했다. 리춘성은 이후 그가 샤먼에서 건립했던 서양 건축양식 예배당을 모델로 다다오쳉교회(Dadao-cheng Preshyterian Church, 基督長老敎會大稻埕敎會, 1915)를 건립했다.[25] 존 도드는 촨산Quanshan과 하이산Haishan에서 자생하는 차잎에서 상품성을 발견하고 이를 바탕으로 망가에서 도드기업(Dodd & Co., 1865)을 설립하고 운영했다.[26]

타투디아의 중심은 다다이쳉부두의 동쪽 배후지에 위치한 상점들과 남쪽의 망가를 연결하는 북남 방향의 디후아도로(Dihua Street, 迪化街)[27]였다. 디후아도로는 타이완의 대표적 상업도로로서 네덜란드 지배기(1624~1661)에 건설되었고, 디후아도로를 중심으로 유럽의 바로크·푸장성 남부·일본의 건축양식들로 장식된 샵하우스들이 1920년대를 전후로 집중적으로 생겨나며 중국 본토와 타이베이의 차·직물·의료품·향료를 판매하며 타이베이의 중심 상가로 성장했다. 디후아도로는 샤하이성황당(Taipei Xiahai City God Temple, 台北霞海城隍廟, 1859)으로부터 남쪽으로 용레시장(Yongle Market, 永樂布業商場, 1908)과 타이완의 전통 연극의 요람Cave of Theatrical Plays으로 불리는 다다오쳉극장(Dadaocheng Theatre, 大稻埕戲苑)을 연결해왔다. 이 중 샤하이성황당에는 샤먼·동안 출신의 상인들이 망가로부터 이주해오면서 가지고 온 샤하청황(Xiahai Chenghuang, 霞海 城隍) 수호상이 자리를 지키고 있다.

또한 다다오쳉부두의 둑방 도로인 귀데도로(Guide Street, 貴德街)에는 바로크 건축양식으로 지어진 천탄라이고택(Former Residence of Chen Tian-Lai, 陳天來 故居, 1920년대)과 작가 리린취우고택(Former Residence of Li Linqiu, 李臨秋 故居)이 위치하고 있다. 특히 점집으로 이름을 날린 린우후주택(Former Residence of Lin Wu-Hu, 林五湖 本館)은 푸젠성 건축양식으로 조성되어 현재

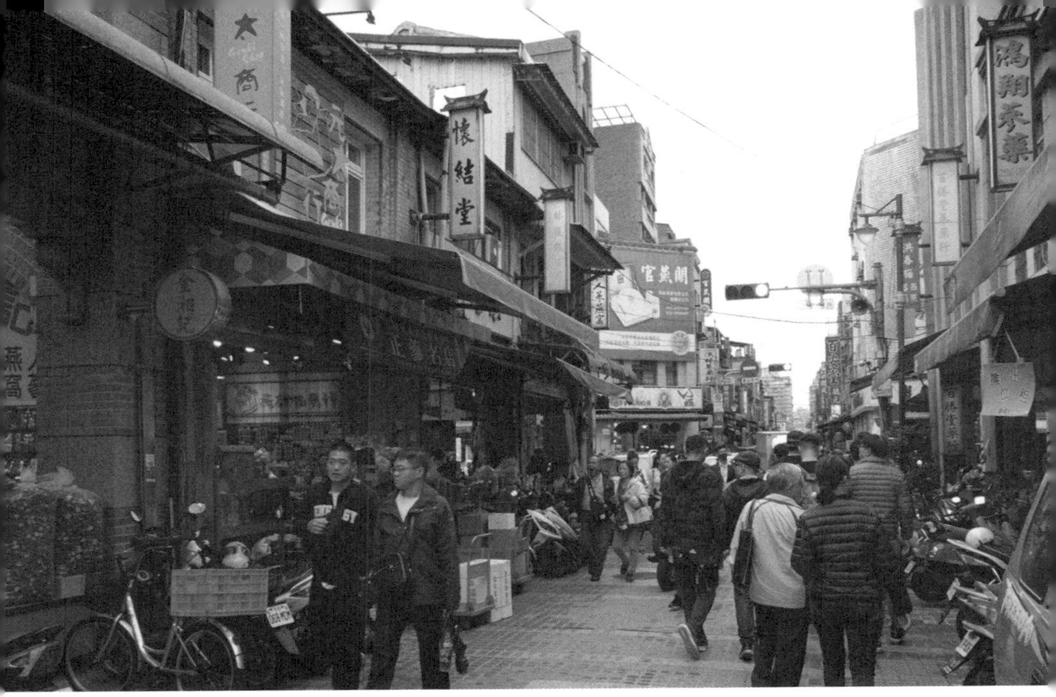
懷結堂

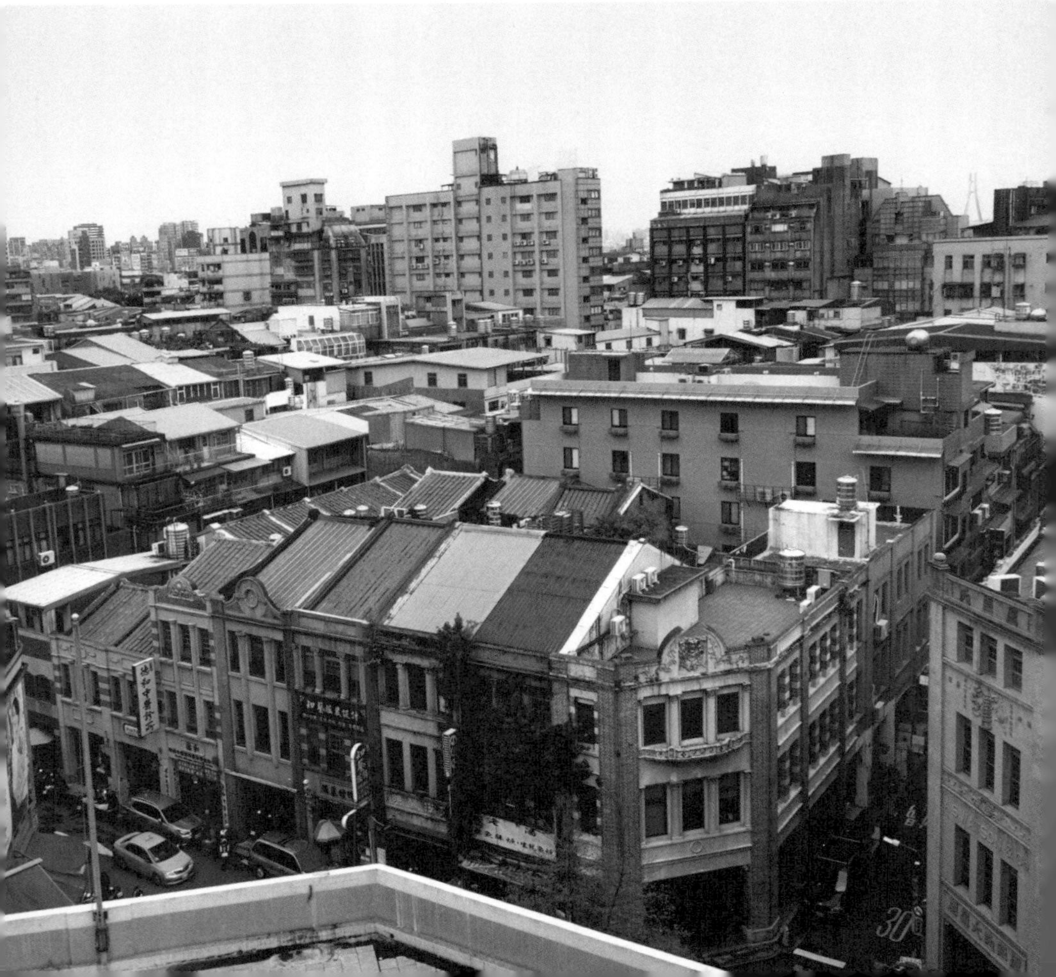

천웨이차정원(Chen Wey Tea Garden, 臻味茶苑)으로 사용되고 있다.

   일본 지배기 다다오쳉의 특징은 상업극장의 개장과 함께 진행된 연극과 엔터테인먼트 사업이다. 이는 1896년 임대공간에서 첫 번째 상업용 연극장인 도쿄테이(Tokyo Tei, 東京亭)의 개장과 함께 시작되었다. 이후 타이베이에는 첫 번째 일본식 실내극장인 나니와자(Naniwa Za, 浪花座, Surf Theatre)가 일본인을 대상으로 개업했다. 당시 다다오쳉의 타투디아 상인들은 일본의 연극과 공연, 엔터테인먼트 산업을 수입하며 베이징오페라를 이용해 타이베이의 엔터테인먼트 사업을 추진했다.[28] 이미 18세기부터 베이징의 차원(Chayuan, 茶園)에서 공연되어 빠르게 중국 전역으로 퍼져 나간 베이징 오페라의 상업용 연극[29]은 좋은 사업대상이었다.

   또한 이 시기에 일본 투자자들[30]은 담수이극장(Tamsui Playhouse, 淡水戲館, 1909)을 개장했다. 담수이극장은 이후 뉴 스테이지극장(Shinbutai Theater, 台灣新舞台, 1916)으로 개조되어 베이징오페라를 공연했다. 이후 1920년 타이베이의 방문자가 증가하면서 호텔·식당·극장의 수요에 따라 타이베이 중서부에 뉴월드시네마(New World Cinema, 1921, Shinsekai Kan)가 개장되었다.[31] 당시 도쿄 마루노우치의 황제극장(Tokyo Imperial Theater, 帝國劇場, 1911) 내부를 모델로 건축된 이라쿠자극장(Eraku-za, 1924~1960, 현재 Yongle Theater) 이 인기를 끌었다.[32] 또한 현재 용례시장의 8~9층에는 타이완 전통연극의 요람인 다다오쳉극장(Dadaocheng Theatre 大稻埕戲苑)[33]이 위치한다. 이곳에서는 타이완 전통의 포대희布袋戲와 가자희歌仔戲가 공연되었다.

한편 타투디아의 주변인 다통에는 18세기 초부터 샤먼의 동안 이주민이 민찬대로(Minquan Road, 民權路) 북쪽의 다롱동(Dalong Dong, 大龍峒)에 커뮤니티를 형성했다. 다롱동은 치유의 신인 바오성대왕(Baosheng Dadi, 保生大帝)[34]을 모시는 바오안사찰(Dalongdong Baoan Temple, 大龍峒 保安宮, 1742, 1804 재건), 취푸Qufu의 공자사당을 모델로 조성된 타이베이 공자사당 (Taipei Confucius Temple, 臺北孔子廟, 1879, 1930 재건), 천더싱사당(Chen Dexing Tang Ancestral Hall, 陳德星堂, 1892, 1911)을 중심으로 형성되었다.[35]

타이베이 부성

타이베이부의 행정중심부인 타이베이 부성은 청나라가 영국·일본·프랑스 세력으로부터 영토를 지켜내기 위해 노력했던 시기[36]에 건설되었다. 타이베이 부성의 공사는 1875년에 시작되었으나, 지반 문제로 성벽의 위치가 조정된 후 1882년부터 1884년까지 진행되었다. 하지만 타이베이 부성은 완공 후 10년만인 1895년에 일본 지배 하에 서문이 해체되는 것을 시작으로 북문을 제외한 전 구간이 1904년에 해체되었다.

타이베이 부성은 남쪽으로 구도심인 망가와 북쪽의 구도심인 타투디아 사이의 동쪽으로 농지에 위치했다. 이러한 부성의 입지는 당시 망가와 타투디아의 세력들 간의 경쟁과 중립적 입지 선택의 결정을 말해준다. 타이베이 부성의 북남 방향의 경계는 종샤오서로(Zhongxiao West Road,

忠孝西路)와 아이구오서로(Aiguo West Road, 愛國西路)이며, 동서 방향의 경계
는 종후아도로(Zhonghua Road, 中華路)와 종산남로(Zhongshan South Road, 中山
南路)이다. 사각형의 타이베이 부성(면적: 1.25km², 둘레: 4.5km)은 중심문인 서
문(Ximen, 西門, 현재 Ximenting Circle, 西門町圓環)을 포함해 네 개의 성문과 보조
문37으로 주변과 연결되었다.

　타이베이 부성의 내부는 북문(Beimen, 北門, 1884~1905, 재건 1966)을 중심 입
구로 하여 북남 방향으로 놓인 보아이도로(Bo'ai Road, 博愛路)를 따라 그 동
쪽 편에 담수현청淡水縣과 성황당(Prefecture City God's Temple, 台北市臺灣省城隍
廟, 1881, 이후 남쪽 현재 타이베이 성황당으로 이전) 등의 행정시설과 공공 기능이 자
리 잡았다. 이후 서문 안쪽으로 서동 방향의 장사도로(Changsha Street, 長沙道
路)의 끝에 타이베이 부성 청사Office of Provincial Ad-ministration가 행정 거점
으로 입지했다. 이 건물은 이후 일본 지배기에 유럽 르네상스-바로크 건
축양식으로 재건되어 총독부(Government-General of Taiwan, 臺灣總督府, 1919, 현
재 Presidential Office Building, 總統府)로 쓰였다. 또한 서문 안쪽의 장사도로 남
쪽에는 교육기관으로 뎅잉서원(Dengying Academy, 登瀛書院), 영어와 서양
지식을 가르쳤던 교육연구원(Xixuetang, 西學堂)과 원주민연구원(Fanxuetang,
番學堂)이 현재 동오대학 추광부東吳大學推廣部와 그 주변 입지했으며, 북동
쪽 모서리에는 밍다오학교(Mingdao Academy, 明道書院)가 자리 잡았다. 이후
일본 지배기에 서문 안쪽에는 타이호쿠 시극장(Taihoku City Public Auditorium,
臺北公會堂, 1936, 현재 Zhongshan Hall, 中山堂)이 설립되었다.

　타이베이 부성의 남문 안쪽에는 공자사당(Confucius Temple, 臺北孔子廟,
1879)과 관우사당을 함께 갖춘 웬우사찰(Wenwu Temple, 文武廟, 1882)이 존재
했다. 또한 도성의 중앙부에 있었던 마조사원Tianhou Temple은 일본 지배
기에 해체되고 타이완박물관(Taiwan Governor Museum, 臺灣總督府民政部殖産局
附屬博物館, 1908, 신축 1915)이 건설되었다. 이곳을 중심으로 타이베이에서
유럽 조경양식을 갖춘 최초의 도시공원으로 타이호쿠공원(Taihoku New
Park, 臺北新公園, 1900)이 조성되었다. 이후 1930년에는 타이호쿠공원 내에

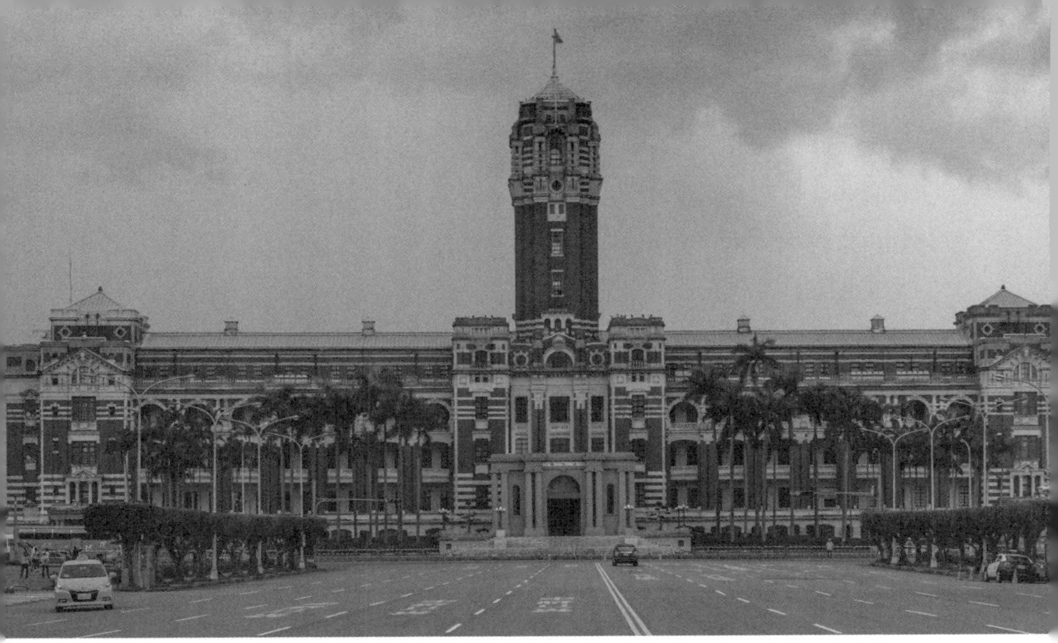

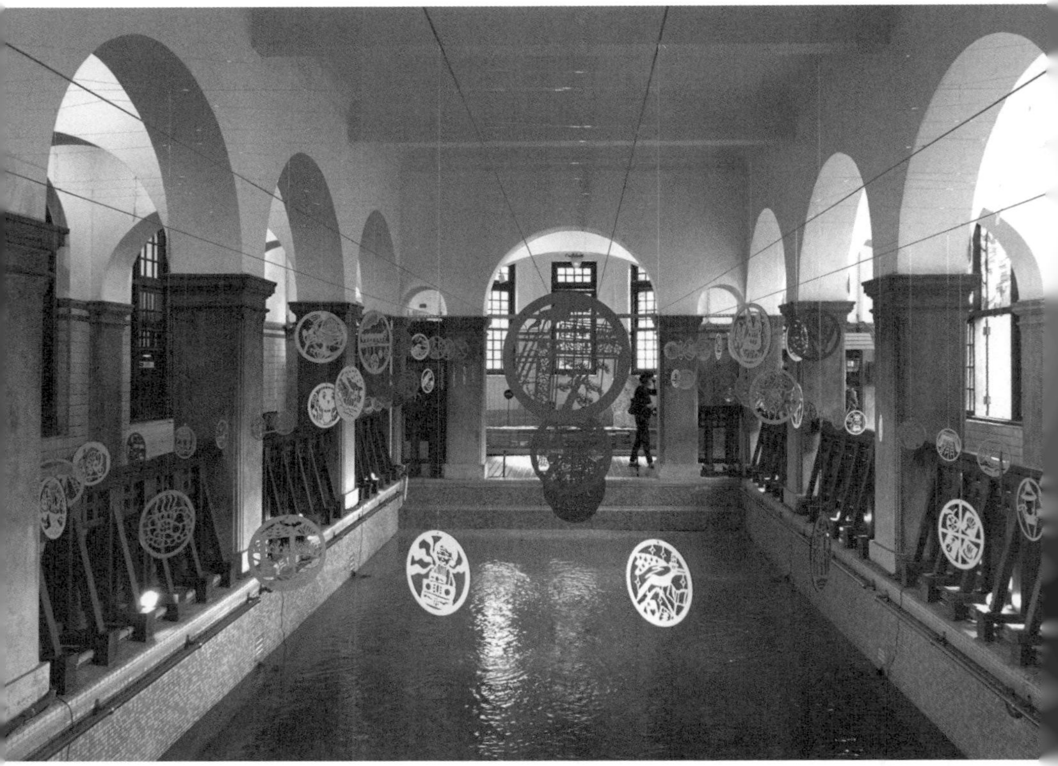

타이호쿠 라디오기지(Taihoku Broadcasting Bureau, 이후 Taiwan Broadcast Association, 1931)가 조성되었다. 1935년에는 일본의 타이완 지배 40주년을 기념하는 타이완박람회(Taiwan Exposition: In Commemoration of the First Forty Years of Colonial Rule)가 타이호쿠 공원을 중심으로 개최되었다. 현재 이곳은 228평화공원(228 Peace Memorial Park, 二二八和平公園)으로 사용되고 있다. 또한 그 주변으로 팔각형 형태의 일기 측정시설을 갖춘 기상대(交通部中央氣象局, 1899, 현재 Central Meteorological Bureau)가 입지했다.

담수이항구와 베이토우온천

타이베이 분지의 담수이(Tamsui, 淡水)는 호베Hobe로도 불리던 어촌으로서 자연 항구 입지조건과 함께, 중국 본토의 동해안과 가까워 교역항구로 적합했다. 담수이는 담수이강을 바라보는 산도밍고요새(Fort San Domingo, 紅毛城 紅毛城, 1624)의 북쪽에 조성되었다. 이후 담수이는 톈진조약으로 인해 개항했다. 이에 따라 타이완의 첫 번째 세관인 담수이 세관항구가 강변의 후웨이항구(Huwei Port, 현재 Tamsui Customs Wharf)에 설치되었고 그 배후에는 영국 대사관이 자리 잡았다. 이후 차 교역이 번성하며 담수이는 타이완의 가장 큰 항구로 성장했다.[38]

이 시기에 담수이의 민간 항구의 중심부는 담수이항구 옛 가로(Tamsui Old Street, 현재 Zhongzheng Road)에 마조사원인 푸유사원(Fuyou Mazu Temple, 淡水福佑宮, 1782)이 있었고, 그 남쪽으로 종산도로ZhongShan Road와 칭수이도로(Qingshui Street, 淸水街)의 교차점에는 취안저우 이주민이 설립한 롱산사가 입지했다. 또한 담수이시장, 칭수이제시장淸水街市場이 주변에 형성되어 상업활동의 중심부로 성장했다. 이후 담수이는 철도선의 종점이 되어 담수이철도역(Tamsui Station, 淡水停車場, 1901, 이후 1997)이 건설되며 남쪽으로 확장했다.

현재 총통부로 쓰이는 일본 지배기의 대만총독부
베이토우온천(ⓒ 한광야, 2019)

한편 담수이항구는 1895년 중일전쟁(Sino-Japanese War, 1894~1895)이 종료될 즈음 토사의 퇴적으로 인하여 대형 선박이 담수이강의 내륙에 위치한 항구로 들어오지 못하게 되었다. 이에 따라 담수이항구는 무역항구의 기능을 상실하여, 그 기능은 동북쪽의 지룽으로 이전되었다. 하지만 일본 지배기에 일본 세력의 도시 기반시설이 담수이에 건설되면서 지방행정 및 문화의 거점으로 기능했다.

담수이 남쪽으로 양밍산 입구의 호쿠도(Hokuto Village, 北投庄, 현재 Beitou, 北投)에는 타이완의 첫 번째 일본식 온천여관인 텐구안(Ten Gu An, 天狗)이 개장했다. 베이토우(Beitou, 北投)라는 지명은 '마녀의 집'이라는 뜻의 '파타우Patauw'에서 유래했다. 이는 케타갈란족이 유황거품을 보고 '마녀의 집'이라 비유한 것을 그 기원으로 한다. 호쿠도에는 1910년대에부터 유황공장이 건설되어 매달 180,000kg에 달하는 유황을 생산했다. 유황 산업은 당시 오사카 상인인 히라다 겐고Hirada Gengo가 1896년 베이토우에서 온천의 개발 잠재력을 발견하면서 시작되었다.

이에 타이베이와 호쿠토온천지를 연결하는 신호쿠도철도선Shin-hokuto Railway의 종착역인 신호쿠도역(Shinhokuto Station, 1916)이 건설되었고, 그 동쪽으로 현재 베이토우공원(Beitou Park, 北投公園)과 치싱공원(Qixing Park, 七星公園)에 베이토우신사(北投神社原址, 현재 Ketagalan Culture Center, 凱達格蘭 文化館)가 조성되었다. 이와 함께 일본정부의 주도로 베이토우는 마사지,·침술·물리치료 시설과 음식점을 갖춘 온천콤플렉스(Hokuto Public Bathhouse, 1913, 현재 Beitou Hot Spring Museum, 北投溫泉博物館, 1998)로서 대표적인 레저타운으로 성장했다.[39]

타이베이의 철도선

타이베이에 철도선이 처음 건설되어 운행한 시점은 청나라 시기인 1893

년이다. 타이베이의 철도선은 담수이강의 내륙 항구인 타투디아와 동북쪽 바다항구인 지룽을 연결하는 타투디아-지룽철도선(Twatutia-Keelung Raiway, 1891, 32km)이 영국엔지니어의 주도로 건설되며 시작되었다. 이 철도선은 타이베이의 첫 번째 행정관인 리우 밍추안이 1887년 청나라 황제로부터 철도 조성권을 획득하여 건설되었다.

이후 타이베이의 망가와 서해안의 바다항구인 신주新竹를 내륙으로 연결하는 완후아-신주철도선(Wanhua Hsinchu Railway, 1893)이 건설되면서, 타이베이의 중심 철도체계인 포모사철도선(Formosa Railway, 1893, 1900)이 완성되었다. 이를 위해 담수이강을 동서 방향으로 건너는 첫 번째 다리(Damsui Wooden Bridge, 淡水木橋, 1889, 현재 Taipei Bridge, 台北大橋, 1999)가 건설되었다.

한편 타이베이 동쪽의 해안항구인 지룽, 북쪽의 해안 및 하천 항구인 담수이, 서쪽의 해안 항구인 신주, 남쪽의 타이난으로 연결되는 타이완의 철도체계가 기능하기 시작한 시점은 일본 지배기였다. 이 시기 지룽항구 주변 지역에는 탄광과 금광이 개발되어 핑시철도선(Pingxi Line, 平溪線, 1921, 12.9km)이 핑시(Pingxi, 平溪)의 쉬펀(Shifen, 十分)의 탄광과 지우펀(Jiufen, 九分)의 석탄과 금을 타투디아를 통해 신주로 운송했다. 또한 1895년부터 일본정부의 주도로 타이베이와 타이완 중남부를 연결하는 철도선과 타이베이와 담수이를 연결하는 타이호쿠-담수이철도선(Taihoku-Tamsui/ Hobe Railway, 1901)이 완성되었다.

타이베이의 초기 철도역은 담수이강의 내항인 타투디아철도역(Daitotei Station, 大稻埕驛, 大稻埕車站, 1891, 1901, 1940~현재 Taipei Main Station, 台北車站)이다. 이후 타이베이중앙역이 1901년 현재 중앙역의 동쪽에 조성되어 타이베이-지룽철도선의 종점역이 되었으며, 1940년 현재 위치로 확장되었다. 현재 중앙역[40]은 철도와 함께 메트로 레드선과 블루선의 메트로중앙역 Taipei Main Station・고속철도(Taiwan High Speed Rail ,台灣高鐵, 2007)・공항철도(Taoyuan Airport MRT, 2017)가 통합・연결되는 대중교통 중심이며 타이베이버스터미널Taipei Bus Station와도 가까워 연계되어 이용되고 있다.

3. 타이호쿠, 시멘딩, 치퉁-용강

타이완은 중일전쟁(Sino-Japanese War, 1894~1895)과 시모노세키조약(Treaty of Shimonoseki, 1895)의 결과로 승전국인 일본의 지배를 받았다. 이 과정에서 타이베이는 일본 식민정부Japanese Colonial Government의 타이완 행정 거점으로 기능했다. 당시 타이완 중부와 남부 지역은 청나라 지지 세력의 거점이었기 때문에 배제되었고, 타이베이는 상대적으로 정치적 저항이 적으며 지리적으로도 일본에 가까운 입지적 장점을 갖고 있었다. 이에 따라 타이베이에는 1895년 일본 영토 내 타이완의 행정수도 기능을 위해 행정 및 공공시설이 건설되었으며 지배층인 일본인 커뮤니티가 조성되었다.

이 시기에 중국의 전통과 일본의 영향은 근대 도시로서 타이베이의 성장을 유도했고, 타이베이는 식민도시로서 신속하고 체계적으로 변화했다. 먼저 타이베이는 1910년대부터 타이베이 도시개조계획(City Reform Plan for Taipei, 1905)에 의거하여 타이베이 부성이 해체되었고, 부성 내부는 조나이((Jōnai, 城內)로 불리며 새롭게 개발된 시멘딩과 함께 타이호쿠(Taihoku, 臺北)로 개명되었다. 이후 타이호쿠는 주변의 뉴타이베이와 이란 Yilan County을 포함하며 타이호쿠부(Taihoku Prefecture, 臺北州, 1920)로 설립되었다. 타이호쿠의 인구는 1920년 149,000명에서 1930년에는 238,000명까지 늘어났고, 그 결과 타이호쿠부는 1940년 110만 명의 도시권으로 성장했다.

타이베이는 1930년대에 미국의 '도시미화운동City Beautiful Movement'의 영향을 받으며 타이베이의 확장계획(Expansion Plan for a Great Taipei City, 1932)을 수립했다. 타이베이 확장계획의 도시설계는 거리와 공원을 중심으로 계획되었고, 특히 시의 동쪽 경계를 기존의 호리카와 수로(Horikawa Channel, 현재 Xinsheng Road, 新生路)를 넘어 다안(Daan, 大安)과 신이(Xinyi, 信義)

까지 확장했다. 이즈음 타이완의 도시계획법(Taiwan Urban Planning Ordinance, 1937)이 발표되고 용도와 기능에 따라 도시구역을 나누는 현대적 구획 Modern Zoning이 실시되었다.[41]

당시 일본의 도시계획과 개발은 영국의 '주택도시계획법(Housing, Town Planning, etc. Act, 1909)을 모델로 일본의 첫 번째 도시계획법과 건축법(City Planning Act Building Code, 1919)을 근간으로 식민영토에서 일본의 현대성과 식민영토의 아이덴티티를 정의하는 근거가 되었다.

부성의 해체, 조나이-타이호쿠, 혼마치

일본 지배기의 타이베이는 타이베이 도시개조사업(Municipal Reform Project for Taipei, 1905)을 통해 부성을 해체[42]하고 새로운 도시 거점을 조성했다. 먼저 타이베이 부성 내부인 조나이·망가·타투디아의 중간에 매개구역으로 기능할 새로운 도시 중심부가 개발되었다. 이즈음 타이완의 첫 번째 신사인 타이난의 카이잔신사(Kaizan Shrine, 開山神社, 1897)가 세워졌고, 뒤이어 타이완신사(Taiwan Grand Shrine, 臺灣神宮, 1901)가 잔탄산(Jiantan Mountain, 劍潭山)의 정상에 세워졌다.

먼저 1897년부터 타이베이 부성의 내부의 공자사당·마조사원·뎅잉서원·타이베이성 정부청사가 해체되었다. 이에 따라 일본식민정부의 행정관청이 행정중심부를 구성했으며, 일본의 천왕 쇼와(Emperor Showa, Hirohito, 裕仁, 재위 1926~1989)의 입관기념식이 진행된 타이호쿠극장(Taihoku City Public Auditorium, 臺北公會堂, 1936, 현재 Taipei ZhongShan Hall, 中山堂)이 타이호쿠시청으로 이용되었다. 타이호쿠부청사(Taihoku Prefecture Government Building, 현재 Control Yuan Building, 監察院, 1920년대)가 종샤오도로Zhongxiao Road와 종산도로Zhongshan Road의 남동쪽 교차지에 설립되었다.

해체된 타이베이 부성 부지에는 1910~1913년에 도시미화를 목적으로

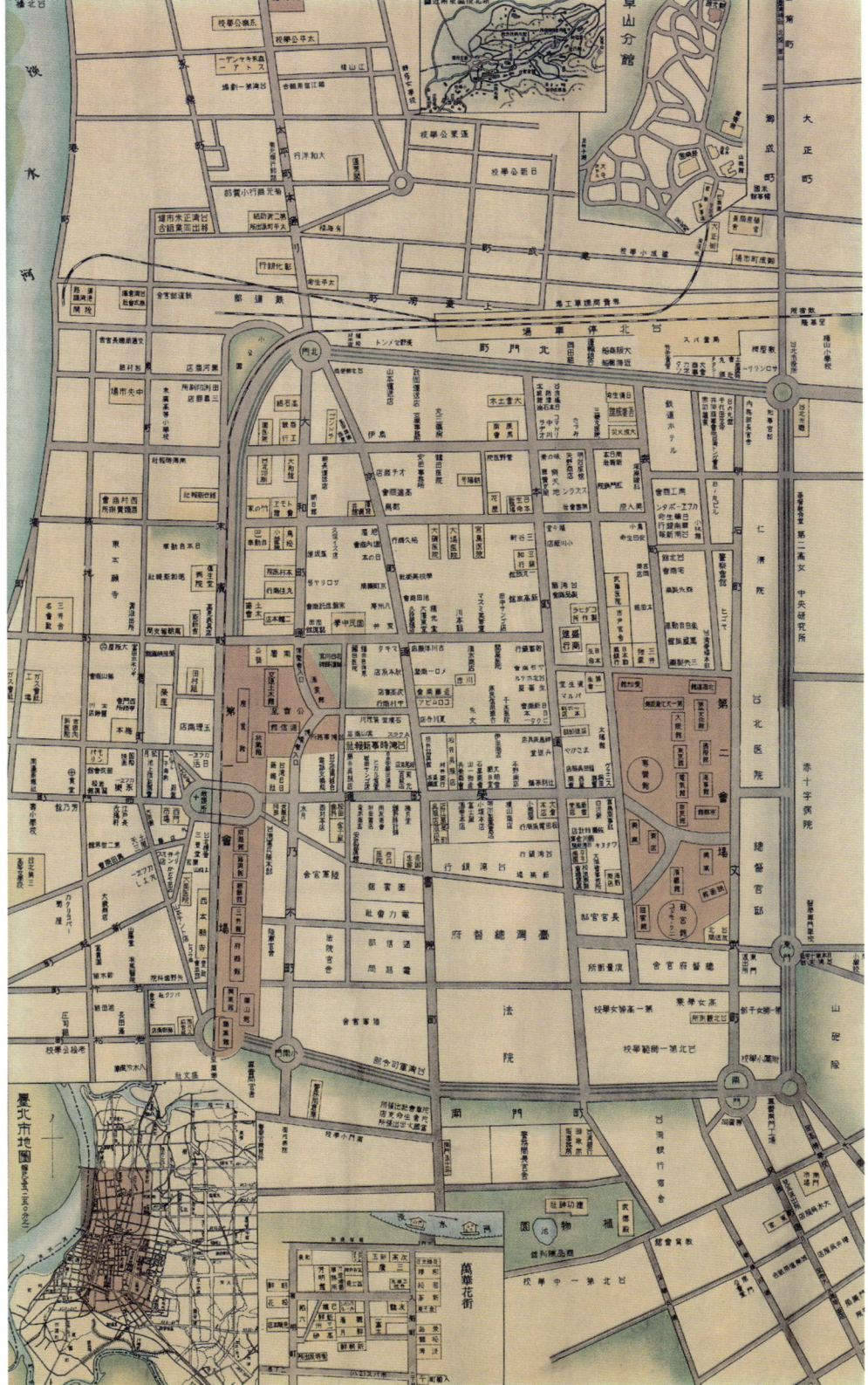

양쪽에 가로수를 갖춘 폭 37~72m의 블레바드Boulevard가 부성 부지를 따라 조성되어 순환도로[43]의 역할을 했다. 이 블레바드들은 삼선도로三線道路로 불리면서 미국 도시미화운동의 영향을 받아 조성된 대표 사례로서 도시공원으로 분류되었다. 이와 함께 성문들이 해체된 성문부지에는 3거리·5거리·6거리의 로터리가 조성되었다.[44] 이 시기 로터리의 대표적인 사례는 북문로터리로서, 이를 중심으로 근대 도시의 핵심 기능인 타이베이우체국(Beimen Post Office, 臺北北門郵局, 1895)과 철도국 건물(台灣總督府交通局鐵道部, 1899)이 조성되었다.

한편 타이호쿠의 상업·금융활동의 중심부인 혼초(Hon Cho, 현재 Zhong-zheng District, 中正區)는 중앙철도역 앞의 종샤오서로로부터 가이펑도로까지 북남 방향의 중심도로인 혼마치를 따라 형성되었다. 이곳에는 산와은행(Sanwa Bank, 三和銀行)·장화은행 분점(Taipei Monopoly Branch, 彰化銀行臺北分行)·일본석유(Japan Petroleum, 日本石油) 건물들이 들어서며 상업의 중심부를 이루었다.

또한 타이베이 중앙철도역 북쪽의 다퉁에는 잔청초교(Jiancheng Elementary School, 1921)가 개교했다. 당시 잔청초교는 대칭형 건물형태와 종탑을 갖고 있었으며, 해방 후 타이베이 시정부Taipei City Government 청사로 사용되었다. 이후 1994년 타이베이 시정부 기능이 현재 신이(Xinyi District, 信義)로 이전되면서, 타이완 최초의 현대미술관(Museum of Contemporary Art Taipei, 台北當代藝術館, 2001)으로 재생되어 사용되고 있다.

시먼딩

일본 지배기의 타이베이는 새롭게 조성된 삼선도로와 함께 망가와 타투디아의 사이 구역에 격자형의 도시블록으로 채워진 시먼딩(Ximending, 西門町)[45]이 조성되어 새로운 도시 중심부가 되었다. 시먼딩은 조성 당시 도

쿄의 아사쿠사Asakusa를 모델로 상업·업무구역으로 계획되어, 백화점 및
쇼핑센터와 20개 이상의 극장을 중심으로 보행중심 쇼핑구역(1999)으로
성장해왔다. 하지만 시멘딩은 1990년대 타이베이 시정부가 타이베이 동
부를 개발하면서 타이베이 내 유동인구가 줄게 되었고, 자연스럽게 상업
기능이 쇠퇴하였다.

　시먼딩에는 타이베이에서 가장 오래된 마조사원(Ximending Mazu Temple,
Tian Hou Temple, 門町媽祖廟, 1746)이 서문과 종싱다리(Zhongxing Bridge, 中興橋)
를 연결하는 청두도로(Chengdu Road, 成都路)변에 위치한다. 특히 시먼딩
중심부의 레드하우스극장(Hong Lo Red Play House Theater, 紅樓劇場, 1908)은 시
장으로 조성되어 이후 극장으로 개조되어 인근의 에이자극장(Ei za Theater
House, 榮座劇場, 1902, 이후 New Wanguo Market)와 함께 1930년대에 타이베이

시먼딩 남서쪽의 서문과 부성 내부(1935)

연극문화의 핵심이 되었다. 또한 상해의 카바레를 모델로 주로 전역 군인을 대상으로 운영된 레드엔벨롭클럽(Red Envelope Club, 紅包場, 1960년대)이 있던 이메이가로(Emei Street, 峨眉街)를 중심으로 1960~1970년대에 타이베이의 카바레 문화가 형성되었다.

일본인 커뮤니티, 용강, 다안, 송산

타이베이의 지배세력인 일본인 커뮤니티는 타이호쿠와 그 동쪽으로 치퉁고가로(Chitung Old Street, 齊東老街)를 중심으로 정부 관료를 위한 주거지와 동문 주변의 용강가로(Yong Kang Street, 永康街)를 중심으로 일본 상인의

레드하우스극장(ⓒ 한광야, 2018)

주거지가 형성되었다. 이곳을 관통하는 산반차오가로(Sanbanqiao Street, 三板橋街道)는 타이베이 도성이 1884년 건설되기 이전 망가로부터 석탄과 쌀을 지룽으로 연결한 중심도로이다.

일본식민정부 관료들의 초기 주거지는 1920~1940년대에 치퉁고가(Chitung Old Street, 齊東老街) 변에 식민행정관을 위한 17개의 일본식 주택(Qidong Street Japanese Houses, 齊東街日式宿舍)과 일본 선종사찰인 소토 다이혼자이 선종사(Soto Zen Daihonzai Temple, 曹洞宗大本山別院, 1908, 현재 Donghe Temple, 東和禪寺)[46]를 중심으로 형성되었다. 해방 후 이 주택들은 중화민국 고위관료의 주택으로 이용되었다. 치퉁고가를 중심으로 형성된 17개의 일본식 주택들 중에서 일곱 개가 2002년 타이완은행Bank of Taiwan에 의해 해체되면서 현재 열 개가 남아있다. 이중 리구오팅주택(Li Kwohting's Residence, 李國鼎 故居)과 지난도로 25번지와 27번지(Jinan Road Section 2 no 25, no. 27)을 포함한 일곱 개 건물들이 2006년 보전유적으로 지정되었다.[47]

한편 일본 상인의 주거지는 동문의 동쪽으로 용강도로(Yong Kang Street, 永康街)를 중심으로 형성되었다. 용강도로의 전면부는 푸쿠주미조(Fukuzumi Cho, 福住町)로 후면부는 쇼와조(Showa Cho, 昭和町)로 나뉘었다. 현재 용강도로에는 전 세계에 체인점을 운영하는 샤오롱바오(Xiaolongbao, 小籠包) 음식점인 딘타이펑(Ding Tai Fung 鼎泰豐, 1958) 본점이 위치하고 있다.

일본 지배기에 용강에는 다수의 고등교육기관들의 모여 있었고 일본의 지식인 주거의 중심부가 되었다. 용강에는 타이호쿠제국대학교(Taihoku Imperial University, 臺北帝國大學, 1928, 현재 National Taiwan University, 國立臺灣大學, 1945)[48]·타이호쿠칼리지(Taihoku College, 1922, 현재 National Taiwan Normal University, 1946)·산업학교(School of Industrial Instruction, 工業講習所, 1912, 현재 National Taipei University of Technology, 1948)가 개교했다. 그리고 다다오쳉에 설립된 후 1898년 현재 부지로 이전해온 국립 타이완대학교병원(National Taiwan University Hospital, 台灣大學醫學院附設醫院, 1895)이 입지했다. 당시 일본건축으로 지어진 이러한 건물들은 타이완의 독립 후 타이완국립대학·국

립타이완 사범대학·정부시설로 사용되었고, 이후 다안(Daan, 大安)과 신이 (Xinyi, 信義)로 이전해나갔다.

공장구역

일본 지배기 타이완의 대표적인 산업 생산품은 설탕·차·직물·담배·선박 까지 다양했고, 이들의 생산을 위한 대규모 공장구역이 타이베이 주변에 조성되었다. 먼저 타이베이의 설탕 공장들은 망가의 담수이강 수변에 들 어섰고, 섬유·의류 공장들은 타투티아의 담수이강 수변에 자리 잡았다. 특히 망가의 동서 방향으로 평행한 달리도로(Dali Street, 大理街)는 타이완 설탕공장의 중심부였다. 당시 대표적인 설탕공장인 완후아설탕공장 (Wanhua Sugar Factory, 1895)은 철도를 통해 설탕 공장과 창고가 망가부두와 연결되었다. 현재 해당 부지에는 마을 주민의 노력으로 과거 설탕공장이 완후아설탕공장공원(Wanhua Sugar Factory Cultural Park, 糖廍文化園區, 2010)으로 재탄생했다.

완후아설탕공장은 1895년 전후에 건설되었고, 이후 청나라가 청일전 쟁(1894~1895)에서 패한 후, 공장의 소유권이 일본에게 넘겨졌다. 이후 일 본인 신타로 키노시타Shintaro Kinoshita와 타이코 타카하시Taiko Takahashi가 1908년 이곳에 설탕공장을 확장 조성했고, 1920년대에는 하루 최대 생산 량인 5만 톤의 백색설탕을 하루 3교대로 생산했다. 이 공장은 제 2차 세 계 대전 중에는 에탄올 생산 공장으로 탈바꿈되기도 했으나, 1942년 폐 쇄되었다. 완후아설탕공장은 이후 1950년부터 1980년대까지 타이완설 탕기업(Taiwan Sugar Corp., 台灣糖業股份有限公司, 1946)[49]에 인수되어 다시 가 동되었다.

이후 타이완설탕기업은 타이베이시에 부지를 매각했으며, 이에 따라 시는 공공주택 조성계획을 검토했다. 이 과정에서 웨스트가든병원West

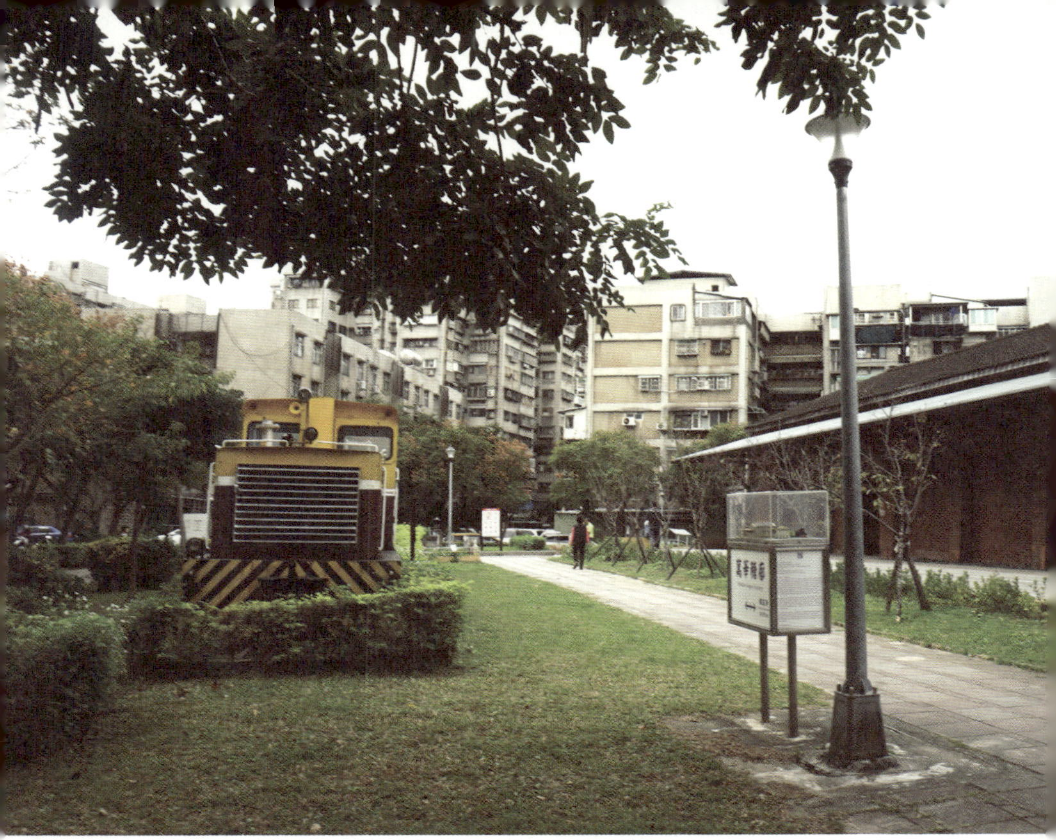

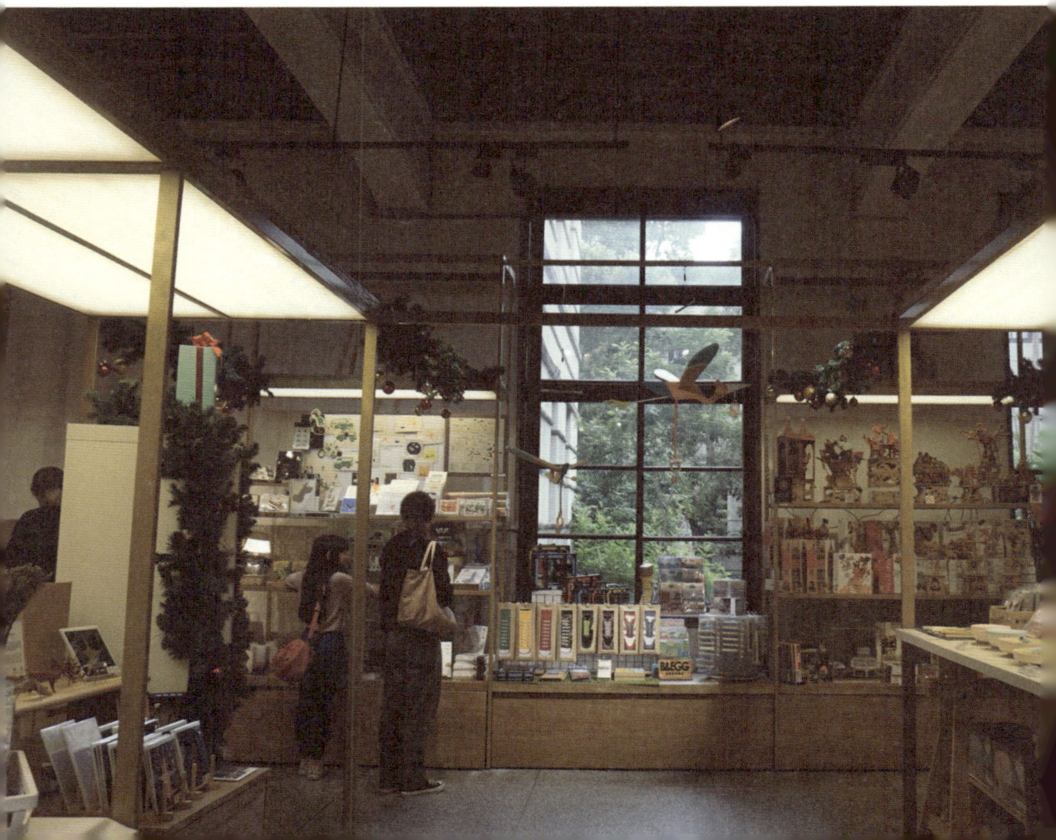

Garden Hospital이 1997년 시로부터 부지를 임대하여 700개 병상을 갖춘 노인요양병원 조성계획을 수립했으나 주민의 반대로 무산되었다. 이후 주민들은 시아 추조에 교수(Professor Hsia Chu-joe, 夏鑄九, National Taiwan University)의 자문을 받아 공장시설을 보전하는 공원조성을 제안하며 정부와 타이완설탕기업과 소통했다. 타이베이 시정부는 2000년 창고건물을 타이베이 역사유적Taipei's 106th historical site으로 지정하고 창고건물과 플랫폼을 설탕박물관으로 조성하여 공원을 조성했다. 타이베이 탕부문화연대 Taipei Tang-Bu Cultural Association는 이곳에서 10년 동안 슈가케인페스티벌 Sugar Cane Festival을 진행하며 마을의 정체성을 홍보해왔다.

한편 송산(Song Shan, 松山)[50]의 지룽강 수변의 철도 창고 주변에는 종사동로Zhongxia East Road를 따라 일본식민정부의 전매부(Monopoly Bureau of the Taiwan Governor's Office, 臺灣總督府專賣局松山菸草工場) 산하 마추야마담배공장(Matsuyama Tobacco Plant, 1937, 면적: 6.6ha)이 설립되었다. 마추야마공장은 최대 1,200명이 근무했던 산업단지로서 카페테리아·샤워실·기숙사·병원·식당·오락실 등을 갖추었으며, 육아를 위한 보육공간도 구비하였다. 이후 전쟁기간동안 담배공장은 무기 공장으로 사용되었다.

해방 후 마추야마담배공장은 타이완 전매부Taiwan Provincial Monopoly Bureau에 인수되어 송산담배공장(Songshan Tobacco Plant of the Taiwan Provincial Monopoly Bureau, 1945)으로 개명하여 운영되었으나, 1990년대부터 담배·술 소비감소와 도시오염의 우려에 따라 1998년에 공장운영이 중지되었다. 타이베이 시정부는 담배공장을 2001년 타이베이 '역사부지 99'로 지정하고, 역사부지와 인접한 타이베이 돔(Taipei Dome, 臺北大巨蛋, 2011)과 함께 타이베이 문화체육콤플렉스Taipei Cultural and Sporting Complex으로 조성했다. 담배공장은 2011년 타이완의 문화산업과 창조산업을 위한 타이완 디자인박물관Taiwan Design Museum으로 재탄생하여 창의적 전시와 산업진화의 중심부로 운영되고 있다.

한편 일본 지배기에 종청(Zhongzheng, 中正)에는 민간 기업에 의해 타이

완후아 설탕공장공원(ⓒ 한광야, 2019)
타이완 디자인박물관(ⓒ 한광야, 2019)

호쿠양조장(Taihoku Winery, 1914)이 건설되어, 사케와 생강와인을 생산하고 호접란을 재배했다. 이후 일본식민정부의 전매부가 1922년 타이호쿠양조장을 매입하여 타이호쿠 와인양조장Taihoku Wine Factory으로 개명하고 사케Sake와 주류를 생산했다. 해방 후인 1945년 타이완 정부는 공장을 인수하여, 타이베이양조장Taipei Wine Factory으로 개명하고 카사바로 만든 저가 술인 타이바이주Taibai Liquor를 생산했고, 1960년대 중반 과일주양조장Fruit Wine Factory으로 변경하여 쌀 와인을 생산하며 성장했다. 이후 양조장은 1987년 대기오염과 토지가치의 상승으로 인하여 타이베이카운티의 린코우(Linkou, 林口區)로 이전해나갔다. 이 과정에서 1997년 골든보우연극단Golden Bough Theater Group이 양조장을 잠시 사용했으나, 이후 10년간 방치되었다. 이에 예술가들과 극단들이 부지의 재사용을 요구하기도 했다.

이후 중앙정부 문화위원회(Council for Cultural Affairs, 현재 Ministry of Culture, 2012)가 2003년에 해당 부지에 대한 운영권을 획득하여 시설개조를 하였다. 시설개조 후 화산 1914 창의공원(Huashan 1914 Creative Park, 華山, 1914, 文化創意産業園區, 2005)으로 재건하여 예술가와 비영리 단체의 예술창작소로 기능해왔다. 컬처-크리에이티브 개발사Cultural-Creative Development Co.는 2007년부터 현재의 스튜디오·갤러리·서점·연극장·식당을 갖추고, 타이완 및 국제적 연극인·화가·목공예가·작가·영화제작자 등의 창작공간으로 운영하고 있다.

4. 군인마을과 동부 타이베이

타이베이는 1945년 타이완의 독립과 함께 중화민국(Republic of China, 中華民國)의 수도가 되어 빠르게 성장했다. 타이베이의 인구는 1960년대 초에

100만 명을 돌파했고, 이후 1970년대 중반 200만 명, 1990년 270만 명의 도시가 되었다. 이후 타이베이의 인구는 정체기에 돌입하여 현재의 270만 명의 도시로서 관리되고 있다. 한편 타이베이 도시권Taipei Urban Area 전체의 인구는 현재 860만 명에 이른다.

타이베이의 급속한 인구증가는 중국 본토로부터의 이주와 타이완 중·남부 지역에서의 취업과 학업을 위한 전입에 기인한다. 장개석 정부는 중국내전(Chinese Civil War, 國共內戰, 1927~1936, 1946~1950)과 중국공산당혁명(Chinese Communist Revolution, 第二次國共內戰, 1945~1949)의 충돌 이후, 1949년 국민당 정부를 중국 청두공군기지에서 타이베이로 옮겨왔다.[51] 이에 중국 본토에서 2백만 명의 민간인과 군인의 이주가 진행되었다. 또한 이 과정에서 타이베이는 1967년 타이완의 특별자치구역으로 지정되어 전입인구가 급격히 증가했다.

이러한 타이베이의 인구 증가는 담수이강을 서쪽 경계로 두고 있어 서쪽으로의 확장이 제한된 상황에서 타이베이의 동쪽 확장을 이끌었다. 또한 인구 증가는 점차 인접한 뉴타이베이의 개발을 유도했다. 이 시기에 타이베이의 다수의 오래된 목조 건물들은 1960년대부터 해체되어 고층의 아파트와 오피스 건물로 재개발되었다. 이 과정에서 오피스 빌딩과 산업생산시설을 우선적으로 개발한 정책은 도시의 주택 부족 문제를 초래했다.

군인마을과 공공주택

타이완정부는 독립 후 급속히 증가한 이주민의 주거문제를 해결하기 위해 공동주택과 기숙사를 건설하고, 특히 '군인마을(Military Dependents Village, 眷村)'을 조성하여 거주안정을 유도했다. 중앙 정부 산하 여성연맹(National Women's League)의 통계(1982)에 따르면, 타이완에는 879개의 군인마을이 조성되어 총 98,535개 가구를 수용했다. 중앙 정부는 군인·공무원·교사에게

做喜歡的事
讓喜歡的事有價值

만 추첨을 통해 이 주택들을 분양했으며, 일반인은 대상에서 제외되었다.

타이완의 초기 군인마을은 대부분 일본 지배기에 조성된 일본인 마을의 부지 위에 주택을 신축해서 조성되었다. 당시 군인마을의 주택은 1950년 기준 대부분 밀짚 지붕과 대나무를 기초로 진흙 벽으로 시공되었고, 크기는 네 유형(25, 28, 33, 41m²)이 있었다. 이후 이 주택들은 1960년과 1970년에 벽돌로 재시공되어 화장실·욕실·부엌·전기가 보급되었다. 이후 군인마을은 1996년 군인마을 재개발법(Act for Rebuilding Old Quarters for Military Dependents, 1996)의 입법과 시행으로 빠르게 재개발되어 현재는 타이완 전체에 13개가 남아있다.

타이베이 군인마을의 대표적인 사례는 신이에 타이베이 101 타워 Taipei Financial Center에 인접한 부지에 위치한 44마을(44th Arsenal of the Combined Logistics Command, 聯勤第四十四兵工廠)이다. 44마을은 1990년대에 타이베이 101 타워가 건설되면서 44마을의 상당 부분이 해체되었고 주민들은 이주해나갔다. 현재 그 주택지의 일부가 44남촌(44 South Village, 四四南村)로 보전되어 박물관·시장·예술스튜디오 등으로 쓰이고 있다.

타이베이에 인접한 타오위안에는 약 90개의 군인마을이 조성되었으며, 이중 타이완 하카인의 고향으로 불리는 롱강에는 군부대와 공군기지를 중심으로 24개의 군인마을들이 조성되었다. 특히 롱강의 종리에 최초로 형성된 마주마을(Mazu Village, 馬祖新村, 1957)은 푸젠성 메이저우섬(Meizhou Island, 湄洲島)에 주둔했던 84사단의 군인마을로 210개 주택으로 이루어졌다. 마주마을은 상점·식당·시장·유치원·극장·공원 등이 중앙의 팔각정을 중심으로 형성되었다. 마주마을은 전성기에 226개의 주택에 총 1,700명이 거주했으나 현재는 42개 주택만이 남아있다. 2004년부터 주민들이 인접한 구역에 조성된 공공주택으로 이주하면서, 마주마을은 방치되었으나, 2017년부터 젊은예술촌(Mazu Art Village, 馬祖新村眷村文創園區)으로 재탄생하였다.

44마을(ⓒ 한광야, 2019)
마주마을(ⓒ 한광야, 2019)

동부 타이베이와 신이

타이베이는 국민당 정부의 주도로 최근까지 지속적으로 동쪽으로 확장했다. 이러한 타이베이의 동쪽 확장은 종시아오동로(ZhongXiao East Road, 忠孝東路)와 타이베이 MRT의 건설과 발맞춰 진행되었다. 특히 종시아오동로는 도시 중심부인 종청으로부터 동부 타이베이인 다안·송산·신이·난강를 연결하는 타이베이의 서동 방향의 핵심 교통체계이다.

이에 타이베이는 행정 기능이 집중된 서부 타이베이와 상업·금융 기능이 집중된 동부 타이베이로 나뉘어 성장했다. 이러한 변화는 먼저 타이베이시청(Taipei City Hall, 臺北市市政大樓, 1994)이 기존 시청이었던 종산홀(Zhongshan Hall, 中山堂)에서 신이로 이전해 오면서 가속화 되었다.

동부 타이베이 지역은 청나라와 일본 지배기까지도 개발되지 않은 밭과 들이었다. 중앙 정부는 1960년대 이후 타이베이와 동부 타이베이를 연결하는 종샤오동로를 건설했고, 타이베이 메트로 레드선(MRT Tamsui-Xinyi Line, 1997, 29km), 메트로 브라운선(MRT Wenshan-Neihu Line, 1996, 25km)과 종샤오동로 지하에 조성된 메트로 블루선(MRT Banqiao-Nangang Line, 板南線, 1999, 27km)이 건설되었다. 이에 따라 다안·송산·신이·난강이 타이베이의 중심 금융·비즈니스 구역으로 개발되어 동부 타이베이의 발전을 견인했다.

타이베이 MRT는 기존의 철도 노선을 개조해서 지하철로 통합시켜 조성되었다. 타이베이 지하철의 청사진은 1968년 중앙 정부 교통통신부가 타이베이의 고속철도 건설 가능성에 대한 연구를 실행하면서 시작되었다. 이후 MRT는 1970년대에 인구증가로 인한 교통문제 해결을 위해 타이베이 대중교통체계로 대두되어, 1977년 중앙정부 교통통신부(MOTC)에 의하여 다섯 개 노선들[52]에 대한 설계가 진행되었다. 이후 타이베이 지하철 시스템의 운영을 감독하기 위해 타이베이 MRT공사(Taipei Rapid Transit Company, 1994)가 설립되었다.

동부 타이베이의 대표적인 신개발지는 송산의 남부구역이었던 신이 (Xinyi District, 信義)이다. 신이는 1990년대에 시민대로(Civic Boulevard, 市民大道, 1997)를 중심으로 타이베이의 행정과 상업의 중심부로 개발되었다. 신이에는 타이베이 시정부와 시의회가 이전되어 오고, 타이베이 101타워 (Taipei 101)[53]·타이베이 컨벤션센터Taipei International Convention Center·타이베이 세계무역센터Taipei World Trade Center·국부기념관National Sun Yat-sen Memorial Hall과 쇼핑센터들이 건설되며 타이베이의 금융 중심지로 발전했다.

뉴타이베이

타이베이의 외곽을 둘러싸는 타이완 북부의 해안 지역과 타이베이분지는 행정구역상 타이베이군Taipei County에 속하는 지역이었다. 이후 그 인구가 타이베이 인구를 상회하면서 2010년을 전후로 뉴타이베이(New Taipei, 新北市)로 새롭게 구획되었다. 뉴타이베이는 지룽·타오위안·위란과 인접하고 있다.

뉴타이베이의 중심부는 뉴타이베이 시정부청사(New Taipei City Hall, 新北市政府行政大樓, 1997~2002)가 위치한 반치아오(Banqiao, 板橋區)이다. 반치아오는 새롭게 조성된 반치아오 철도-메트로역을 통해 다한강을 건너 완후아·종산·다안·신이·난강까지 서동 방향으로 연결되며 타이베이 광역도시권을 완성하고 있다. 이는 특히 타이베이의 새로운 교통·운송 거점인 신공항(Taiwan Taoyuan International Airport, 臺灣桃園國際機場, 1979)과 신항구(New Port of Tamsui, 1993~1998)가 뉴타이베이에 조성되면서, 이를 중심하는 새로운 대규모 도시개발을 앞장서며 가속화되어왔다.[54]

신이의 시민대로

제 8 장

나가사키

19세기 초의 나가사키(1802)

1. 히젠의 교역항구와 우라카미 어촌

규슈의 히젠과 오래된 교역항구

나가사키(Nagasaki, 長崎)가 위치한 규슈섬(Kyushu, 九州, 이하 규슈)은 일본 영토
의 중심부인 혼슈(Honshu, 本州)로부터 남쪽으로 동떨어진 지역이다.[1] 또한
나가사키는 규슈에서도 북부의 기타큐슈(Kitakyushu, 北九州)로부터 하카타
(Hakata, 博多)·후쿠오카(Fukuoka, 福岡)·사가(Saga, 佐賀)를 지나 규슈의 지리적
중심이며 역사적인 지배 거점이었던 쿠마모토(Kumamoto, 熊本) 그리고 남
부의 가고시마(Kagoshima, 鹿兒島)를 연결하는 오래된 북남 방향 중심도로인
국도 3[2]으로부터 벗어나 서쪽으로 100km 지점의 해안에 치우쳐 위치한
다. 이러한 지리적 입지와 그 이름이 암시하듯 바다로 길게 뻗어 나온 독
특한 지형의 곶을 따라 형성된 나가사키는 오랫동안 조용한 어촌이었다.

　일본의 중앙으로부터 거리를 두고 있는 규슈는 영주인 다이묘 세력들
이 소유해온 영지(Han, 藩)[3]로 나뉘어져 지배되어 왔다. 나가사키는 규슈
의 다이묘 세력들 간의 경쟁과 충돌 사이에서 어촌으로부터 항구로 변화
했다. 이 무렵 일본에 도착한 최초의 유럽 세력인 포르투갈 상인들이 히
라도와 나가사키에 총과 물산 그리고 로마가톨릭교를 전파했다. 이후 나

가사키는 도요토미 히데요시(Toyotomi Hideyoshi, 豊臣秀吉, 재위 1585~1592)의 '규슈원정(Kyushu Campaign, 九州征伐, 1586~1587)'을 통해 도쿠가와막부의 직접 통치를 받으면서 외국 세력과의 독점 교역항구로서 일본 영토의 세계화를 이끌었다.

규슈는 696년 중국 당나라의 통치체계를 기반으로 일본에 마련된 아수카시대(Asuka Jidai, 飛鳥時代, 538~710/592~645)와 나라시대(Nara Jidai, 奈良時代, 710~794)의 행정법(Taiho Ritsuryo, 大宝律令, 701)에 따라 히슈(Hishu, 肥州)라 불렸다. 그리고 히슈의 북부 지역은 사가를 중심으로 나가사키를 포함하는 히젠(Hizen Province, 肥前國)으로 불리며 구마모토를 중심으로 나가사키를 포함하는 히고(Higo Province, 肥後國)과 구별되는 지역권을 구성해왔다.

북쪽의 사가와 동쪽의 구마모토의 변방인 나가사키에 인간의 거주가 시작된 시점은 약 6,000년 전의 일본 조몬시대(Jōmon Jidai, 繩文時代, 기원전 14,000~기원전 300)로 확인된다. 이 시기부터 야요이시대(Yayoi Jidai, 弥生時代, 기원전 3세기~기원후 3세기 중반)와 고분시대(Kofun Jidai, 古墳時代, 300~538)의 주거지가 나가사키 주변 지역에서 발견되어 왔다. 이들은 나가사키 북쪽으로 오무라만에 면한 킨카이(Kinkai, 琴海)에 형성되었고, 이후 1200년을 전후부터 16세기 후반까지 나가사키만의 입구인 후카호리(Fukahori, 深堀)와 그 주변의 이오지마섬(Iojima Island, 伊王島)·오키노시마섬(Okinoshima, 沖ノ島)·다카시마섬(Takashima Island, 高島)의 어촌들이다.

히젠의 서해안은 멀리 적도에서 형성되어 남중국해와 필리핀의 루손섬Luzon Island과 타이완을 지나 규슈로 올라오는 쿠로시오해류(Kuroshio Current, 黑潮, Black Tide)와 그 지류인 추시마해류Tsushima Danryu가 도착하는 곳이다. 이에 히젠은 역사속에서 사가와 북쪽 5km 지점의 야마토(Yamato, 大和町)를 중심부로 2~3세기부터 이키섬(Iki Island, 壹岐島)·쓰시마섬(Tsushima, 對馬島)[4]·가라추(Karatsu, 唐津)를 중간 거점으로 한반도 남서 지역 그리고 동중국해를 가로지르며 중국의 양쯔강 하구의 상해와 내륙의 난징, 찬탕강 하구의 닝보와 내륙의 항저우, 타이완해협의 푸젠성 항구들인 푸저우·취안저우·장저우·샤먼과 타이완 등과 교역해왔다.

또한 쓰시마섬·이키섬·고토섬(Gotō Island) 등은 4세기부터 16세기까지 해적단(Wakou, 倭寇)의 활동 거점이었다. 해적들은 이곳에서 중국의 동해안을 따라 남중국해, 말라카해, 자바해를 연결하는 해류를 타고 활동했으며, 중국 원나라 말기와 고려 말기인 1350년 즈음에는 한반도를 본격적으로 약탈했다. 이들의 일부는 해류의 흐름을 따라 살았던 해상의 유랑세력이고, 다른 일부는 이 해류 지역권의 지배 세력이 교체될 때는[5] 새로운 지배 세력에 항거한 군사 세력이었다. 또한 중국 명나라의 '해금법(Haijin Sea-going Ship Ban, 海禁, 1368/1371~1405, 1550~1578)'과 청나라의 '천계령(Sea Ban Policy, 遷界令, 1661, 1664, 1679~1683)'에 대항한 선박과 자본력을 갖춘 교역상인이기도 했다. 이들은 해상에서 맞닿은 시기와 상황에 따라 상인이고, 용병이며, 때로는 해적이 되기도 했다.

이와미은광과 아시오동광

나가사키가 유럽의 교역선을 받아들이며 해외교역을 시작한 시점은 무로마치시대(Muromachi Period, 室町時代, 1333~1568)와 센고쿠시대(Sengoku Period, 戰國時代, 1467~1615)가 겹쳐지는 1550년 즈음이다. 이 시기에 일본은 이와미은광(Iwami Ginzan, 石見銀山, 1526)을 개발하며 자본을 축적했고, 이는 다시 아시오동광(Ashio Copper Mine, 足尾銅山, 1611)의 개발로 이어졌다. 이에 말라카해협의 몬순교역은 단숨에 광저우를 지나 나가사키까지 확장되며 대륙 간 해상교역의 새로운 종착점을 얻게 되었다.

일본에서는 1530년 히로시마 북부 해안의 이와미(Iwami Cho, 石見町, 현재 Shimane Prefecture, 島根縣)의 오다(Oda, 大田市)에서 이와미은광(Iwami Ginzan Silver Mine, 石見銀山, 1526~1923)이 발견되었다. 규슈 하카타 출신으로 중국의 푸저우·취안저우·샤먼과 교역했던 카미야(Kamiya, 神谷) 상인가문의 카미

야 주테이(Kamiya Jutei, 神谷 壽貞)[6]는 금광을 찾던 중 우연히 이와미은광을 발견[7]했다. 이에 따라 일본은 중국 명나라(Ming Dynasty, 明朝, 1368~1644)와 규슈의 하카타를 통해 은 교역을 했다. 카미야 주테이는 이즈음 한반도로부터 은 정제기술을 도입[8]하여 하이푸키호 기술(Hai-Fuki-Ho, 연은분리법)을 개발했을 것으로 추정된다. 이후 이와미은광은 400년 동안 채광되었을 정로도 그 규모가 거대했다. 이 시기에 일본의 은 생산량은 1600년대 초기에 연간 38톤으로 전 세계 생산량의 1/3을 차지[9]했다.

또한 도쿄 북쪽 150km 지점에는 1611년부터 도쿠가와막부가 개발한 아시오동광(Ashio Copper Mine, 足尾銅山, 1611~1973 현재 Nikko, 日光)이 성공적으로 구리를 수출했다. 아시오동광은 1550년 전후에 발견되었고, 이후 지역개발자가 1610년 도쿠가와막부로부터 허가를 획득하여 개발되었다.

난반교역

당시 구리는 동전, 그릇, 사찰의 지붕재료로 이용되었다. 아시오동광은 1685년을 전후로 일본의 해외수출에 기여[10]하며, 도쿠가와막부의 안정적 재정기반의 확보에 기여했다. 아시오동광은 메이지시대에 일본 전체 구리 생산의 40퍼센트를 담당[11]했다.

이 시기에 규슈의 하카타, 히라도, 나가사키는 명나라의 독점교역 항구인 푸젠성 푸저우와 함께 성장했다. 특히 독점교역이 시작된 초기(1401~1547)의 교역은 교토의 5대 선종사찰(Kyoto Gozan, 京都五山)[12]에 속한 승려들의 주도로 하카타를 중심으로 진행되었다. 이후 하카타의 교역 기능은 1571년 명나라의 해금법과 도쿠가와막부의 쇄국정책(Sakoku-rei, 鎖国令, Sakoku Seclusion Edicts of Isolationism, 1635~1854)에 따라 제한되었고, 그 기능이 히라도와 나가사키로 각각 1616년과 1653년에 이전되었다. 이 시기의 일본의 교역은 난반교역(Nanban Trade, 南蛮貿易, 1543~1614)이라 불린다. 이는 포르투갈 세력과의 첫 번째 교역부터 첫 번째 쇄국령의 공포시점까지의 교역을 지칭한다. 당시 교역에서 일본은 은·구리·라커가구를 팔고, 중국의 도자기, 아라비아의 말, 벵골의 호랑이와 공작, 인도의 면직물, 벨기에의 시계, 베네치아의 유리제품, 포르투갈의 와인을 사들였다.[13]

포르투갈 세력과 히라도와 나가사키

조용한 나가사키 어촌이 국제교역의 항구로 등장한 계기는 16세기 중엽에 규슈 남부에 포르투갈 선박이 도착하면서 시작되었다. 당시 포르투갈 상인이었던 안토니 모타Antonio Mota와 프란치스코 자이모토Francisco Zeimoto는 1542년 마카오에서 중국의 닝보로 항해하던 중 난파되어 항로를 벗어나 가고시마의 남쪽 타네가시마(Island Tanegashima, 種子島)에 도착했다. 뒤이어 탐험가이며 '성지순례(Pilgrimage, 1614)'의 저자인 페르나오 핀토(Fernao Mendes Pinto, 1509~1583)가 1543년 타네가시마에 도착했다. 페르나오 핀토는 리스본 남쪽 200km 지점에 포르투갈 영 최남단 사그레스Sagres에서 출항해 인도 서해안의 포르투갈 교역 거점인 고아에 도착했고, 1539년 말라카를 지나 말레이반도 동쪽 해안의 파타니Patani ·시암·통킹만·중국 남부를 거쳐 타네가시마에 도착했다. 결국 타네가시마는 1543년 포르투갈 상인과 예수회 선교사를 통해 화약무기와 머스킷 총기가 규슈에 전해지는 장소가 되었다. 이후 포르투갈 세력의 가톨릭 예수회Portuguese Jesuits 선교사인 프란시스 자비에르(St. Francis Xavier, 1506~ 1552)가 말라카를 출발해 마카오를 거쳐 1549년 가고시마에 도착해 일본 전역으로 선교활동을 시작했다. 뒤이어 스페인 세력의 가톨릭 프란체스칸·도미니칸 종파들의 선교활동이 이루어졌다.

이즈음은 명나라가 왜구의 침략에 대응해 해외교역을 금지한 때이며,

이에 따라 일본과의 직접 교역이 금지된 시기이다. 이를 위해 포르투갈 상인들은 단절된 교역시장을 중간에 연결하고 가톨릭교의 포교활동의 확장을 명분으로, 인도해의 고아, 남중국해의 광저우와 마카오, 루손의 마닐라를 규슈의 히라도와 나가사키로 연결하며 중개교역에 집중했다. 이에 규슈의 다이묘들은 포르투갈 세력을 통해서 총기제작에 필요한 화약·납·초석, 인도의 면직물, 중국의 실크, 담배 등을 획득했다. 이즈음 포르투갈의 카스텔라Castellas와 템페로Tempero가 규슈로 유입되었다.

일본 본토의 센고쿠시대(Sengoku Period, 戰國時代, 1467~1615)의 혼란기[14]에서, 포르투갈 세력의 교역활동은 규슈의 다이묘(Daimyo Den, 大名田)의 보호 아래 성장했다. 규슈의 다이묘 영주들은 초기에 포르투갈 세력의 선교활동과 중개교역에 큰 거부감이 없었다. 또한 포르투갈의 존 3세(Joao III, King of Portugal and the Algarves, 재위 1521~1557)는 1550년 일본교역을 왕의 독점권으로 규정하며, 왕의 승인을 통해 교역권을 획득한 선박만이 고아에서 정박이 가능했다. 이즈음 포르투갈 세력은 안전한 상품 운송과 시장 확보를 위해 1557년부터 마카오(임대기 1557~1887, 소유기 1887~1999)를 임대하여 교역 거점을 확보했다.

당시 안휘성(Anhui Province, 安徽省) 쉬산(Shexian, 歙縣) 태생의 왕지(Wang Zhi, 王直, Ochoku, ?~1560)는 16세기에 이름을 떨친 명나라 출신 해적 두목이다. 왕지는 원래 소금상인이었으나 명나라의 해금법에 반대하며 결국 1550년 즈음에 동중국해와 남중국해를 무대로 활동하며 포르투갈 세력의 일본 도착과 유럽 무기의 확산에 기여했다. 왕지는 히라도 영주 마츠라 다카노부(Matsura Takanobu, 松浦 隆信, 재위 1541~1568)의 지원을 받아 히라도(Hira-doshima, 平戶島)에 중국 상점(1541)과 포르투갈 상관(1550~1565)의 설립을 이끌었다. 당시 포르투갈 상선들은 히라도 이외에도 가고시마(Kagoshima, 鹿兒島), 야마가와(Yamagawa, 山川), 히지(Hiji, 日出), 푸나이(Funai, 府內, 현재 Oita, 大分)를 이용했다. 이들은 화약 제조기술을 전수하고 그 댓가로 히라도에서 가톨릭교 선교활동을 승인 받았다. 이후 히라도에서 선교

활동의 반불교 및 반신사 행위가 증가하면서, 포르투갈 선교사들은 1558
년 히라도에서 추방되었다.

시마바라영지(Shimabara Domain, 島原藩, 현재 사가현)의 다이묘이며 가톨릭
교로 개종한 일본의 첫 번째 다이묘인 오무라 수미타다(Omura Sumitada, 大
村純忠, 1533~1587)는 1569년 나가사키 북서쪽 20km 지점에 요코세우라항
구(Port Yokoseura, 橫瀬浦, 현재 Saikai, 西海)를 조성하고 포르투갈 선박의 정박
을 허가했다. 이에 포르투갈 선장 트리스탕 바즈 다 베이가Captain-Major
Tristao Vaz de Veiga와 예수회 선교사인 가스파르 비렐라Gaspar Vilela의 주도
하에 1562년부터 포르투갈 세력의 정박이 시작되었다. 하지만 요코세우
라항구는 1563년 오무라 수미타다에 대항한 반대 세력들에 의해 전소되
었다. 이에 요코세우라항구를 대신해 나가사키항구가 1570년 포르투갈
세력에게 개항되었다. 또한 오무라 수미타다는 1578년 포르투갈 세력의
도움을 받아 히젠의 토착 세력인 류조지가문(Ryuzoji Clan, 龍造寺氏)의 나가
사키 공격을 막고 이들을 퇴출시켰다. 이러한 이유로 나가사키는 포르투
갈의 가톨릭 예수회에 양도되어 1580~1586년 그 지배를 받게 되었다. 당
시 예수회 선교사이며 이탈리아 남동부 출신으로 파도바대학교에서 신
학을 전공한 알렉산드로 바리냐노(Alexandro Valignano, 1539~1606)는 1580년
부터 나가사키 행정관으로 활동했다.

이 시기에 포르투갈의 예수회는 인도의 고아·말라카·마카오·규슈 동
부의 푸나이(Funai, 府內, 현재 Oita, 1561)를 시작으로, 고아와 선원들의 과부,
빈자를 위한 복지와 의료 기능을 제공하는 자혜시설을 히라도(1583), 교토
(1600), 나가사키에 설립해 운영했다. 이러한 시설의 존재는 당시 일본 사
회의 계층차가 확대되고 있음을 반증한다. 나가사키의 자혜기관인 산타
카사 다 미세리코디아(Santa Casa da Misericoridia de Nagasaki, 1584)[15]는 마카오
의 자혜소(Santa Casa da Misericordia, 仁慈堂大樓, 1569)를 모델로 설립되어 병
원과 함께 운영[16]되었다.

한편 네덜란드 세력의 동인도기업Dutch East India Company이 히라도 영

주의 요청으로 1609년 히라도에 도착해 네덜란드팩토리(1604~1641)를 설립했다. 또한 영국 세력의 동인도기업(British East India Company)은 당시 잉글랜드 켄트 출신인 윌리엄 애덤스(William Adams, 1564~1620)의 도움으로 1613년 히라도에 영국팩토리(Trading Post, 1613~1623)[17]를 설립했다. 이후 네덜란드 세력은 히라도에서 거점을 잠시 운영했으나 해체하고 이후 1641년 나가사키 데지마로 이전했다.

나가사키 자혜기관의 모델이 되었던 마카오의 자혜소

2. 도쿠가와막부의 봉행소, 신사, 데지마, 도진야시키

규슈 정벌과 나가사키 봉행소

일본의 도시는 센고쿠시대(Sengoku Jidai, 戰國時代, 1467~1603)의 종료[18]와 도쿠가와막부(Tokugawa Shogunate, 德川幕府時代, 1603~1868)의 시작으로 큰 변화를 겪었다. 먼저 일본의 통일전 영토의 행정의 중심부가 왕권 중심의 교토에서 군부 중심의 에도(현재 도쿄)로 옮겨갔다. 에도시대(Edo Jidai, 江戸時代)가 시작되면서, 도시의 행정은 지역 세력의 행정이 아닌, 에도의 군부 세력으로부터 직접 지배를 받는 군부행정으로 변화되었다.

특히 규슈는 도요토미 히데요시(Toyotomi Hideyoshi: 豊臣秀吉, 재위 1585~1592)의 규슈정벌(九州の役, 1586~1587)[19]로 행정과 교역활동이 직접 에도의 도쿠가와막부가 임명한 다이묘 또는 사무라이(Hatamoto, 旗本)의 지배를 받았다. 당시 실시된 대표적인 행정 지배는 일상생활에서 가톨릭교 금지령(Ban on Catholicism, 1565, 1568, 1614)과 교역활동에 대한 쇄국령이었다.

도쿠가와막부가 임명한 나가사키의 행정관(Bugyo, 奉行)[20]은 나가사키 항구와 주변의 행정과 중국인과 네덜란드인 커뮤니티를 감시했다. 이에 따라 나가사키에는 이러한 군부행정 시설이 도시에 조성되며 그 중심부를 구성했다. 이 시기의 나가사키는 도성과 격자형 도로체계를 갖춘 일반적인 계획도시의 형태로 성장하지 않고, 나가사키 경관의 중심부인 타마조노산의 최고지에 도쿠가와막부의 지역행정 거점인 봉행소(長崎 奉行所立山役所, 현재 Nagasaki Museum of History and Culture)가 야오야마치(Yaoya Machi, 八百屋町)를 중심으로 조성되어, 그 내부에는 법정이 설치되었다. 봉행소의 북쪽에는 나가사키의 상징적 중심부인 수와신사(Suwa Shrine, 諏訪神社, 1614)가 자리 잡았다. 봉행소의 주변 하천을 중심으로 다리가 시장터를 형성했고 이와 연결된 구릉지에는 불교사찰, 성당, 교회를 중심으로

주거지가 형성되었고, 항구를 중심으로 교역활동과 외국인 커뮤니티가 입지했다. 이 시기에 나가사키의 인구는 1590년 약 5,000명에서 이후 1600년 약 15,000명으로 빠르게 성장했다.[21]

가톨릭금지령, 수와신사, 오쿤지

도요토미 히데요시가 1598년 사망한 이후 도쿠가와막부는 도요토미 히데요시의 정책을 계승하여 가톨릭교의 선교활동을 금지하고 해외교역을 통제했다. 도요토미 히데요시는 1596년 마닐라에서 아카풀코로 향하던 중 난파되어 신코쿠섬(Island of Shikoku, 四國)의 우라도(Urado, 浦戸)에 도착한 스페인 전투함인 산펠리페선(Spanish Battleship San Felipe)을 통해 스페인의 가톨릭교 프란체스칸 종파의 일본정복계획을 입수하고, 1597년부터 가톨릭교 선교사를 추방하고 선교활동을 금지했다. 뒤이어 가톨릭교 세력의 불교사찰과 신사의 파괴가 계속되자, 도쿠가와막부는 '가톨릭교금

나가사키 봉행소 현재 모습(ⓒ 한광야, 2019)

수와신사(ⓒ 한광야, 2019)

지령(1614)'을 선포했다. 이에 가톨릭교 선교사와 일본인 신자들이 나가사키로부터 마닐라 등으로 추방되어 그곳에서 일본인 커뮤니티를 조성했다. 또한 일본인 가톨릭교 신자와 선교사 26명이 니시자카언덕Nishizaka Hill와 운젠지옥Unzen Hell에서 처형[22]되었다.

이러한 가톨릭교 활동의 확산과 그 거점인 성당의 운영에 대항하여 일본 신토神道 신앙활동과 농작물 수확을 감사하는 축제활동의 중심부로 신사(Jinja, 神社)가 건립되었다. 이에 따라 나가사키의 모든 성당이 해체되었고, 특히 타마조노산의 경사지에 수와신사(Suwa Jinja, 諏訪神社, 1614)와 그 주변으로 일군의 불교사찰들이 조성되어 가톨릭교의 확산을 저지했다. 반면 가톨릭 금지령에 맞서 가톨릭교 신자들은 나가사키의 북쪽 우라카미에서 박해를 피하여 가톨릭교의 활동 거점으로 삼았다.

수와신사는 일본의 대표적인 신토신사이며, 이 시기에 시작된 나가사키의 대표 축제인 오쿤지(Okunchi, 長崎おくんち)의 시작점이다. 나가사키 오쿤지는 1638년 신사 행사의 활성화를 위해 시작되어 1642년 본격적으로

나가시마하천(ⓒ 한광야, 2019)

개최되어 농경수확이 종료된 10월 7~9일에 가을축제로 개최되었다. 하지만 오쿤지의 축제교류를 통해 마을의 주택들을 방문하고, 이를 통해 가톨릭교 신자를 색출하는 것이 목적이기도 했다. 이를 위해 주택의 마당을 외부인에게 보여주는 가든쇼(Garden Showing, 庭見せ)가 오쿤지 행사의 일부로 진행되었다.

나가시마하천, 테라마치, 다리, 시장

나가사키의 도시경관을 결정하는 나가시마하천(Nakashima Gawa, 中島川)은 오래된 도시 중심부 서쪽으로 행정의 중심부와 동쪽으로 지식생산의 중심부로 나누는 경계가 되었다. 나가시마하천의 서쪽에는 니시야마산(Nishi Yama, 西山)을 중심으로 구릉의 경사를 따라 봉행소와 수와신사로부터 푸루마치(Furu Machi, 古町), 우와마치(Uwa Mach, 上町), 나카마치(Naka Machi, 中町)가 조성되었다. 모던 나가사키의 도시행정의 거점인 시청(Nagasaki City Hall, 長崎市役所)과 경찰청(Nagasaki Prefecture Police Headquarters, 長崎縣警察本部廳)도 역시 이곳에 사쿠라마치공원(Sakuramachi Park, 櫻町公園)을 중심으로 입지했다.

　반면 나가시마하천의 동쪽에는 카메야마산(Kame Yama, 龜山)을 두고 나가사키 불교사찰의 중심부인 테라마치(Tera Mach, 寺町)가 자리 잡았고, 경

사를 따라 남서쪽으로 히가시 후루가와마치(Higashi Furugawa Machi, 東高川町), 긴자마치(Ginza Machi, 銀座町) 등이 나가사키의 오래된 주거지를 형성했다. 테라마치에는 가톨릭교 금지령(1614)에 따라 당시 성당들이 해체되고 중국 푸젠성에서 나가사키를 방문한 오바쿠선종(Obaku Zen) 종파의 승려들의 주도로 고푸쿠지사찰(Thomei Zan Kofukuji Temple, 東明山 興福寺, 1620, 1624)이 세워졌다. 이를 시작으로 소푸쿠지사찰(Sofuku Ji, 崇福寺, 1629)·푸쿠사지사찰(Fukusai Ji, 福濟寺, 1628)·쇼푸쿠지사찰(Shofuku Ji, 聖福寺, 1677)이 건립되어 나가사키의 '4대 푸장성 사찰長崎 四福寺'을 완성했다.

난징사찰Nankindera이라고도 불리는 고푸쿠지사찰은 먼저 마조사당(Mazu Deity Hall, 1620)으로 조성되었으며, 이후 승려인 시넨Priest Shinen은 이곳을 고푸쿠지사찰(1624)로 확장했다. 이후 고푸쿠지사찰은 푸젠성 푸저우의 승려 인젠 류키(Ingen Ryuki, 隱元隆琦, 1592~1673)[23]가 1654년부터 활동하면서 세력을 빠르게 키워나갔다. 고푸쿠지사찰은 붉은 문을 갖고 있어 붉은 사찰로 불리며 약 300년간 사용되었고, 이후 일본에서 가장 오래된 공자사당(Confucius Hall, 孔子聖堂)인 나가사키 세이도(Nagasaki Confucius Seido, 孔子聖堂, 1647)의 문이 1959년 이곳으로 이전되어 설치된 곳이기도 하다.

또한 나가시마하천의 두 상류천의 합류지에 위치한 이세노미아신사(Isenomiya Shrine, 伊勢宮)에는 조선인 커뮤니티의 활동 거점으로 추정되는 코라이다리(Korai Bashi Bridge, 高麗橋)가 있으며, 이곳에서 남쪽으로 나가시마하천을 따라 일군의 석재 다리들이 건설되어 나가사키의 오래된 도시경관의 정체성을 완성했다. 이들은 하천 서쪽의 행정중심부와 동쪽의 사찰 및 주거지를 연결했다.

특히 나가시마하천 서쪽의 옛 시청과 동쪽의 고푸쿠지사찰을 연결해온 메가네다리(Megane Bashi Bridge, 眼鏡橋, 1634)는 일본의 대표적인 초기 석조다리의 예이다. 메가네다리는 푸젠성의 선종 승려로 고푸쿠지사찰에서 생활한 모쿠수 묘조(Mokusu Myoujo, 黙想明淨)의 주도로 건설되었다. 메가네다리는 니혼다리Nihonbashi Bridge와 이와쿠니(Iwakuni, 岩國)의 킨타이

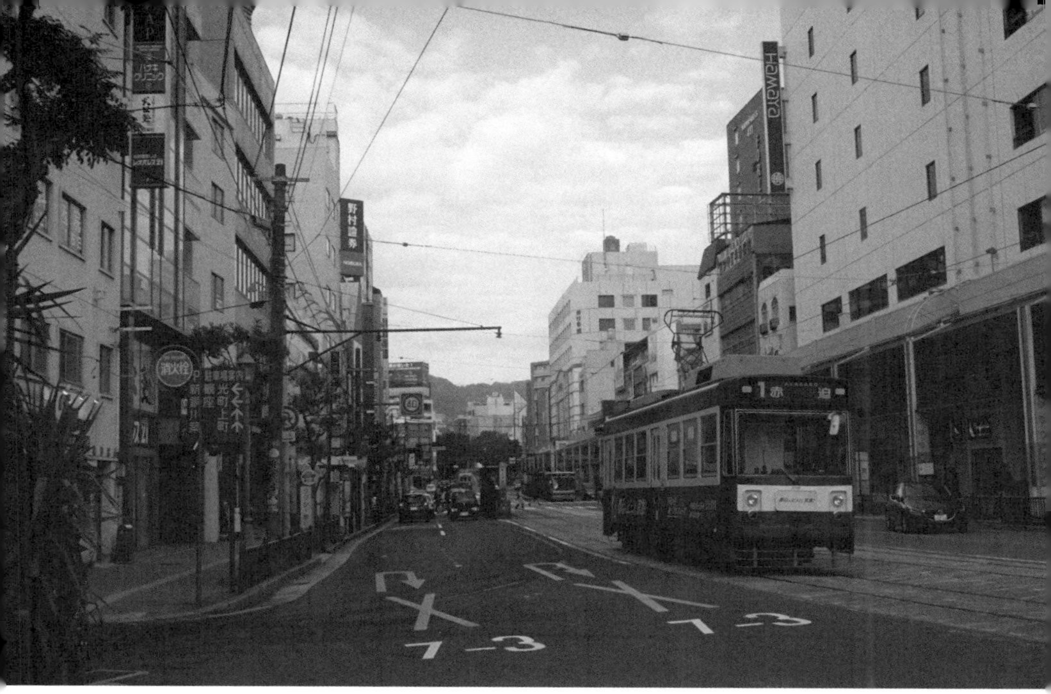
野村證券
消火栓
Hamaya
1 赤迫
7-3

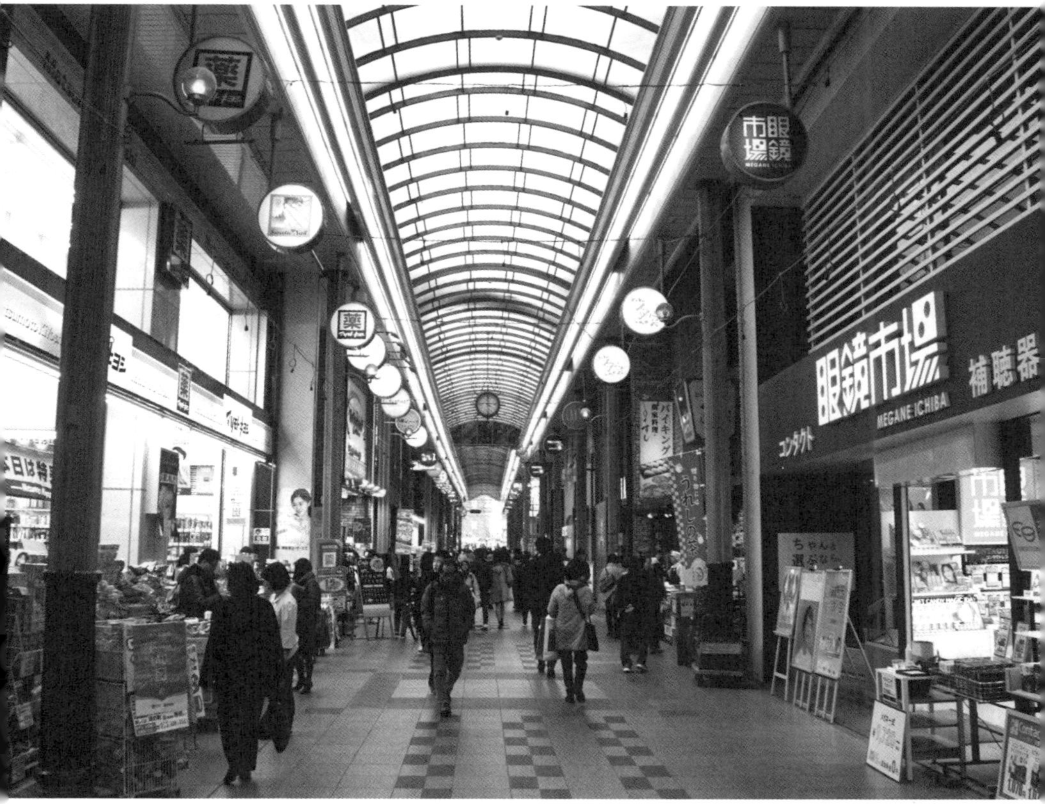
薬
眼鏡市場
MEGANE ICHIBA
補聴器
コンタクト
バイキング

교우다리Kintaikyou Bridge와 함께 일본의 가장 오래된 중국 건축양식의 석조 아치교로서 두 개의 원형 아치를 갖고 있다.

또한 나가사키 시민관과 연결된 히가시심바시다리는(Higashi Simbashi Bridge, 東新橋)는 서쪽의 시청과 동쪽의 고푸쿠치사찰과 연명사찰(医王山 延命寺)을 연결했고, 우오이치다리(Uoichi Bash Bridge, 魚市橋)에서는 생선시장이 열렸다. 나가시마하천의 니기와이다리(Nigiwai Bashi Bridge, 賑橋)와 쿠로가네다리(Kurogane Bashi Bridge, 銕橋)는 하마노마치아케이드와 연결되어 나가사키의 초기 상업중심부를 구성했고, 동쪽의 소푸쿠지사찰과 연결되어 있다. 그 남쪽으로 나가사키 도시 중심부의 동서 구역을 연결해주는 추오다리(Chuo Bashi Bridge, 中央橋)는 트램선을 따라 동쪽으로 국수를 생산했던 하루사메도로(Harusame Dori Street, 春雨通)와 뱃사람들의 유흥지였던 시안바시도로Shian Bashi Dori로 연결되었고, 쇼가쿠지사찰(Shogakuji Temple, 正覺寺)까지 이어졌다.

특히 나가사키의 오래된 생산과 소비활동의 중심부는 나카시마하천과 도자하천이 만나는 천변을 따라 조성된 어시장인 우오노마치Uono Mach, 은을 생산했던 긴자마치, 배가 정박했던 하마노마치Hamano Machi, 浜町), 동을 생산했던 도자마치(Doza Machi, 銅座町), 조선선박공의 구역인 푸나다이쿠마치(Funadaiku Machi, 船大工町) 등이다.

쇄국령, 데지마, 네덜란드의 지식과 상품

도쿠가와막부의 쇄국정책에 따라 1653년 포르투갈·네덜란드·중국 상선들의 입출항과 교역활동이 나가사키로 제한되었다. 이를 위해 나가시마하천과 우라카미강의 합류지 주변에는 1634년 인공섬인 데지마(Dejima 出島, 1641~1854)가 건설되어 이들의 교역과 선교활동을 통제했다. 데지마는 일본이 해외 교역을 금지한 17~19세기 유일하게 창구를 개방한 해상교

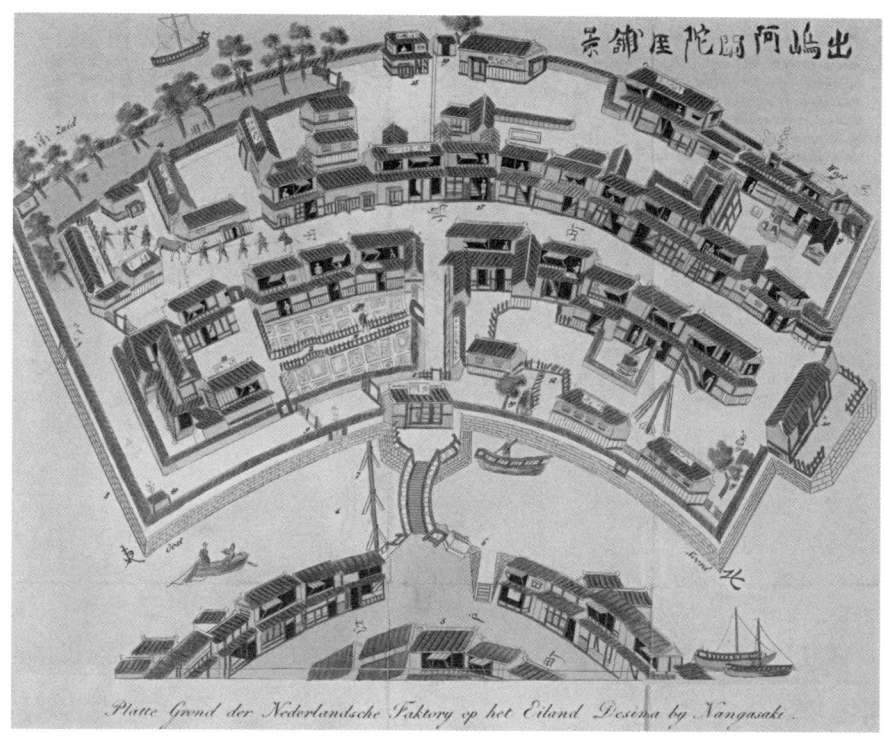

Platte Grond der Nederlandsche Faktory op het Eiland Desima by Nangasaki.

역 거점이라 이에 데지마를 중심으로 포르투갈과 네덜란드 교역선이 정
박했으며, 그 주변으로 중국과 조선의 교역활동이 이루어졌다.

나가사키의 데지마는 도쿠가와막부가 1634년 민간 기업에 발주하여
실시된 건설 사업으로 해자로 둘러싸인 면적 2.2acre의 인공섬(길이: 120m,
폭: 70m)을 건설하여 가톨릭교 포르투갈 세력과 네덜란드 동인도기업에게
임대되었다. 당시 데지마는 도쿠가와막부가 노역이 아닌 민간 기업에게
발주된 건설사업으로 이후 외국계기업인 동인도기업에게 장기 임대되었
다는 점에서 의미를 갖고 있다.

이후 도쿠가와막부는 1639년 가톨릭교 포르투갈 선교사들을 추방하
고 네덜란드 세력의 교역활동만을 허용했다. 당시 네덜란드 세력은 교역
활동을 위해 일본의 요구를 수용하여 선교활동을 자제하며, 히라도의 교
역 거점을 나가사키로 이전했다. 이후 데지마는 1855년 일란화친조약(日
蘭和親條約, 1856) 체결에 의해 네덜란드인의 나가사키의 자유로운 활동이

데지마섬의 19세기초 지도(1825)

허가될 때까지 약 200년 동안 네덜란드의 대일본 독점무역의 중심이 되었다. 이와 함께 도쿠가와막부는 미국·영국·러시아·프랑스와도 통상을 위한 화친조약을 체결했다. 이에 따라 데지마 내의 네덜란드 공관이 1859년 폐쇄되었고, 이후 1904년 데지마는 간척공사를 통해 육지화 되었다. 간척된 데지마는 2000년대 초부터 나가사키의 역사유적보전과 관광활성화를 목적으로 간척구역을 다시 제거하며 단계적으로 복원되어 왔으며, 2017년 육지와 데지마를 연결하는 오모테몬다리Omotemon-Bashi Bridge가 복원되었다.

데지마를 중심으로 네덜란드 세력의 교역활동은 당시 서유럽의 과학지식과 선박 생산기술이 일본으로 유입되는 통로가 되었고, 이와 함께 나가사키는 네덜란드에서 전래된 과학 기술과 지식들을 연구하는 난학(Rangaku Kyujitai, 蘭學)의 중심부가 되었다. 난학의 시작은 전반기(1640~1720)에 의학과 항해학에 집중되었으며, 점차 시계·지도·망원경·현미경·지구본 등의 물품들이 이 지역의 상류층에 보급되기 시작했다. 이후 토쿠가와 요시무네 쇼건(Shogun Tokugawa Yoshimune, 德川 吉宗, 1716~1745)에 의해 1720년 서양서적의 열람금지가 해체되면서 막대한 서양지식 생산과 전파가 후반기(1720~1838)에 진행되었다. 이 시기의 나가사키는 일본 학자들의 새로운 지식획득과 연구활동을 위한 방문과 이주지가 되었다.

이 시기의 나가사키는 당시 일본으로 유입되는 새로운 것들에 대한 "일본인의 호기심, 설레임 그리고 열정"24의 중심부가 되었다. 또한 이 시기의 나가사키는 연암 박지원(朴趾源, 1737~1805)의 열하일기熱河日記25중 옥갑야화玉匣夜話에 나오는 풍자 한자소설인 허생전許生傳에서 그 배경인 장기도長崎島로 기술되었다. 당시 박지원은 1763년 통신사로 일본에 파견되었던 인물들 중 일부와 친분이 있었다고 추측되며, 나가사키가 유럽과 청나라와의 무역 항구라는 것과 쌀과 은을 대규모로 매매하는 민간 교역이 번성하고 있음을 인지했다고 추측된다. 허생전에서 주인공 허생은 가난 속에 가출한 후, 안성, 변산반도 등에서 돈을 벌고, 이후 나가사키에서 성공하여 귀국한다. 허생은 당시 나가사키가 식량난을 겪고 있어서 쌀을 팔아 은 백만 냥을 벌었다고 언급된다.

의학교육, 나가사키의학교, 나가사키 병원

나가사키는 북쪽의 나가사키철도역(1897, 현재 우라카미철도역)을 중심으로 그 동쪽에 의학교, 병원, 상업학교가 잇달아 건립되면서 난학의 중심부로서 자리 잡았다. 이 시기에 독일 위르츠버그Wurzburg 태생으로 의사이자 식물학자, 네덜란드 군의관으로 활동했던 필립 지볼트 박사(Dr. Philipp Franz von Siebold, 1796~1866)는 1823년부터 데지마와 신나카가와(Shin-Nakagawa)의 자택(현재 Siebold Memorial Museum)에서 거주하며 서양의학을 전파했다. 또한 부르게 태생으로 네덜란드 해군 외과의사인 요하네스 폼페(Johannes Lijdius Catharinus Pompe van Meerdervoort, 1829~1908)는 유럽의 생물학·화학·해부학·병리학·생리학을 소개하고 인체해부를 통한 의학교육을 진행했다.

요하네스 폼페는 일본에서 인체해부를 진행한 최초의 인물이다. 그의 주도 하에 의학연습소(Medical Training Institute, 醫學伝習所, 1857, 이후 Nagasaki Medical College가 도쿠가와막부의 후원으로 현재 나가사키대학 사카모토 캠퍼스Sakamoto Campus 부지에 조성되었다. 나가사키 의학연습소에는 이후 메이지정부가 태평양전쟁(Pacific War, 1941~1945)기에 동아시아 풍토병 연구소(East Asia Research Institute of Endemics, 1942, 현재 Institute of Tropical Medicine today)가 설립된 곳이다. 이후 그의 학생들 중에서 일본의 첫 여성 의사인 쿠스모토 이네(Kusumoto Ine, 失本 稻, 1827~1903)[26]가 수학했다. 이후 요하네스 폼페는 2명의 일본 학생들을 데리고 1862년 네덜란드로 귀국하여 유럽에서 수학한 최초의 일본 의사들을 배출했다.

또한 일본에서 콜레라가 발생하면서 일본 최초의 서양병원인 나가사

키 요조소(Nagasaki Yojosho, 1861)가 요하네스 폼페의 제안에 따라 개원했다. 당시 나가사키 의학연습소와 요조소의 입지 특성을 고려하면, 의료시설은 무엇보다 제철소·조선소·석탄광산·철도시설에서 치명적 안전사고를 당한 중증환자들의 치료를 목적으로 운영되었을 것이다. 이후 의학연습소와 요조소는 1945년 원폭으로 파괴되었으나 1950년에 사카모토캠퍼스Sakamoto Campus가 재건되어 현재까지 나가사키대학교의 의과대학과 나가사키 의과대학병원Nagasaki Medical College Hospital으로 성장해왔다.

외국인 커뮤니티, 오우라, 도진야시키-신치

도쿠가와막부의 200년 쇄국정책이 종료되며 일본이 국제교역의 새로운 주체로서 부상한 계기는 1854년 미국과 채결한 가나가와협정(Treaty of Kanagawa, 神奈川條約, 1854)[27]과 네덜란드·러시아·영국·프랑스와의 조약이었다. 이후 나가사키는 미일협정(Treaty of Amity and Commerce, 日米修好通商條約, 1858)에 따라 1859년 가나가와(Kanagawa, 요코하마항구)·효고(Hyogo, 고베항

데지마섬에서 본 나가사키항. 그림 속 아기가 쿠스모토 이네이다(19세기 초).

구)·니가타(Niigata, 新潟)와 함께 자유무역항으로 개항했다.

이에 따라 나가사키의 첫 번째 외국인 커뮤니티가 1860년부터 데지마 남쪽으로 현재 히가시 야마테(Higashi Yamate, 東山手)와 미나미 야마테(Minami Yamate, 南山手)의 해안 매립으로 조성되었다. 오우라의 중심부는 일본에 현존하는 가장 오래된 성당으로 프랑스 선교사가 순교한 26인의 성인을 기리기 위해 건립한 오우라성당(Oura Cathedral, 大浦天主堂, 1865)과 그 서쪽에 인접한 라틴신학교(Latin Seminario, 旧羅典神學校)였으며, 광장을 중심으로 미국·네덜란드·러시아·영국·프랑스 등의 외국인 거주지가 형성되었다.

당시 오우라에는 오우라성당을 중심으로 스코틀랜드 상인인 토마스 글로버(Thomas Glover, 1838~1911)가 조성한 글로버가든과 글로버하우스Glover House를 포함하는 서양식 건축구역이 들어섰다. 이곳은 오페라 나비부인의 배경이 된 곳이며, 펄벅Pearl S. Buck과 헬렌 켈러Helen Adams Keller가 운젠을 방문한 시점도 이 무렵이다.

나가사키에는 에도시대의 쇄국정책으로 데지마의 네덜란드 상업구역과 함께 일본에서 가장 오래된 중국인 커뮤니티인 도진야시키(Tojin Yashiki, 唐人屋敷, 총면적: 28,000m²)[28]가 조성되었다. 나가사키의 중국인 상인과 선원은 이미 15세기부터 샹하이·닝보·푸저우·취안저우·장저우·광저우·타이완 지룽으로부터 실크생사生絲·약재·서적을 수입했으며, 18세기부터는 멀리 자카르타에서 설탕을 수입했다.

나가사키의 초기 중국인 상인과 선원은 토메이산(Thomei Zan, 東明山)의 북서쪽에 거주했다. 이후 도쿠가와막부가 1635년 중국교역을 나가사키에 제한하면서, 규슈 북부의 중국인과 함께 푸저우·취안저우·샤먼으로부터 다수의 중국인이 나가사키로 이주해왔다. 이들은 도자하천의 남쪽으로 푸켄도로Fukken Dori와 도진야시키도로Tojin Yashiki Dori를 따라 도진야시키가 조성되었고 이후 서쪽으로 신치(Shinchi Chukagai, 新地中華街)까지 확장왔다. 이 무렵 고푸쿠지 사찰과 일본에서 가장 오래된 공자사당인 나가사키 세이도(Nagasaki Confucius Seido, 孔子聖堂, 1647)가 설립되었다. 중국인들은 이

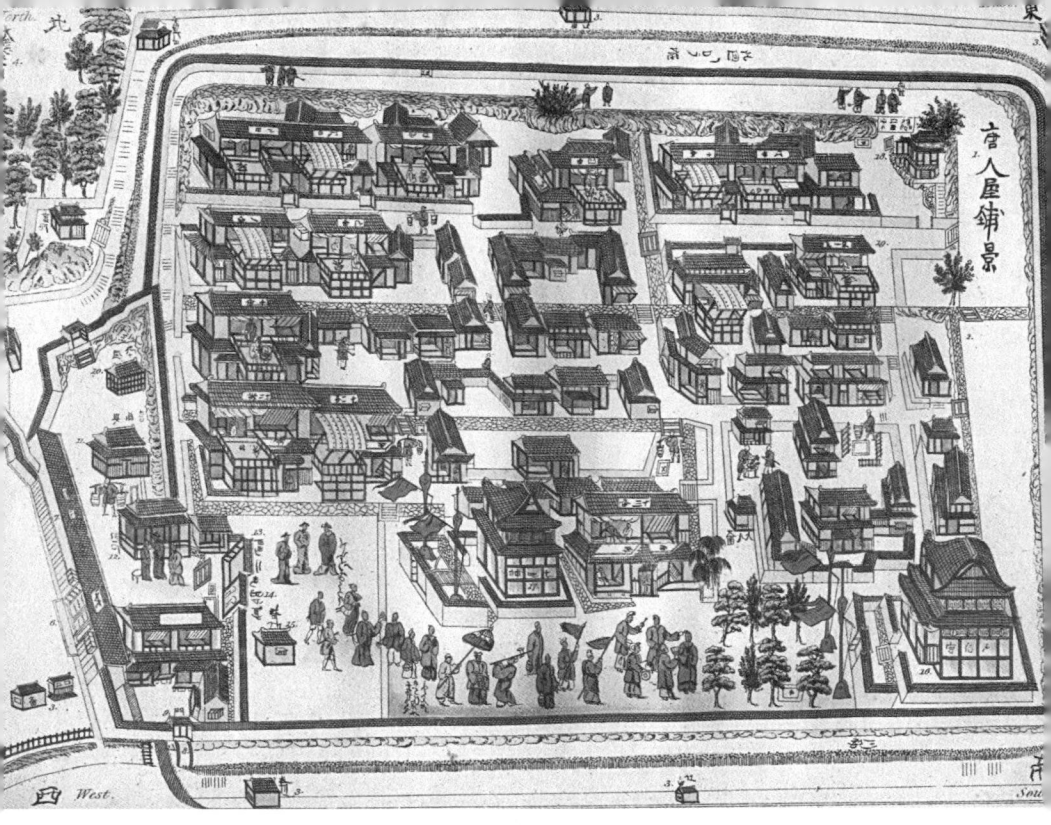

미 1670년대에 나가사키 인구 약 6만 명 중에서 약 1만 명을 차지했다.[29]

　도진야시키는 벽과 수로로 경계를 조성하여 출입을 통제된 중국인 주거구역으로서, 중국인 약 2,000명이 주거·사무소·창고 등을 중심으로 거주했으며, 상점들이 광장의 시장과 함께 운영되었다. 도진야시키는 토지신을 모신 도진사당(Dojin-do, 土神堂, 1691), 관음신을 모신 간논사당(Kannon-do, 觀音堂), 마조여신을 모시는 텐코사당(Tenko-do Shrine, 天后堂, 1737), 군부가 소유하는 약초밭(Kojima Curing Plant Field, 小島養生所跡石碑)을 갖춘 하치빈회관(Hachibin Kaikan Hall, 八門會所, 1868)과 푸젠회관(Fukken Kaikan Hall, 福建會館, 1868, 1897)이 그 중심부를 구성했다. 도진야시키에서 동남쪽으로 이시다리(Ishi Bashi Bridge)의 북쪽에는 신축된 공자사당(Koshibyo Confucius Shrine, 孔子廟, 1893)이 자리 잡고 있다.[30]

　도진야시키는 나가사키대화재(Great Fire of Nagasaki, 1663)로 인해 창고들

도진야시키(1639~1689)

이 전소되었고, 1702년 도진야시키 앞의 수변을 매립하여 새로운 창고구역인 신치(新地, Sin Chi)를 조성되었다. 또한 1784년에 일어난 화재로 간테이토사당(Kantei-do, 關帝堂)을 제외하고 도진야시키가 전소되며 쇠퇴했다. 이후 나가사키봉행소가 1868년에 해체되면서 도진야시키는 이 지역에서 활동했던 부상 모리 이소지(Mori Isanji, 森伊三次)에게 매각되어 1870년대에 도로와 해자 위에 모리다리(森伊橋, 1892)를 조성하며 모리마치로도 불렸다.

3. 나가사키해군훈련소와 미쓰비시제철조선소

도쿠가와막부(1639~1859)의 쇠락과 메이지시대(Meiji Era, 明治, 1868~1912)의 개

도진야시키 푸젠회관(ⓒ 한광야, 2019)

막은 교토에서 공포된 메이지선언(Charter Oath, 五箇條の御誓文, 1868)과 메이지유신(Meiji Restoration, 明治維新, 1868)으로 시작되었다. 메이지유신은 중앙 정부 주도의 산업체계와 민간기업의 자본집적을 이끌었고, 신분계급을 해체하고 유럽식의 학교체계와 표준화된 교육 과정을 도입했다. 이에 따라 일본의 도시에 빠르게 조성되는 공장과 학교는 더 좋은 일자리와 교육의 기회를 찾으려는 이주자들을 이끌며 도시 성장을 유도했다.

메이지시대의 나가사키는 이러한 도시 변화가 대규모로 급속히 진행되어 모던 도시로 변화한 사례이다. 특히 나가사키는 1859년 일본 네 개 항구의 개항으로 도쿠가와막부 시기에 누렸던 해외교역 독점항구로서의 특권을 잃게 되었고, 그 기능은 요코하마와 고베에게 넘겨졌다. 이러한 메이지시대의 격변기에서 나가사키는 흥미롭게도 공장도시로서 다시 성장했다.

이 시기에 나가사키는 새로운 산업체계를 도입하여 도시 전체가 대형 선박과 군수물품의 생산도시로 탈바꿈했다. 이미 나가사키는 1857년 도쿠가와막부의 주도로 제철소가 건설되었다. 나가사키는 대형 선박을 생산할 수 있는 기술을 네덜란드인이 주도한 해군학교와 조선소를 통해 전수받았고, 영국의 자본 투자를 기반으로 하여 주변 지역에서는 철광석을 생산했다. 이를 통해 20세기 초 나가사키는 일본의 선박제조의 중심부가 되었다. 그리고 선박의 엔진은 나고야의 미쓰비시 공장에서 제조되어 나가사키로 운송되었다.

나가사키는 특히 제2차 세계대전 당시 선박·무기·군수품을 생산하는 대규모 군수도시로서 기능했다. 당시 일본에서 가장 뛰어난 군함 제조능력을 보유했던 미쓰비시 나가사키조선소는 과거 교역 중심의 나가사키를 조선업을 기반으로 하는 산업구조 혁신을 통해 군수도시로 성장시켰으며, 미쓰비시사의 선박 생산은 현재까지 나가사키의 중심 산업체계로서 자리 잡고 있다. 물론 이러한 나가사키의 군수산업은 제 2차 세계대전에 나가사키 원자폭탄이 투하되는 원인이 되었다.

나가사키해군훈련소와 미쓰비시기업의 조선소-기계공장

메이지시대에 나가사키의 도시 변화는 우라카미분지(Urakami Valley, 浦上盆地)를 중심으로 인접 지역인 남쪽의 탄광과 북쪽의 해군기지가 거대한 지역산업 생산체계를 형성하며 이루어졌다. 이러한 나가사키 생산체계의 시발점은 영국의 자본 투자와 네덜란드의 기술 원조였다. 이에 도쿠가와막부의 주도로 시작되어 이후 메이지정부 하에 미쓰비시기업이 인수하여 군수도시로 변화를 추진했으며 이에 따라 도시의 기능과 경관도 발맞춰 변화했다.

먼저 나가사키항구의 남쪽 15km에 위치한 하시마섬의 탄광(Hashima Island, 端島, 1887)과 다카시마 탄광(Takashima Coal Mine, 1869)에서는 석탄과 철이 생산되었다. 또한 내륙의 우라카미강 수변의 데지마 옆에는 네덜란드 엔지니어의 도움으로 나가사키해군훈련소(Nagasaki Naval Training Center, 長崎海軍伝習所, 1855~1859)와 '나가사키용철소(Nagasaki Yotetsusho, 長崎鎔鐵所, 1857)'가 건설되어 일본의 초기 조선소로서 군함을 생산했다.

나가사키항구의 남쪽 끝에는 미쓰비시제철무기공장(Mitsubishi Steel and Arms Works)이 세워졌고, 북쪽 끝의 현재 우라카미철도역 주변으로 미쓰비시 우라카미군수공장(Mitsubishi-Urakami Ordnance Works)이 자리 잡았다. 한편 나가사키의 북쪽 50km에 위치한 사세보(Sasebo, 佐世保)에는 일본 해군구역(Sasebo Naval District, 현재 US Navy Sasebo)이 조성되어, 나가사키의 북동쪽 12km에 오무라와 함께 거대한 일본 해군의 군항 거점이 되었다.

이러한 변화는 도쿠가와막부의 주도로 데지마 인근 현재 오하토 서쪽의 모토푸나마치元船町에 개소한 나가사키해군훈련소에서 시작되었다. 당시 나가사키해군훈련소는 데지마의 네덜란드 세력의 기술의 이점을 최대한 누리기 위하여 이곳에 조성되어 네덜란드 군사 엔지니어가 증기 전투선의 생산기술을 교육하며 대형 군함을 건조했다. 나가사키해군훈련소는 이후 1859년 도쿄만의 츄키지(Tsukiji, 築地)에 추키지 해군훈련소

Tsukiji Naval Training Center, 築地 海軍伝習所로 이전했다. 또한 요코하마의 요코수카해군조선소Yokosuka Naval Yard는 1865~1870년대에 25명의 프랑스 엔지니어를 보유했다. 당시 도쿠가와막부는 해군교육 거점을 두 곳으로 나누어, 나가사키해군학교에는 네덜란드 세력이, 요코수카에는 프랑스 세력이 각각 교육과 군함 건조를 진행하여 상호 경쟁을 유도했다.[31] 이 시기의 외국인 엔지니어의 고용은 1870년대에 최고에 달했다.[32]

　　나가사키해군훈련소는 항해술과 과학에 집중된 교육 과정을 운영했으며, 네덜란드 윌리엄 3세(Willem Alexander Paul Frederik Lodewijk, 재위 1849~1890)가 1855년 선물한 일본의 첫 번째 증기선인 칸코마루선(Kanko Maru, 觀光丸)을 보유했다. 이에 나가사키해군훈련소는 유럽의 조선시설을 수입해 군함을 보수하는 일본의 첫 번째 유럽식 공장으로 발돋움하는 장소가

나가사키해군훈련소(1860~1863)

되었다. 당시 나가사키해군훈련소는 학생들에게 해양 지식과 유럽 해군 기술을 교육했고 체계적인 해군훈련을 진행했다. 이에 나가사키해군훈련소는 해군장군 에노모토 타케아키(Admiral Enomoto Takeaki, 榎本 武揚, 1836~1908)를 포함한 해군병과 엔지니어를 배출하며, 일본 해군과 선박 제조기술의 성장에 기여했다.

이 시기에 나가사키항구로부터 남서쪽 17km에 위치한 하시마섬의 탄광(Hashima Island 端島, 1887, 6.3ha)이 이미 1810년부터 수중 석탄광산으로 개발되기 시작되었으며, 이후 1890년부터 미쓰비시기업이 매입해 본격적으로 개발되었다. 이곳에는 일본의 첫 번째 대규모 콘크리트 건축물로 태풍을 견딜 수 있는 7층 기숙사가 건설되었다. 뒤이어 55년 동안 학교·유치원·병원·타운홀·커뮤니티센터·클럽하우스·극장·공동목욕장·수영장·상점 등이 조성되어 인구 5,259(1959년 기준)명으로 성장했다.

또한 인접한 다카시마탄광(Takashima Coal Mine, 1869)의 개발은 스코틀랜드 출신의 무기상인 토마스 글로버Thomas Blake Glover가 1859년 사가 영지의 다이묘인 나베시마 나오마사(Nabeshima Naomasa, 鍋島 直正, 1815~1871)를 설득하며 시작되었다. 이를 위해 토마스 글로버는 스코틀랜드 자본으로 뭄바이·광저우·홍콩·상해를 중심으로 활동하던 자딘매터슨기업(Jardine Matheson & Co., 1832)[33]의 투자를 유치하여 증기드릴을 수입하고, 영국의 탄광기술자를 초빙하여 다카시마탄광에서 1868년 일본의 첫 번째 수직 탄광을 개발했다.[34] 다카시마탄광은 이후 정부에게 소유권이 넘겨졌다가 다시 미쓰비시기업의 창업자인 이와사키 야타로Iwasaki Yataro에게 매각되었고, 1890년까지 일본의 최대 탄광기업으로 성장했다.[35]

한편 도쿠가와막부는 1857년 네덜란드 엔지니어의 도움으로 데지마 옆에 서양식의 주조조선소(Foundry and Shipyard, 鑄造所)인 나가사키용철소를 건립하여 직영했다. 나가사키용철소는 이후 나가사키제철소(Nagasaki Seitetsusho, 長崎 製鐵所, 1861)로 개명되고, 데지마 건너편 우라카미강의 서쪽편의 아쿠노우라마치Akun Oura Machi의 매립지에 1879년 일본의 첫 번째

나가사키용철소에서 출발 현재 미쓰비시조선소에 이른 수변 전경(ⓒ 한광야, 2019)
미쓰비시박물관(ⓒ 한광야, 2019)

건조부두가 조성되었다.

이후 나가사키제철소는 1884년 일본정부의 주도하에 미쓰비시기업의 창업자로 신고쿠 태생의 야타로 이와사키에게 임대되어 나가사키 조선 기계업Nagasaki Shipyard & Machinery Works으로 운영되다가 1887년 최종 매각되었고 이후 건조부두가 각각 1896년과 1905년에 추가되었다. 나가사키 조선기계업은 이후 1917년과 1934년 미쓰비시중공업기업Mitsubishi Heavy Industries으로 통합되어 일본 해군의 지원을 바탕으로 성장하며 일본의 대표적인 전함 키리시마(1915)와 무사시(Musashi, 武藏, 1942)를 생산했다.

미쓰비시기업은 현재 이곳을 중심으로, 우라카미강 하구의 코야기마치Koyagi Machi에 선박보수를 위한 코야기공장(Koyagi Plant, 香燒工場, 1972), 사이와이마치공장(Saiwai Machi, 幸町工場), 이사하야(Isahaya, 諫早)시의 이사하야공장(Isahaya Plant, 諫早工場)과 함께 네 개 공장을 운영하고 있다.[36]

2009년 나가사키조선소 중 코스게오사무부두Kosuge Slip Dock와 미쓰비시도로Mitsubishi Street를 따라 그 동쪽에 위치한 제3 건조부두(No. 3 Dry Dock), 자이언트 캔틸레버 크레인 등의 다섯 개 산업자산이 일본의 메이지 산업혁명을 주도한 제철·제강·조선·석탄의 생산체계로서 유네스코 세계유산으로 등재되었다.

철도선, 사세보, 오무라

나가사키의 변화를 견인한 두 번째 요소는 도시의 교통·운송 체계인 철도이다. 흥미롭게도 일본의 철도선은 일본 영토 내의 다섯 개의 해군 거점들을 전략적으로 연결하기 위해 건설되었고, 그것이 현재까지 세계 최고의 도시 철도교통체계로 성장해왔다. 메이지정부는 1886년 해군을 창군하고, 일본 영토를 다섯 개의 해군구역(Naval District, 海軍區)으로 구획하고, 각 구역에는 해군본부를 중심으로 국토를 전략적으로 재구축하고 이를 철도선으로 연결했다. 이후 철도선은 영토 내 지역교통의 핵심체계로 변화하며 도시와 도시 그리고 도시 내 거점들을 연결해왔다.

나가사키의 철도선은 1897년 화물운송을 목적으로 후쿠오카의 남쪽 25km에 규슈의 물류 거점이며 공장 밀집지인 사가현 도수(Tosu, 鳥栖)와 나가사키를 연결하기 위해 개통되었다. 나가사키는 역사적으로 규슈를 북남 방향으로 관통하는 중심도로인 규슈고속도로(Kyusu Expressway, 九州自動車道, 346km)와 직접 연결되지 않았고, 오히려 후쿠오카로부터 사가를 통해 연결되었다. 실제로 나가사키는 후쿠오카로부터 가고시마를 연결하는 북남 방향의 핵심 연결체계인 규슈신간센(후쿠오카-가고시마)의 중간 지점인 구마모토에서 서쪽으로 70km 떨어져 있다.[37]

이러한 이유로 나가사키철도선(Nagasaki Main Line, 長崎本線, 1891, 149km)은 국영철도[38]로서 도수철도역(Tosu Station, 鳥栖驛, 1889)과 나가사키철도역(현재 Urakami Station, 浦上驛, 1897)을 연결했다. 이렇게 조성된 나가사키의 철도선은 우라카미분지 전체를 연결시키며 지역 전체를 산업 거점으로 변화시켰다.

나가사키의 초기 철도역은 현재 우라카미철도역(Urakami Station, 浦上驛i, 1897)이었으며, 이후 철도선이 남쪽으로 연장되며 현재 나가사키철도역(Nagasaki Station, 長崎驛, 1905)이 여객용으로 건설되었다. 그리고 나가사키철도역 앞에 나가사키 트램(Nagasaki Electric Tramway, 1915)의 정류장이 조성되어 상호 연결되었다. 나가사키철도역은 인접한 아무플라자쇼핑센터Amu Plaza Nagasaki와 고가 광장의 보행동선을 통해 환승 거점으로서 기능하고 있다.

또한 나가사키의 북쪽 50km 지점에 제 3 해군구역(Naval District 3rd, 第三海軍區)의 거점인 사세보Sasebo가 시사이드철도선Seaside Liner를 통해 나가사키의 북쪽 입구인 이사하야철도역(Isahaya Station, 諫早驛)과 연결되었다. 사세보는 메이지시대가 시작할 때까지도 히라도 영주(Hirado Domain, 平戶藩)의 지배를 받던 작은 어촌이었다. 이후 사세보는 1886~1889년 일본의 해군기지로 조성[39]되어 철도선으로 연결되었다. 이후 시세보해군기지는

나가사키철도역(ⓒ 한광야, 2019)
항구와 직접 연결된 철도체계를 갖춘 나가사키 지도(1928)

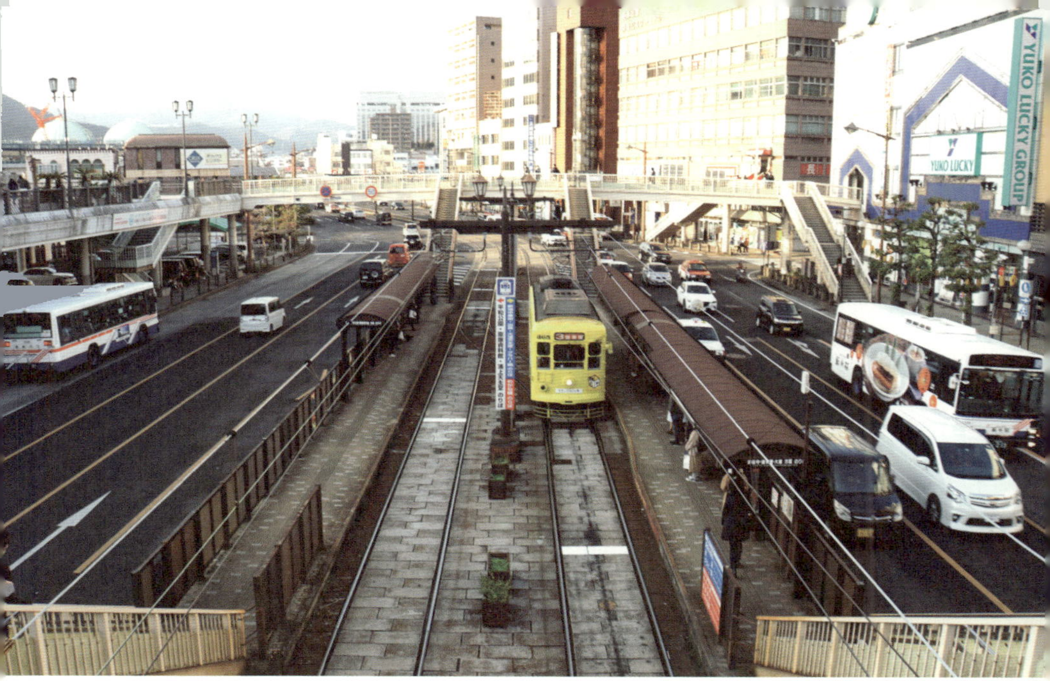
YUKO LUCKY GROUP
YUKO LUCKY

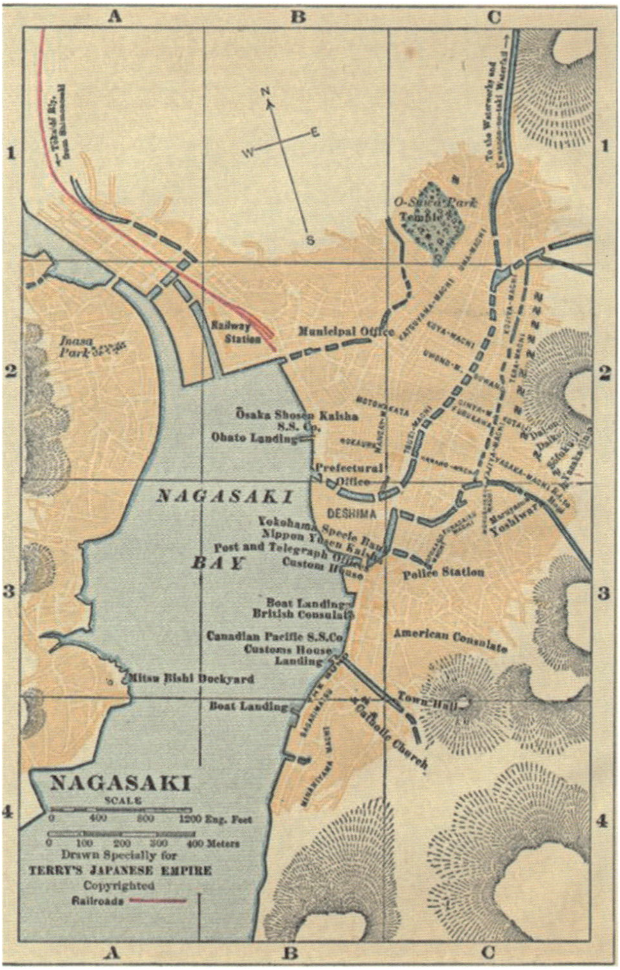
A
B
C
1
2
3
4
N
S
E
W
O-Suwa Park
Temple
Railway Station
Municipal Office
Inasa Park
Ōsaka Shosen Kaisha S.S. Co.
Ohato Landing
Prefectural Office
NAGASAKI
BAY
DESHIMA
Yokohama Specie Bank
Nippon Yusen Kaisha
Post and Telegraph Office
Custom House
Police Station
Yoshiwara
Boat Landing
British Consulate
Canadian Pacific S.S.Co.
Customs House Landing
American Consulate
Mitsu Bishi Dockyard
Boat Landing
Town Hall
Catholic Church
NAGASAKI
SCALE
0 400 800 1200 Eng. Feet
0 100 200 300 400 Meters
Drawn Specially for
TERRY'S JAPANESE EMPIRE
Copyrighted
Railroads

1차 중일전쟁과 러일전쟁 그리고 제 2차 세계대전이 종료될 때까지 핵심 해군기지로 기능했다.

사세보에는 또한 해군기지와 함께 사세보 해군무기구역(Sasebo Naval Arsenal, 1886)이 조성되어 조선소와 조선수리소를 중심으로 제 2차 세계대전 종료 직전에 약 60,000명을 고용한 거대한 해군 군수 거점이다. 사세보 조선소는 프랑스 해군으로 파리 에콜폴리테크닉학교Paris Ecole Polytechnique에서 파리 해군공학Naval Engineering Corps du Genie Maritime을 전공한 해군 엔지니어 루이-에밀리 베르탕(Louis-Emile Bertin, 1840~1924)의 감독 하에 250톤의 크레인이 설치되어 일본의 대표적인 대형 전함을 건조했다. 이후 사세보는 동남쪽 오무라만에 자리 잡은 오무라(Omura, 大村)와 함께 해공군기지 21(Naval Air Arsenal 21)가 조성되어 공군기의 생산거점이 되었다.

이후 사세보에는 1945년 미국 해병대 5사단이 상륙했고, 주일 미국 해병대 사세보함대(U.S. Fleet Activities Sasebo, 1946)가 주둔했다. 특히 사세보는 한국전쟁기에 유엔군과 미국 공군의 중심기지로서 유엔군에 병력·연료·탱크·트럭·군수품을 공급한 곳이다. 또한 동남아시아의 정치상황과 1990년대의 중동전쟁 등에서 미군의 아시아기지로 이용되었고, 현재 약 20,000명의 미군이 상주하는 미국 해군 사세보기지US Navy Sasebo Base가 위치하고 있다. 또한 나가사키의 북쪽 20km 지점에 오무라만 항구인 오무라는 1868~1945년 일본 해공군기지로 비행장이 입지했던 곳으로 현재 나가사키공항을 중심으로, 나가사키와 사세보의 베드타운으로 기능하고 있다.

트램전차, 추키마치, 우라카미, 오하시

우라카미분지 내의 핵심 여객 교통체계인 트램은 1915년부터 건설되어 나가사키의 여객 통근을 목적으로 운행해왔다.[40] 나가사키의 트램(Electric Tram-way, 路面電車, Romen Densha, 1915, 총길이: 11.5 km)은 총 다섯 개의 노선이 도시 중심부인 추키마치(Tsukimachi, 築町)와 북쪽 외곽인 우라카미를 연결한다. 이를 통해 트램은 나카시마하천과 나가사키항구를 중심으로 형성된 도시 중심부인 추키마치·데지마·에도마치·만자이마치(Manzai Machi, 方才町)·칸나이마치(Kannai Machi, 館內町)·오우라 등의 상업시설·사찰·주거지·학교·항구 등과 북쪽의 우라카미를 중심으로 형성된 미쓰비시기업의 무기공장·조선소와 주변의 상업시설·학교시설을 연결해왔다.

먼저 나가사키의 도시 중심부이며 트램선의 환승 거점인 추키마치는 상점가로와 쇼핑몰이 밀집한 나가사키의 대표 상업거점으로, 트램 1·4·5호선이 교차하는 교통환승 거점이기도 하다. 이곳에 위치한 나카시마하천의 중앙교(Chuo Bashi, 中央橋)는 서쪽의 추기마치와 동쪽의 하마마치 Hama Machi를 연결하며, 그 남쪽으로 도자하천(Doza Gawa, 銅座川)은 역시 북쪽의 하마노마치(Hamano Machi, 西浜町 停留)와 남쪽의 차이나타운까지 나가사키 원·구도심의 구조를 결정하고 있다. 나카시마하천은 북쪽으로 고푸쿠지사찰과 수와신사와 연결되며, 나가사키의 중심 상업도로인 하마노마치아케이드와 하마야백화점(Hamaya Department Store, 浜屋百貨店, 1937)이 위치한 상업활동의 중심부와 그 동쪽의 시암교(Shiam Bashi, 思案橋)를 통해 소푸쿠지사찰과 중국식 국수 생산지인 하루사메도로(Harusame Dori, 春雨通)를 연결하고 있다.

우라카미분지에 철도선과 트램이 개통되면서 우라카미철도역(1897, 옛 나가사키철도역)을 중심으로 학교와 병원이 집중적으로 조성되었고, 철도선 주변에 미쓰비시기업의 공장들이 들어섰다. 나가사키의 트램은 조성 이후 현재의 트램선과 동일하게 운행하며 남쪽의 나가사키 도시 중심부로의 여객운송을 담당했다. 먼저 우라카미철도역 동쪽의 사카모토Sakamoto에는 나가사키 의학전문학교(長崎醫學專門學校, 1901)[41]·나가사키 보건소(Nagasaki Kojima Yui Heyake Health Care Cente, 長崎小島鄕稻荷岳に養生所を開設, 1861)·나가사키 보건학교(長崎大學医學部保健學科, 1903)·나가사키 고등상업학교(長崎高等商業學校, 1905) 등이 현재 나가사키 대학병원을 중심으로 자리 잡았다.

또한 우라카미트램역에서 북쪽으로 오하시다리를 넘어 현재 나가사키대학교 트램역의 동쪽으로 미쓰비시기업의 무기오하시공장과 미쓰비시 무기터널공장(三菱兵器住吉トンネル工場, 1944)이 건설되었다. 미쓰비시기업의 무기오하시공장은 원자폭탄이 투하되어 파괴되었다. 파괴된 나가사키는 대학교를 통해 복구되었다.

먼저 미쓰비시 무기오하시공장은 주변의 의학교를 중심으로 학교들이 통합되어 나가사키대학교(Nagasaki University, 長崎大學, 1949)[42]가 설립되었다. 또한 우라카미-오하시 구간의 철도가 1947년 복원되며 도시재건이 시작되었다. 원폭낙하 중심지에는 폭심지공원爆心地公園이 조성되었고, 그 북쪽 언덕 위에 평화공원平和公園과 평화기념관(原爆死沒者追悼平和祈念館, 2003)이 개관되어 원폭희생자의 추도공간으로 조성되었다. 또한 우라카미 북쪽에는 트램전차(1·3·5호선)의 종점인 오하시트램역(Ohashi Station, 大橋電停) 주변에는 우라카미대성당(Urakami Cathedral, 浦上天主堂, 1877, 1925)이 입지하며 과거 가톨릭 커뮤니티의 중심부를 구성했다.

한편 나가사키철도역 남쪽으로 우라카미하천과 이와하라하천(Iwahara Gawa, 岩原川)의 합류지점에는 고토섬Goto Island으로 운항하는 나가사키여객터미널(Nagasaki Port Ohato Terminal, 1995)과 유니타운쇼핑센터Youmetown-Youmesaito가 오하토트램역(Ohato Station, 大波止)에 인접하여 항구의 여객터미널과 육상의 트램전차와 철도역 그리고 인접한 나가사키버스터미널Nagasaki Bus Terminal과 국제여객터미널International Cruise Ship Terminal이 거대한 교통환승구역으로 기능한다. 인접한 데지마에는 나가사키세관(Nagasaki Custom House, 長崎稅關, 1859)와 함께 나가사키우체국(Nagasaki Post Office)[43]이 나가사키항구의 역사성을 지켜왔으며, 최근 나카시마하천 수변을 매립하여 건축된 나가사키현미술관(Nagasaki Prefecture Art Museum, 長崎縣美術館, 2005, 옛 Nagasaki Prefectural Museum and Art Museum, 長崎縣立美術博物館)이 자리 잡고 있다.

나가사키현미술관(ⓒ 한광야, 2019)

제 3 부

몬순바닷길과
대륙철도선

제 9 장

방콕

차오프라야강에서 본 방콕 원도심(1822)

1. 차오프라야삼각주와 톤부리

타이족과 차오프라야분지

물을 신성시하고 그 정화력을 믿는 타이족(Thai People, 시암족, 라오족 등으로 구성된 인종집단)이 중국 광시 지역(Guangxi Zhuang Autonomous Region, 廣西壯族自治區)으로부터 사회의 혼란을 피해 태국과 라오스로 이주해온 시점은 8세기[1] 이후이다. 타이족은 벼 생산에 유리한 분지에서 강력한 위계구조[2]를 기반으로 커뮤니티를 구성해왔다는 점에서 중국 한족이나 주변의 세력들과 구별되어 왔다. 타이족에게 벼농사[3]는 일상을 결정해온 생산활동으로 10월 중순에서 11월 사이에 우기의 종료와 함께 치유의 힘을 가진 힌두교의 물의 여신에게 감사하는 물의 축제인 '로이크라통Loi Krathong'을 지내왔다.

타이족은 티베트고원의 자추(Za Qu, 扎曲)에서 발원한 메콩강(Mekong River, 4,350km)/란탕강(Lancang Jiang, 瀾滄江)을 따라 남쪽으로 이주해와 태국, 라오스, 미얀마의 경계인 메콩골든삼각지Mekong Golden Triangle에서 나뉘어져, 그 일족인 시암족은 계속 남하하여 드와라와티 왕국의 땅에 정착했다. 이후 이들은 방콕의 북쪽 300km 지점의 수코타이Sukhothai에 수코

타이왕국(Sukhothai Kingdom, 1238~1583, 수도: Sukhothai, Phitsanulok)을 포함한 태국의 초기 세력들로[4] 성장하며 상호 경쟁했으며, 멀리 북서쪽의 몬족, 동쪽의 크메르족, 남서쪽의 말레이족 세력들과도 충돌했다.

시암족이 차오프라야강(Maenam Chao Praya, 길이: 370km, 깊이: 5~10m)의 분지에 정착한 시점은 10세기이다. 당시까지 차오프라야분지는 멀리 북쪽으로 다엔라오산맥Daen Lao Range[5]을 넘어 세력을 형성했던 바마르족 Bamar People과 중국 남서 지역에서 이주해온 몬족Mon People[6] 그리고 동쪽으로 메콩강을 중심으로 성장한 크메르족Khmer People의 관심에서 벗어난 변방의 땅으로 남겨져 있었다. 이후 차오프라야분지는 6세기부터 미얀마 지역에서 이주해와 인도 문화를 전파한 몬족의 드와라와티왕국 (Dvaravati Kingdom, 6~11세기)의 지배를 받았다. 드와라와티왕국은 당시 말레이반도를 서동 방향으로 관통하는 육로(길이: 40km)와 이스트무스크라 Isthmus of Kra 항구를 통해 인도해와 메콩강의 푸난왕국(Funan, 夫南)과 첸라왕국(Chenla Empire, 550~802)을 연결하는 중개교역을 통해 대승불교와 이후 상좌부불교의 영향[7]을 받으며 인도화되었다.[8]

시암족이 드와라와티왕국에 이어 차오프라야분지의 주인이 된 시점은 11세기 전후이다. 이후 차오프라야강 유역은 시암족의 초기 지배 거점[9]이었던 수코타이왕국의 수코타이, 아유타야왕국(Ayutthaya Kingdom, 1351~1767)의 아유타야Ayutthaya, 톤부리왕국(Thonburi Kingdom, 1767~1782)의 톤부리Thonburi 그리고 라타나코신왕국(Ratanakosin Dynasty, 1782~1894)의 방콕까지 강을 따라 지속적으로 남하하며 성장해왔다. 현재 트라이밋사찰 Wat Traimit에 모셔져 있는 시암족의 황금 부다(Phra Phuttha Maha Suwana Patimakon)[10]는 차오프라야강의 행정 거점을 따라 옮겨지며 시기에 따라 시암의 중심을 정의했다. 황금 불상은 수도를 옮기며 새롭게 건국하는 지배 세력들이 그들의 건국이념과 통치체계의 정통성을 주장하기 위해 사용된 상징이었을 것이다.

방콕은 타이반도를 북남 방향으로 가로지르며 타이만Gulf Thailand[11]으

차오프라야강에서 열리는 연중 축제인 로열바지 프로세션(Thai Royal Barge Anantanakkharat, 1987)
프라이밋사찰의 황금 부대(ⓒ 한광야, 2020)

로 흘러나가는 차오프라야강의 상업교역과 지역행정의 거점으로 성장해 왔다. 방콕은 타이만의 바다에서 차오프라야강을 통해 내륙 거점인 아유타야, 방파인Bang Pa In, 논타부리Nonthabur 등과 바다와 연결된 하천의 항구로서 기능했다. 실제로 방콕은 타이만에서 약 30km 지점의 내륙에 입지하여, 만조시 바닷물이 내륙 가장 깊숙하게 유입되는 위치이다. 따라서 방콕은 배를 갈아타지 않아도 타이만의 바다배가 타이반도의 내륙으로 깊게 들어올 수 있는 진입항구였다.[12] 이러한 이유로 방콕은 유럽 세력이 주도한 대발견시대(Age of Discovery, 15세기초~17세기초)부터 해상교역과 육상운송의 연결 거점으로서 인도, 포르투갈, 프랑스, 영국, 미국, 독일, 덴마크 등과 동아시아를 연결하는 교역 거점으로 각광받았다.

한편 방콕은 차오프라야강 일대에 해발 25m의 범람원에 형성되었기 때문에 그 지형적인 특성이 도시개발을 결정지어 왔다.

차오프라야강은 타이반도의 핑강Maenam Ping과 난강Maenam Nan의 합류지점에 형성된 나콘사완Nakhon Sawan에서 시작되어 남쪽의 방콕과 멀리 타이만으로 거대한 범람원 위를 곡류하며 흘러나간다. 이렇게 형성된 차오프라야강 주변은 연약점토[13] 지반으로 높이 차가 1.5m 이하에 불과한 완만한 평지로서 7~10월 월 평균 1,000mm에 이르는 집중 호우기에는 범람으로 인해 피해를 겪는다. 특히 조수에 따라 평균 3m의 수면 높이 차를 가진 차오프라야강은 만조시에는 넓게 범람한다.[14] 이러한 이유로 방콕의 하천과 운하는 육로를 대신하여 지역권의 운송과 이동의 수단으로 기능했으며, 우기에[15]는 수계의 범람을 조절하고, 외세의 침입에는 방어를 위한 해자로 사용되었다.

톤부리, 세관요새, 딘다엥부두

방콕이 교역항구로서 빠르게 성장한 계기는 'S' 형태로 넓게 굽어 흐르는

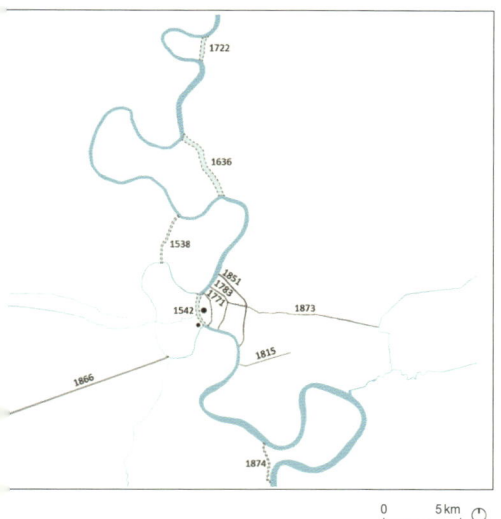

차오프라야강의 구간들이 인공운하로 건설되어 직선화되면서이다. 실제로 차오프라야강의 수계에서 방콕의 초기 입지는 아유타야왕조가 조성한 톤부리산운하Khlong San의 딘다엥부두Tha Din Daeng 그리고 차오프라야강을 직선화한 랏방콕운하(Khlong Lat Bangkok, 1542)의 세관부두(Customs Fort Pier, 1542~1688)와 티엔부두(Tha Tien, 1542)로 결정되었다. 이후 톤부리-라타나코신왕조가 조성한 반원형의 세 개의 운하들(Khlong Rong Mai-Talat Canal, 1782; Bang Lamphu-Ong Ang Canal, 1783; Khlong Padung Krung Kasem, 1851)이 왕궁 주변의 팍크룽부두와 랏차웅부두(Ratchawong Se, 1850)의 성장을 이끌었다.

차오프라야강이 랏방콕운하로 직선화되기 이전 차오프라야강의 서쪽편에는 범람원 습지의 농지를 중심으로 형성된 톤부리마을Thonburi[16]이 위치했다. 톤부리마을은 'C' 형태의 원호를 그리며 감싸는 북쪽의 노이운하Khlong Bangkok Noi와 남쪽의 야이운하Khlong Bangkok Yai를 따라 형성되었다. 톤부리는 몬족과 크메르족의 농경지로 특히 몬

차오프라야강의 직선화 구간(ⓒ 한광야·하성현, 2019)
17세기 시암왕국과 그 주변 지도(1686)

운하Khlong Mon을 따라 몬족의 주거지가 형성되었으며, 이후 11세기 무렵 루앙프라방Luang Prabang을 지나 이주해온 시암족이 정착한 곳이다. 당시 이 톤부리 시암인은 북쪽의 아유타야왕국의 지배를 받으며 상좌부불교를 받아들이고 마콕사찰(Wat Makok, 17세기 추정, 현재 Wat Arun)을 중심으로 공동체를 구성했다. 이후 톤부리에 푸젠성과 광동성에서 출발한 중국 상인들이 도착한 시점은 13세기[17]이다. 이즈음 중국 본토에는 원나라(Yuan Dynasty, 元朝, 1271~1368)가 해체되고 명나라(Ming Dynasty, 大明, 1368~1644)로 교체되는 시기로, 중국대륙의 정치적 혼란을 피해 떠나 온 중국 상인들이 톤부리에 정착하며 항구와 시장을 형성했을 것이다. 이 시기에 아유타야왕조의 초대 왕인 우통왕(King U-thong, 재위 1350~1369)이 건설한 톤부리 남쪽의 딘다엥부두는 상류의 아유타야와 하구의 바다를 연결하는 교역 거점으로 기능하기 시작했다. 뒤이어 차오프라야삼각주에 포르투갈 세력이 도착한 시점은 아유타야왕조의 지배기인 1511년이다. 이후 톤부리는 아유타야왕조의 포르투갈과의 교역 거점으로 16세기 초 성장했으며, 1542년을 전후로 차오프라야강을 직선화한 랏방콕운하가 건설되면서 프랑스 교역의 거점이 되었다.

방콕의 중국인 커뮤니티는 아유타야왕국이 해체되고, 아유타야왕조의 중국계 행정관 탁신 장군(General Taksin, 鄭信, 재위 1767~1782)[18]이 톤부리 왕국(Thonburi Kingdom, 1767~1782)을 건국하면서 성장했다. 당시 아유타야왕국은 나라이왕의 통치기(1656~1688)에 부흥했으나 그가 사망하고 버마 세력의 공격(Burmese-Siamese War, 1765~1767)을 견디지 못하고 함락되었다. 이에 따라 탁신 장군과 그 세력들이 남하하여 톤부리왕국을 건국했으며, 톤부리는 기존의 아유타야왕국의 세관항구에 조성된 왕궁과 함께 수도로서 기능했다. 하지만 탁신왕의 신하였던 부다 유파 출라로케(Buddha Yodfa Chulaloke, 재위 1782~1809)가 1782년 반란에 성공하여 라타나코신왕국(Rattanakosin Kingdom, 1782~1932)을 건국하며 톤부리 왕국은 막을 내렸다.

한편 톤부리의 딘다엥부두는 톤부리-라타나코신왕조(Thonburi-Ratanakosin Dynasty, 1782~1894) 때인 18세기 말부터 다시 성장했다. 이 시기에 딘다엔부두는 중국인과 말레이인의 교역 거점으로 제분소, 창고, 조선소 등이 들어서며 생산활동의 중심이자 증기선의 정박 거점으로 기능했다. 딘다엥부두에는 중국 광둥성 차오저우(Chaozhou Teochew, 潮州)의 중국인들에게 이주와 교역이 권장[19]되었다. 이즈음 푸젠성 이주민이 조성한 불교 사찰인 기안운겡사찰(Kian Un Keng Shrine, 建安宮)이 설립되었고, 딘다엥도로 Tha Din Daeng Road 변에는 방콕에서 하카족이 세운 가장 오래된 사나이켕 사원(Sa Nai Keng Joss House Shrine, 呑府三奶廟, 1847)이 자리 잡았다.

이 시기에 딘다엥부두의 동남쪽으로 최근 복원된 황중롱부두(Huang Chung Lhong, 火船廊, 1850)가 조성되었다. 황중롱부두는 1910년 차오저우에서 이주해 온 탄췌황(Tan Tsue Huang, 陳慈黌, 1841~1920)의 후손인 왕리가족(Wanglee Family, 黌利)이 매입하여 가문주택인 롱(Lhong, 廊, 1919)으로 재건되었다. 황중롱은 영국령의 말레이와 홍콩, 중국의 항구로 운항하는 증기선의 중간 거점으로서, 마조사원(Mazu Shrine, 1850), 상가, 숙소, 창고를 갖춘 콤플렉스였다.[20] 이후 딘다엥부두는 라마5세 통치기에 차오프라야강의 동쪽편 삼판타웅의 랏차웅부두Rachawong Se가 국제 교역항구로 성장하면서 쇠퇴하기 시작했다.

2. 랏방콕운하, 라타나코신 링운하, 삼판타웅

랏방콕운하와 티엔부두

차오프라야분지에서 방콕의 위치와 구조가 결정된 계기는 아유타야왕조의 차이라차왕(Chaira-chathirat, 재위 1534~1546)이 차오프라야강을 직선화한 랏방콕운하(Khlong Lat Bangkok, 1538~1542)의 건설이었다. 랏방콕운하는 차오프

라야강의 굽은 구간(노이운하의 시작점과 야이운하의 끝점)을 직선화하여 하천운
송의 안전을 확보하고 운항시간을 단축하여 수로교역을 향상시킬 목적으
로 건설되었다. 이에 따라 랏방콕운하와 교역활동을 관리하는 세관요새
(Fort Customs, 1542~1688)와 세관항구부두(Customs Fort Pier, 현재 Khun Mae Pueak

방콕의 단계별 확장과 운송·교통체계 ① 아유타야 방콕, ② 톤부리-라타나코신 방콕, ③ 유럽 세력의 방콕,
④ 모던 방콕(하천과 운하는 푸른색, 철도는 검정, 트램은 빨강 표기다. ⓒ 한광야·하성현, 2019)

Cross River Pier)가 야이운하와 차오프라야강의 합류지점에 설치되었다.

한편 아유타야왕국은 북서쪽의 버마 세력을 견제하기 위해 1602년 네덜란드상인과 교역을 시작했으며, 이후 1662년을 전후로 다시 네덜란드 세력을 견제하기 위해 프랑스 세력과의 교역과 외교를 시작했다. 이에 프랑스 동인도기업(Compagnie Francaise pour le Commerce des Indes Orientales, 1664)은 네덜란드 세력을 대신해 나라이왕에게 방콕의 북동쪽 150km 지점인 롭부리Lopburi에 나라이왕궁(King Narai's Palace, 1666)을 건설해주었다. 이 무렵 차오프라야강의 동쪽에는 프랑스 엔지니어인 샤를 드라 마레 Charles de la Mare의 설계로 현재 라지니학교(Rajini School, 1904)에 별의 형태를 가진 프랑스요새(Wichai Prasit Fort, 1685~1688, 면적: 8,000㎡)가 프랑스 군용부두(현재 Tha Tien, 1542)와 함께 조성되었다.

라타나코신왕궁과 파둥크룽카셈운하

모던 방콕의 모습과 정체성이 형성되기 시작한 시점은 톤부리왕조에 이은 라타나코신왕조의 수도가 18세기 말에 차오프라야강을 중심으로 톤부리의 반대쪽에 건설되면서이다. 새롭게 건국된 라타나코신왕조의 행정 중심부는 두 개의 운하로 경계되고 방어되었던 반원 형태의 라타나코신섬(Rattanakosin Island, 면적: 3.4㎢)에 위치했다. 이곳에는 프랑스요새를 개조해 조성된 라타나코신왕궁(Phra Borom Maha Ratcha Wang, 1782)이 입지했으며, 그 주변에 프라깨오왕궁사찰(Temple of the Emerald Buddha, 1782)과 타이 의학의 요람으로 전통 타이마사지를 개발해온 포사찰(Wat Pho, 16세기, 1788년 재건축)이 왕조의 중심부를 완성했다. 그리고 이를 중심으로부터 바깥쪽으로 롱마이운하(Khlong Rong Mai-Talat, 1782)와 외곽의 방람푸운하(Khlong Banglamphu-Ong Ang, 1783)가 왕궁을 보호했으며, 두 운하는 롯운하 Khlong Lot로 연결되었다. 롱마이운하와 방람푸운하는 왕족과 귀족의 거주지를 연결[21]하는 이동수단으로 티엔시장으로 이어지는 라타나코신섬의 중심 교통체계의 역할도 갖고 있었다. 또한 왕궁은 북쪽으로 서동 방향의 도로Thanon Na Phra Lan, 동쪽으로 북남 방향의 도로Thanon Sanam Chai, 왕궁의 동쪽 성벽에서 외곽의 방람푸운하를 연결하는 도로Thanon Bamrung Mueang가 각 방위의 경계가 되며 블록체계를 완성했다.

한편 과거 프랑스요새의 군용부두는 왕궁의 부두로 사용되면서 티엔부두(Tha Tien, 1542, 1782년 재건)로 불렸다. 티엔부두는 인접한 방콕 최초의 시장인 티엔시장(Talard Tha Tian, 17세기)의 성장을 이끌었다는 점에서 의미를 갖는다. 초기 티엔시장의 상인들은 왕족과 귀족으로부터 토지를 임대받아 시장을 운영하였다. 이후 탁신의 톤부리왕국이 건국되면서 티엔시장은 상업 거점이자 중국인 커뮤니티의 거점으로 성장했을 것으로 추정된다. 그럼에도 티엔시장은 유럽 상인들의 동남아 중심교역로인 말라카 해협으로부터 유리되어 있었기 때문에 1850년대까지도 지역권의 시장으로만 기능했다.

한편 방콕의 원도심과 구도심의 경계가 결정되고, 신도심의 개발방향이 정의된 계기는 라타나코신섬의 세 번째 운하인 파둥크룽카셈운하(Khlong Padung Krung Kasem, 1851)가 건설되면서부터이다. 파둥크룽카셈운하는 19세기 중반을 전후로 라타나코신 왕국의 수도가 확장되고 그에 따른 방어를 목적으로 라마4세의 주도하에 건설되었다. 파둥크룽카셈운하는 기존의 롭쿠룽운하의 동쪽 외곽으로 1.2~1.4km 지점에 아홉 개의 요새와 함께 건설되었다. 그리고 이렇게 건설된 운하 경로를 따라서 방콕의 전통 건축과는 대비되는 유럽 건축양식을 갖춘 공공 건축물이 집중적으로 조성되었다.

당시 수도의 확장을 위한 파둥크룽카셈운하의 건설과 공공건물의 건축은 라마 4세와 시암 세력에게 많은 고민을 불러왔을 것이다. 그들은 외국 세력의 영향에 발맞춰 모던 도시로 변화를 추구하는 것과 시암의 정체성 사이에서 쉽지 않은 줄타기를 했을 것이다. 이 시기 라마 4세가 방콕 남서쪽의 페차부리Phetchaburi에 조성한 여름별궁(Phra Nakhon Khiri, 1860, 현재 Phra Nakhon Khiri Historical Park, 1979)[22]의 건축에서도 이러한 고민의 흔적이 발견된다. 변화의 격변기를 마주한 라마 4세와 지배 세력의 상황은 영국계 여행 작가인 아나 레오노웬즈(Anna Harriette Leonowens, 1831~1915)의 '영국 교사의 왕궁생활 메모(The English Governess at the Siamese Court, 1870)'를 소설화한 '애나와 왕(Anna and the King of Siam, 1944)'과 뮤지컬과 영화로 제작된 '왕과 나(Anna and the King of Siam, 1946; The King and I, 1956)'의 배경이 되었다.

당시 이러한 변화의 시작은 파둥크룽카셈운하의 외곽에 새롭게 조성된 두싯왕궁(Dusit Garden Palace, 1897~1901)을 시작으로 이탈리아 네오-클래식 건축양식의 집관홀(Ananta Samakhom Throne Hall, 1915)이 건축으로부터 확인되었다. 이후 파둥크룽카셈운하를 따라 국립도서관(National Library of Thailand, 1905), 베네치아 고딕건축양식의 중앙정부(Government House of Thailand, 1925), 교육부, 외교부, 철도국 등의 정부의 행정 및 공공시설들이 서양의 건축양식으로 신축되며 시대의 변화를 알렸다.

또한 파둥크룽카셈운하와 새롭게 개발되는 교외지를 연결하는 운하, 트램, 도로의 교차지에는 부두, 트램, 다리가 조성되었고, 이를 중심으로 여러 시장들이 형성되어 확장하는 방콕의 새로운 개발 거점이 되었다. 특히 방콕의 두싯, 방수에, 착투작과 멀리 아유타야를 연결하는 프렘프라차콘운하(Khlong Prem Prachakon, 1870, 50km), 방콕의 가장 오래된 마하낙운하Khlong Maha Nak와 이를 연장해 조성한 샌샙운하(Khlong Saen Saep, 1840, 72km), 후아람퐁운하(Khlong Hualampong, 1857) 등이 두싯, 실롬, 파툼완, 수쿰빗 등의 교외지의 개발을 견인했다. 또한 철도와 트램선과 함께 라타나코신섬과 주변 교외지를 연결하는 차로엔크룽도로(Thanon Charoen Krung, 1864)와 라마5세도로Thanon Rama V, 랏차담넌도로(Thanon Ratchadamnoen, 1897)와 라마4세도로Thanon Rama IV는 각각 방콕의 북쪽과 동쪽으로의 확장에 기여했다.

중국인의 이주, 삼판타웅과 랏차웅부두

방콕을 둘러싼 운하와 요새의 건설은 흥미롭게도 중국인 노동자의 참여로 진행되었다. 특히 유럽 건축을 방콕에 소개한 파둥크룸카셈운하는 청나라 본토의 태평천국운동(Taiping Rebellion, 太平天國運動, 1850~1864), 제1차 아편전쟁과 제2차 아편전쟁의 정치적 혼란과 맞물려 이를 피해 경제적 성공의 기회를 찾아 이주해온 광둥성 차오저우와 광저우 출신의 상인과 이주민의 노동으로 건설되었다. 당시 이주노동자들은 운하와 요새 건설 사업이 종료된 후에는 방콕에서 중국인 커뮤니티를 구성하며 급속한 도시 확장과 함께 시장, 회관, 사원, 학교 등을 조성하고 이를 중심으로 새로운 자본가 계층을 형성하였다.

방콕으로 중국인의 이주는 19세기 무렵부터 급증하여 1920년대에 최고치[23]를 기록했다. 이러한 중국 이주민의 대다수가 방콕을 중심으로 타이만의 해안을 따라 자리를 잡았다. 당시 태국 내 중국인 인구는 1825년 약 23만 명에서 1910년 약 79만2천 명 그리고 1932년에는 태국 전체인구의 12.2퍼센트를 차지[24]했다. 초기에 남성 중국인들은 홀로 이주해와 현지 여성과 결혼했으며, 그 후손은 시노타이Sino-Thai로 불린다. 이후 20세기 초에는 중국인 여성들도 이주해오면서 중국인-태국인 결혼은 이전보다 감소했다. 이들은 1879년에 이르러서는 태국의 모든 증기제분소를 운영할 정도로 도시상권과 경제를 장악하여 방콕의 중심 사업과 상류층을 구성[25]했다.

이즈음 방콕에는 베트남인 커뮤니티가 라타나코신왕궁 동쪽 900m 지점인 반모Ban Mo에 파후랏도로Phahurat Road와 반모시장Ban Mo Market을 거점으로 형성되었다. 또한 포르투갈인 커뮤니티는 차오프라야강의 서쪽과 동쪽으로 나누어 조성되었다. 먼저 차오프라야강의 서쪽에는 산타크루즈성당(Santa Cruz Church, 1770)를 중심으로 아유타야에서 이주해온 포르투갈인이 자리를 잡았고, 차오프라야강의 동쪽부에는 현재 삼판타웅

산타크루즈성당(ⓒ 한광야, 2016)

Samphanthawong 자리에 위치했던 홀리로자리성당(Holy Rosary Church, 1787)을 중심으로 포르투갈인 커뮤니티가 형성되었다. 하지만 이 구역은 홀리로자리성당이 프랑스 가톨릭세력의 관리를 받으며 점차 중국인 커뮤니티에 흡수되었다.

또한 라마 1세(Rama I, 재위 1782~1809)의 통치기에 라타나코신왕궁이 건설되면서 기존 티엔부두를 중심으로 형성되어 있던 중국인 커뮤니티는 삼판타웅Samphanthawong[26]으로 옮겨지게 되었다. 이러한 변화가 1850년대 삼판타웅의 랏차웅부두(Rachawongse, 1850년대)의 성장을 이끌었다. 그 결과로 티엔부두는 정치활동의 거점으로 그리고 랏차웅부두가 상업활동의 거점으로 항구 기능의 분화가 진행되었다. 이는 방콕이 지역권 수준의 상업 거점에서 국제교역의 중심으로 한 단계 발돋움하는 계기가 되었다는 점에서 의미를 갖는다. 특히 세 번째 링운하인 파둥크룽카셈운하는 차오프라야강 내륙에 조성되는 후아람퐁철도역과 삼판타웅의 중심도로인 야오와랏도로Thanon Yaowarat를 직접 연결하면서 삼판타웅과 주변 부두들의 기능 분화를 가속화했다. 이 시기의 랏차웅부두는 행정활동의 거점인 티엔부두와 그 기능을 차별화했으며, 라마 6세(Rama VI, 재위 1910~1925) 통치기에는 증기선 항구로서 방콕과 광저우를 연결하는 교역 거점으로 자리 잡았다. 또한 랏차웅부두는 동남아시아의 쌀 교역의 중심부로서 찬타부리Chantaburi, 촌부리Chonburi, 남쪽 700km에 타이만의 수랏타니Surat Thani와도 해로를 통해 연결되었다.

삼판타웅은 삼펭도로(Sampheng Lane, 현재 Soi Wanit 1)와 송왓도로Thanon Song Wat를 따라 상점들이 형성되어 시장으로 발전했다. 또한 삼판타웅 내륙의 야오와랏도로(Yaowarat Road, 耀華力路, 1892~1900, 1.5km)를 중심으로 하는 탈라드가오(Talad Gao, 老屋)와 차레온크룽도로(Thanon Chareon Krung, 石龍軍路, 1864)를 중심으로 상점가인 탈라드노이Talad Noi가 형성되며 삼판타웅은 확장해나갔다.

먼저 탈라드가오의 중심부에는 송왓도로가 삼펭시장Sampeng Old Market

송왓도로(ⓒ 한광야, 2020)
탈라드가오의 삼펭시장 주변의 렁부아이사원(1658)(ⓒ 한광야, 2020)

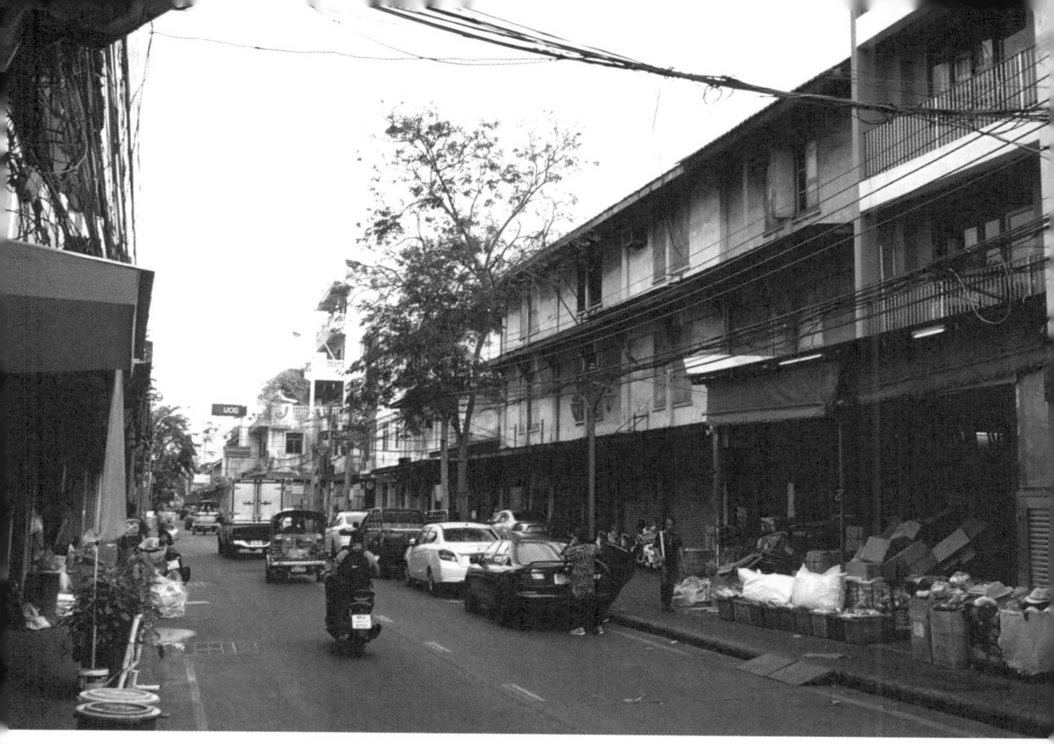
UOB

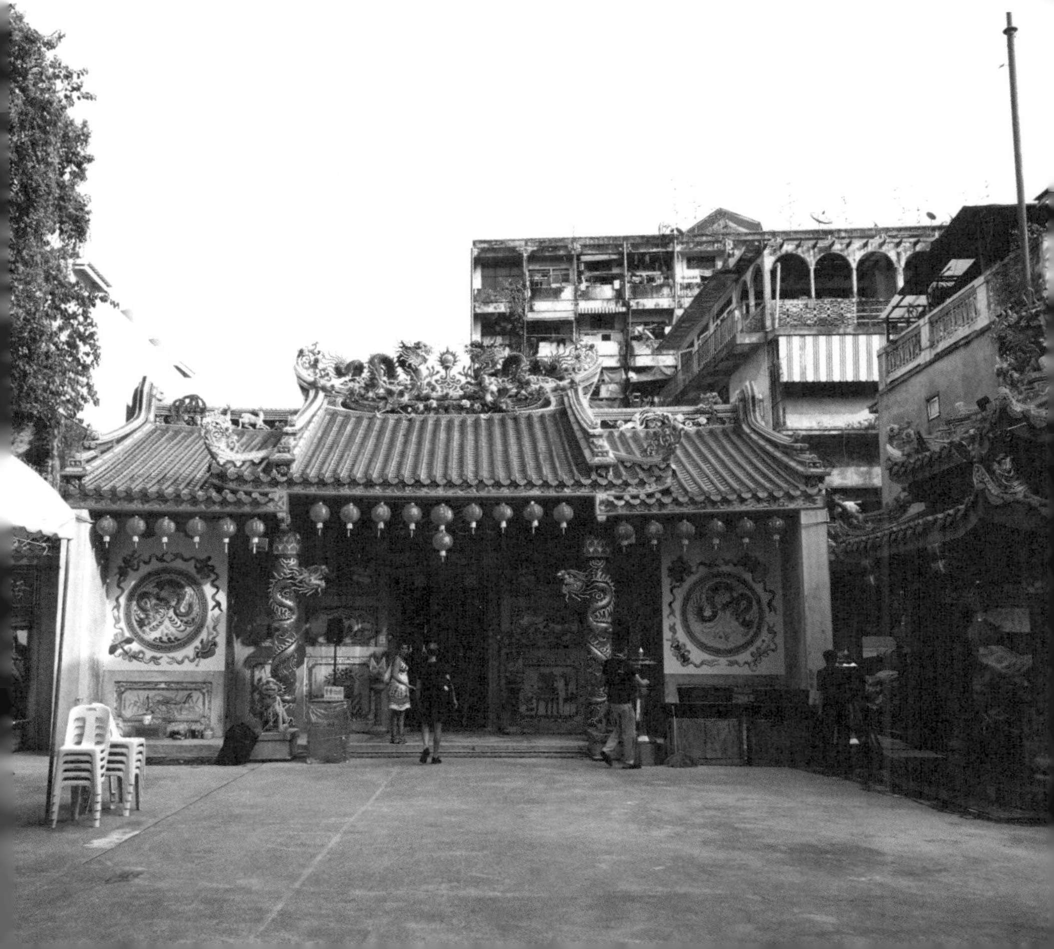

과 송왓부두Song Wat Pier를 연결하였다. 또한 탈라드가오에는 관우와 천후신(Tianhou, 媽祖)을 모시는 렁부아이사원(Leng Buai Ia Shrine, 1658)[27]이 입지했다. 렁부아이사원은 이 지역에서 차오저우 건축양식으로 지어진 최초의 건축물이다. 중국인 이주민들은 렁부아이 사원과 그곳에 인접한 라오푼타오공 도교사원(Lao Pun Tao Kong Shrine, 1824), 페이잉 부속학교(Peiing Public School, 1920) 그리고 차오저우 연극장으로 사용된 시공사원(San Jao Siang Kong Shrine) 등을 중심으로 커뮤니티를 형성하고 성장해나갔다.[28]

그리고 삼펭도로와 연결된 내륙의 야오와랏도로를 중심으로 밤펜친프롯사찰(Wat Bamphen Chin Phrot, 1795), 대승불교사찰인 망곤카마라왓사찰(Wat Mangkon Kamalawat, 1871)와 트라이미트사원Wat Traimitr이 위치했다. 이를 중심으로 차우저우 상인들이 조성한 리압사찰(Wat Liab, 1782)과 부속학교, 전기발전소, 공장 등의 시설이 들어섰다. 인접한 송왓도로는 유나이티드 페트로니움기업United Petroleum Company Limited의 매장 등 상점가가 집중 조성되어 중국 커뮤니티를 비롯하여 베트남, 크메르, 포르투갈인 커뮤니티가 생겨났다.

또한 라마 3세(Nangklao, Rama III, 재위 1824~1851)기에 방콕으로 이주해온 중국인들은 차레온크룽도로(Thanon Chareon Krung, 1864)를 중심으로 탈라드노이Talad Noi를 발전시켰다. 이 시기 방콕에는 이들의 상업활동과 주택개발을 위해 파둥크룽카셈운하와 랑싯운하가 건설[29]되면서 중국 상인들의 상업활동과 택지 개발이 동시에 진행되었다. 이 과정에서 중국 상인들은 인력, 기술, 자본을 동원하여 운하건설에 주도적으로 참여하였으며, 그 결과 토지소유권을 획득하며 지역에서 영향력을 키워나갔다.

3. 철도-트램선의 거점, 차로엔크룽도로, 오리엔탈부두, 실롬

라타나코신섬의 운하를 중심으로 방사 형태로 확장해온 방콕은 19세기 말부터 철도와 트램을 건설하며 하천과 운하와 연계된 육상의 운송 거점으로 발돋움했다. 이 시기의 방콕은 특히 유럽 세력의 주도(1894~ 1950) 하에 해상운송과 육상운송을 연결하는 건설사업을 진행하였고, 그 결과 말라카해협을 통해 싱가포르를 경유하는 기존의 해상로를 단축하여 동남아시아의 대표적인 철도화물 운송 거점으로 자리 잡았다.

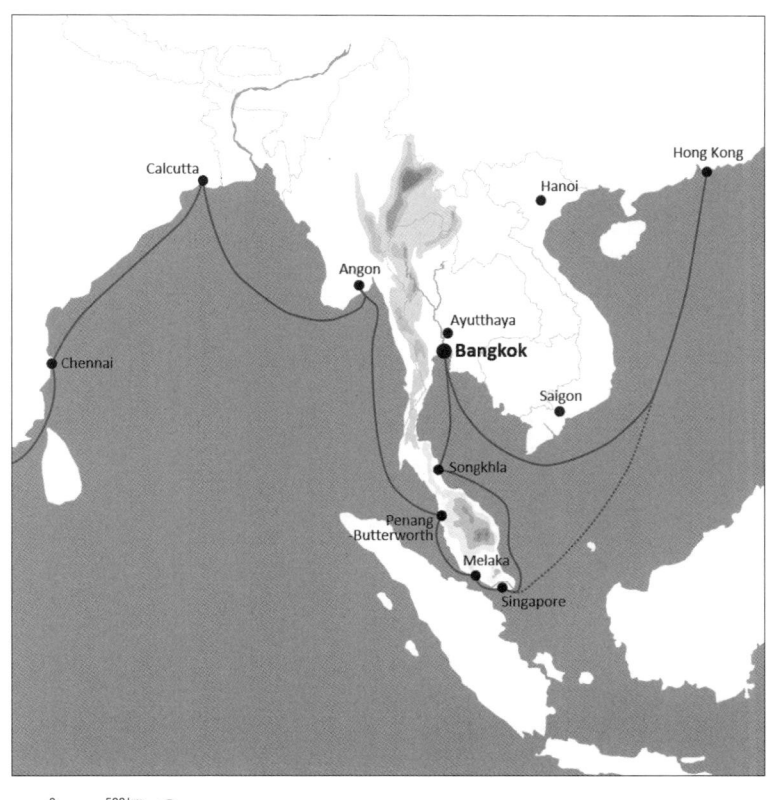

타이만 대륙권의 철도체계와 육상-해상운송 거점(ⓒ 한광야·하성현, 2019)

방콕은 19세기까지 영국 동인도기업의 말라카해협의 해상교역로(첸나이-캘커타-앙곤-페낭-말라카-싱가포르-송클라-방콕-홍콩)의 중간 교역 거점인 싱가포르와 홍콩과 함께 교역 거점으로 기능했다. 특히 방콕은 인도차이나 반도 내륙의 관문이라는 입지조건을 이용해 차오프라야강을 이용한 해상운송과 육상운송을 연결하는 환승운송의 거점으로 기능할 수 있었다. 이에 방콕은 1893년부터 말라카해협의 해상교역로를 대체하는 콜카타-방콕-광저우 철도선의 육상 거점으로 자리 잡기 시작했다. 이러한 방콕의 철도선은 말라카해협을 지나는 해상교역로보다 운송거리를 약 2,000km가량 단축할 수 있었다.

방콕의 이러한 육상운송 거점으로의 변화는 1893년부터 시작된 다섯 개의 철도선과 일곱 개의 트램선의 건설로 시작되었다.[30] 이 시기에 방콕은 먼저 아유타야로 연결되는 북부철도선(Northern Thai Railways, 1896, 방콕역-아유타야)과 그 종점인 방콕철도역(Bangkok Railway Station, 1897, 현재 방콕철도역) 그리고 동남쪽의 팍남철도선(Pak Nam Railway, 1893~1959)과 팍남철도역(Pak Nam Railway Station, 1893)을 연결하는 후아람퐁철도역(Hua Lampong Railway Station, 1893)을 거점으로 기능했다. 또한 차오프라야강의 서쪽편에는 톤부리와 멀리 말라카해협의 항구인 버터워스Butterworth를 연결하는 남부철도선(Southern Line, 1901)과 노이철도역(Noi Railway Station, 1903)이 기능했다.

한편 방콕은 철도선과 함께 1888년부터 여객운송을 목적으로 라타나코신섬의 원도심과 파둥크룽카셈운하 주변의 교외지로 현재 구도심을 연결하는 트램선이 건설되었다. 또한 파둥크룽카셈운하를 통해 차오프라야강과 내륙의 방콕철도역과 후아람퐁철도역을 연결하여 해운-육상운송체계를 완성했다. 하지만 서로 다른 건설주체들이 서로 다른 목적을 갖고 건설한 철도·트램 운송교통체계는 상호 연계성이 부족했다. 당시 철도 건설 사업은 두 개의 개발 주체에 의하여 진행되었다. 독일의 영향을 받아 왕립철도부(Royal Railway Department, 1890)의 북부철도공사Northern Railway Authority가 주관하는 사업과, 영국의 영향을 받는 남부철도공사Southern

Railway Authority가 주관하는 사업이 공존했다. 반면 트램은 영국 세력의 방콕트램사(Bangkok Tramways Co. Ltd)와 독일과 벨기에 세력이 합작 설립한 시암전기사(Siam Electricity Co. Ltd)가 주관하여 트램선이 건설되었다.

후아람퐁역, 방콕역, 노이(톤부리)역

방콕의 첫 번째 철도는 팍남철도선(Pak Nam Railway, 1893~1959)과 북부철도선(Northern Line, 1896)과 함께 시작되었다. 팍남철도선은 차오프라야강을 따라 화물운송을 목적으로 구도심의 후아람퐁철도역과 남동쪽의 하류지인 사뭇프라칸Samut Prakan을 연결하였고, 북부철도선은 방콕철도역과 북쪽의 아유타야를 연결하였다.

뒤이어 톤부리의 노이철도역(Bangkok Noi Railway Station, 1903, 이후 톤부리철도역으로 개명)에는 페차부리를 통해 멀리 말라카해협의 버터워스까지 연결하는 남부철도선이 건설되었다. 이에 방콕철도역과 후아람퐁철도역은 아유타야와 사뭇프라칸을 연결하는 육상운송의 중간 거점이 되었으며, 톤부리의 철도역은 안다만해와 타이만을 직접 연결하는 육상운송의 종점역이 되어 말라카해협을 우회하는 인도-중국 교역로를 완성했다.

방콕의 철도선은 라타나코신왕조의 라마 4세의 통치기에 철도계획이 처음 수립되었고, 이후 라마 5세의 통치기에 완성되었다. 이러한 철도선 건설은 이미 1840년대부터 논의가 시작되었으나, 보링조약이 체결되면서 영국령 홍콩의 식민총독관이었던 존 보링(John Bowring, Governor of Hong Kong 재임 1854~1859)의 주도로 1857년 말라카해협의 항구인 버터워스와 내류의 방콕을 거쳐 토에이 항구를 연결하는 철도계획안이 구체화되었다. 이후 라마 5세의 철도선 건설은 영국령 버마(British Rule in Burma, 1824~1948)의 행정관이었던 홀트 할렛Holt S. Hallett이 진행한 철도측량사업[31]의 결과로 추진되었다. 여기서 방콕은 영국령 인도(British Indian Empire, 1858~1947)

의 수도인 칼커타와 광저우를 연결하는 육상운송 거점으로 구상되었으나, 버마와 태국의 경계인 다엔라오산맥 구간의 높은 건설 위험도로 인하여 실행되지 못했다. 물론 이와 함께 철도선이 말라카해협의 거점항구인 싱가포르의 성장에 악영향을 미칠 것으로 여긴 영국 세력의 계산도 철도선 건설 파행에 영향을 미쳤을 것이다.

이후 말라카해협을 통하는 해로를 대체하는 내륙철도선이 독일의 프리드릭 크룹 제철기업Friedrich Krupp AG의 엔지니어 칼 베세지Karl Bethge가 태국 공공사업부(Ministry of Public Work, 1890) 산하의 왕립철도부Royal Railway Department[32]의 국장으로 취임하면서 다시 추진되었다. 이에 따라 방콕-아유타야를 잇는 북부철도선과 톤부리-페차부리를 통해 말라카해협의 버터워스를 연결하는 남부철도선이 연이어 건설되었다. 당시 남부철도선은 영국 철도엔지니어인 헨리 기튼스Henry Gittens가 운영한 남부철도공사Southern Railway Authority의 주도로 노이철도역(이후 톤부리철역)을 종점으로 건설되었다. 이러한 배경에서 북부철도공사의 방콕철도역과 남부철도공사의 노이철도역의 건설주체가 상이하여 결국 두 철도선은 연결되지 못했다. 이후 두 철도선의 연결은 라마 6세(Rama VI, 재위 1910~1925)의 통치기인 1917년 두 철도공사가 왕실철도부Royal Railway Department로 통합되고 이후 1927년[33]에 이르러서야 완료되었다.

트램과 운하의 거점

유럽 세력들이 개발을 주도한 모던 방콕에서는 철도선에 뒤이어 원·구도심의 여객운송을 위한 트램이 건설되었다. 방콕의 트램선은 방콜램트램선(Bangkolem Line, 1888~1962, 9km)을 시작으로 삼센트램선(Samsen Line, 1901~1963, 8.6km), 도시순환트램선(City Circle Line, 1892~1968)을 포함한 일곱 개 트램노선[34]이 라타나코신섬과 파둥크룽카셈운하의 외곽으로 빠르게 성장하는 구도심을 연결하여 방콕의 북쪽과 동쪽으로의 확장에 기여했다.

방콕의 최초 트램선인 방콜램트램선은 마차트램으로 라타나코신왕궁에서 남쪽 실롬의 오리엔탈항구와 방코램Bang Kho Laem의 타논톡부두 Thanon Tok Pier까지 운행되었다. 이후 마차트램은 시암전기사(Siam Electricity Co., 1892, 옛 방콕트램사)의 주도로 1894년부터 벨기에와 독일의 전기트램으로 대체되었다. 방콕의 두 번째 트램인 삼센트램선은 후아람퐁철도역을 중심으로 방콕의 북쪽 경계인 방수에와 남동쪽 외곽의 토에이항구와 팍남역을 연결했다. 또한 도시순환선은 라타나코신섬 외곽의 파둥크룽카셈 운하를 따라 라타나코신 섬 내의 거점들을 차오프라야강까지 연결했다.

방콕의 초기 세 개의 트램선은 기존의 파둥크룽카셈운하와 연계되어 트램선 정거장을 중심으로 구도심을 형성했다. 트램정거장을 중심으로 형성된 새로운 커뮤니티 거점들은 라타나코신섬 중심의 원도심과 연결되어 시장을 형성하였고 그 배후지에 성당과 교회, 이에 부속된 학교, 도서관, 클럽 등이 자리 잡았다. 이를 중심으로 대규모로 유입된 중국인, 영국인, 미국인, 일본인 커뮤니티가 생겨났다. 이 시기의 대표적인 거점은 차오프라야강 수변의 배후도로로서 공공 건축물이 모여 있는 차로엔크룽도로와 오리덴탈부두의 배후주거지로 형성된 실롬이 있다.

방콕의 트램선은 제 2차 세계대전 이후 방콕의 급속한 확장 과정에서 기존 운하의 일부 구간과 함께 여객운송 기능을 상실하여 해체되었다. 특히 도시순환선은 먼저 '랏프라송Rat Prasong 교차로-소이 루엔루디Soi Ruen-rudee 구간'이 가장 먼저 해체되었고(1958), 이를 시작으로 '방크라베Bang Krabue−방수이 구간'이 해체(1961)되었다. 뒤이어 삼센트램선이 폐쇄(1962)되었다. 이에 따라 기존 트램선으로 연결되어 기능했던 원도심과 구도심은 기능적으로 분리되어 독자적으로 작동하기 시작했다. 결국 방콕 트램선의 해체는 하천과 운하 중심의 원도심, 철도와 트램 중심의 구도심, 이후 고가철도와 지하철 거점의 신도심이 공간적으로 분리되는 주원인이 되었다.

차로엔크룽도로(1910~20년대)
유럽인 커뮤니티로 형성된 실롬의 수변구역인 방락

차로엔크룽도로, 오리엔탈부두, 실롬

항구도시로서 방콕 수변구역의 중심부는 차오프라야강과 평행하게 배후에 조성된 차로엔크룽도로와 그 일대이다. 방콕의 첫 번째 포장도로로 건설된 차로엔크룽도로(Thanon Charoen Krung, 1862~1864년 조성, 8.6km)에는 1888년부터 방콕램트램선이 운행되었으며, 라타나코신섬의 원도심에서 시작해 차오프라야강을 따라 남-북 방향으로 삼판타웅, 방락Bang Rak, 항구인 방코램Bang Kho Laem을 연결하며 20세기 초까지 방콕의 행정, 금융, 외교, 문화 시설의 중심부를 완성했다. 이 시기의 차로엔쿠룽도로에는 유럽의 신고전건축양식으로 건립된 국방부청사(Ministry of Defense Building, 1887), 프랑크푸르트 중앙역을 모델로 건설된 방콕철도역(Bangkok Station, 1916), 방콕 중앙우체국(Bangkok Central Post Office, 1940), 찰레름크룽극장 (Sala Chalermkrung Royal Theatre, 1932), 은행들의 본사(Siam Bank, Hong Kong and Shanghai Bank, Chatered Bank, French Bank) 그리고 일군의 외교시설 등이 입지했으며, 그 주변으로 도로를 따라 로빈슨백화점(Robinson Department Stores, 1979)에서 방콕우체국까지를 잇는 도로변에는 도로변 숍하우스들이 방콕의 상업 거점을 완성했다.

최근 방콕우체국의 남쪽 증축관에는 중앙정부 산하 지식개발처Office of Knowledge Management and Development가 2004년부터 주도하여 타이 창의디자인센터Thailand Creative and Design Center를 설립하였다. 인접한 포르투갈대사관 뒤편에 위치하던 창고 콤플렉스는 태국의 두앙릿분낙 건축설계사무소Duangrit Bunnag Architect Limited의 주도로 디자인숍과 카페로 구성된 '웨어하우스30(Warehouse 30, 2017)'로 재생되어 구도심에 활력을 넣고 있다. 또한 차오프라야강의 서쪽편 크룽산에는 역시 두앙릿분낙 건축설계사무소의 주도로 수변 창고가 상점, 카페, 서점, 공원 등으로 구성되는 잼팩토리(Jam Factory, 2014)로 재생되었다.

한편 트램정거장을 중심으로 하는 교외지들 중 일부는 외국인들의 커뮤니티로 성장하였는데, 유럽인 커뮤니티로 성장한 실롬Silom, 중국인 커뮤니티로 성장한 삼판타웅Samphanthawong이 대표적 사례이다. 당시까지 실롬은 서쪽으로 차오프라야강의 오리엔탈항구의 배후지로서, 중국인 커뮤니티와 포르투갈 커뮤니티인 삼판타웅의 배후 지역으로 농업 사용되는 지역이었다.

실롬의 오리엔탈부두Oriental Pier는 19세기 중엽부터 방콕에 신항구가 조성되며 전환점을 맞이하게 된다. 방콕에서 19세기 중반을 전후로 대륙-지역권의 화물운송은 실롬의 오리엔탈부두를 통해 이루어졌다. 하지만 오리엔탈부두는 수심이 낮아 대형 선박의 입항이 불가능했으며, 철도를 이용한 화물운송이 늘어나면서 도시 중심부의 확장과 더불어 심각한 교통체증을 야기했다. 이에 방콕의 화물운송 기능은 실롬으로부터 남동쪽 12km 지점에 건설된 방콕 신항구Bangkok Port의 토에이부두(Khlong Toei Pier, 1857)[35]로 이전되었고, 오리엔탈부두는 여객운송 거점으로 변화했다. 이즈음 실롬의 오리엔탈부두의 여객운송은 방코램트램선을 통해 내륙의 방콕철도역과 후아람퐁철도역으로 연결되었고, 다시 라타나코신왕궁과 이후 새롭게 조성된 두싯왕궁(Phra Ratcha Wang Dusit, 1901)[36]까지 연결하면서 극대화되었다.

한편 오리엔탈부두의 여객운송 능력이 증가하면서 그 배후지에는 포르투갈 대사관저(Ambassorder's Residence, 1820)를 시작으로 그 주변으로 영국영사관(British Consulate General, 1875)이 현재 방콕 중앙우체국부지에 조성되어 본격적인 유럽인 커뮤니티가 형성되었다. 당시 실롬이 프랑스, 영국, 미국의 커뮤니티로 성장한 주요 이유는 유럽인들이 이동수단으로 운하보다 육상교통을 더 선호하였기 때문이다.

이에 따라 부두에 인접한 유통 및 창고 시설의 대형 부지는 오리엔탈부두와 연계된 호텔들을 중심으로 대사관과 관련 문화시설로 탈바꿈했다. 당시 미국인 선장인 애킨 다이어Atkins Dyer와 윌리엄 웨스트William West가 오리엔탈호텔(Oriental Hotel, 1863)[37]을 개업했고, 이후 덴마크 사업

성모승천대성당(ⓒ 한광야, 2014)
넬슨헤이스도서관(ⓒ 한광야, 2020)

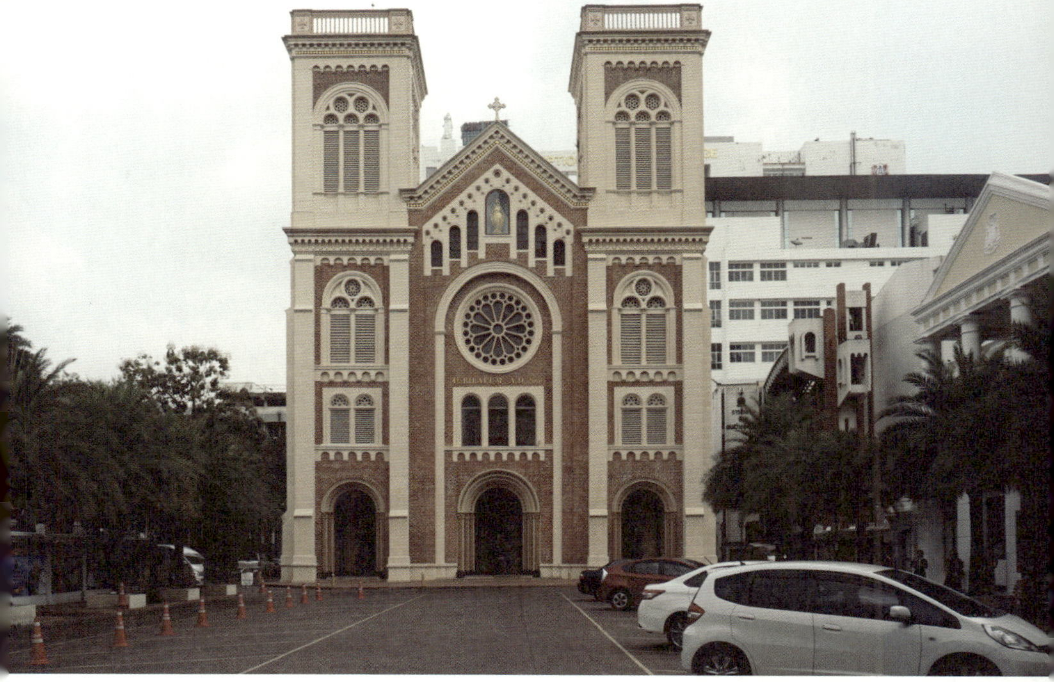

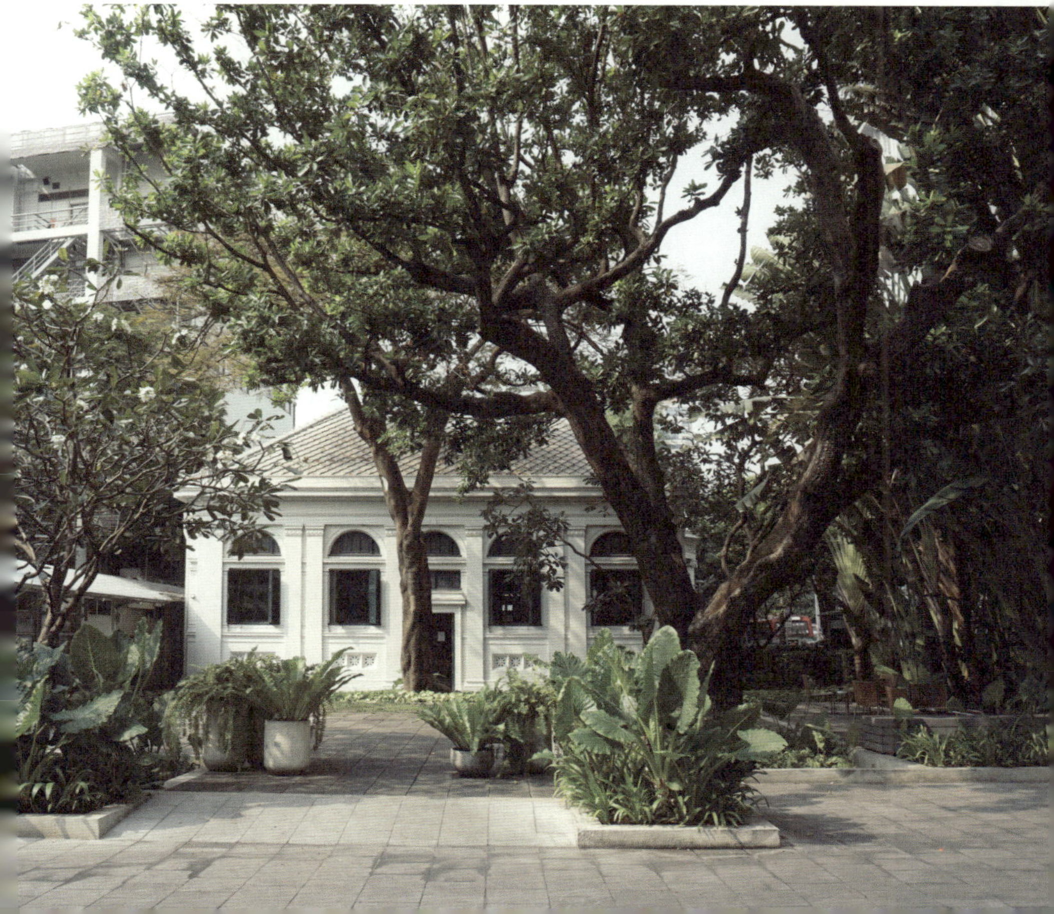

가인 한스 앤더센Hans Niels Andersen이 호텔을 인수하여 재건축을 했다. 이후 트로카데로호텔(Trocadero Hotel, 1922), 로열호텔Royal Hotel과 러시아대사관Embassy of the Soviet Union으로 사용된 사톤하우스(House on Sathorn, 1889)가 신축되며 자리 잡았다.

프랑스인 커뮤니티[38]는 성모승천대성당(Assumption Cathedral, 1821)을 중심으로 성모승천칼리지(Assumption College, 1885)과 방락시장(Bang Rak Market, 1860년대)을 중심으로 성당-학교-시장으로 구성된 커뮤니티 거점을 조성하고 성장해나갔다. 인접하여 세관청(Old Custom House, 1888)이 라마 5세의 통치기에 건설되어 방콕항구의 상징성을 더했다.

또한 방콕의 철도선 건설을 주도한 영국의 엔지니어, 대사, 상인으로 구성된 영국인 커뮤니티와 미국인 커뮤니티는 실롬도로Thanon Silom와 사톤누에아운하Khlong Sathon Nuea에 면한 크라이스트교회(Anglican Christ Church Bangkok, 1864)를 중심으로 형성되었다. 당시 이곳에 영국인 커뮤니티가 형성된 이유는 성당을 중심으로 포르투갈과 프랑스인 커뮤니티와의 교구 구성 이슈를 고려한 결과이다.[39] 이후 영국인과 미국인 커뮤니티는 방콕 간호병원(Bangkok Nursing Home Hospital, 1898)과 유럽인 학교로서 개교한 성요셉수녀원학교(Saint Joseph Convent School, 1907) 그리고 실롬운하Khlong Silom의 북쪽에 설립된 넬슨헤이스도서관(Neilson Hays Library, 1869)과 영국클럽(British Club, 1903)을 중심으로 교회-학교-병원-도서관-클럽의 요소들로 구성된 커뮤니티를 형성하여 성장해나갔다.

한편 실롬에 일본인 커뮤니티는 이미 1864년을 전후부터 형성되기 시작했다. 이후 실롬은 제 2차 세계대전 기간에 유럽교역이 불가능하게 되고, 특히 인접한 룸피니공원(Lumphini Park, 면적 57.6ha)[40]이 1941~1945년의 기간 동안 일본의 군사기지로 활용되면서 그 주변으로 일본인 커뮤니티가 더욱 확장되었다. 이는 타이 정부의 플랙피불송크람 수상(Plaek Pibul-songkram, 재임: 1938~1944)이 제2차 세계대전 시기에 일본과 협력하여 방콕을 군사·물자 거점으로 허용한 결과이다.

4. 고가철도-메트로와 랏차테위, 파툼완, 수쿰빗

제2차 세계대전의 종료 이후부터 현재까지 방콕은 인구 1,460만 명(2010년 메트로권 기준)의 대표적인 광역도시로서 북쪽, 동쪽, 서쪽으로 지속적으로 확장해왔다. 방콕이 광역도시권으로 확장되는데 기여한 요소는 무엇보다 도시 중심부와 교외지를 연결하는 도로와 함께 건설되어온 대중교통체계인 고가철도(BTS Skystain, 1999)와 지하철(MRT, 2004)이다. 방콕은 이 시기에 하천과 운하의 도시에서 육상의 도시로 변화해왔다.

모던 방콕의 이러한 도시체계의 변화는 태국정부가 1970년대부터 준비한 '방콕 교통마스터플랜(Bangkok Transport Master Plan, 1975)'에 그 기원을 두고 있다. 방콕 교통마스터플랜은 태국정부가 미국 정부의 지원을 받아 수립한 '방콕 광역도시계획안(Greater Bangkok Plan 2533, 1960)'[41]과 '방콕교통연구(Bangkok Transportation Study, 1971)'[42]에 기초해 수립된 광역교통계획안이다. 당시 방콕의 광역교통계획안은 도시 중심부 주변에 조성된 슬럼구역을 해체하고, 도시 중심부의 토지용도를 체계화하려는 목적으로 대중교통체계인 지하철(총 길이 50km)의 건설을 추진했다.

여기서 제안된 방콕의 대중교통체계는 이후 일본 교통전문가들이 참

방콕 대중교통계획안(1979)

여한 '방콕 대중교통계획안(Bangkok Mass Transit Master Plan, 1979)'에서 세 개의 지하철선(Rama IV Line, Sathorn Line, Memorial Line)으로 구체화되었다. 당시 계획안은 주변 환경에 따라 차별화된 역 플랫폼의 세 가지 유형(공중 9.9m, 지상 1.5m, 지하 8.8m)을 제안했다. 이후 방콕 대중교통계획안의 지하철 은 고가철도로 대체되어 민간투자자가 주도한 '라바린 프로젝트(Lavalin Project, 1984)'와 '호프웰프로젝트(Hopewell Project, 1990)'로 추진되었으나 실 행되지 못했다.[43]

방콕의 대중교통체계 건설의 계기가 된 것은 1998년 아시안게임의 유 치이다. 이를 통해 방콕의 대중교통체계안은 1990년 교통부(Ministry of Transpofrtation and Communication)로부터 승인[44]을 얻었으며, 이후 고가철 도와 지하철이 건설되기 시작했다. 이후 방콕의 고가철도는 1999년 태국 공기업인 타나용기업(Thanayong Public Company Ltd., 현재 BTS Group Holdings Public Company Limited)의 주도로 후아람퐁철도역과 돈므앙공항을 연결하 는 실롬선(BTS Silom Line, 1999)의 일부 구간과 실롬과 사뭇프라칸을 연결하 는 수쿰빗선(BTS Sukumbit Line, 1999)으로 건설되었다. 또한 방콕의 지하철 은 태국정부의 투자로 블루선(MRT Blue Line, 2004, 37km, 30개 역)과 퍼플선 (MRT Purple Line, 2016, 23km, 16개 역)이 추가적으로 건설되어 방콕의 교외지 에 건설된 컨벤션센터, 신항구, 쇼핑센터, 호텔 등을 연결했다. 이러한 방 콕의 고가철도와 지하철 교통체계는 기존의 대륙-지역 간 운송과 도시 중 심부-교외의 교통을 목적으로 건설된 철도와 트램 교통체계의 입지와는 다르게 원·구도심의 북쪽과 동쪽의 외곽에 건설되었다. 이에 따라 방콕 의 고가철도와 지하철의 거점 역은 하천이나 운하 주변 보다는 내륙의 철 로를 따라 공중과 지하에 건설되었다.

이 과정에서 방콕은 고가철도 수쿰빗선의 빅토리역BTS Victory Monument Station과 빅토리모뉴먼트를 중심으로 의료-병원의 거점으로 랏차테 위가 성장했다. 또한 방콕의 새로운 중앙철도역으로 지하철, 태국 국철 인 SRT, 고속철도의 환승역인 방수에철도역을 중심으로 개발 중인 방수에Bangsue, 고가철도 수쿰빗선과 시암선의 환승 거점인 시암역BTS Siam Station과 고가철도 에카마이역BTS Ekkamai Station을 중심으로 쇼핑센터·호텔이 집중 개발되어온 파툼완Pathumwan 그리고 고가철도역과 연계된 지하철 블루선[45]과 지하철 퍼플선의 지하철역과 쇼핑센터·호텔을 중심으로 성장한 수쿰빗Sukhumvit이 각각 방콕의 동쪽과 북쪽의 도시 확장에 앞장서 왔다.

고가철도와 육상도로의 교통환승 거점: 랏차테위, 방수에

방콕 광역도시권의 대표적인 신도심인 랏차테위Ratchathewi는 고가철도와 육상도로의 연결 거점으로 타이반도를 남북 방향으로 관통하며 방콕을 아유타야, 치앙라이Chiang Rai와 버마 국경까지 연결하는 국도 4번 (Thailand Route 1, 1,005km)의 진입부로서, 타이-프랑스 전쟁(Franco-Thai War, 1940~1941)을 기념하는 원형교차로인 빅토리모뉴먼트(Victory Monument, 1941)를 중심으로 형성되었다. 랏차테위의 중심이 되는 빅토리모뉴먼트의 동쪽에는 두싯왕궁(Phra Ratcha Wang Dusit, 1897~1901)이 위치하여 그 상징성을 겸비하고 있다.

랏차테위는 빅토리모뉴먼트 남쪽 100m 지점에 위치한 고가철도 수쿰빗선의 빅토리모뉴먼트역BTS Victory Monument Station을 통해 멀리 방콕신항구까지 연결된다. 특히 빅토리모뉴먼트는 광역 버스체계를 운영하는 방콕대중교통국(Bangkok Mass Transit Authority, 1976)의 버스정류장과 민간기업이 운영하는 통근밴Commuter Van 정류장들이 원형교차로를 따라 설치되어 있다. 이는 육상교통과 고가철도의 거대한 연결체계로서 주변의 의료-병원 클러스터와 연계되어 기능해왔다.

랏차테위에 병원이 처음 개원된 시점은 1950년대 중반이며, 이후 1960년대 중반 태국의 제 2차 경제사회개발계획(2nd National Economic and Social

Development Plan, 1964~1966)의 실행을 통해 태국의 대표적인 의료-병원 클
러스터로 성장했다. 이러한 라차테위의 성장은 당시 제 2차 세계대전으
로 부상자가 급증하고, 특히 1950년대에 대규모 인명사망을 유발한 결
핵과 콜레라의 예방을 위해 병원시설과 의료인력 교육기관을 집중적으
로 양성한 결과이다. 이 시기에 랏차테위에 조성된 대표적인 병원시설은
라자비티병원(Rajavithi Hospital, 1951)이며, 이어 라자비티병원의 소아병동

랏차테위와 빅토리모뉴먼트(© 한광야, 2020)

(Queen Sirikit National Institute of Child Health, 1954, 현재 여성어린이 종합병원)이 설립되었다. 당시 이러한 병원 콤플렉스가 랏차테위에 조성된 이유는 무엇보다 상좌부불교의 장례 및 화장 문화에 따라 내륙에 자리 잡고 있는 불교사찰로의 육상교통 접근성이 좋았고 대규모의 토지가 왕실의 소유로 신속한 개발사업 진행에 용이하였기 때문이다.

이후 랏차테위가 본격적인 병원·의료 클러스터로 성장한 시점은 톤부리에 입지했던 시리라지의학교(Siriraj Medical School, 1890~1969)가 1969년 두싯왕궁의 동쪽 1km 지점의 현재 위치로 이전되어 마히돌대 의학대학으로의 재설립되면서부터다. 또한 마히돌대는 빅토리모뉴먼트의 남서쪽 블록에 파야타이캠퍼스Phayathai Campus와 라마티보디병원 의과대학(Faculty of Medicine Ramathibodi Hospital, 1964)가 설립되었다. 마히돌대의 열대의학부(Faculty of Tropical Medicine, 1961)과 열대성 질환병원(Tropical Disease Hospital, 1961)이 랏차테위 의학·병원 클러스터의 중심부에 위치하였다. 이후 이곳에는 왕립 타이간호육군사관학교(Royal Thai Army Nursing College, 1963), 프라몽쿳클라오병원−의학대학(Phramongkutklao Hospital and College of Medicine, 1974)이 현재 부지에 설립되었다.

한편 빅토리모뉴먼트의 북쪽 6km 지점에 위치한 방수에Bang Sue[46]와 차투착Chatuchak은 2020년 완공을 목표로 건설중인 방수에중앙역Sathani Klang Bang Sue을 중심으로 개발 중인 신도심이다. 방수에중앙역이 완공되면 인접한 방수에철도역Bang Sue Junction Railway Station과 방콕철도역의 기능을 대신하는 동남아시아의 최대 철도역으로 발돋움하게 된다. 방수에철도역은 북동부철도선, 남부철도선과 지하철 블루선MRT Blue Line, 공항철도, 버스의 환승 거점으로 인접한 방콕 북부버스터미널은 과거 모치시장Mo Chit Market이 있던 자리에 건설되었다. 최근 태국국철State Railway of Thailand은 이곳에 광역도시 통근열차 레드선(SRT Red Line, 2009~2020)[47]과 태국중국고속철도(HSR, Bangkok-Nong Khai, Bangkok-Hua Hin)와 태국일본고속철도(HSR, Bangkok-Chiang Mai)를 건설 중이다.[48]

고가철도-지하철역의 쇼핑·호텔 콤플렉스: 파툼완, 수쿰빗

현대 방콕의 고가철도와 지하철이 연결되어 새로운 개발 거점으로 성장한 대표적인 신도심 사례는 구도심 외곽의 파툼완Pathum Wan과 수쿰빗이 있다. 파툼완과 수쿰빗의 개발은 이미 1960~1970년대에 피불송크람 수상(Plaek Pibulsongkram, 재임 1934~1943)이 주도하고 중국 기업이 투자하여 방콕의 북쪽 돈므앙공항(Royal Thai Air Force Base, 1914, 이후 Don Muang Airport, 1924)부터 랏차테위-파툼완-수쿰빗-방콕신항구를 이어주는 거대한 개발체계를 완성했다. 이후 1990년대 말부터 고가철도가 개통되고 고가철도 시암역(BTS Siam Station, 1999)을 기점으로 다수의 쇼핑, 호텔, 오피스의 콤플렉스 개발이 진행되었다. 이들은 현재 동남아시아의 대표적인 상업 거점으로 성장했으며, 현재까지 방콕의 대규모 동쪽 확장을 견인해왔다.

파툼완은 북쪽으로 랏차테위와 인접하며, 샌샙운하, 파둥크룸카셈운하, 토에이운하와 만나는 방콕 구도심의 경계에 위치한다. 특히 파툼완을 구성하는 북쪽의 샌샙 운하부터 남쪽의 지하철까지의 북-남 방향의 길이는 약 1,000~1,500m의 수퍼블록을 이룬다. 그 중앙부를 고가철도가 북남 방향의 파야타이도로Thanon Phaya Thai와 동서 방향의 라마1세도로 Thanon Rama I와 수쿰빗도로를 따라 관통하며 이를 중심으로 방콕의 핵심 상업 중심부를 형성해왔다.

특히 파툼완은 연꽃이 풍성했던 샌샙운하를 따라 라마 4세가 조성한 파툼와나람사찰(Wat Pathum Wanaram, Lotus Forest Temple, 1857)과 파툼완왕궁 (Wang Sa Pathum, Lotus Pond Palace, 1914)를 중심으로 형성되었다. 이후 파툼완은 미국과 영국을 포함한 대사관들이 실롬으로부터 이전해오면서 20개 이상의 대사관이 밀집하고 있다. 파툼완의 개발은 왕실 소유의 비행장(Sa Pathum Airfield, 1914)[49]의 기능이 돈므앙공항(Don Mueang Airport, 1914)으로 이전하면서, 기존 비행장 부지 중 일부가 출라롱코른대학교(Chulalongkon Mahawitthayalai, 1899)[50]의 소유지로 전환되며 시작되었다. 이후 출라롱코른대는 1960년대 제2차 경제사회개발계획(1964~1966)에 따라 의료-병원 클러스터 조성사업의 자금을 마련하기 위해 민간 기업에게 토지를 매각 및 임대했다. 이에 따라 출라롱코른대의 대형 부지(면적: 1.8ha)가 1965년 시암피왓기업(Siam Piwat Co. Ltd, 1958)에 임대되어 방콕 최초의 5성급 호텔인 시암 인터콘티넨탈호텔(Siam Intercontinental Hotel, 1959~2002)이 건설되었다.

이후 시암피왓기업은 시암 인터콘티넨탈호텔의 서쪽으로 대형 쇼핑센터인 시암스퀘어(Siam Square, 1970)와 시암센터(Siam Center, 1973)를 연달아 건설했다. 이즈음인 1970년대 초부터 방콕의 영화 거점으로 아트데코 건축양식의 스칼라극장(Scala Theater, 1969), 리도극장(Lido Theater, 1969)이 시암스퀘어를 중심으로 개장했고, 뒤이어 IT 관련 용품들을 판매하는 판팁플라자(Pantip Plaza, 1984)가 설립되었다. 한편 시암 인터콘티넨탈호텔은 태국외환위기(1997)가 촉발한 사업손실로 영업 부진을 겪다 이후 시암파라곤(Siam Paragon, 2005) 쇼핑센터로 재개발되었다. 또한 시암센터는 1995년 화재 후 현재 시암디스커버리(Siam Discovery, 1997)로 리모델링되었고, 시암피왓기업의 본사건물인 시암타워(Siam Tower, 2005)가 건설되어 거대한 시암의 숙박·쇼핑·업무 구역이 조성되었다. 이후 파툼완은 대규모 쇼핑·호텔·오피스 콤플렉스인 세계무역센터(World Trade Center, 1990, 현재 Central World)의 건설과 고가철도 시암역(BTS Siam Station, 1999)의 개통으로 두 번째 개발기회를 맞이했다. 고가철도 시암역은 실롬선과 수쿰빗선이 교차하는 환승역이며, 샌샙운하의 부두와도 가까이 인접하고 있다.

한편 차오프라야강을 중심으로 실롬의 사톤부두Sathon Pier의 서쪽편에는 첫 번째 고가철도역으로 실롬선의 크룽톤부리역(BTS Krung Thonburi Station, 2009)이 건설되었다. 크룽톤부리역을 중심으로 그 북서쪽 800m 지점의 강변에는 시암피왓그룹Siam Piwat Group의 주도하며 아이콘시암 쇼핑콤플렉스(Icon Siam Complex, 2018)와 시암 타카시마야백화점Siam Takashimaya Department Store이 들어섰고, 이와 연계되어 하천 변에 두 개의 호텔(Mandarin Oriental Residences, 52층; Magnolias Waterfront Residences, 70층)이 건설 중이

파툼완의 경관

다. 이러한 개발과 함께 실롬은 톤부리의 신개발 거점으로 기능하고 있다.

모던 방콕의 고가철도와 지하철의 가장 대표적인 개발 거점 사례는 파툼완 남동쪽에 위치한 수쿰빗이다. 수쿰빗은 방콕에 팍남철도선이 건설되면서 그 화물운송의 중간 지점이었다. 이후 실롬의 화물운송 및 창고 기능이 동남쪽 약 5km 지점에 위치한 방콕신항구로 이전해나가면서, 수쿰빗은 라마1세도로가 연장되어 후아람퐁철도역과 방콕신항구를 연결하는 수쿰빗도로Thanon Krungthep-Samut Prakan[51]의 건설과 함께 이를 따라 파툼완부터 남동쪽 15km 지점의 외곽까지 개발되었다.

수쿰빗도로

제2차 세계대전이 종료된 후 미군이 1946~1954년 동안 수쿰빗의 룸피니공원Lumphini Park에 주둔[52]했으며, 미군 해군기지는 그 남동쪽에 위치한 사뭇프라칸 항구에 자리 잡았다. 이에 따라 수쿰빗도로의 남쪽 구역은 미국인과 미군을 위한 상업과 숙박시설들이 윈저호텔Windsor Hotel, 라자호텔Rajah Hotel와 함께 들어섰다. 이즈음 수쿰빗에는 태국정부의 플랙피분송크람 수상의 별장이 1960년대에 조성되었고, 이를 시작으로 정부 고위관료의 주거지가 방콕의 기존 중심부로부터 이전해와 수쿰빗도로를 따라 시리킷컨벤션센터(Queen Sirikit National Convention Centre, 1991)를 중심으로 채워졌다.

수쿰빗은 1975년 '방콕교통마스터플랜'의 수립과 이후의 개발상황에 힘입어 부유층 주거지로 본격적으로 개발되기 시작하였다. 방콕의 대중교통계획안은 당시 기술적 한계와 투자자본의 부족에 따른 정치적 논쟁으로 인하여 슬럼구역의 정비를 중심으로 진행되었다. 이후 방콕교통마스터플랜이 1990년대부터 고가철도 수쿰빗선이 라마1세도로와 수쿰빗도로를 따라 건설되면서, 이와 함께 시암역을 시작으로 고가철도역을 중심으로 하는 새로운 대형 쇼핑센터와 호텔의 개발이 외곽으로 진행되며 인접한 지역의 빌라주택과 아파트의 개발을 이끌었다.

이러한 사례는 수쿰빗도로와 고가철도 수쿰빗선을 따라 프로엔치트역(BTS Phloen Chit Station, 1999)에 센트럴엠바시 쇼핑센터(Central Embassy Shopping Center, 2011)와 메리어트호텔JW Marriott, 영국대사관과 미국대사관을 중심으로 유럽인·영국인·미국인 커뮤니티, 아속역(BTS Asok Station, 1999)은 지하철 스쿰빗역과 연결되어 터미널21쇼핑센터(Terminal 21, 2011)과 웨스틴 그란데호텔Westin Grande Hotel과 쉐라톤호텔Sheraton Hotel 및 한국문화센터(Korean Cultural Centre, 2013)를 중심으로 한국인·일본인·인도인 커뮤니티, 프롬퐁역(BTS Phrom Phong Station)과 엠포리움백화점(Emporium, 1997), 멀리 에카마이역(BTS Ekkamai Station, 1999)과 에카마이쇼핑센터(Gateway Ekkamai, 2012)가 조성되었다.

제10장

말라카

말라카해협과 주변 지역의 지도(1860)

1. 라웃족과 몬순교역로

말라카해협과 몬순교역로

'오래된 풍요로운 땅'이라는 뜻을 가진 인도 북서부의 구자랏Gujarat[1]과 중국 남부 지역인 링난(Linnan, 嶺南)을 연결하는 말라카해협Selat Melaka이 지도에 등장한 시점은 당나라(Tang Dynasty, 唐朝, 618~907) 시기이다. 이 시기에 중앙아시아와 중국대륙을 연결하는 육상교역로가 안시의 난(An Shi Rebellion, 安史之亂, 755~756)과 내륙의 정치적 혼란으로 인하여 해체되었다. 말라카해협은 이 육상교역로를 대체하기 위해 상인들이 뱃사람을 통해 개척한 해상교역로이다.

말라카해협은 인도해-안다만해Andaman Sea와 남중국해South China Sea를 연결하는 길이 1,000km에 달하는 직선 해로로서, 북쪽의 말레이반도와 남쪽의 수마트라섬 사이의 폭 50~300km의 바닷길이다.[2] 이 바닷길은 북서쪽의 입구인 사방Sabang에서 랑카위Pulau Langkawi와 케다Kedah, 페낭Penang, 말라카Melaka 그리고 남중국해의 입구인 팔렘방Palembang과 싱가포르를 통해 멀리 자카르타와 말루쿠군도를 연결해왔다.

말라카해협의 특별함은 거대한 티베트고원(Tibetan Plateau, 평균높이:

4,500m)에서 시작된 대류풍과 인도해의 해풍 간의 온도차가 만들어내는 몬순계절풍Asia Monsoon에 있다. 이 몬순계절풍은 6~11월에는 서동 방향(인도해로부터 태평양)으로, 12~5월에는 동서 방향(태평양에서 인도해)으로 평균 시속 8~18km으로 불어온다. 이와 함께 말라카해협의 해류도 6~11월에는 서동 방향으로, 12~5월에는 동-서 방향으로 평균시속 2.7km/h로 흐른다.[3] 따라서 말라카해협에서 몬순계절풍을 타고 항해한다면 약 10~20km/h의 자연의 속도를 얻으며 항해가 가능하다는 것이다.

말라카해협의 몬순계절풍은 말라카해협을 중심으로 인도해와 남중국해를 연결하려는 인도 해양교역Indian Ocean Trade, 다시 말해 구자랏과 광저우 간의 몬순교역을 이끌어왔다. 이러한 몬순교역은 점차 그 범위가 확장되어 서쪽으로 홍해-아덴만해Red Sea-Gulf of Aden를 지나 아프리카 몸바사Mombasa와 잔지바르Zanzibar 그리고 동쪽으로는 자바Java와 몰루쿠 군도, 그리고 동북쪽으로 광저우를 지나 취안저우, 나가사키까지 해류와 바람을 따라 다양한 지역들의 상품, 믿음 그리고 문화를 확산시켰다.

라웃족과 교역 거점들

그렇다면 이러한 말라카해협의 몬순교역은 언제부터 누구의 주도로 시작되어 성장해왔을까? 말라카해협을 중심으로 남중국해와 인도해를 처음으로 연결했던 몬순교역의 주체는 동남아시아 섬들을 거점으로 활동했던 오스트로네시아족Austronesian People이다. 오스트로네시아족은 기원전 3000년 타이완에 정착하고 바다 항해가 가능한 배를 제작하여 기원전 1500년부터 해양교역을 했다. 이들의 배는 카타마란Catamaran이라 불리며 두 개의 카누를 양쪽에 두고 연결된 쌍동선outrigger ship으로 안정적으로 파도를 극복할 수 있도록 설계되었다. 오스트로네시아족의 해상교역은 인도 남부와 스리랑카, 중국과 인도네시아 그리고 기원전 1세기부터

1세기 사이에는 인도 서부와 로마제국, 아라비아반도와 아프리카로 확장되어 이후 15세기까지 지속되었다.

오스트로네시아족의 하나인 말레이 세랏족Orang Selat과 라웃족Orang Laut은 몬순계절풍을 따라 이동하며 거주해온 대표적인 이 지역의 해상교역 세력이다.[4] 라웃족은 말레이반도 전역의 해안을 중심으로, 수마트라섬, 자바섬, 보르네오 북부, 필리핀 남부 민다나오까지 이동하며 생활했다. 이들은 말레이반도의 내륙에서 흘러 내려오는 하천이나 섬을 중심으로 수상주택으로 구성된 바랑가이 마을을 형성했다. 이들의 대표적인 활동 거점은 말라카해협의 북서쪽 입구인 랑카위섬에서 리아우-링가군도 Riau-Lingga Archipelagos, 투주섬Pulau Tujuh, 반탐군도Batam Archipelago, 수마트라섬의 동쪽 해안, 싱가포르 등이었다. 중국 원나라 시대에 취안저우 태생의 여행가인 왕다유안(Wāng Dà Yuān, 汪大淵, 1311~1350)이 남긴 기록인 '다오이지루에(A Brief Account of Island Barbarians, 島夷誌略, 1349)'는 라웃족의 거점을 테마섹(현재 싱가포르)으로 기술하고 있다.

마셜제도의 한 쌍동선(1911)

라웃족의 이러한 해상 생활은 말라카해협의 해류에 관한 경험과 계절 풍을 이용해 항해할 수 있는 카타마란을 만드는 기술을 축적하면서 가능했을 것이다. 이들은 특히 계절을 따라 이주하는 매의 무리가 말라카해협을 가로질러 루팟섬Rupat Island으로 날아오기 시작하는 9월이 되면 항해를 준비해 12~5월에 동서 방향의 바람을 타고 인도해로 항해했을 것이며, 반대로 루팟섬에서 매의 무리가 떠나가는 2월이 되면, 다시 항해를 준비하여 서동 방향의 바람을 타고 6~11월부터 태평양으로 항해했을 것이다. 이에 라웃족은 말라카해협의 바다를 아는 뱃사람으로서 점차 이 지역을 항해하려는 외부로부터 부름을 받았을 것이다.

라웃족은 해상에서 이동하며 운송자 혹은 말라카해협을 지배하는 세력의 용병 역할을 했을 것으로 추측된다. 실제로 라웃족은 수마트라 말라야족의 스리위자야 세력, 중국 본토의 당나라, 송나라, 원나라, 명나라의 세력, 말라야 세력의 싱가푸라술탄왕조, 말라카술탄왕조, 조호르 술탄왕조의 해상 용병으로 활동했다. 이들은 해군 병력을 갖추고 해상을 감찰하며, 교역상인의 해로를 유도하며 이들을 위한 항구를 운영했다. 이후 라웃족은 17세기말 술탄 마후무드사 2세(Sultan Mahmud Shah II, 재위 1685~1699)가 암살되고 조호르술탄왕조가 해체되면서, 술탄왕조와 라웃족 간의 협력관계가 해체되었다. 흥미롭게도 이 무렵부터 조호르술탄왕조는 말라카해협에서 해상교역의 주도권을 잃었다.

말라카해협은 이러한 지리적 특성으로 5~6세기에 인도의 황금시대를 이끈 인도 동부의 마가다왕조Kingdom of Magadha의 세력 거점인 비하르Bihar 지역의 파탈리푸트라Pataliputra와 중국 본토의 남북조(Northern and Southern Dynasties, 南北朝, 420~589)와 당나라(Tang Dynasty, 唐朝, 618~907)의 상품교역과 문화교류를 유도했다. 특히 파탈리푸트라는 갠지스강(Ganges, 2,525km)을 중심으로 가능케 했다. 기원전 500년부터 자이나교Jainism와 불교의 주요 가치인 '환생Rebirth'과 '업보Karma'의 가치를 믿는 땅으로 힌두문화의 탄생지였다.

하지만 말라카해협을 통한 두 지역 간의 교류는 이미 3세기부터 중국의 불교 승려들이 상선을 타고 왕래한 기록을 통해 알 수 있다.[5]

이후 말라카해협의 교역 기능은 7세기 중엽부터 당나라가 탈라스전투(Battle of Talas River, 751)에서 패하며 위그루Uyghur, 타지키스탄Tajikistan, 우즈베키스탄Uzbekistan의 영토를 상실하고, 뒤이어 안시의 난으로 인하여 중원의 교역로가 해체되면서 성장했다. 이에 따라 육상교역로를 대체하는 새로운 해양교역로가 스리위자야왕국(Kadatuan Sriwijaya, 650~1377, 수도: 팔렘방, 잠비)의 주도로 개발되었다. 이즈음 중국 당나라 지쳉(Jicheng, 薊城, 현재 Beijing, 北京) 태생의 승녀인 이징(Yijing Zhang Wenming, 義淨 張文明, 635~713)은 광저우에서 수마트라섬의 멀라유왕국Melayu Kingdom의 수도인 잠비Jambi를 지나 페르시안 배로 말라카해협을 왕래했다고 전해진다. 이후 말라카해협의 교역로는 10세기를 전후로 서쪽으로 이슬람 상인의 인도 해양교역으로 성장한 구자랏 지역의 아나힐라바다(Anahilavada, 현재 Patan) 중심의 해안 거점들[6]과 페르시아, 아라비아, 이집트를 연결하였고, 동북쪽으로 당나라의 광저우까지 연결하여 거대한 교역체계가 완성되었다.

이 시기 아라비아반도의 상인들은 6~11월에 페르시아만과 오만해를 지나 인도반도의 구자랏으로부터 말라카해협을 지나 남중국해의 광저우를 방문했으며, 이후 몬순계절풍의 방향이 반대로 변하는 12월부터 돌아갔다. 상인들은 몬순계절풍을 기다리는 동안 말라카해협의 항구에 정박하여 식수와 숙박을 해결하며 시장을 형성했다. 그 결과 인도 면직물과 중국 광저우의 도자기와 실크, 아라비아반도의 오일과 향수, 말레이군도의 향신료와 백단향, 몰루쿠군도의 정향과 육두구가 교역되었다. 그리고 무엇보다 말라카해협을 따라 인도 북동부의 힌두-대승불교, 페르시아와 아라비아의 이슬람교, 실론의 상좌부불교의 신앙이 널리 퍼졌다.

말라카해협의 대표적인 교역 거점은 말라카, 팔렘방, 테마섹(Temasek, 현재 싱가포르)이다. 팔렘방은 말라카해협과 남중국해의 연결 거점으로서 중국 당나라의 지원을 받으며 성장한 스리위자야왕국의 수도이며 북쪽의 잠비에 뒤이어 중심항구로 기능했다. 또한 테마섹은 중국 원나라의 지원을 받으며 성장한 말레이족의 싱가푸라왕국의 수도였다. 이후 테마섹의 항구 기능은 말라카술탄왕조(Kesultanan Melayu Melaka, 1400~1511)의 수도이며 이슬람문화권 상업활동의 중심 거점으로 성장한 말라카로 이전해왔다. 말라카해협의 중심항구인 말라카는 이후 16세기부터 포르투갈로마가톨릭교와 네덜란드 개신교 세력들 간의 충돌로 쇠퇴하고, 조호르술탄왕조의 아체Aceh, 조호르Johor, 리아우Riau에게 상업 거점으로서의 지위를 넘겨주었다. 이후 말라카해협의 영국 지배기(1824~1946)부터 현재까지는 싱가포르가 말라카와 자카르타를 누르고 이 지역의 대표 항구로서 성장해왔다.

2. 말라카술탄왕조의 요새, 해상법, 해군병영

스리위자야왕국과 당나라

말라카해협의 해상교역은 스리위자야왕국의 건국과 함께 7세기에 시작되어, 이후 싱가푸라왕국(Kerajaan Singapura, 1299~1398), 말라카술탄왕조(Melaka Sultanate, 1400~1511), 조호르술탄왕조(Johor Sultanate, 1528~1946)의 전성기를 함께하며 성장했다. 그렇다면 이 시기에 말라카해협의 해상교역은 어떻게 가능했을까?

말라카해협의 교역활동의 성장은 이 지역의 해상 유랑 세력인 라웃족의 활동으로 이루어졌을 것이다. 당시 라웃족의 해상활동에 관한 구체적인 사료가 전해지지는 않지만, 말라카해협을 배경으로 진행된 이 지역 세력들의 성장과 쇠퇴의 과정에서 이러한 특성이 관찰된다. 라웃족은 스리바자야왕국을 시작으로 싱가푸라, 말라카 및 조호르 술탄왕조들과 공생

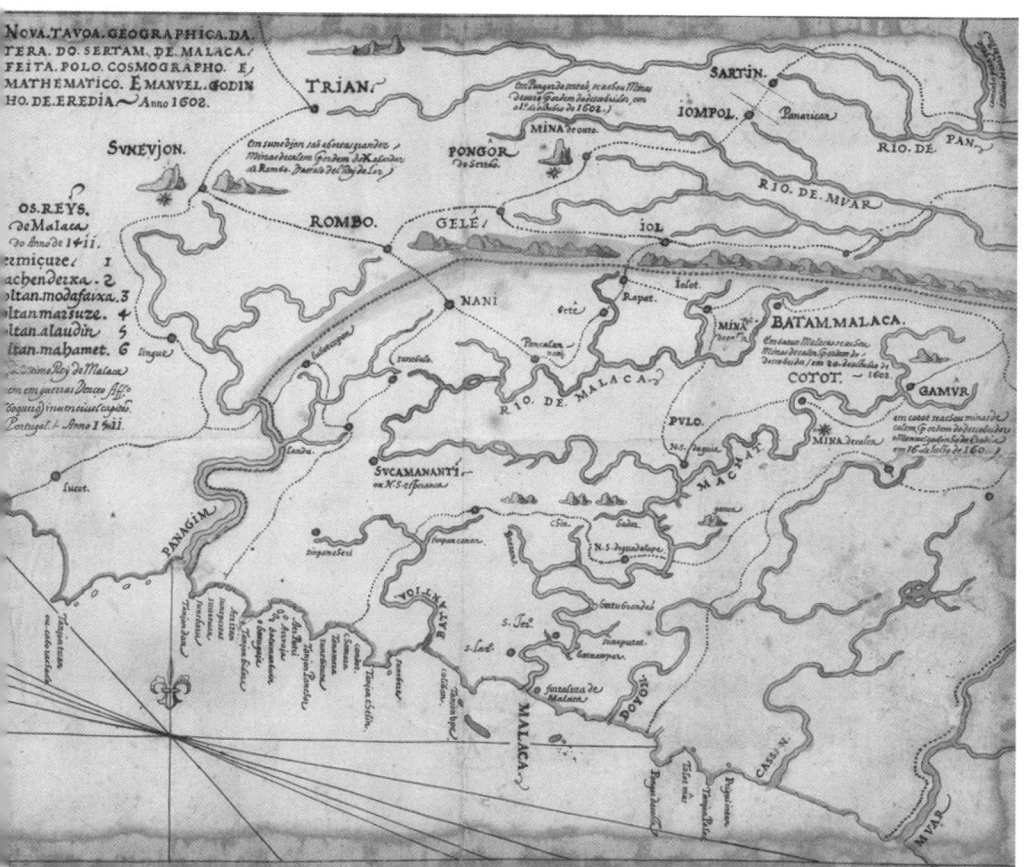

관계를 유지했다. 또한 스리위자야왕국과 술탄왕조들은 동쪽의 교역종점
인 중국의 당나라, 송나라, 원나라, 명나라부터 서쪽의 대표적인 교역세력
인 아라비아의 우마이야왕조(Umayyad Caliphate, 661~750), 페르시아의 압바
스왕조(Abbasid Caliphate, 750~1517), 파티미드칼리프국(Al-Khilafah al-Faṭimiyah,
909~1171), 오스만제국(OsmanlıImparatorluğu, 1299~1923) 그리고 인도 서부의 차
우루카왕국(Chaulukya Dynasty, 940~1244)와 구자랏술탄왕조(Gujarat Sultanate,
1407~1573)와 우호적인 관계를 유지했을 것이다.

먼저 스리위자야세력은 7세기 중반에서 11세기 초까지 말라카해협을
중심으로 동남아시아의 최대 세력으로 황금기를 누렸다. 이들은 말레이
반도의 무다강Air Muda의 케다로부터 수마트라섬 멀라유강의 잠비와 무

말라카해협과 말라카반도 지도(1602)

시강Air Musi의 팔렘방을 세력의 거점으로 두고 성장했다. 팔렘방이 스리위자야세력의 다푼타왕(Dapunta Hyang Sri Jayanasa, 재위 671~702)의 시드하야트라 원정(Sacred Siddhayatra Journey, 684)을 통해 흡수된 시점이 이즈음이다. 당시 스리위자야왕국은 이 지역에서 중국의 당나라부터 송나라 초기까지 상보적인 교역관계를 유지[7]했으며, 벵골만에 위치한 대승불교 국가인 팔라제국(Pala Empire, 8~12세기)과 이슬람교를 믿는 아라비아의 우마이야왕조, 페르시아의 압바스왕조와도 우호적인 관계를 이어나갔다. 이에 스리위자야왕국은 자바섬의 힌두-불교 세력인 메당왕국(Medang Kindom, 732~1006)에서부터 인도차이나반도의 메콩강을 중심으로 힌두교 세력의 크메르왕국(Khmer Empire, 802~1431) 그리고 베트남 중남부의 참파왕국(Cham Pa, 192~1832)까지 확장하며 이들과 경쟁했다.

말라카술탄왕조와 명나라의 해군병영

말라카해협의 도약은 14세기에 진행되었다. 이러한 말라카해협의 성장은 스리위자야왕국의 왕자 상니라우타마(Sang Nila Utama, 재위 1299~1347)가 1299년 팔렘방에서 싱가포르로 이주해와 싱가푸라왕국을 건국하며 시작되었다. 이 시기에 싱가푸라왕국은 당시 북쪽에 위치한 아유타야왕국과 남동쪽 자바섬의 마자파힛제국으로부터 위협을 받으며, 중국 원나라와 명나라의 지원을 확보하여 성장했다. 그러나 싱가푸라 왕국은 결국 1398년 마자파힛왕국에게 패배하면서 파라메스와라왕(Parameswara Iskandar Shah, 재위 1389~1398)은 1401년 싱가푸라를 떠나 말레이반도를 따라 서쪽으로 무아르 Muar, 우종타나Ujong Tanah, 비아와부숙Biawak Busuk으로 피난하여 마침내 1402년 베르탐강(Sungai Bertam, 현재 말라카강)의 하구에 정착했다.

파라메스와라왕이 정착한 곳은 인도인이 성스러운 열매나무로 여기는 인디안 구즈베리Indian Gooseberry 나무가 자라던 서식처였다. 당시까지

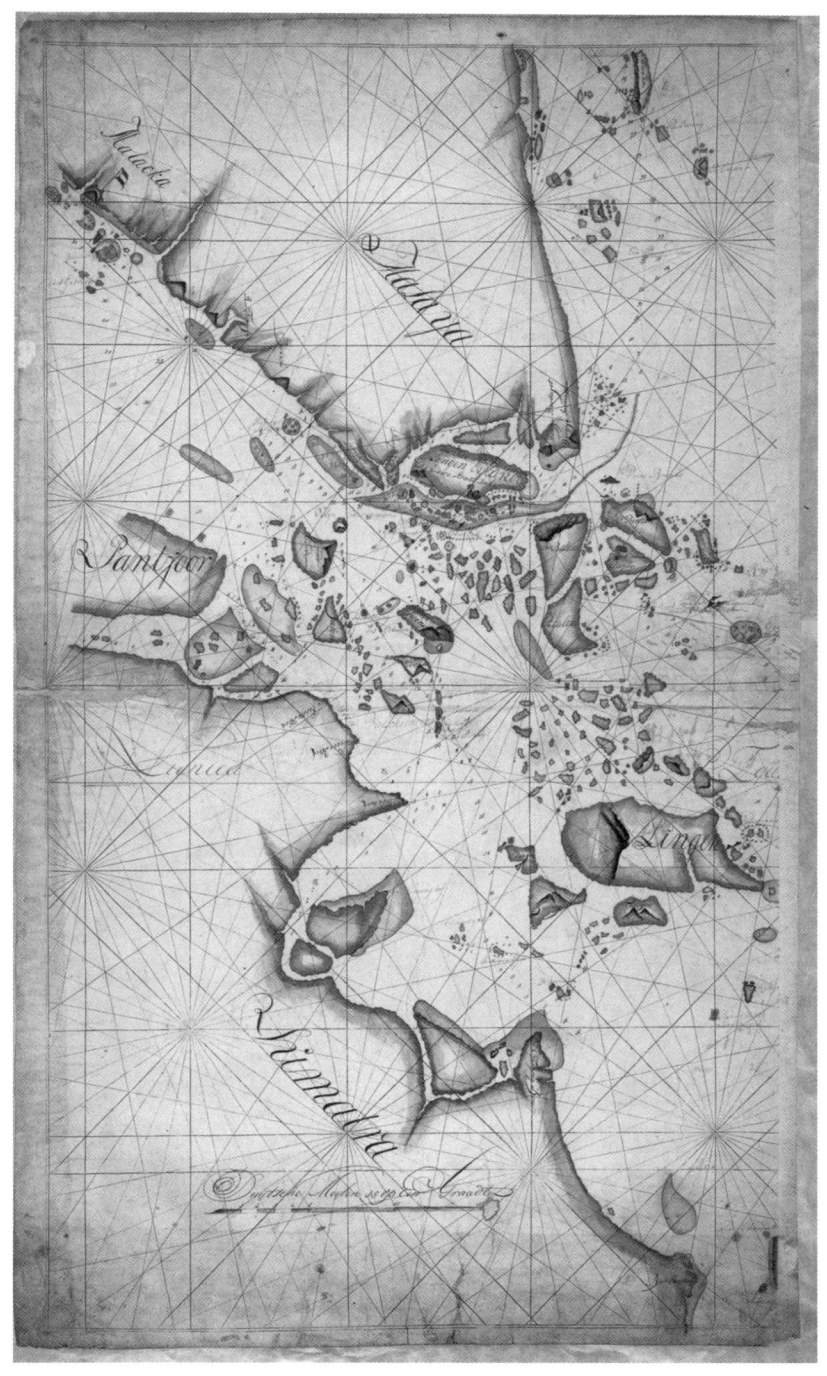

8세기 수마트라섬과 말라카해협 지도

말라카는 아유타야 세력의 영향을 받는 변방의 영토였다.[8] 그럼에도 말라카는 말라카해협에서 말레이반도와 수마트라섬이 가장 가깝게 만나는 곳으로 지리적 이점을 갖고 있었다. 말라카는 수마트라섬의 루팟섬Rupat Island과 그 배후의 두마이Dumai까지는 각각 40km와 100km의 거리에 있다. 말라카의 이러한 지리적 장점은 긴 말라카해협의 중앙부의 입지성에 비교하여 해협의 반대편 항구와의 근접 관계에서 비롯되었음을 말해준다. 그리고 이곳 말라카에서 파라메스와라왕은 말라카술탄왕조를 건국했다.

말라카는 말라카언덕과 시나언덕을 제외하면 대체로 평지이다. 하지만 말라카의 내륙인 북쪽으로 베르탐강(Sungai Bertam, 현재 Melaka River)의 발원지인 레당산(Mount Ophir, Gunung Ledang, 1,276m)[9]은 숲이 울창한 고지로서 고대 그리스인과 14세기의 중국 푸젠성 상인에게는 금광이 있다고 믿어져온 곳이다. 또한 해안을 통해서는 북쪽의 우페섬Pulau Upeh, 남쪽의 버사르섬Pulau Besar, 더 멀리 운단섬Pulau Undan과 거리가 가까우며 건너편에는 루팟섬을 두고 있어 위기 시에 산과 섬으로의 도피에 유용한 조건을 갖고 있다.

말라카해협이 본격적인 해상교역의 중심지로 성장한 첫 번째 계기는 15세기에 시작된 말라카술탄왕조와 중국 명나라의 상보적 관계와 이를 통해 1405~1433년 명나라의 정화 장군(Admiral Zheng He, 鄭和, 1371~1435)의 보물함대(Treasure Fleet Foreign Expeditionary Armada, Xiafan Guanjun 下番官軍)가 총 일곱 번의 원정을 위해 말라카에 정박 거점을 조성하면서이다. 이후 말라카는 30년 동안 명나라의 해군 거점으로 말라카해협과 이슬람 지역권의 대표항구로서 성장했다. 당시 말라카술탄왕조는 아유타야왕국의 침략을 막으며 말라카해협의 교역 거점 역할을 유지하기 위해 1403년 명나라와 외교관계를 확보했고, 이는 술탄 만수르사(Sultan Mansur Shah, 재위 1459~1477)의 시기에 보호령 관계로 변화했다. 이에 따라 말라카술탄왕조는 아유타야와 마자파힛 세력들을 견제했고, 명나라는 말라카해협의 사용권과 교역권을 확보했다.

이 시기는 명나라의 건국 직후로서, 명나라는 말라카해협 너머 인도해까지 교역 영역을 확장하면서 이를 위한 해양 거점들을 조성하고자 했다. 이에 명나라의 3대 황제 용례(Yongle Emperor, 永樂帝, 재위 1402~1424)의 명령으로 명나라의 해군장군 인칭Yin Ching의 교역단이 1403년 처음 말라카를 방문하여 외교적 관계를 수립했다. 명나라의 방문에 응하여 파라메스와라와 그의 아들인 메갓 이스칸다사(Megat Iskandar Shah, 재위 1414~1424)는 1411년과 1414년에 난징과 베이징을 방문했다.[10] 이후 정화 장군의 보물함대는 난징의 장강을 통해 닝보를 시작으로 푸저우를 지나 베트남 중부의 참파, 팔렘방 등의 거점들을 지나 말라카에 도착했다. 그들은 말라카를 인도해로 향하는 해군정벌의 중간 거점으로 이용하며, 말라카해협의 해적을 소탕하고 해로를 순찰했다. 특히 정화함대는 1407년 인도의 캘리컷 원정을 실시했고, 이후 4차 원정 때 호르무즈해협과 홍해-아덴만에 도착했으며, 5차 원정 때는 모가디슈와 브라와를 거쳐 말린디를 원정했다. 이 과정에서 말라카는 말라카해협의 중심항구로 발돋움하게 되었다.

말라카해양법과 오스만제국의 비호

말라카의 발전을 이끈 두 번째 계기는 말라카술탄왕조의 이슬람교의 국교 선포와 말라카해양법(Undang-Undang Laut Melaka, Maritime Laws of Malacca, 15세기 중엽 추정)의 공포와 집행이다. 이를 통해 당시 말라카는 이슬람교 가치에 근거한 행정체계와 교역구조를 구축했으며, 특히 말라카해양법은 말라카가 당시 확장하는 동남아의 이슬람문화권에서 말라카가 중심항구로서 도약하는 근간이 되었다.

이러한 변화는 먼저 힌두교인이었던 파라메스와라왕의 이슬람교 개종으로 시작되었다. 그는 1409년 수마트라섬 북서 지역의 말라카해협 입구에 위치한 파사이술탄왕조(Samudera Pa-sai Sultanate, 1267~1521)의 공주와 결혼하며 이슬람교인으로 개종하여 라자 이스칸다르사Raja Iskandar Shah라는 술탄 직위를 얻었다. 이후 15세기 초에 퉁아왕(Raja Tengah, 재위 1424~1444)에 이르러 이슬람교가 국교로 선포되었다. 이즈음 아라비아 반도 홍해의 거점항구인 제다Jeddah 출신 상인인 사이야이드 압둘 아지즈Sayyid Abdul Aziz가 말라카를 방문하여 퉁아왕과 귀족들에게 이슬람교를 소개했다. 이후 퉁아왕이 이슬람교로 개종하여 무하마드사Muhammad Shah라는 술탄 직위를 받았으며, 이슬람교의 행정과 세금체계를 흡수하며 이슬람을 국교로 선포했다. 이를 통해 말라카는 동남아와 멀리 아프리카 남동부의 마다가스카르섬까지 퍼져있는 이슬람 세계의 통합에 앞장서며 그 거점으로 자리매김했다.

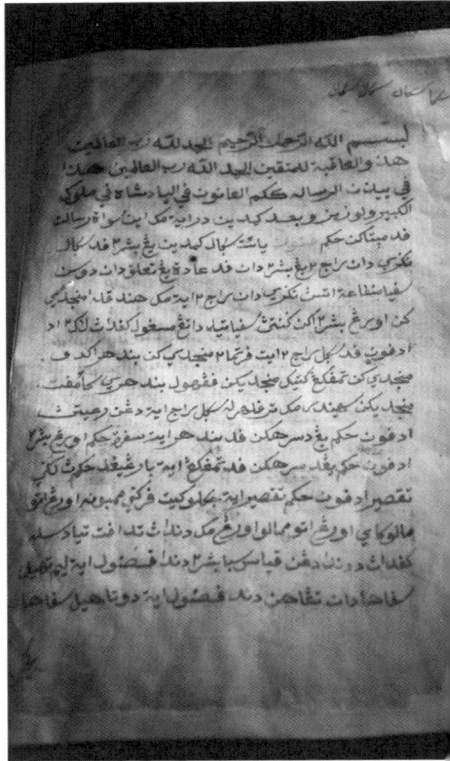

이 시기에 말라카술탄왕조의 주목할 만한 업적은 '말라카해양법'의 공포와 집행이다. 당시까지 말라카는 멀리 인도반도의 구자랏과 중국 명나라의 푸저우 상인들의 방문을 돕고자 라웃족과 협력하여 말라카해협의 해상을 순찰하고 해적을 소탕하고 교역항구로서 기능을 수행하였다. 말라카해양법이 언제 작성되었는지는 정확히 알려져 있지는 않다. 다만 이 법은 술탄 무하마드사가 주도하여 진행된 말라카 선장들의 회의로 종합되어 입법[11]화된 것으로 추정된다. 또한 이 과정에서 말라카에서는 교역 활동을 지원하는 거대한 노동시장이 항구를 중심으로 성장했다.

말라카해양법은 상선과 선원의 관리와 운영 등에 관한 규제와 방향을

말라카해양법 법전 복사본

제시했다. 이를 통해 말라카해양법은 당시 선박의 선장과 선원의 권리를 보장했다. 해양법은 크게 네 개의 장으로 구성되었다. 1장은 항해 선장과 선원의 임무와 능력, 2장은 배의 종류와 운영, 해상 사고의 대처, 3장은 선원의 사고와 노예 처리, 4장은 범죄행위에 관한 정의와 규정이다. 또한 말라카해양법에 따라 말라카의 항구는 입항하는 선박의 출발지에 따라 네 개 부두로 나뉘어 기능했다. 당시 가장 중요한 항구는 가장 수가 많았던 구자랏 발 선박들이 사용하는 부두였으며, 두 번째는 인도, 버마, 북부 수마트라 발 선박들이 사용하는 부두, 세 번째는 동남아시아, 마지막은 중국과 인도차이나의 선박이 사용하는 부두 순이었다. 또한 6대 술탄 만수르샤(Sultan Mansur Shah, 재위 1459~1477)의 통치기에 말라카는 교역 대상지에 따라 교역세금이 차등적으로 적용되었다. 당시 관세법에 따라 말라카의 서쪽(아라비아, 인도) 상인에게는 6퍼센트의 세율이, 동북아시아 상인에게는 3퍼센트의 세율이 적용되었고, 그 외 중국, 일본, 자바의 상인에게는 관세가 면제되었다.

말라카술탄왕조는 1511년 포르투갈 해군제독 알폰소 드 알부퀘르쿠에(Alfonso de Albuquerque, 1453~1515)의 공격으로 해체할 때까지 100년 동안 황금기를 누렸다. 이 시기에 말라카술탄왕조의 영토는 타이반도의 남부와 수마트라섬의 동쪽 해안을 넘어 자바섬 일부까지 확장되었다. 이에 북쪽으로는 아유타야왕국과 경쟁하고, 남동쪽으로는 해양을 통해 자바섬의 힌두-불교 세력인 마자파힛제국과 경쟁했다. 당시 말레이반도와 자바섬을 아우르는 거대한 말라카술탄왕조의 확장은 무엇보다 명나라와 인도의 구자랏술탄왕조 그리고 이슬람교 핵심 세력으로 부상한 오스만제국과의 외교적 협력과 지원의 결과이다. 특히 술탄 만수르샤는 오스만제국의 술탄 메메드 2세(Mehmed II, 재위 1444~1446, 1451~1481)와 유대관계를 통해 오스만제국을 대리하여 말레이반도의 통치자로 승인되었다.[12] 또한 이 시기는 네 명의 술탄들을 도우며 말라카의 황금기를 주도했던 툰 페락(Bendahara Paduka Raja Tun Perak, 1456~1498) 장군의 활약이 두드러졌다. 이 과정에서 술탄 만수르사는 새롭게 확장 및 획득한 정복지와 결혼을 통한 동맹관계를 적극적으로 구축하며 동남아시아의 해양에서 이슬람 세력으로의 확장을 추진했다. 리스본 태생의 역사가 토메 피레스(Tome Pires, 1465~1524)의 주장에 따르면, 술탄 만수르사는 국제 무역관계를 강화하기 위하여 명나라의 항리포 공주(Hang Li Poh, 漢麗寶, 또는 궁녀라는 주장이 있음)를 포함해 인도, 파사이 상인의 딸들과도 혼인을 맺었다고 전해진다.

술탄 요새와 부킷치나

말라카술탄왕조의 말라카는 베르탐강을 따라 해안을 바라보는 두 개의 언덕을 중심으로 그 도시 중심부가 형성되었다. 먼저 말라카해협을 직접 바라보는 말라카언덕(Bukit Melaka, 현재 Bukit St. Paul)에는 술탄궁이 건설되었고, 그 배후 내륙의 치나언덕Bukit Cina을 중심으로 상업 거점이 형성되었다. 당시 통치와 행정의 거점은 말라카언덕의 북쪽 구릉에 조성된 술탄궁(Sultan's Istana)이었다. 파라메스와라의 술탄궁은 현재 말라카술탄왕조 왕궁박물관(Melaka Sultanate Palace Museum, 1984) 자리에 입지했다.[13] 이후 술탄 만수르사의 지배기에 술탄궁은 말라카언덕의 가장 높은 지점인 현재 세인트폴성당 부지로 이전되었다. 이후 말라카에는 술탄 메갓이스칸다사의 주도로 네 개의 성문을 갖춘 술탄궁요새가 건설되었고, 베르탐강을 건너는 목재다리(14세기, 현재 Tan Kim Seng Bridge, 1805)[14] 가 술탄궁요새와 베르탐강의 서쪽으로 중국인·아랍인·인도인·페르시아인의 상업구역인 우페(Upe, Upih, 또는 Tranqueira, Tengker, 이후 Campon China, Kampung Cina)를 연결해 주었다.

특히 베르탐강의 서쪽 둑방에는 명나라 정화 장군의 주도로 해군관창 (Government Depot, 官廠, 면적: 10acre)이 건설되었다. 당시 해군관창은 주변에 시장과 상업활동의 성장을 이끌었으며, 관창을 중심으로 다섯 개의 우물

말라카술탄왕궁으로 사용되었던 왕궁박물관

들이 생겨 생활 거점을 조성했다. 또한 이곳에서 말라카강을 따라 동북쪽으로 치나언덕의 구릉지는 1409년을 전후로 정화 장군을 기리는 포산텡사원(Poh San Teng Temple, 宝山亭, 1795)과 항리포우물(Hang Li Poh's Well, 1459)이 입지했고, 일곱 개의 우물Seven Dragon Wells을 중심으로 중국인 거주지가 성장했다. 치나언덕과 인접한 구릉에는 중국 본토의 밖에 위치한 최대 규모의 중국인 묘(규모: 총 12,000구, 면적: 250,000m²)가 입지한다.

옛 목재다리에 조성된 탄김셍다리(ⓒ 한광야, 2018)

3. 포르투갈-네덜란드의 요새, 시청광장, 페라나칸하우스

이슬람 세력의 말라카가 말라카해협의 해상교역 주도권을 확보하려는 로마가톨릭교 포르투갈 세력의 공격을 받고 그 지배를 받게 된 시점은 16세기 초이다. 당시 인도의 고아에서 출항한 포르투갈 세력의 알폰소 드 알부쿠르크(Alfonso de Albuquerque, Governor of Portuguese India, 재임 1509~1515)는 1511년 중국 상인들의 지원[15]을 받아 말라카를 확보했다. 이후 뤼 드 브리토 파타림(Captains-major Ruy de Brito Patalim, 재임 1512~1514)이 포르투갈

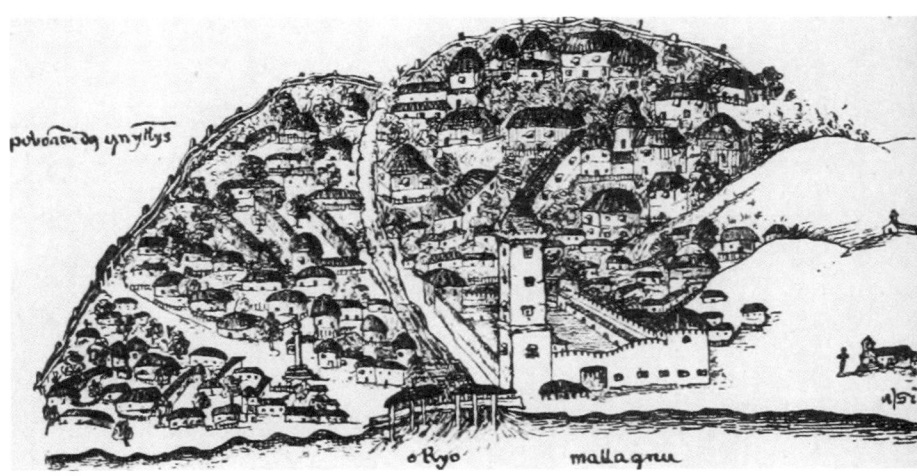

령 말라카의 초대 총독으로 임명되었다.

이에 말라카는 인도의 고아, 호르무즈해협의 무스캇Muscat에 이어 포르투갈의 아시아 교역체계의 세 번째 핵심 거점으로 자리 잡기 시작했다. 포르투갈 세력의 말라카 지배기(1511~1641)에 피렌체 태생의 지오반니 다 엠폴리(Giovanni da Empoli, 1483~1518)[16]를 포함한 다수의 토스카나 상인들과 포르투갈 항해사들이 부르게, 리스본, 고아, 말라카의 해로를 개척하며 아시아 교역에 참여[17]했다. 또한 인도의 구자랏 상인들은 말라카와

16세기 초 포르투갈 지배 하의 말라카

의 향신료 교역으로 부를 축적하고 막
강한 교역권을 행사했다. 리스본 출신
의 약사이자 여행가인 토메 피레스(Tome
Pires, 1465~1540)가 기술한 여행기인 '수
마 오리엔탈Suma Oriental(1512~ 1515)'[18]에
의하면, 이 시기의 말라카는 구자랏 상
인의 향신료 교역 거점으로 홍해의 아
덴만, 페르시아만과 오만만을 연결하
는 호르무즈해협을 통해서 카이로, 아
르메니아Armenia, 아비시니아Abyssinia, 코
라산Kho-rasan, 시라즈Shiraz, 투르케스탄
Turkestan, 귀란즈Guilans 등의 이슬람 상
인들이 교역지로 전해진다.

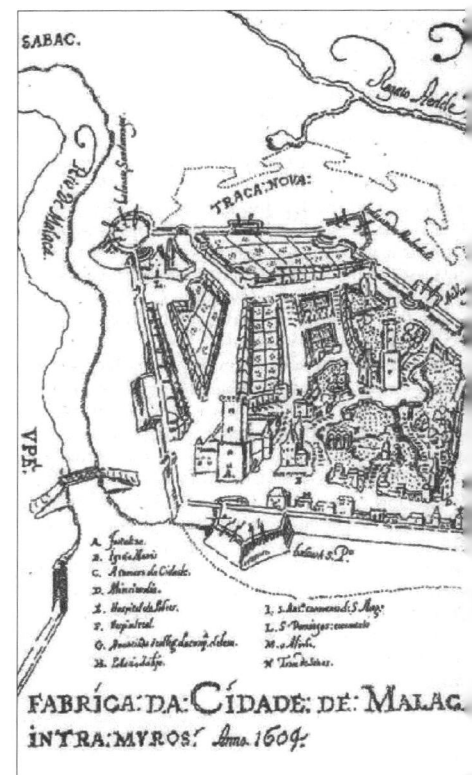

이후 네덜란드 세력의 약 200년간의
말라카 지배(1641~1825)가 시작된 시점
은 130년이 지난 1641년이다. 네덜란드
세력의 지배는 단순히 포르투갈에서

17세기 초 포루투갈 지도 제작자인 마뉴엘 고디노(Manuel Godinho de Eredia)가 그린 말라카 지도(1604)
네덜란드 지배 시작 직후의 말라카 요새와 부킷시나구의 풍경화(1651)

네덜란드로 교체되는 것을 넘어, 로마가톨릭교 세력이 개신교 세력으로 바뀌는 과정에서 말라카해협의 교역권을 두고 벌인 충돌이었다. 네덜란 드 세력의 공격은 1606년부터 코르넬리스 마테리에르 장군Admiral Cornelis Matelief de Jonge의 지휘 하에 시작되었다. 이후 네덜란드 세력은 1641년 조호르술탄왕조[19]와의 협정Dutch Johore Treaty을 통해 말라카를 획득했다. 이미 말라카는 포르투갈 지배 후기에 기근과 전염병 그리고 외부로부터 는 조호르술탄왕조와 연합한 네덜란드 동인도기업, 아체술탄왕조 Sultanate of Aceh의 공격[20]을 받아 폐허가 되었다.[21] 시민들은 인도로 이주[22] 해나갔고 이즈음 말라카는 네덜란드 동인도기업의 동남아 교역의 중심 거점이었던 바타비아에 해상교역의 주도권을 내주었다. 또한 말라카는 조호르술탄왕조의 새로운 항구로서 수마트라의 리아우Riau 항구가 1700 년대부터 부상하면서 말라카는 해협에서의 독점력도 잃기 시작했다.[23]

포르투갈-네덜란드 세력의 요새와 타운스퀘어

말라카술탄왕조의 요새가 해체되고 파모사요새(Fort Famosa, 1511)로 개조 된 시점은 포르투갈 세력이 말라카를 획득한 1511년 직후이다. 포르투갈 세력은 말라카언덕을 마리아언덕Monte Maria으로 개명[24]하고, 술탄궁과 모스크를 해체하고 우페섬Pulau Upeh의 석재[25]로 사각형의 파모사요새를 건설했다. 파모사요새는 북동문Porta de Santo Antonio을 중심으로 북문Porta de Sao Domingos, 서문Porta de Alfandega, 동문Porta de Santiago을 갖추었고, 이 후 1583년을 전후로 여덟 개의 방어벽과 70개의 대포가 장착되며 둘레 954m의 요새[26]로 확장되었다.

  파모사요새 내부는 총독궁, 주교의 궁, 성모수태고지성당(Our Lady of the Annunciation, 1521)[27] 등으로 채워졌다. 먼저 해체된 술탄궁 부지에는 포 르투갈 식민총독인 뒤르테 코엘호(Duarte Coelho Pereira, 1485~1554)의 기부

성모수태고지성당(ⓒ 한광야, 2017)

로 마리아에게 헌정된 성모수태고지성당이 건립되었다. 이후 수태고지
성당은 1548년 고아 대주교의 주도로 예수회에 기증되었고 종탑(1590)과
본당의 납골당(1592)이 추가되었다. 특히 이곳에서는 동남아시아와 일본
등지에 로마가톨릭교를 전파한 프란시스 자비에르(St. Francis Xavier, 1506~
1552)가 운영한 말레이반도의 첫 유럽식학교인 세인트폴칼리지(St. Paul's
College, 1548)가 개교했다. 성모수태고지성당은 네덜란드 지배기에 네덜
란드 개신교회Dutch Reformed Church로 이용되었고, 영국 지배기에는 등대
와 창고로 이용되었다.[28]

또한 파모사요새의 내부에는 도시행정을 위한 시청, 의회(Camara, 1552,
현재 Stadthuys 부지)와 총독의 궁이 자혜병원(Confraria da Misericordia, 1532), 병
영, 화약고와 함께 위치했고, 디레타도로(Rua Diretta, 이후 Heerenstraat으로 개
명)를 통해 서쪽의 상업구역과 연결되었다. 말라카에는 여덟 개의 교구를
중심으로 1613년 기준 포르투갈 장인, 상인, 농부 등 7,400여 명[29]의 가톨
릭교 신자가 거주했다.

포르투갈 세력의 파모사요새는 1641년부터 네덜란드 세력의 말라카
요새(De Stad en Kasteel Malacca, 1641~1825)로 개조되었다. 네덜란드 세력은
파모사요새의 기본 구조를 유지하며 서쪽으로 확장했고, 1674년 요새 주
변에 해자와 함께 여섯 개의 대포 망루를 조성했다. 이와 함께 마리아언
덕은 세인트폴언덕으로 개명되고 그 정상부의 성모수태고지성당은 네덜
란드 개신교의 세인트폴교회(Bovenkerk, Church of St. Paul, 1641~1753)로 개조
되었다. 이 시기에 네덜란드 세력은 세인트폴교회 이외의 모든 가톨릭성
당들을 해체했다. 요새 내부에는 총독궁(Seri Melaka, 현재 Governor's Museum)
이 조성되어 이후 말라카주지사의 궁으로 이용되었다.[30]

또한 네덜란드 세력은 기존의 포르투갈 시청·의회와 총독궁을 식민행
정을 위한 시청(Stadthuys, 1645, 현재 History Museum과 Ethnography Museum)으로
보수하여 행정의 중심부인 타운스퀘어를 완성했다. 당시 말라카시청은
네덜란드의 호런Hoorn의 타운홀을 모델로 계획[31]되었다. 호런은 네덜란

드 동인도기업의 여섯 개 거점들 중의 하나로서 네덜란드 황금기에 번성했던 항구였으나, 남쪽 40km 지점에 위치한 암스테르담에게 네덜란드의 중심항구로서의 주도권을 잃으며 쇠퇴했다. 또한 타운스퀘어에 인접하여 말레이시아의 첫 번째 개신교회인 네덜란드개신교회(Christ Church, 1753)가 설립되었고 인접해 세인트피터스교회(St. Peter's Church, 1710)와 말라카학교(Malacca Free School, 1826, 이후 Malacca High School, 1871)가 개교[32]하여 네덜란드 커뮤니티의 중심지로 자리 잡았다.

네덜란드개신교회(ⓒ 한광야, 2017)

상업 중심부, 우페의 베란다

포르투갈과 네덜란드 세력의 지배기에 말라카의 상업활동 중심부[33]는 말라카강의 부두로부터 서쪽에 형성된 우페(Upe 또는 Tranqueira)였다. 우페는 격자형의 도로체계를 따라 형성되어 헤렌도로(Heerenstraat, 과거 Rua Diretta, 현재 Jalan Tun Tan Cheng Lock)를 통해 남쪽으로 타운스퀘어와 연결되었고, 주변의 교외지로 경계되었다. 우페는 캄풍치나Kampung Cina, Sao Tome라고 불린 중국인 거주지와 캄풍클링Kampung Keling, Sao Estevao로 불린 인도 남동부의 타밀 촐라만다람Tamil Chola Mandalam에서 이주해온 체리스인Chelis of Choromandel의 거주지로 채워졌다.

우페는 이후 네덜란드 동인도기업의 규제를 받으며 헤렌도로와 용커도로Jonkerstraat를 중심으로 성장했다. 헤렌도로에는 상류층과 부상의 저택이 들어섰고, 용커도로에는 정부 관료나 상인의 직원이 거주했다.[34]네덜란드 건축역사학자인 테민크 그롤Temmink Groll[35]에 의하면, 네덜란드 세력은 아시아에서 식민도시를 건설할 때, 운하와 도로의 이름으로 헤렌(Heeren, Lord)을 제일 먼저 사용하고, 이후 주변의 도로와 운하에 프린센(Prinsen, Prince)을 부여했다고 한다. 이는 암스테르담의 세 개의 운하들이 중심에서 밖으로 헤렌운하Heerengracht, Lord's Canal, 카이저운하Keizersgracht, Emperor's Canal, 프린센운하Prinsengracht, Prince's Canal로 명명된 것과 유사하다. 특히 중심 상업가로인 욘커도로를 따라서 템플도로(Temple Street, 현재 Jalan Tokong)와 골드스미스도로(Goldsmith Street, 현재 Jalan Tukang Emas), 블랙스미스도로(Blacksmith Street, 현재 Jalan Tukang Besi)가 'ㄷ' 형태의 도로체계를 형성하여 타운중심부를 완성했다.

특히 베란다Kampung Belanda, Dutch Village로 불렀던 네덜란드인구역에서 헤렌도로는 '밀리어네어즈 로우Millionaires' Row'로도 불리며 종종 출세한 이들의 구역을 의미했다. 헤렌도로에는 18세기에 네덜란드 건축양식으로 건축된 2층 구조의 숍하우스 건물로 최근 '바단 와리산 말레이시아

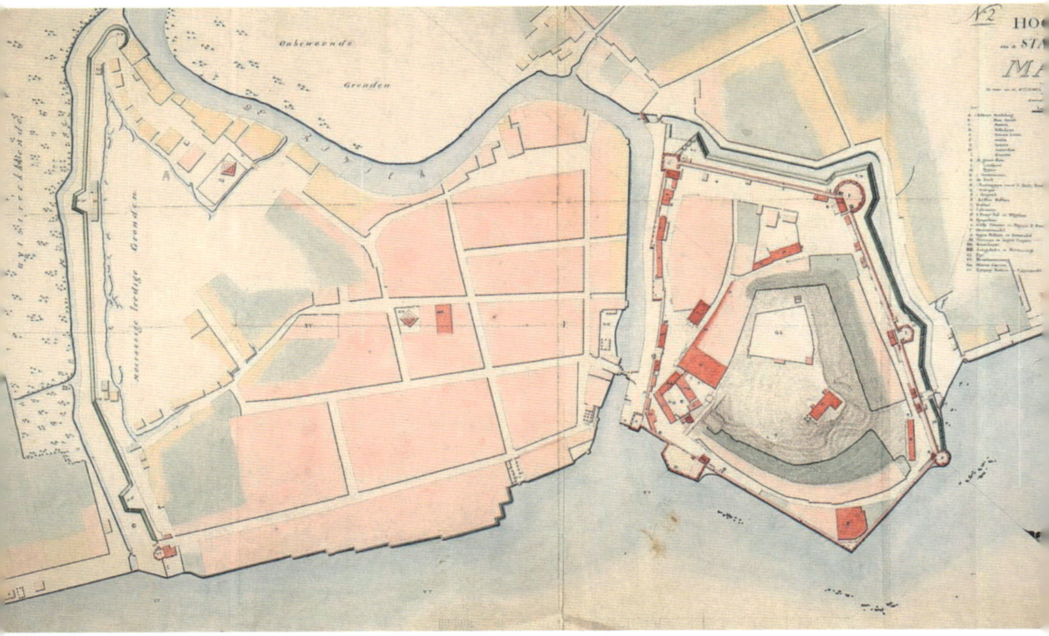

쳉훈텡사원(ⓒ 한광야, 2017)
요새화된 행정중심부(우)와 말라카강 서쪽의 상업중심부인 우페(좌)로 구성된 말라카 지도(1780)

의 보전 프로젝트Badan Warisan Malaysia's Model Conservation Project'를 통해 리모델링된 헤렌도로 8번지 건물(8 Heeren Street, 현재 Heritage Center)이 위치하고 있다. 또한 헤렌도로에는 명나라의 장군이며 학자로서 푸젠성 장저우에서 청나라를 피해 말라카로 이주해 온 치수문(Chee Soo Sum, 1689~1752) 가문의 치씨 주택(Chee Clan House, 徐家, 1920년대)이 자리 잡고 있으며, 장저우의 무역상으로 1771년 말라카로 이주해온 탄하이관(Tan Hay Kwan, 陳夏觀)의 툰탄쳉록 가문주택(Tun Tan Cheng Lock's Ancestral House, 陳禎祿家)이 위치한다.

한편 네덜란드 세력은 지배 초기에 이주자들에게 종교 건축을 위한 필지를 허용했다. 이에 템플도로Jalan Tukang Emas에는 17세기 중반에 중국 사원을 시작으로 인도 힌두사원, 이슬람 모스크가 들어섰다. 이 시기에 말레이시아의 가장 오래된 불교·유교·도교사원인 쳉훈텡사원(Cheng Hoon Teng Temple, 靑云亭, 1645~1704)이 건립되었고, 그 반대편에는 대승불교의 거점인 샹린시사찰(Xiang Lin Si Temple, 香林寺)이 세워졌다.

페라나칸하우스

네덜란드 말라카의 상업중심부인 우페의 정체성을 담고 있는 것은 무엇보다 숍하우스 건축이다. 숍하우스는 격자형의 도로체계 위에 좁고 긴 필지에 조성된 복합용도의 건축물로서 네덜란드의 필지 개발방식과 건축형태에 중국의 건축양식과 말레이의 토착 건축양식이 융화된 형태이다. 말라카의 숍하우스는 도로를 중심으로 도로 양쪽으로 1층에 상점과 2층에 주거 기능의 복합건축물로서 그 도시의 중심 상업가로를 완성했으며, 또한 도로를 중심으로 출신 지역에 따른 이주민 커뮤니티를 형성했다. 숍하우스는 말라카를 포함해 싱가포르·쿠알라룸푸르·홍콩·샤먼·광저우·자카르타 등에서 항구와 그 주변을 중심으로 동남아 도시에서 공통적으로 발견되는 도시의 성장 유형이다.

말라카의 숍하우스는 좁고 긴 필지에 목재로 기둥과 빔을 구축하고 진흙 벽돌로 벽을 시공하고 필지 중앙부에 환기와 채광을 위한 중정을 두고 주변으로 방을 배치하였다. 이들의 외형은 대칭을 이루고, 상부 층이 도로 앞으로 돌출되어 있으며, 벽 표면에는 석고로 마감되어 인디고, 블루, 그린 색들이 더해졌다. 특히 건물 전면부에 포르투갈, 네덜란드, 인도, 중국, 이슬람문화권의 건축요소가 더해지고 현대 건축양식이 추가되어 독창적인 분위기를 표현해왔다. 말라카에는 말레이 문화의 전통 목재 주택과 함께, 현재 약 600여개의 숍하우스가 입지한다. 항자밧도로에 위치한 말라카 주택박물관House of Museums Melaka Old Trade Gallery은 말라카의 대표적인 숍하우스로서 1950~1970년대의 의약품 상점, 미니극장, 이발소, 양복점, 시계점 등의 과거 상점 모습을 전시하는 민간 박물관이다.

말라카에서 본격적인 숍하우스 건축이 시작된 시점은 네덜란스 지배기(1641~1798)이다. 말라카의 숍하우스는 네덜란드 세력의 주도로 17세기부터 헤렌도로에 집중적으로 조성되었다. 이후 중국 남부의 건축양식이 유입되어 1700~1800년에 이를 반영한 숍하우스가 조성되었고, 이후 1800~1900년에 말라카의 대표적인 숍하우스가 생겨났다.

말라카 숍하우스의 건축형태를 결정해온 요소는 무엇보다 에어컨이 도입되기 이전, 덥고 습한 기후적 요인이다. 이를 위해 숍하우스는 내부에 중정, 높은 천장과 긴 평면 형태의 측면, 채광창 등이 있다. 또 다른 하나는 숍하우스가 밀집된 블록에서 화재가 확산되는 것을 방지하기 위해 고안된 요소이다. 방재를 위해 건설 과정에서 벽돌과 타일을 사용하였고, 지붕중도리roof purlin와 뒷마당을 갖고 있다.

숍하우스의 개별 필지는 전면이 좁고 측면이 긴 형태를 갖고 있다. 숍하우스의 전면은 도로에 접해 있으며 4~7m의 좁은 폭을 가진다. 반면에 뒤쪽으로는 15~20m로 길게 확장되는 1:3~4 비율의 긴 장방형 형태를 갖고 있다. 이는 당시 도로에 접한 건물 전면길이에 따라 세금이 부과되었기 때문이다. 이러한 형태는 더운 기후의 필지에서 터널처럼 전면과 후

헤렌도로를 따라 조성되었던 숍하우스(ⓒ 한광야, 2017)
숍하우스 중정(ⓒ 한광야, 2019)

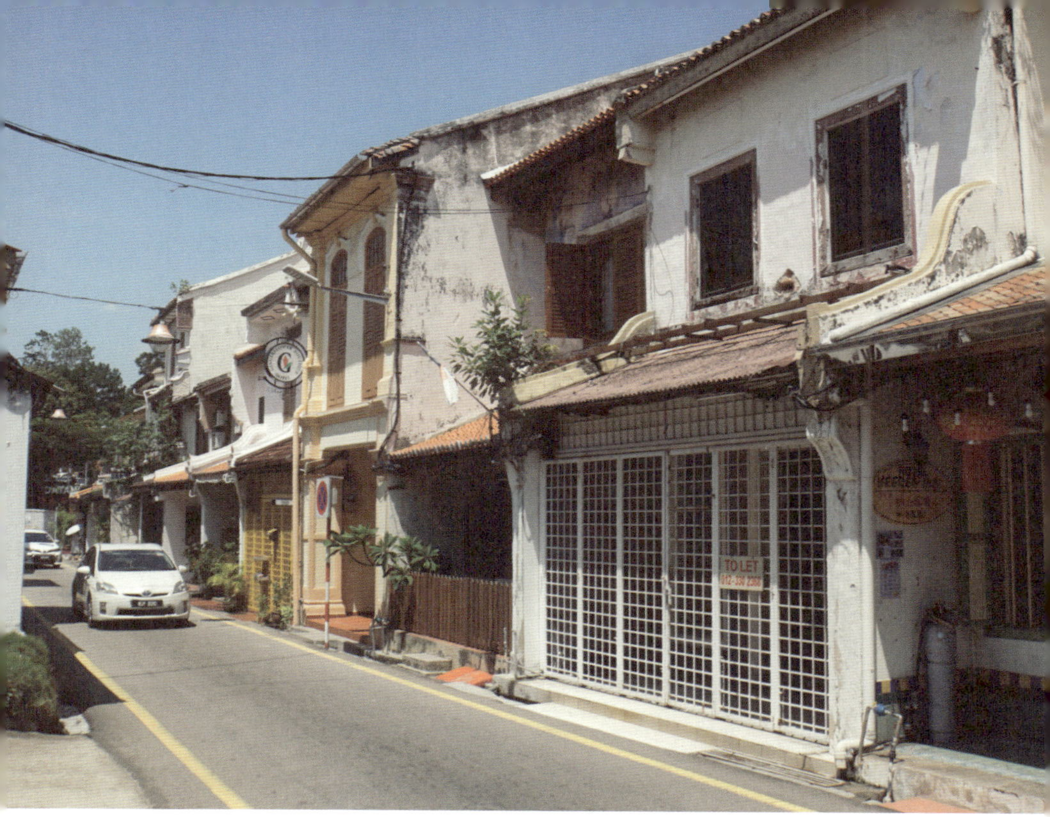
TO LET

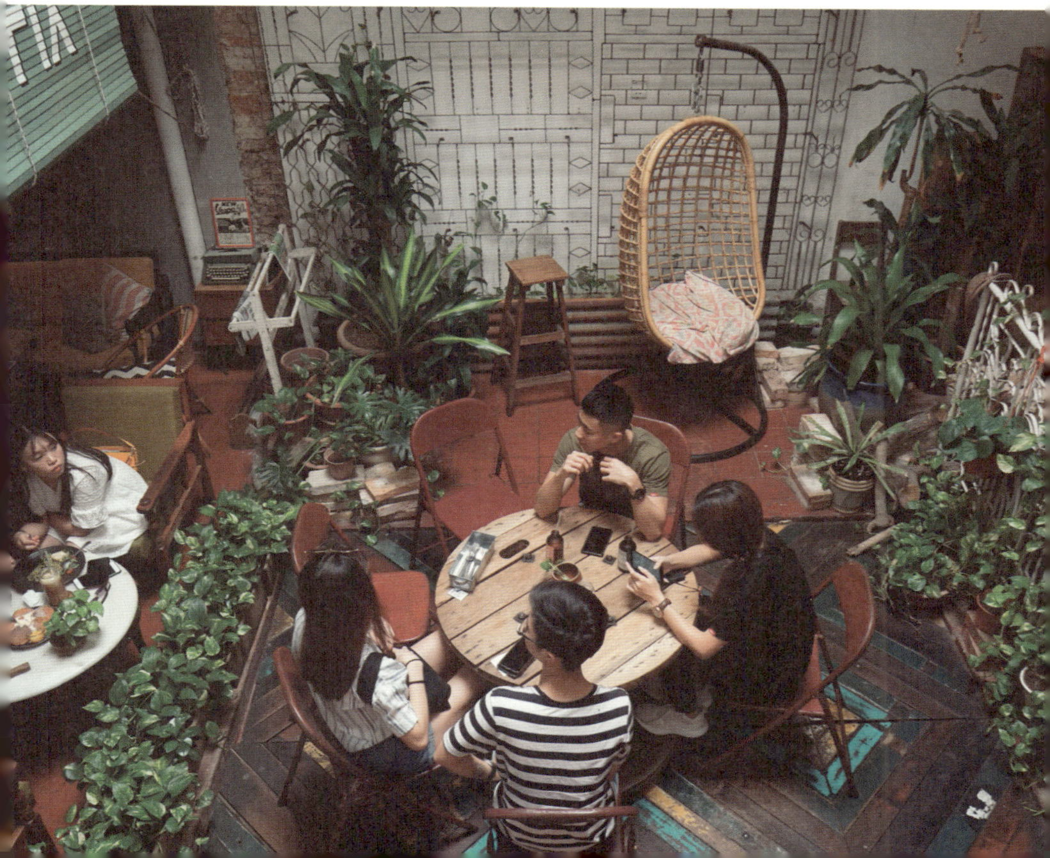

면을 통과하며 바람이 흐르도록 유도하고, 중정을 통해 더운 공기를 내보내는 원리로 더운 기후에 대응했다. 또한 이러한 형태가 기둥 없이 목재 빔으로 견딜 수 있는 최대 길이를 확보하기 위한 건축 재료와 시공방식이었기 때문이다. 숍하우스의 측면은 방재와 방음을 위해 벽돌을 사용하여 건설되었고, 이 벽이 건물의 하중을 지지하는 역할을 한다. 반면에 바닥과 지붕은 목재를 주로 사용하였고, 바닥을 지지하는 구조로는 전면과 평행한 방향으로 목재 빔을 배치하여 사용하였다.

숍하우스에서 상점은 도로면과 접하는 1층 전면부에 배치되고, 그 뒤쪽과 2층 이상 공간에는 주거 공간이 배치되어 중정으로 구별된다. 1층의 후면은 주거 공간 중에서도 주방과 화장실로 사용되었고 건물 후면의 배수로와 이어져 오수를 처리 했다. 최근에는 이런 후면이 주차공간으로 사용되기도 한다. 숍하우스의 지붕은 화재에 취약했기 때문에 19세기 후반부터는 방화 성능이 우수한 기와나 타일을 사용하여 지붕을 덮었다.

전통적인 숍하우스들의 외부 장식은 유럽, 말레이, 중국의 전통 건축에서 영감을 받아 만들어졌다. 유럽식 몰딩이나 이오닉, 코린트식 기둥을 사용하기도 하고, 말레이식 나무 조각에서 영감을 받은 장식도 사용되었다. 또한 중국식의 나비와 봉황의 장식이 창호에 이용되었다. 숍하우스의 장식은 건물의 입지와 주인의 재정 능력에 따라 상이한 모습을 보였다. 이에 교외지의 숍하우스보다 도시 중심부의 숍하우스가 천정이 높고 화려한 장식을 갖고있다.

한편 말라카의 헤렌도로와 용커도로을 따라 상업활동의 중심부인 후이관과 페라나칸 주택Peranakan House[36]이 자리 잡았다. 특히 중국인 이주민들의 공동체 상업활동의 거점인 후이관(Huay Kuan, 會館)은 푸젠성 이주민의 모임과 사교의 장소였으며 불교 사찰로도 사용되었다. 이러한 후이관의 대표적인 사례는 푸젠성 상인의 호키엔 후이관(Melaka Hokkian Huay Kuan, 馬六甲 福建會館)과 차용 후이관(Char Yong Fui Kuan, 茶陽會館)이 있다.

또한 페라나칸 주택은 17세기부터 조성되어 현재 공공용도나 상점으로 개조되어 이용되고 있다.[37] 말라카의 페라나칸 주택의 대표적인 사례인 툰탄쳉록도로 48-50번지 건물은 1986년부터 바바뇨냐박물관Muzium Warisan Baba Nyonya으로 사용되고 있으며 툰탄쳉록도로 108번지 건물은 중국 상인의 주택으로 2012년부터 말라카해협 중국보석박물관Straits Chinese Jewelry Museum Malacca으로 사용되고 있다.

말라카와 페낭의 페라나칸주택이 갖고 있는 건축특성은 동양과 서양의 건축양식과 디자인장식을 복합적으로 갖고 있다는 것이다. 이는 말라카해협의 이클렉틱 건축양식Straits Eclectic Style으로 불린다. 일반적인 페라나칸 주택은 먼저 도로에 면한 긴 장방형의 필지를 따라 메인 홀이 위치하고, 그옆에 세컨드 홀, 중정과 뜰과 함께 침실, 주방으로 구성된다. 주택 입구는 대형의 프랑스 양식의 창호와 화려한 색조로 장식된 바닥타일과 벽면타일로 꾸며졌다. 이러한 타일들은 네덜란드 상인들을 통해 말레이반도로 수입되어 고가에 매매되었다. 주택 내부는 조각장식으로 꾸며진 기둥으로 채워졌다.

또한 말라카강의 캄풍판타이도로(Kampung Pantei Road, 현재 Jalan Kampung Pantai)는 도시 중심부와 캄풍판타이Kampung Pantai를 연결하며, 강변의 창고와 부두를 연결해주었다. 특히 캄풍판타이도로는 찬쿤쳉다리Chan Koon Cheng Bridge를 지나 말라카강의 동쪽 편에 위치한 네오-고딕 건축양식으로 건립된 프란시스 자비에르 로만가톨릭성당(Gereja St. Francis Xavier, 1849)과 마을 행정건물(Lembaga Tabung Haji Melaka)을 연결했다.

교외지, 타밀과 자바 커뮤니티

네덜란드 세력이 주도한 말라카의 도시 확장은 인도의 타밀, 구자랏, 뱅갈 그리고 자바와 수마트라에서 이주민들이 유입되면서 진행되었다. 먼저 인도 타밀나두의 파나이Panai로부터 말라카술탄왕조 시기에 이주해온

타밀상인들은 점차 말레이인과 중국인과 융화되었다. 당시 타밀인들의 활동거점은 말레이시아에서 현존하는 가장 오래된 힌두사원인 스리 포야타 비나가 무르티 사원(Sri Poyyatha Vinagar Moorthi Temple, 1710)이었다. 타밀인은 가자베랑도로Jalan Gajah Berang를 따라 투주Kampung Tujuh와 치티 Kampung Chitty 마을을 형성했다. 이들은 이후 영국 지배기에 교외의 고무 농장에서 주로 노역했으며, 그곳에 인도인 커뮤니티인 리틀 인도Little India를 형성했다.

말라카에 자바인Orang Jawa이 본격적으로 유입된 시점은 포르투갈 세력의 지배가 시작된 1511년이다. 이들은 당시 요새와 도시건설을 위한 노예로 동원되었을 것으로 추정된다. 이후 자바인들[38]은 다시 네덜란드 세력의 지배기에 자바섬으로부터 노예로 교역되어 이주해와 항구와 내륙을 연결하는 말라카강을 따라 내륙으로부터 운반되는 석탄과 목재의 하역장을 중심으로 '캄풍자바Kampung Jawa, Sabba'를 형성했다. 자바인의 초기 중심부는 잠바탄도로Lorong Jambatan와 캄풍판타이도로Jalan Kampung Pantai의 교차지의 캄풍클링모스크(Masjid Kampung Kling, 1748)를 중심으로 형성되었다. 하지만 이후 자바인 커뮤니티는 18세기 초부터 그 세력이 축소되면서 북쪽으로 자바도로(Jalan Jawa, 1885)까지 밀려났으며, 19세기 말에 조성된 뉴도로(New Street, Xin Jie 新街, 현재 Java Lane)와 자바다리Kampung Jawa Bridge를 중심으로 커뮤니티를 구성했다.

이 시기에 조성된 뉴도로는 거상이었던 탄훈관(Tan Hoon Guan, 1842~1921)과 그의 형제들의 주도로 1885년에 건설되었다. 이후 이 도로는 말라카의 새로운 상업중심부로 발전했으며, 특히 야간 유흥활동의 중심지로 이름을 떨쳤다. 특히 뉴도로는 북쪽으로 1930년대까지 말레이문화의 로맨스, 전쟁, 술탄의 활동을 주제로 한 말레이 연극Bangsawan, 중국의 연극, 셰익스피어의 연극을 상영했던 연극장(Theatre Bangsawan, 이후 El Dorado Theatre, 이후- Lido Cinema, 1887~2001)이 위치했다.

바바뇨나박물관 입부에서 바라본 페라나칸 주택 내부

4. 문화유산 보전과 신개발, 말라카강 수변, 플라우말라카

페낭과 싱가포르와의 경쟁

말라카가 영국 세력의 지배를 받기 시작한 시점은 1795년부터이다. 하지만 영국 동인도기업(British East India Company, 1600~1876)은 이미 1786년부터 케다술탄왕국Sultanate of Kedah으로부터 페낭Penang을 확보했으며, 이후 네덜란드 세력과의 1차 협정(Anglo-Dutch Treaty of 1814)과 2차 협정(Anglo-Dutch Treaty of 1824)을 통해 벤쿨렌(Bencoolen, 현재 Bengkulu)을 내어주고 말라카를 확보하면서 말라카해협식민지(Straits Settlements, 1826~1942)[39]를 완성했다. 영국의 말라카해협식민지는 이후 1867년부터 제2차 세계대전 이후 말레이시아로 독립할 때까지 영국의 직접 지배를 받았다.

말라카해협식민지의 행정과 항구의 중심부는 1826~1832년에 말라카가 아닌 페낭이었으며, 이후 그 기능을 싱가포르(Singapore, 1832~1946)가 갖게 되었다. 싱가포르는 스탬포드 라플즈(Thomas Stamford Raffels, Lieutenant-Governor of Bencoolen, 재임 1818~1824)의 주도하에 1819년부터 영국, 인도, 중국을 하나로 연결하는 대륙 간 해양운송 거점항구로서 건설되었다. 반면 말라카는 영국 세력에서 페낭과 싱가포르보다 중요도가 떨어졌으며, 말라카강의 토사 충적으로 인하여 항구 기능을 상실하며 쇠퇴했다.

당시 영국 상인은 19세기 중반에 수요가 급증한 양철, 통조림, 타이어 등의 생산을 위해, 말레이반도에서 생산되는 주석과 고무 원자재 교역에 집중했다. 하지만 말라카의 동쪽 내륙으로 부킷린탕Bukit Lintang의 대규모 고무농장에서 생산된 원자재는 내륙의 철도선을 통해 말라카가 아닌 페낭과 싱가포르의 항구로 운송되었다. 또한 페낭이 중국 상인이 주도하는 주석 채광의 거점으로 성장하면서, 말라카의 인력과 물자가 페낭으로 유출되었다. 이러한 과정을 겪으며 말라카는 말레이반도의 내륙을 남북으로 관통하는 철도체계에 연결되지 못하면서 그 기능과 중요성이 축소되었다.

이 시기에 말라카의 북쪽 내륙에는 말레이반도의 광산에서 생산되는 광물 운송을 위한 서해안 철도선(West Coast Line, 1,150km, Padang Besar/Butterworth-KL Sentral-Singapore Wooldland Checkpoint)이 건설되어 운행을 시작했다. 이에 따라 말라카의 북쪽 30km 지점에는 탐핑철도역(Tampin Railway Station, 1903)과 바탕멀라카철도역(Batang Melaka Railway Station, 1906)이 조성되었고, 말라카의 북동쪽 내륙 60km 지점에는 게마스철도역(Gemas Railway Station, 1922)이 건설되어 탐핀-말라카 철도선(Tampin-Melaka Line, 1906, 34km)이 개통되었다. 하지만 탐핀–말라카 철도선은 말라카를 지나지 않고 우회하였다. 이후 게마스철도역은 일본 지배기에 해체되었으나, 2015년이 되어서 서해안 철도선과 동해안선(East Coast Line, Tumpat-Gemas)의 환승역으로 기능하기 시작했다.

영국 지배기에 말라카요새는 1807년 영국 동인도기업의 엔지니어 출신으로 말라카 총독이었던 윌리엄 파쿠하(William Farquhar, 6th Resident of Malaca, 재임 1813~1816)[40]의 주도 하에 동문Porta de Santiago을 제외하고 해체되었다. 이 과정에서 요새를 감싸고 있던 해자가 코타도로Jalan Kota로 간척되었다.

뒤이어 말라카강에는 1920년대에 캄풍자바 북쪽의 습지가 간척되어 자바인과 말레이인 마을인 캄풍모르텐Kampung Morten이 조성되었다. 당시 캄풍모르텐 조성사업은 말라카해협식민지의 다양한 중책을 수행한 프레더릭 모르텐(Frederick Joseph Morten, 1877~1963)[41]의 주도로 추진되어 빌라 센토사(Villa Sentosa, 1920년대)를 포함해 50여 개의 붉은색 아연 지붕을 가진 말레이 전통주택Rumah Melayu 구역이 조성되었다. 말레이 전통주택은 말레이반도, 수마트라섬, 보르네오섬의 말레이 원주민의 전통 건축유형으로 지면으로부터 띄운 무대라는 의미의 '스테이지 주택Rumah Panggung'으로 불린다. 말레이 전통주택은 목재와 대나무의 받침 기둥 위에 시공

되어, 지면으로부터 주택바닥을 공중에 띄워 야생동물의 공격과 하천 범람, 도둑을 피하고 자연환기를 유도했다.

문화유산 보전과 신개발, 말라카 수변 재생, 다타란하텐, 플라우말라카

오랫동안 침체해온 말라카가 큰 변화를 맞게된 계기는 페낭과 함께 1990년대부터 유네스코세계문화유산 등재를 준비하면서이다. 이를 통해 말라카의 15세기 술탄왕조 지배기와 16~19세기의 포르투갈·네덜란드·영국 세력들의 지배기에 조성된 다수의 주거건물과 상업건물이 2008년 세계문화유산으로 등재되었다. 말라카는 이 과정에서 옛 건축물의 보전과 함께 현대 도시 기능을 수행하기 위한 개발들을 추진했다. 이러한 현대

캄풍모르텐의 말레이 전통주택 구역

도시개발은 말라카강 수변의 국제 페리터미널의 건설과 말라카의 역사문화자산을 전시하는 일군의 박물관들의 조성하며 진행되었다. 이와 함께 반다르언덕Bandar Hilir의 동쪽으로 고속버스터미널과 연계된 대규모 쇼핑센터와 호텔이 개발되었고, 말라카해협 해안변에는 간척을 통해 새로운 항구 중심의 신도시가 건설되었다.

말라카는 이미 1970년대 말부터 도시 내의 역사유적 보전 및 복원 프로젝트를 추진해왔다. 말라카 주정부State of Malacca Government는 1979년 말라카의 건축보전 개념을 정의하고, 이를 1985년에 보완하여 건축보전에 관한 행정정책을 추진했다. 이 과정에서 말라카는 1989년 중앙정부로부터 말레이시아의 정체성을 가진 역사도시로 선정되며 역사유적의 보전과 재건을 위한 지원을 받기 시작했다. 말라카 주정부는 먼저 보전문화재법(Preservation and Conservation of Cultural Hiratage Act, 1988)을 제정했다. 이를 통해 실행 예산을 확보하여 보전기금Conservation Trust Fund을 마련하고 실행 주체인 말라카 박물관공사(Melaka Museums Corporation, 1993)를 설립하여 2001년부터 일련의 프로젝트를 진행해왔다.

현재까지 말라카의 역사유전 보전과 복원 프로젝트를 통해 진행된 사업은 말라카강의 재생(Melaka River Rehabilitation Project, 2003~2006), 말라카 중심부의 가로환경 개선(Street Improvement Scheme along Jalan Hang Jebat, Jalan Tokong, Jalan Tukang Emas and Jalan Tukang Besi, 2003), 코타도로 도성문화재의 발굴(Archaeological Works of Old Walls, Jalan Kota, 2004), 락사마나 숍하우스의 보전(Restoration of 18 Units of Shophouses, Jalan Laksamana, 2005), 항투아쇼핑몰 개발(Development of Hang Tuah Mall, 2004) 등이다. 또한 말라카 주정부는 말라카의 유네스코세계문화유산으로 등재 이후 주거, 상업, 문화, 여가 시설들 간의 복합화를 추진하며, 말라카 게이트웨이구역Gateway Entertainment Precinct, 말라카 마리나크루즈센터Melaka Marina & Cruise Centre, 말라카 역사보행구역Melaka Historical Walk District 등의 도시 환경정비와 개발사업을 지속적으로 진행하고 있다.

말라카강 재생프로젝트(Melaka River Rehabilitation Project, 2003~2006)는 말라카와 수마트라 섬의 리아우의 두마이Dumai를 연결하는 말라카-두마이 정기선Malacca-Dumai Line을 개통하고 이를 위한 페리터미널Malaka Int'l Ferry Terminal을 건설하여 말라카 강변을 활성화를 목적으로 추진되었다. 이를 통해 말라카강 수변에는 말라카 국제페리터미널을 중심으로 코타도로를 따라 일군의 박물관과 미술관이 집중 조성되었다. 특히 메르데카도로 Jalan Merdeka를 따라 퀴사이드 헤리티지센터Quayside Heritage Centre, 퀴사이드호텔Quayside Hotel이 건설되었고, 유람선의 선착장인 무아라 제티 Muara Jetty도 조성되었다. 그 동쪽으로는 파라메스와라도로Jalan Parameswara를 따라서 던롭의 고무제조 공장으로 사용되던 바스티온하우스(Bastion House, 1910~1986) 부지에 말레이이슬람 박물관(Malay and Islamic World Museum, 2012)이 조성되었고, 15세기에 목재 건축물인 만수르사 술탄궁을 복원한 말라카 술탄 박물관(Palace of Sultan Mansur Shah, 1985)이 위치한다.

또한 스타드하우스 내부에 중국과 말레이 예술품을 소개하는 역사민족박물관(Malay and Islamic World Museum, 2009)이 개장되어 말라카강의 항구와 도시 중심부를 연결하는 문화 인프라를 완성했다. 이와 함께, 중앙정부의 관광문화환경위원회State Committee for Tourism, Culture and En-vironment는 두 단계로 해양박물관(Muzium Samudera, 1994~1998) 조성 프로젝트를 진행하여, 먼저 리스본과 인도를 운항하던 포르투갈 상선(Flor De la Mar, 1502)의 복제선을 건조했고 뒤이어 옛 구트리 건물Guthrie Building이 재건했다.

말라카는 2000년대 초부터 유네스코세계문화유산 등재와 연계되어 민간기업이 주도하는 관광·쇼핑·주거의 복합개발 거점을 조성했다. 먼저 유네스코세계문화유산의 동쪽으로 반다르언덕Banda Hilir 입구에는 하텐광장Dataran Hatten을 중심으로 고속버스터미널Terminal Pahlawan과 하텐호텔Hatten Hotel 그리고 이를 연결하는 말라카 메가쇼핑몰(Melaka Megamall, 2006)과 아울렛쇼핑몰Melaka Megamall Brands Outlet이 일체화된 복합센터가 건설되었다.

말라카강 유역(2016)
국제페리터미널(ⓒ 한광야, 2019)

말라카강 재생으로 새롭게 자리 잡은 수변보행로(ⓒ 한광야, 2019)

또한 말라카 게이트웨이프로젝트(Malacca Gateway Offshore Development, 2014~2025)를 통해 말라카의 새로운 관문인 신항구가 말라카요새의 남쪽 해안의 인공섬인 말라카섬(Pulau Melaka, 면적: 609acre)에 건설되고 있다. 말라카 게이트웨이프로젝트는 압둘 라작 수상(Dato' Seri Najib Bin Tun Abdul Razak, 재임 2009~2018)의 주도로 말라카강의 하구에 세 개의 인공섬을 조성하고 아시아 최대 규모의 신항, 요트항, 호텔, 리조트를 건설하는 프로젝트이다.

말라카해협을 바라보는 말라카섬에는 말라카모스크(Masjid Selat Melaka, 2006)가 조성되어 다리(Jalan Melaka Raya 35)로 내륙과 직접 연결되고 있다. 이를 중심으로 말라카섬에는 아파트(4,387세대)와 주상복합시설(4,180세대)이 개발되어, 호텔, 마리나 수변시설과 함께 대규모의 레저와 관광의 복합커뮤니티가 형성되어 왔다. 현재 이곳에 건설 중인 신항(Melaka New Port, 2025년 완공 예정)은 말라카 크루즈터미널(Melaka Int'l Cruise Terminal, 2025년 완공 예정)과 함께 중국 광시베이부 국제항구그룹(Guangxi Beibu Int'l Port Group)의 투자를 받아 싱가포르를 대체하는 아시아 석유수송의 독점 항구를 건설하려는 야심찬 프로젝트이다.

크라운하의 개발

이러한 도약을 준비하는 말라카가 직면한 가장 큰 도전은 안다만해와 타이해를 가로지르는 새로운 인공운하의 제안이다. 현재 말라카해협은 세계에서 선박교통량이 가장 많은 해협으로, 원료탱크선, 화물선, 컨테이너선 등 2016년 기준 최대 84,000선[42]이 통행했으며, 특히 한국과 일본의 원유와 천연가스의 80퍼센트가 말라카해협을 통과하며 운송되고 있다. 이러한 말라카해협의 기능은 태국정부와 중국 정부가 공동 계획 중인 크라운하Kra Isthmus Canal의 건설로 도전을 받고 있다.

크라운하는 말레이반도 북부와 태국 남단의 오래된 내륙 육로의 운송 거점인 크라Kra Isthmus를 지나며 안다만해와 타이만을 직선으로 관통하도록 계획된 인공 운하이다. 말라카해협을 피하며 내륙을 관통하는 직선 운하는 일찍이 1677년 아유타야왕국의 나라이왕의 통치기에 안다만해의 마리드(Marid, 현재 Myeik, Myanmar)와 송클라Songkhla를 연결하는 운하로 구상되었다. 이후 태국의 라타니코신왕국의 라마 1세의 집권기에도 이러한 운하가 제안되었으나 기술적 문제와 낮은 경제성으로 실현되지 못했다. 이후 영국 동인도기업이 버마를 획득한 뒤 이 사업에 관심을 가졌으나, 해협 건설에 따른 싱가포르의 쇠퇴를 우려하여 1897년 영국과 타이 정부는 개발계획을 파기했다.

크라운하는 중국의 시진핑(Xi Jinping, 習近平, 재임 2013~현재) 정부가 2014년부터 추진해온 21세기 해상 실크로드(21st Century Maritime Silk Road, 21世紀海上絲綢之路) 프로젝트의 핵심사업으로 공개되었다. 이에 따라 타이중국문화경제협력체Thai-Chinese Culture and Economic Association of Thailand는 2015년 크라운하의 10년 건설공사(총공사비: 33.6조원/US$28 billion, 2015년 기준)를 책정하고 추진해왔다. 2015년 크라운하 계획안에 따르면, 운하는 길이 102km(폭: 44m, 깊이: 25m), 최고 구릉높이 75m로 건설될 예정이며, 완공 시 말라카해협을 지나는 현재 해로보다 운송거리를 1,200km 단축할 수 있다. 하지만 크라운하의 기술적 공사 과정이 파나마운하(길이: 77km, 구릉높이: 64m)와 평지에 건설된 수에즈운하(길이: 192km)에 비해 험난할 것으로 예측되고 있다.

제11장

호치민시

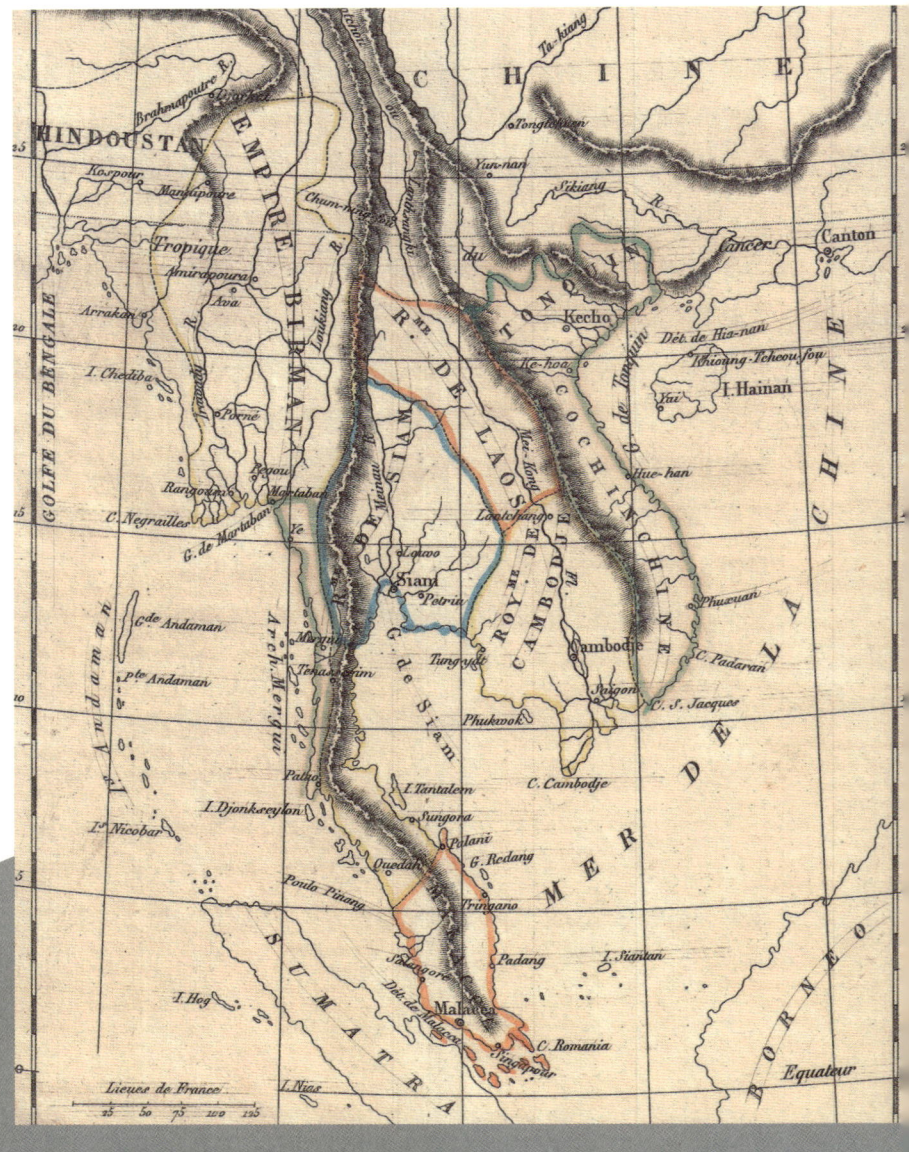

1. 메콩강삼각주와 프레이노코르

메콩강의 지배 세력

'생물학의 보고Biological Treasure Trove'로 불리는 메콩강삼각주(Đồng Bằng Sông Cửu Long, 폭 600km)는 티베트고원(Tibetan Plateau, 해발 4,500m)[1]의 눈이 녹아 모래와 함께 4,350km(직선거리 2,500km)를 흘러내려온 메콩강Maenam Khong, Sóng Cúu Long이 바다와 만나는 충적지이다. 이곳은 우기(5~11월)에 불어난 하천의 거대한 범람이 형성해온 거친 바다의 땅이다.

　　메콩강삼각주에 인간의 거주가 시작된 시점은 기원전 4세기부터로 추정[2]되지만, 그 이후로도 오랫동안 이 지역은 메콩강 내륙을 지배했던 세력들의 관심에서 벗어난 변방이었다. 이 지역에서는 오히려 타이만에 면한 항구인 옥에오Óc Eo가 1세기부터 푸난 세력의 앙코르보레이Ankor Borei와 연결되어 교역 거점으로 기능했다. 이후 메콩강삼각주는 내륙에서 메콩강을 따라 남쪽으로 내려온 크메르 세력, 베트남 중부로부터 동나이강(Sông Đồng Nai, 길이 468km)[3]을 따라 내려온 참파 세력, 홍강삼각주에서 남하하여 참파 세력을 제압한 베트남 응우엔 세력에게 순차적으로 지배를 받았다. 그리고 수에즈운하의 개통과 함께 메콩강삼각주는 프랑스 세력

19세기 인도차이나반도 지도(1825)

의 지배를 받았으며, 이 과정에서 교역 거점은 옥에오에서 동쪽으로 이동해 베트남의 동해와 남중국해를 무대로 하는 항구인 호치민시로 이전해왔다.

메콩강삼각주의 초기 거점은 인도 문화권에서 성장한 푸난왕국(Kingdom of Funan, 扶南, 68~550)의 지역 행정 거점으로 내륙의 메콩강과 바삭강 Tonle Bassac이 만나는 앙코르보레이Angkor Borei[4]였다. 기원전 400년부터 농업생산의 중심지로 성장했던 앙코르보레이는 3세기에 메콩강 수계와 연결된 옥에오 항구를 통해 타이만을 지나 인도 남동부의 촌라왕국(Chola Dynasty, 기원전 3세기~1279)의 폰디체리Pondicherry와 교역하며 인도문화를 동남아에 전파하였으며 동쪽으로는 중국과도 교역했다.

이 과정에서 푸난 세력의 거점들은 인도 문화의 영향을 받으며 힌두교의 중심지가 되었으며, 5세기를 전후에는 해안을 따라 대승불교가 전래되었고, 이후 13세기부터는 실론에서 해양으로 전파된 상좌부불교가 대승불교를 대체했다. 이 거점들은 푸난 세력의 정통성을 강화하고 사원을 중심으로 거주와 생산활동의 중심부를 형성했다. 조론의 서쪽 진입부인 바우추옹 연못Bau Chuong을 중심으로 작은 구릉인 풍손(Phụng Sŏn, 鳳山)에 조성된 불교사찰(현재 Chua Phụng Sŏn, 鳳山寺, 1802)은 당시 메콩강삼각주에 자리 잡은 푸난 세력의 상좌부불교 활동과 이를 중심으로 형성된 마을의 흔적이다.

이후 메콩삼각주는 푸난왕국에 이어 크메르 세력의 첸라왕국(Kingdom of Chenla, 眞臘, 550~802)[5]과 뒤이은 크메르왕국(Khmer Empire, 802~1431)[6]으로 흡수되었다. 이에 따라 이 지역의 행정 거점은 앙코르보레이로부터 북쪽의 앙코르Ankor[7]로 이전했다. 이 시기 앙코르는 타이만의 항구로서 옥에오를 대신해 하티엔(Hà Tiên, 河仙)과 연계하여 기능했으며, 이후 앙코르의 영향력은 호치민 북동쪽 30km 지점의 비엔호아(Bien Hoa, 邊和)까지 확장되었다.

한편 메콩강삼각주의 동쪽 지역은 11세기까지 베트남 중부의 토착 세력이었던 참파 세력Chams Urang Campa, Người Chăm의 지배를 받았다. 참파 세력은 보르네오로부터 이주해온 상인 세력으로 2세기경 베트남 중부의 후에Hue를 중심으로 참파왕국(Kingdom of Champa, 占婆, 192~1832, 수도: Indrapura 외 다수)[8]을 건국하고 역시 인도로부터 힌두교와 불교를 받아들여 9세기에 황금기를 누리며 베트남 남부로 확장했다. 이 과정에서 호이안은 중국대륙의 취안저우(Quanzhou, 泉州)와 금, 은, 백단향, 침향목의 교역 거점으로 성장했고, 미손(Mỹ Sơn)은 힌두사원의 중심부로서 적색 벽돌과 조경공간을 갖춘 사원으로 완성되었다. 참파 세력의 최남단 지역 거점은 메콩강삼각주의 동나이강 하류에 바이가우르Baigaur[9]였다.

메콩강삼각주가 푸난왕국을 흡수하고 참파 세력을 몰아낸 크메르제국(Khmer Empire, 802~1431)의 지배를 받기 시작한 시점은 12세기이다. 당시 이 지역은 크메르 하류지Lower Khmer를 뜻하는 '크메르크롬Khmer Krom'으로 불렸다가, 이후 1145년 다시 '숲의 도시'라는 뜻을 가진 '프레이노코르Prey Nokor, 현재 Phu Lam'로 개명되었다.[10] 이 시기에 크메르 세력이 원나라와 명나라와의 밀월관계를 시작하면서, 프레이노코르는 말라카해협과 타이만을 통해 인도와 중국을 연결하는 해상교역로의 중간 거점으로 자리 잡았다. 프레이노코르는 베트남 내륙의 육로를 통해 북쪽의 푸슈안(Phu Xuan, 현재 Hue), 서쪽으로 캄보디아, 남서쪽으로 메콩강삼각주의 거점인 차우독Chau Doc과 하티엔Ha Tien으로 연결되었다. 하지만 이때까지도 호치민시Thanh Pho Ho Chi Minh는 메콩강삼각주의 동쪽 변방에 머물렀다.

베트남과 명나라 세력들의 이주

메콩강삼각주에 베트남 세력의 지역 거점이 형성되기 시작한 시점은 17세기이다.[11] 이미 15세기부터 크메르제국의 쇠퇴하며 메콩강삼각주가 주인이 없는 땅으로 남겨졌다. 이에 이곳은 이를 확보하려는 메콩강 서쪽의 시암 세력과 메콩강 동쪽의 베트남 세력의 격전지가 되었다. 메콩강삼각주의 북동쪽 프레이노코르에 베트남인의 거주가 시작된 시점이 이즈음이다. 당시 크메르제국의 체이체타 2세(Chey Chettha II, 재위 1618~1628)는 서쪽의 시암 세력의 침입에 대응하기 위해 동쪽의 다이비엣왕국(Đại Việt, 大越, 1054~1400, 1428~1804)의 지배 세력인 응우엔왕조(Chúa Nguyễn, 1588~ 1777)의 지원을 받았다. 이를 위해 체이체타 2세는 1618년 베트남 푸슈안(Phú Xuân, 현재 Hue) 남부의 실질적인 지배 세력인 응우엔푹 응우엔영주(Lord Nguyễn Phúc Nguyên, 재위 1613-1635)의 딸인 응우엔티응옥판 공주(Princess Nguyễn Thị Ngọc Vạn)와 결혼하고, 프레이노코르로부터 남동쪽 50km 지점에 위치한 모소아이(Mô Xoài, 현재 Bà Rịa))에 베트남인의 거주와 교역활동을 승인했다.

이 시기는 중국 본토에서 명나라가 해체되고 청나라가 건국되는 정치적 혼란기이기도 했다. 이 때 베트남 세력은 모소아이에 거점을 확보하고, 명나라 말기-청나라 초기의 혼란기인 1650년대에 응우엔푸익탄 영주(Nguyễn Phúc Tần, 재위 1648~1687)는 프레이노코르를 점령했다. 프레이노코르는 응우엔푸익탄의 지배가 시작된 17세기 후반부터 성장했다.[12]

당시 프레이노코르 주변의 메콩강삼각주는 하티엔과 함께, 속트랑 Soc Trang, 카마우Ca Mau, 락자Rach Gia, 사덱Sa Dec 등의 항구가 각각 독립된 시장으로서 상호 경쟁하며 수계 전체가 시장으로 기능했다. 그리고 1710년 프레이노코르에 거주한 베트남인의 인구는 약 20,000~40,000명에 달했다.[13]

이 시기에 베트남 남부를 지배했던 응우엔가문은 크메르 세력과 시암 세력을 견제하기 위해 청나라에 대항하는 명나라의 군사 세력이 필요했다. 이에 명나라의 지식인들은 응우엔가문의 지원을 받아 메콩강삼각주로 이주해와 이곳을 베트남 남부의 행정, 학문, 외교활동의 거점으로 성장하도록 지원했다. 당시 이주해온 항청 명나라인들의 활동 거점은 조론의 옛 크메르사원에 조성된 카이마이사찰Cǎy May Pagoda, Plum Tree Pagoda 이었다. 실제로 16~18세기에 메콩강삼각주에서는 청나라의 지배를 피해 본토로부터 이주해온 명나라 후손들을 명나라를 기리는 민상(Ming Xiang, 明香) 또는 민황(Minh Hương, 明鄉)이라는 호칭으로 불렀다. 이들 중 일부는[14] 명나라 후기 정청공(鄭成功, 1624~1662)의 부하로 정청공 사후에 메콩강삼각주로 이주해와 하티엔, 비엔호아Bien Hoa, 디안Di An, 미토 등지에 정착하여 응우옌가문과 크메르세력의 옹호를 받으며 그 지역 행정세력으로 활동했다.

2. 자딘요새와 조론

응우옌왕조와 자딘요새

베트남 중부의 지배세력인 응우옌가문(Chúa Nguyễn, 阮王, 1588~1777)은 베트남의 후레왕조(Nhà Hậu Lê, 後黎朝, 1428~1527, 1533-1789)를 지원하며 베트남 남부의 실질적인 지배권을 확보했다. 당시 베트남 북부는 찐왕조(Chúa Trịnh, 1545~ 1787)의 지배를 받고 있었다. 응우옌가문은 1600년대에 호이안을 중심으로 실크와 도자기의 생산과 교역으로 성장했고 이를 통해 유럽의 무기를 구입하여 북부의 찐왕조를 제압했다. 결국 응우옌가문은 후레왕조를 잇는 응우옌왕조(Nhà Nguyễn, 1802~1945)로 성장했으며, 이후 베트남공화국(Việt Nam Dân Chủ Cộng Hòa, 1945~1976)이 건국되기 전까지 베트남 전체 영토를 지배했던 베트남의 마지막 왕조로 남게 되었다.

프레이노코르가 메콩강삼각주의 행정 거점이며 중심 항구로 성장한 계기는 응우옌가문의 응우옌흐우칸(Nguyễn Hữu Cảnh, 阮有鏡, 1650~1700) 장군이 1698년 베트남 남부 정벌[15]을 통해 크메르 세력을 축출하면서이다. 이후 응우옌흐우칸 장군은 후에에서 프레이노코르의 동쪽으로 현재 벤응에로 베트남인의 이주를 장려하고, 도로, 운하, 시장 그리고 항구를 조성했다. 그리고 벤응에를 자딘(Gia Định, 嘉嘉, 현재 호치민시)으로 명명했다.

응우옌가문의 주도로 자딘에 정착한 베트남인들은 메콩강삼각주에서 본격적으로 벼를 재배하였다. 자딘에서 생산된 쌀은 당시 후레왕조에게 조공되기 위해 하노이로 운송되었고 베트남 중부의 주요 식량원이 되었다.[16] 또한 응우옌가문이 후원했던 호이안에서의 실크 생산방식도 이 시기에 메콩강삼각주로 전파되었을 것으로 추정된다. 이에 18세기에 이르러 메콩강삼각주와 자딘은 이 지역의 생산활동과 교역 거점으로 성장했으며, 말레이, 네덜란드, 포르투갈 세력은 이 지역의 실크를 구매했다.

이즈음의 자딘과 메콩강삼각주는 결국 시암 세력과 베트남 세력 간의 세 번의 전쟁의 전장이 되었다. 이러한 배경에서 자딘의 첫 번째 도성인 뤼반빗성(Lũy Bán Bích, 1772)이 응유엔구담(Nguyễn Cửu Đàm, ?-1777) 장군의 주도로 시암 세력의 공격을 방어하기 위해 건설되었다. 당시 뤼반빗성벽은 반달 형태(총 둘레: 8.5km)로 현재 뤼반빅도로Lũy Bán Bích를 중심으로, 북남 방향의 리친탕도로Trần Lý Chính Thắng와 서동 방향의 쾅카이도로Trần Quang Khải를 경계로 건설되었다.

응우옌 푹안과 피에레 피뇨

자딘은 이후 응우옌가문이 하노이와 후에에 거점을 두었던 터이선왕조(Nhà Tây Sơn Dynasty, 家西山, 1770~1802)와의 전투에서 패하여 약 16년의 기간 동안 터이선의 지배(1777~1793)[17]를 받았다. 이후 응우옌왕족의 사촌인 응우옌푹안 왕자(Nguyễn Phúc Ánh, 재위 1802~1820)[18]가 1793년 프랑스 외국선교회(Paris Foreign Missions Society, 1660)의 피에레 피뇨(Monsignor Pierre Joseph Georges Pigneau de Behaine, 1741~1799)[19]의 지원을 받아 베트남 남부와 자딘을 터이선왕조로부터 다시 되찾았다. 이 과정에서 응우옌푹안 왕자는 프랑스의 루이 15세French King Louis XVI와 베르사유조약(Traité de Versailles,

1787)을 체결했다. 이를 통해 응우옌세력은 왕좌 탈환을 위한 프랑스 세력의 지원을 확약 받았고, 이에 대한 대가로 프랑스 세력은 메콩강삼각주로부터 남쪽의 콘손섬(Côn Sơn Island)을 이양받고, 투랑(Tourane, 현재 Da Nang)에 프랑스 조계지를 확보하고 그곳을 중심으로 하는 독점 교역권을 획득했다. 하지만 베르사유조약을 통한 완전한 군사협력은 프랑스의 정치 상황으로 인해 실행되지 못했다.

자딘은 응우옌왕조의 임시수도(1788~1802)로 사용되었고, 이 기간 동안 자딘 1차 요새(Gia Định Citadel, 1790)가 건설되었다. 이후 응우옌푹안 왕자는 초대 왕인 자롱(Gia Long, 재위 1802~1820)에 오르며 응유옌왕조의 수도를 후에로 이전했다. 후에가 응유옌왕조의 정식 수도로 선포된 뒤, 자딘은 프랑스인이 거주하는 외교와 교역의 거점으로 자리 잡았다. 이즈음 자딘의 인구는 약 50,000명 정도였을 것으로 추정된다.

자딘의 요새와 불교사찰

응우옌왕조의 자딘은 자롱왕의 지배기에 프랑스 군대가 건설한 1차 요새와 그의 아들인 민망왕(Emperor Minh Mang, 明命, 재위 1820~1841)이 1차 요새를 축소하여 조성한 2차 요새(Phoenix Citadel of 1837, 1836~1859)를 행정의 중심으로 두었다. 먼저 자딘의 1차 요새는 프랑스 해군의 공병장교였던 올리버 드 피마넬(Oliver de Puymanel, 1768~1799)[20]의 주도하에 건설되었다. 당시 올리버 드 피마넬은 피에레 피뉴 선교사가 승선한 선박을 타고 자딘에 도착했다. 그는 프랑스 라인강 하천변의 독일과의 경계에 세바스찬 보방(Sebastien Vauban, 1633-1707)[21]이 건설한 네프-브리삭(Neuf-Brisach, Neubreisach) 요새를 모델로 중국식 건축개념을 도입하여 연꽃을 형상화한 별 형태의 요새를 설계했다. 1차 요새는 비엔호아 지역의 화강암을 재료로 약 30,000명의 인부가 건설노동에 동원되었다.

자딘의 1차 요새는 방어용 해자로 쓰인 세 개의 하천으로 둘러싸여, 동쪽에는 중심 하천인 사이공강Song Saigon, 북쪽의 치웅에강Song Thị Nghè, 남쪽의 벤응에운하Rach Ben Nghe가 요새의 경계를 담당했으며 그 주변의 습지는 농지로 이용되었다. 자딘으로부터 5km 떨어진 사이공강의 동쪽에는 남쪽요새Fort du Sud가 위치했고, 서쪽에는 북쪽요새(Fort du Nord, 현재 Công Ty Lai Dắt Tàu Biển)가 자리 잡고 있어 자딘으로 진입하는 선박을 관리했다. 장-마리 다뇨Jean-Marie Dayot의 지도에 의하면, 1차 요새는 한 변의 길이는 1.2km로서 건설되어, 총 여덟 개의 성문과 요새의 모서리에는 네 개의 망루를 두었다.[22]

자딘 1차 요새의 주요 요소들은 현재까지 남아 있다. 먼저 자딘요새는 중심 도성문인 남문(Càn Nguyên Mon, 현재 Chi cục Bảo vệ Môi trường) 앞 그랑운하(Grand Canal, 현재 Street Nguyêen Hue)를 통해서 사이공강으로 직접 연결되었고, 북문(Khảm Hiền Mon, 현재 Hồ Con Rùa)을 지나 하이바중도로를 통해 공리다리Cầu Công Lý를 넘어 멀리 후에, 호이안, 하노이와 연결되었다. 동서 방향의 중심도로인 르두안도로Lê Duẩn Street는 서문(현재 Hoa Binh Primary School)을 지나 왕궁(현재 Independence Palace)와 그 북쪽의 왕자의 궁과 왕비의 궁과 함께 동문(Phan Yen Mon, 현재 Tòa Án Nhân Dân Quận 1)을 통해 사이공 동식물원Thảo Cầm Viên Sài Gòn의 하천변을 연결했다. 왕궁의 북쪽에는 호치민시에서 현존하는 가장 오래된 건축물로 초기 대주교 예배당으로 사용되었던 타이사궁(Tay Xa Palace, 1790)이 자리 잡고 있으며, 자딘왕이 조성한 주교궁(Dinh Tân Xá, 현재 HCMC City History Museum)을 중심으로 프랑스 가톨릭활동의 중심부였다. 자딘요새의 북쪽 외곽에는 요새를 방어하기 위한 병영이 하이바중도로의 끝에 배치되었으며, 치웅에다리Cầu Thị Nghè 동쪽으로 포대와 조선소가 현재 바손에 위치했다.

또한 자딘의 2차 요새(Phoneix Citadel, 1837)[23]도 역시 보방의 요새 설계원칙을 바탕으로 1차 요새를 축소하여 건설되었다. 그 형태는 다낭Da Nang의 디엔하이요새(Điện Hải Citadel)와 유사한 형태로 한 변이 475m인 정사각

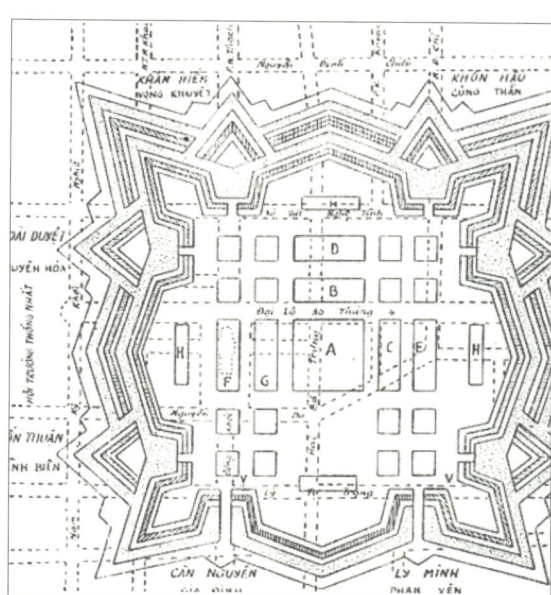

자딘의 위치도(1815) / 자딘 1차 요새
자딘 1차 요새의 모델이 되었던 네프-브리삭 요새

형으로, 방어용 해자와 함께 건설되었다.[24] 2차 요새는 현재까지도 사용되는 도로들(Nguyễn Đình Chiểu, Nguyễn Du, Mạc Đĩnh Chi, Nguyễn Bỉnh Khiêm)을 따라 조성되었다.

응우옌왕조의 자딘은 인접한 조론과 함께 불교사찰이 도시의 생산활동의 거점을 이루었다. 특히 메콩강삼각주에서 사찰은 카폭 솜을 이용한 직물 생산활동의 중심지로 각광받았다. 이러한 특성은 이미 크메르 세력의 지배기에 건설된 힌두신전의 조성 과정에서도 확인되었다.[25] 자딘의 또 다른 이름인 사이공(Saigon, 柴棍)[26]의 기원으로 도시 정체성을 담아내온 카폭나무Kapok Tree는 종종 천연 둑방으로 성장해 태풍과 하천의 범람을 막아주고 거대한 그늘을 주는 신령한 나무로서 보리수의 기능을 대신했고, 방수력이 있는 흰색의 솜 열매를 제공했다. 이러한 자딘의 대표적인 불교 사찰로는 서쪽부터 동쪽까지 당시 지식인들의 활동 거점이었던 카이마이사찰(Cây May Pagoda, 현재 People's Army barracks), 조론의 카엥푸옥사찰(Kiểng Phước Pagoda, 현재 Hùng Vương, Hospital 추정), 연못을 두고 조성된 마레사찰(Pagoda des Mares, 옛 크메르 힌두신전), 카이투옹사찰(Khải Tường Pagoda, 현재 War Remnants Museum)이 있다. 또한 이 불교사찰들은 프랑스의 지배가 시작되면서 프랑스군의 요새로 개조되어 자딘의 방어거점Ligne des Pagodes으로 활용되었다.

자딘의 운하

응우옌왕조의 자딘은 주변에서 하천을 따라 배로 접근할 수 있는 운하의 도시이기도 했다. 당시 자딘은 요새와 사이공강을 직접 연결하는 킨바이운하(Kinh Vai Canal, 현재 Nguyen Hue Street, 1956), 카이캄운하Rạch Cây Cám, 카우사우운하(Rạch Cầu Sấu, 현재 Blvd. Hàm Nghi, 현재 Blvd. Hàm Nghi), 크로스타운운하로도 불린 벨트운하(Canal de Ceinture, 현재 Le Loi)의 총 네 개의 운하들이 존재했다. 이들은 자딘의 1차 요새와 함께 1790년대에 조성되어, 이후 자딘과 조론을 연결하며 두 도시의 성장을 이끈 교통·운송체계로 기능했다.

먼저 킨바이운하는 자딘요새의 남문을 나와 현재 응유엔후에 원형교차로에 존재하던 우물과 중앙시장인 킨바이시장(Kinh Vai Market, 1860~1910)을 지나 사이공강으로 연결되었다. 킨바이운하는 1887년 해체되었고, 킨바이시장은 벤탄시장이 사이공의 중앙시장으로 조성되면서 해체되었다. 카이캄운하는 자딘요새의 동문과 연결되어 사이공강으로부터 내륙의 중심 상업도로인 르탄톤도로Đường Le Thanh Ton까지 연결되었다. 악어 양식장을 두어 악어운하로 불렸던 '카우사우운하Rạch Càu Sáu는 함응히대로Blvd. Ham Nghi를 따라 반탄시장까지 연결되었고, 주변에 상공부(Department of Commerce, 1860)를 따라 대주교예배당으로 사용되었던 타이사궁까지 이어졌다. 또한 벨트운하는 서쪽의 카우사우운하와 킨바이시장, 카이캄운하를 연결했으며, 1862년을 전후로 상선의 접근을 위해 확장되었다. 벨트운하는 원래 프랑스 식민정부의 장교였던 폴 코핀Lieutenant Colonel Paul Coffyn이 준비한 사이공 도시계획안(Le Plan du Colonel Coffyn, 1862)[27]을 근거로 외부 공격으로부터 응우엔왕궁을 방어하기 위한 목적으로 건설되었다.

당시 사이공 도시계획안은 사이공과 그 서쪽의 교외 거점인 조롱을 운하로 연결하여 인구 5백만 명의 모던 도시로의 성장을 도모하는 청사진을 그렸다. 이를 위해 벨트운하가 조론의 로곰운하Rạch Lò Gốm와 북동쪽의 치옹에하천과 연결되어, 사이공이라는 도시 전체가 하나의 섬처럼 기능할 수 있도록 했다. 또한 그 중심부에 대규모의 저수지를 건설하여 하천의 범람을 방지하고자 하였다. 하지만 총 6km에 달하는 벨트운하는 결국 완성되지 못하고 규모가 조정되었다. 이후 벨트운하는 1892년 보나드대로(Blvd. Bonard, 현재 Le Loi)와 르탄톤도로의 건설을 위하여 해체되었다.

벨트운하를 해체하고 조성된 보나드대로

조론과 사찰, 사원, 회관

송나라가 해체되며 발생한 정치적 혼란을 피하기 위해 중국 본토인의 메콩강 삼각주로의 이주가 시작되었다.[28] 이 시기는 송나라가 몽골 세력의 침략(1205~1279)으로 멸망하고, 이후 원나라로 대체되는 전환기였다. 특히 원나라의 지배하에 송나라의 지배 세력은 반란이 발생했던 중국 남서부 지역의 충칭(Chongqing, 重慶), 상양(Xiangyang, 襄陽), 항저우(Hangzhou, 杭州)에서 남하했다.

뒤이어 중국의 명나라가 멸망하고 청나라가 건국되면서, 강시 황제는 반청운동이 발행한 광둥성·저장성·푸젠성·산동성의 일부를 포함해 중국 남부해안에 민간인의 거주를 금지하는 해안 퇴거령(Sea Ban Policy, 遷界令, 1661)을 실행했다. 이에 1680년대에 중국 남부의 광시성에서 명나라의 군사세력이 대규모로 메콩강삼각주로 이주해왔다. 이들은 후레왕조의 후원을 받아 호치민시 남서쪽의 미토, 북서쪽의 차우독Châu Đốc-하티엔, 남쪽의 카마우Ca Mau의 행정세력으로 중용되었고 메콩강삼각주와 주변 지역에 정착했다.

이후 후레왕조와 응유엔왕조의 경쟁구도에서 발생한 타이선 세력(House of Tây Sơn, 西山朝, 1778~1802)의 지배기(Tay Son Rebellion, 1769)에 비엔호아, 디안, 미토의 중국인이 타이손 세력의 공격[29]을 피해 1778년 탄빈강(Song Tan Binh)를 따라 이주해와 자던의 서남쪽 5km 지점의 조론(Cholon, 堤岸)[30]에 정착했다. 이 시기에 푸젠성 이주민과 하카족은 타이완으로 이주했으며, 광둥성의 광저우, 차오저우, 산토우의 이주민은 조론에 정착했다.

조론은 이후 응우옌왕조의 지배기에 성장하여 1820년에 메콩강삼각주의 상업활동과 운송 거점으로써 세계 최대의 차이나타운으로 성장했으며, 1872년 기준 인구 약 8만 명으로 베트남에서 두 번째로 큰 도시가 되었다.[31] 조론의 중국인은 중국 본토의 출신 지역과 그 지역 언어에 따라 일곱 개의 그룹으로 분화되었으며 베트남어를 공용어로 사용했다.

당시 조론은 메콩강삼각주의 미토에서 운송된 쌀을 집하하여 인접한 사이공의 항구를 통해 중국, 일본, 인도네시아, 싱가포르, 마닐라로 수출했다. 이를 위해 조론은 루옷-응우아운하(Ruot-Ngua Canal, 1772)와 포스테운하(Bảo Định Canal, 1755) 그리고 벤응-에운하Rack Ben Nghe를 중심으로 기능했다. 이 시기에 상업의 중심부는 조론의 동서 방향의 중심도로인 응우옌트라이도로(Đường Nguyên Trải)에 옛 시장(Cho Lon Old Market, 舊街市)을 중심으로 형성되었다. 이후 조론의 새 시장인 빈타이시장(Cho Binh Tay, 1880년대)은 1880년대에 광둥성 차오저우에서 온 구오얀(Guoyan, 郭琰, 1863~1927)의 쌀가게를 중심으로 형성되었고 1920년대 말에 프랑스와 중국의 건축양식으로 확장했다.

조론의 시장은, 사찰과 사원을 중심으로 기능했다. 먼저 조론의 라오투도로Đường Lao Tu에는 19세기 후반 푸젠성 취안저우 이주민이 설립한 불교사찰인 관암사(Chua Quan Am, 觀音寺, 19세기)가 도교와 마조신앙을 수용했으며, 취안저우 이주상인들은 온랑후이관(Hội Quán Ôn Lăng, 溫陵會館, 1740)을 조성하여 활동했다. 또한 응우옌트라이도로를 중심으로 광저우 이주민이 1760년 조성하고 이후 지속적인 보수를 거친 마조사원(Miếu Bà Thiên Hậu)은 광저우 상인들이 조성한 수이청후이관(Suìchéng Huìguǎn, 穗城會館)과 함께 커뮤니티의 중심이 되었다. 그리고 트란흥다오도로(Đường Trần Hưng Đạo)에는 항청 이주민이 관우를 기리기 위해 조성한 민후옹후이관(Đình Minh Hương Gia Thạnh, 明鄉嘉盛會館, 18세기)을 중심으로 주변에 푸젠성 장저우 이주민이 조성한 하추옹후이관(Hội Quán Hà Chương, 霞漳會館, 1809)이 성황당(Cheng Huang Temple, 城隍廟)으로 사용되었고, 푸저우인이 조성한 탐손후이관(Hội Quán Tam Sơn Guildhall, 三山會館, 1830년대) 역시 커뮤니티의 중심이 되었다.

조론은 이후 기존의 운하체계를 대신하는 육상의 도로와 트램선으로 호치민시와 연결되었다. 조론과 자딘은 이미 1800년대부터 하이도로Street

Trần Phú를 통해 육상으로 연결 되었다. 이후 둑방도로인 로우도로Rach Bến
Nghé와 사이공-조론 하이도로 트램선(Saigon-Chợ Lớn Steam Tramway on High
Road, 1881), 사이공-조론 로우도로 트램선(Saigon-Chợ Lớn Steam Tramway on Low
Road, 1891)이 차례로 건설되어 두 도시는 빠르게 성장했다. 또한 조론은 사
이공-조론대로(Blvd. Saigon-Cholon, 1911~1913, 이후 Blvd. General Gallieni)가 건설
되었고, 사이공-조론대로는 이후 다시 트란홍다오대로(Blvd. Trần Hưng Đạo,
1952)로 확장되었다.

　　이즈음 중국 푸젠성 샤먼에서 이주해온 후이본호아(Hui Bon Hoa, 黃文華,
1845~1901)는 자딘에서 전당포 사업으로 성공하고 호치민시에 유럽과 동
양의 건축양식을 절충하여 후이본호아기업사옥(Hui-Bon-Hoa Real Estate
Company Office and Residence, 1934~1987, 현재 Bảo Tàng Mỹ Thuật Thành Phố Hồ Chí

후이본호아기업사옥(ⓒ 한광야, 2018)

Minh, Ho Chi Minh City Museum of Fine Arts)을 건축했다. 또한 치응에강의 남쪽으로 나루터를 중심으로 광저우 이주민이 조성한 도교의 하늘신을 섬기는 응옥황사원(Điện Ngọc Hoàng, 玉皇殿, 1909)이 설립되어 지단에서 중국인 커뮤니티의 중심지가 되었다.

3. 가톨릭 도시블록, 항구와 철도

크메르, 베트남, 시암 세력들 간의 분쟁에서 메콩강삼각주를 차지한 세력은 흥미롭게도 이 주변 세력이 아닌 프랑스 세력이다. 프랑스 세력은

응옥황사원(ⓒ 한광야, 2016)

이미 17세기 초부터 로마가톨릭교 예수회의 선교활동과 함께 응우옌왕조를 지원하며 군대 조직을 장악하고 메콩강삼각주에서 그 주도권을 확보했다. 또한 프랑스 세력은 필리핀을 획득한 스페인 세력과 함께 '코친차이나 정벌(Campagne de Cochinchine, 1858~1862)'을 추진하여 비엔호아(Biên Hòa, 邊和), 딘투웅Định Tường, 자딘Gia Định을 확보했다. 이에 프랑스 세력은 응유엔왕조의 투둑황제(Emperor Tự Đức, 재위 1847~1883)와 사이공조약(Treaty of Saigon, 1862)을 체결하며 인도차이나의 식민영토(Union Indochinoise, Liên bang Đông Dương, 1887~1945, 1945~1954)를 확장했다.[32]

자딘은 남중국해로부터 동나이강과 사이공강을 통해 내륙 50km에 위치하여, 그 상류 항구인 비엔호아를 통해 베트남의 중부와 당시 행정 거점인 후에와 연결되는 진입부로 기능했다. 자딘이 카폭나무의 숲을 뜻하는 사이공으로 개명된 시점이 이즈음이다. 사이공은 곧 프랑스 세력이 영향력을 펼치던 베트남 남부의 내륙과 남중국해를 연결하며 행정과 교역의 거점으로 성장했다.[33]

사이공은 프랑스 세력의 지배를 받는 모던 항구 도시이며 가톨릭교의 도시였다. 프랑스의 지배를 통해 새로운 가치가 반영되어 도시 중심지의 모습이 변화했다. 특히 웅장한 프랑스 네오-클래식 건축양식을 가진 노트르담대성당(Cathédrale Notre-Dame de Saïgon, 1877~1880)[34]이 이러한 가톨릭교활동의 중심부가 되었고, 인접한 중앙우체국(Poste Centrale de Saigon, 1891, 현재 Bưu điện Trung tâm Sài Gòn)과 시청(Hôtel de Ville de Saïgon, 1908, 현재 Trụ sở Ủy ban Nhân dân Thành phố Hồ Chí Minh)이 식민행정의 중심지가 되었다. 또한 오페라하우스(Opéra Municipal de Saigon, 1900, 현재 Nhà hát Thành phố Hồ Chí Minh)와 반탄시장을 중심으로 프랑스의 호텔, 주거건물, 빌라주택들이 들어서며 중심 상업구역과 사이공강의 수변을 연결했다. 이 시기에 사이공의 인구는 1929년 기준 123,890명이었으며 이중에서 약 10퍼센트인 12,100명이 프랑스인이었고, 대부분 군인과 파견된 기업직원이었다.

노트르담대성당

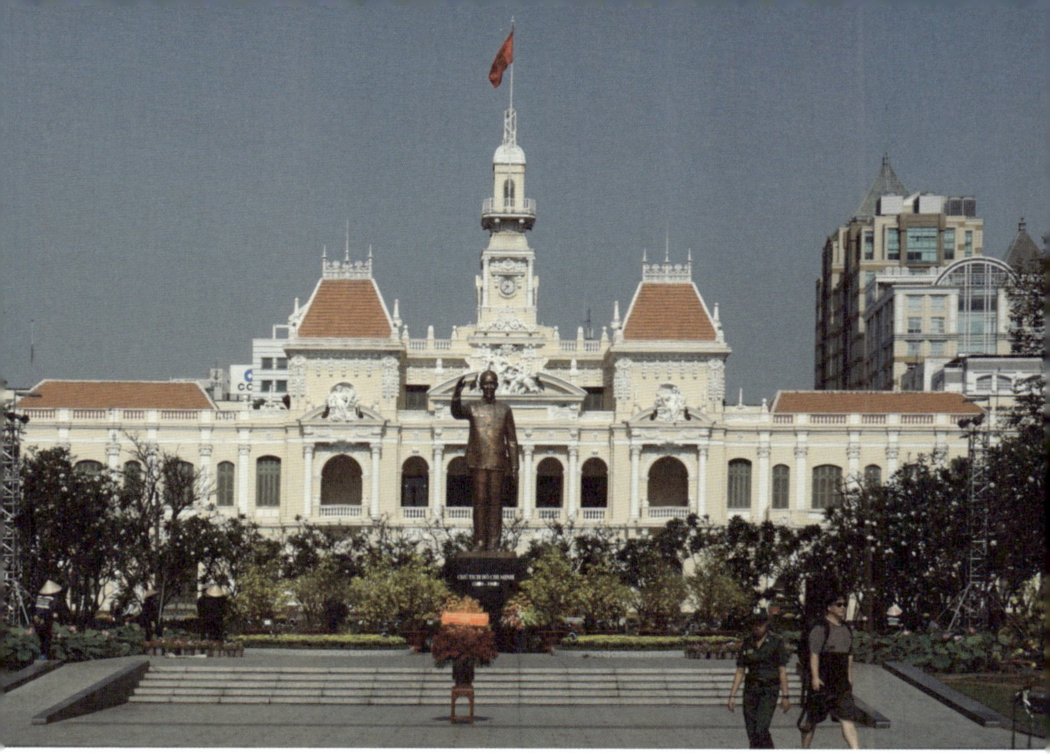

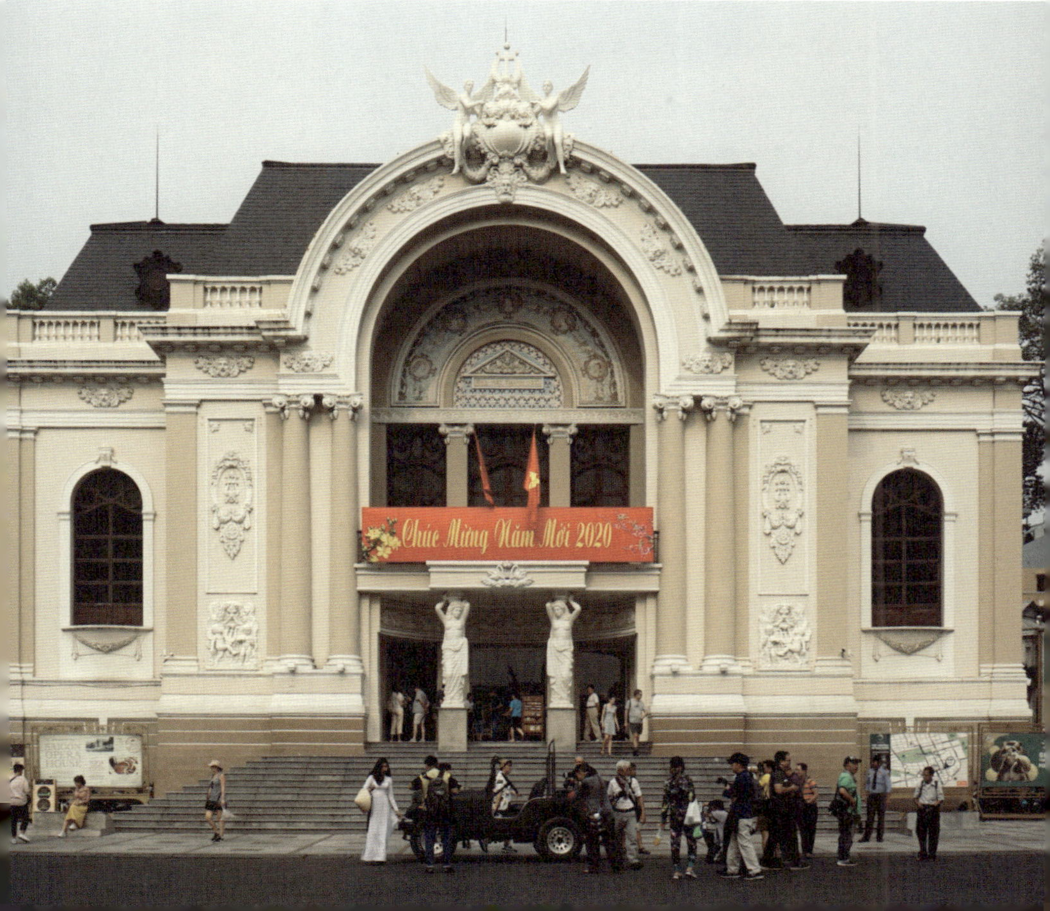
Chúc Mừng Năm Mới 2020

격자형 블록과 도시프로그램, 하이바중도로, 동코이도로, 샤르너블러바드

응우옌왕조의 자딘이 프랑스 세력의 가톨릭교 항구도시인 사이공으로 변화한 과정은 요새의 해체, 격자형 도로체계의 조성 그리고 항구의 확장과 철도의 건설이라는 일련의 전략적 도시개조를 통해서 진행되었다. 이 과정에서 응우옌왕조의 자딘요새는 1859년을 전후로 해체되었고, 그 위에 격자형 도시블록(크기: 약 180×180m)을 가진 도로체계가 도시 중심부를 완성했다.

특히 사이공의 중심도로인 동서 방향의 샤세룹도로(Rue Chasseloup, 현재 Nguyen Thi Minh Khai)와 노로돔대로(Blvd. Norodom, 현재 Duong Le Duan)는 서문을 지나 노트르담대성당의 북쪽 블록을 거쳐 동문을 통해 치웅에하천과 연결되었다. 노트르담대성당의 주변에는 중앙우체국과 총독의 궁(Palais du Governeur General, 1868~1871)[35]이 자리 잡았다. 또한 노트르담대성당의 남쪽에 입지한 사이공시청과 벤탄시장은 샤르너대로(Blvd. Charner, 과거 Kinh Vai Canal, 현재 Đường Nguyen Hue)와 카티나도로(Rue Catinat, 현재 Đường Đồng Khởi)를 통해 사이공강의 부두로 연결되었다.

사이공시청의 동쪽으로 카티나도로[36]를 중심으로 오페라하우스[37]와 파브호텔(Hotel Fave, 1880)이 프랑스 커뮤니티의 구심점이 되었다. 특히 카티나도로의 남쪽 종점인 사이공강 부두에는 사이공세관, 호치민시에서 가장 오래된 호텔인 마제스틱호텔(Majestic Hotel, 1925)[38]이 위치했고, 내륙에는 호치민시에서 가장 오래된 쇼핑몰인 탁스쇼핑센터(Saigon Tax Trade Center, ?~2014, 현재 Công Ty Cp Vàng Bạc Đá Quý Bến Thành)가 중심상업구역을 완성했다.

또한 카티나도로의 서쪽으로 킨바이운하는 1887년 해체되었고, 그 자리에 트램선을 갖춘 샤르너대로가 건설되었다. 샤르너대로의 서쪽으로는 시장과 상점이 들어섰고 동쪽에는 프랑스식 상점과 카페가 개업하며

카티나도로(ⓒ 한광야, 2019)
마제스틱호텔(ⓒ 한광야, 2019)

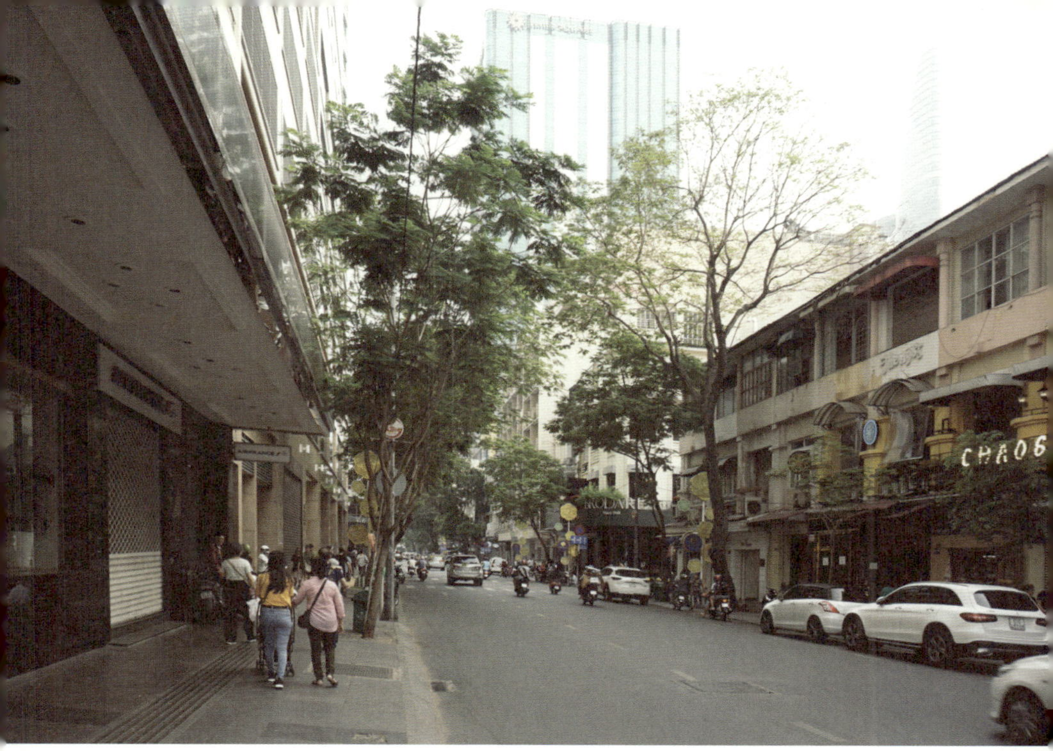

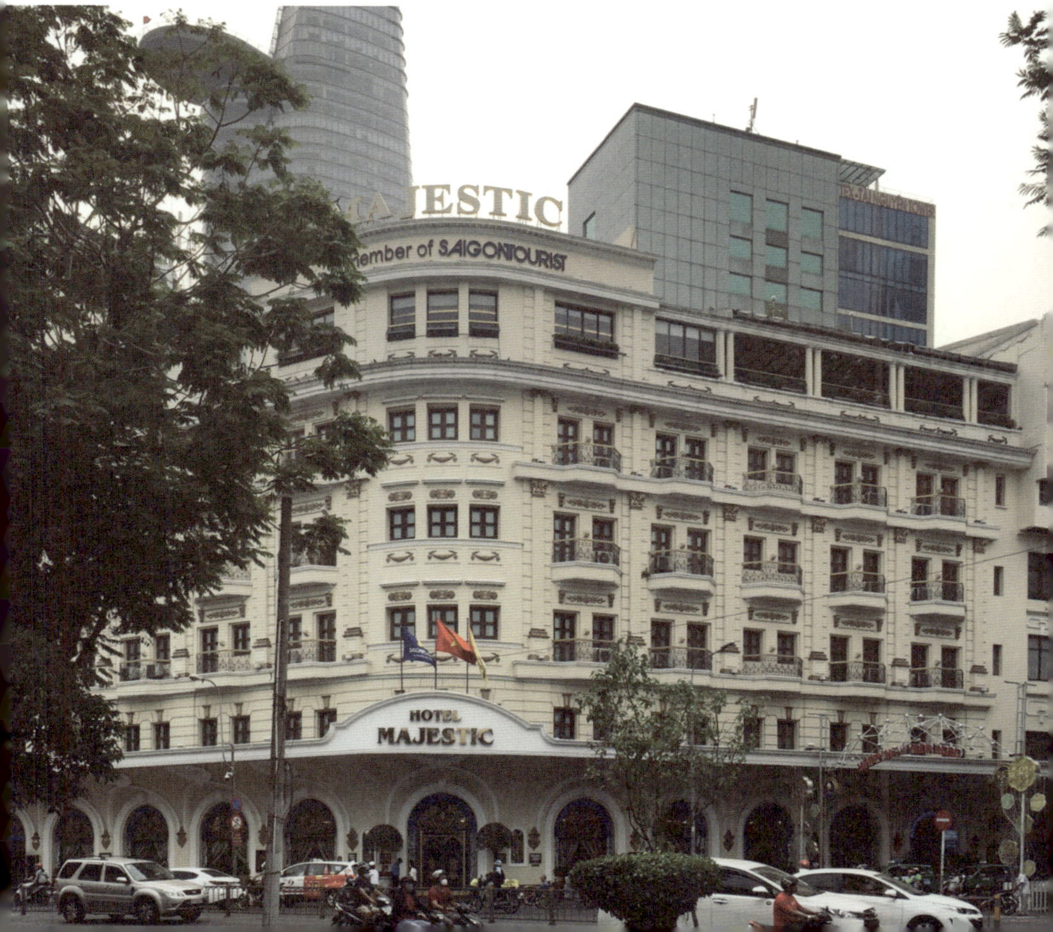
MAJESTIC
Member of SAIGONTOURIST
HOTEL
MAJESTIC

사이공의 행사와 축제의 중심지가 되었다. 샤르너대로와 보나드대로의 교차지에는 프랑스 식민재정기업의 본사(French and Colonial Finance Corporation, 1926)가 위치했다. 최근 르로이도로Đường Le Loi에는 싱가포르의 조선기업인 케펠기업Keppel Land Watco I이 건설한 사이공센터(Saigon Centre, 1996)가 베트남의 최고층 건물로, 1단계 오피스 콤플렉스와 2단계의 호텔, 백화점, 쇼핑센터, 오피스 콤플렉스(2011~2016, 43층)가 순차적으로 반영되었다.

한편 호치민시의 유서 깊은 북남 도로인 하이바중도로는 당시 임페리알레도로(Rue Imperiale, 1870, 이후 Rue Nationale, 현재 Đường Hai Ba Trung)로 재조성되어 도시의 여러 시설들[39]을 사이공강의 중심항구인 미레부두Quai le Myre de Vilers, 현재 Ben Bach Dang까지 연결해주었다. 특히 유럽인 묘역 주변의 푸호아마을Phu Hoa Village에는 사이공의 두 번째 성당으로 핑크색의 고딕 건축양식으로 건축되어 핑크성당으로도 불리는 탄딘성당(Nha tho Giáo Xứ Tan Dihn, 1876)이 설립되었다. 또한 푸후아시장(Chợ Phú Hòa, 1870년대)[40]이 형성되어 하이바중도로의 숍하우스들과 함께 사이공의 중국인 커뮤니티의 중심 상업지로 발돋움 했다. 이후 푸후아시장은 1920년대에 프랑스의 바로크 건축양식으로 새롭게 건축되어 현재 탄딘시장(Cho Tan Dihn, 1926)으로 개명되었다.

한편 사이공은 프랑스 세력의 교육활동과 동남아시아 지역학 연구 거점이었다. 먼저 호치민시의 초기 교육 중심지는 응우옌왕궁의 교육활동을 위한 비숍의 궁(Nhà nguyện tòa Tổng giám mục Sài Gòn, 1790)이었다. 이후 비숍의 궁을 중심으로 사이공칼리지(Collège Indigène de Saïgon, 1871~1873, 이후 Chasseloup-Laubat college, 1874~1957; Lycee Jean-Jacques Rousseau, 1958~ 1970; 현재 Le Quy đon High School)[41]가 현재 전쟁기념관 부지에 설립되었다. 이후 사이공칼리지는 샤세룹도로와 임페라트리스도로(Rue de l'Impératrice, 현재 Duong Nam Kỳ Khởi Nghĩa)의 교차지로 이전되었다.

이 시기에 사이공의 지식활동 거점은 사이공도서관(Bibliotheque de

ROOFTOP
AMAZING VIEW
BEST SELFIE CAFE
楼上美景
打卡圣地
Labella
minoshe
VICHY
LABORATOIRES
DELTAL CLINIC

파스퇴르연구소(ⓒ 한광야, 2019)

Saigon, 1882)이 맡았다. 사이공도서관은 코친차이나 프랑스 기록도서관
(Bibliothèque de Documentation du Gouvernement de la Cochinchine Française, 1868~
1902)을 그 전신으로 하여 신축된 행정건물(Lý Tự Trọng 159-161)에 개관했다.
이후 기록도서관은 코친차이나도서관(Bibliotheque de la Cochinchine, 1902,
현재 General Sciences Library of Ho Chi Minh City)으로 명명되어 현재까지 기능
하고 있다. 코친차이나도서관에 인접한 베트남교역박물관(Museum of

임페리알레도로(ⓒ 한광야, 2019)
탄딘성당과 푸후아시장 주변에 조성된 숍하우스(ⓒ 한광야, 2019)

Commercial Trade, 1885~1890, 현재 Ho Chi Minh City Museum)은 역시 바로크 건축 양식으로 건설되어 베트남 남부의 교역과 물산의 교역전시관으로 사용되었다.[42]

한편 북동쪽 치웅에강Song Thị Nghè에는 인도 캘커타로부터 방문한 루이 피에르(J. B. Louis Pierre, 1833~1905)가 식물원(Jardin Botanique, 1864)을 조성하고 운영했다.[43] 식물원의 입구에는 블랑샤드드라브로세박물관(Musée Blanchard de la Brosse, 1929, 현재 National History Museum)이 건설되었다. 이후 지역 전염병 연구를 위한 파스퇴르연구소(Pasteur-Institute Saigon, 1891, 현재 Institut Pasteur in Ho Chi Minh City)[44]가 개소되었다. 사이공의 파스퇴르연구소는 해군 의사였던 알버트 칼메트(Albert Calmette, 1863~1933)가 1891년 프랑스정부의 지원을 받아 천연두, 콜레라 등을 연구하는 파리의 파스퇴르연구소(Institut Pasteur, 1887)[45]의 해외 지역연구소로 설립되었다. 또한 프랑스 해군의 치료를 목적으로 노로돔대로와 임페리알레도로의 교차로에는 군인병원(Hopital Militaire, 1862)이 개원되었다. 군인병원에 인접한 곳에는 인도에서 수입된 아편이 가공되는 아편공장(La Manufacture d'Opium, 1881)이 자리 잡았고, 이를 중심으로 주변에 홍등가가 입지했다.

항구와 철도

프랑스 세력은 사이공강의 중심항구인 미레부두를 건설하고 육로와 운하로 집산된 메콩강삼각주의 쌀과 북부 지역의 고무를 수출했다. 사이공의 항구는 유럽과 아시아를 직접 연결하는 수에즈운하(Qanāt As-Suwēs, 1869)의 개통으로 더욱 힘을 얻었다. 사이공은 동남쪽 50km 지점의 바다 항구인 부응타우Vung Tau를 통해 베트남 동해(Bien Dong Viet Nam, East Vietnam Sea)와 남중국해를 지나 서쪽으로 지중해의 마르세유Marseille, 덩케르크 Dunkirk, 르아브르Le Havre, 봄베이Bombay와 캘커타로부터 동쪽으로 말라카와 싱가포르를 지나 홍콩·광저우·상하이·마닐라·요코하마를 연결하는 해상교역로의 중간 거점으로 성장했다.

이를 위해 사이공의 민간 상업항구Port가 1860년을 전후로 다섯 개 부지에 나뉘어 건설되었다. 사이공 최초의 상업용 항구가 개항된 계기는 프랑스 세력과 응우옌왕조의 '사이공조약(Nham Tuat Treaty, 1862)'이었다.[46] 조약의 결과로 벤응에운하 수변의 부두, 사이공강의 함응이Ham Nghi 그리고 바닷배를 위한 타우후강Song Tau Hu 하변의 나롱Nha Rong과 칸호이Khanh Hoi[47]가 조성되었다.

이러한 항구의 개발은 사이공 철도의 건설과 함께 진행되었다. 당시 육상의 운송체계로써 철도의 건설은 대륙의 캄보디아와 라오스의 목재와 광물 그리고 캄보디아와 베트남의 쌀을 운송했으며, 또한 해안에서 메콩강의 내륙과 중국 운남성까지 프랑스 생산품을 운송하고 시장을 조성하려는 목적을 갖고 추진되었다. 이러한 배경에서 프랑스 지배기에 인도차이나의 첫 번째 트램선인 메콩강삼각주의 최대 쌀시장인 조론과 사이공을 연결하는 하이도로 트램선(High Road Steam Tramway, 1881)[48]이 건설되었다. 이후 10년 뒤, 벤응에강 둑방의 로우도로Low Road를 따라 두 번째 증기 트램선이 프랑스 민간기업(Compagnie Francaise des Tramways de l'Indochine, 1890)에 의해 건설되었다.

이후 사이공에는 첫 번째 철도인 사이공-미토 철도선(Saigon-My Tho Line, 1885, 71km)[49]과 사이공과 하노이를 연결하는 베트남 북남철도선(North-South Railway, Đường sắt Bắc-Nam, 1897~1936, 1,726km)이 건설되었다. 인도차이나를 연결하기 위한 철도선 건설은 1895년 프랑스의 장 마리 총독관 Jean Marie de Lanessan에 의해 처음 제안되었다. 이에 따라 인도차이나 철도선 개발에 관한 연구가 진행되어 사이공으로부터 베트남 북부 홍강의 박키(Bắc Kỳ, 현재 Hanoi)분지의 항구와 내륙을 연결하고, 바다와 메콩강의 운하를 통해 중국까지 연결되는 거대한 육상운송체계가 구상되었다. 이후 철도계획안은 1897년에 새로 부임한 프랑스 행정관 폴 두메르Paul Doumer

가 프랑스정부에 베트남 북남철도선과 베트남-운남 철도선을 제안하며 건설되었다.

　사이공-미토 철도선과 함께 사이공에 가장 먼저 조성된 기차역은 함응이대로(Blvd. Ham Nghi, 1885~1958)에 위치한 간이 철도역이었다. 그리고 간이 철도역 주변에는 콱티트랑광장Place Quách Thị Trang과 그 서쪽에 프랑스 식민지철도회사(Compagnie des chemins de fer garantis des colonies francaises가 운영한 물류창고가 입지했다. 이후 간이 철도역은 현재 벤탄시장의 남서쪽으로 이전하여 사이공의 첫 번째 정식 철도역으로 건축되었고, 두 번째 철도역인 사이공철도역(Ga Saigon, 1915~1983)이 현재 팜응우라오도로 Phạm Ngũ Lão에 건축되었으나 이후 1970년대 말에 사이공의 북쪽 교외의 현재 위치로 이전해 세 번째 철도역(1983)으로 신축되었다. 이에 따라 기존 사이공철도역(두 번째 철도역)의 부지는 현재 '9월 23일 공원'으로 재건되었다. 이후 베트남의 철도선은 베트남 전쟁으로 파괴되었으며, 전쟁 종료 후 베트남이 통일된 1975년부터 하노이-사이공 철도선(Unification Express, 1976)이 재건되어 운행되고 있다.

블러바드, 중앙시장

프랑스 사이공에서 진행된 도시개발의 두드러지는 특징은 내륙의 철도역과 사이공강 수변의 부두들을 직접 연결하는 철도선과 이와 함께 근대도시시설을 직선으로 연결하는 도로의 건설이다. 당시 도로는 자딘의 운하를 매립하고 그 위에 건설되어 기존 운하의 교통과 운송 기능을 대신했다. 자딘의 운하는 1863년부터 매립이 시작되어 이후 1868년을 전후로 운하의 대부분이 매립되었다. 이러한 운하의 육상 도로화는 1860년대에 사이공에서 발병한 전염병의 원인이 사이공 운하의 부패와 위생이 원인으로 지목되면서 시작되었다.

한편 사이공철도역(두 번째 철도역)에는 베트남의 전 지역에서 운송된 생
산품이 집하되었고, 이는 사이공의 중심항구인 미레부두와 라고나부두
(Quai de l'Argonna, 현재 Ton Duc Thang)로 옮겨졌다. 이에 사이공철도역의 동
쪽에 인접하여 형성된 중앙시장(Les Halles Centrales, 1912; 현재 Cho Bến Thành)[50]
은 이러한 물류의 운송 거점이 되어 사이공의 상업중심부로 성장했다. 사
이공 중앙시장의 부지는 원래 보리스습지Marais Boresse로 불렸으며, 이
미 17세기부터 상업활동의 거점이 되었다. 이후 응우옌왕조의 지배기에
그랑운하 변에 위치했던 시장이 1859년 그랑운하가 복개되면서 그 기능
이 중앙시장으로 이전해왔다. 또한 사이공철도역과 중앙시장과 인접해
조성된 버스터미널인 코냑광장Place Eugene Cuniac은 소메대로(Blvd. de la
Somme, 1910년대)를 통해 미레부두로 연결되었다.

벤탄 중앙시장(ⓒ 한광야, 2015)

4. 수변 재생과 도시 확장

사이공이 프랑스의 식민지배[51]로부터 독립한 뒤 베트남의 중심 도시로서 다시 성장한 시점은 제2차 세계대전의 종료 후인 1950년대이다. 사이공은 이 시기에 프랑스 세력의 식민항구이자 가톨릭교 도시로부터 베트남공화국 시장경제의 교역과 상업의 중심부로 변모했다. 그리고 사이공은 베트남전쟁(Chiến Tranh Việt Nam, 1955~1975)의 종전과 사회주의 베트남(Socialist Republic of Vietnam, 1976~현재)으로의 통일과 함께 호치민시로 개명되어 베트남 남부의 금융과 상업의 거점으로 성장해왔다.

이 시기에 호치민시의 변화는 운하-철도 중심의 사이공으로부터 철도-메트로 중심 도시로의 변화, 신도심의 주거 및 생산구역의 개발을 통한 도시 확장 그리고 항구도시로서 원·구도심의 역사적인 건물들의 정통성을 회복하려는 건축보전과 수변의 재개발로 진행되었다. 이 과정에서 조론은 1931년 '도탄 사이공(Đô Thành Sài Gòn)' 또는 '투도 사이공(Thủ đô Sài Gòn)'으로 개명되어 호치민시로 흡수되었다. 호치민시는 최근 해외기업들의 투자를 유치하며 도쿄와 상하이를 모델[52]로 삼아 광역도시로 확장 움하고 있다.

항구 이전과 수변 재개발

프랑스 세력의 사이공이 사회주의 베트남의 호치민시로 탈바꿈하는 큰 변화는 무엇보다 항구의 변화에서 시작되었다. 기존 사이공의 민간항구는 정부가 운영하는 사이공항구로 전환되어 그 기능이 분화되고 도시 중심부로부터 사이공강을 따라 북쪽과 남쪽으로 이전해나갔다. 먼저 호치민시의 해운 기능은 티응에하천의 사이공강 합류지점 북쪽의 사이공신항구Saigon New Port, 벤응에하천의 사이공강 합류지점 남쪽의 나롱-칸호이Nha Rong-Khanh Hoi와 탄투안Tan Thuan의 화물터미널[53]로 이전되었다. 이와 함께 선박 생산의 기능도 기존 바손조선소Bason Shipyard에서 이전되어 나갔다. 이에 따라 2020년부터는 히엡푸옥항구Hiep Phuoc Port가 그 주변의 공업구역과 함께 호치민시의 새로운 중심항구로 등장했고, 베지항구Vegeport와 로터스항구Lotus Port가 새로운 외항으로 기능하기 시작했다. 또한 컨테이너선을 통한 물류의 운송은 사이공강을 따라 사이공신항구, 캇라이신항구Cat Lai New Port, 캉빅트항구Cang Vict Port, 캉벤응에항구Cang Ben Nghe Port이 나누어 분담하고 있다.

호치민시의 항구 기능이 외곽으로 확장되어 나가면서, 기존 항구 부지의 활용 방안이 호치민시의 큰 과제로 남겨졌다. 이러한 상황에서 베트남교통부Ministry of Transport는 2018년 사이공강 하천변의 바손조선소와 나롱-칸호이Nha Rong-Khanh Hoi, 탄투안Tan Thuan, 봉센Bong Sen, 비엔동Bien Dong, 벤응에Ben Nghe 등을 포함한 열 개 항구들을 민간기업이 투자하는 대규모 주거지로 개발해왔다.[54] 먼저 호치민의 바손조선소[55]에는 하노이 출신의 부동산 개발자인 팜낫부옹(Phạm Nhật Vượng, 1968~)이 설립한 빈그룹(Vin Group, 1993)의 주도하여 주거개발 사업인 빈홈골든리버 프로젝트(Vinhomes Golden River Project, 면적: 25ha)가 메트로바손역과 함께 건설되고 있다. 빈홈골든리버 프로젝트를 통한 주거지 건설이 완료된다면 인접한 내륙의 사이공대학교(Saigon University Đại Học Sài Gòn, 2003) 캠퍼스와 세인트폴수녀원(Dong Thanh Phaolo thanh Chartres, 1863)과 함께 연계하여 수변의 지식생산 커뮤니티를 완성할 것이다. 또한 나롱-카호이항구에는 투티엔 제3교Thu Thiem 3 Bridge가 건설되고, 역시 빈그룹의 투자로 2011년부터 크루즈터미널, 문화센터, 공원을 중심으로 대규모 주거지가 개발되고 있다.

한편 응우옌후에도로 끝에 위치한 호치민시의 중심항구인 박당부두-톤둑티앙도로(Ben Bach Dang-Ton Duc Thang, 과거 Quai le Myre de Vilers)는 호치

사이공 강변에 빈그룹 주도로 개발된 번홈센트레파크 고밀도 고층 주거타워

민시여객항구Ho Chi Minh Passenger Ferry Port와 도시권의 수운교통의 여객항구Saigon Waterbus Station로서 기능하고 있다. 이러한 변화는 반원형의 박당정원Vuon Hoa Bach Dang을 중심으로 르네상스리버사이드호텔Renai-ssance Riverside Hotel을 시작으로 주변에 신축중인 힐튼호텔을 포함해 다수의 호텔들과 연계되어 개발되고 있다.

건축유산의 보전, 벤응에 금융구역, 람손스퀘어

호치민시의 벤응에운하의 북쪽 수변에 형성된 프랑스사이공 금융구역은 역사적 상징성을 인정받아 2015년부터 재생되고 있다. 이러한 노력은 1984년부터 시작된 베트남정부의 노력[56]과 2014년부터 형성되어 확산된 건축 보전에 관한 사회적 공감대를 바탕으로 추진되고 있다.

벤응에운하 수변에서 역사적 건축물로는 광저우후이관(Tuệ Thành Hội Quán, 穗城會館, 1760년대)과 마조사원(Chùa Thiên Hậu, Thien Hau Pagoda, 1800년대)이 있다. 광저우후이관은 수변도로인 보반도로Vo Van Kiet에 중국 이주민들이 건설한 건축물이다. 또한 보반도로를 따라 동쪽에 위치한 인도차이나은행 건물(Banque de l'Indochine, 1928)이 현재 베트남은행State Bank of Vietnam으로 재생되었다. 인도차이나은행 건물은 크메르 건축양식을 반영한 장식으로 치장되었고, 비엔호아에서 채석된 화강암으로 시공되어 그 건축적 가치가 높다. 프랑스사이공상공부(French Chamber of Commerce, 1924)로 이용되기도 했던 에드몬드앙리기업본부Maison Edmond and Henry Headquarters는 현재 호치민시증권거래소Ho Chi Minh City Stock Exchange로 재생되었다.

이러한 건축유산 보전과 재생을 위한 노력은 사이공의 역사성을 담고 있는 파스퇴르도로와 사이공강 남쪽 구역인 칸호이Khanh Hoi에 위치했던 프랑스무역사Compagine Des Messageries Maritimes를 연결했던 무지개다리

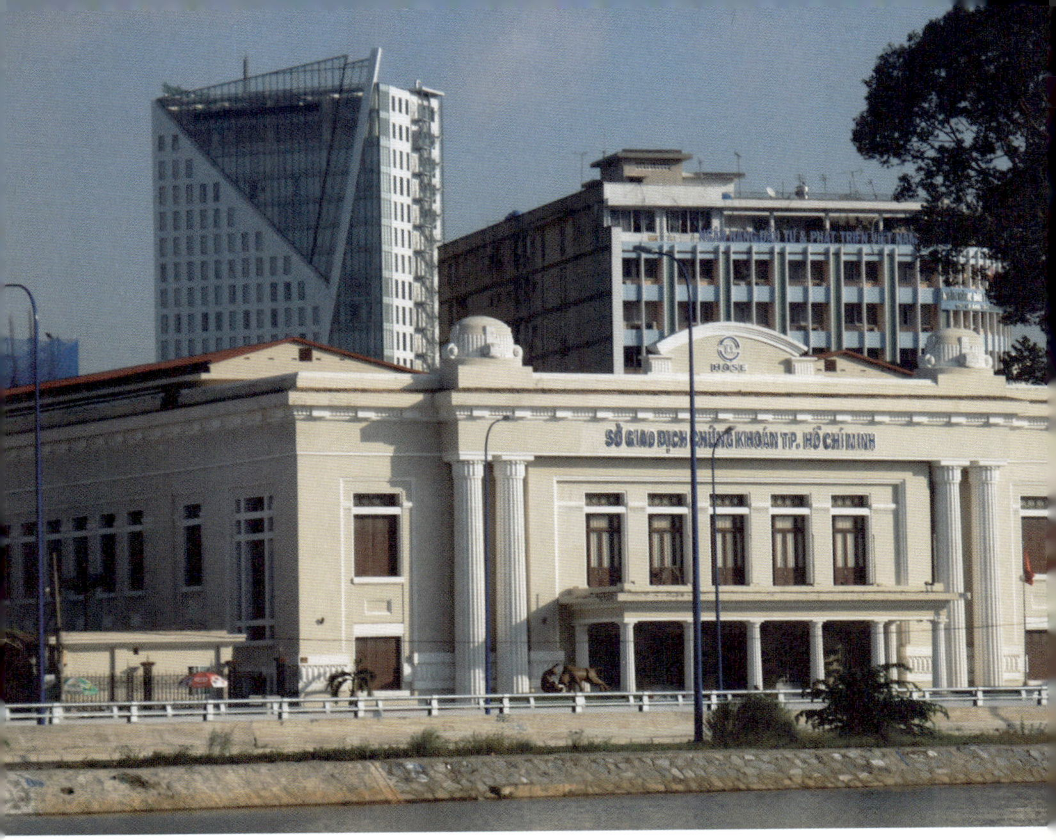
HOSE
SỞ GIAO DỊCH CHỨNG KHOÁN TP. HỒ CHÍ MINH

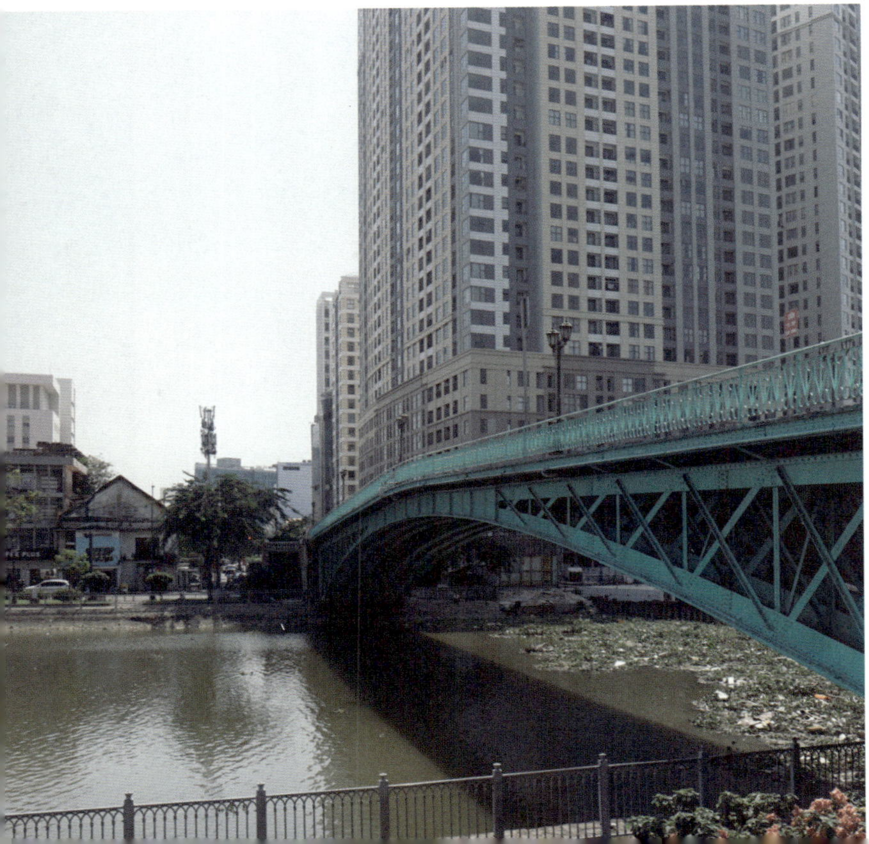

(Cau Mong, 1882)[57]와 인접한 투티엠여객터미널Thu Thiem Ferry Terminal 부지의 수변공원Saigon Riverfront Park의 재탄생으로 이어졌다. 이와 함께 벤응에운하 배후의 응우옌콩트루도로Ngyuen Cong Tru Street를 따라 과거 상업, 숙박, 창고 등의 기능을 담당했던 다수의 숍하우스들에 대한 건축 재생이란 새로운 과제도 남아 있다.

최근 2019년 호치민시정부는 약 300억의 예산으로 호치민시 건축의 보전과 재생에 대한 계획을 발표[58]했다. 호치민시에 의하면, 프랑스 지배기에 조성된 건물들 중 약 1,000개의 건물들이 현존하고 있음이 확인되었으며, 동코이도로에 입지한 아파트 건물들에 대한 건축자산 보전사업이 진행되고 있다.[59] 이들 중에서 아름다운 건축과 역사적 가치를 인정받은 카라벨레호텔(Caravelle Hotel, 1959)[60]은 1998년 24층으로 증축되어 현재까지도 명맥이 이어지고 있으며, 인접한 부웅타우시티쇼핑센터(Vung Tau City, 2013)도 역사성을 가진 공간으로 재생되고 있다.

철도역과 메트로 지하철

호치민시의 철도역은 도시 중심부의 1구역District 1으로부터 1970년대 말에 북쪽의 3구역District 3의 빈트리우Binh Trieu의 수화물역으로 이전하며 호치민시의 새로운 빈트리우철도역Ga Bình Triệu으로 건축되어 자리 잡았다. 이를 위해 도시 중심부와 빈트리우를 연결하는 다리Cau Binh Trieu와 Cau Binh Loi가 건설되었고, 추후 지하철 3호선이 호치민 도시 중심부와 빈트리우를 연결할 예정이다.

특히 빈트리우철도역은 하노이-호치민시 고속철도선(공사: 2020~2050, 1,570km, 350km/h)의 중심 철도역으로 대규모 개발이 예정되어 있다. 현재 하노이-호치민시 고속철도선은 일본의 지원과 베트남정부의 주도로 하노이-빈시티 구간(Hanoi-Vinh City, 285km), 빈시티-나트랑 구간(Vinh City-Nha

Trang, 364km), 나트랑-호치민시 구간(Nha Trang-Ho Chi Minh City, 896km)으로 나뉘어 건설되고 있다.

한편 호치민시는 최근 북쪽, 동쪽, 남쪽으로 빠르게 확장하며 1,300만 명의 인구규모[61]의 광역도시권을 형성하고 있다. 그럼에도 도시 중심부로부터 주변 교외지를 연결하는 대중교통체계가 부족한 실정이며, 대부분의 교통 기능은 오토바이와 같은 개인 이동수단에 의존해왔다. 호치민시정부는 2007년 호치민시와 주변 교외지를 연결하는 대중교통계획안[62]을 수립하고, 현재 한 개의 트램선, 두 개 모노레일선, 여섯 개의 지하철선의 건설이 추진 되고 있다. 특히 '호치민 대중교통계획안 2007'이 2013년 중앙정부의 승인을 얻어, 호치민시의 공기업인 MAUR HCMC Management Authority for Urban Railways과 일본의 수미토모기업Sumitomo Corporation, 베트남 건설기업 6(Civil Engineering Construction Corporation No. 6)의 컨소시엄을 통해 실행 되고 있으나 재원 확보의 어려움으로 시공이 지속적으로 지연되어 왔다.

먼저 지하철 1호선(블루선, Sài Gòn Line, 2012~2021, 19.7km, Bến Thành-Suối Tiên Park)은 벤탄시장으로부터 오페라하우스를 지나 동북부 15km 지점의 푸옥롱 하이테크파크Phuoc Long High Tech Park과 수이티엔테마파크(Suối Tiên Amusement Park, 1995)를 연결하며 호치민시의 동북쪽 도시확장을 이끌고 있다. 지하철 1호선은 특히 호치민시의 동쪽 입구로서 미국의 경제원조로 건설된 하노이고속도르(Hà Nội Highway, 1957~1961)를 따라 조성된 사이공 하이테크파크(Saigon Hi-Tech Park, 2002, 면적: 326ha)[63]를 연결한다.

또한 지하철 2호선(레드선, Bà Quẹo Line, 2013~2024, 48km, Northwest Town-Thủ Thiêm)은 벤탄시장을 관통하여 서북쪽의 탄손낫국제공항Tan Son Nhat International Airport으로부터 동쪽 12구역의 탐루옹디포Tham Luong Depot로 이어진다. 이러한 지하철 2호선은 호치민의 동쪽 확장을 견인할 것으로 예상된다. 탄손낫국제공항은 1930년대 초에 프랑스군의 탄산손눗비행장 Tân Sơn Nhứt Airfield으로 조성되어 베트남전쟁기에 베트남공화국과 미군의 공군비행장으로 이용되기도 했다. 현재 호치민의 동쪽으로 동나이의 롱탄Long Thanh에 신공항(Long Thanh Int'l Airport, 2025)이 건설 중이다.

그리고 호치민시의 북부와 남부는 도시 중심부를 관통하는 지하철 4호선(Gò Váp Line, 35.7km, Thạnh Xuân-Hiệp Phước)을 통해 연결될 예정이다. 호치민시를 북남 방향으로 가르는 4호선은 호치민의 남쪽확장을 유도하고 있다. 특히 호치민시의 남쪽 6km 지점에는 베트남-타이완의 합작기업인 푸미흥기업이 개발한 푸미흥신도시(Phu My Hung New Town, 富美興都市, 1997)가 운하를 따라 조성되었고, 사이공컨벤션센터(Saigon Exhibition and Convention Center, 2008)[64]를 시작으로 크레슨트몰(Crescent Mall, 2011), 사이공파라곤(Saigon Paragon, 2012)과 비에토피아테마파크(Vietopia, 2013)가 개발되었다.[65] 특히 이곳은 한국인 커뮤니티가 한국국제학교(Korean Int'l School, HCM, 1998)를 중심으로 형성되어 빠르게 성장해왔다.

이러한 호치민시 대중교통체계의 중심부는 지하철 노선들이 집중 교차되는 벤탄시장이다. 벤탄시장 메트로역은 지하 4층 규모의 환승 거점으로 레라이도로Duong Le Lai를 통해 오페라하우스 메트로역과의 지하 보행연결이 제안되었다. 특히 레라이도로는 일본 교토의 제스트지하쇼핑몰(Zest Underground Mall)을 모델로 지하보행로(길이 400m)와 연계된 쇼핑몰이 개발되고 있어, 이를 통해 인접한 원·구도심의 보행중심체계에 큰 변화가 기대되고 있다. 특히 이러한 지하보행체계가 앞으로 무더운 기후로 인해 상대적으로 비활성화된 지상부 보행활동의 활성화에 어떻게 기여할 것인가는 이 도시의 기대되는 미래 과제이다.

제12장

싱가포르

19세기 포르캐이닝에서 본 싱가포르 항구 정경(1828)

1. 인도-중국의 교역로와 스리위자야항구

말라카해협과 스리위자야 세력

인도와 중국을 연결하려는 상인들의 열망이 언제부터 "식인의 땅"으로 악명 높던 수마트라 바닷길인 말라카해협으로 향했는가에 관해서는 확인되지 않는다. 하지만 상인들의 자본이 뱃사람의 지식과 기술을 얻어 해로를 찾아 나서기 시작한 시기는 대륙의 육상교역로가 해체된 3세기부터로 짐작된다. 이 시기는 중국대륙과 중앙아시아를 연결했던 한나라(Han Dynasty, 漢朝)가 멸망하고 뒤이어 중국의 삼국시대(Three Kingdoms Period, 220~280)[1]를 겪으면서 육상교역로가 봉쇄된 시기이다. 또한 중국 남부 광저우에 인도의 면직물과 약재 그리고 대승불교가 도착한 시점이 이즈음인 3세기이다. 물론 광저우의 지배 세력이었던 남월(Nanyue, 南越, 기원전 204~111)은 그 전부터 해안을 따라 이 해로를 이용해왔을 것이다.

이후 인도해의 교역이 말라카해협으로 점차 확장된 시점은 6세기이다. 이 시기에 해상교역은 인도 북부의 상인 조직인 바니그라마길드(Vaniggrama Guild, 또는 Vaniyagrama Guild)[2]와 인도 남부의 마니그라맘길드Manigramam Guild가 활동을 확장하고, 특히 타밀나두 지역에서 9세기부터 활동을 시작한 상인조직인 아야볼레길드Ayyavole Guild는 인도해의 해상교역을 지배하고 동쪽으로 세력을 확장하며 항구들을 중심으로 다국적 상인공동체를 구성하여 사찰을 건설하고 활동했다. 이를 통해 인도의 교역은 인도 남부와 실론에서 안다만해에 면한 말레이반도의 크라부리강Maenam Kra Buri의 하구에 도착했고, 말라카해협을 지나 팔렘방을 거쳐 남중국해의 해류를 따라 베트남 해안과 중국대륙의 관문인 광저우로 연결되었다. 당시 말라카해협을 이용한 해상교역로의 개발은 중앙아시아와 중국대륙을 관통하는 육상 실크로드가 해체된 당나라의 혼란기에 가속화되었다.[3] 이 시기에 수마트라섬은 "금의 섬Swarnadwipa" 또는 "금의 땅Swarnabhumi"으로 불리며 지역 내륙에서 채굴된 금이 매매되었고, 이와 함께 향신료인 후추와 정향, 피부질환을 치료하는 녹나무 장뇌기름camphor, 향과 소품 제작을 위한 알로에나무와 단향나무sandalwood가 교역되었다. 그리고 무엇보다 이 말라카해협의 교역로를 통해서 인도의 대승불교와 이후 스리랑카의 상좌부불교가 주변 지역으로 전파되었다.

당시 말라카해협에서 이러한 교역활동을 확장시킨 주체는 힌두교와 대승불교의 영향을 받으며 성장한 스리위자야왕국(Kadatuan Sriwijaya, 三佛齊, 650~1377)이다. 스리위자야왕국은 수마트라섬의 무시강Musi River의 팔렘방(Palembang, 巨港)을 거점으로 형성된 말레이 세력으로 7세기에 말라카해협의 서쪽 입구인 랑카수카Langkasuka와 케다Kedah, 동쪽 진입부인 싱가포르를 확보하여 말라카해협을 지배했고, 이후 멀리 남동쪽으로 순다해협Selat Sunda을 확보하고 자바섬의 타루마왕국Tarumanagara의 반텐Banten과 중부 자바Central Java까지 그 세력을 확장했다.

이 시기 스리위자야왕국은 말라카해협을 따라 거점항구들을 운영했다. 항구를 통해 해상교역자들로부터 세금을 징수하였고, 그 대가로 해상의 안전을 보장했다. 특히 스리위자야왕국은 해상 유랑 세력인 라웃족Orang Laut을 고용해 이 지역 교역에 필요한 안전을 확보했고, 내륙 원주민과 유대관계를 형성하여 식량을 보급 받았다.[4]

이러한 스리위자야왕국의 해상교역 지배력은 중국 본토의 당나라와 송나라와의 밀월관계가 있었기에 가능했다. 그 결과 스리위자야왕국은 9~10세기에 황금기를 맞이하며, 동쪽 벵골만의 대승불교 중심의 팔라제국(Pala Empire, 8~12세기), 아라비아의 우마이야술탄왕조(Umayyad Caliphate, 661~750), 페르시아의 아바스술탄왕조(Abbasid Caliphate, 750~1258, 1261~1517) 그리고 당나라와 송나라의 문화를 전파했다.

특히 스리위자야왕국은 북쪽으로 태국 남부 드와라와티왕국(Dvaravati Kingdom, 6~11세기)의 라보(Lavo, 현재 Lopburi), 메콩강삼각주 크메르왕국의 인드라퓨라(Indrapura, 현재 Banteay Prei Nokor 부근), 인도차이나반도 참파왕국의 나트랑Nha Trang까지 문화를 전파하여 동남아시아에서 대승불교의 확산을 주도했다.

말라카해협은 11세기[5]에 이르러 인도해를 중심으로 하는 교역체계가 완성되고, 스리위자야왕국이 점유하고 있던 해상교역의 주도권이 촐라제국과 마자파힛제국으로 이전되면서 과도기를 겪었다. 특히 서쪽에서는 페르시아에 이어 패권을 잡은 파티미드왕조(Al-Khilafah al-Fatimiyah, 909~1171)의 주도로 교역의 중심이 이집트의 홍해로 옮겨졌다. 또한 인도 남부 타밀나두 지역의 카베리강Kaveri River을 중심으로 성장한 힌두 세력인 촐라제국(Chola Empire, 기원전 300년~1279)은 스리위자야왕국의 말라카해협과 순다해협의 해상교역권을 장악했다. 당시 스리위자야왕국의 팔렘방과 말라카해협의 항구들은 1025년 촐라제국의 라젠드라 1세(Emperor Rajendra I)의 공격을 받았으며 다시 촐라제국은 힌두 세력인 마자파힛제국(Majapahit Empire, 129~1527)의 지배를 받게 되었다. 이에 따라 말라카해협의 거점항구는 교역항구로서의 기능을 잃게 되었다.

말라카해협을 피해 말레이반도를 동서 방향으로 관통하여 안다만해와 타이만을 연결하는 육로가 본격적으로 개발된 시점이 이즈음이다. 말라카해협을 피해 육로를 개척하려는 노력은 창궐했던 해적을 피하기[6]위해 오래전부터 시도되었다. 그리하여 개척된 육로는 동인도에서 안다만해의 연안을 따라 항해하여 현재 미얀마와 태국의 경계인 크라부리강 Mae-nam Kra Buri을 거슬러 올라와 크라Isthmus of Kra를 지나 반대쪽 해안에 도착하는 길이 40~100km의 경로였다. 이러한 육로는 메콩강을 중심으로 성장한 푸난왕국(Nokor Phnom, 扶南, 50~550), 첸라왕국(Chenla Empire, 550~802), 크메르왕국(Cakrabhub Khmer, 802~1431)의 성장을 이끌었다.

또한 7~13세기에는 스리위자야왕국의 항구인 램포Laem Pho Beach로부터 타이만을 가로질러 푸난왕국의 항구인 옥에오로 연결되었다. 크메르왕국은 램포를 대신해 차이야Chaiya와 타마랏Nakhon Si Thammarat의 항구를 이용해 옥에오로 이동했다. 말레이반도를 관통하는 육상로는 이후 10~14세기에 적도 해상로가 개척되면서, 남쪽의 케다-클란탄Kelantan 교역로로 거점이 옮겨져 이용되었다. 이에 안다만해로부터 케다와 랑카수카를 지나 육로를 통해 이어진 스리위자야왕국의 지배를 받던 탐브라린가왕국(Tambralinga Kingdom, 10~13세기)의 송클라Songkhla와 클란탄술탄왕조의 항구인 클란탄이 역시 항구로서 성장했다.

2. 싱가푸라의 부킷라랑안과 롱야멘

테마섹과 싱가푸라왕국

말라카해협의 동쪽 입구이며 남중국해와의 연결지점에 위치한 싱가푸라섬은 중국인에게는 14세기 초부터 테마섹(Temasek, 單馬錫)으로 불렸다. 푸젠성 취안저우 출신 여행가인 왕다유안(Wāng Dà Yuān, 汪大淵, 1311~1350)이 남긴 기록서인 '다오이지루에(A Brief Account of Island Barbarians, 島夷誌略, 1349)'에서 싱가푸라는 테마섹이라는 이름으로 내륙의 토속세력과 해안의 해상 유랑 세력의 거점으로 소개되었다.

'말레이애널즈(Malay Annals, 원제 Sulalatus Salatin)'[7]에 의하면, 싱가포르섬 싱가푸라왕국(Kerajaan Singapura, 1299~1398)의 기원은 1299년 당시 스리위자야왕국의 수도였던 팔렘방에서 빈탄Bintan을 거쳐 이주해온 스리위자야 왕자Sang Nila Utam가 파당Padang에서 사자를 발견하고 이를 길조로 여겨 항구를 조성하고 싱가푸라라고 부르면서 시작되었다고 한다. 당시 스리위자야 왕자는 마자파힛제국을 피해 말라카해협을 건너 싱가포르로 피난을 왔을 것이라는 추측이 존재한다. 이러한 추측은 싱가푸라왕국의 건국 시점이 마자파힛제국이 건국되어 말라카해협의 핵심세력으로 부상한 시점과 일치하는 점을 근거로 하고 있다.

스리위자야 왕자는 해안에서 싱가포르강을 따라 올라와 부킷라랑안에 왕궁을 중심으로 사찰과 묘지를 갖춘 요새를 조성했다. 당시 싱가푸라의 항구는 싱가포르강과 칼랑강(Sungei Kallang, 加冷河, 10km)이 바다를 만나는 지점에 조성되었고, 스리위자야 왕자는 이 항구를 교

말라카반도 말단의 싱가푸라섬을 보여주는 16세기 동남아 지도(1573)

역 거점으로 삼았다. 이 시기에 싱가푸라는 말라카해협의 거점항구들인 케다·아체Aceh, 잠비Jambi·팔렘방·람브리Lambri 등과 함께 성장했다.

싱가푸라는 이후 인도의 영향권에 있었고, 동시에 중국 원나라의 후원을 받아 마자파힛제국[8]과 아유타야왕국(Ayutthaya Kingdom, 1350~1767)을 견제하였다. 그 결과 싱가푸라는 14세기에 이 지역의 교역중심지로 발돋움 할 수 있었다. 당시 싱가푸라에서는 수마트라섬에서 생산되는 투구 Hornbill Casques, 중국 도교인이 애용한 향과 염료의 재료인 강진향(Kayu Laka, 降眞香), 가구 재료인 흑단Blackwood과 적단Rosewood이 수출되었고, 중국의 도자기, 인도와 자바의 면직물, 리아우군도Riau Archipelago의 도자기 등이 매매 되었다.

부킷라랑안과 롱야멘

왕다유안의 다오이지루에 의하면, 테마섹은 내륙의 주거지인 부킷라랑안(Bukit Larangan, 현재 Fort Canning Hill, 60m)과 해안의 주거지인 롱야멘(Long Ya Men, 龍牙門)으로 구성되었다. 내륙의 주거지인 부킷라랑안은 싱가포르 강이 내려다보이는 구릉지[9]로 반주(Banzu, 班卒)로도 불렸다. 부킷라랑안의 중심부에는 스리위자야 왕자가 건국한 싱가푸라왕국의 왕궁요새가 자리 잡았다. 요새 내부에는 왕궁과 함께 왕족의 묘지와 사원이 위치했다. 부킷라랑안은 영국 세력의 지배기에는 거번먼트힐Government Hill로 불렀으며, 1861년 영국 세력의 요새가 건설된 후부터 현재까지는 포트캐닝으로 불려오고 있다.[10]

한편 케펠해협이 시작되는 케펠섬의 서쪽 해안가는 롱야멘으로 불렸으며 이곳에는 해상 유랑족의 거점이 자리 잡고 있었다. 롱야멘은 중국어로 '용의 이빨 해협'을 의미하며, 바투 버르라야르Batu Berlayar[11]로 불리는 돌기둥을 갖고 있었다. 롱야멘에는 해상 유랑족인 라웃족을 중심으로

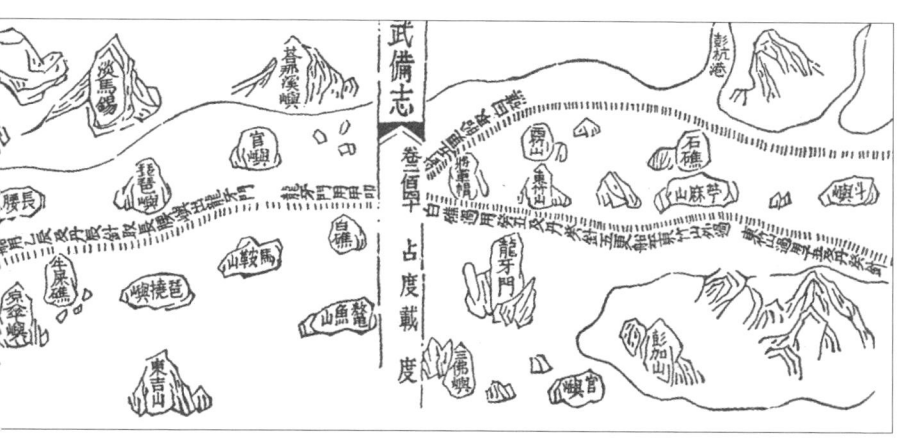

탄카인(Tankas, 蛋家)의 생활 거점이 형성되어 있었다. 이 시기에 라웃족은 롱야멘을 중심으로 말라카해협과 자바해의 해상운송을 담당하고 해적을 방어했으며, 때로는 그들 자신이 해적으로 활동했을 것이다. 또한 탄카인은 중국의 광둥·광시·푸젠·저장·하이난·광저우·마카오·베트남 등의 해안을 따라 배에서 거주해온 해상 유랑 세력으로 중국의 취안저우에서 남중국해를 지나 싱가포르까지 해상운송을 담당했을 것이다.

용 이빨 모습의 바투 버르라야르를 형상화한 그림
롱야멘(龍牙門) 표기가 선명한, 명나라 말기의 싱가포르 지도(1621)

싱가푸라왕국의 마지막 왕이었던 파라메스와라Parameswara는 14세기에 마자파힛세력의 공격을 받아 말라카로 이주한 후 그곳에서 말라카술탄왕조(Kesultanan Melayu Melaka, 1400~1511)를 건국했다. 싱가푸라왕국을 계승한 말라카술탄왕조의 말라카는 이슬람 세력인 오스만제국(Ottoman State, 1299~1922)와 중국 명나라의 지원을 받아 말라카해협의 중심항구로서 성장했다. 말라카술탄왕조는 15세기에 번성기를 누리며 말레이반도의 대부분과 수마트라섬, 리아우군도를 지배했다.

싱가푸라-말라카술탄왕조 vs 포르투갈 세력
아체술탄조-네덜란드 세력 vs 조호르술탄왕조-영국 세력

이슬람 세력의 지배를 받던 말라카해협이 가톨릭 세력의 지배를 받게 된 시점은 16세기 초이다. 당시 인도 고아에서 출항한 포르투갈의 알폰소 디 알부쿼르퀴Alfonso de Albuquerque는 1511년 말라카술탄왕국의 수도인 말라카를 정복했다. 이에 말라카술탄왕조의 마지막 왕인 마뭇사왕Mahmud Shah은 말라카를 떠나 조호르술탄왕조(Kesultanan Johor, 1528~1855)를 건국하게 했다. 이러한 배경으로 말라카-조호르술탄왕조는 포르투갈 세력과 갈등을 갖게 되었다.

한편 싱가푸라왕국과 부킷라랑안은 1608~1637년 포르투갈 세력과 조호루술탄왕조를 누르고 말라카해협의 주도권을 확보한 아체술탄왕조(Keurajeuen Aceh Darussalam, 1496~1903)[12]의 공격을 받아 해체되었다. 당시 아체술탄조는 포르투갈과의 충돌 과정에서 1641년 네덜란드와 연합하기도 했으나, 이후 네덜란드 세력과의 전쟁(Acehnese War, 1873~1904)에서 패하게 된다. 이에 싱가포르는 다시 조호르술탄왕조의 영토로 남게 되었다.

싱가포르가 영국 세력의 지배를 받게 된 계기는 19세기 초에 발생한 조호르술탄왕조의 내분에서 시작되었다. 당시 술탄 마후무드사 3세(Sultan

Mahmud Shah III, 재위 1770~1811)는 40년 동안의 통치 후 후계 계승권을 지명하지 않고 사망했다. 이에 마후무드샤 3세의 아들인 압둘라흐만(Sul-tan Abdul Rahman Muazzam Shah, 재위 1811~1819)과 이복형제인 후세인사Hussein Shah 간의 왕위계승 분쟁이 발생했다. 이 과정에서 압둘라흐만은 후세인사가 파항에 머무르는 동안 술탄에 올랐다.[13]

이 시기 영국 세력은 인도-중국 교역의 주요 항로인 말라카해협을 따라 수마트라섬의 동쪽 해안에는 페낭을, 서쪽 해안에는 영국 동인도기업의 거점이었던 벤쿨렌(Bencoolen, 영국 지배기: 1785~1824, 현재 Bengkulu)에 항구를 확보했다. 그리고 영국 세력은 인도-중국 교역의 세 번째 항구를 확보하려 했다. 이에 당시 영국 동인도기업(British East India Company, 1600~1874)의 벤쿨렌 식민 부총독이었던 스탬포드 라플스Thomas Stamford Raffles는 후세인사(Sultan of Johor and Singapore, 재위 1819~1824, Sultan of Johor, 재위 1824~1835)를 지원하여 조호르술탄왕조의 술탄 직위를 보장하며 영국-조호르 조약(Anglo-Johor Treaty, 1819)을 체결했다. 이에 영국 동인도기업은 싱가포르에서 교역소를 설립하고 교역권을 획득했다.

말라카해협이 두 개로 분할되어 말레이시아와 인도네시아의 국경선이 구획된 시점이 이즈음이다. 당시 말라카해협의 해상교역권을 독점하려는 영국과 네덜란드 세력의 분쟁은 19세기 초에 1차 협정(Anglo-Dutch Treaty of 1814)과 2차 협정(Anglo-Dutch Treaty of 1824)을 통해 잦아들었다. 이에 따라 말라카해협의 바다는 양분되어 북쪽의 영국령과 남쪽의 네덜란드령으로 나뉘어졌다.

이를 통해 싱가포르는 말라카해협의 북쪽 해안을 따라 동서 방향으로 페낭, 말라카와 함께 1826년부터 영국 동인도기업의 거점항구가 되었고, 이들은 모두 1867년 영국의 직접지배를 받는 말라카해협식민지(Straits Settlements, 826~1946)로 흡수되었다. 당시 싱가포르는 말레이반도의 최남단에 위치한 섬으로 외세로부터의 방어가 용이하고, 하천을 통해 담수를 쉽게 확보할 수 있었으며, 배후에 숲을 두고 있어 선박 수리를 위한 목재

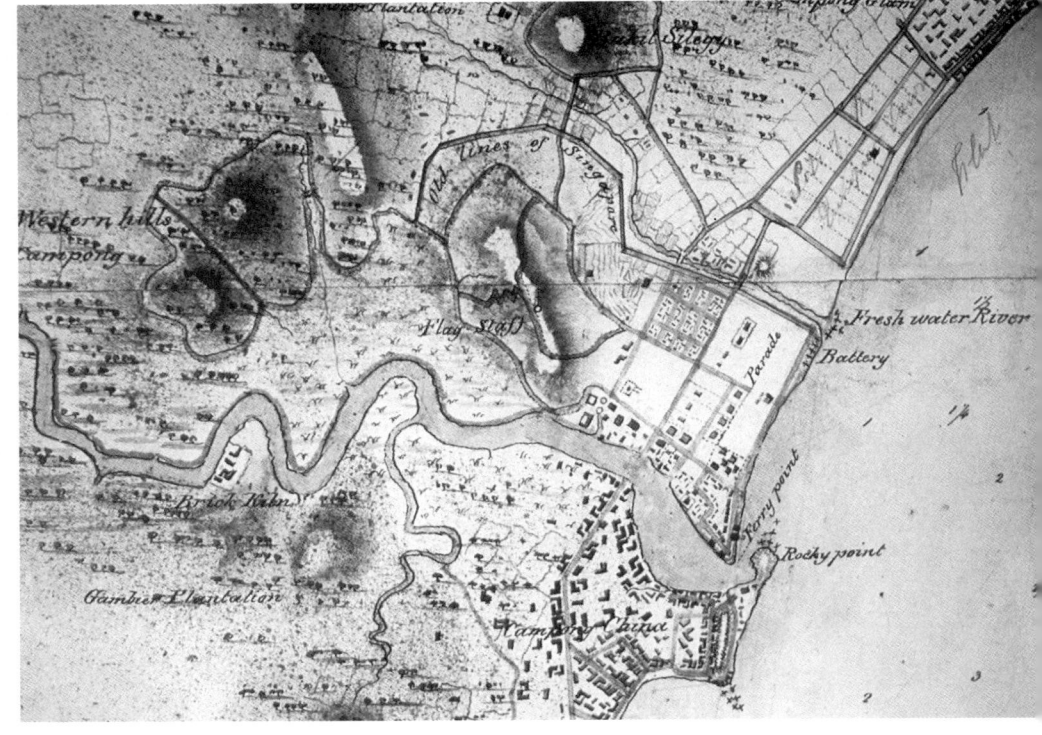

확보가 원활한 장점이 있었다. 특히 싱가포르는 영국령 인도의 캘커타, 봄베이와 영국의 중국 아편교역 거점인 광저우를 연결하는 거대한 해상 교역로의 중심항구로 각광받았다.

3. 커머셜스퀘어, 보트부두, 아웃람, 브리티쉬 싱가포르

싱가포르가 당시까지 말라카해협과 순다해협을 연결하는 중심항구인 네 덜란드 세력의 바타비아(현재 자카르타)를 누르고 이 지역의 새로운 중심 교 역항구로 성장하기 시작한 시점은 1830년대이다. 먼저 싱가포르는 1832 년부터 말라카해협식민지의 새로운 행정수도로서 조지타운을 대체하기 시작했다. 또한 싱가포르는 관세가 없는 자유항으로서 관세를 부과하던

싱가포르 강의 하구의 수변지형과 초기 거주지를 보여주는 싱가포르 측량지도(1825)

네덜란드 세력의 바타비아에 상대적인 우위를 점하게 되었다. 당시 싱가포르는 말레이반도 내륙에서 생산되는 주석과 고무가 운송되어 집산된 후 가공 생산되는 거점이었다. 이렇게 싱가포르는 남중국해를 통한 중국 네트워크, 자바해를 통한 동남아시아 네트워크, 말라카해협을 통한 유럽 네트워크를 모두 연결하는 중국, 말레이, 인도, 아랍 상인들의 해상교역의 중심부로 성장했다.

스탬포드 래플스와 잭슨도시계획안

스탬포드 래플스와 함께 벤쿨렌에서 싱가포르에 파견된 영국 동인도기업 소속의 윌리엄 파쿠하(William Farquhar, 1st Resident of Singapore, 재임 1819~1823)는 싱가포르의 행정관으로 부임했다. 당시 싱가포르에는 조호르, 말라카, 리아우와 함께 아편 재배와 양조 생산이 성행했으며, 이에 따라 그 시장을 두고 관련 조직들이 충돌했다.[14] 윌리엄 파쿠하는 싱가포르에서 아편판매 라이센스를 허가해주는 대가로 세금을 거둬들였으며, 이에 반대한 스탬포드 래플스는 윌리엄 파쿠하를 존 크러퍼드(John Crawfurd, 재임 1823~1826)로 교체했다. 뒤이어 싱가포르에서는 노예제도가 폐지되었고, 무기휴대가 불법화되고 도박장이 폐쇄되었으며 술과 아편판매가 제한되었다.

　한편 스탬포드 래플스가 상상한 싱가포르의 미래는 '위대한 상업항구Great Commercial Emporium'였다. 그리고 그의 비전은 필립 잭슨 중위(Philip Jackson, 1802~1879)가 구상한 '잭슨도시계획안(Jackson Plan, 1822)'을 통해 싱가포르의 첫 번째 도시계획안으로 제안되었다. 당시 이 계획안은 인도 식민도시인 캘커타의 행정 기능이 집중된 요새(Fort William, 1702)를 모델로 제작되었다. 이에 싱가포르의 포트캐닝Singapore Hill에 행정 기능이 자리 잡았고, 싱가포르강 동쪽의 파당Padang과 식물원에 정부 소유의 공원

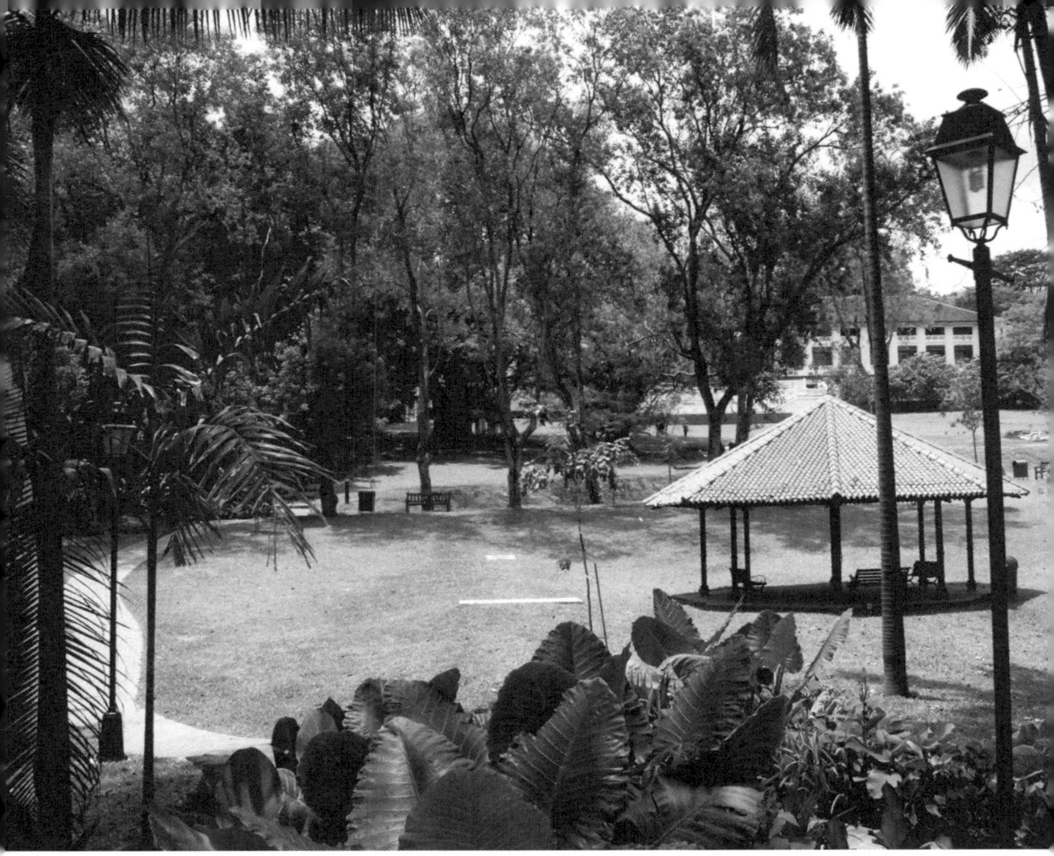

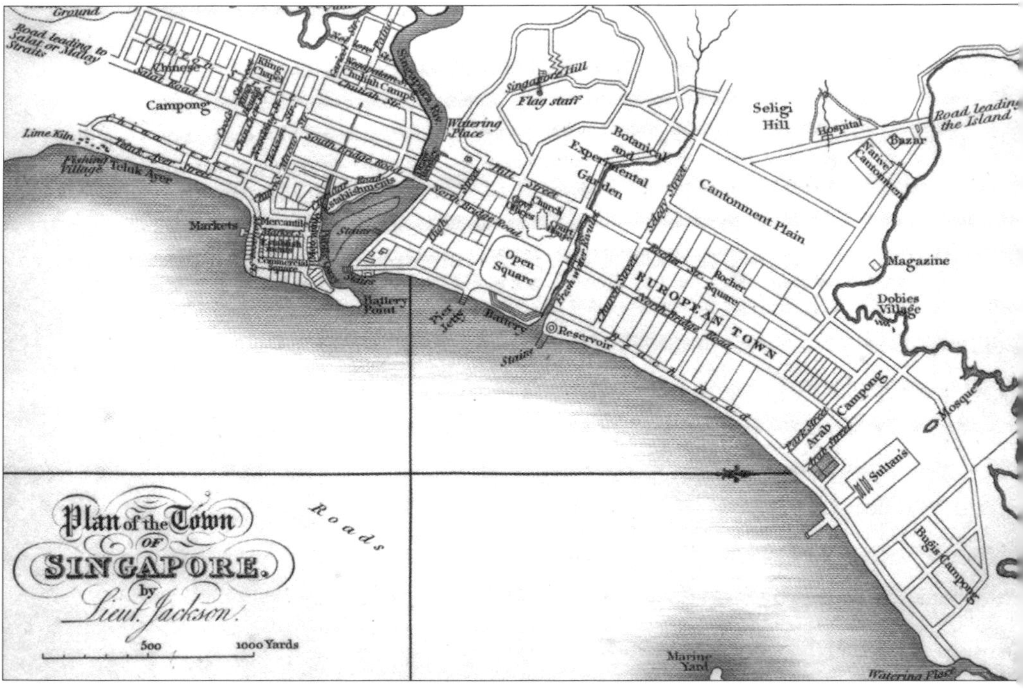
Plan of the Town
OF
SINGAPORE,
by
Lieut. Jackson.
500
1000 Yards
Roads
Campong
Lime Kiln
Fishing Village
Teluk Ayer
Markets
Battery Point
Watering Place
Singapore Hill
Flag staff
Botanical and Experimental Garden
Seligi Hill
Hospital
Bazar
Native Cantonment
Cantonment Plain
Magazine
Dobies Village
Open Square
EUROPEAN TOWN
Rocher Square
Pier Jetty
Battery
Reservoir
Stairs
Arab Campong
Mosque
Sultan's
Bugis Campong
Marine Yard
Watering Place

과 정원을 조성하여 민간개발을 규제했다.

또한 싱가포르강을 따라 격자형의 도로체계를 기준으로 인종을 기반으로 하는 네 개의 커뮤니티가 조성되었다. 먼저 해안과 로처운하(Rochor River, 梧槽河, 현재 Sungai Road) 사이에는 유럽인구역을 두어 유럽 무역인, 유라시아인, 아시아 부상, 말레이 왕족이 거주했다. 영국 상인은 싱가포르강 중상류의 클락부두와 로버츠슨부두를 중심으로 거주하며 부두 주변에 상점과 창고를 건설했다. 중국인은 사우스브리지도로South Bridge Road를 중심으로 싱가포르강의 남동쪽에 거주지를 형성했고, 현재 아웃람(Outram, 歐南)[15]에는 동남아시아 상인거주지가 조성되어 토지가 매매되었다. 인도인은 보트부두 남쪽에 출리아도로Chulia Street를 중심으로 캄풍출리아 Kampong Chuliah와 로처운하 북쪽으로 캄풍글램Kampong Glam에 거주하였고, 이곳에 이슬람인·말레이인·아랍인의 거주지가 형성되었다.

도시 중심부, 보트부두와 커머셜스퀘어

싱가포르의 도시 중심부는 1820년대부터 싱가포르강[16]하구에 현재 보트부두Boat Quay에 건설된 싱가포르 항구Port of Singapore를 중심으로 형성되었다. 이후 싱가포르 항구는 수에즈운하가 1869년 개통되면서, 보트부두와 독립적인 해양 외항인 케펠해협의 케펠항구(Keppel Harbour, 1855)와 탄중파가르 부두(Tanjong Pagar Docks, 1864)로 분화되어 성장했다. 한편 보트부두는 싱가포르강을 따라 클락부두Clarke Quay와 로버츠슨부두Robertson Quay를 지나 알렉산드라운하(Alexandra Canal, 2.4km, 현재 Alexan-dra Road)를 통해 내륙의 리버밸리River Valleys 지역으로 연결되었다. 내륙의 알렉산드라는 영국군인병원(British Military Hospital, 1938, 현재 Hospital Alexandra, 亞歷山大医院)이 설립된 지역으로 제2차 세계대전 당시 일본군이 다수의 영국 부상군인과 의료인들을 학살한 장소이기도 하다. 현재 알렉산드라는 마이

포트캐닝(ⓒ 한광야, 2010)
잭슨도시계획안(1822)

크로소프트, 구글 등의 글로벌 IT기업의 아시아본부가 자리 잡아 싱가포르의 첨단 IT산업의 거점으로 변화해왔다.

싱가포르의 내항인 보트부두는 1842년 건설되어 수변을 따라 조성된 다수의 숍하우스와 창고는 싱가포르를 대표하는 명소이자 상업활동의 중심지로 성장했다. 하지만 보트부두는 1960년대를 지나면서 외항의 발전에 따라 부두 기능을 잃고 쇠퇴했다. 이후 싱가포르 도시재개발국Urban Redevelopment Authority는 1986년 보트부두의 건축보전계획을 수립하고 바, 펍, 레스토랑 등의 기능으로 재생되어 왔다. 또한 보트부두 북쪽의 클락부두Clarke Quay는 차오저우 중국인이 나무장작을 운송하던 나루터로 시작되어 물산의 집하 창고들이 생겨났다. 클락부두의 뒤쪽 포트캐닝의 진입부에는 싱가포르에서 가장 오래된 가톨릭 성당인 아르메니안성당(Armenian Church of Saint Gregory the Illuminator, 1836), 중국 푸젠성 이주민이 설립한 타오난학교(Old Tao Nan School, 舊道南學校, 1912, 현재 페라나칸박물관), 경찰청(Old Hill Police Station, 1934)이 자리 잡았다. 그리고 크락부두의 북쪽으로 싱가포르강 상류에 조성된 로버츠슨부두Robertson Quay는 1880년대에 조성되어 내륙으로 향하는 물산의 창고와 선박 정박 공간으로 쓰였다.

한편 보트부두와 나무다리(현재 Elgin Bridge)를 중심으로 싱가포르 강의 북쪽에는 행정, 남쪽에는 상업의 중심부가 형성되었다. 먼저 1819년 싱가포르강의 북쪽 구역이 간척되고 제방이 건설되면서, 북쪽에는 다수의 행정건물들이 들어섰다. 그 대표적인 예로는, 엠프레스플레이스 빌딩(Empress Place Building, 1864~1920, 현재 Asian Civilisations Museum)을 시작으로 싱가포르 의회로 사용된 맥스웰하우스(Maxwell's House, 1827, 이후 Old Parliament House), 최초 타운홀로 건설된 후 증축된 빅토리아극장(Victoria Theatre and Concert Hall, 1862), 싱가포르의 첫 번째 호텔인 에스페란스호텔(Hotel de l'Esperance, 1906년 이전 건축, 이후 Grand Hotel de l'Europe로 신축)과 이를 해체하고 신축된 대법원(Former Supreme Court, 1938), 국립미술관(National Gallery of Singapore, 1929~1939) 등이 자리 잡았다.

보트부두 왼쪽의 행정구역과 나무다리

보트부두의 남쪽에는 현재 커머셜스퀘어(Commercial Square, 현재 Raffles Place, 1858)와 배터리도로Battery Road 사이에 위치했던 작은 언덕이 1822년 해체되고 그 흙으로 싱가포르강의 남쪽 수변이 간척되어 보트부두와 서클라도로Circular Road가 건설되어 항구의 상업중심부가 조성되었다. 그리고 남쪽의 상업 기능을 연결하는 사우스브리지 도로는 북쪽의 행정 기능을 연결하는 노우스브리지도로North Bridge Road를 통해 새인트앤드류 대교회(St. Andrew Cathedral, 1838), 신시청(City Hall Building, 1929)까지 확장되었다. 싱가포르 항구의 랜드마크로 자리 잡은 카베나다리(Cavenagh Bridge, 加文納橋, 1870)가 이즈음 건설되어 또 다른 랜드마크 중 하나인 플러톤호텔(Fullerton Hotel Singapore, 1928)을 북쪽의 파당과 행정 중심부로 연결했다.

싱가포르의 상업중심부는 1920년대에 조성된 커머셜스퀘어Commercial Square를 중심으로 현재의 싱가포르 도시 중심부로 성장했다. 커머셜스퀘어(면적 8.3)는 중앙에 정원이 조성되었고, 그 주변 필지들은 매각되어 무역 및 상업 기업들과 함께 은행들이 들어섰다. 특히 무역기업의 금융거래와 환전을 목적으로 봄베이에 설립된 영국계 은행인 웨스턴인도은행(Bank of Western India, 1842)[17]의 지사인 싱가포르 오리엔탈은행(Oriental Bank Singapore, 1846), 봄베이에 설립된 봄베이상업은행(Mercantile Bank of Bombay, 1853)의 후신인 차터 인도·런던·차이나 상업은행(Chartered Mercantile Bank of India, London and China 현재 HSBC은행), 런던에서 설립된 인도·오스트렐리아·차이나 은행(Chartered Bank of India, Australia and China, 1853, 현재 Standard Chartered 은행) 등이 커머셜스퀘어에 개업했으며, 이후 1950년대부터는 아메리카은행Bank of America와 중국은행Bank of China이 뒤이어 입점했다.

또한 커머셜스퀘어 인근에는 싱가포르의 가장 오래된 백화점인 존리틀백화점(John Little, 1842)과 로빈슨백화점(Robinsons, 1858), 싱가포르의 첫 번째 실내 쇼핑 아케이드인 알카프아케이드(Alkaff Arcade, 1909), 중국계 오리엔텔 엠포리움(Oriental Emporium, 1966)이 생겨나며 도심지의 쇼핑 거점을 형성했다. 이후 커머셜스퀘어에 집중되어 있던 상점과 백화점이

20세기 초 커머셜스퀘어와 존리틀백화점
커머셜스퀘어 현재 모습(ⓒ 한광야, 2018)

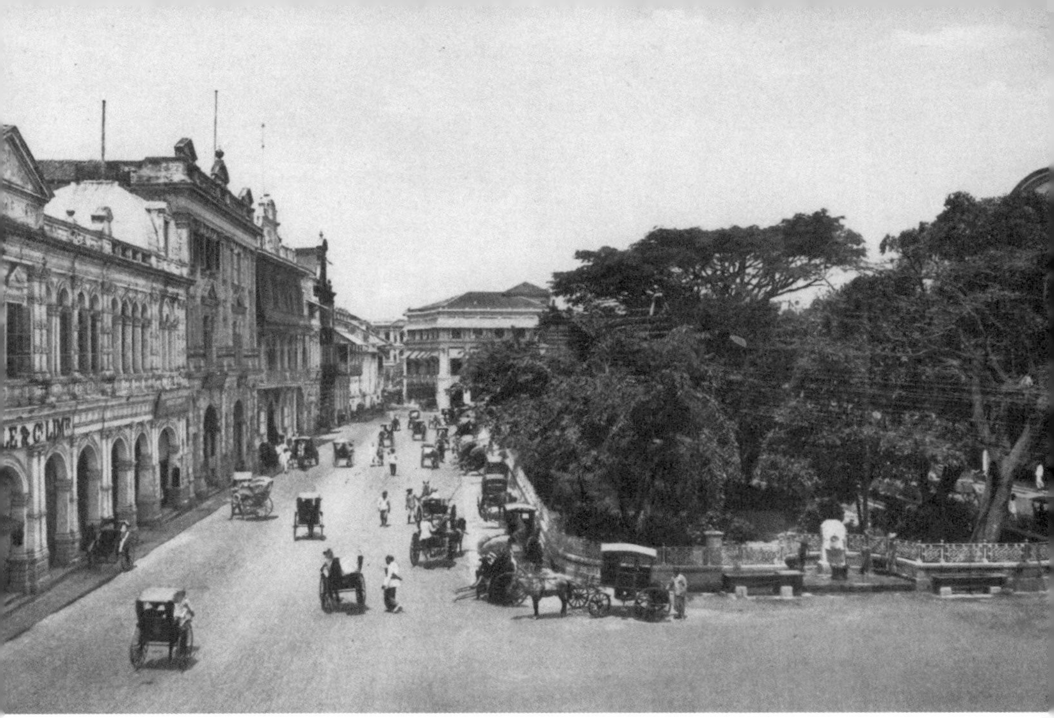

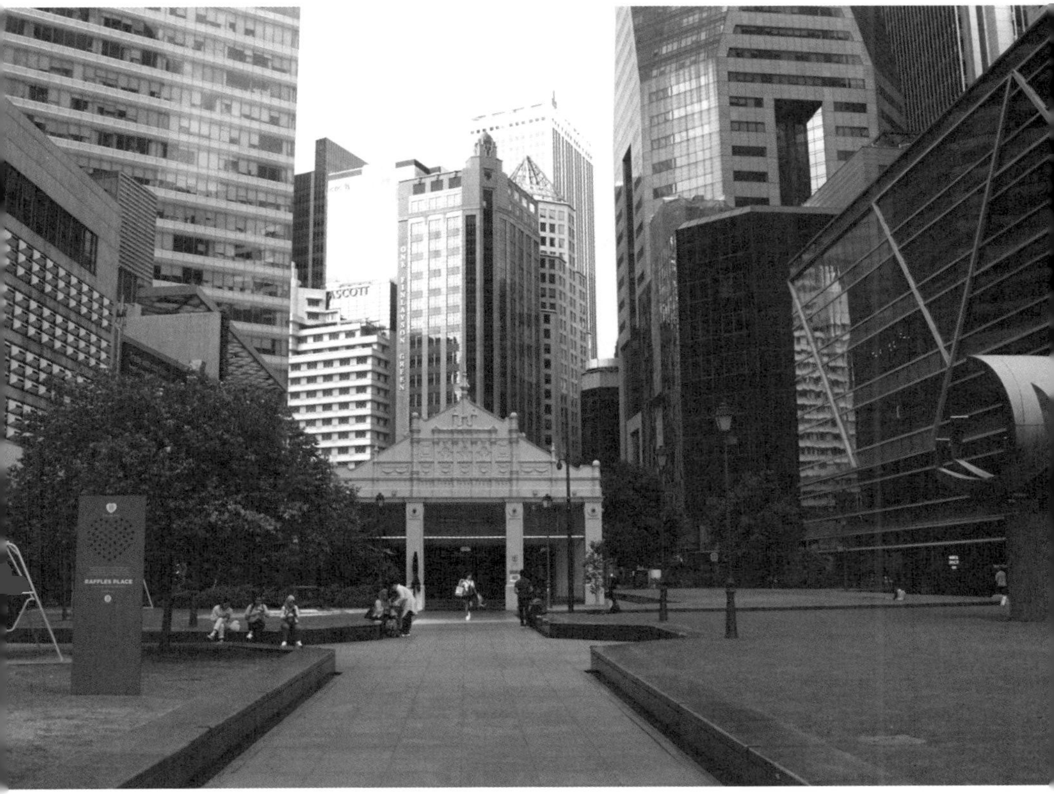
ASCOTT
ONE FINLAYSON GREEN
RAFFLES PLACE

카베나다리와 플러톤호텔

1960~1970년대에 오차드도로Orchard Road, 노스브리지도로, 하이도로 High Street로 이전해나갔고, 그 자리는 초고층의 금융기업의 타워빌딩으로 채워졌다. 이곳은 옛 본함빌딩Bonham Building 부지에 건축된 UOB타워(United Overseas Bank, 1974)를 시작으로 싱가포르 랜드타워Singapore Land Tower, 클리포드센터Clifford Centre, 오션빌딩Ocean Building, OUB센터OUB Centre, 리퍼블릭플라자Republic Plaza 등의 고층 타워 건물들이 세워져 현대 싱가포르 보트부두의 스카이라인을 구성하고 있다.

아웃람과 숍하우스

싱가포르에 초기 중국인 정착지는 1600년대부터 형성된 옛 바다항구인 탄중파가르Tanjong Pagar로 추정된다. 탄중파가르는 원래 갯벌로 배후에 팔머언덕Mount Palmer과 둑스톤언덕Duxton Hill을 두고 형성된 중국인과 인도인의 어촌으로 사린터Salinter라는 이름으로도 불렸다. 이후 싱가포르에는 영국지배기인 19~20세기 초에 중국 푸젠성, 광둥성, 하이난(Hainan, 海南) 등지에서 다수의 중국인이 이주해왔다. 특히 테멩공 다엥 이브라힘(Temenggong Daeng Ibrahim, 재임 1841~1855)의 지배기에 광둥성 차오저우와 산토우로부터 다수의 중국인이 조호르바루로 이주해왔다. 이러한 중국인 이민자들은 1850년대 싱가포르의 인구증가를 주도했다. 싱가포르의 인구는 1836년에서 29,980명에서 1871년 97,111명으로 증가했다. 그 중 말레이인은 9,632명에서 26,148명 그리고 중국인은 13,749명에서 54,572명으로 증가하였다. 같은 기간에 인도인은 2,930명에서 11,610명, 유럽인은 141명에서 1,946명으로 증가했다.

이 시기에 중국 이민자는 말레이시아의 고무농장과 주석광산에서 채광과 상업을 위해 먼저 싱가포르에 도착해 각지로 흩어졌다. 싱가포르의 초기 중국 이민자들은 안상언덕(Ann Siang Hill, 安祥山)과 싱가포르 종합병원(Singapore General Hospital, 1821)을 중심으로 현재 아웃람(Outram, 歐南)에 차이나타운을 형성했다.

싱가포르의 차이나타운은 '소 마차로 식수를 공급'받던 곳이라는 뜻으로 니우체수이(Niu Che Shui, 牛車水)로 불려왔다. 차이나타운에서는 1843년을 전후로 주거와 상업활동을 위한 토지매입과 건물임대가 파고다도로Pagoda Street, 알메이다도로(Almeida Street, 현재 Temple Street), 스미스도로Smith Street, 트렝가누도로Trengganu Street, 사고도로Sago Street, 사고골목Sago Lane을 중심으로 이루어졌다.[18] 존 톰슨John Turnbull Thomson의 1846년 싱가포르 지도에 의하면, 초기 차이나타운은 안상언덕을 중심으로, 동서 방향으로 보트부두에서 내륙의 파고다도로 그리고 북남 방향으로 뉴브리지도로New Bridge Road에서 테록에이어도로Telok Ayer Street를 경계[19]로 두고 성장했다.

영국식민정부는 중국인 행정을 위해 카피탄시나(Captain of the Chinese, 華人甲必丹)라는 중국인 지도자를 통해 중국공동체를 간접 통치했다. 카피탄시나는 이민자들의 정착을 도왔고, 향우회와 상업활동을 위한 후이관(Huay Kuan, 會館)을 조성했다. 후이관은 상인과 노동자의 모임 장소를 넘어, 사원·병원·학교·호텔·은행 등의 기능을 갖고 커뮤니티의 중심부로 기능했다.

이로 인해 싱가포르에는 호키엔 방언(Hokkien Bang, 福建), 차오저우 방언(Chaozhou Bang, 潮州話), 캔톤 방언(Cantonese Bang, 廣東話), 하카 방언Hakka Bang, 하이난 방언(Hainanese Bang, 海南話)을 사용하는 다섯 개의 중국인 방언 집단이 자리 잡았다. 이에 따라 푸젠성 이주민은 테록에이어도로와 호키엔도로Hokkien Street, 광둥성 이주민은 템플도로Temple Street, 광둥성 차오저우 이주민은 사우스카날도로South Canal Road, 가든도로Garden Street, 카펜터도로Carpenter Street를 중심으로 커뮤니티를 형성하였다.[20] 다섯 개의 방언 집단에서 출발한 중국계 후손들은 싱가포르 현재 인구의 약 74퍼센트를 차지하며, 특히 푸젠성 호키엔은 싱가포르 내 중국인의 약 40

퍼센트를 구성하여 싱가포르에서 가장 큰 언어 그룹이 되었다.

먼저 테록에이어도로에는 싱가포르에서 현존하는 가장 오래된 사원으로 푸젠성 이주인이 조성한 싱가포르 호키엔후이관(Singapore Hokkien Huay Kuan, 新加坡福建會館, 1840)과 이주민의 구심점이었던 마조사원(Thian Hock Keng Temple, 媽祖, 1820년대)이 위치한다. 또한 이곳에는 하카인과 광저우인이 함께 설립한 혹텍치사원(Hock Teck Chi Temple, 福德祠, 1824)은 하카인 대백공(Tua Pek Kong, 大伯公)과 장리(Zhang Li, 張理)를 기리며, 공자사당과 도교사원으로 쓰였으나 현재 박물관으로 이용되고 있다. 인접하여 싱가포르 내의 첫 번째 중국인 학교인 총윤게(Chongwen Ge, 崇文閣)가 개교했고, 말라카 태생의 간엥셍(Gan Eng Seng, 顏永成)이 설립한 간엥셍학교(Gan Eng Seng School, 顏永成學校, 1885)가 운영되었다.

싱가포르의 첫 번째 시장은 생선시장으로 1822년 마켓도로 끝의 수변

마조사원(1820년대)

에 조성되었다. 이후 생선시장은 테록아이어도로의 테록에이어 구시장 (Pasar Telok Ayer, 1822, 현재 Telok Ayer Green)으로 이전해왔으며, 이후 다시 1879년 현재 신시장(Pasar Baru, 新巴刹)의 위치로 이전되어 싱가포르에서는 최초로 철재 프리파브리케이트 공법을 활용하여 영국 빅토리아 건축양식으로 건축되었다. 테록에이어 구시장에는 말라카에서 활동하던 푸젠성 장저우계 페라나칸 상인들이 설립한 켕텍화이후이관(Keng Teck Whay Association Hall, 1831)과 인도 남부 코로만델 지역의 이슬람 이주민들이 건축한 샤홀하미드사원(Shahul Hamid Dargah, 1830, 현재 Nagore Dargah Shrine)이 함께 위치해왔다. 푸젠성의 민난Min-Nan 건축양식을 가진 켕텍화이후이관은 2010년 도교협회에 인수되어 현재 싱가포르 유황공사원(Singapore Yu Huang Gong, 新加坡玉皇宫)로 개명되었다.

한편 싱가포르의 테록에이어도로와 크레타에이어도로(Kreta Ayer, 水車路)는 싱가포르의 주거와 상업건축의 대명사인 차이나타운 숍하우스의 중심부이다. 먼저 크레타에이어도로는 1830년대에 안상언덕(Ann Siang Hill, 安祥山)의 우물길로 조성되었다. 안상도로를 따라 다수의 숍하우스가 1903~1941년 사이에 건축되었으며, 1900년대부터 부킷파소도로(Bukit Pasoh Road, 武吉巴梳路)를 따라서 숍하우스들이 집중적으로 생겨났다. 특히 이 시기 숍하우스들은 인접한 부킷메라Bukit Merah에서 생산된 벽돌을 사용하여 건축되었다.

싱가포르 숍하우스는 좁은 필지에 공유 벽을 두고 2~3층으로 연속해 조성된 연립주택Row House으로, 1층에 상업 기능을 두고 상부 층은 주택으로 사용되었다. 싱가포르 숍하우스는 일군의 유럽 건축양식의 기둥과 중국식과 말레이식의 꽃과 기하학 무늬로 장식되었다. 특히 스탬포드 라플스의 도시계획안을 반영하여, 싱가포르 숍하우스는 건물 전면에 도로를 따라 폭 5피트 (1.5m)의 보행공간을 두어 통일된 가로환경을 갖게 되었다.

현재 차이나타운의 입구인 위통센도로(Eu Tong Sen Street, 余東旋街)에는 광둥성오페라를 공연했던 마제스틱극장(Tien Yien Moh Toi Theatre, 현재

19세기 테록에이어시장 정경(1847)
현재 테록에이어시장의 푸트코트(ⓒ 한광야, 2019)

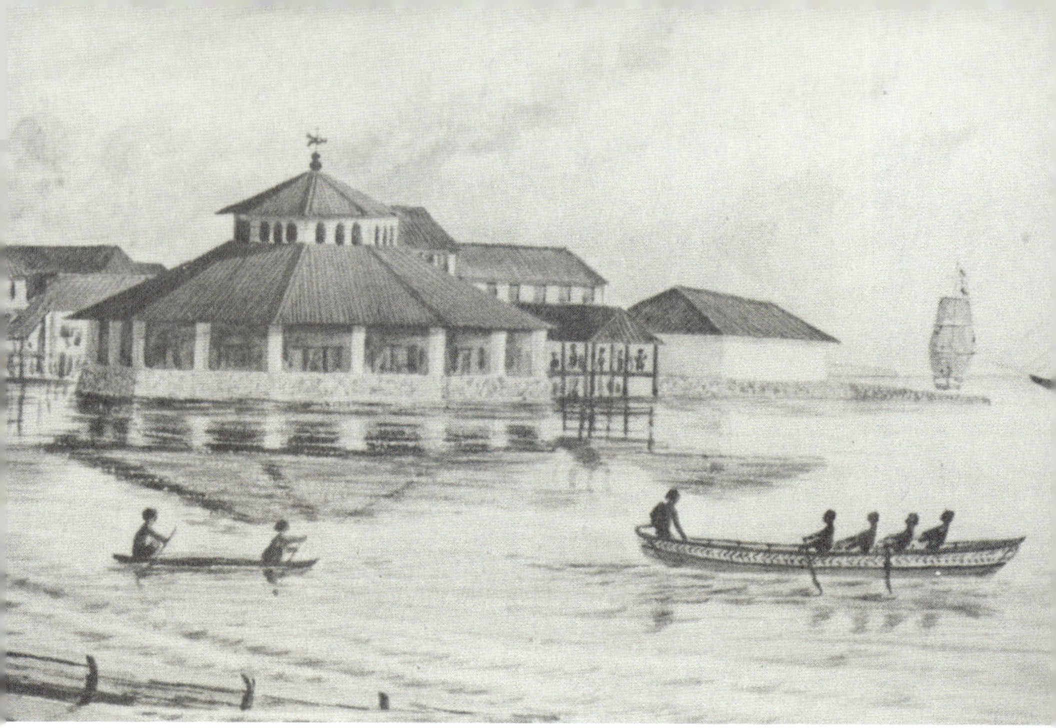

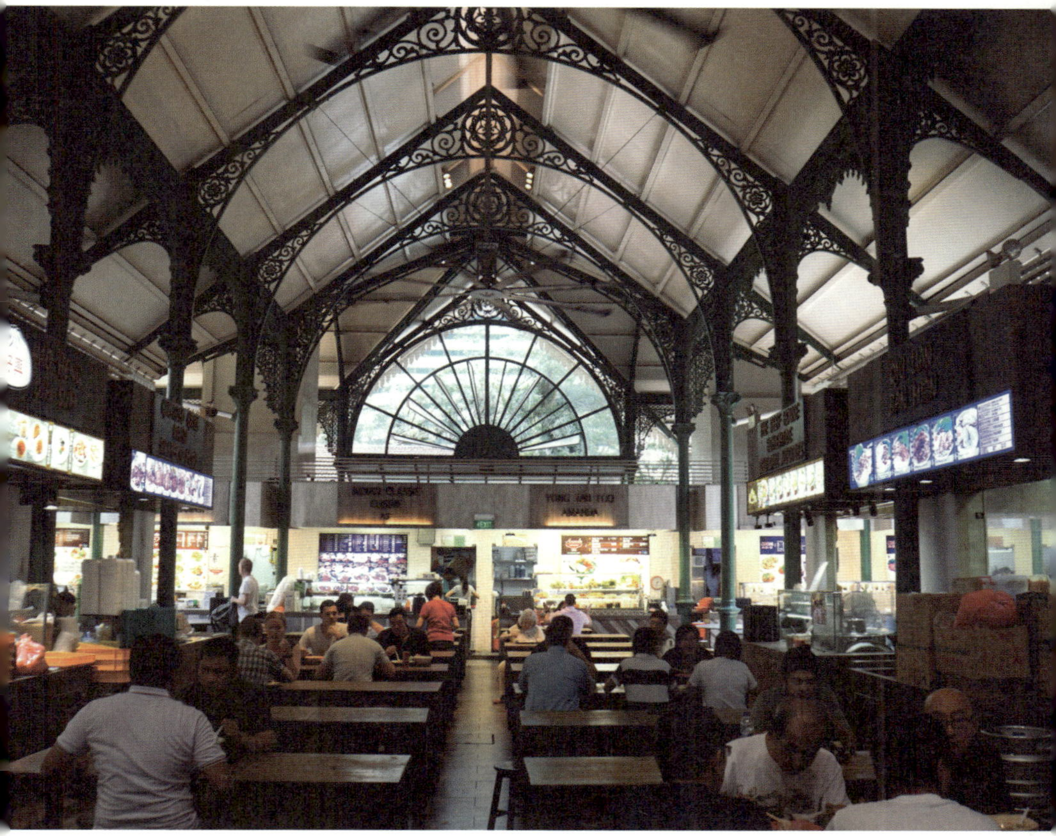

Majestic Theatre 1928)이 존재했다. 이곳에서 남쪽으로 스미스도로Smith Street 에는 역시 광둥성 연극을 상영했던 라이춘유엔극장(Lai Chun Yuen Opera House, 梨春園, 1887)이 존재하여 마제스틱극장과 함께 차이나타운 문화의 중심지로 자리매김했다. 라이춘유엔극장을 중심으로 연극장도로(Hei Yuen Kai, Theatre Street)가 놓였으며, 연극장 뒷길로 불리는 템플도로와 연극장 옆길로 불리는 트랭가누가로Trengganu Street가 차이나타운의 연극과 오락의 중심구를 형성했다. 라이춘유엔극장은 티하우스로 설계되어 1920년대에 전성기를 누리며 최대 800명을 수용하며 1일 2회 연극을 공연했다. 또한 인접하며 말라카 출생의 중국 물류 상인인 탄케옹색(Tan Keong Saik, 陳恭錫, 1850~1909)을 기리며 명명된 케옹색도로(Keong Saik Road, 恭錫路)에는 1850년대부터 숍하우스가 집중 조성되었으나 1960년대부터 유흥업소가 들어서기 시작했다. 이후 이곳의 숍하우스는 1990년대부터 호텔, 카페, 음식점 등으로 재생되어 관광지화 되고 있다.

차이나타운을 중심으로 진행 중인 이러한 도시 재생의 변화는 1980년대 말부터 싱가포르 도시재개발국이 노력해온 싱가포르 전통건축 보전정책의 결과이다. 이를 위해 도시재개발국은 건축보전 마스터플랜(Conservation Master Plan, 1989)을 수립하고, 관련 건축보전법, 보전을 위한 가이드라인과 정책, 교육프로그램을 준비해왔으며, 차이나타운 상인회Chinatown Business Association와 함께 협의하여 건축보전을 추진 중이다. 특히 싱가포르 건축보전의 핵심은 1840년대부터 1960년대까지 싱가포르의 도시경관에 결정적인 영향을 미친 숍하우스이다. 최근 안상도로와 클럽도로 구역의 숍하우스들은 보전사업이 완료되어 싱가포르 옛 도심이 가졌던 정체성을 다시 알리고 있다. 특히 싱가포르정부의 주도로 재생된 대표적인 페라나칸주택인 바바하우스(Baba House, 1890년대)는 외벽의 장식, 문, 스크린 등의 건축요소들을 중심으로 건축물이 가졌던 옛 모습을 보전한 대표적인 사례로 꼽는다.

한편 차이나타운의 중심부에 있던 병영 부지는 이후 홍등가로 전락했

라이춘유엔극장(ⓒ 한광야, 2018)
안상도로변의 숍하우스(ⓒ 한광야, 2018)

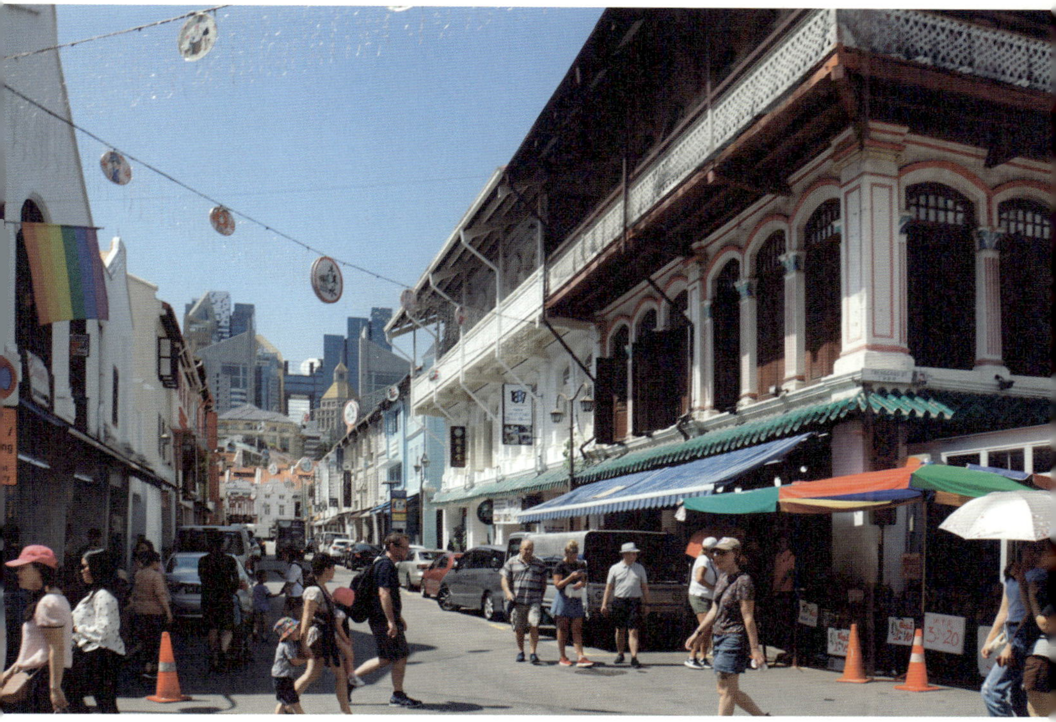

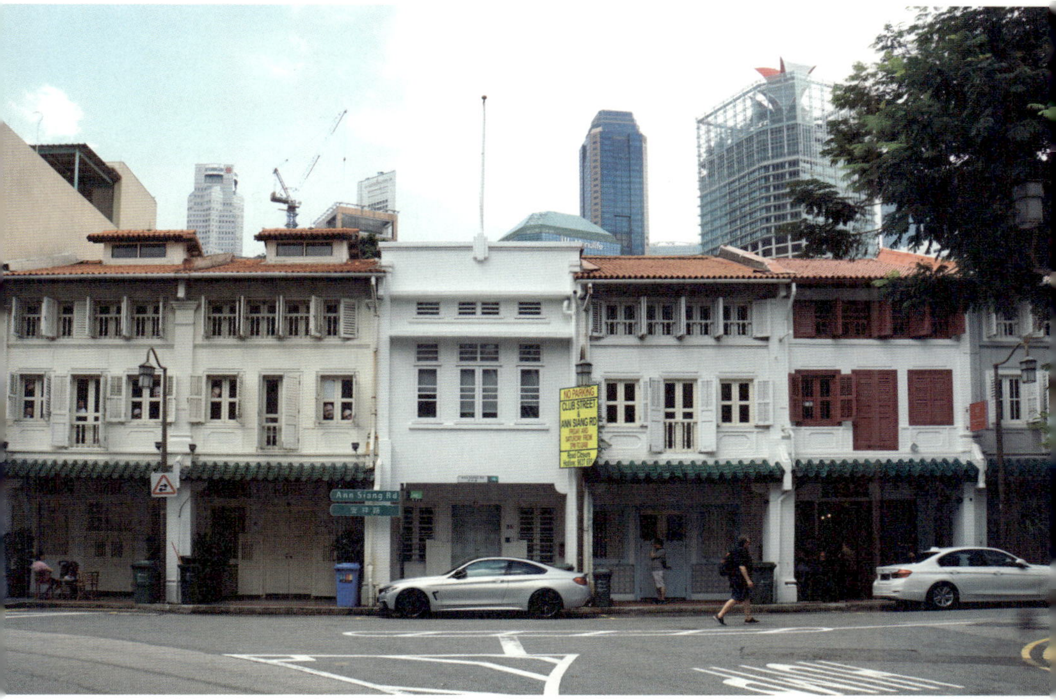
NO PARKING
CLUB STREET
&
ANN SIANG RD
Ann Siang Rd

고, 1970년대에 도시 재개발을 목적으로 주거 기능과 상업 기능이 혼합된 크레타에이어쇼핑몰컴플랙스(Kreta Ayer Complex, 1976, 현재 Chinatown Complex)[21]로 재개발되었다. 싱가포르도시재개발부Urban Renewal Department가 차이나타운에서 시도한 초기의 상업과 주거의 혼합용도 건물은 펄힐Pearl's Hill 진입부에 조성된 젠주팡콤플렉스(People's Park Complex, 珍珠坊, Zhenzhu Fang, 1967)이다. 싱가포르의 전형적인 주거아파트 모델인 젠주팡콤플렉스는 지상층에 시장이 있었으나 1966년 화재로 인해 소실되었고, 이후 이를 대신하는 포디움형 쇼핑센터(1970)와 주거 및 오피스(1973, 31층)가 건축되었다. 젠주팡콤플렉스는 당시 현대건축의 확산을 주도한 르코르부지에의 건축언어를 반영한 타워형 주거빌딩으로서, 이후 동남아시아와 동북아시아에 광범위하게 확산되어 현대도시의 대표적인 주거 건물 유형으로 자리 잡았다.

케펠항구, 탄중파가르, 철도역

영국 세력의 지배를 받던 싱가포르가 해상증기선의 운항에 따라 바다에 신항을 조성한 시점은 1840년대부터이다. 특히 이 시기에 수에즈운하(1869)의 개통되면서 유럽으로의 상품선적 시간 및 비용을 감소시키고 운송량의 증가를 이끌었다. 이에 따라 해상증기선을 위한 대형 항구의 수요가 증가하였고, 이러한 수요는 신항구의 개발을 견인했다. 이에 따라 싱가포르는 증기 선박의 정박 거점으로 성장했고 증기선의 석탄연료 공급을 위한 중간 거점으로 각광받았다. 또한 싱가포르는 말레이반도의 중심항구로서 내륙의 원유, 고무, 주석을 싱가포르에서 가공하고, 영국과 기타 교역국으로 수출했다.

당시 싱가포르의 신항은 수심이 깊어 대형선박의 접근이 원활한 현재 케펠항구에 건설되었다. 이곳은 앞서 서술한 것처럼, 과거 이 지역에 거주했던 해상 유랑민의 거점으로 롱야멘으로 불린 곳이다. 케펠항구는 자연 지형을 이용해 파도로부터 선박을 보호할 수 있고 내륙으로 깊게 접근이 가능한 이점을 갖고 있었다. 케펠항구는 이미 1819년 8월 영국 세력의 해군인 윌리엄 파쿠아에 의해 이러한 잠재성이 확인되었고, 이후 영국해군의 헨리 케펠 장군(Sir Henry Keppel, 1809~1904)에 의하여 대형 항구로서의 적합성을 인정받았다. 이에 영국 세력은 19세기 중엽 싱가포르 섬의 남쪽 해안선을 따라 폭 400m의 해로인 케펠해협Keppel Channel의 케펠섬Pulau Keppel과 멀리 남쪽에 센토사섬Sentosa, 과거 Pulau Blakang Mati)을 두고 해안에 신항을 조성했고, 신항을 방어하는 실로소요새(Fort Siloso, 1874)가 센토사섬 서쪽 끝에 건설되었다. 당시 신항은 뉴하버New Harbour로 불리다가 이후 1900년 케펠항구로 개명되었고, 케펠섬과 함께 현재까지 싱가포르의 중심 산업구역으로 기능해오고 있다.

한편 싱가포르의 옛 바다항구인 탄중파가르Tanjong Pagar가 민간 상선의 외항으로 본격적으로 사용되기 시작한 계기는 서쪽에 인접한 케펠항구의 개발에 따라 탄중파가르부두(Tanjong Pagar Docks, 1864)가 건설되면서이다. 이후 탄중파가르 부두와 도시 중심부를 연결하는 사우스브리지도로와 탄중파가르도로(Tanjong Pagar Road, 丹戎巴葛)의 연결점에 진리키샤인력거역(Jinrikisha Station, 1904)과 탄중파가르철도역(Tanjong Pagar Railway Station, 1923)이 조성되었다. 특히 진리키샤인력거역은 부두와 철도역에서 도시 중심부까지 이동하는 승객들을 인력거로 운송하는 거점으로 성장했고 그 배후지에는 노동자의 커뮤니티가 조성되었다. 이곳에는 1919년 기준 약 9,000대의 인력거가 약 20,000명의 인력거꾼에 의해 운행되었다. 또한 1920년대에는 탄중파가르도로를 따라 숍하우스 군이 조성되며 성장했으나 이후 1977년 HDB 주택지로 재개발되었다. 이후 탄중파가르는 싱가포르정부에 의해 1980년대에 첫 번째 건축보전구역으로 지정되어 숍하우스의 보전과 재생이 진행되어 왔다. 최근 이곳에는 한국 음식점들이 개점하며 리틀코리아로 불리는 한인커뮤니티가 형성되고 있다.

싱가포르와 쿠알라룸푸르를 연결하는 장거리 철도선은 1923년부터 말레이시아 철도기업Malaysian Railway Company, Keretaapi Tanah Melayu에 의해 운영되었다. 당시 철도선은 말레이시아 내륙의 주석 탄광의 개발과 고무생산으로 새롭게 개발되기 시작한 슬랑오르 지역을 연결하는 철도선(조호루바루-말라카-포트딕슨-슬랑오르-쿠알라룸푸르-페낭-버터워스 등, 현재 KTM West Coast Railway Line)이 건설되어 조호르를 지나 싱가포르섬의 남쪽으로 탄중파가르철도역(Tanjong Pagar Railway Station, 1923)까지 매일 3회 운행했다. 하지만 말레이시아와 싱가포르의 협정으로 철도역 운영이 2011년에 종료되었고, 그 기능은 우드랜즈 철도 체크포인트Woodlands Train Checkpoints로 이전되었다. 이후 싱가포르와 쿠알라룸푸르를 연결하는 고속철도선이 계획되었으나 현재 중단된 상태이다.

진리키샤인력거역(ⓒ 한광야, 2018)

4. 주룽과 슴바왕 산업신도시와 마리나베이의 해안 간척

싱가포르와 말레이, 의존과 갈등

싱가포르가 제2차 세계대전 이후 말레이 영토의 일부로 통합된 시점은 말레이시아(Malaysia, 1963~현재)가 1963년 건국되면서이다. 이때까지 싱가포르는 1959년 영국으로부터 자치권을 획득하였으나, 영국의 보호령이었던 말라야유니언(Malayan Union, 1946~1948)과 말라야연맹(Federation of Malaya, 1948~1963)에는 가입하지 않았다.[22] 당시 싱가포르의 말레이시아 통합 결정은 싱가포르가 갖고 있는 산업구조의 특수성이 고려된 결과이다. 즉, 영국 지배기부터 말레이시아의 산업 원자재인 고무와 주석을 수입하여 가공해온 항구로서 산업 의존성에서 기인한다.

하지만 싱가포르는 2년이 지난 1965년 서로 다른 정체성과 경제·사회적 이유로 인하여 말레이시아로부터 탈퇴하게 된다. 당시 싱가포르가 말레이시아로부터 독립을 결정한 이유는 싱가포르의 중심 세력인 중국 이주민과 이에 대항하는 말레이인 간의 갈등이었다. 싱가포르의 중국인은 현재까지 인구의 75퍼센트를 구성하며, 특히 싱가포르 경제의 주도권을 행사해왔다. 이에 대응해 말레이인은 싱가포르의 원주민으로서 가질 수 있는 이권을 중국인에게 빼앗길 수 있다고 판단했다.

말레이반도에서 생산되는 고무와 주석의 가공수출에 의존하던 싱가포르는 초대 수상으로 광둥성 하카족 후손인 리관유(Lee Kuan Yeu, 李光耀, 재임 1959~1990)의 주도하에 1965년부터 제철·조선·화학 중심의 수출로 산업정책을 변화시켰다. 이에 싱가포르는 미국, 영국, 일본, 네덜란드 등으로부터 기업투자를 유치하고, 이를 통해 싱가포르의 철강생산과 화학 산업을 성장시켰다.[23]

또한 싱가포르는 리관유 수상이 추진한 '제2차 산업혁명 선언(Economic

Restructuring, 1979~1984)'을 통해 저임금의 생산체계에서 첨단기술을 이용한 전자제품, 의료기기, 의약품 등 고부가가치 산업체계로 전환[24]했다. 이에 따라 도시 중심부의 서쪽으로 주롱(Jurong, 裕廊)과 북부에 조호르해협에 면한 슴바왕(Sembawang, 三巴旺)이 싱가포르정부가 개발한 공업산업단지와 이와 연계된 신도시와 대중교통체계가 건설되었다. 이즈음이 1970년대에 텍사스인스트루먼트Texas Instruments, 휴렛패커드Hewlett-Packard, GE General Electric 등이 싱가포르에 투자를 시작하며 첨단산업 생산의 기반[25]를 마련한 시기이다.

또한 싱가포르정부는 공공기금을 조성하여, 공공사업국, 통신국, 항만국, 주택개발국 등의 정부 산하 국영기업을 운영하며 국내 산업을 보호하며 투자를 진행했고, 1960년대부터 약 400개의 민간 글로벌 은행, 증권사, 보험사 등이 도시 중심부와 마리나베이에 금융 거점을 성장시켰다. 이를 통해 싱가포르는 1965년부터 2000년대까지 연평균 8퍼센트의 고도 경제성장을 지속적으로 추진해왔다.

공업산업단지, 주롱-싱가포르대-싱가포르과학기술대, 슴바왕

싱가포르의 대표적인 초기 공업산업단지인 주롱산업구역(Jurong Industrial District, 裕廊, 1960~2016)은 도시 중심부 서쪽에 위치한 주롱 항구와 연계하여 기능했다. 주롱산업구역은 1960년 싱가포르 재무장관 고켕스위(Goh Keng Swee, 吳慶瑞, 재임 1967~1970)의 주도하에 싱가포르의 산업화를 위해 건설된 조선소, 제철소, 화학공장의 생산 거점이었다. 이 과정에서 싱가포르는 유엔 산업조사단United Nations Industrial Survey Mission으로부터 주롱산업구역의 개발적합성을 인정받아 경제지원을 받았다. 싱가포르정부는 이후 1961년 경제개발위원회Economic and Development Board를 조직하고, 국립제철소(National Iron and Steel Mills, 1961)과 주롱항구(1965)를 건설하며

1960년대부터 건설용 철강을 생산했다.

주룽산업구역의 개발은 1968년부터 싱가포르정부가 설립한 주룽타운 기업(Jurong Town Corporation, 1968, 현재 JTC Corporation)의 주도로 진행되었다. 주룽산업구역은 1968년 총면적 14.8km²의 부지에 150여개의 공장들이 조성되었고, 이후 일곱 개의 섬들이 하나의 주룽섬Jurong Island으로 통합되어 총면적 30km²의 공장구역으로 확장했다. 주룽산업구역은 주룽 아일랜드 고속도로Jurong Island Highway와 다리를 통해 싱가포르 섬과 연결되며, 그 북쪽으로 주룽강을 따라 1970연대에 주룽 레이크가든Jurong Lake Garden, 주룽중앙공원Jurong Central Park, 주룽조류공원Jurong Bird Park을 중심으로 주룽이스트(Jurong East, 裕廊東, 면적: 3.84km², 인구: 80,300명)와 주룽웨스트(Jurong West, 裕廊西, 면적: 9.87km², 인구: 260,000명)의 신도시가 개발되었다.

또한 주룽산업구역의 북동쪽에는 국립싱가포르대 캠퍼스가 조성되어 거대한 공장구역과 연계된 거대한 산업클러스터를 형성했다. 싱가포르대는 의학교육을 위한 킹 에드워드7세 의학교(King Edward VII College of Medicine, 1913)와 인문학교육을 위한 라플즈칼리지(Raffles College, 1928)가 통합되어 설립된 말라야대학교(University of Malaya, 1949)를 그 기원으로 둔다. 말라야대는 이후 1959년 싱가포르와 쿠알라룸푸르 두 곳에 캠퍼스를 갖게 되었으나, 이후 싱가포르 캠퍼스를 싱가포르대(University of Singapore, 1962)로, 쿠알라룸푸르 캠퍼스를 말라야대(University of Malaya, 1961)로 다시 분리했다. 이후 싱가포르대는 난양대(Nanyang University, 南洋大學, 1955)와 통합되어 국립싱가포르대(National University of Singapore, 1980)가 되었다.

싱가포르대는 2011년 싱가포르 서쪽 끝으로 주룽웨스트 뉴타운 서쪽에 기존 골프장 부지에 싱가포르대 타운(NUS University Town, 총면적: 150ha)을 조성하고 네 개의 기숙칼리지(Cinnamon, Tembusu, Angsana, Khaya)를 중심으로 약 39,000명 규모의 대학커뮤니티(학부-대학원생 35,908명, 교직원 2,555명)가 조성되었다. 또한 동쪽으로 인접한 싱가포르의 1차 위성도시인 퀸즈타운(Queenstown, 면적: 20.4km², 인구: 96,000명)과 유네스코세계문화유산으로 선

정된 싱가포르식물원(Singapore Botanic Garden, Kebun Bunga Singapura, 1859)을 중심으로 도버Dover에 싱가포르과학기술대(Singapore Institute of Technology, 2009)가 개교하며 첨단산업 클러스터를 형성하고 있다.

싱가포르섬 북쪽에 조호르해협에 면해 조성된 슴바왕(Sembawang, 면적: 12.3km², 인구: 76,500명) 산업구역은 20세기 초까지 현재 슴바왕도로를 따라서 니순고무생산단지Nee Soon Rubber Estate가 입지했다. 이 고무생산단지 내에 통아이고무공장Thong Aik Rubber Factory이 설립되어 고무제품을 생산했다. 이후 슴바왕산업구역은 영국의 식민지배기에 로열해군기지(Royal Navy's Singapore Naval Base, 1928)가 조성되었고, 이후 싱가포르정부에 이양되어 1968년 슴바왕조선소Sembawang Shipyard라는 민간조선소로 운영되었다. 한편 싱가포르 도시재개발국의 주도로 1996년부터 슴바왕뉴타운계획(Sembawang New Town, 면적: 7km², 인구: 71,600명)에 따라 슴바왕뉴타운 Sembawang New Town이 조성되었다. 슴바왕뉴타운은 슴바왕강Sembawang River의 동쪽으로 슴바왕도로Sembawang Way–켄버라링크도로Canberra Link를 따라 슴바왕MRT역과 슴바왕버스교차로(Sembawang Bus Interchange, 2005)를 중심으로 주거와 산업단지를 조성하여 성장해왔다. 슴바왕뉴타운은 특히 기존의 쇼핑센터와 초등학교 중심의 뉴타운의 성격을 벗어나, 국립도서관위원회National Library Board가 관리 및 운영하는 슴바왕공공도서관Sembawang Public Library이 선플라자쇼핑센터 내에 위치하며 커뮤니티의 구심점이 되고 있다. 슴바왕뉴타운은 싱가포르 유일 천연 온천인 슴바왕온천(Sembawang Hot Spring, 1909)을 갖고 있는 곳이다.

공공주택 뉴타운과 MRT

19세기 초 인구 만 명대의 섬이 인구 100만 명의 대도시로 성장한 시점은 1950년대 초이다. 이 시기에 싱가포르의 인구는 1824년 10,683명, 1871

주롱호수와 주롱이스트(2005)

년 97,111명, 이후 1901년 228,55명으로 증가했고, 1957년 1,445,929명으로 증가했다.[26] 싱가포르정부는 자치 정부가 수립된 1959년부터 이러한 인구증가에 따른 주택수요에 대응하기 위해, 대규모 주거시설, 특히 공공주택을 계획하고 조성하며 운영하는 법적 기구로 싱가포르 국가개발부Ministry of National Development 산하의 주택개발위원회(Housing and Development Board, 1960)를 운영해왔다.

특히 싱가포르주택개발위원회는 식민 행정기에 싱가포르의 공공주택을 담당했던 싱가포르주택신탁Singapore Improvement Trust의 기능을 신속하게 이어받아 1960년대에 도시 중심부이 불법 점유자와 슬럼거주자를 국가가 건설한 저비용 주택으로 이주시키기 위해, 주거, 상업, 레크리에이션 및 사회복지시설을 갖춘 양질의 주택단지를 개발했다. 이에 따라 1958년 도시 중심부의 인구를 교외의 신도시로 재분배하는 신도시계획안과 5개년주택보급프로그램이 준비되었다. 싱가포르주택개발위원회는 설립 직후 3년 동안 21,000호의 아파트를 신축했고, 1965년까지 10년 동안 54,000여 호의 아파트를 공급했다. 초기에 건설된 주택은 주로 저소득층을 위한 임대주택이었고, 이후 1964년부터는 정부가 시민에게 대출을 제공하고 뉴타운 공공주택의 매입을 유도해왔다.

싱가포르뉴타운은 자급자족 기능을 갖춘 위성도시로서 공공주택·행정시설·학교·병원·공원·스포츠 시설 등의 교육, 건강, 레크리에이션 시설을 포함하고 있다. 이러한 뉴타운의 독특한 특징은 공공주택 주변에 인접해 위치한 하커센터Hawker centre이다. 하커센터는 1950년대에 급속한 도시인구의 증가와 함께 조성된 마을 푸드코트이다. 이는 야외에 위생시설을 갖춘 단체 식당으로 기존의 비위생적인 비인가 포장마차를 대체하기 위해 조성되었다. 대표적인 하커센터는 미국 영화 크리에지리치아시안(Crazy Rich Asians, 2018)에 등장한 뉴턴푸드센터Newton Food Centre와 맥스웰푸드센터Maxwell Food Centre가 있다.

이 과정에서 조성된 첫 번째 뉴타운은 싱가포르주택신탁이 주도하여

1952~1973년에 도시 중심부의 남서쪽 외곽에 조성된 퀸즈타운(Queens-town, 女皇镇, 총면적 6.9km², 인구 82,100명)이며, 현재까지 우드랜즈뉴타운(Woodlands, 兀兰, 주거지면적/총면적: 4.80/11.9km², 실제인구/계획인구: 243,100/98,000명), 호우강뉴타운(Hougang 后港, 3.67/13.0km², 72,000/179,800명), 센강뉴타운(Sengkang 盛港, 3.97/10.5km², 92,000/186,500명) 등을 포함해 총 25개의 뉴타운이 조성되었다.

한편 싱가포르의 대중교통체계인 MRTMass Rapid Transit는 1967년 싱가포르정부와 유엔개발계획이 실시한 4년간의 도시계획 연구와 고속운송철도선의 조성계획을 바탕으로 건설되었다. 싱가포르는 토지가 제한된 섬이고, 섬에서 증가하는 이동과 교통수요에 대응하기 위해 도로를 제한 없이 건설하는 것은 물리적으로 불가능했다. 이에 철도 중심의 대중교통체계가 1967년부터 추진되었다. 이후 싱가포르MRT는 1972년부터 10년 동안 본격적으로 계획이 수립되었다. 싱가포르MRT는 이후 1982년 싱가포르정부의 승인과 함께 두 개 노선(North South Line, 1987; East West Line, 1990)이 1990년에 완공되었고, 이후 세 개 노선(North East Line, 2003; Circle Line, 2009; Downtown Line, 2017)이 추가되어 싱가포르교통공사(Mass Rapid Transit Corporation, 1983, 현재 SMRT Corporation)에 의해 운영되고 있다.

먼저 초기에 건설된 MRT는 싱가포르의 도시 중심부를 북남 방향으로 관통하며 연결하는 노우스-사우스선(North South Line, 1987, 6km)가 우선적으로 완성되었고, 이후 주롱이스트Jurong East부터 남쪽으로 도시 중심부의 마리나사우스피어Marina South Pier까지 크게 '∩'형태로 확장되어 총 길이 45km, 26개 역을 두고 운행되고 있다. 또한 싱가포르를 동서 방향으로 연결하는 이스트-웨스트선(East West Line, 1990, 57km, 52개 역)이 운행되고 있다. 이 과정에서 도시 중심부의 시청역City Hall MRT Station과 라플스플레이스역Raffles Place MRT Station은 두 개 지하철 노선의 환승역으로 기능하고 있다.

상업중심부, 오차드도로, 마리나베이

싱가포르 도시 중심부의 상업 거점은 수변의 래플스 플레이스와 마리나 베이 그리고 내륙의 오차드도로로 나뉘어 성장했다. 먼저 오차드도로 (Orchard Road, 2.2km)는 오차드호텔Orchard Hotel이 입지한 오렌지그로브도 로Orange Grove Road로부터 오차드역Orchard MRT Station, 서머셋역Somerset MRT Station, 도비가우트역Dhoby Ghaut MRT Station을 지나 한디도로Handy Road까지 이어지는 유서 깊은 도로이다.[27] 오차드도로의 이름은 도로가 연결했던, 19세기의 오차드 과일농장에서 유래한다.

오차드도로 주변은 원래 맹그로브 나무가 자라는 습지로서 주변에 묘 지가 있었으며, 도로가 건설되기 시작한 시점은 1830년대이다. 현재 만 다린호텔Meritus Mandarin Hotel과 응이안시티(Ngee Ann City, 1993) 주변에는 1840년대까지도 중국인 묘지가 있었고, 그랜드센트럴호텔Hotel Grand Central에는 벤쿨렌에서 이주해온 수마트라인 묘지가 입지했다. 이후 이 지역은 20세기 초에 영국식 주택과 가로수길이 조성되면서 고급주거지 로 변화하기 시작했다. 먼저 오차드도로의 동쪽 끝은 싱가포르 대통령의 집무실과 저택이 자리 잡았고, 남쪽에는 리콴유의 옛주택(38 Oxley Road)이 자리 잡았다. 오차드도로의 서쪽에는 식물원이 있고, 인접한 캐언힐 Cairnhill과 에멜랄드힐Emerald Hill에는 중국 거상의 저택들과 20세기 초에 건설된 싱가포르의 대표적인 고층형 아파트인 캐언힐맨션(Cairnhill Mansions, 1963)이 위치한다.

오차드도로에 쇼핑센터가 조성되기 시작한 계기는 1960~1970년대에 도시 중심부의 래플즈스퀘어로부터 상업시설들이 이전해 오면서이다. 이 시기에 오차드도로의 첫 번째 백화점인 탕즈하우스(House of Tangs, 1958) 는 1950년대에 개점했고 이후 상업 중심지로써 오차르도로의 성장을 이 끌었다. 이후 응이완공시(Ngee Ann Kongsi, 義安公司, 1845)가 소유한 묘지에 1967년부터 개발이 시작되며 싱가푸라플라자(Plaza Singapura, 1974)가 개업

오차드도로(ⓒ 한광야, 2010)

마리나베이샌즈호텔

하며 1980년대 중반에 싱가포르의 대표 쇼핑 거점으로 발돋움했다. 특히 오차드도로의 당즈하우스는 광둥성 산토우 태생인 당춘경(Tang Choon Keng, 董俊競 1901~2000)이 개업한 상점이다. 당춘경은 1923년 싱가포르로 이주해온 후 1932년에 리버발리도로River Valley Road에 첫 상점을 개업했고, 1950년대에 홀란드빌리지(Holland Village, 荷蘭村)에 거주하는 외국인들을 대상으로 당즈하우스와 당플라자(Tang Plaza, 1982)를 개업했다. 이후 이곳에는 응이안시티(Ngee Ann City, 1993), 오차드센트럴(Orchard Central, 2009), 파라곤Paragon 등이 차례로 들어섰다.

한편 싱가포르의 도시 기능은 보트부두와 래플스플레이스로부터 싱가포르강의 하구의 간척을 통해 마리나베이(Marina Bay, 濱海灣;, 면적 360ha)를 개발하며 지속적으로 확장했다. 마리나베이는 기존 도시 중심부에 인접하여 조성된 간척부지에 건설된 24시간 직주근접 커뮤니티이다. 이를 통해 싱가포르강이 바다로 직접 흘러나가지 않고 마리나베이를 지나 흘러나가도록 설계되었다. 하지만 이러한 대규모의 간척사업은 방대한 해안환경의 입지변화와 간척토의 확보를 위한 구릉지의 절토를 전제로 진행되기 때문에, 이에 대한 환경적 우려가 제기되고 있다.

마리나베이 간척사업(Marina Centre와 Marina South의 간척, 1971~1992)은 이미 1970년대 초부터 싱가포르 도시재개발국의 주도로 마스터플랜(Master Plan, 1983)이 준비되어 1988년 공공에게 공개되었고, 이후 마리나베이의 본격적인 개발이 2005년부터 시작되었다. 마리나베이 개발사업의 큰 방향은 마스터플랜이 강조한 수변공간으로 공공의 접근을 극대화하는 것이다. 이를 위해 마리나베이의 중심부에 대규모의 산책로(Promenade, 2010, 3.5km)를 조성되고, 마리나베이와 마리나센터Marina Centre를 연결하는 헬릭스보행교(Helix Bridge, 2010)가 건설되었다. 그리고 기존 머라이온공원과 에스플러네이드의 산책로를 연결하는 주빌리다리(Jubilee Bridge, 2015)가 추가적으로 건설되어 기존 수변환경과 새롭게 조성된 수변의 통합된 보행체계를 완성했다.

또한 마리나베이의 대표적인 공공공간인 유스올림픽공원Youth Olympic Park, 에스플러네이드극장(Esplanade Theatre on the Bay, 2002), 마리나가든(Gardens by the Bay, 2012, 면적: 100ha)이 중심 쇼핑센터인 마리나스퀘어(Marina Square, 1985)와 순텍시티Suntec City Mall까지 연결되었고, 랜드마크인 마리나베이샌즈호텔(Marina Bay Sands, 2010, 규모: 2,560호실)이 건설되었다. 또한 마리나베이 서쪽에는 마리나베이잔디Lawn at Marina Bay를 중심으로 다섯 개의 타워빌딩으로 이루어진 마리나베이금융센터Marina Bay Financial Centre[28] 가 다수의 민간 기업[29]의 참여로 개발되었다.

에 필 로 그

나는 지난 7년 동안 우리 곁에 오랫동안 있어온 미지의 세계를 발견했다. 이 기간에 나는 동남아 지역의 휴양 명소들을 뒤로하고, 그곳의 시민이 살고 일하는 도시를 보고, 이해하고, 기록하는 작업을 진행했다. 이 도시들의 방문은 매번 설렘과 기대로 준비되었으나, 돌아올 땐 '과연 이 도시들은 무엇인가'라는 숙제를 갖고 왔다.

나는 운하와 강으로 나뉜 이 도시들에서 툭툭(tuktuk, 태국과 라오스의 삼륜택시), 페리, 통근기차, 모노레일, 마을 밴 그리고 그랩(Grab, 싱가포르에 본사를 둔 동남아 최대 차량공유업체) 등을 이용하면서, 좀처럼 지도에서 볼 수 없는 곳들까지 찾아 방문했다. 놀랍게도 그런 곳들이야말로 지금껏 경험하지 못했던 향, 소리, 장식, 건축을 품어온 오래된 동네의 중심부이자 그 도시의 시작점이었다. 그리고 조각의 도시 퍼즐들이 시간과 공간의 흐름으로 맞춰지곤 했다.

그때마다 나는 누군가 우리를 이곳으로 이끌고 있다는 생각을 했다. 그리고 놀랍게도 바로 눈앞에 동네의 사찰, 사원, 교회, 성당, 모스크가 열려 있었다. 그곳은 한낮의 태양과 비를 피하고 잠시 마음의 위로를 얻는 공간이었다. 골목과 상점, 식당에서 만났던 동네 분들은 손과 눈과 미소로 길을 챙겨주었다. 나는 그들이 작은 쪽지에 적어준 메모가 다음 장소로의 입장을 허락하는 암호이자 열쇠임을 뒤늦게 깨닫곤 했다.

그동안 긴 여정을 함께 준비하고 진행한 동국대학교 건축공학부 도시설계연구실의 자랑스러운 미래 연구자들인 곽혜빈·유지인·하성현, 담슈타트의 신재영, 베를린의 김민지, 든든한 동행자가 되어준 신윤석 대표와 김대석 국장님 그리고 이 원고의 교정을 맡아준 권태우 조교님께 감사를 드린다.

한국도시설계학회의 해외답사를 통해 이 연구를 응원해주신 김영환 (전)회장님과 최인환 교수님, 방콕 심포지엄을 준비해주신 김환용 교수님, 유네스코 치앙마이 심포지엄으로 초대해주신 조인숙 박사님, 새로운 문화를 소개해주신 이희수 교수님께 감사를 드린다. 또한 코로나 팬데믹의 와중에서도 함께 마닐라 워크숍을 진행해주시는 김호정 교수님과 오다니엘 교수님 그리고 방콕 현장에서 따뜻한 응원으로 힘을 주신 Vimolsiddhi Horayangkura 교수님께 감사를 드린다.

주

참고문헌

찾아보기

주

프롤로그

1) Pande, Ram (ed). "Tribals Movement." Proceedings of the National Seminar on Tribals of Rajasthan, April 9, 1983. Jaipur: Shodha, 1984. p.93.

서론

1) Rorabacher, J. Albert. Property, Land, Revenue and Policy: The East India Company, c.1757-1825. New York and London: Routledge, 2016.

2) K. Choe and A. Laquian. 2008. City Cluster Development: Toward an Urban-led Development Strategy for Asia. Asian Development Bank, Mandaluyong City; Phelps, N. A., T. Bunnell, M. A. Miller, J. Taylor. 2014. Urban Inter-referencing within and beyond a Decentralized Indonesia. Cities, 39 (2014), pp. 37-49.

3) Weebers, Robert. The Influence of Simon Stevin (1548-1620) Principles on Dutch Towns and Buildings outside the Netherlands: Case Study of Melaka. Ph.D. Thesis, University of Malaya, 2012. p.126.

제1장

1) 링난 지역은 중국 남부 난유에(Nanyue, 南越) 또는 광둥 지역의 땅을 의미하며, 광둥·광시·하이난·북부 베트남 등을 포함한다.

2) 주강삼각주는 양쯔강삼각주, 랴오닝성, 허베이성, 산둥성과 함께 현재 중국의 대표 산업 생산 거점이다.

3) Brindley, Erica. Ancient China and the Yue: Perceptions and Identities on the Southern Frontier, c.400 BCE-50 CE. Cambridge, UK: Cambridge University Press, 2015. p.30.

4) 광저우 남쪽 17km에 입지한 현재 판위와는 무관하다.

5) 우링(Wuling, 五岭)은 다유링(Dayu Ling, 大庾岭), 친탄링(Qitian Ling, 騎田岭), 듀팡링(Dupang), 멘쥬링(Mengzhu Ling, 萌渚岭), 유엔청링(Yuecheng Ling, 越城岭)을

말한다.

6) 난링산맥의 다섯 산을 넘는 다섯 개의 고대 도로들은 유에청링도로(Yuecheng ling Road, 越城岭道), 멩주링도로(Mengzhu ling Road, 萌渚岭道), 치티안링도로(Qitian ling Road, 騎田岭道), 링링-귀양도로(Lingling-Guiyang Path 零陵桂陽道) 그리고 메이링산(Meiling 梅岭)을 넘는 다유링도로(Dayuling Road, 大庾岭道)이다.

7) 광저우는 북쪽 내륙으로 베이강(Běi Jiang, 北江)과 G4도로(베이징-마카오-홍콩)를 따라 샤오관(Shaoguan, 韶關), 내륙의 후난의 창사(Changsha, 長沙), 후베이의 우한(Wuhan, 武漢)과 이링(Yiling, 夷陵, 현재 Yichang, 宜昌), 허난의 청저우(Zheng-zhou, 鄭州)와 완청(Nanyang, 南陽), 뤄양(Luoyang 洛陽)과 시안 및 베이징으로 연결되었다.

8) 메이링산을 넘는 다유링도로, 즉 메이관도로(Meiguandao, 梅關, Meiling Road)는 진나라 때부터 조성되어 광둥성과 푸젠성을 연결하며, 광저우를 통해 해상실크로드를 중원으로 연결한 오래된 도로다. 메이관은 당나라 때인 716년 샤오관 출신으로 학자이며 행정가였던 장지우링(張九齡, 678~740)의 주도로 장시성 간강(Gan River, 贛江)을 따라 폭 5m의 도로로 조성된 교역로다. 이후 송나라 때 메이관에 요새가 건설되었다.

9) 4~8월 사이에 한 해 강수량의 약 70퍼센트가 집중된다.

10) 난우청은 주나라 마지막 왕인 난왕(King Nan of Zhou, 周赧王)의 지역행정 거점으로 추정된다.

11) 판산은 현재 웬데도로(Wende Road, 文德路)에 위치한 중산도서관 북쪽으로 송나라 때 조성된 구사정 부지에 입지했던 언덕이다. 위산은 현재 샤오마철도역(Xiao Ma Zhan, 小馬站)과 베이징도로 사이에 시후도로(Xihu Road, 西湖路)와 웨시우서원도로(越秀書院街)의 사이의 그랜드바이백화점 부지에 위치한 언덕이다.

12) 광저우에는 1915년과 2000년에 대홍수가 발생했으며, 1949년에도 베이강과 시강의 범람으로 도시 중심부가 잠기고 철도 운행이 중단되었다.

13) 리치는 리치만을 포함해 중국 남부, 북베트남, 말레이시아 등지에서 자란다. 중국 왕실은 이미 1세기부터 리치를 이 지역에서 조달해 즐겼으며, 송나라 때 특히 그 수요가 급등했다.

14) 丝路云帆. 2020. "Why Lychee Bay of Guangzhou has no Lychee at all?."; https://www.lifeofguangzhou.com 리치만이 그 이름을 얻게 된 시점은 기원전 200년 서한의 외교관으로 남월의 항복을 유도한 루자(Lu Jia, 陸賈)가 이곳을 방문하며 하천변에 리치나무가 식재되면서부터다.

15) 丝路云帆. 2020. "Wealthy Merchants of the Thirteen Hongs.";
https://www.lifeofguangzhou.com

16) 남북조시대에 중원의 한족은 양쯔강 남쪽, 즉 강남으로 본격적으로 이주한다. 이 과정에서 양쯔강 북부의 비한족 세력과 남부 토착 세력의 중국화가 진행되었고, 중국 대륙 전역으로 도교와 대승불교가 확산했다.

17) Goddard, Dwight. History of Chan Buddhism Previous to the Times of Huineng: A Buddhist Bible, Forgotten Books, 2007. p.11/ Maspero, Henri. Taoism and Chinese Religion. Amherst, MA: University of Massachusetts Press, 1981. p.46.

18) Wang, Youru. Historical Dictionary of Chan Buddhism. Lanham, MD: Rowman & Littlefield. 2017. p.79.

19) 갈홍은 동진(東晉, 316~420)의 학자로서 중의학 발전에 기여했다. 그의 도교이론 연구와 의술활동은 도교의 성장에 큰 영향을 주었다. 그는 저서 『포박자(抱朴子)』에서 도교의 선(仙, immortality) 개념을 화학·식물학·명상·요가 등을 통해 설명했다.

20) 광저우 화린사찰은 푸젠성 푸저우에 웨산선원(Yueshan Jixiang Chan Temple, 越山吉祥禪院, 964)으로 처음 조성되었다.

21) 동중국해를 중심으로 형성된 중국 본토의 해상교역로가 주나라(Zhou Dynasty, 周朝, 기원전 1046~기원전 256) 때부터 기능하기 시작했다.

22) Chaffee, John. The Muslim Merchants of Premodern China: The History of Maritime Saian Trade Diaspora, 750-1400. Cambridge, UK: University of Cambridge Press, 2018. pp.12-50

23) 푸수항구는 진나라 시기에 북쪽으로 룽토우산(Long Tou Shan, 龍頭山), 동쪽으로 동강, 남쪽으로 푸수만을 두고 조성되어 이후 당나라 때 번영했다.

24) http://www.moroccoembassy.com.cn/en/Morocco_China_Relations/Similarities/157.html

25) 남한의 왕부(王府)는 동쪽의 캉비안도로(Cang Bian Road, 倉邊路)로부터 서쪽의 자오유도로(Jiaoyu Road, 敎育路), 북쪽의 동평중로(Dongfeng Zhong Road, 東風中路)로부터 남쪽의 시후도로(Xihu Road 西湖路)까지로 정의되었다.

26) 류팡린. 2018. 중국항구도시의 성장형태에 관한 해석. 동국대학교 건축공학부 석사학위논문.

27) 북송 시기 대표적인 4대 서원은 허난성 덩펑(Dengfeng, 登封)에 송양 불교사찰(Songyang Temple, 484)로 조성되었다가 송양사원(Songyang Taoist Temple, 605~618)를 거쳐 서원이 된 송양서원과 수이양서원(Suiyang Academy, 睢陽書院),

후난성 장사(Changsha, 長沙)에 조성되어 주희와 장식(Zhang Shi, 張栻)이 활동한 유에루서원(Yuelu Academy, 嶽麓書院, 현재 후난대학교) 그리고 후난성 헝양(Hengyang, 衡陽)의 순구 도교사원(Xungu Temple, 尋眞觀)에서 이관(Li Kuan, 李寬)이 활동했던 시구서원이다.

28) 난징 국자감은 명나라 영락제의 위임기(1402~1424)에 크게 성장했으며, 당시 9천 명 이상의 학생이 재학한 세계 최대 규모의 고등교육기관으로 평가된다.

29) 리우마이운하(Liumai Canal, 六脉渠)는 1933년부터 1959년까지 광사오시도로(Guangxiaosi Street)를 포함한 시수도로(Shishu Street), 지싱도로(Zhixing Street), 동푸길(Doufu Lane), 시차오도로(Xiqiao Street), 후산도로(Houxian Street), 파정도로(Fazheng Road) 등으로 복개되었다.

30) 명나라는 건국 초기 광저우·취안저우·밍저우에 시박제거사를 두었으나, 해금법 집행과 함께 푸저우를 제외한 나머지 도시에서 해외교역을 금지했다. 이즈음 정화(Zheng He, 鄭和)의 함대는 일곱 번의 해외 원정을 통해 당시 확장하고 있던 이슬람 세력과 오스만제국에 대응함으로써 남해와 말라카해협의 해상교역 주도권을 확보했다.

31) 1516년 포르투갈 탐험가 라파엘 페레스트렐로(Rafael Perestrello, 1514~1517)가 광저우에 도착했고, 1517년 해군대장 프레나오 피레스(Fernao Pires de Andrade) 타마오섬에 요새를 건설했다.

32) 絲路云帆. 2020. "Gambiered Guangdong Silk, a 'Breathing' Fabric.";I
https://www.lifeofguangzhou.com/wap/silkRoad/content.do?contextId
=12708 &frontParentCatalogId=229&frontCatalogId=231

33) 현재 화두에는 바이윤국제공항(Guangzhou Baiyun International Airport)과 광저우북역(Guangzhou North railway station)이 입지해 있다.

34) 중국 남부의 대표적인 도자기 생산지로 장시성의 징데첸(Jingde Zhen, 景德鎭)이 있다. 약 2천년의 역사를 지니는, 이른바 도자기의 수도다.

35) 청나라 때의 광저우 도성은 웨시우산(越秀山)과 주강에 의해 그 북남부 경계가 정의되었고 도성의 총 둘레는 10km였으며, 여덟 개의 성문과 두 개의 수문을 갖고 있었다.

36) https://zh.wikipedia.org/wiki/%E8%A5%BF%E5%AD%B8%E6%9D%B1%E6%BC%B8

37) Bai, Harry "Xiguan Residence 西關大屋, Life of Guangzhou." 2006.
https://www.lifeofguangzhou.com/node_10/node_35/node_155/node_525/node_
527/2006/08/21/11561473251780.shtml; https://www.lifeofguangzhou.com/index.do

38) Chen, Xiaoping. "Who Created the Chen Clan Ancestral House in Guangzhou."
DayDayNews. September 7, 2009.

39) 쑨원(Sun Yat-sen, 孫文, 1866~1925)의 고향은 광저우 종산(Zhongshan, 中山)이다. 종산의 옛 이름은 주변 산의 꽃향기에서 유래한 샹산(Xiangshan, 香山)으로 북송 때부터 소금 생산지로 유명했다.

40) https://worldpopulationreview.com/world-cities/guangzhou-population

41) Schroder, Friederike, Michael Waibel and Uwe Altrock. Global Change and China's Clusters: The Restructuring of Guangzhou's Textile District, Pacific News. 2010. p.5. http://www.pacific-geographies.org/wp-content/uploads/sites/2/2017/06/pn33_fs.mw_.ua_.pdf

제2장

1) 달리는 과거 시에미에(Xiemie, 苴咩)로 불렸으며, 몽골에 정복당하기 전까지 이 지역의 지배세력으로 벼농사를 짓던 바이족 왕국인 난자오(Nanzhao, 南詔, 738~937)와 달리국(Kingdom of Dali, 大理國, Dàlǐ Guó, 937~1253)의 수도였다.

2) 홍강 충적지에는 현재 약 19백만 명이 거주하며 그 면적은 약 15,000km²이다.

3) 락비엣족은 일명 '동순문화권(Dong Son Culture)'에 속하며 그 기원은 하노이 남쪽 70km 지점에 입지한 탄호아(Thanh Hóa)의 동순마을(Dong Son village, Đông Sơn)에서 찾을 수 있다. 동순마을은 약 6,000년 전 인간의 거주가 시작된 베트남의 대표적인 유적지로, 기원전 300년경 청동기문화가 유입된 흔적을 갖고 있다.

4) 유인선. 2002. 『새로 쓴 베트남의 역사』. 이산. 30쪽.

5) Yang, Bin. 2008. Between Winds and Clouds. The Making of Yunnan Second Century BCE to Twentieth Century CE. Chapter 6. Silver, Cowries, and Copper: Economic Reorientation. Columbia Univeristy Press. http://www.gutenberg-e.org/yang/chapter6.html

6) 유인선. 2002. 『새로 쓴 베트남의 역사』. 이산. 68쪽.

7) 홍강 남쪽의 통빈(Tong Binh, 宋平縣, Sòngpíng Xiàn, 현재 Từ Liêm과 Hoài Đức)은 5세기에 중엽 중국 본토의 동진(Eastern Jin, 晉, 265~420)이 해체되면서, 전송(Former Song, 前宋 또는 劉宋, 420~479)의 홍강삼각주 행정 거점으로 기능했다.

8) 유인선. 2002. 『새로 쓴 베트남의 역사』. 이산. 56쪽.

9) 물소뿔은 플라스틱이 생산되기 전까지 세공에 재료로 이용되었는데, 조각상·도장·머리빗 등과 아편 파이프 등에 사용되었다.

10) Thakur, Upendra. 1986. Some Aspects of Asian History and Culture. South Asia Books. p.170.

11) The Religions of South Vietnam in Faith and Fact. Vietnam Bulletin. 1972. Volume 5-8. p.10.

12) 유인선. 2002. 『새로 쓴 베트남의 역사』. 이산. 57쪽/Kham, Nguyen Khac. "Contribution of Indian Civilization to Vietnamese Culture." Indian Literature. Vol. 3, No. 1(1959) pp. 23-27.

13) Tran, By Anh Q. Gods, Heroes, and Ancestors: An Interreligious Encounter in Eighteenth-century Vietnam. New York: Oxford University Press. 2018. p.7-8.

14) 하노이는 리왕조를 계승한 쩐왕조의 수도로서 성장하며 '금지된 도시 Forbidden City'를 의미하는 '풍탄(Phung Thanh)'으로 개명되었고, 호왕조(Hồ dynasty, Nhà Hồ, 胡朝, Hồ triều, 1400~1407)의 '동도(Đông Đô, 東都)로 개명되었으며, 이후 명나라 지배기에 '동관(Đông Quan, 東關)', 베트남 황금기를 주도한 전레왕조·막왕조·후레왕조 시기에는 '동킹(Dong Kinh, 東京)'으로 불렸다. 응유엔왕조 때에는 수도 기능이 푸슈안(Phu Xuan, 현재 Hue)으로 이전되면서, 탕롱은 1805년 규모가 축소되었으며, 1831년 민망왕(Minh Mang King)의 주도로 박탄(Bac Thanh)으로 개명되어 지역행정 거점으로 기능했다. 프랑스 지배기(1883~1945) 하노이 주변 지역은 통틀어 '통킹(Tonkin)'으로 불렸다.

15) 유인선. 2002. 『새로 쓴 베트남의 역사』. 이산. 216쪽.

16) 하노이로부터 북동쪽 137km에 위치한 랑손은 교역 거점으로 명나라기에 젠난관(Zhèn Nán Guān 鎭南關 South Suppressing Pass, 현재 Hữu Nghị Quan, Friendship Pass 友誼關 Yǒuyì Guān)이 조성되었다. 탕롱은 17세기에 제작된 지도인 '티엔남 투치로 도투(Thiên Nam Tứ Chí Lộ Đồ Thư 天南四至路圖書, 1686)'에서 확인되듯이, 랑손을 통해서 중국 광시의 친저우(Qinzhou 欽州)와 친난(Qinnan 欽南)으로 연결되었다.

17) 호아루(Hoa Lư 華閭, 현재 Ninh Binh)는 리왕조가 계승한 다이코비엣(Đại Cồ Việt, 980~1009)을 건국한 전리왕조(Early Le Dynasty 家前黎 Nhà Tiền Lê, 980~1009)의 수도이다.

18) 베트남 역사의 기록에 따르면, '배가 다루오쳉에 정박하자 황금 용이 나타났다'는 신화로 요새이름이 탕롱으로 개명되었다.

19) 유인선. 2002. 『새로 쓴 베트남의 역사』. 이산. 120~121쪽.

20) 리왕조는 확장된 영토행정을 위해 네 개의 행정 거점을 운영했다. 먼저 리왕조 초기 세력 거점이던 호아루(Hoa Lư, 華閭, 현재 Ninh Binh), 이후 리왕조의 수도로 건설된 탕롱, 하노이 남쪽 150km 지점에 건설된 호왕조의 요새인 탄호아(Thanh

Hoa)의 탄하호(Thành nhà Hồ, 城家胡, Tây Đô castle, Tây Giai castle) 그리고 응유엔왕조의 황제도시로 건설된 후에(Huế)다.

21) 레왕조는 전레왕조(Le So Dynasty, 1428~1527)와 후레왕조(Later Le Dynasty, 1533~1788)로 구분된다. 레왕조는 레로이황제(Le Loi, Emperor of Dai Viet and founder of the Later Le Dynasty, 재위 1428~1433)가 명나라 군대를 베트남에서 퇴출한 뒤 건국되었고, 베트남의 북부 지배 세력인 막왕조와 진왕조, 남부 지배 세력인 응우옌왕조와 경쟁하며 지속하다 1788년 해체되었다. 특히 타이손 지배기(Tay Son Dynasty, Nhà Tây Sơn, 家西山 西山朝, Tây Sơn triều, 1778~1802)에 트린왕조와 응우옌왕조를 누르고 현재의 베트남 영역까지 세력을 확장했다.

22) 탕롱에 당시 인공으로 조성된 구릉은 탐손(Tam Son), 응우낙(Ngu Nhac), 칸손(Khan Son), 수손(Su Son) 등이다.

23) 전설에 따르면, 탕롱요새는 1010년 완공 후 습기로 인해 성벽이 계속 무너졌다. 이에 왕의 꿈에 흰 말이 나타나 발굽으로 한 곳을 가리켰고, 왕은 그곳을 요새 건설을 위한 길지로 여기고 다시 요새를 조성했다. 다행히 성벽이 성공적으로 건설되었고, 꿈속 백마를 기리기 위해 바츠마사찰이 건설되었다. 현재 사찰은 18세기에 재조성된 것이며, 1839년엔 공자사당이 추가로 조성되었다.

24) 매리 하이듀즈 지음, 박장식, 김동엽 옮김. 2012. 동남아시아의 역사와 문화. 솔과학. 128~129쪽.

25) 유인선. 2002. 『새로 쓴 베트남의 역사』. 이산. 124쪽.

26) http://thingsasian.com/story/hanois-old-quarter-36-streets;
https://www.vietnamonline.com/old-quarter/what-to-do/9-must-visit-temples-and-pagodas-in-hanoi-old-quarter.html

27) 하노이 올드쿼터는 남북으로 다우도로(Hàng Đậu)에서 봉도로(Hàng Bông), 가이도로(Hàng Gai), 카오고도로(Cầu Gỗ Street), 퉁도로(Hàng Thùng)로 정의되며, 동서로는 홍도로(Phùng Hưng)로부터 쾅카이도로(Trần Quang Khải)와 낫두앗도로(Trần Nhật Duật)로 경계된다.

28) 하노이 올드쿼터의 부두들은 마도로 북쪽에 조성되어 기능한 지에우부두(Trieu Dong Wharf, 현재 Hoe Nhai Street), 타이쿡부두(Thai Cuc Wharf, 현재 Hang Dao Street), 타이토부두(Thai To Wharf, 현재 Nguyen Du Street), 장탄부두(Giang Tan Wharf, 현재 Nghia Do Street) 그리고 티엔투부두(Thien Thu Wharf)와 다이통부두(Dai Thong Wharf) 등이다.

29) 베트남의 영토는 프랑스 지배하에 1887년 북부 통킹(Tonkin), 중부 안남(Annam),

남부 코친차이나(Cochinchina)로 재구성되었다.

30) 사이공조약(Traitè de Saigon, 1862)을 통해 베트남 영토 내에서 가톨릭 종교활동
이 자유화되었고, 메콩강삼각주 교역이 개방되었으며, 홍강의 세 개 항구들이 개
항했다. 또한 비엔호아(Biên Hòa), 자딘(Gia Định), 딘투옹(Định Tròng), 포우로
콘도레섬(Islands of Poulo Condore) 등이 프랑스의 지배를 받게 되었다.

31) 하노이 탕롱요새의 중심부는 북쪽의 판딘풍도로(Phan Dinh Phung Street), 남쪽
의 디엔비엔푸도로(Dien Bien Phu Street), 서쪽의 호앙디에우도로(Hoang Dieu
Street), 동쪽의 응우옌치푸옹도로(Nguyen Tri Phuong Street)로 경계된다.

32) 하노이요새는 베트남에 세워진 첫 번째 프랑스 건축물로 평가된다. 이후 자롱왕
과 프랑스군의 주도로 자딘(Thành Gia Định)의 1차 요새(Bát Quái, Eight Trigrams
Citadel, 1790~1835)가 건설되어 타이손의 공격을 성공적으로 방어했다. 1차 요새
는 프랑스 해군 건설장교였던 올리버 드 피마넬(Oliver de Puymanel, 阮文信,
Nguyễn Văn Tín, 1768~1799)의 주도로 시공되었다. 이후 민망왕(Emperor Minh
Mang, 明命, 제위 1820~1841) 지배기엔 약 4분의 1 크기로 축소된 2차 요새(Phoenix
Citadel of 1837, 1836~1859)로 재건되었다.

33) 1820년을 전후로 민망왕은 하노이요새에 다수의 건축물을 세웠다. 특히 킨박
(Kinh Bac)과 랑손(Lang Son) 사이에 청나라 사신을 위한 만다린의 집(Posting
Houses for Mandarins)을 조성했고, 궁을 연결하는 계단식 내부 보행로를 만들었
다. 요새 동쪽에는 총독·제독·안찰사 등을 포함한 궁정관료의 거주지가 조성되었
다. 킨디엔궁 앞에는 티트루이에우궁(Thi Truieu)과 칸찬궁(Can Chanh)이 들어섰
고, 니강(Nhi) 남쪽에는 외국 사신의 영접관이 세워졌다. 그 북쪽으로 자추앗(Gia
Quat)에서 랑손(Lang Son)까지 일곱 개의 대사관들이 입지했다.

34) http://www.historicvietnam.com/ha-noi-tramway-network

35) 하노이 트램1호선(Petit Lac-Bạch Mai, 1901~1982)은 호안키엠 코코티에르광장
(Place des Cocotiers)에서 남쪽으로 박마이(Bạch Mai)를 연결했다. 트램2호선
(Petit LLac-Giấy/Bưởi Market, 1901~1989)은 북동쪽 자이(Giấy/Bưởi Market)까
지 운행했다. 트램 3호선(Petit Lac-Pagode des Corbeaux-Thái Hà Ấp, 1904, 1914,
1938~1982)은 호안키엠호수에서 문묘(Pagode des Corbeaux, Temple of Literature)
를 지나 남서쪽 타이하압(Thái Hà Ấp)과 하동(Hà Đông) 그리고 차우도시장(Cho
Cầu Đơ, 1938)까지 연장되었다. 트램4호선(Place des Cocotiers-Pagode des
Corbeaux-Pont du Papier(Cầu Giấy), 1907~1986)은 호안키엠으로부터 3호선을
따라오다 문묘에서 서쪽 차우자이(Cầu Giấy))로, 5호선(Mandarine-Kim Liên-

Place Neyret-Yên Phụ, 1930~1982)은 더 남쪽 내려가 르네로빈병원(Rene Robin Hospital)과 박마이비행장(Bạch Mai airfield)까지 운행했다.

36) 게이오의숙은 일본의 개혁사상가인 후쿠자와 유키치(福澤諭吉, 1835~1901)가 설립한 란가쿠주쿠(蘭學塾, 1858)에서 기원한다.

37) 홍강의 수운은 우기(4~10월)에 라오카이(Tỉnh Lào Cai, 老街省)를 지나 쿤밍으로 올라갈 수 있었지만, 건기(11~3월)에는 이용이 불가능했으며, 이에 작은 이동 수단으로 교역과 운송이 진행되었다.

38) 윈난-하이펑철도선의 운송체계는 현재 하노이 내륙해안고속도로-AH14(Asia Highway)를 통해 미얀마 만달라이(Mandalay)-라오카이-하노이-하이펑을 연결하며 원래 프랑스에 의해 시공되었다. 프랑스는 제1차 중일전쟁(First Sino-Japanese War, 1894~1895)에서 중국이 패하자 쿤밍-헤코우철도선(Kunming-Hekou Railway, 昆河鐵路)의 건설권을 획득해 1910년부터 공사를 시작했다. 이후 하노이-라오카이철도선(Hanoi-Lao Cai railway, Đường sắt Hà Nội–Lào Cai/塘鐵河內-老街)도 건설되었다.

39) 1955년 프랑스로부터 독립한 베트남은 북부와 남부로 나뉘어 통치된다. 국민투표로 응유엔왕조의 마지막 군주인 바오다이(Bảo Đại, 保大, Nguyễn Phúc Vĩnh Thụy, 재위 1926~1945)가 폐위된 뒤, 북쪽엔 공산국가인 베트남민주공화국(Democratic Republic of Vietnam, 북베트남)이 세워지고, 남쪽엔 베트남공화국(Republic of Vietnam, 남베트남)이 세워졌다. 이후 양국은 전쟁(베트남전쟁)을 치루고 통일되었다.

40) 하노이는 베트남전쟁(Chiến Tranh Việt Nam, 1955~1975) 종료 후, 통일된 베트남(Socialist Republic of Vietnam, Cộng hòa xã hội chủ nghĩa Việt Nam, 1976~현재)의 수도가 되었다.

41) Choe, Kyeongae and Aprodicio Laquian. City Cluster Development: Toward an Urban-led Development Strategy for Asia. Manila: Asian Development Bank, 2008. pp. 37-49.

42) 하노이는 독립 후 1950년대에 호치민도시 주요 거점인, 앙리리베에르도로(Rue Henri Riviere, 현재 Pho Ngo Quyen)·철도역과 동쪽 수변을 연결하는 감베타블러바드(Blvd. Gambetta, 현재 Pho Tran Hung Dao)를 시작으로, 코르베블러바드(Blvd. Amiral Courbet, 현재 Pho Ly Thai To), 폴버트스퀘어(Paul Bert Square, 현재 Indira Gandhi Square), 메트로폴호텔(Hotel Metropole, 현재 Thong Nhat, Reunification Hotel) 등을 베트남 식으로 개칭했다.

43) 베칸공원을 중심으로 입지했던 세계박람회의 본관(Grand Palais de l'Exposition Nhà Đấu xảo, 1902, 이후 Maurice Long Museum)은 제2차 세계대전 당시 폭격으로 1945년에 파괴되었고, 이후 소련 중앙무역회(USSR Central Trade Union Council)의 기부로 베트남-소련문화전당이 세워졌다.

44) 이 시기 하노이는 바딘광장을 정치·역사의 중심부로 구성했다. 모스크바의 레닌묘를 모델링한 호치민묘는 경사지붕 등의 베트남 건축의 특성을 갖고, 외부는 회색 화강암 장식, 내부는 회색·검정색·빨간색 석재를 활용했다.

45) 시퓨트라콤플렉스는 계획 인구 5만 명의 커뮤니티로서 현재 30퍼센트 이상이 외국인 거주자로 구성되어 있다. 전체 부지 가운데 26퍼센트가 녹지수변공간이며, 일군의 교육시설들(United Nation International School, 2004; Singapore International School, 2007; Hanoi Academy School, 2009; Kinder World International Kindergarten, 2011)과 시퓨트라하노이쇼핑몰(Ciputra Hanoi Mall, 2014)이 조성되어 있다.

46) 하타이(Hà Tây)는 하노이 남서쪽 진입부이며, 후옹사찰(Chùa Hương, Perfume Pagoda), 타이푸옹사찰(Tay Phuong Pagoda) 등을 방문하는 순례행사의 거점이다.

제3장

1) 중국 본토를 최초로 통일한 진나라(Qin Dynasty 秦朝, 기원전 221~206)는 웨이강(Wei River 渭河)의 북쪽에 수도인 산양(Xianyang 咸陽)을 조성했다. 산양으로부터 웨이강을 넘어 남서쪽 15km에는 시안(Xi'an 西安)이 입지한다.

2) 한나라의 레이청욱장군의 무덤(Lei Cheng Uk Han Tomb Museum 李鄭屋古墓)이 1950년대에 코우룬 삼수이포(Sham Shui Po, 深水埗區)의 레이청욱 이주정착지(Lei Cheng Uk Resettlement Area)의 건설 중 주변 구릉지에서 발굴되었다.

3) "走走洋浦千年古鹽田 感受原始制鹽法的樂趣_新聞中心_海南在線." News. hainan.net.

4) "洋浦千年古鹽田-海南省人民政府." Hainan.gov.cn. 2009년 7월 6일자.

5) "Maritime Hong Kong before 1841." Chi-pang Lau (ed). History of the Port of Hong Kong and Marine Department. Hong Kong: Lingnan University, 2017. https://www.mardep.gov.hk/theme/port_hk/en/p1ch1_4.html

6) 코우룬 북동쪽에 송나라가 조성한 코우룬 성채도시(Kowloon Walled City 九龍寨城, 송나라기~1994)는 15세기에 명나라의 병영으로, 이후 청나라인 19세기 석재로 조성되어 코우룽부두를 방어하는 석재요새로 쓰였다. 이후 홍콩정부는 1990년대부터 우범지대로 남겨진 이곳을 청나라의 강남(Jiangnan 江南)정원을

모델로 하여 코우룽성채공원(Kowloon Walled City Park 九龍寨城公園, 1995)을 조성했다.

7) 진주 채집은 스리랑카에서 번성하여 이후 홍콩으로 전파되었을 것으로 추정된다. 스리랑카의 역사와 아누라다푸라왕조의 마하세나왕(Mahasena of Anuradhapura, King of Anuradhapura, 재위 277~304)을 기록한 역사서인 마하밤사(Maha-vamsa, Great Chronicle, 5세기)는 인도의 남서부 해안과 스리랑카 서해로 조성된 수심이 얕은 마나르만(Gulf of Mannar)의 오루웰라항(Port of Oruwella)의 진주 산업의 성장을 기록하고 있다.

8) "Maritime Hong Kong before 1841." Chi-pang Lau (ed). History of the Port of Hong Kong and Marine Department. Hong Kong: Lingnan University, 2017. https://www.mardep.gov.hk/theme/port_hk/en/p1ch1_4.html

9) "Maritime Hong Kong before 1841." Chi-pang Lau (ed). History of the Port of Hong Kong and Marine Department. Hong Kong: Lingnan University, 2017. https://www.mardep.gov.hk/theme/port_hk/en/p1ch1_4.html

10) "Maritime Hong Kong before 1841." Chi-pang Lau (ed). History of the Port of Hong Kong and Marine Department. Hong Kong: Lingnan University, 2017. https://www.mardep.gov.hk/theme/port_hk/en/p1ch1_4.html

11) "Maritime Hong Kong before 1841." Chi-pang Lau (ed). History of the Port of Hong Kong and Marine Department. Hong Kong: Lingnan University, 2017. https://www.mardep.gov.hk/theme/port_hk/en/p1ch1_4.html

12) Bolton, Kingsley. Chinese Englishes: A Sociolinguistic History. Cambridge, UK: Cambridge University Press. 2006. pp.76-77. 홍콩의 하카족 인구는 1841년 약 3,000~5,000명으로 확인된다.

13) Bolton, Kingsley. Chinese Englishes: A Sociolinguistic History. Cambridge, UK: Cambridge University Press. 2006. pp.76-77. 포르투갈 세력의 해군대장 프레나오 피레스(Fernao Pires de Andrade, 費爾南·佩雷茲·德·安德拉德)는 명나라와의 상업교역을 목적으로 말라카를 확보하고 1517년 당시 해적활동의 중심부였던 타마오섬에 요새를 건설하고, 이후 1557년 마카오에 교역 거점을 조성했다.

14) 타이포(Taipo, 大埔)는 과거 야생동물의 서식처로서, 주민들이 이곳을 빠르게 지나가기 위해 성큼성큼 걷는 곳이라는 뜻을 가진 이름이다.

15) https://www.amo.gov.hk/form/leaflet_forweb_170424.pdf

16) 핑산(Ping Shan, 屛山)은 세 개의 성채마을(Wai, 圍: Sheung Cheung Wai, Kiu Tau

Wai, Fui Sha Wai)과 여섯 개의 마을(Tsuen, 村: Hang Tau Tsuen, Hang Mei Tsuen, Tong Fong Tsuen, San Tsuen, Hung Uk Tsuen, San Hei Tsuen)이 형성되며 확장했다.

17) 타이와이마을(Tai Wai Village, 大圍)은 주변의 마을 주민 29명이 연합체를 결성해 마을 성을 건설하고, 해적의 침입에 대응했다. 현재 Wai/韋, Chan/陳, Ng/吳, Yeung/楊, Wong/黃, Lee/李, Hui/許, Cheng/鄭, Tong/唐, Yuen/袁, Yau/游, Lim/林, Lok/駱, Tam/譚, Mok/莫, Choy/蔡의 거주 기준들이다.

18) 완포사찰(Ten Thousand Buddhas Monastery, 萬佛寺, 1951)은 광저우로부터 1938년 이전해와 제인제이드담배공장(Jane Jade, Nanyang Brothers Tobacco Company)의 후원으로 조성되었다.

19) 린저수(Lin, Zexu, 林則徐, 1785~1850)는 1830년대에 광저우에 파견되어 당시 영국 세력의 아편무역에 반대 활동을 했다.

20) https://en.wikipedia.org/wiki/Demographics_of_Hong_Kong

21) 당시 홍콩의 경찰관들은 여러 지역 출신들이 섞인 다국적 및 다지역적 구성을 지니고 있었기 때문에 이러한 분쟁과 충돌에 통상적으로 개입을 피했다. 경찰들이 중재에 나서지 않는 경우, 상인들은 그들이 속한 조직과 공동체를 보호하기 위해 갱단을 조직했다. 이러한 분쟁과 충돌은 영어가 주 언어였던 센트럴보다는 상인, 근로자 그리고 사회빈곤층이 다수 거주했던 하완과 완차이에서 자주 발생했다.

22) http://www.aab.gov.hk/historicbuilding/en/17_Appraisal_En.pdf

23) https://www.britannica.com/place/Victoria-Harbour-strait-Hong-Kong-China

24) 홍콩섬의 캔톤시장(Canton Bazaar, 1842, 현재 Central Market, 中環街市)의 전신인 캔톤바자르는 1842년 현재 박즈래인공원(Pak Tsz Lane Park, 百子里公園)의 남동쪽에 코크레인가로(Cochrane Street)와 그래함가(Graham Street)의 사이에 조성되었다. 이후 센트럴의 간척으로 그 위치를 현재 홍콩 고등법원 부지로 옮겼다가 1850년대에 데보우도로(Des Voeux Road)로 옮겨 조성되어 현재에 이른다.

25) 홍콩섬의 포세션포인트(Possession Point, 水坑口, 1841, 현재 Hollywood Road Park)는 퀸즈도로와 할리우드도로를 연결하는 포세션도로(Possession Road, 현재 Sui Hang Hou Kai, 小坑口街)의 일부가 되었다.

26) 홍콩섬의 피크트램은 홍콩정부가 운영한 아시아 최초의 철도형 대중교통으로 센트럴가든도로(Central Garden Road)와 핑산퍼나스(Ping Shan Furnace Gorge) 사이를 운행했다. 당시 피크트램의 좌석은 세 가지(1·2·3등석)으로 나뉘었다. 1등석은 영국인, 2등석은 영국 군인과 홍콩 경찰, 3등석은 홍콩인이 탑승했다. 1등석에는 주지사와 주지사의 부인의 좌석이 항시 비치되어 있었다. 이후 피크도로(Peak

Road)가 1920년대에 개통했다.

27) 홍콩의학교(1870)는 런던선교회(London Missionary Society)의 주도로 동남아시아 지역과 광둥 지역에 유행하는 풍토병 연구를 위해 설립되었다. 홍콩의학교는 홍콩 최초의 서양식 병원이었던 앨리스메모리얼병원(Alice Memorial Hospital, 雅麗氏何妙齡那打素醫院, 1887)과 함께 에버딘가로(Aberdeen Street, 鴨巴甸街)와 할리우드도로의 교차점(현재 Hollywood Road 77-81)에 설립되었다.

28) 홍콩의 잉화칼리지(Yinghua College, Anglo-Chinese College, 英華書院, 1818, 홍콩으로 1843년 이전)는 홍콩의 교육과 중국의 개신교 선교와 출판업의 성장에 깊이 기여해온 역사적인 교육기관이다. 잉화칼리지는 영국 선교사인 로버트 모리슨(Robert Morrisn, 1782~1834)에 의해 1818년 말라카에서 처음 설립되어, 이후 1843년 홍콩으로 이전해와 기독교 선교사를 양성하며 중등대학으로 승격되어 중국 런던선교협회 신학교로 불리기도 했다. 잉화칼리지는 이후 2003년 코우룬으로 이전했다.

29) 홍콩섬 섹통츠이(Shek Tong Tsui, 石塘咀)는 청나라 초기까지 한적한 구릉으로, 바다로 이어지는 부분은 새의 입처럼 날카롭고 좁은 형상을 띄고 있어 그 이름(돌석, 연못 당, 씹을 저)을 갖게 되었다. 하지만 이곳에는 양질의 화강암과 석화석이 채석되어 1880년까지 채석장이 운영되었다.

30) 홍콩섬 섹통츠이에는 1980년대부터 일군의 주거지 재개발 프로젝트들인 총입센터(Chong Yip Centre, 創業中心, 1981, 규모: 3개동, 633세대)·드래곤페어 가든(Dragonfair Garden, 龍暉花園, 1992, 규모: 220세대)·엘레강트 가든(Elegant Garden, 怡景花園, 1987, 규모: 2개동, 320세대)·와밍센터(Wah Ming Centre, 華明中心, 1985, 규모: 3개동, 380세대)이 진행되어 왔다.

31) 카우룬철도역(Kowloon Station, 九龍車站, 1909)은 1975년 침사추이(Tsim Sha Tsui)의 현재 우체국(Post Office, 香港郵政, 1841)에서 홍홈완철도역(Hung Hom Wan Station)으로 이전되었고, 카우룬철도역은 시계탑을 남겨두고 철거되어 홍콩문화센터, 홍콩미술박물관, 홍콩우주박물관, 뉴월드센터가 조성되었다.

32) 이 시기에 코우룬이스트에 조성된 홍콩의 첫 번째 산업구역인 권둥(Kwun Tong, 觀塘, 총면적: 520,000m², 1단계 158,000m², 2단계 362,000m²)은 1950년대 슬럼지로부터 산업단지와 공장주거지로 개발되었다. 이후 권둥의 산업구역은 카우룬만을 따라 남쪽의 야우둥(Yau Tong, 油塘)으로 확장했다. 최근 홍콩의 제조업이 쇠퇴하면서 공장들이 해체되고 상업건물들로 재개발되고 있다.

33) https://www.cedd.gov.hk/filemanager/eng/content_635/towns_urban_develop-

ments_eng.pdf

34) 홍콩차이나대학(Chinese University of Hong Kong, 香港中文大學, 1963)은 중지학원(Chung Chi College, 崇基學院, 1963), 뉴아시아서원(New Asia College, 新亞書院, 1949), 연합서원(United College, 聯合書院, 1956)이 통합되어 설립되었다.

35) https://www.epd.gov.hk/eia/register/report/eiareport/eia_1532008/EIA-pdf/Appendix/app%206.1.pdf

36) https://en.wikipedia.org/wiki/Central_and_Wan_Chai_Reclamation

37) 홍콩 컨벤션전시센터 본관은 1988년 글로스터도로(Gloucester Road) 북쪽의 간척지에 건설되었다.

38) 카이탁공항(Kai Tak Airport) 부지에는 크루즈터미널, 호텔, 주택, 상업엔터네인먼트, 메트로파크 등을 조성하는 카이탁 개발사업(1998~2021, 총면적: 328ha, 2021년 완공목표)이 홍콩정부 주도로 추진되고 있다.

39) 침사추이의 동쪽 끝에는 영국 스와이어그룹(Swire Group)과 영국-중국 해양운송선(Blue Funnel Line, 1866~1988)을 운영한 오션스팀선박사(Ocean Steamship Company)가 소유했던 화물터미널인 홀트부두(Holt's Wharf, 藍煙囪貨倉碼頭, 1910)가 입지했다.

제4장

1) 말레이반도는 서해안을 따라 중부(Central Region: Selangor, 거점도시: Kuala Lumpur·Putrajaya)의 슬랑오르 지역을 중심으로 북부(Northern Region, 거점도시: Perlis·Kedah·Penang·Perak)과 남부(Southern Region, 거점도시: Negeri Sembilan·Melaka·Johor)로 나눠진다.

2) 스리위자야왕국(Kadatuan Sriwijaya, 650~1377)의 상닐라우타마왕자(Sang Nila Utama, 1st Raja of Singapura, 재위 1299~1347)는 팔렘방에서 싱가포르로 이주해와 싱가푸라왕국(Kerajaan Singapura, 1299~1398)을 건국했으며, 싱가푸라왕국의 파라메스와라왕(Parameswara, Iskandar Shah, 5대 Raja of Singapura, 재위 1389~1398; 1st Sultan of Malacca, 재위 1402~1414)은 마자파힛제국(Kemaharajaan Majapahit, 293~1527)의 공격을 피해 이주해 말라카에서 말라카술탄왕조(Kesultanan Melayu Melaka, 1400~1511)를 건국했다.

3) 페락(Perak, 霹靂)은 '은'을 뜻하는 단어로 '은의 색깔을 띤 주석'이나, '물고기 비늘의 은색'으로도 해석된다.

4) TED Case Studies. "Tin Mining on Malaysia–Present and Future." American Uni-

versity Washington, DC. November 30, 2016.

5) 레이덴대학교 두이벤닥 교수(Prof. Jan Julius Lodewijk Duyvendak)에 의하면, 마오쿤 지도는 마오쿤이 푸젠성 지사(Governor of Fujian Province)로 활동하며 군사 및 해군 서적을 수집하며 제작한 것으로 추정된다.

6) 포트딕슨(Port Dickson, Negeri Sembilan)은 슬랑오르술탄왕조의 영토 내의 석탄 채광지로서 석탄을 의미하는 말레이어인 아랑(Arang)으로 불렸다.

7) Ahmad, Suriati and David Jones Deakin. "The Importance and Significance of Heritage Conservation of the ex-Tin Mining Landscape in Perak, Malaysia, the Abode of Grace." Proceedings of the Asian Conference on Asian Studies, Osaka, 2013.

8) 광장(廣場)에서 열리는 시장을 의미한다.

9) Fatt, Lam Seng. Insider's Kuala Lumpur: Is No Ordinary Travel Guide. Singapore: Marshall Cavendish International Asia Pte Ltd., 2006. pp.17-18.

10) Siew, Nim Chee. Labor and Tin Mining in Malaya. Ithaca: Cornell University Southeast Asia Program, 1953. pp.1-3.

11) Siew, Nim Chee. Labor and Tin Mining in Malaya. Ithaca: Cornell University Southeast Asia Program, 1953. pp.1-3.

12) Fatt, Lam Seng. Insider's Kuala Lumpur: Is No Ordinary Travel Guide. Singapore: Marshall Cavendish International Asia Pte Ltd., 2006. pp.17-18.

13) Bolton, Kingsley. Chinese Englishes: A Sociolinguistic History. Cambridge, UK: Cambridge University Press. 2006. 중국 푸젠성 호키엔족을 중심으로 한 기힌공시(Ghee Hin Kongsi, 義興公司)는 1820년을 전후로 광둥인이 주도하여 조직되어 싱가포르와 말레이반도에서 활동했으며, 1860년까지 호키엔족이 그 주류를 구성했다. 기힌조직은 가톨릭교도 중국인과 충돌하며 500여명을 학살했다. 기힌공시는 라벤더도로(Lavender Street)에 위치했으며, 이후 1892년에 비밀조직규제법(Suppression of Secret Societies Ordinance)으로 해체되어 그 재산은 싱가포르의 탄톡셍병원(Hospital Tan Tock Seng, 陳篤生医院, 1844)에 기부되었다. 한편 하이산조직은 페낭 출신의 중국인들이 1820년에 조직하여 비치도로(Beach Street, 현재 Ujong Passir)에 거점을 두고 활동했다. 연구자 킹슬리 볼톤 등(Kingsley Bolton et al.)에 의하면, 하이산조직은 초기 광둥인과 친-기힌조직원들이 활동했으나 1854년 완상조직(Wah Sang society)을 흡수하며 하카인들과 반-기힌조직이 되었다.

14) 페탈링(Petaling)은 광저우어로 '전분공장(Cheong Kai, 茨廠, Starch Factory)'을 의미한다.

15) 캄퐁바루(Kampung Baru)는 '새로운 도시'를 의미한다.

16) 수마트라섬의 라와인(Rawa People, Ughang Rao)과 만다이링인(Man-dailing People, Mandahiliang)은 수마트라섬에서 발생한 파드리전쟁(Padri War, 1803~ 1845)을 피해 수마트라섬의 서부 파사만(Pasaman)의 라우마을(Raw villages)과 마팟툰굴마을(Mapat Tunggul village)로부터 1773~1848년 포트딕슨과 루쿳으로 이주해왔고, 1857~1863년 파항(Pahang), 1867~1873년 슬랑오르로 이주해왔다.

17) Sulaiman, Zakariah. A Brief Journey of a Mandailing. Kuala Lumpur: ATSA Architects Sdn Bhd., 2018. pp.11.

18) 현재 술탄 압둘사마드빌딩(Bangunan Sultan Abdul Samad, Sultan of Selangor, 1974)은 최근까지 연방법원(Federal Court of Malaysia, Mahkamah Persekutuan Malaysia), 소원소(Court of Appeals), 말레이시아 고등법원(High Court of Malaya) 이 입지했으나, 연방법원과 소원소는 2000년대 초에 푸트라자야의 법원(Palace of Justice)으로 그 기능이 이전해나갔고, 고등법원은 쿠알라룸푸르 법원(Kuala Lum-pur Courts Complex, 2007)으로 전환되어 남아 있다. 이 건물에는 말레이시아 통신미디어부(Offices of the Ministry of Communications and Multimedia)와 관광문화부(Ministry of Tourism and Culture of Malaysia, Kementerian Komunikasi dan Multimedia, Kementerian Pelancongan dan Kebudayaan Malaysia)가 위치하고 있다.

19) 싱가포르의 마제스틱극장은 유통센도로(Eu Tong Sen Street)에 개관한 일종의 광저우오페라 연극장이었다. 에유통셴(Eu Tong Sen, 余東旋, 1877~1941)은 광저우 포산 태생의 조부를 둔 조지타운 태생으로, 말라카·싱가포르·홍콩에서 활동했던 은과 주석 채광과 고무 생산 재벌로서, 그의 부인은 광저우오페라의 후원자였다.

20) Kaur, Amarjit. "Road or Rail? Competition in Colonial Malaya, 1909-1940." Journal of the Malaysian Branch of the Royal Asiatic Society. Vol.53, No.2 (1980) pp.45-66.

21) 시드니대학교 존 드라블 교수(Prof. John H. Drabble)의 말을 빌리면, "풍부한 토지 외에 말레이반도는 방대한 양의 주석을 매장하고 있다. 19세기에는 통조림 음식의 생산방법이 개발됨에 따라 주석의 수요가 증가되었다. 주석은 전통적으로 지표면의 광석매장지에서 말라유인에 의해 채굴되었다. 주석 채광은 범람으로 인한 어려움으로 채광의 깊이가 제한되었고, 종종 계절의 영향을 받아 진행되었다."

22) Wong, Lin Ken and Yip Yat Hoong, Research on the Chinese Tin Mining Industry on the Malay Peninsula. 1965. pp.95-102.

23) 영국 정부는 1870년대에 브라질의 헤베아 브라실리엔시스(Hevea Brasiliensis) 나무 표본을 동양의 식민지에 이전하고, 특히 실론과 싱가포르를 운송 거점으로 개발했다.

24) Drabble, John H. An Economic History of Malaysia, c. 1800-1990: The Transition to Modern Economic Growth. London: Macmillan Press and NewYork: St. Martin's Press, 2000.

25) 쿠알라룸푸르 골든트라이엥글의 쿠알라룸푸르 시티센터(Kuala Lumpur City Centre, 2003)는 암팡도로(Jalan Ampang), 피람리도로(Jalan P. Ramlee), 빈자이도로(Jalan Binjai), 기아펭도로(Jalan Kia Peng), 피낭도로(Jalan Pinang)로 경계된다.

26) 로우얏그룹(Low Yat Group)은 페더럴호텔, 캐피톨호텔(Capitol Hotel), 페더럴아케이드(Federal Arcade), 비비파크(BBpark) 등을 소유하고 있다.

27) 쿠알라룸푸르 대중교통체계들의 연결과 환승은 요금시스템의 통합으로 최근 상당히 개선되고 있다. 현재 쿠알라룸푸르 시정부는 서울의 환승시스템을 모델로 하여, 2015년부터 SPAD(Suruhanjaya Pengangkutan Awam Darat)을 중심으로 시스템적 환승을 가능하게 하는 노력이 진행 중이다. 하지만 쿠알라룸푸르의 환승체계의 물리적 상황은 시스템적 환승체계를 따라가고 있지 못하다. 최근 물리적 환승은 육교를 대신하는 에스컬레이터를 통한 수직 동선, 보행로를 이용한 수평 동선의 연계를 통해 보완되고 있다.

28) 모노레일인 고가철도와 보행체계가 연계되어 환승체계를 구축하고 있는 대중교통역은 KL센트럴역(KL Sentral Station)을 시작으로 항투아 모노레일-LRT역(Victoria Institution, Merdeka Stadium, Stadium Negara), 부킷빈탕 모노레일-MRT역(골든트라이앵글로 연결)과 임비 모노레일역(부킷빈탕구역과 연결), KLCC LRT역(KLCC구역과 함께 조성)이다.

29) KL센트럴역(KL Sentral)을 중심으로 오피스타워인 센트럴플라자(Plaza Sentral, 2001, 2006)·수카센트럴(Sooka Sentral, 2007)·센트럴타워(Sentral Tower, 2007)·센트럴파크(KL Sentral Park, 2015) 그리고 새인트레지스호텔(St. Regis Hotel, 2014)·힐튼·르메르디안호텔(Le Meridien Hotel, 2004), 주거용 아파트/콘도미니엄인 수아사나센트럴(Suasana Sentral, 2002)·수아사나센트럴로프트(Suasana Sentral Loft, 2008)·센트럴레지던스(Sentral Residence, 2015) 등이 개발되었다.

30) 쿠알라룸푸르 이너링 도시순환도로의 술탄이스마일도로(Jalan Sultan Ismail/

(Jalan Treacher)·임비도로(Jaan Imbi)·샤우도로(Jalan Shaw)과 국도 1(Federal Route 1) 구간은 고가철도 모노레일 구간과 일치한다.

31) 쿠알라룸푸르의 MRT선은 세 개의 노선인 Line 9(2016, 51km, 34개 역)·Line 12(2021년 예정, 52km, 37개 역)·Line 13(47km, 26개 역)으로 운영 중이다. 특히 Line 9는 쿠알라룸푸르 북서쪽의 숭가이부로(Sungai Buloh)에서 도시 중심부(구간 길이 9.5km)을 지하로 통과하여 남동부의 반다르 타식슬라탄(Bandar Tasik Selatan)과 카장(Kajang)을 연결한다.

32) 쿠알라룸푸르 수방(Subang)의 수방국제공항(Subang Int'l Airport, 1965~1998, 현재 Sultan Abdul Aziz Shah Airport)이 건설되어 기존 순가베시공항(Sungai Besi Airport)을 대신했다. 이후 쿠알라룸푸르의 남쪽 45km의 세팡(Sepang, 雪邦)의 농지에 쿠알라룸푸르국제공항(Kuala Lumpur Int'l Airport, 1993~1998)이 건설되었다.

33) 말라야대학교(Univ. Malaya, 1949)는 킹에드워드의학교(King Edward VII College of Medicine, 1905)와 라플즈칼리지(Raffles College, 1929)의 합병으로 싱가포르에 설립되었다. 이후 말레이대학교는 국립싱가포르대(National Univ. of Singapore, 1962)와 쿠알라룸푸르 말레이대(Univ. of Malaya, 1962)로 분리되며 페탈링자야 캠퍼스가 조성되었다.

34) 수방에는 글렌마리골프클럽(Glenmarie Golf & Country Club(Glenmarie LRT Station, Glenmarie Komuter Station), 사우자나골프클럽(Saujana Golf and Country Club)은 부지 내부에 쿠알라룸푸르 일본국제학교(Japanese School of Kuala Lumpur)가 입지한다.

35) 쿠알라룸푸르에는 의회(Parliament of Malaysia)와 왕의 거주지가 있으며, 연방은행(Bank Negara Malaysia, National Bank of Malaysia)·상경청(Companies Commission of Malaysia)·안전청(Securities Commission)·외교관과 연방 정부의 국제무역산업부·국방부·노동부를 두고 있다.

제5장

1) 말루쿠군도(Moluccas, Maluku Islands)는 동서 방향으로 긴 세람섬(Island of Seram)의 비나이아산(Gunung Binaia, 3,027m)을 중심으로, 술라웨시의 동쪽, 뉴기니(New Guinea)의 남쪽, 티모르(Timor)의 북쪽과 동쪽으로 정의되었다. 인도네시아의 지역행정 단위로서 말루쿠군도는 말루쿠 지역(Maluku Province)으로 수도는 암본(Ambon)이다.

2) Taylor, Jean Gelman. Indonesia. New Haven and London: Yale University

Press, 2003. p.7.

3) Oppenheimer, Stephen. Eden in the East: the Drowned Continent. London: Weidenfeld & Nicolson, 1998.

4) 자카르타의 도시 확장을 이끌어온 칠리웅강(Ci Liwung)은 내륙 보고르 푼착고지(Puncak)에서 발원해서 메르데카광장에서 자카르타만으로 흘러나가며 자카르타의 동쪽 경계가 된다. 자카르타의 서쪽 경계는 역시 보고르에서 발원해 탕에랑(Tangerang, 옛 Banten)을 지나 흘러나가는 앙케강(Sungai Angke)이다. 한편 칠리웅강의 지류천인 크루쿳강(Kali Krukut)은 자카르타의 중심부인 칼리브사르(Kali Besar)를 지나는 운하(Banjir Kanal Barat)로 변화되었다.

5) 17세기를 전후로 바타비아에 정착한 순다 세력의 일부인 베타위족(Orang Betawi)은 네덜란드 지배기를 거치면서 자바인·발리인·암본인의 혼혈로 자카르타와 주변 교외지에 거주해왔다.

6) 치레본술탄왕국(Kesultanan Cirebon, 1445~1926)과 반텐술탄왕국(Banten Sultanate, 1527~1813)은 인도네시아 이슬람교의 아홉 성인(Wali Songo) 가운데 한 명인 수난 구눙자티(Sunan Gunungjati, Syarif Hidayatullah, 1448~1568)에 의해 건국되었다. 구눙자티는 이집트 지역의 왕족(Syarif Abdullah Maulana Huda) 아버지와 순다 왕국의 프라부 시시왕이(Prabu Siliwangi, King of Sunda)의 공주(Nyai Rara Santang) 사이에서 태어났다.

7) American Universities Field Staff. Report Service: Southeast Asia Series. Bloomington: Indiana University. 1966. p.237. https://military.wikia.org/wiki/Batavia_Castle#cite_note-FOOTNOTEAmerican_Universities_Field_Staff1966237-2

8) 희망봉(Cape of Good Hope)을 둘러 지나간 첫 번째 근대 선적은 1488년 포르투갈 귀족이며 탐험가인 바돌로뮤 디아즈(Bartolomeu Dias, 1450~1500)였다. 이를 통해 포르투갈 세력은 동아시아와 직접 교역을 하게 되었다 물론 고대 그리스의 역사가인 헤로도투스(Herodotus, 기원전 484~425)는 고대 페니키아인(Phoenicians)은 이보다 먼저 항해를 했다고 주장했다.

9) Hartkamp-Jonxis, Ebeltje. Sits, Oost-West Relaties in Textiel. Uitgeverij Waanders-Zwolle, 1987. pp.19-20.

10) Ricklefs, M. C. A History of Modern Indonesia since c.1300. London: MacMillan, 1991. p.27.

11) Hartkamp-Jonxis, Ebeltje. Sits, Oost-West Relaties in Textiel. Uitgeverij Waanders-Zwolle, 1987. pp.12-13. https://www.aronson.com/voc-asian-trading-routes

/#_ftnref3

12) Simanjuntak, Tertiani Zb. "Plague-ridden Olden Jakarta Reflects its Culture." The Jakarta Post. June 2, 2020. https://www.thejakartapost.com/life/2020/06/02/plague-ridden-olden-jakarta-reflects-its-culture.html

13) Van der Brug, P. H. "Malaria in Batavia in the 18th century." Tropical Medicine and International Health. Vol. 2, No. 9(1997) pp. 892.

14) 타나아방시장(Pasar Tanah Abang, 1735)은 유스티누스 빈크(Yustinus Vinck)가 조성한 직물 시장으로 토요일마다 열려 토요일 시장(Pasar Sabtu)으로 불리기도 했다. 현재 타나아방시장은 세 개 구역(Metro Tanah Abang, Tanah Abang Lama, Tanah Abang AURI)으로 확장해 운영 중이다.

15) 네덜란드 총독의 궁(Residence of Governor-General of the Dutch East Indies, 1730)은 이후 해군부대·호텔·오피스·은행으로 이용되었고, 이후 1851년 차이나타운 카피탄인 오에이 리아우 콩(Kapitein Oey Liauw Kong, 1799~?)이 매입되었다.

16) 네덜란드 동인도기업의 노예 교역은 인도네시아의 암본(Ambon)·테나잇(Ternate)·발리(Bali)·보르네오(Borneo) 등에서 노예를 매입하고, 인도의 벵골(Bengal)·스리랑카·남아프리카의 마다가스카르(Madagascar)로 매매되었다.

17) Sidarto, Linawati. "Two Centuries of Slavery on Indonesian Soil." The Jakarta Post, October5, 2015. https://www.thejakartapost.com/news/2015/10/05/two-centuries-slavery-indonesian-soil.html

18) 매리, 하이듀즈. 박장식·김동엽 옮김.『동남아의 역사와 문화』. 서울: 솔과학. 서울, 2012. p. 141.

19) 최병욱.『동남아시아: 전통시대』. 경기도 광주시: 산인. 2006. pp. 318-319.

20) 최병욱.『동남아시아: 전통시대』. 경기도 광주시: 산인. 2006. pp. 318-319.

21) 김텍레 불교사찰(Kim Tek Ie, 金德院, 1650, 재건 1760)은 중국인 대학살 사건으로 전소되었고, 이후 중국인 행정의회(Kong Koan, 公館, Chinese Council)가 조직되어 당시 지도자였던 오에이 치로(Kapitein der Chinezen Oey Tji Lo)의 주도로 재건되었다.

22) 바타비아는 이 시기에 나폴레옹전쟁(Napoleonic Wars, 1803~1815)에 잠시 영국 지배기(1811~1816)와 일본 지배기(Japanese-occupied Dutch East Indies, 蘭領東印度, 1942~1945)를 가졌다.

23) Phoa, Kian Sioe. "Sejarahnya Phoa Beng Gan." In Marcus A. S., Pax Benedanto (ed). Kesastraan Melayu Tionghoa dan Kebangsaan Indonesia. Kepustakaan

Populer Gramedia, 2000. pp.195-196. 모렌브리엣운하(Canal Molenvliet, 1645~
1663)는 빈감바르트(Bingamvaart)로 불렸으나, 운하 수변의 다수의 제분소(mill,
네덜란드어 molen)의 특성을 고려하여 1661년 그 의미를 담은 모렌브리엣으로 개
명되었다.

24) 자카르타-보고르철도선은 바타비아-보고르-치추룩-수카부미철도선(Batavia-
Buitenzorg-Cicurug-Sukabumi Railway Line, 1882)과 반둥선(Batavia-Buitenzorg-
Bandung Railway Line, 1884)으로 연장되었다.

25) 마르스광장(Champ de Mars)은 파리 7구역에 위치한 광장으로 프랑스 군의 훈련
장의 이름이다.

26) 네덜란드의 인도네시아 건축양식(Indies Empire style, Indisch Rijksstijl)은 프랑스
의 신고전 건축양식을 모방하여 열대기후에 순응하도록 개발되어 18세기 중엽부
터 19세기 말까지 유행한 건축양식이다.

27) Teeuwen, Dirk. Batavia's Wilhelmina Park-Jakarta's Mosque Istiqlal, 2011. p.6.

28) 멘텡(Menteng)은 북쪽으로 크본시리도로(Jalan Kebon Sirih), 남쪽으로 칠리웅강
·말랑운하(Kali Malang), 서쪽으로 탐린도로(Jalan L. H. Thamrin)와 동쪽으로 칠
리웅강을 경계로 한다. 멘텡에는 곤당디아철도역(Stasiun Gondangdia)·수디르
만철도역(Stasiun Sudirman)·치키니철도역(Stasiun Cikini)·맘팜철도역(Stasiun
Mampang)이 위치한다.

29) 피터 무젠(Pieter Adriaan Jacobus Moojen, 1879~1955)은 네덜란드 동인도기업에
서 처음으로 네덜란드 근대 건축을 실행한 건축가로 평가된다. 그는 파리 동부의
방센(Bois de Vincennes)에서 개최된 콜로니얼 박람회(Paris Exposition Coloniale
Internationale, 1931)에서 네덜란드를 대표하는 작품을 선보였다.

30) 바타비아를 1923년 방문한 건축가 헨드릭 베를라쥐(Hendrik Petrus Berlage,
1856~1934)는 멘텡을 유럽구역(Europese Buurt)이라고 부르며, 암스테르담 남쪽
의 암스테르담의 황금수변(de Goudkust van Amsterdam)로 불리는 미네르바
(Minervalaan)구역에 비유했다.

31) 1970년대 인도네시아어 철자법이 개정되면서 'Djakarta'에서 현재의 'Jakarta'로
정정되었다.

32) 자카르타는 이후 인도네시아의 특별수도지역(Daerah Khusus Ibukota Jakarta,
Special Capital Region of Jakarta, 1961)으로 지정되어 독립된 자치행정권의 지위
를 획득했다.

33) 광역 자카르타(Jakarta Raya, Greater Jakarta, 661km²)의 인구는 독립 후 1,782,000

명(1952)에서 이후 2,906,533명(1961), 4,576,009명(1971) 그리고 천만 명대 (10,187,595명, 2011)로 증가했다.

34) 자카르타시 공기업인 자카르타비알티사(Jakarta BRT)는 자카르타버스(Trans-Jakarta, 2004), 자카르타 메트로사(P.T. Mass Rapid Transit Jakarta) 자카르타 메트로(Jakarta MRT, Moda Raya Terpadu Jakarta, 2012~2019, 15.7km)를 운영하고 있다.

35) 알리 사디킨 (Governor Ali Sadikin, 재임 1966~1977)의 주도로 1966년 다섯 개의 자치구역(중부 Jakarta Pusat·서부 Jakarta Barat·남부 Jakarta Selatan·동부 Jakarta Timur·북부 Jakarta Utara)로 나누어 구역별 자치행정이 시작되었다

36) Merrillees, Scott. 2015. Jakarta: Portraits of a Capital 1950-1980. Jakarta: Equinox Publishing. p.23.

37) 크바요란바루(Kebayoran Baru, 1955)는 북서쪽으로 수디르만도로(Jalan Sudirman Main Road), 북동쪽으로 가토트수브로토도로(Gatot Subroto Main Road), 동쪽으로 크루쿠트강(Krukut River), 남쪽으로 시페테우타라도로(Cipete Utara Road)-하지나위도로(Haji Nawi Road), 서쪽으로 그로골강(Grogol River)으로 둘러싸여 입지한다.

38) Prameshwari, Putri. "The Tides: Efforts Never End to Repel an Invading Sea." Jakarta Globe. November17, 2015.

39) Prameshwari, Putri. "The Tides: Efforts Never End to Repel an Invading Sea." Jakarta Globe. November17, 2015. https://web.archive.org/web/ 2015111 7024056/http:/jakartaglobe.beritasatu.com/archive/the-tides-efforts-never-end-to-repel-an-invading-sea/

40) 인도네시아 건설토목부(Ministry of Public Works)의 자문가인 네덜란드 수체계 전문가인 잔 브린크만(Jan Jaap Brinkman)의 자문에 따르면, "북부 자카르타는 경고 없이 닥칠 수 있는 홍수에 약 500만 명이 취약하기 때문에 포괄적인 조기경보시스템이 절실히 필요하다. 일부 지역은 2007년 9월과 2008년 8월 사이에 26cm가 가라앉았다." 잔 브린크만은 "자카르타는 앞으로 수십 년 동안 더 깊이 가라앉을 수 있으며, 보다 나은 관리가 없다면 내륙으로 최대 5km에 위치한 지역이 물에 잠겨 거주가 불가능해질 수도 있다"고 경고했다. https://web.archive.org/web/ 20151117024056/http:/jakartaglobe.beritasatu.com/archive/the-tides-efforts-never-end-to-repel-an-invading-sea/

41) Prameshwari, Putri. "The Tides: Efforts Never End to Repel an Invading Sea."

Jakarta Globe. November17, 2015. https://web.archive.org/web 2015111
7024056/http:/jakartaglobe.beritasatu.com/archive/the-tides-efforts-never-end-to-
repel-an-invading-sea/

42) Wayback, Machine. Berita: Kali Ciliwung Disodet. 2012.

43) Onodera, Shin-Ichi, et al. 2008. "Effects of Intensive Urbanization on the
Intrusion of Shallow Groundwater into Deep Groundwater: Examples from
Bangkok and Jakarta." Science of the Total Environment. Vol. 404(2008)
pp.401~410. https://doi.org/10.1016/j.scitotenv.2008.08.003

44) "Dutch to Study New Dike for Jakarta Bay." The Jakarta Post. July 27, 2011.

제6장

1) 필리핀 정부는 파시그강을 포함한 마닐라의 하천 흐름을 통제하고 범람을 예방하
려는 목적으로 1983년 망가한 플러드웨이(Manggahan Floodway)를 조성했다. 망
가한 플러드웨이는 마리키나강(River Marikina)과 라구나만을 연결하는 길이 약
10km의 인공수로이며, 댐을 통해 파시그강의 하천수의 흐름을 통제하고 있다.

2) Rahman, Nik Hassan Shu-haimi Nik Abdul. 1998. The Encyclopedia of Malaysia:
Early History, Volume 4. Archipelago Press.

3) https://en.wikipedia.org/wiki/Laguna_Copperplate_Inscription

4) Odal, Grace P. Lowland Cultural Group of the Tagalogs. Manila: National Com-
mission for Culture and the Arts, 1999.

5) https://en.wikipedia.org/wiki/Barangay

6) https://en.wikipedia.org/wiki/List_of_barangays_of_Metro_Manila

7) IBP. Philippines Foreign Policy and Government Guide: Strategic Information
and Developments. International Business Publications, 2013.

8) Junker, Laura Lee. Raiding, Trading, and Feasting: The Political Economy of
Philippine Chiefdoms. Quezon City: Ateneo de Manila University Press, 2000.
pp.184-192.

9) Newson, Linda A. Conquest and Pestilence in the Early Spanish Philippines.
Honolulu: University of Hawaii Press, 2009.

10) 민도로섬(Island Mindoro)의 이름은 스페인 세력이 부른 미나 드 오로(Mina de
Oro) 금광에서 기인하며, 당시 중국과 면·진주·금·철·납·구리·유리·바늘 등을 교
역했다.

11) Kooria, Mahmood. "Regimes of Diplomacy and Law: Bengal-China Encounters in the Early Fifteenth Century." Journal of the Economic and Social History of the Orient. Vol. 64, No. 3(2021), 217-250. https://doi.org/10.1163/15685209-12341536

12) IBP. Philippines Foreign Policy and Government Guide: Strategic Information and Developments. International Business Publications, 2013.

13) Kueh, Joshua Eng Sin. The Manila Chinese: Community, Trade and Empire, c.1570-c.1770. Ph.D. Thesis. Georgetown University, 2014. 스페인 세력이 아메리카에서 생산한 은은 1565년부터 1815년까지 아카풀코-마닐라-장저우/샤먼의 해상교역로를 통해 명나라의 도자기와 실크로 교역되었다. 명나라는 14세기부터 동전 가치가 쇠락하면서, 1500년을 전후로 은교역과 확보를 위해 실크와 면의 생산을 극대화했고 세금을 은으로 거두었다.

14) 당시 도성의 공사비용은 중국인에게 2년간 부과된 관세로 충당되었고, 중국인과 톤도 원주민들이 성벽과 요새의 건설인력으로 차출되었다.

15) https://en.wikipedia.org/wiki/Intramuros

16) 인트라뮤로스의 성벽과 요새는 1945년 제2차 세계대전의 폭격으로 대부분 파괴되었다. 현존하는 인트라뮤로스의 성벽, 요새와 성문은 1968년 도시정비사업의 일환으로 복원된 결과이다.

17) 식민지 총독의 궁은 1863년 지진에 파괴된 이후, 인트라뮤로스로부터 서쪽으로 3km에 위치한 말라카낭궁(Malacanang Palace)으로 이전되었다.

18) https://en.wikipedia.org/wiki/Intramuros; 인트라뮤로스는 지배층인 스페인인 거주지로서, 1600년을 전후로 도성 내부에 약 600여 명, 도성 외부에 약 600여 명 등 총 1,200여 명의 스페인인과 400여 명의 스페인군이 거주했다.

19) 인트라뮤로스 내에는 마닐라대성당을 중심으로 산어거스틴성당(San Agustin Church, Augustinians, 1607)·산니콜라스데톨렌티노성당(San Nicolas de Tolentino Church, Recollects)·산프란치스코성당(San Francisco Church, Franciscans)·산토도밍고성당(Santo Domingo Church, Dominican)·루어데스성당(Lourdes Church, Capuchins)·산이그나시오성당(San Ignacio Church, Jesuits)이 입지했다. 이중 산어거스틴성당을 제외한 여섯 개의 성당들은 1867년 지진으로 파괴되었다.

20) 인트라뮤로스 도성 내에는 당시 도미니칸교파 수도원의 일부로 마닐라의 첫 번째 칼리지로 설립된 산티시모로사리오칼리지(Colegio de Nuestra Senora del

Santisimo Rosario, 1611, 이후 Colegio de Santo Tomas, 현재 Universidad de Santo Tomas)가 현재 로사칼리지(Colegio de Rosa, 1739)에 위치했고, 산후안데레트란 칼리지(Colegio de San Juan de Letran, 1620)가 현재 위치에 설립되었다. 또한 가톨릭예수회는 마닐라칼리지(Colegio de Manila, 1590, 이후 Colegio Seminario de San Ignacio, 이후 Universidad Maximo de San Ignacio)를 도성 내 남서쪽 끝의 현재 마닐라시티대(University of the City of Manila) 부지에 설립했다.

21) http://philippineinternment.com/?page_id=640; 현재 호세파벨라병원 부지에는 과거 일본군 포로와 바기오(Baguio) 원주민을 수감했던 교도소가 입지했다.

22) Fish, Shirley. The Manila-Acapulco Galleons: The Treasure Ships of the Pacific: With an Annotated List of the Transpacific Galleons, 1565-1815. Milton Keynes, UK: Author House, 2011. p.117.

23) Fish, Shirley. The Manila-Acapulco Galleons: The Treasure Ships of the Pacific: With an Annotated List of the Transpacific Galleons, 1565-1815. Milton Keynes, UK: Author House, 2011. pp.117-118.

24) IBP. Philippines Foreign Policy and Government Guide: Strategic Information and Developments. International Business Publications, 2013. p.36. Wickberg, Edgar. 1965. The Chinese in Philippine Life, 1850-1898. 에드가 비크버그(Edgar Wickberg)에 의하면, 이즈음 필리핀 거주 중국인은 1850년 약 5,000명에서 1898년 약 100,000명으로 증가했다.

25) www.wikipedia.org; 파코(Paco)는 스페인 프란체스칸 교파의 선교사들이 1580년을 전후로 조성한 딜라오(Dilao, 현재 Paco) 교구로서, 1593년에 일본인 가톨릭교인들이 이곳에 주거지를 조성한 후 1606년 그 인구가 3,000명으로 증가했다. 또한 1614년 타카야마 유콘(Takayama Ukon, 高山右近, 1552~1615)의 주도로 일본인 가톨릭교 신자 약 300명이 일본 본토에서 파코로 이주해왔다.

26) IBP. Philippines Foreign Policy and Government Guide: Strategic Information and Developments. International Business Publications, 2013. pp.36-37.

27) Rodell, Paul. Culture and Customs of Philippines. Santa Barbara: CA: Greenwood Publishing Group, 2002. p.63.

28) 스페인 식민정부는 1662년 인트라뮤로스의 서문(Puerta de Postigo)를 해체하고 새로운 서문(Puerta de Banderas, 1662)과 북남 방향의 중심도로(Calle Real de Palacio, 현재 General Luna Street)로 연결되는 남문(Puerta Real, 1663)을 건축했다. 이에 플라자멕시코부두가 인트라뮤로스의 중심항구로서 본격적으로 사용된

시점은 1662년 전후로 추측된다.

29) 비논도(Binondo)는 원래 톤도와 퀴아포 사이의 숲으로서 1570년대부터 가톨릭교 도미니칸 교파 성직자에 의해 비눈독(Binundok, 현재 Binondo) 교구로 조성되었다.

30) 19세기의 마닐라를 포함한 필리핀의 대표 수출품은 설탕·담배·로프·마닐라삼(Abaca)이었다. 에스콜타도로는 1856년 기준 일곱 개의 영국 기업과 두 개의 미국 기업을 포함해 총 13개의 국제기업이 성업 중이었다.

31) 마닐라-다구판철도선의 운영 주체는 마닐라-다구판철도기업(Ferrocarril de Manila-Dagupan, 1892, 이후 미국 식민지배기에 Manila Railroad Company)으로, 현재 필리핀 국영철도기업(Philippine National Railways, 1946)의 전신이다. 한편 마닐라 LRT(Manila Light Rail Transit System)는 필리핀 정부의 교통통신부(Department of Transportation and Communications) 산하의 마닐라 경전철국(Light Rail Transit Authority)에 의해 운영되고 있다.

32) Satre, Gary L. "New Urban Transit Systems, The Metro Manila LRT System: A Historical Perspective." Japan Railway & Transport Review. No.16(1998) pp.33-37. https://www.ejrcf.or.jp/jrtr/jrtr16/f33_satre.html

33) 마닐라의 트램선이 운행되기 전에는 1878년을 전후로 통근 마차가 비논도의 산가브리엘플라자(Plaza San Gabriel)에서 5개 노선(인트라뮤로스, 말라테, 말라카냥, 삼파록, 톤도)으로 운행했다.

34) https://en.wikipedia.org/wiki/Malabon; 말라본은 필리핀담배기업(Compania General de Tabacos de Filipinas, 1851)과 말라본설탕기업(Malabon Sugar Company, 1878)을 통해 당시 마닐라의 생산활동 중심지로 기능했다. 당시 필리핀담배기업은 담배뿐만 아니라 술과 대마인 아바카(abaca)를 이용한 섬유도 생산했다.

35) https://en.wikipedia.org/wiki/Meralco; http://www.ejrcf.or.jp/jrtr/jrtr16/f33_satre.html; 당시 마닐라 트램선은 마닐라전기기업(Melaco, 1895)이 1902년 트램의 전기 공급을 추진하며 1903년에 제안했다.

36) http://www.jenniferhallock.com/tag/malecon/

37) Rodell, Paul. Culture and Customs of Philippines. Santa Barbara: CA: Greenwood Publishing Group, 2002. p.91.

38) 마닐라 광역도시권은 마닐라를 중심부로 파시그강 북쪽의 산니콜라스(San Nicolas)·톤도(Tondo)·산타크루즈(Santa Cruz)·비논도(Binondo)·퀴아포(Quiapo)·파코(Paco)·삼팔록(Sampaloc) 그리고 파시그강 남쪽으로 에르미타(Ermita)

· 말라테(Malate)·산미구엘(San Miguel)을 포함한다.

39) 한광야·곽혜빈.「필리핀 마닐라의 도시성장 특성에 관한 해석」.『한국도시설계학회지』. 제19권, 제6호(2018). pp.65-82.

40) 미국 건축가 다니엘 번함(Daniel Burnham, 1846~1912)은 1893년 콜럼버스의 신대륙 발견(1492)의 400주년 기념행사로 시카고에서 진행된 '시카고 세계박람회(Chicago World's Fair and Chicago Columbian Exposition, 1893)'의 계획안을 완성한 건축가이자 도시설계가였다. 시카고박람회는 이후 다수의 도시에서 신고전 건축양식의 부흥과 도시미화운동(City Beautiful Movement)의 시발점이 되었다.

41) 한광야·곽혜빈.「필리핀 마닐라의 도시성장 특성에 관한 해석」.『한국도시설계학회지』. 제19권, 제6호(2018). pp.65-82.

42) Villasper, Jon. "Planning Metro Manila's Mass Transit System." Proceedings of The 11th Eastern Asia Society for Transportation Studies. Cebu, 2015.

43) https://en.wikipedia.org/wiki/MRT_Line_3_(Metro_Manila)

44) https://www.autoindustriya.com/inside-man/the-mentality-behind-the-mrt-fiasco.html; MRT 3호선은 필리핀 정부 교통부의 주도와 민간 개발자인 아얄라그룹(Ayala Corp.)과 필부동산기업(Fil Estate Management, Inc.)의 공동 투자로 25년 후 운영권 이전 계약이 맺어져 건설되었다.

45) 마닐라의 첫 번째 원주형도로인 C-1도로는 인트라뮤로스·톤도구역을 감싸며 톤도 마닐라와 초기 스페인 마닐라의 경계가 되었다. 이후 C-2도로는 에르미타·말라테·파코철도역·투투반철도역을 감싸며 후기 스페인 마닐라의 경계가 되었으며, 파시그강으로 향하는 C-3도로는 산후안강(San Juan River)의 물길과 나란히 조성되어 당시 마닐라의 경계가 되었다.

46) 미국 지배기 마닐라의 식민행정의 중심부는 1901년부터 야윤타미엔토(Ayuntamiento de Manila, Casas Consistoriales, 1607, 1738, 1884, 2013)가 이용되었으며, 그 이전 미군 행정의 중심부는 포트산티아고(Fort Santiago)였다. 미국 지배기의 행정·문화 기능은 리와상라잘공원 중심으로 마닐라항구(Port of Manila) 주변에 조성되었다. 먼저 리와상라잘파크에는 아그리피나서클(Agrifina Circle)을 중심으로 농업부(Department of Agriculture, 현재 National Museum of Anthropology)와 재경부(Department of Finance, 1941, 현재 Department of Tourism, 이후 National Museum of Natural History)가 설립되었다. 또한 마닐라만에 마닐라항구가 조성되면서 그 거점으로 마닐라 미군클럽(Gusaling Army and Navy Club, 1898, 1911)과 마닐라 엘크클럽(Manila Elks Club, 현재 Museo Pambata, 1898, 1910)이 인트

라뮤로스로부터 리와상리잘공원 수변으로 이전해왔으며, 인접해 마닐라호텔 (Manila Hotel, 1912)과 미국대사관(1940)와 함께 고급 사교문화의 중심부가 되었다.

47) 에르미타(Ermita)는 원래 인트라뮤로스의 교외지로 16세기 말부터 멕시코 출신의 수도사들이 현재 에르미타성당(Archdiocesan Shrine of Our Lady of Guidance, 1571; La Ermita, 1606, 1819, 1953; 현재 Ermita Church La Ermita de Nuestra Senora de Guia) 부지에 수도원을 건립하면서 형성된 수도원 주거지이다.

48) Brian, Linn. The U.S. Army and Counterinsurgency in the Philippine War, 1899-1902. Chapel Hill, NC: University of North Carolina Press, 1989. 콜레라가 1902년에 발생하여 필리핀인 11,000명이 사망했다.

49) 마닐라 AH26도로는 1997년 일본정부의 지원을 받아 필리핀-일본 우호도로 (Philippine-Japan Friendship Highway)로도 불리며, 1998년 필리핀 관광부에 의해 여행자와 관광객을 위한 편의시설을 갖춘 '시닉 하이웨이(Scenic Highways)'로 지정되었다.

50) 필리피노클럽(Club Filipino, 1898)은 스페인 메스티조 및 토착 세력의 귀족 회원이 사용하는 필리핀 최초의 사교클럽으로서, 칼라야안홀(Kalayaan Hall)을 중심으로 수영장·테니스·배드민턴·스쿼시코트·볼링장·야외 레스토랑 등을 갖추었다.

51) 그린힐즈쇼핑센터는 오르티가스기업이 개발한 마닐라 최초의 쇼핑센터로서 노스그린힐즈 커뮤니티(North Green Hills, 1975)가 캠프아귀날도의 서쪽에 위치한다.

52) 포트맥킨리(Fort William McKinley, 1902)는 미국 25대 대통령인 윌리엄 맥킨리 (William McKinley, 재임 1897~1891)의 이름을 딴 것이다.

53) 마카티 일대는 나마얀왕국(Kingdom of Namayan, 1175~1578)의 지배지였으며, 1620년부터 스페인 세력의 지배기에 마가티의 중심부인 아얄라 트라이앵글가든에서 북쪽으로 세인트피터폴성당(Saint Peter and Paul Parish Church, 1620)을 중심으로 성지 순례지로서 기능했다.

54) 아얄라트라이앵글가든과 그 주변은 닐슨기업(Nielson Group)이 개발한 마닐라 최초의 국제공항으로, 제2차 세계대전 전후에 군용 닐슨비행장(Nielson Air Field, 1937~1948, 42ha)으로 기능했다.

55) 마가티의 여섯 개 공원은 우다네타공원(Urdaneta Park)·아얄라트라이앵글가든 (Ayala Triangle Gardens)·글로리에타4공원(Glorietta 4 Park)·그린벨트공원 (Greenbelt Park)·워싱턴시치프공원(Washington Sycip Park)·레가치 액티브공원 (Legazpi Active Park)·제이미벨라퀴즈공원(Jaime C. Velasquez Park)이다.

56) http://www.sminvestments.com/sm-gets-pasay-councils-go-signal-manila-bay-reclamation-project

제7장

1) 담수이강의 중심 상류천인 다한천(Dahan Xi, 大漢溪)은 내륙의 핀탄산(Pintian Mountain, 品田山, 3,524m)에서 흘러내려와, 이 지역의 토착 세력인 타오카스족(Taokas)·사이시얏족(Saisiyat)·아타얄족(Atayal)의 내륙 거점인 신주(Hsinchu County, 新竹縣), 타오위안(Taoyuan City, 桃園市), 뉴타이베이(New Taipei City, 新北市)를 거쳐 타이베이를 지나 이 지역의 오래된 해안 주거지인 발리(Bali, 八里)로 흘러나간다. 담수이의 발리 인근에선 기원전 7000~4700년대의 신석기시대(Neolithic Period)의 유물이 발견되어 왔다.

2) 타이완해협은 중국 내륙에서 발원하는 여러 하천들이 합류하는 바다이다. 푸젠성 난핑(Nanping, 南平)에서 발원해 송나라와 명나라의 교역 거점인 푸저우로 흐르는 민강(Min Jiāng, 閩江), 내륙의 푸젠성 안시(Anxi, 安溪)로부터 원나라의 교역 거점인 취안저우(Quanzhou, 泉州)를 지나는 진강(Jin Jiang, 晉江)과 뤄양강(Luoyang Jiang, 洛陽江), 내륙의 룽옌(Longyan, 龍巖)에서 발원하여 청나라의 교역 거점인 장저우(Zhangzhou, 漳州)와 샤먼(Xiamen, 廈門)로 흐르는 주룽강(Jiulong Jiang, 九龍江)이 타이완해협에서 만난다.

3) Mateo, Jose Eugenio Borao. The Spanish Experience in Taiwan, 1626-1642: The Baroque Ending of a Renaissance Endeavor. Aberdeen, Hong Kong: Hong Kong University Press, 2009. p.33.

4) 타이베이분지의 고지에 거주해온 아타얄족(Atayal People, 泰雅族)의 대표적인 거주지는 타이베이 남쪽으로 아시아에서 가장 큰 식물원인 푸산식물원(Fushan Botanical Garden, 福山 植物園)을 중심으로 온천으로 유명한 우라이계곡(Wulai Gorge)의 작은 마을인 우라이(Wulai, 烏來)다. 푸산식물원은 해발 600~1,400m의 고지에 위치하며, 연평균 18.5℃의 기온과 4,125mm의 강수량을 갖고 있다. 한편 그 서쪽에 위치한 신추에는 아타얄족을 포함해 지역 토착세력인 타오카스족(Taokas People, 道卡斯族), 사이시얏족(Saisiyat People, 賽夏)의 거주지가 존재했다.

5) 호베(Hobe/Hoba)는 '하천의 입구'라는 뜻을 갖고 있으며, 이후 1620년대에 담수이로 개명되었을 것으로 추정된다. 이는 광둥성 휘저우(Huìzhōu, 惠州)의 하카인이 타이베이에 정착한 시점이며, 이들은 고향인 휘저우 단수이(Danshui)의 이름을 빌려 사용했을 것이다.

6) 명나라의 종천황제(Emperor Chongzhen, 崇禎, 재위 1627~1644)의 재임기에 가뭄으로 푸젠 지역 주민의 타이완 이주가 제안되었으나 실행되지 않았다.

7) 신추는 최근 세계 최대 시스템 반도체 생산기업인 TSMC(Taiwan Semiconductor Manufacturing Company, 台灣積體電路製造股份有限公司, 1987)와 반도체 설계 기업인 유나이티드 마이크로일렉트로닉스(United Microelectronics Corporation, 聯華電子, 1980)를 중심으로 IT클러스터로 성장해왔다. 이러한 IT클러스터의 역사적인 중심부는 신추 사이언스파크(Hsinchu Science Park, 新竹科學園區, 1980, 면적 1400ha)이다. 신추 사이언스파크는 중국 저장성 웬저우(Wenzhou, 溫州) 태생으로 수학자이며 타이완과학기술부 장관을 역임한 수시엔쉬(Shu Shien-Siu, 徐賢修, 1912~2001)의 제안으로 미국 샌프란시스코의 실리콘밸리를 모델로 조성되었다. 신추의 반도체 생산을 주도해온 TSMC는 저장성 닝보 태생으로 홍콩에서 성장한 후 미국으로 떠나 MIT와 스탠포드대학교에서 수학한 모리스 장(Morris Chang 張忠謀, 1931~)에 의해 1987년 창업되었다. 모리스 장은 미국의 실바니아반도체 (Sylvania Semiconductor), 텍사스인스트루먼트(Texas Instruments), 제네럴인스트루먼트(General Instrument Corporation), 뱅가드반도체(Vanguard International Semiconductor Corporation)에서 근무하고, TSMC의 창업전에 타이완의 정부기관 산업기술연구소(Industrial Technology Research Institute) 소장으로 활동했다. TSMC는 최근의 N7+을 포함해 고밀도 전송과 저에너지 소비를 추구하는 집적회로 서킷웨이퍼(Integrated Circuits Wafer)을 생산해왔으며, 신추를 중심으로 타이난·타이중·상하이·난징·싱가포르 등에서 공장을 운영하고 있다. TSMC는 특히 애플사의 아이폰과 아이패드의 서킷웨이퍼를 생산하며 가장 성공한 반도체 제조사로 성장해왔으며 현재 가치는 약605조(2021년 기준)으로 평가되고 있다.

8) 정청공(Zheng Chenggong, 鄭成功, 1624~1662)은 중국 푸젠성 호키에 상인인 아버지 정지롱과 일본 규슈의 히라도 영지(Hirado Domain, 平戶藩)의 사무라이 타가와 시치재몬(Tagawa Shichizaemon, 田川七左衛門)의 딸인 타가와 마쭈(Tagawa Matsu, 田川マツ, 1601~1647)의 아들로 히라도에서 태어나 취안저우에서 성장했다.

9) 청나라의 천계령(Great Clearance, 遷界令, 1661~1683)은 1722년에 잠시 해제되었고, 이후 1874년에 완전히 해제되었다.

10) 제1차 아편전쟁(1839~1842)과 난징조약(南京條約, 1842)을 통해 홍콩·광저우·푸저우·닝보·상하이가 대외 무역항으로 개방되었으며, 제2차 아편전쟁(1856~1860)과 톈진조약(Treaty of Tianjin, 天津條約, 1858)으로 베이징·안핑/타이난·단수이·지룽·타카오(Takao, 打狗, 현재 가오슝)가 영국·미국·러시아 세력에게 개항되었다.

11) Tsai, Shih-Shan Henry. Maritime Taiwan: Historical Encounters with the East and the West. London and New York: Routledge, 2009. p.29. 스페인 선교사들은 스페인 에르모사탐험대와 함께 도착한 바톨로메 마르티네즈 신부(Father Bartolome Martinez)와 도미니칸교파의 프란시스코 바에즈(Father Francisco Vaez de Santo Domingo), 루코스 가르시아 신부(Father Lucos Garcia), 야신토 에스키벨 신부(Father Jacinto Esquivel) 등이 지룽과 담수이에서 가톨릭교를 선교했다.

12) Mateo, Jose Eugenio Borao. The Spanish Experience in Taiwan, 1626-1642: The Baroque Ending of a Renaissance Endeavor. Aberdeen, Hong Kong: Hong Kong University Press, 2009. p.53.

13) http://dbe.rah.es/biografias/22422/jacinto-esquivel-del-rosario

14) Tsai, Shih-Shan Henry. Maritime Taiwan: Historical Encounters with the East and the West. London and New York: Routledge, 2009. p.27.

15) 타이베이부(Taipei Prefecture, 臺北府)는 푸젠성 푸저우의 민호우(Minhou County, 閩侯縣) 태생의 선 바오천(Shen Baozhen, 沈葆禎, 재임 1875~1879)의 주도로 설립되었다.

16) 방가(Bangka)는 '바다 카누(Outrigger Canoe)'를 뜻하는 타이완 원주민의 단어이며, 망가(Mangka, Měngjiǎ)는 '카누의 정박 장소'를 뜻하는 역시 타이완 원주민 단어인 모운가(Moungar)에서 비롯되었다.

17) Digital Taiwan Culture and Nature. Clashes in Monga a Hundred Years Ago-Chronicles of the Gang Leaders of History. https://culture.teldap.tw/culture/index.php?option=com_content&view=article&id=2272:clashes-in-monga-a-hundred-years-agochronicles-of-the-gang-leaders-of-history&catid=156:lives-and-cultures

18) 중국 푸젠성 이주민이 타이완에 정착하고 조성한 타이완에서 가장 오래된 사찰인 롱산사는 루강 롱산사(Lugang Longshan Temple, 鹿港龍山寺, 1647)를 시작으로 타이난 롱산사(Tainan Longshan Temple, 台南龍山寺, 1715)·망가 롱산사(Monga Longshan Temple, 艋舺龍山寺, 1738)·펑산 롱산사(Fengshan Longshan Temple, 鳳山龍山寺, 1765)·담수이 롱산사(Tamsui Longshan Temple, 淡水龍山寺, 1858)·다시 롱산사(Daxi Longshan Temple, 大溪龍山寺, 1868)가 조성되었다.

19) 타이베이 칭수이사(Qingshui Temple, 艋舺 清水巖, 1787)는 18세기 북송의 불교 승려가 건립한 사찰로서, 중국 차의 수도(China Tea Capital, 中國茶都, Zhongguo Chadu)라 불리는 취안저우 안시(Anxi County, 安溪縣) 태생의 선종 불교 승려로

서 취안저우의 기근으로부터 마을을 구했던 첸자오인(Chen Zhaoyin, 陳昭應, 1047~1101)을 기리는 사찰이다.

20) 망가의 주변에는 후아시야시장(Huaxi Street Night Market, 華西街夜市)·시창야 시장(Xichang Street Night Market)·광저우야시장(Guangzhou Street Night Market) ·우저우야시장(Wuzhou Street Night Market, Nanjichang Night Market) 등이 열 리고 있다.

21) 보피리아오 역사구역(Bo Pi Liao Historical Street Block, 剝皮寮歷史街區)은 북남 방향의 칸딩도로(Kangding Road, 康定路)·동서 방향의 광저우도로(Guangzhou Street, 廣州路)·쿤밍도로(Kunming Street) 사이에 위치한다.

22) 종젱(Zhongzheng, 中正區)의 구팅(Guting, 古亭)은 남쪽으로는 신디안강 (Xindian Creek, 新店溪), 북쪽으로는 쳉종(Chengzhong, 城中區), 동쪽으로는 다 안(Daan, 大安區), 서쪽으로는 수앙유안(Shuangyuan, 雙園區), 북서쪽의 롱산 (Longshan 龍山區)과 인접한다.

23) 보피리아오가로에는 웨이링도교사원(Weiling Taoist Shrine)를 중심으로 루아창 박사의 주택(Residence of Dr. Lu A-chang)·타이베이의 초기 출판사인 선북사 (Sun Book Binding Company)와 타이요사(Taiyo Bindery)가 입지했고, 시유잉티 숍(Xiuying Teashop)·창쇼우티숍(Changshou Teashop)·공중목욕탕(Public Bath) ·용싱 팅추안토우상점(Yongxing Tingchuantou Store)·송시에-싱쌀상점(Song Xie-Xing Rice Store) 등이 영업했다.

24) 타이완의 차 수출량은 1865년 180,859파운드에서 20년 후인 1885년에 16,237,179 파운드로 1865년의 90배로 증가했다. 이후 차는 19세기 말에 설탕과 쌀을 제치고 타이완의 핵심 수출품이 되었다.

25) Department of Information and Tourism, Taipei City Government. Dadaocheng Branch of the Presbyterian Church in Taiwan. Taipei Undiscovered. https://www. travel.taipei/en/attraction/details/691

26) 존 도드(John Dodd)와 리춘성(Li Chunsheng, 李春生, 1838~1924)은 당시 두 척 의 범선을 통해 총 129,000t의 우롱차(Oolong, 烏龍茶)를 뉴욕에 성공적으로 수 출했다. 타이완의 우롱차를 오리엔탈뷰티(Oriental Beauty Tea, 東方美人茶)로 선 전하며 유럽에 판매했다.

27) 디후아도로(Dihua Street, 迪化街)는 남쪽의 난징서로(Nanjing West Road, 南京 西路)와 민성서로(Minsheng West Road, 民生西路)의 사이 구간인 남로(South Street, 南街)와 그 북쪽의 북로(North Street, 北街)로 나뉘어 불렸다.

28) Kang, Yin-Chen. The Formation of Taiwanese Classical Theatre, 1895-1937. Ph.D. Thesis. University of London, 2013. p.97. http://eprints.soas.ac.uk/18445

29) Kang, Yin-Chen. The Formation of Taiwanese Classical Theatre, 1895-1937. Ph.D. Thesis. University of London, 2013. p.98.

30) Kang, Yin-Chen. The Formation of Taiwanese Classical Theatre, 1895-1937. Ph.D. Thesis. University of London, 2013. p.96.

31) Lee, Daw-Ming. Historical Dictionary of Taiwan Cinema. Lanham, MD: The Scarecrow Press, 2012.

32) Lee, Daw-Ming. Historical Dictionary of Taiwan Cinema. Lanham, MD: The Scarecrow Press, 2013. pp.152-159. 당시 타이핑극장(Taiping Theater, 1934, Taihei Kan)은 할리우드 영화를 상영했고, 퍼스트극장(First Theater, 1935)은 에어컨 시설을 갖추고 운영되며 타이베이 극장문화의 중심부가 되었다.

33) 타이베이의 다다오쳉극장(Dadaocheng Theatre, 大稻埕戲苑)의 연극장(9층)은 현재 타이완 민속극·베이징 오페라·난관(Nanguan, 南管)·베이관(Beiguan, 北管)·하카 드라마·추이(Quyi, 曲藝) 등을 공연하며, 목각인형극·난관·추이의 공연은 8층에서 진행된다.

34) 송나라 시기에 샤먼 바이리아오(Bailiao) 태생인 우번(Wu Ben, 吳本, 979~1036)은 도교 신자로서 의료활동을 통해 기적을 행했고, 사후 의술대왕(Baosheng Dadi, 保生大帝)으로 칭송받았다.

35) 바오안사찰(Dalongdong Baoan Temple, 大龍峒 保安宮, 1742)은 처음 목조로 토아링동(Toaliongtong, 大隆同, 현재 Dalongdong)에 건립되었고 이후 동안(Tong'an)의 이주자들에 의해 1804년 재건되었다. 타이베이 공자사당(Taipei Confucius Temple, 臺北孔子廟, 1879, 1930 재건)은 취푸(Qufu)의 공자사당을 모델로 다롱도로(Dalong Street 大龍)에 건립되었다.

36) 청나라는 1·2차 아편전쟁에서 패배하며 일군의 항구들을 개항했다. 일본은 1868년 오키나와(Okinawa Prefecture, 沖繩縣)를 획득하면서, 타이완섬은 일본과 가장 가까운 청나라의 영토가 되었다. 프랑스는 청불전쟁(Sino-French War, 中法戰爭, Tonkin War, 1884~1885)에서 타이베이 주변 지역을 공격했다.

37) 타이베이 부성은 서문(Ximenting Circle, 西門町圓環)·북문(Beimen, 府城北門公園의 동남쪽)·동문(Cảnh Phúc Môn, 景福門, 로터리)·남문(Lizhengmen, 현재 로터리)과 지배층의 독립된 통행을 위해 소남문(Congxi Gate 小南門, 로터리)을 두고 있었다.

38) 담수이에는 이즈음 산도밍고요새(Fort San Domingo, 1624)의 배후 언덕에 담수이세관숙소(Tamsui Customs Officers' Residence, 前淸淡水關稅務司官邸 小白宮, 1870)와 이학당대서원(理學堂大書院, Oxford College, 1882, 현재 Aletheia University, 眞理大學)이 조성되었다.

39) 호쿠토온천장의 일부에는 타이베이 시립도서관 베이토우분원(Taipei Public Library Beitou Branch, 臺北市立圖書館 北投分館, 2006)이 조성되었고, 베이토우철도역은 2013년 민간개발자의 주도로 치상공원으로 이전되어 시에 기부되었다.

40) 타이베이중앙역(Taipei Railway Station, 臺北火車站)은 총 네 개의 층으로 구성되어, B2는 철도 플랫폼이며, B1은 대기 공간, 1층은 티켓팅 공간, 2층은 푸드코트와 쇼핑센터(Breeze Taipei Station)가 위치한다. 또한 상부층에는 타이완철도청(Taiwan Railway Administration, 1948)이 자리 잡고 있다.

41) Wu, Ping-Sheng. "Walking in Colonial Taiwan: A Study on Urban Modernization of Taipei, 1895-1945." Journal of Asian Architecture and Building Engineering. Vol. 9, No. 2(2010). pp.308-311.

42) 타이베이 부성의 해체는 일본 지배기의 첫 해인 1895년에 성벽과 서문, 그리고 북문을 제외하고 동문·남문·남소문의 해체로 진행되었다. 이후 북문은 중앙 정부의 주도로 재건되었으나 원래의 모습과는 다르다는 비판을 받아 왔다.

43) 타이베이 부성 북쪽의 종샤오서로(Zhongxiao West Road, 忠孝西路)·남쪽의 아이구오서로(Aiguo West Road)·서쪽의 종후아도로(Zhonghua Road)·동쪽의 종산남로(Zhongshan South Road)가 하나의 순환도로로 완성되었다.

44) Wu, Ping-Sheng. "Walking in Colonial Taiwan: A Study on Urban Modernization of Taipei, 1895-1945." Journal of Asian Architecture and Building Engineering. Vol. 9, No. 2(2010). p.310.

45) 시먼딩(Ximending, 西門町)은 현재 쳉두도로(Chengdu Road, 成都路), 시닝남로(Xining South Road, 西寧南路), 쿤밍도로(Kunming Street, 昆明街), 캉딩도로(Kangding Road, 康定路) 사이의 구역이다.

46) 소토 다이혼자이 선종사(Soto Zen Daihonzai Temple, 曹洞宗大本山別院, 1908)는 당시 푸젠 건축양식(Fujian Style, 閩式)으로 조성된 관인당(Guanyin Hall, 觀音堂, 1914)과 종탑(Bell Tower, 鐘樓, 1930)을 조성하며 확장했다. 관인당과 종탑은 모두 2006년에 복원되었다. 소토 다이혼자이 선종사에는 남학생을 위한 중등학교(私立臺灣佛敎中學, 1916)가 개교했으나, 이후 중등학교는 시린(Shilin, 士林)으로 이전하여 타이베이중학교(Private Taipei Junior High, 私立臺北中, 현재 Taibei

Junior High School, 臺北市私立泰北高級中學)로 개명되었다.

47) Everington, Keoni. "Qidong Old Street (齊東老街), Traveling Back in time in an Old Japanese Colonial Street." Taiwan News. October 16, 2016.

48) 타이호쿠제국대학교는 현재 국립타이완대학교(National Taiwan University, 國立 臺灣大學, 1945)로서 다안에 학생 약 33,000명(학부 17,000명, 대학원 15,000명)을 가진 본 캠퍼스를 갖고 있다. 타이호쿠칼리지(Taihoku College, 1922)는 현재 국립 타이완사범대학(National Taiwan Normal University, 1946)로서 다안을 포함해 타이베이에 세 개의 캠퍼스를 갖고 있다. 또한 다안의 국립타이완대학병원 (National Taiwan University Hospital, 台灣大學醫學院附設醫院, 1895)은 먼저 다이토데이(Dait-tei, 현재 Dadaocheng)에 설립되었고, 이후 1898년 다안으로 이전해왔고, 병원은 1937년 타이호쿠제국대학에 흡수되어 타이호쿠대학 의학교 부속병원(Taihoku Imperial University Medical School Affiliated Hospital)이 되었다.

49) 타이완의 초기 설탕 생산기업들(Dai-Nihon·Taiwan·Meiji·Ensuiko Sugar Company)이 타이완 설탕기업(Taiwan Sugar Corporation, 台灣糖業股份有限公司, 1946)으로 통합되었다.

50) 송산(Songshan, 松山, 원래 錫口)에는 마추야마마을(Matsuyama Village, 松山庄)이 조성되었다. 마추야마마을의 이름은 일본 시코쿠(Shikoku, 四國)의 에히메현 (Ehime Prefecture, 愛媛縣)의 수도인 마추야마(Matsuyama, 松山)를 기리며 명명되었고 이후 1938년 송산으로 개명되었다.

51) 장제스가 주도하는 중국민족당(Chinese Nationalist Party, 1894~1949, 현재 국민당)은 마오쩌둥이 주도한 중국공산당(中國共産黨, 1921~현재)과의 두 번의 정치적 충돌인 국공내전(Chinese Civil War, 國共內戰, 1927~1936, 1946~1950)과 중국공산당혁명(Chinese Communist Revolution, 第二次國共內戰, 1945~1949)에서 패한 후, 본토로부터 타이완으로 이주해와 중화민국을 건국하고 1949년부터 타이베이를 그 수도로 삼았다.

52) 타이베이의 다섯 개 메트로선은 무자선(Muzha Line/Wenhu Line, 1996)과 담수이선 (Tamsui Line, 1997)을 시작으로 난강선(Nangang Line)과 반키오선(Banqiao Line)이 통합된 반키오/난강선(Banqiao/Nangang, 1999, Longshan Temple-Taipei City Hall), 신이선(Xinyi Line, 2013), 송산선(Songshan Line, 2014)이다.

53) 타이베이 101타워(Taipei 101, 臺北101, 1999~2004, 과거 Taipei World Financial Center, 臺北國際金融中心)의 소유자는 타이베이 금융센터(Taipei Financial Center Corporation)의 37퍼센트 지분을 소유하는 라면·식료품 기업인 칭친(Ting Hsin

Int'l Group, 頂新國際集團, 1958)이다.

54) 타이베이의 첫 공항은 공군비행장인 타이호쿠비행장(Taihoku Airfield, 臺北飛行場, 1936)으로 송산에 조성되어 송산공항(Taipei Songshan Airport, 臺北松山機場)으로 확장되었다. 타이완의 독립과 함께 송산공항은 중화민국 항공의 중심부로 기능했으며, 특히 일본의 공항(하네다·오사카·후쿠오카)을 연결하는 국제선을 운항했다. 이후 타이베이 서쪽 40km 지점의 타오위안(Taoyuan, 桃園)에 신국제공항(Taiwan Taoyuan Int'l Airport, 臺灣桃園國際機場, 1979)이 건설되고 타이완고속철도가 개통되면서 송산공항의 이용객이 크게 감소했다. 이에 송산공항은 2009년부터 일본·중국·한국의 정기 국제선을 운항중이다. 한편 타이베이의 신항구(Port of Taipei 臺北港)는 뉴타이베이의 발리(Bali, 八里)에 1단계 사업(1994~1998)과 2단계 사업(1996~2011)으로 완료되었고, 현재 3단계 건설(2012~2021)이 진행중이다. 이 과정에서 타이베이 항구를 연결하는 메트로 담수이선(Tamsui Line, 1997)이 완공되면서 수변공원과 부두가 개선되었고 관광객 수가 급증했다.

제8장

1) 규슈(Kyushu, 九州)는 서쪽으로 남중국해와 동쪽으로 태평양을 둔 화산섬으로, 북쪽의 시모노세키해협으로 혼슈와 구별되며, 그 중심부에는 세계의 대표적인 활화산인 아소산(Mount Aso, 阿蘇山)이 위치한다.

2) 일본의 국도 3(National Route 3)은 규슈 지역의 중심도로로서 북남 방향으로 기타큐슈로부터 후쿠오카·토슈·구마모토·가고시마를 연결한다.

3) 규슈를 구성했던 대표적인 다이묘영지는 북쪽으로부터 가라추영지(Karatsu Domain, 唐津藩)·히라도영지(Hirado Domain, 平戶藩)·사가영지(Saga Domain, 佐賀藩)·오무라영지(Omura Domain, 大村藩)·시마바라영지(Shimabara Domain, 島原藩)이며, 히고의 대표적인 다이묘영지는 사추마/가고시마영지(Satsuma/Kagoshima Domain, 薩摩藩)이다.

4) 이는 중국 삼국시대 촉한(蜀漢, 221~263)의 학자인 첸소우(Chen Shou, 陳壽, 233~297)의 『삼국지』에 기록되어 있다.

5) 중국 본토에서 지배 세력의 해체 과정과 변화의 계기는, 진나라(Jin Dynasty, 晉朝, 265~420)의 해체와 한족의 1차 이주(308), 당나라(Tang Dynasty, 唐朝, 618~907)의 해체와 한족의 2차 이주(892), 송나라(Song Dynasty, 宋朝, 960~1279)의 해체와 한족의 3차 이주(1127), 명나라(Ming Dynasty, 明朝, 1368~1644)의 해금법 집행과 명나라의 해체와 한족의 4차 이주(1645), 청나라(Qing Dynasty, 淸朝,

1644~1912) 시기의 제1차 아편전쟁(1840~1842)과 난징조약(南京條約, 1842)과 제2차 아편전쟁(1856~1860) 그리고 태평천국의 난(太平天國之亂, 1850~1864)과 한족의 5차 이주(1867) 이다.

6) 카미야 주테이(Kamiya Jutei, 神谷 壽貞)의 손자인 카미야 소탄(Kamiya Sotan, 1551~1635)은 에도시대에 일본의 차 문화를 개발했으며, 도요토미 히데요시와 교류 관계를 갖고 있었다고 전해진다.

7) Lyman, Benjamin Smith. 1879. Geological Survey of Japan. p.87.

8) Gunn, Geoffrey. World Trade Systems of the East and West: Nagasaki and the Asian Bullion Trade Networks. Leiden: Brill Academic Publisher, 2017. p.32.

9) Carlson, Jon D. Myths, State Expansion, and the Birth of Globalization: A Comparative Perspective. London: Palgrave Macmillan, 2011.

10) Walker, Brett. Toxic Archipelago: A History of Industrial Disease In Japan. Seattle: University of Washington Press, 2010. pp.74-77.

11) Walker, Brett. Toxic Archipelago: A History of Industrial Disease In Japan. Seattle: University of Washington Press, 2010. p.89.

12) Fogel, Joshua A. Articulating the Sinosphere: Sino-Japanese Relations in Space, Cambridge, MA: Harvard University Press, 2009. p.27. 교토의 5대 불교사찰 (Kyoto Gozan, 京都五山)은 난젠지(Nanzen-Ji, 南禪寺, 1291)·텐류지(Tenryū-Ji, 天龍寺, 1345)·쇼코쿠지(Shokoku-Ji, 相國寺, 1382)·켄닌지(Kennin-Ji, 建仁寺, 1202)·토푸지(Tofuku-Ji, 東福寺, 1236)·만주지(Manju-Ji, 万壽寺, 13세기 후반) 등이다.

13) Boxer, Charles Ralph. Fidalgos on the Far-East 1550-1770. Oxford, UK: Oxford University Press, 1968. pp.10-16.

14) 규슈 지역의 다이묘 영주들은 센고쿠시대(Sengoku Period, 戰國時代, 1467~1615) 의 정치적 혼란기에 영주들 간의 소규모 전투, 이마가와 요시모토(Imagawa Yoshimoto)와 오다 노부나가(Oda Nobunaga)의 전투(Battle of Okehazama, 桶狹間の戰い, Okehazama-no-Tatakai, 1560), 도요토미 히데요시와 시마즈가문의 전투(九州の役, 1586) 등의 일련의 내전으로, 해외 교역활동의 규제에 큰 의지를 갖고 있지 않았다.

15) 산타 카사 드 미세리코디아(Santa Casa de Misericordia, 1498)는 포르투갈왕국의 레오노르여왕(Queen Leonor of Portugal, 재위 1481~1495)이 1498년 설립한 자혜기관이다. 산타 카사 드 미세리코디아는 현존하는 가장 오래된 자혜기관으로, 성당과 국가의 관리로부터 자유로운 비정부 기관이다. 리스본에 미세리코디아

(Santa Casa da Misericoridia de Lisboa, 1498 Lisbon Holy House of Mercy)가 초기에 가톨릭교 세력과 연계되어 설립된 후, 인도의 고아(Goa, 1519)와 마카오의 세(Se)구역에 산타 사카 다 미세리코디아(Santa Casa da Misericordia de Macau, 仁慈堂大樓, 1569)가 추가로 설립되었다.

16) Oliveira e Costa, Joao Paulo. "The Misericordias among Japanese Christian Communities in the 16th and 17th Centuries." Universidade Nova de Lisboa Portugal Bulletin of Portuguese, 2003. pp.71-75.

17) Matsura Historical Museum. Hirado and the Trade with the West. http://www.matsura.or.jp/en/history/hirado-european-trade/

18) 일본의 근대화를 시작한 도쿠가와막부(Tokugawa Shogunate, 德川幕府, 1603~1868) 직전의 정치적 혼란기인 센고쿠시대(Sengoku Jidai, 戰國時代, 1467~1603, Age of Warring States)는 오닌전쟁(Ōnin War, 応仁の亂, Ōnin no Ran, 1467~1477)으로 시작되어 도요토미 히데요시(Toyotomi Hideyoshi, 豊臣秀吉, 통치 1585~1592)의 한반도 침략(1592~1597)을 거쳐 도쿠가와 이에야스(Tokugawa Ieyasu, 德川家康, 재위 1603~1605)의 막부를 기점으로 종료되었다.

19) 도요토미 히데요시는 규슈정벌(九州の役, 1586~1587)을 통해 시마주가문(Shimazu Clan, 島津氏)를 누르고, 사쓰마영지(Satsuma/Kagoshima Domain, 薩摩藩, Satsuma-han Domain)와 오무라영지를 점령하고 규슈의 행정과 교역을 직접 지배했다.

20) 나가사키의 초대 행정관은 오가사와라 타메무네(Ogasawara Tamemune, 재위 1603~1604)였다. 한편 잉글랜드의 켄트(Kent) 태생으로 첫 번째 영국인 사무라이로 임명된 윌리엄 애덤스(William Adams, Miura Anjin, 三浦按針, 1564~1620)는 1600년 네덜란드 상선을 통해 히라도(Hirado, 平戶)에 도착하여, 도쿠가와 이에야스의 참모로서 신임을 얻었다. 윌리엄 애덤스는 이후 네덜란드의 동인도기업(Dutch East India Company)과 영국 세력의 동인도기업(British East India Company)의 일본 내의 설립을 1609년과 1613년에 각각 지원했다. 히라도는 네덜란드와 영국과의 교역으로 1609년부터 잠시 번성했으나 네덜란드 교역 거점이 1641년 나가사키로 이전과 함께 쇠퇴했다.

21) www.wikipedia.org

22) 이 시기에 발생한 대표적인 가톨릭 교인의 반란 및 처형 사건은 시마바라폭동(Shimabara Rebellion, 島原の亂 Shimabara No Ran, 1637~1638)이다. 시마바라폭동은 시마바라성(Shimabara Castle, 島原城)·모리타케성(Moritake Castle, 森岳城)·타카키성(Takaki Castle, 高來城) 등의 건설을 위한 세금의 증가와 가톨릭교

금지에 반대하며 발생했다. 그 결과로 약 37,000명의 농민 신자들이 하라성(Hara Castle, 原城)에서 처형되었다.

23) 인젠 류키(Ingen Ryuki, 隱元隆琦, 1592~1673)는 교토 남쪽 교외지인 우지(Uji, 宇治)의 오바쿠산에 만푸구지사(Obaku San Manpuku Ji, 黃檗山 萬福寺, 1661)를 세웠다. 오바쿠산 만푸구지사는 푸젠성 푸저우의 남쪽에 푸칭(福淸)의 황보산(Mount Huangbo, 黃檗山)에 당나라 때 조성된 완푸사(Wanfu Temple, 萬福寺, 789)를 그 기원으로 두고 있으며, 샤먼에도 완푸사가 있다. 그의 가르침을 일본의 세 번째 선종 교파인 오바쿠 선종(Obaku School of Zen, 黃檗宗)으로 성장했다.

24) 오민경. 2006. KBS 역사기행: 일본개화의 창, 나가사키 데지마.

25) 박지원(朴趾源, 1737~1805)은 조선 후기 실학자이자 문장가다. 중국 허베이성 청더(承德)의 황제 하계별궁이자 황실 정원인 피서산장(避暑山莊)에 다녀오면서 기행문인 『열하일기(熱河日記)』를 남겼다.

26) 구스모토 이네(Kusumoto Ine, 失本 稻, 1827~1903)는 독일 비츠부르크 태생의 물리학자·의학자·식물학자다. 필리프 프란츠 폰 지볼트의 딸이다. 성인 구스모토는 어머니 구스모토 다키(楠本瀧)의 성을 물려받은 것이다. 일본인 여성으로서 최초로 산부인과 현대의학을 공부했고 일본 최초의 여성 의사이다

27) 도쿠가와막부는 미국과의 가나가와협정(Kanagawa Treaty, 神奈川條約, 1854)를 통해 두 개의 항구인 시모다(Shimoda, 下田)와 하코다테(Hakodate, 函館)를 개항했다.

28) 도진(唐人)은 중국인을 의미한다.

29) https://www.city.nagasaki.lg.jp/sumai/660000/669001/p030023_d/fil/English3.pdf

30) 도쿠가와막부는 도쿄의 혼고(Hongō, 本鄉, 현재 Bunkyō, 文京)에 공자묘인 유시마세이도(Yushima Seidō, 湯島聖堂, 1630)를 설립하여 공무원 양성을 목적으로 사용했다.

31) 나가사키 해군훈련소에는 나가이 나오유키(Nagai Naoyuki, 永井 尙志, 1816~1896)가 초대 소장으로 재임했고, 네덜란드 해군장교 펠스 리켄(Pels Rijcken, 1855~ 1857), 윌리엄 카텐디케(Willem Huyssen van Kattendijke, 1857~1859) 등이 교육을 담당했다.

32) Fukasaku, Yukiko. Technology and Industrial Growth in Pre-War Japan: The Mitsubishi-Nagasaki Shipyard, 1884-1934. Nissan Institute-Routledge Japanese Studies, 2013.

33) 에든버러대학 의학교 출신의 내과의사인 윌리엄 자딘(William Jardine, 1784~1843)과 제임스 매터슨(Sir James Nicolas Sutherland Matheson, 1796~1878)이 설립한

자딘매터슨기업(Jardine, Matheson & Co., 1832)은 당시 뭄바이, 광저우, 홍콩 등에서 아편을 교역했으며, 영국 동인도기업의 독점 교역이 1834년 종료되면서 그 역할을 이어받아 성장했다. 아편교역은 1차 아편전쟁의 종료와 난징조약의 체결되면서, 광저우에서 홍콩과 중국 본토 전역으로 확장되었다.

34) Wittner, David. Technology and the Culture of Progress in Meiji Japan. London and New York: Routledge, 2008. p.35.

35) Wittner, David. Technology and the Culture of Progress in Meiji Japan. London and New York: Routledge, 2008. p.35.

36) 미쓰비시기업의 코야기공장(Koyagi Plant, 香燒工場, 1972)은 일본에서 가장 큰 조선소로서, 길이 1km의 부두를 갖추고 LNG선과 LPG선을 건조하며, 사이와이마치공장(Saiwaimachi Plant, 幸町工場)은 본 공장의 북동쪽에 우라카미강을 따라 위치하며 특수제들을 생산한다. 또한 이사하야공장(Isahaya Plant, 諫早工場)은 나가사키철도역으로부터 동쪽 25km에 이사하야철도역 주변의 산업콤플렉스에 입지하며 우주로켓선과 인공위성에 사용되는 궤도제어장치 등을 생산하고 있다.

37) 나가사키는 카모메철도선(Kamome Limited Express, かもめ, 1937)을 통해 하카다(Hakata)와 연결되었고, 시사이드철도선(Seaside Liner)이 이사하야철도역(Isahaya Station, 諫早驛)으로부터 사세보(Sasebo)를 연결했다.

38) 일본규슈철도(JR Kyushu, JR 九州)는 국영철도인 일본철도(Japan Railways Group)의 일부로서 규슈 철도(Kyushu Railway Company, 九州旅客鐵道株式會社)에 의해 운영된다. 이들은 규슈의 도시를 연결하는 철도를 운영하며, 1991년부터 쓰시마해협(Tsushima Strait)을 넘어 후쿠오카-부산을 운항하는 비틀(Beetle)이라는 페리(JR Kyushu Jet Ferry)를 운영하고 있다.

39) 일본 해군장군 토고 헤이하치로(Togo Heihachiro, 東鄉 平八郎, 1848~1934)는 사세보를 항구로서의 자연 조건, 중국과 한국과의 접근성, 인접한 석탄광산을 고려하여 해군기지구역(Sasebo Naval District, 佐世保鎭守府)으로 결정했다.

40) 나가사키의 트램(Nagasaki Electric Tramway, 長崎電氣軌道, 1915)은 민간기업(Nagasaki Electric Railway, 長崎電鐵) 주도로 1914년에 조성되어 현재까지 동일한 노선이 운영되고 있다.

41) 나가사키의과대학(長崎醫科大學)은 에도막부의 나가사키 봉행소의 주도로 의학전습소(醫學傳習所, 1857)로 설립되어, 이후 나가사키의학교(1871)와 나가사키의과대학(1923)로 승격되었다.

42) 제2차 세계대전 종료 후 의학훈련소(Medical Training Institute, 醫學伝習所)로 처

음 설립된 나가사키의과대학(Nagasaki Medical College)은 관립 제4고등상업학교로 설립되었던 나가사키경제전문학교(Nagasaki College of Economics, 長崎經濟專門學校, 1905), 나가사키사범학교(Nagasaki Normal School, 長崎師範學校), 교원 양성을 목적으로 설립된 나가사키청년사범학교(Nagasaki Youth Normal School, 長崎靑年師範學校, 1921), 나가사키고등학교(Nagasaki High School)를 나가사키대학교(Nagasaki University, 長崎大學, 1949)로 통합하여 미쓰비시 오하시 무기공장 부지에 조성되었다.

43) Burke-Gaffney, Brian. Nagasaki: The British Experience, 1854-1945. Kent, UK: Global Oriental Ltd., 2009.

제9장

1) Pittayaporn, Pittayawat. 2014. "Layers of Chinese Loanwords in Proto-Southwestern Tai as Evidence for the Dating of the Spread of Southwestern Tai." Journal of Humanities. Vol. 17, No. 20(2014). pp.47-64.

2) Holm, David. "A Layer of Old Chinese Readings in the Traditional Zhuang Script." Bulletin of the Museum of Far Eastern Antiquities, 2014. p.33.

3) 태국에서 벼농사는 북부 및 중부 지역의 경우 건기가 종료되고 강우가 시작되는 5~11월과 12~4월에, 남부 지역에서는 9~11월과 3~5월에 진행된다.

4) 태국의 초기 세력들은 수코타이왕국(Sukhothai Kingdom, 1238~1583, 수도: Sukhothai)을 중심으로 성장하여 응고엔양왕국(Kingdom of Ngoenyang, 638~1292, 수도: Hiran), 란나왕국(Lan Na Kingdom, 1292~1775, 수도: Chiang Rai), 아유타야왕국(Ayutthaya Kingdom, 1351~1767, 수도: Ayutthaya)을 건국하였다.

5) 미얀마와 태국의 경계는 다엔라오산맥(Daen Lao Range)과 티베트고원에서 안다만해로 흐르는 살윈강(Salween River)이다. 이렇게 산맥과 강은 북쪽의 미얀마, 남쪽의 태국 그리고 동쪽의 중국을 나누는 자연 경계였다. 다엔라오산맥 고지에서 발원한 상류천인 핑강(Maenam Ping)과 난강(Maenam Nan)이 합류하여 도서, 방콕을 관통하여 타이만으로 흘러나간다.

6) 미얀마 지역의 초기 거주인인 몬족(Mon People)으로, 인디아 동부로부터 기원전 3,000~1,500년에 동쪽으로 이주하였고, 이후 6세기 즈음에 차오프라야강에 정착했다. 이들은 기원전 3세기에 불교를 흡수했고, 6세기를 전후로 상좌부불교로 개종했다. 몬족은 825년에 현재 로어버마(Lower Burma)에서 도시국가인 타톤국(Thaton Kingdom, 9세기~1057)과 페구국(Kingdom of hanthawaddy Pegu 1287~

1552)을 건국하고 인도양과 동남아시아를 연결하는 교역활동으로 성장했다. 또한 몬족의 드와라와티왕국(Dvaravati Kingdom, 6~11세기)은 1000년을 전후로 번성했으나 이후 메콩강을 중심으로 성장한 크메르제국의 공격을 받아 해체되었다.

7) Higham, Charles. Early Mainland Southeast Asia, Bangkok: River Books Co., Ltd., 2014.

8) 드와라와티왕국 후반기인 10세기에는 차오프라야강 유역에서 버마 세력이 미얀마 남부의 몬 세력의 거점인 타톤(Thaton)을 정복했고, 11~13세기에는 크메르제국이 형성되었으며, 13세기 초에는 드와라와티왕국이 시암 세력에 흡수되었다.

9) 수코타이왕국은 13세기에 태국 북부 지역으로부터 타이족이 차오프라야강의 상류를 확보하며 세력을 확장하였다. 이후 타이족은 중국의 송나라, 원나라와 교류하며 14세기에 현재 태국 영토의 대부분을 확보했다. 뒤이어 아유타야왕국은 나라이왕(Somdet Phra Narai Maharat, 재위 1656~1688)의 통치기에 성장했으나, 1767년 버마 세력과 충돌해 멸망했다. 이후 차오프라야 지역은 아유타야왕국이 멸망한 후 남하한 타이족이 차오프라야강의 서쪽부에 건국한 톤부리왕국(Thonburi Kingdom, 1767~1782)과, 이어 1782년 라마 1세(Phra Phutthayotfa Chulalok, 재위 1782~1809)가 건국한 라타나코신왕국(Ratanakosin Dynasty, 1782~1894)의 지배를 받으며 20세기 말부터 타이반도의 광역도시로 성장했다.

10) 타이족을 상징하는 보물인 황금불상(Phra Phuttha Maha Suwana Patimakon, Golden Buddha)은 수코타이에서 완성되어 그곳에 모셔졌으나 1403년 아유타야로 이전되었고, 시암-버마 전쟁기에 석고로 덮인 채 위장되어 아유타야의 한 사찰에 숨겨졌다. 이후 라타나코신왕조의 라마 3세(King Rama III, 재위 1824~1851)의 통치기에 아유타야로부터 방콕의 프라야크라이사찰(Wat Phraya Krai)로 옮겨졌고, 다시 1955년에 현재의 트라이밋사찰(Wat Traimit)로 옮겨 모셔져 있다.

11) 타이만(Gulf Thailand)은 16세기에 포르투갈 세력이 도착하기 전까지 그리스, 로마, 아라비아, 페르시아, 르네상스 지도 제작자들에게 '거대한 만(Magnus Sinus, Great Gulf)'으로 불리며 미지의 바다로 남겨져 있었다.

12) 차오프라야강은 남쪽으로 한 변의 길이가 약 100km에 이르는 'Π'형태의 타이만으로 연결된다. 타이만의 서쪽 해안에는 라차부리(Ratchaburi)로부터 페차부리(Phetchaburi)와 멀리 남쪽 700km의 수랏타니(Surat Thani)까지 그리고 동쪽 해안에는 촌부리(Chonburi)로부터 파타야시티(Pattaya City)를 지나 멀리 캄보디아 경계지의 찬타부리(Chantaburi)가 거점항구로서 형성되었다.

13) 방콕의 지반구조는 지상층부터 지하 50m까지 연약점토 지반(Bangkok Soft Clay),

점토층(First Stiff Clay), 중간 밀도의 점토질사층, 사질점토 및 실트 점토층(Medium Dense Clayey Sand, Sandy Clay and Silty Clay), 사질점토 및 방콕사층(Very Stiff Sandy Clay/First Bangkok Sand), 경질점토(Second Hard Clay), 방콕사층(Second Bangkok Sand)으로 구성되어 있다.

14) 방콕은 1995년, 2006년, 2011년에 폭우로 인한 대규모 범람이 발생했으며, 가장 최근에 발생한 타이 홍수(2011)로 인해, 506명이 사망하고 3,151,224명의 이재민이 발생했고, 1,850억 바트(약 6조 1,200억 원)의 재산 피해를 입었다.

15) 방콕은 열대몬순 기후권의 도시로서, 온기(3~6월), 우기(7~10월), 냉기(11~2월)를 갖고 있다. 이러한 특성으로 하천은 범람이 잦아 안정된 육로의 확보와 이용이 불가능하다. 방콕 우기의 강우량은 연평균 강우량 1,648mm 가운데 86.5퍼센트를 차지한다

16) 톤부리는 차오프라야강의 대표적인 범람지로서, '바다를 섬기는 보물의 도시(City of Treasures Gracing the Ocean)'라는 의미를 갖고 있다.

17) https://en.wikipedia.org/wiki/Thai_Chinese#cite_note-32

18) 탁신 장군(General Taksin, 鄭信, 재위 1767~1782)은 중국 광둥성 산토우 태생으로, 차오저우에서 활동한 후 아유타야로 이주해온 정용(Zheng Yong, 鄭鏞)의 아들이다. 그는 톤부리왕국을 건국하고 당시 차오저우 중국인 커뮤니티가 형성되고 있던 톤부리를 수도로 조성했다.

19) Lintner, Bertil. Blood Brothers: The Criminal Underworld of Asia. New York, NY: Macmillan Publishers, 2003. p.234.

20) 황중룽(Huang Chung Lhong, 火船廊, 1850)은 베이징 지역을 중심으로 발전되어 온 전통적인 건물 배치 방식으로 코트야드를 중심에 두고 네 면을 건물로 둘러 배치하는 '시헤유안(Siheyuan 四合院) 배치 방식'으로 조성되었다.

21) 1767년 라타나코신왕조의 라마 1세가 건설한 라타나코신구역의 운하는 당시 라타나코신섬(Ratanakosin Island)으로 불렸던 습지에 새로 라타나코신 왕궁 콤플렉스를 조성하고 차오프라야의 일부를 자연 해자로 이용한 방어체계로 조성되었다.

22) Amnuay-ngerntra, Sompong. "King Mongkut's Political and Religious Ideologies through Architecture at Phra Nakhon Kiri." Journal of Humanities. Vol. 10, No. 1(2007)

23) https://en.wikipedia.org/wiki/Thai_Chinese#History

24) Stuart-Fox, Martin. A Short History of China and Southeast Asia: Tribute, Trade and Influence. Crows Nest: Allen & Unwin, 2003. p.126.

25) Sowell, Thomas. Migrations and Cultures: A World View. New York, NY: Basic Books, 1997.

26) 삼판타웅(Samphanthawong)에는 이미 1650년대부터 중국인 주거지가 형성되었고, 이후 삼펭도로(Sampheng)를 중심으로 성장하며 왓삼프룸(Wat Sam Pleum)' 또는 '삼펭운하(Klong Sam Pheng)'로도 불렸다.

27) 방콕에 1653년을 전후로 중국 광둥성 차우저우(Chaozhou, 潮州)에서 이주해온 중국인 주거지가 조성된 배경은 당시 명나라가 청나라에 의해 멸망하면서 명나라의 마지막 보루였던 광둥 지역이 전쟁으로 황폐해졌고, 대량 학살이 자행되면서 이를 피해 광둥성 중국인들이 기존의 상업교류가 있어왔던 방콕으로 이주해왔다.

28) 탈라드노이의 소형타이주택(So Heng Tai Manson, 19세기 초)은 코트야드를 갖춘 대표적인 호키엔 건축양식의 주택이다.

29) 중국 차우저우인들은 1819년 이주해왔다. 당시 방콕에서 대형 토목사업인 랑싯운하(Khlong Rangsit)가 건설되면서 랑싯운하의 건설공사에는 내국인 인력이 부족하여 중국인 인력이 동원되었다. 특히 광둥성 차우저우의 중국인들이 제1, 2차 아편전쟁을 피해 방콕에 정착했다. 이후 차우저우 이주민들은 방콕에서 싱가포르, 싱가포르에서 리아우군도(Riau Islands)로 이주하며 그 도시들에서 차이나타운을 형성하였다.

30) 방콕의 초기 철도선의 화물수송은 방콕과 사뭇프라칸을 연결하는 팍남철도선(Pak Nam Railway, 1893~1959, 후아람퐁구역-토에이항구역-팍남 사뭇프라칸)을 시작으로, 방콕과 아유타야를 연결하는 북부철도선(Northern Line, 1896, 방콕역-아유타야), 방콕역과 신항인 토에이항구(Khlong Toey Pier, 1857)를 연결하는 동부철도선(Eastern Line, 1907), 차오프라야강 서측에서 방콕과 버터워스를 연결하는 남부철도선(Southern Line, 1901, 노이역-페차부리-버터워스), 크룽산역과 사뭇사콘을 연결하는 마에크룽철도선(Maeklong Railway, 1904) 등 총 다섯 개의 철도선을 통해 이루어졌다.

31) 당시 철도측량사업은 버마의 마르타반만(Gulf Martaban)과 타이만을 연결하는 철도선에 대한 사업구상(Exploration Survey for a Railway Connection between India, Siam, and China, Royal Geographical Society, London, 1886)이다.

32) 태국정부의 공공사업부(Ministry of Public Work, 1890)는 이후 북부철도공사(Northern Railway Authority, 1912)와 남부철도공사(Southern Railway Authority, 1913)로 나뉘어졌다. 먼저 북부철도공사는 칼 베세지와 독일 엔지니어였던 헤르만 게르츠(Hermann Gehrts, 1854~1914)와 루이스 베일러(Luis Weiler, 1863~1918)

의 주도하에 현재 북부철도선과 북동부철도선을 건설했다. 남부철도공사는 영국인 철도 엔지니어였던 헨리 기튼스(Henry Gittens, 1858~?)에 의해 방콕-페챠부리와 영국 지배하에 페낭과 싱가포르를 연결하는 남부철도선을 건설했다.

33) 방콕의 북부철도선과 남부철도선이 1927년 노이철도역에서 북쪽 900m 지점에 건설된 다리를 통해 연결되었다. 당시까지 노이철도역과 방콕철도역이 연결되지 못한 이유는 노이철도역이 차오프라야강 건너편의 라타나코신 왕궁과의 인접으로 발생한 소음과 진동 때문이었다. 이에 따라 방콕철도역은 남부철도선을 통해 버터워스로 직접 연결되었으며, 노이철도역은 이러한 연계체계에서 제외되며 쇠퇴했고 1999년 폐쇄되었다.

34) 방콕의 일곱 개 트램선은 영국이 설립한 방콕트램사(Bangkok Tramways Co. Ltd)와 독일과 벨기에가 공동설립한 시암전기사(Siam Electricity Co. Ltd)의 민간 투자로 건설되었다. 당시 트램선은 라타나코신왕궁(Grand Palace)과 타논톡항구(Thanon Tok Pier), 오리엔탈항구(Oriental Pier)를 연결하는 방콜렘선(Bang Kho Laem Line, 1888~1962, 시티필라-타논톡항구)을 시작으로, 도시순환선(City Circle Line, 1905~1968, 라타나코신섬 순환)과 랏차웅선(Ratchwongs Line, 1901~1962, 수아파-랏차웅항구), 삼센선(Samsen Line, 1901~1963, 방수에-토에이항구), 수코타이선(Sukhothai Line, 1910~1962), 두싯선(Dusit Line, 1905~1962, 왓리압-두싯왕궁-방크라부교차로), 실롬선(Silom Line, ~1962, 프라투남항구-오리엔탈항구) 등이다.

35) 방콕의 클롱토에이부두(Khlong Toei Pier)는 차오프라야강이 수계 방향이 남쪽으로 90도 전환하는 지점으로 방콕의 전략적인 군사 거점이기도 하다. 이곳은 이미 9세기 전후부터 항구로 사용되었고, 이후 1542년 아유타야 왕조부터 방콕의 관문 항구로서 조성되어 팍남프라프라맹항구(Pak Nam Phra Pradaeng Port)로도 불려왔다.

36) 두싯왕궁(Phra Ratcha Wang Dusit, 1901)의 두싯플라자(Phra Ratchawang Dusit, 1915)의 아난타사마콤궁(Ananta Samakhom Throne Hall, 1910)과 두싯가든(Dusit Garden)의 수안쿠라브홀(Suan Kularb Residential Hall)은 모두 유럽의 신고전 건축양식으로 조성되었다.

37) 덴마크 상인 한스 안델슨(Hans Niels Anderson)이 만다린오리엔탈호텔(Mandarin Oriental Hotel, 1876)을 설립했다. 또한 이즈음 덴마크 동아시아기업(Det Ø stasiatiske Kompagni East Asiatic Company, 1897)은 오리엔탈부두에 입지하여 선박재인 티크목재(Teak)를 방콕에서 수출했다.

38) 방콕의 프랑스인 주거지는 1821년에 현재 성모승천대성당(Assumption Cathedral, 1821, 1919)을 중심으로 조성되었다. 성모승천대성당은 포르투갈인 초기 주거지

의 주요 거점이자 방콕의 가톨릭 커뮤니티의 중심부였던 산타크루즈성당(Santa Cruz Church, 1770)이 확장하여 차오프라야강 맞은편에 설립되었다. 성모승천대성당은 산타크루즈성당과 동일하게 성당부속학교인 성모승천칼리지(Assumption College, 1885)과 방락시장(Bang Rak Market, 1860년대)과 함께 성당-학교-시장로 완성된 방콕 도시 거점의 구조를 갖추게 되었다. 한편 성모승천대성당에 인접해 세관청(Old Custom House, 1888)이 라마5세의 통치기에 근대 건축양식으로 현재 부지에 조성되어 항구의 상징성을 더했다. 이후 세관청은 1949년 토에이항구로 이전했으며 이 건물은 해양경찰청으로 이용되었다.

39) https://en.wikipedia.org/wiki/Christ_Church_Bangkok 크라이스트교회와 그 주변 구역은 라마 4세에 의해 영국 상인과 미국 선교사의 활동을 허용한 "개신교를 믿는 외국인 커뮤니티(community of foreigners who are of Protestant Christian faith)"로 불렸다.

40) 룸피니공원은 원래 왕족의 소유지로서 라마 6세에 의해 1920년대에 박물관 및 컨벤션센터의 기능을 가진 공원으로서 방콕의 첫 번째 도서관과 무도장이 조성되었다. 그러나 제1차 세계대전 이후 방콕 신항구와 오리엔탈부두의 중간 지점의 뛰어난 접근성이 바탕이 되어 1941년부터 일본군사기지로 활용되었다.

41) '방콕 광역도시계획안(Greater Bangkok Plan 2533, Ministry of Interior, 1960)'은 미국의 전문가들이 작성한 방콕 토지이용계획안(Bangkok Land Use Plan 1960, Litchfield, Whiting, Bowne and Associates, 1960)을 근거로 마련되었다.

42) Jittrapirom, Peraphan and Sittha Jaensirisak. "Planning Our Way Ahead: A Review of Thailand's Transport Master Plan for Urban Areas." Preceedings of World Conference on Transport Research Study, Shangahi. 2016. pp.3985~4002.

43) 당시 프렘틴술라논다 수상(Prem Tinsulanonda, 재임 1980~1988) 행정부의 주도로 대중교통 건설사업이 추진되었다. '라발린프로젝트'는 방콕의 광역도시권을 연결하는 세 개의 고가철도 노선 건설사업으로, 방콕철도역-방콕신항구 노선, 사톤다리(Sathorn Bridge)-톤부리노선(현재 BTS Silom), 메모리얼브릿지(Memorial Bridge)-마카산(Makkasan) 노선의 건설을 원안으로 추진했으나 1992년 정치적 이슈로 중단되었다. 이후 홍콩계 투자기업인 호프웰 홀딩스(Hopewell Holdings)의 주도하에 또 다른 고가철도 프로젝트인 '호프웰프로젝트(Hopewell Project, 1990)'가 진행되었다. 당시 호프웰프로젝트도 역시 세 개의 고가철도선의 건설을 제안했으며, 이는 돈므앙공항(Don Mueang Airport)-방콕 철도노선, 랏차테위-산샙운하(Khlong San Saep) 노선, 방콕철도역-방콕신항구 노선으로 기존 철도선 상

공에 고가철도선을 건설하는 것을 골자로 한다. 그러나 이 사업은 고가철도 기둥만 조성하고 투자 유치에 실패하여 결국 1998년 종료되었다.

44) Jenks, Mike. "Polycentrism and Defragmentation: Towards a More Sustaiabnle Urban Form." In Mike Jenks, Daniel Kozak and Pattaranan Takkanon (ed). World Cities and Urban Form: Fragmented, Polycentric, Sustainable? London: Routledge, 2008. p.82.

45) 방콕의 지하철 블루선(MRT Blue Line, 2004, 37km, 30개 역)이 2004년에 고가철도 수쿰빗선과 실롬선을 따라 건설되어 북쪽의 방수에(Bang Sue)-파툼완(Pathum Wan)-프라나콘(Phra Nakhon)-방콕 야이(Bangkok Yai)-방콕 남서쪽의 방카에(Bang Khae)를 'ㅁ'형태로 연결한다. 10년이 지난 후 지하철 퍼플선(MRT Purple Line, 2016, 23km, 16개 역)이 건설되어 차오프라야강의 북서쪽과 남동쪽을 방수에로부터 논타부리까지 연결하고 있다.

46) 빅토리모뉴먼트는 운하 중심의 방콕에서 정치·행정 거점이었던 라타나코신왕궁으로부터 북동쪽 5.3km 그리고 철도 중심 방콕의 상업 거점이었던 방콕철도역으로부터 북쪽 3.8km 지점에 독립적으로 조성되어 연계성의 문제점을 갖고 있다.

47) 방콕정부는 2006년 중반부터 '광역방콕대중교통마스터플랜(Mass Rapid Transit Master Plan in Bangkok Metropolitan Region 2000)'의 일부로서 현재 '레드라인 대중교통프로젝트(SRT Red Line Mass Transit System Project, 2009~2020)'를 추진하며 두 개의 레드라인(SRT Dark Red Line: Thammasat University Rangsit Campus-Maha Chai, Samut Sakhon, SRT Light Red Line: Salaya, Nakhon Pathom-Hua Mak, Bangkok)을 건설하고 있다.

48) 방수에중앙역(Bang Sue Central Station, Sathani Klang Bang Sue)은 지상층의 중앙광장을 중심으로 지하에는 지하철 블루선(MRT Blue Line Station)역과 주차장, 2층에는 일반 철도와 광역권 통근열차인 에스아르티레드선(SRT Red Line, 2009~2020)의 플랫폼, 3층은 중국태국고속철도(HSR, Bangkok-Nong Khai, Bangkok-Hua Hin), 태국일본고속철도(HSR, Bangkok-Chiang Mai), 수바르나부미 공항철도(Suvarnabhumi Airport Rail Link), 고속공항철도(Highspeed Airport Rail Link)를 연결한다.

49) 파툼완의 사파툼비행장(Sa Pathum Airfield, 1910~1914)은 라마 5세에 의해 왕실 소유의 부지였던 현재 방콕의 경마장인 로열스포츠클럽(Royal Bangkok Sports Club, 1901) 부지와 그 주변 지역에 건설되었다. 이후 사파툼공항의 기능이 돈므앙 공항(Don Mueang Airport, 1914)으로 이전되었으며, 이에 따라 비워진 비행장의

일부에 로열스포츠클럽과 라마 5세의 사파툼왕궁(Wang Sa Pathum, 1914)이 조성되었다.

50) 출라롱코른대학교(Chulalongkorn University, 1899)의 부지는 현재 로열스포츠클럽 서쪽에 위치했다. 원래 라마 5세의 장남인 마하 바지룬히스(Maha Vajirunhis, 재위 1878~1895)의 윈저궁(Windsor Palace, 1881, 현재 National Stadium of Thailand, 1937)의 부지였다. 윈저궁에는 1895년 지도학을 가르치는 교육기관(이후 Agricultural College, 1899)이 설립되어 기능했으며, 이후 라타나코신왕궁에 인접해 개교한 공무원학교(Royal Pages School, 1902, 이후 Civil Service College of King Chulalongkorn, 1911)에 흡수되고, 의과대학 교육 과정이 미국 라커펠러재단(Rockefeller Foundation)의 지원으로 마련되어, 출라롱코른대와 그 대학캠퍼스가 조성되었다. 한편 당시 농과대학(Agricultural College, 1899)은 랑싯 구역에서 쌀이 대량 생산되면서 농업생산량을 높이기 위해 설립되어 귀족이 아닌 일반 시민들이 입학할 수 있도록 허용된 첫 고등교육기관이다. 이후 라타나코신 왕궁의 북쪽 진입부에 조성된 왕립 패이지학교(Royal Pages School)가 1911년 농과대학을 흡수하고, 1917년 윈저궁을 중심으로 이전해오면서 인문과학부·행정학부·공학부·의학부로 구성된 출라롱코른 공무원칼리지(Civil Service College of King Chulalongkorn)가 설립되었다. 이후 법학·국제통상·상업·농업·공학·교육학 등의 전공들을 포함하면서 1932년 출라롱코른대학교(Chulalongkorn University, 1931)로 바뀌었다.

51) 수쿰빗도로는 방콕과 동남쪽 220km 지점의 방콕과 캄보디아와 국경 도시인 짠타부리(Chanthaburi)까지 연결된다.

52) 룸피니공원은 1946~1954년 미군의 주둔 기간에 베트남전쟁과 동남아 지역의 공산화로부터 방콕을 방어하기 위한 거점으로 사용되었으며, 이와 함께 사뭇프라칸에 미군기지가 기능했다.

제10장

1) 인도 구자랏(Gujarat)의 입구인 바루치(Bharuch)는 인도의 북부와 남부를 나누는 나르마드강(River Narmada, 1,312km)이 아라비아해(Arabian Sea)를 만나는 지점에 형성된 항구이다. 바루치로부터 북쪽 100km 지점에 인도 최초의 항구로 알려진 로탈(Lothal)이 입지한다. 구자랏은 이미 기원전 1,000~750년부터 페르시아만을 중심으로 이집트, 바레인, 수메르와의 교역의 중심지로 기능했고, 이후 10세기부터 차우루카왕국(Chaulukya Dynasty, 940~1244) 지배기에 인도 해양교역의 중

심부로 성장했다. 구자랏은 힌두-불교 세력인 구자라-프라티하라제국(Gurjara-Pratihara Empire, 8세기 중엽~1036), 차우루카왕국(Chaulukya Dynasty, 940~1244), 바게라왕조(Vaghela Dynasty, 1244~1304) 그리고 이슬람교 세력의 델리술탄왕조(Delhi Sultanate, 1206~1526)와 구자랏술탄왕조(Sultanate of Gujarat, 1407~1573)의 지배를 받았다.

2) 말라카해협의 수심은 말라카해협 남쪽의 가장 얕은 곳이 25m이며, 북서쪽 푸켓 앞바다에서부터 깊어져 약 200m까지 내려간다.

3) 말라카해협의 풍력은 항해 속도를 9.23~22.5km/h(5~12knots, 1knot=1.85km)까지 높여준다.

4) 세랏(Selat)과 라웃(Laut)은 현지어로 각각 해협과 바다를 의미한다. 해협과 바다를 배경으로 활동하던 이들을 지칭하는 명칭이다.

5) McGuire, John. "Exchange Banks, India and the World Economy: 1850-1914." Asian Studies Review. Vol. 29, No. 2(2005). pp.289~293.

6) 인도반도의 남서부 해안(Malabar)의 칼리컷(Calicut, 현재 Kozhikode), 남동 해안의 코로만델(Coromandel)의 마드라스(Madras, 현재 Chennai), 벵골(Bengal)의 칼커타(Calcutta, 현재 Kolkata)가 이즈음 함께 성장하기 시작했다.

7) 스리위자야왕국은 이후 1079, 1082, 1088년에 송나라에 외교단을 파견하며 우호 관계를 유지했다.

8) 정화 장군의 해상원정에 동행한 아랍어 통역가이자 역사가인 마후안(Ma Huan, 馬歡, 1380~1460)과 페이신(Fei Xin, 費信, 1385~1436)에 의하면, 당시까지 말라카는 항구로서의 조건을 갖추지 못한 아유타야 세력의 영토로 기록되어 있다.

9) 오피르(Ophir)는 성경에서 솔로몬왕이 금, 은 등의 귀한 선물을 받았던 지역으로, 인도 구자랏 지역의 이름을 빌어 명명했을 것으로 추정된다.

10) 파라메스와라는 1411년 정화 장군을 따라 540여명의 수행원을 동원하여 명나라의 용례 황제와의 회담을 위해 중국 본토를 방문했고, 다시 1411년 그의 부인과 함께 중국을 방문했다. 이후 파라메스와라의 아들인 메갓 이스칸다샤(Megat Iskandar Shah, 재위 1414~1424)는 1414년 역시 중국 황제를 방문했다.

11) Winstedt, Richard and P.E. De Josselin De Jong. "The Maritime Laws of Malacca." Journal of the Malayan Branch of the Royal Asiatic Society. Vol. 29, No. 3(1956) pp.22-59. https://www.jstor.org/stable/41503096

12) 이에 따라 만수르샤 술탄(Mansur Shah, 재위 1459~1477)은 말레이반도 통치자의 칭호인 만수르 파샤로 알려지게 되었다.

13) Rashid, Faridah Abdul. Research on the Early Malay Doctors, 1900-1957 Malaya and Singapore. Bloomington, IN: Xlibris Publisher, 2012. p.60.

14) 말라카강의 중심 다리인 탄김성다리(Tan Kim Seng Bridge, 1805)는 중국 푸젠성 취안저우 서쪽 교외인 용천(Yongchun County 永春縣)에서 이주해온 탄김성(Tan Kim Seng, 陳金聲, 1805-1864)에 의해 건설되었다. 탄김성은 바바 김성(Baba Kim Seng)으로 불리기도 했으며 싱가포르에서 부를 축적하여 거상이 되었다.

15) Ramerini, Marco. "Portuguese Malacca, 1511-1641".
https://www.colonialvoyage.com/portuguese-malacca-1511-1641

16) Ramerini, Marco. "Portuguese Malacca, 1511-1641".
https://www.colonialvoyage.com/portuguese-malacca-1511-1641

17) Ramerini, Marco. "Portuguese Malacca, 1511-1641".
https://www.colonialvoyage.com/portuguese-malacca-1511-1641

18) 『수마 오리엔탈』은 토메 피레스(Tome Pires, 1465~1540)가 1512~1515년 말라카에 머물면서, 말라카와 인도에 관해 기록한 저서이다. 토메 피레스는 1516년 포르투갈 마뉴엘 1세(Manuel I)의 대사로서 중국 명나라의 정덕황제에게 파견되어 광저우를 방문했으나 황제를 만나지 못했다고 전해진다.

19) 말라카술탄왕조의 술탄 알라우딘 리아얏샤(Sultan Alauddin Riayat Shah, 재위 1528~1564)가 1511년 포르투갈 세력에 말라카가 함락되자 동쪽으로 이주해와 현재 조호르에서 조호르술탄왕조(Kesultanan Johor, 1528~19세기)를 건국했다.

20) Subrahmanyam, Sanjay. "Commerce and Conflict: Two Views of Portuguese Melaka in the 1620s." Journal of Southeast Asian Studies. Vol. 19, No. 1(1988) pp.62-79. Retrieved January 1, 2021. http://www.jstor.org/stable/20070992

21) Subrahmanyam, Sanjay. "Commerce and Conflict: Two Views of Portuguese Melaka in the 1620s." Journal of Southeast Asian Studies. Vol. 19, No. 1(1988) pp.62-79. Retrieved January 1, 2021. http://www.jstor.org/stable/20070992

22) Borschberg, Peter. "Ethnicity, Language and Culture in Melaka after the Transition from Portuguese to Dutch Rule." Journal of the Malaysian Branch of the Royal Asiatic Society. Vol. 83, No. 2(2010). pp.93-117. http://www.jstor.org/stable/ 41493780

23) Ricklefs, M. C. A History of Modern Indonesia since c.1300. London: MacMillan,1991. pp.23-24.

24) Pandiyan, Veera. "Our Street Heritage." The Star. May 8, 2014. https://www.

thestar.com.my/news/community/2014/05/08/a-busy-ancient-walkway-jalan-kota-was-the-inner-wall-of-the-once-formidable-malacca-fortress

25 Pandiyan, Veera. "Our Street Heritage." The Star. May 8, 2014. https:// www. thestar.com.my/news/community/2014/05/08/a-busy-ancient-walkway-jalan-kota-was-the-inner-wall-of-the-once-formidable-malacca-fortress

26) Pandiyan, Veera. "Our Street Heritage." The Star. May 8, 2014. https:// www. thestar.com.my/news/community/2014/05/08/a-busy-ancient-walkway-jalan-kota-was-the-inner-wall-of-the-once-formidable-malacca-fortress

27) Weebers, Robert. The Influence of Simon Stevin (1548-1620) Principles on Dutch Towns and Buildings outside the Netherlands: Case Study of Melaka. Ph.D. Thesis, University of Malaya, 2012. p.126. http://studentsrepo. um.edu. my/5588/

28) Pandiyan, Veera. "Our Street Heritage." The Star. May 8, 2014. https://www. thestar. com.my/news/community/2014/05/08/a-busy-ancient-walkway-jalan-kota-was-the-inner-wall-of-the-once-formidable-malacca-fortress

29) Ramerini, Marco. "Portuguese Malacca, 1511-1641". https://www.colonialvo-yage. com/portuguese-malacca-1511-1641

30) Pandiyan, Veera. "Our Street Heritage." The Star. May 8, 2014. https://www. thestar.com.my/news/community/2014/05/08/a-busy-ancient-walkway-jalan-kota-was-the-inner-wall-of-the-once-formidable-malacca-fortress

31) Pandiyan, Veera. "Our Street Heritage." The Star. May 8, 2014. https://www. thestar.com.my/news/community/2014/05/08/a-busy-ancient-walkway-jalan-kota-was-the-inner-wall-of-the-once-formidable-malacca-fortress

32) 말라카학교(Malacca Free School, 1826, 이후 Malacca High School, 1871)는 1931년 시청광장과 인접한 부지에서 찬쿤쳉도로(Jalan Chan Koon Cheng)에 위치한 현재 부지로 이전했다.

33) http://studentsrepo.um.edu.my/5588; Weebers, Robert. The Influence of Simon Stevin (1548-1620) Principles on Dutch Towns and Buildings outside the Ne-therlands: Case Study of Melaka. Ph.D. Thesis, University of Malaya, 2012. p.126.

34) http://studentsrepo.um.edu.my/5588; Weebers, Robert. The Influence of Simon Stevin (1548-1620) Principles on Dutch Towns and Buildings outside the Ne-therlands: Case Study of Melaka. Ph.D. Thesis, University of Malaya, 2012. p.126.

35) http://studentsrepo.um.edu.my/5588; Weebers, Robert. The Influence of Simon Stevin (1548-1620) Principles on Dutch Towns and Buildings outside the Netherlands: Case Study of Melaka. Ph.D. Thesis, University of Malaya, 2012. p.126; Groll, Coenraad Liebrecht Temminck, et al. 2002. Dutch Overseas. Architectural Survey. Mutual heritage of Four Centuries in Three Continents. Zwolle, Waanders.

36) '페라나칸(Perankan)'의 사전적 의미는 혼혈, 후손 등을 뜻하지만, 말레이시아에서는 일반적으로 중국계 후손을 지칭한다. 중국인 이주민으로부터 시작된 페라나칸은 중국 고유의 문화를 유지하며 말레이시아 원주민 문화와 섞여 독창적인 문화를 구축했다.

37) 페낭의 페라나칸 주택(Peranakan House)은 매거진도로(Magazine Road)를 포함한 일군의 중심도로들(Sultan Ahmad Shah Road, Burmah Road, Prangin Creek, Muntri Street)을 따라 조성되었다.

38) 말라카의 자바 이주민은, 역사적으로 벵갈만에 면한 인디아 동부(현재 Odisha)에 위치했던 칼링가왕국(Kalinga Kingdom)에서 자바섬으로 이주해왔던 인도인이다. 이들은 자바섬의 중북부에서 힌두-불교 문화가 융합된 카링가왕국(Karajan Kalingga, 訶陵, 6~7세기)을 건국했고 네덜란드 세력의 말라카 지배기에 자바에서 말라카로 이주했다.

39) 영국의 말라카해협 식민지는 말라카해협을 중심으로 조성된 영국 식민지로서, 말라카해협의 네 개의 거점인 말라카(Malacca), 딘딩(Dinding, 현재 Manjung), 페낭(Penang), 싱가포르(Singapore) 그리고 1907년 추가된 보르네오 해안의 라부안섬(Island of Labuan)으로 구성되었다.

40) 윌리엄 파쿠하(William Farquhar, 1774~1839)는 스코틀랜드 태생의 엔지니어로 동인도기업에 취업하여 해군 엔지니어로 활동했다. 이후 말라카의 행정관(Resident and Commandant of Malacca, 재임 1802~1818)으로 재임했고, 이후 초대 싱가포르 행정관(British Resident and Commandant of Colonial Singapore, 재임 1819~1823)을 역임했다.

41) Murali, R. S. N. "Kampung Morten is Where Tourists to the Historical City Get a Taste of Local Culture." The Star. July 9, 2018. https://www.thestar.com.my /metro/focus/2018/07/09/melakas-showcase-malay-village-kampung-morten-is-where-tourists-to-the-historical-city-get-a-taste-o

42) 말레이시아 해상연구원(Maritime Institute of Malaysia)의 보고에 따르면, 말라카

운하의 연간 최대 선박통행량은 120,000선이며, 2025년 140,000선에 이를 것으로 예측되었다.

제11장

1) 티베트고원(Qinghai-Tibet Plateau)의 칭하이성(Qīnghǎi Shěng, 青海省) 산장유 안국립보전지(Sanjiangyuan, 三江源)는 중국의 삼대 하천인 황하강(Huang He, 黃河, 5,464km), 양쯔강(Yangtze, 揚子江, 長江 6,300km), 메콩 강(Mekong River, 4,350km)의 발원지이다. 메콩강은 발원지에서 자추강(Za Qu, 扎曲)으로 불리며 그 수계 상류 구간은 란캉강(Lancang, 瀾滄江)으로 불린다. 메콩강삼각주는 최대 삼모작이 가능한 농지(총면적 약 39,000km²)에서 매년 3천650만 톤의 쌀을 생산 하는 베트남 최대 농업생산지이다. 이는 한국의 연간 쌀 소비량(6백만 톤 기준)의 6배에 달한다. 메콩강삼각주의 농지는 베트남 전체농지의 1/4을 차지하며 베트 남의 연간 쌀 생산량(4천6백만 톤, 2017년 기준)의 1/2 이상을 차지하고 있다.

2) https://en.wikipedia.org/wiki/Mekong_Delt

3) 동나이강(Song Dong Nai)의 어원은 벌을 뜻하는 크메르 단어인 '농나이(Nông-nại)'에 기원한다.

4) 푸난왕국(Kingdom of Funan, 扶南, 68~550, 수도: Vyadhapura)는 1~6세기에 인 도문화권의 영향을 받은 메콩강삼각주의 지배 세력으로 강력한 중앙집권체제를 확립하지는 못했다. 푸난이란 '산'을 뜻하는 크메르 단어인 'bnaṃ', 'vnaṃ', 'phnoṃ' 또는 '평화로운 남부(Pacified South)'에서 기원한다.

5) 첸라왕국(Kingdom of Chenla, 眞臘, 550~802)은 도시국가의 연합행정체로, 인도 남부의 팔라바왕조(Pallava Dynasty, 275~897, 수도: Kanchipuram)와 차루캬왕 조(Chalukya Dynasty, 543~753, 수도: Badami)의 영향을 받았다.

6) Vo, Nghia M. Saigon: A History. Jefferson, NC: McFarland & Company, 2011. pp.76-77. 크메르세력은 라오스 남쪽으로 북부 캄보디아의 현재 스퉁트렘(Stung Trem Province)에 정착하여 400년 전후로 공동체를 설립했고, 550년대에는 첸라 왕국을 건국하여 푸난왕국과 조공관계를 맺었다. 이후 푸난왕국을 흡수하고 메 콩강삼각주의 지배 세력이 되었다.

7) 크메르제국(Khmer Empire, 802~1431, 수도: Mahendraparvata, 9세기 초; Hari-haralaya, 9세기; Koh Ker, 928~944; Yasodharapura/Angkor, 9세기 말~15세기 초)은 인도의 힌두교·대승불교·상좌부불교의 문화권에서 성장했다.

8) 참파왕국(Kingdom of Champa, 192~1832, 수도: Indrapura, 875~978; Vijaya, 978~

1485; Panduranga, 1485~1832)은 보르네오에서 이주해온 상인 세력인 참족(Chams Urang Campa)이 건국하여 현재 베트의 후에(Huế)로부터 메콩강삼각주까지 지배했다.

9) Vo, Nghia M. Saigon: A History. Jefferson, NC: McFarland & Company, 2011. p.7-8. 당시 바이가우르는 남중국해를 접하고 있는 참파왕국의 바다항구인 인드라푸라(Indrapura), 비자야(Vijaya), 카우타라(Kauthara), 판두란가(Panduranga)에 비해 그 중요성이 상대적으로 낮았다.

10) 참파왕국은 1177~1181년에 서쪽의 크메르왕국과의 전쟁에서 패했다. 이후 크메르세력은 현재 말레이시아, 태국, 캄보디아, 베트남 남부에 해당하는 지역 모두를 획득하여 황금시대를 누렸다.

11) Vo, Nghia M. Saigon: A History. Jefferson, NC: McFarland & Company, 2011. pp.7-8.

12) Vo, Nghia M. Saigon: A History. Jefferson, NC: McFarland & Company, 2011. pp.7-8.

13) Vo, Nghia M. Saigon: A History. Jefferson, NC: McFarland & Company, 2011. p.14.

14) 중국 본토의 이주자들 중에는 광둥성 레이저우(Leizhou, 雷州) 태생으로 청나라를 피해 이주해 온 막추우(MạcCửu, 鄭玖, 1655~1736)는 크메르세력에 유입되어 하티엔의 행정관이 되었고, 그의 아들인 막티엔투(Mac Thien Tu, 鄭天賜), 막티엔투의 손자인 찬다이륵(Trần Đại Lực, 陳大力, ?~1770) 등이 대를 이어 응우엔왕조를 위해 활동했다. 또한 정청공의 신하로서 명나라의 장군이었던 찬추응수엔(Trần Thượng Xuyên, 陳上川, 1626~1720)은 1679년 미토의 행정관이 되었으며, 역시 명나라 장군으로 정청공의 부하였던 두응응안딕(Dương Ngạn Địch, 楊彦迪, ?~1688)은 비엔호아의 행정관으로 활동했다. 중국 푸젠성에서 후에로 이주해온 중국인 후손으로 시인이자 역사가인 친호아이독(Trịnh Hoài Đức, 鄭懷德, 1765~1825), 사이공조약의 외교 협상가로 활동한 판탄자인(Phan Thanh Giản, 潘清簡, 1796~1867) 등이 자딘에서 활동했다.

15) 응우엔왕조의 군주들은 1698년 베트남 귀족으로 응우엔흐우깐(Nguyễn Hữu Cảnh, 阮有鏡, 1650~1700) 장군에게 베트남 남부 정벌을 명했다. 당시 응우엔흐우깐의 메콩강 정벌은 베트남 남부를 응우엔가문이 지배하게 되는 결정적 계기가 되었다.

16) Vo, Nghia M. Saigon: A History. Jefferson, NC: McFarland & Company, 2011. p.3.

17) 이 시기에 베트남 북부의 지배 세력으로 하노이와 후에에 거점을 두었던 터이선 왕조(Nhà Tây Sơn Dynasty, 家西山, 1770~1802)는 1777년 응우옌왕족의 마지막 왕을 제거한 후 베트남 남부와 자딘을 지배했다.

18) 응우옌왕족의 혈족인 응우옌푹안(Nhà Tây Sơn Phuc Anh, 재임 1802~1820)은 터이선왕조를 피해 호치민시로부터 서쪽 200km 지점에 위치한 메콩강의 항구인 하티엔으로 피신했다. 응우옌푹안 왕자는 1777년 하티엔에서 파리 외국선교회(Societe des Missions etrangeres de Paris, 1660)의 선교사 피에레 피뇨(Monsignor Pierre Joseph Georges Pigneau de Behaine, 1741~1799)를 만나 그의 도움을 받고 자딘의 탈환에 성공했다.

19) https://saigoneer.com/old-saigon/7167-lang-cha-ca-from-mausoleum%E2%80%A6to-roundabout; 피에레 피뇨는 프랑스 북부 오트 드 프랑스 주 태생으로, 선교사 교육을 받고 파리 외국선교회를 통해 베트남으로 파견되었다. 그는 1765년 프랑스의 마르세유에서 마카오를 방문하고, 중국인 배를 타고 하티엔을 통해 베트남 남부에 도착했다. 푸쿠옥섬(Island Phú Quốc)에 선교원을 설립하고, 중국어와 베트남어를 공부해 베트남-라틴사전(Dictionarium Anamitico-Latinum, 1772)을 편찬했다. 이후 1774년 코친차이나의 아드란 주교(Bishop of Adran and Apostolic Vicar of Cochinchina)로 활동했으며, 1777년 응우옌푹안과 그 가족의 자딘 탈환을 돕고 프랑스의 자딘 지배권을 확보하는 데 기여했다.

20) 프랑스 해군 공병장교인 올리버 드 피마넬(Oliver de Puymanel, 1768~1799)은 1768년 프랑스 남부의 카르팡트라(Carpentras)에서 태어났으며, 해군에 입대하여 피뉴 선교사와 함께 자딘을 방문했다. 그는 자딘에서 포병 교관직을 수행했고, 세바스찬 보방(Sebastien Vauban, 1633~1707)의 요새를 참고해 자딘의 1차 요새를 건설했다.

21) 건설 엔지니어인 세바스찬 보방은 루이 14세의 핵심 참모로서 프랑스 항구와 부루시 운하(Canal de la Bruche, 1682) 건설에 참여했다. 프랑스 국경 방어를 위해 1698년부터 건설된 네프-브리삭(Neuf-Brisach, Neubreisach) 요새는 세바스찬 보방의 마지막 작업으로, 그의 사후에 루이 드 코르몽타네(Louis de Cormontaigne)에 의해 완공되었다. 네프-브리삭 요새는 당시 르네상스적 사회 가치를 반영하여 정사각형의 도로체계를 중심으로 외부에 팔각형의 요새를 갖추었다.

22) 자딘의 1차 요새는 북쪽으로 응유엔 딘치우도로(Duong Nguyen Dinh Chieu), 남쪽의 응유엔훈칸도로(Duong Nguyuen Hun Canh), 서쪽의 남빈키엠도로(Duong Nam Binh Khiem), 동쪽의 티엔 호앙 톤우탕도로(Duong Tien Hoang Ton Du

Thang)을 따라 건설되었다.

23) 자롱왕을 이은 민망왕(Minh Mạng Emperor of Việt Nam, 재위 1820~1839)은 르
반 듀엣 장군(Lê Văn Duyệt, 1789~1832)이 1832년 사망하고 베트남 남부의 봉기
(1832~1835)를 진압하면서, 남부 세력과 프랑스 세력의 지배권을 축소하기 위해
1차 요새를 해체한 뒤 2차 요새(Phoneix Citadel, 1837)를 축소하여 재건했다.

24) http://www.historicvietnam.com/citadels-of-gia-dinh/

25) Vo, Nghia M. Saigon: A History. Jefferson, NC: McFarland & Company, 2011.
pp.77-78.

26) 사이공(Saigon, 柴棍)이라는 단어는 나무를 뜻하는 중국어 '사이(Sai, 柴)'와 목화
와 유사한 섬유를 생산하는 카폭나무(Kapok tree)를 뜻하는 베트남어 '곤(Bon
Gon)'의 합성어이다. 카폭나무는 고온다습한 곳에서 높이 40m까지 성장하는 낙
엽교목으로 열매에서 섬유질이 생산된다.

27) 벨트운하(Canal de Ceinture)는 폴 코핀(Paul Coffyn)이 수립한 사이공 도시계획
안(Plan du Colonel Coffyn, 1862)에서 처음 제안되었다.

28) 베트남에 중국 본토인이 처음 이주해온 시점은 기원전 200년대로 중국의 진나라
의 진시황 때부터이다. 당시 호아(Hoa, 華)라고 불린 중국인 이주민들은 홍강삼
각주를 중심으로 현재 하노이의 남쪽에 위치한 박키(Bắc Kỳ)를 중심으로 행정 거
점을 형성했고 그 세력권을 확장했다.

29) 조론의 중국인은 베트남의 공식적인 통치자인 리왕조(Le Dynasty, 1428~1789)가
아닌 실질적인 통치자였던 응우옌가문을 후원하면서 타이손반군의 숙청 대상이
되어 만여 명이 학살되었다.

30) '조론(Cholon)'이란 베트남어로 큰 시장을 뜻하며, 둑방을 뜻하는 칸톤어인 '타
이-응온(Tai-Ngon)' 또는 만다린어인 디안((Dìàn)으로 불렸다.

31) Corfield, Justin. Historical Dictionary of Ho Chi Minh City. London: Anthem
Press, 2014. p.61.

32) 프랑스 세력은 베트남 남부(Cochinchina)의 식민지화를 위해 인도차이나연합
(Union indochinoise; Liên bang Đông Dương, 1887~1954)을 설립하고, 동나이강
을 통해 중부 내륙의 다랏(Da Lat), 중부(Annam), 북부(Tonkin) 그리고 1887년에
캄보디아, 1893년에 라오스의 영토를 순차적으로 확보했으며, 1898년에는 광저
우에 프랑스 조계지를 추가하며 인도차이나연합을 완성했다.

33) 인도차이나연합의 수도는 1902년 사이공에서 하노이로 이전되었고, 다시 1939년
중부의 다랏으로, 이후 1945년 하노이로 최종 이전되었다.

34) 노트르담대성당(Cathédrale Notre-Dame de Saïgon, 1880)은 현재 응오둑케도로 (Duong Ngo Duc Ke)에 자리 잡고 있던 사이공성당을 해체하고, 1863년 툴루즈 (Toulouse)에서 수입된 건축 재료로 신축되었다.

35) 프랑스의 식민총독관 피에레-폴(Pierre-Paul de La Grandiere, Gouverneur de la Cochinchine, 재임 1863~1868)은 사이공의 지배를 상징화하기 위해 제일 먼저 총 독궁을 조성했다. 사이공 총독궁은 홍콩 시청을 설계한 찰스 허마잇(Charles Hermite)이 설계했다.

36) 동코이도로(Đường Dong Khoi)는 프랑스 지배기에 프랑스 육군인 니콜라스 카 니나(Nicholas Catinat)의 이름을 기리며 카티나도로(Rue Catinat)로 불렸으며, 이 후 자유의 길(Tu Do, Freedom Street)로도 불렸다.

37) 프랑스 파리의 프티팔레(Petite Palais)를 모델로 설계된 사이공 오페라하우스 (Nhà Hát Lớn Thành Phố HồChí Minh, 1990)는 프랑스 극단의 공연장으로 이용 되었다.

38) 마제스틱호텔(Hotel Majestic, 1925, 현재 Mekong Hotel)은 베트남 남부에서 활 동하던 중국 사업가인 휘본호아(Hui Bon Hoa)에 의해 3층 건물로 건축되었고, 이후 1965년 두 개 층이 증축되었다.

39) 임페리알레도로를 따라 첫 번째 총독의 궁(이후 Institution Taberd, 현재 Trần Đại Nghĩa High School), 인쇄국(Imprimerie Colonial Printers, 현재 Intercontinental Hotel), 포병막사(Colonial Infantry Barracks, 현재 French Consulate General), 유 럽인 묘지(현재 Cong Vien Lê Văn Tám Park)가 조성되었다.

40) Doling, Tim. "Old Saigon Building of the Week: Tan Dinh Market, 1927." 2014. http://www.historicvietnam.com/tan-dinh-market/

41) 사이공칼리지(College Indigene de Saigon, 1871~1873)는 창립자이자 총장인 호 노레 와테블드(Honore Wattebled)와 유럽인 교사, 베트남인 교사가 근무했다. 이 곳에는 주로 귀족 집안의 자제들이 수학했으며, 졸업 후 국가장학금을 받아 대부 분 프랑스 마르세유(Marseille)에서 유학했다.

42) 베트남 교역박물관(Museum of Commercial Trade, 1890, 현재 Ho Chi Minh City Museum)은 이후 해군장교였던 앙리 다넬(Henri Eloi Danel, 임기 1889~1892)의 임기 중에 코친차이나 총독궁(Residence of the Lieutenant Governor of Cochin-china)으로 사용되었다.

43) 사이공의 식물원(Saigon Jardin Botanique, 1864)에는 이후 사이공동물원이 프랑 스 사령관 피에르 드라 그앙디에레(Pierre de la Grandiere)의 주도로 추가되었다.

44) 사이공의 파스퇴르연구소(Pasteur-Institute Saigon, 1891)는 파리에 본원을 둔 파스퇴르연구소(Pasteur Institute in Paris)가 해외에 설립한 최초의 연구소이다. 이곳에서는 전염병 연구와 함께 전염병 백신을 개발했다. 베트남 독립 이후 프랑스와 베트남 외교부는 1956년 이 연구소를 계속 운영하기로 합의했다. 이에 1960년대부터 이 연구소의 프랑스 의학자들이 병원과 대학에 강의를 했으며 동남아시아의 병리학 연구를 진행하고 있다.

45) 파리의 파스퇴르연구소(Institut Pasteur, 1887)는 돌(Dole) 태생의 생물학자인 루이 파스퇴르(Louis Pasteur, 1822~1895)에 의하여 설립되었다.

46) 사이공조약(Traite de Saigon, Nham Tuat Treaty, 1862)의 결과로, 사이공, 폴로콘도로섬(Island Poulo Condor) 그리고 코친차이나로 부르는 세 개의 지역(Bien Hoa, Gia Dinh, Dinh Tuong)에 대한 지배권이 프랑스로 이양되었다.

47) http://www.csg.com.vn/html/aboutcsg.html

48) 사이공의 트램선은 '하이도로 증기트램(High Road Steam Tramway, 1881)'으로 불리며, 프랑스 민간기업(SGTVC, Societe Generale des Tramways a Vapeur de Cochinchine)이 건설하고 운영했다.

49) 사이공-미토 철도선(Saigon-My Tho Line, 1885, 71km)은 1888년까지 식민지 개발을 목적으로 프랑스 민간기업(CCFGCF, Compagnie des Chemins de Fer Garantis des Colonies Francaises)이 운영했으며, 이후 사이공 트램기업(SGTVC, Societe Generale des Tramways a Vapeur de Cochinchine)이 운영했다.

50) 벤탄시장은 남쪽의 코냑광장(Place Cuniac, 현재 Square Quach Thi Trang), 북쪽의 데스파뉘도로(Rue d'Espagne, 현재 Duong Le Thanh Ton), 동쪽의 쉬뢰드도로(Rue Schroeder, 현재 Duong Phan Chau Trinh), 서쪽의 뷔노도로(Rue Vienot, 현재 Duong Phan Boi Chau)를 경계로 두었다.

51) 베트남은 1955년 프랑스로부터 독립했으나 이후 북부와 남부가 분할되어 통치되었다. 이 시기에 응유엔왕조의 마지막 13대 바오다이왕(Bảo Đại, 保大, 재위 1926~1945)이 1955년 국민투표에 의해 폐위되었다. 이후 북부 베트남은 사회주의 베트남(Socialist Republic of Vietnam, 1976~현재)으로, 남부 베트남은 베트남 공화국(Republic of Vietnam, 1955~1975)으로 건국되어 이후 베트남전쟁을 치렀다.

52) Lambert, Donald. Four Ways to Help Transform Ho Chi Minh City in to a Financial Hub. Manila: Asia Development Bank, 2019. https://blogs.adb.org/blog/four-ways-help-transform-ho-chi-minh-city-financial-hub

53) http://www.csg.com.vn/html/aboutcsg.html

54) https://www.vir.com.vn/ports-must-make-way-for-new-phase-58338.html

55) 바손(Ba Son)에는 과거 해군조선소를 중심으로 시타델라대로(Blvd. de la Citadelle, 현재 Tôn Đức Thắng Street)를 따라 세인트조셉신학교(St. Joseph's Seminary, 현재 Saigon University Đại Học Sài Gòn, 2003)와 고아원, 수도원, 수녀원(Convent of Sisters of Saint-Paul de Chartres, 1863)이 기능했다.

56) 1984년 '역사문화유산의 보전(Preservation of Historical and Cultural Relics)'에 관한 입법과 함께 1990년대에는 베트남문화부(Ministry of Culture)가 문화유산의 발굴 작업을 진행했다. 이후 하노이와 호치민시의 국립역사유적(National Historic Monument) 목록이 제작되고 국립역사유적을 보호하는 '문화유산법(Laws on Cultural Heritage, 2001)'이 제정되었다.

57) 몽교(Cau Mong, 1882)는 프랑스 예술학교(Ecole Centrale des Arts et Manufactures of France) 졸업생으로 젊은 구조 설계가였던 구스타브 에펠(Gustave Eiffel, 1832~1932)의 설계작으로 무지개다리 또는 에펠다리로 불린다.

58) https://blisssaigon.com/ho-chi-minh-city-will-invest-30-million-for-heritage-preservation/

59) https://www.citylab.com/equity/2016/11/preservation-in-hanoi-deomlition-in-ho-chi-minh-city/506252; 호치민시의 도시개발관리지원센터(Ho Chi Minh City Urban Development Management Support Center)에 의하면, 호치민시에는 프랑스 지배기에 조성된 총 200개 이상의 주택들이 1994~2014년 사이에 철거되거나 개조되었다.

60) 호치민시의 카라벨레호텔(Caravelle Hotel, 1959)은 1950년대 말에 이탈리아 대리석, 방탄유리와 당시 최고 성능의 에어컨 시설을 갖춘 10층 건물로 시공되었다. 1960년대에 호주대사관, 뉴질랜드대사관, 미국의 방송사(NBC, ABC, CBS)의 사이공 지사가 이곳에 위치했고, 베트남전쟁기에 중요한 언론 거점으로 기능했다. 베트남 통일 후 베트남정부가 매입하여 독립호텔(Doc Lap, Independence Hotel)로 개명되었고, 이후 1998년 다시 카라벨레호텔로 개명되어 24층으로 증축되었다.

61) 호치민시의 인구는 2019년 기준 899만 명(면적 2,000km²)이며, 광역도시권의 인구는 1350만 명(면적10,600km²)이다.

62) 당시 호치민시의 대중교통계획안은 한 개의 트램선(Ba Son-Võ Văn Kiệt-Lý Chiêu Hoàng-Bến xe Miền Tây,12.8km), 두 개의 모노레일선(모노레일 1, 27.2km, National Highway 50-Xuân Thuỷ-Bình Quới; 모노레일 2, 16.5km, Junction Nguyễn Oanh and Phan Văn Trị-Quang Trung Software City-Tân Chánh Hiệp Railway Station),

여섯 개의 지하철선(총 107km)의 건설을 제안했다.

63) 사이공 하이테크파크(Saigon High-Tech Park, 2002)는 인텔을 포함해 하드디스크 모터를 생산하는 일본 니덱(Nidec)을 포함해 테크놀로지 분야의 총 26개 글로벌 기업들이 입주하여, 2011년 기준 11,000명을 고용하고 있다. 또한 호치민시는 최근 2019년 두 번째 하이테크파크인 푸옥롱하이테크파크(Phuoc Long High-Tech Park, 2020, 면적 200ha)을 조성 중이다.

64) http://www.portcalls.com/new-tan-cang-hiep-phuoc-seaport-aims-to-connect-southern-vietnam; 사이공컨벤션센터(Saigon Exhibition & Convention Center, 2008)는 호텔, 오피스타워, 전시시설(면적 40,000m²), 외부 공간(면적 20,000m²)을 두고 국제행사의 중심부로 자리 잡았다.

65) https://newsaigon.wordpress.com/category/district-7

제12장

1) 중국의 삼국시대(220~280)는 위(Wei, 魏, 220~266, 수도: Luoyang, 洛陽), 촉한(Shu Han, 蜀漢, 221~263, 수도 Chengdu, 成都), 오(Wu, 吳, 222~280, 수도 Wuchang)의 각축기다

2) Karashmia, Noburu (ed.). 2014. A Concise History of South India: Issues and Interpretations. New Delhi: Oxford University Press. pp.136-144.

3) 신라의 불교승려로서 당나라에서 활동한 혜초(慧超, 惠超, 704~787)가 723~727년까지 이 교역로를 부분적으로 이용해 인도를 방문했을 것으로 추정된다.

4) http://factsanddetails.com/indonesia/History_and_Religion/sub6_1a/entry-3940.html#chapter-7

5) Nayar, Mandira. 2020. Lord of the Ocean, The Week, December 27, 2020. https://www.theweek.in/theweek/cover/2020/12/17/lord-of-the-ocean.html

6) Karnjanatawe, Karnjana. 2019. "Tales from the Southern Seas". Bangkok Post.

7) https://en.wikipedia.org/wiki/Sang_Nila_Utama; 말레이애날즈(Malay Annals, 원제 Sulalatus Salatin)는 말레이 왕조의 기록을 담은 역사서로서 1612년 발행본이 가장 오래되었다.

8) 마자파제국(Kemaharajaan Majapahit, 1293~1520)은 자바섬의 힌두-불교의 세력으로 자바섬 동부의 마자파힛(Majapahit, Wilwatikta, 현재 Trowulan)을 수도로 두고, 수마트라·말레이반도·인도네시아·태국 남부·부르네이·동티모르·술루군도 등을 지배했다.

9) 부킷라랑안(Bukit Larangan)은 말레이어로 '금지된 언덕'이라는 의미이다.

10) 존 크러퍼드(John Crawfurd)는 1822년 부킷라랑간의 남동쪽 해안에서 1300~1600
    년대의 중국산 도자기, 말레이산 도자기, 유리, 금, 구리 등을 발견했다. 이를 근거
    로 싱가푸라왕국은 중국 원나라의 취안저우와 해상교역 거점으로 추정되어 왔다.

11) 바투 버르라야르(Batu Berlayar)는 뾰족하게 세워져 있는 돌로서 말레이어로 '돛
    단 바위'을 의미하며 항해를 위한 위치 참고점으로 쓰였다. 바투 버르라야르는
    1848년 영국인에 의해 파괴되었다.

12) 아체술탄왕조(Keurajeuen Aceh, 1496~1903)의 집권세력은 참족(Urang Campa)
    으로 2~15세기 중엽 중부-남부 베트남의 참파왕국(Kingdom of Champa, 192~1832)
    의 중심 세력이었다. 참족은 힌두-불교의 영향을 받아 인도화되었으나, 이후 구
    자랏과 교역을 통해서 9세기부터 이슬람교의 영향을 받고 11세기에 본격적으로
    이슬람교화 되었다. 참족은 1181년 크메르 세력의 자야바르만 7세(Jayavarman
    VII, 재위 1181~1218)에게 패했다.

13) 싱가포르는 당시 조호르술탄왕국의 싱가포르 행정자인 테멘공(Temenggong)의
    지배를 받았으며, 라웃족, 말레이인, 중국인으로 구성된 약 1,000명의 인구를 갖
    고 있었다.

14) Thulaja, Naidu Ratnala. "Singapore Infopedia: Opium and its History in Singa-
    pore." 2016. https://eresources.nlb.gov.sg/infopedia/articles/SIP_622_ 2004-
    12-16.html

15) 싱가포르 아웃람(Outram)은 영국의 해군장군으로 인도에서 활동한 제임스 아웃
    람(James Outram, 1803~1863)을 기리기 위해 명명되었다.

16) 싱가포르강(Sungei Singapura, 新加坡河)는 현재 알렉산드라도로(Alexandra Road)
    를 따라 남동쪽으로 흘러 마리나저수지(Marina Reservoir)로 흘러나가는 강이다.

17) McGuire, John. "Exchange Banks, India and the World Economy: 1850-1914."
    Asian Studies Review. Vol. 29, No. 2(2005).

18) https://chinatown.sg/history-of-chinatown; Chinatown Business Association.
    2020. History of Chinatown.

19) https://chinatown.sg/history-of-chinatown; Chinatown Business Association.
    2020. History of Chinatown.

20) https://chinatown.sg/history-of-chinatown;
    Chinatown Business Association. History of Chinatown. 2020.

21) https://stateofbuildings.sg/places/chinatown-complex; Koh, Kelly. State of

Builidings: Chinatown Complex. 2015.

22) 말레이 세력들은 영국보호령인 말라야유니언(Malayan Union, 1946~1948)과 말라야 연맹(Federation of Malaya, 1948~1963)을 건국했고, 이후 말레이시아(Malaysia, 1963~현재)로 국명을 변경하였다. 싱가포르는 이 과정에서 말레이시아에 통합되었지만 이후 1965년에 다시 독립했다.

23) 이 시기에 싱가포르정부가 외국 기업들에게 제시했던 유인책은, 안정된 환율과 수익금 송금시의 수수료 면제, 수입품의 관세 면제, 싱가포르 기업 주식의 무제한 매입의 허용이었다. 또한 싱가포르정부는 영어를 싱가포르의 공용어로 채택했고, 상대적으로 저렴한 고급 노동력을 제공했다. 특히 싱가포르는 국제적인 항구 기능을 갖추고 있어, 완제품의 운송비가 대폭 축소되었다.

24) Hussain, Zarina. "How Lee Kuan Yew Engineered Singapore's Economic Miracle." BBC News. March 24, 2015. https://www.bbc.com/news/business-32028693

25) Lee, Kuan Yew. From Third World to Firs: The Singapore Story, 1965-2000. New York, NY: Harper Collins Publisher, 2000. pp.80-81.

26) https://en.wikipedia.org/wiki/Demographics_of_Singapore#Ethnic_group

27) 싱가포르 오차드도로(Orchard Road)로 불리는 쇼핑구역은 대략 동북쪽으로 뉴턴(Newton), 서쪽으로 탕린(Tanglin), 남쪽으로 리버밸리(River Valley), 남동쪽으로 뮤지엄(Museum)으로 경계된다.

28) 마리나베이금융센터(Marina Bay Financial Centre)는 1단계 개발(Towers 1, 규모 33층; Tower 2, 규모 50층; Marina Bay Residence, 428호실)과 2단계 개발(Tower 3, 규모 46층; Marina Bay Suites, 221호실) 그리고 기단부의 쇼핑몰(Marina Bay Link Mall, 16,630m²)로 완성되었다.

29) Hong Kong Land, Cheung Kong Limited, Keppel Land 등의 민간 기업이 마리나배이 개발에 참여했다.

참 고 문 헌

■

국외서·논문·인터넷사이트

Ahmad, Suriati and David Jones Deakin. "The Importance and Significance of Heritage Conservation of the ex-Tin Mining Landscape in Perak, Malaysia, the Abode of Grace." Proceedings of the Asian Conference on Asian Studies, Osaka, 2013.

American Universities Field Staff. Report Service: Southeast Asia Series. Bloomington: Indiana University. 1966.

Amnuay-ngerntra, Sompong. "King Mongkut's Political and Religious Ideologies through Architecture at Phra Nakhon Kiri." Journal of Humanities. Vol. 10, No. 1(2007)

Andaya, Barbara Watson. A History of Early Modern Southeast Asia, 1400-1830. Cambridge, UK: Cambridge University Press. 2015.

Barnett, Jonathan. City Design. London: Routledge. 2012.

Barnett, Jonathan. The Elusive City: Five Centuries of Design, Ambition and Miscalculation. New York, NY: Harper and Row Publisher. 1986.

Barr, Michael. Singapore: A Modern History. London: Bloomsbury Academic. 2020.

Bolton, Kingsley. Chinese Englishes: A Sociolinguistic History. Cambridge, UK: Cambridge University Press. 2006.

Borschberg, Peter. "Ethnicity, Language and Culture in Melaka after the Transition from Portuguese to Dutch Rule." Journal of the Malaysian Branch of the Royal Asiatic Society. Vol. 83, No. 2(2010).

Borschberg, Peter. The Singapore and Melaka Straits: Violence, Security and Diplomacy in the 17th Century. Singapore: NUS Press, 2010.

Boxer, Charles Ralph. Fidalgos on the Far-East 1550-1770. Oxford, UK: Oxford University Press, 1968.

Braunfels, Wolfgang. Urban Design in Western Europe: Regime and Architecture 900-1900. Chicago, IL: The University of Chicago Press, 1990.

Brian, Linn. The U.S. Army and Counterinsurgency in the Philippine War, 1899-1902. Chapel Hill, NC: University of North Carolina Press, 1989.

Brindley, Erica. Ancient China and the Yue: Perceptions and Identities on the Southern Frontier, c.400 BCE-50 CE. Cambridge, UK: Cambridge University Press, 2015.

Burke, Gerald L. The Making of Dutch Towns. London: Cleaver-Hume Press, 1956.

Burke-Gaffney, Brian. Nagasaki: The British Experience, 1854-1945. Kent, UK: Global Oriental Ltd., 2009.

Carlson, Jon D. Myths, State Expansion, and the Birth of Globalization: A Comparative Perspective. London: Palgrave Macmillan, 2011.

Carroll, John. A Concise History of Hong Kong. Lanham, MD: Rowman & Littlefield Publishers, 2007.

Chaffee, John. The Muslim Merchants of Premodern China: The History of Maritime Saian Trade Diaspora, 750-1400. Cambridge, UK: University of Cambridge Press, 2018.

Chansiri, Disaphol. The Chinese Migrations of Thailand in the Twentieth Century. Amherst, NY: Cambria Press, 2008.

Chaudhuri, Kirti. Trade and Civilisation in the Indian Ocean: An Economic History from the Rise of Islam to 1750. Cambridge, UK: Cambridge University Press, 1985.

Choe, Kyeongae and Aprodicio Laquian. City Cluster Development: Toward an Urban-led Development Strategy for Asia. Manila: Asian Development Bank, 2008.

Christina, Miu Bing Cheng. Macau: a Cultural Janus. Hong Kong: Hong Kong University Press, 1999.

Cotterell, Arthur. Asia: A Concise History. Hoboken, NJ: John Wiley & Sons, Inc., 2011.

Corfield, Justin. Historical Dictionary of Ho Chi Minh City. London: Anthem Press, 2014.

Cox, Wendell. "The Evolving Urban Form: Manila." 2011. http://www.newgeography.com/content/002198-the-evolving-urban-form-manila

Deuskar, Chandan and Yan Zhang. "Mapping Manila's Growth." Philippine Daily Inquirer. February 15, 2015.

Dick, Howard and Peter J. Rimmer. Cities, Transport and Communications: The Integration of Southeast Asia since 1850. New York, NY: Palgrave Macmillan, 2003.

Dixon, Chris. The Thai Economy: Uneven Development and Internationalization. NewYork, NY: Routledge, 1999.

Doling, Tim. "Old Saigon Building of the Week: Tan Dinh Market, 1927." 2014. http://www.historicvietnam.com/tan-dinh-market/

Drabble, John H. An Economic History of Malaysia, c.1800-1990: The Transition to Modern Economic Growth. London: Macmillan Press and NewYork: St. Martin's Press, 2000.

Ebrey, Patricia and Buckley Anne Walthall. East Asia: A Cultural, Social and Political History. Belmont: Wadsworth Publishing, 2013.

Everington, Keoni. "Qidong Old Street (齊東老街), Traveling Back in time in an Old Japanese Colonial Street." Taiwan News. October 16, 2016.

Fairbank, John, Edwin Reischauer and Albert Craig. East Asia: Tradition and Transformation. Belmont: Wadsworth Publishing,1989.

Fatt, Lam Seng. Insider's Kuala Lumpur: Is No Ordinary Travel Guide. Singapore: Marshall Cavendish International Asia Pte Ltd., 2006.

Fish, Shirley. The Manila-Acapulco Galleons: The Treasure Ships of the Pacific: With an Annotated List of the Transpacific Galleons, 1565-1815. Milton Keynes, UK: Author House, 2011.

Fogel, Joshua A. Articulating the Sinosphere: Sino-Japanese Relations in Space, Cambridge, MA: Harvard University Press, 2009.

Frankopan, Peter. The Silk Roads: A New History of the World. NewYork, NY: Vintage Books, 2017.

Freedman, Paul. Out of the East: Spices and the Medieval Imagination. New Haven, CT: Yale University Press, 2009.

Fukasaku, Yukiko. Technology and Industrial Growth in Pre-War Japan: The Mitsubishi-Nagasaki Shipyard, 1884-1934. Nissan Institute-Routledge Japanese Studies, 2013.

Gallion, Arthur B. The Urban Pattern: City Planning and Design. New York, NY: Van Nostrand Reinhold, 1950.

Gibberd, Frederick. Town Design. New York, NY: Frederick A. Praeger, 1959.

Girouard, Mark. Cities and People. New Haven, CT: Yale University Press, 1985.

Goddard, Dwight. History of Chan Buddhism Previous to the Times of Huineng: A Buddhist Bible, Forgotten Books, 2007.

Groll, Coenraad Liebrecht Temminck, et al. Dutch Overseas Architectural Survey. Mutual Heritage of Four Centuries in Three Continents. Zwolle: Waanders in de Broeren, 2002.

Gruber, Karl. Die Gestalt Der Deutschen Stadt. Munchen: Verlag Georg Callwey, 1952.

Guan, Kwa Chong, Derek Heng, Peter Borschberg and Tan Tai Yong. Seven Hundred Years: A History of Singapore. Singapore: Marshall Cavendish International, 2020.

Gunn, Geoffrey. World Trade Systems of the East and West: Nagasaki and the Asian Bullion Trade Networks. Leiden: Brill Academic Publisher, 2017.

Hakim, Besin S. Arabic-Islamic Cities, Building and Planning Principles. London: Kegan Paul International, 1986.

Hall, Kenneth. A History of Early Southeast Asia: Maritime Trade and Societal Development, 100-1500. Lanham, MD: Rowman & Littlefield Publishers, 2011.

Haneda, Masashi. Asian Port City, 1600-1800. Kyoto: Kyoto University Press, 2009.

Hartkamp-Jonxis, Ebeltje. Sits, Oost-West Relaties in Textiel. Uitgeverij Waanders-Zwolle, 1987.

Heidhues, Mary Somers. Southeast Asia: A Concise History. New York: Thames & Hudson, 2001.

Higham, Charles. Early Mainland Southeast Asia, Bangkok: River Books Co.,Ltd., 2014.

Holcombe, Charles. A History of East Asia: from the Origins of Civilization to the Twenty-First Century. Cambridge, UK: Cambridge University Press, 2010.

Holm, David. "A Layer of Old Chinese Readings in the Traditional Zhuang Script." Bulletin of the Museum of Far Eastern Antiquities, 2014.

Horayangkura, Vimolsiddhi, Walter Jamieson and Prowpannarai Mallikamarl. The Design and Development of Sustainable Cities. Bangkok: G.B.P. Center Co., Ltd., 2012.

Huntington, Samuel P. The Clash of Civilizations. New York City : Foreign Affairs, 1996.

Hussain, Zarina. "How Lee Kuan Yew Engineered Singapore's Economic Miracle."
BBC News. March 24, 2015.

https://www.bbc.com/news/business-32028693

IBP. Philippines Foreign Policy and Government Guide: Strategic Information and
Developments. International Business Publications, 2013.

Iaccarino, Ubaldo. "Manila as an International Entrepot: Chinese and Japanese Trade
with the Spanish Philippines at the Close of the 16th Century." Bulletin of
Portuguese-Japanese Studies. Vol.16(2008)

Japan International Cooperation Agency. The Comprehensive Urban Development
Programme in Hanoi Capital City of the Socialist Republic of Vietnam. Hanoi:
HanoiP eople's Committee, 2007.

Jenks, Mike. "Polycentrism and Defragmentation: Towards a More Sustaiabnle Urban
Form." In Mike Jenks, Daniel Kozak and Pattaranan Takkanon (ed). World
Cities and Urban Form: Fragmented, Polycentric, Sustainable? London:
Routledge, 2008.

Jittrapirom, Peraphan and Sittha Jaensirisak. "Planning Our Way Ahead: A Review
of Thailand's Transport Master Plan for Urban Areas." Preceedings of World
Conference on Transport Research Study, Shangahi. 2016.

Junker, Laura Lee. Raiding, Trading, and Feasting: The Political Economy of Philippine
Chiefdoms. Quezon City: Ateneo de Manila University Press, 2000.

Johnson, Graham E. Historical Dictionary of Guangzhou (Canton) and Guangdong.
Lanham: The Scarecrow Press, 1999.

Kang, Yin-Chen. The Formation of Taiwanese Classical Theatre, 1895-1937. Ph.D.
Thesis. University of London, 2013.

Karashmia, Noburu (ed). A Concise History of South India: Issues and Interpretations.
New Delhi: Oxford University Press, 2014.

Karnjanatawe, Karnjana. "Tales from the Southern Seas." Bangkok Post. May 30, 2019.

Kaur, Amarjit. "Road or Rail? Competition in Colonial Malaya, 1909-1940." Journal
of the Malaysian Branch of the Royal Asiatic Society. Vol.53, No.2(1980)

Kham, Nguyen Khac. "Contribution of Indian Civilization to Vietnamese Culture."
Indian Literature. Vol. 3, No. 1(1959)

Kratoska, Paul. South East Asia, Colonial History: Imperialism before 1800, New York,

NY: Routledge, 2001.

Kooria, Mahmood. "Regimes of Diplomacy and Law: Bengal-China Encounters in the Early Fifteenth Century." Journal of the Economic and Social History of the Orient. Vol. 64, No. 3(2021)

Kueh, Joshua Eng Sin. The Manila Chinese: Community, Trade and Empire, c.1570-c.1770. Ph.D. Thesis. Georgetown University, 2014.

Lambert, Donald. Four Ways to Help Transform Ho Chi Minh City in to a Financial Hub. Manila: Asia Development Bank, 2019. https://blogs.adb.org/blog/four-ways-help-transform-ho-chi-minh-city-financial-hub

Lee, Daw-Ming. Historical Dictionary of Taiwan Cinema. Lanham, MD: The Scarecrow Press, 2013.

Lee, Kuan Yew. From Third World to Firs: The Singapore Story, 1965-2000. New York, NY: Harper Collins Publisher, 2000.

Lee, Edward Bing-Shuey. Modern Canton. Shanghai: The Mercury Press, 1936.

Lim, Patricia. Discovering Hong Kong's Cultural Heritage: Island and Kowloon. Oxford, UK: Oxford University Press, 2002.

Linn, Brian. The U.S. Army and Counterinsurgency in the Philippine War, 1899-1902. Chapel Hill and London: University of North Carolina Press, 1989.

Lintner, Bertil. Blood Brothers: The Criminal Underworld of Asia. New York, NY: Macmillan Publishers, 2003.

Lo, Xianglin. An Introduction to the Study of the Hakka in Its Ethic, Historical and Cultural Aspects (in Chinese). Guangdong, Xingning: Shi-Shan Library. 1933.

Lyman, Benjamin Smith. 1879. Geological Survey of Japan.

Lynch, Kevin. A Good City Form. Cambridge, MA: The MIT Press, 1987.

Maspero, Henri. Taoism and Chinese Religion. Amherst, MA: University of Massachusetts Press, 1981.

Mateo, Jose Eugenio Borao. The Spanish Experience in Taiwan, 1626-1642: The Baroque Ending of a Renaissance Endeavor. Aberdeen, Hong Kong: Hong Kong University Press, 2009.

McGuire, John. "Exchange Banks, India and the World Economy: 1850-1914." Asian Studies Review. Vol. 29, No. 2(2005).

Merrillees, Scott. Jakarta: Portraits of a Capital, 1950-1980. Jakarta: Equinox Publishing, 2015.

Moor, Malcom and Clarke Rees. Chapter of Bangkok Mass Transit Development. 2002.

Morichi, Shigeru and Surya Raj Acharya. Transport Development in Asian Megacities: A New Perspective. New York: Springer Science and Business Media, 2012.

Morris. A. J. E. A History of Urban Form. New York: Longman Scientific and Technical, 1994.

Mumford, Lewis. 1968. The City in History: Its Origins, Its Transformations, and Its Prospects. New York: Harcourt Brace Jovanovich Publishers, 1968.

Murali, R. S. N. "Kampung Morten is Where Tourists to the Historical City Get a Taste of Local Culture." The Star. July 9, 2018.

Murphey, Rhoads. East Asia: A New History. London: Pearson Publisher, 2009.

Nayar, Mandira. "Lord of the Ocean." The Week. December 27, 2020.

Needham, Joseph. Science and Civilization in China. Cambridge, UK: Cambridge University Press,1954.

Newson, Linda A. Conquest and Pestilence in the Early Spanish Philippines. Honolulu: University of Hawaii Press, 2009.

Nigel, Cameron. Barbarians and Mandarins: Thirteen Centuries of Western Travelers in China. Chicago: University of Chicago Press, 1976.

Odal, Grace P. Lowland Cultural Group of the Tagalogs. Manila: National Commission for Culture and the Arts, 1999.

Oliveira e Costa, Joao Paulo. "The Misericordias among Japanese Christian Communities in the 16th and 17th Centuries." Universidade Nova de Lisboa Portugal Bulletin of Portuguese, 2003.

Onodera, Shin-Ichi, et al. 2008. "Effects of Intensive Urbanization on the Intrusion of Shallow Groundwater into Deep Groundwater: Examples from Bangkok and Jakarta." Science of the Total Environment. Vol. 404(2008)

Oppenheimer, Stephen. Eden in the East: the Drowned Continent. London: Weidenfeld & Nicolson, 1998.

Osborne, Milton. Southeast Asia: An Introductory History. Crows Nest, Australia: Allen & Unwin, 2021.

Otte, T. G. and Keith Neilson. Railways and International Politics: Paths of Empire,

1848-1945. New York, Routledge, 2012.

Ouyyanont, Porphant. Regional Economic History of Thailand. Flipside Digital Content Company Inc., 2018.

Pande, Ram (ed). "Tribals Movement." Proceedings of the National Seminar on Tribals of Rajasthan, April 9, 1983. Jaipur: Shodha, 1984.

Pandiyan, Veera. "Our Street Heritage." The Star. May 8, 2014.

Phelps, Nicholas, Tim Bunnell, and Michell Miller. "Urban Inter-referencing within and beyond a Decentralized Indonesia."Cities. Vol. 39(2014).

Pirenne, Henri. Medieval Cities: Their Origin and the Revival of Trade. Princeton: Princeton University Press, 1925.

Pittayaporn, Pittayawat. 2014. "Layers of Chinese Loanwords in Proto-Southwestern Tai as Evidence for the Dating of the Spread of Southwestern Tai." Journal of Humanities. Vol. 17, No. 20(2014).

Phoa, Kian Sioe. "Sejarahnya Phoa Beng Gan." In Marcus A. S., Pax Benedanto (ed). Kesastraan Melayu Tionghoa dan Kebangsaan Indonesia. Kepustakaan Populer Gramedia, 2000.

Ponsonby-Fane, Richard A. B. Imperial Cities: the Capitals of Japan from the Oldest Times until 1929. Washington, D.C.: University Publications of America, 1979.

Prameshwari, Putri. 2015. "The Tides: Efforts Never End to Repel an Invading Sea." Jakarta Globe. November17, 2015.

Ragragio, Junio. "Metro Manila, Philippines." 2008.

www.ucl.ac.uk/dpu-projects/Global_Report/pdfs/Manila.pdf

Ramerini, Marco. "Portuguese Malacca, 1511-1641".

https://www.colonialvoyage.com/portuguese-malacca-1511-1641/

Rashid, Faridah Abdul. Research on the Early Malay Doctors, 1900-1957 Malaya and Singapore. Bloomington, IN: Xlibris Publisher, 2012.

Rasmussen, Steen Eiler. Towns and Buildings. Cambridge, MA: Harvard University Press,

Reid, Anthony. A History of Southeast Asia: Critical Crossroads. New York: Wiley-Blackwell, 2015.

Reid, Anthony. Southeast Asia in the Age of Commerce, 1450-1680: Expansion and Crisis. New Haven, CT: Yale University Press, 1995

Reid, Anthony. Southeast Asia in the Age of Commerce, 1450-1680: The Lands below the Winds. New Haven, CT: Yale University Press, 1988.

Ricklefs, M. C. A History of Modern Indonesia since c.1300. London: MacMillan,1991.

Rodell, Paul. Culture and Customs of Philippines. Santa Barbara: CA: Greenwood Publishing Group, 2002.

Rorabacher, J. Albert. Property, Land, Revenue and Policy: The East India Company, c.1757-1825. New York and London: Routledge, 2016.

Rorig, Fritz. The Medieval Town. Berkeley: University of California Press, 1967.

Rujopakarn, Wiroj. "Bangkok Accessibility under the 8th Transport and Land Use Plans," Masters' Thesis. Bangkok: Kasetsart University Department of Civil Engineering, 2003.

Satre, Gary L. "New Urban Transit Systems, The Metro Manila LRT System: A Historical Perspective." Japan Railway & Transport Review. No.16(1998)

Schoppa, R. Keith. East Asia: Identities and Change in the Modern World 1700 to Present. London: Pearson Publisher, 2007.

Sidarto, Linawati. "Two Centuries of Slavery on Indonesian Soil." The Jakarta Post, October5, 2015.

Siew, Nim Chee. Labor and Tin Mining in Malaya. Ithaca: Cornell University Southeast Asia Program, 1953.

Simanjuntak, Tertiani Zb. "Plague-ridden Olden Jakarta Reflects its Culture." The Jakarta Post. June 2, 2020.

Simmonds, Roger and Gary Hack. Global City Region. London: Spon Press, 2001.

Sjoberg, Gideon. The Preindustrial City, Past and Present. New York: Free Press, 1960.

Sowell, Thomas. Migrations and Cultures: A World View. New York, NY: Basic Books, 1997.

Steinberg, Florian and Januar Hakim. Urban Development in the Greater Mekong Sub-region. Manila: Asian Development Bank, 2016.

Steinhardt, Nancy Shatzman. Chinese Imperial City Planning. Honolulu: University of Hawaii Press, 1990.

Stuart-Fox, Martin. A Short History of China and Southeast Asia: Tribute, Trade and Influence. Crows Nest: Allen & Unwin, 2003.

Studwell, Joe. How Asia Works. New York City: Grove Press, 2004.

Subrahmanyam, Sanjay. "Commerce and Conflict: Two Views of Portuguese Melaka in the 1620s." Journal of Southeast Asian Studies. Vol. 19, No. 1(1988)

Sulaiman, Zakariah. A Brief Journey of a Mandailing. Kuala Lumpur: ATSA Architects Sdn Bhd., 2018.

Taylor, Jean Gelman. The Social World of Batavia: Europeans and Eurasians in Colonial Indonesia. Milwaukee: University of Wisconsin Press, 2009.

Taylor, Jean Gelman. Indonesia. New Haven and London: Yale University Press, 2003.

Teeuwen, Dirk. Batavia's Wilhelmina Park-Jakarta's Mosque Istiqlal, 2011.

Thai University. Urbanization in Bangkok Central Region. Bangkok: Thai University Research Associates, 1976.

Thulaja, Naidu Ratnala. "Singapore Infopedia: Opium and its History in Singapore." 2016.

https://eresources.nlb.gov.sg/infopedia/articles/SIP_622_2004-12-16.html

Tout, T. F. Medieval Town Planning. Manchester:ManchesterUniversityPress,1968.

Tran, By Anh Q. Gods, Heroes, and Ancestors: An Interreligious Encounter in Eighteenth-century Vietnam. New York: Oxford University Press. 2018.

Tsai, Shih-Shan Henry. Maritime Taiwan: Historical Encounters with the East and the West. London and New York: Routledge, 2009.

Van der Brug, P. H. "Malaria in Batavia in the 18th century." Tropical Medicine and International Health. Vol.2, No.9(1997)

Van der Linde, Herald. Jakarta: History of a Misunderstood City. Singapore: Marshall Cavendish International Pte Ltd., 2020.

Van Duivenvoorde. Wendy. Dutch East India Company Shipbuilding: The Archaeological Study of Batavia and Other Seventeenth-Century VOCS hips. College Station, TX: Texas A&M University Press, 2015.

Villasper, Jon. "Planning Metro Manila's Mass Transit System." Proceedings of The 11th Eastern Asia Society for Transportation Studies. Cebu, 2015.

Vo, Nghia M. Saigon: A History. Jefferson, NC: McFarland & Company, 2011.

Vogel, Ezra F. Canton under Communism: Programs and Politics in a Provincial Capital, 1949~1968. Cambridge, MA: Harvard University Press, 1969.

Walker, Brett. Toxic Archipelago: A History of Industrial Disease In Japan. Seattle: University of Washington Press, 2010.

Wang, Shao-Sen Wang, Su-Yu Li and Shi-Jie Liao. "The Genes of Tulou: A Study on the Preservation and Sustainable Development of Tulou." Sustainability. Vol.4(2012)

Wang, Youru. Historical Dictionary of Chan Buddhism. Lanham, MD: Rowman & Littlefield. 2017.

Wayback, Machine. Berita: Kali Ciliwung Disodet. 2012.

Weebers, Robert. The Influence of Simon Stevin (1548-1620) Principles on Dutch Towns and Buildings outside the Netherlands: Case Study of Melaka. Ph.D. Thesis, University of Malaya, 2012.

Welsh, Frank. A History of Hong Kong. New York: Harper Collins Publisher Ltd., 1997.

Wickberg, Edgar. The Chinese in Philippine Life, 1850-1898. Cambridge, UK: Cambridge University Press, 1966.

Wong, Kam C. Policing in Hong Kong: History and Reform. Florida: CRC Press, 2015.

Wong, Lin Ken and Yip Yat Hoong, Research on the Chinese Tin Mining Industry on the Malay Peninsula. 1965.

Wu, Ping-Sheng. "Walking in Colonial Taiwan: A Study on Urban Modernization of Taipei, 1895-1945." Journal of Asian Architecture and Building Engineering. Vol. 9, No. 2(2010), pp. 307-314.

Winstedt, Richard and P.E. De Josselin De Jong. "The Maritime Laws of Malacca." Journal of the Malayan Branch of the Royal Asiatic Society. Vol. 29, No. 3(1956)

Wittner, David. Technology and the Culture of Progress in Meiji Japan. London and New York: Routledge, 2008.

Yeung, Yue-man and C. P. Lo. Changing South-East Asian Cities: Readings on Urbanization. Oxford, UK: Oxford University Press, 1976.

Yip, Yat Hoong. The Development of the Tin Mining Industry of Malala. Kuala Lumpur: University of Malyaya Press, 1969.

___. Hirado and the Trade with the West. Nagasaki: Matsura Historical Museum.

___. "Dutch to Study New Dike for Jakarta Bay."The Jakarta Post. July 27, 2011.

___. "Maritime Hong Kong before 1841." Chi-pang Lau (ed). History of the Port of Hong Kong and Marine Department. Hong Kong: Lingnan University, 2017.

국내서·논문

가즈오, 호즈미. 이용화 옮김. 『메이지의 도쿄』. 서울: 논형, 2019.

강정애. 『광저우 이야기』. 서울: 수류산방, 2010.

고병호·임경수. 「방콕의 도시문제와 정책방향」. 『도시행정학보』. 제14권, 1호(2011).

권태호. 「인트라무로스에서 메트로 마닐라로」. 『국토연구원』. 제315호(2008).

김경수. 「태국 근대건축의 역사적 배경과 초기형성과정 고찰」. 『한국건축역사학회 건축역사연구』. 제5권, 제2호(1996).

김다현. 『서울, 자카르타, 방콕, 마닐라 대도시권의 인구분포와 도시확산 비교』. 서울대학교 석사학위논문, 2016.

김성규. 『아시아 역사와 문화 3』. 서울: 신서원, 2006.

김영훈. 「16세기 이후 세부의 스페인 식민도시 특징에 관한 연구: 인디즈법에 수록된 도시계획 규정과의 비교를 중심으로」. 『대한건축학회』. 제27권, 제7호(2011).

김원배·마이크 더글라스·박세훈·김민영. 『동아시아 초국경적 지역 형성과 도시전략』. 서울: 국토연구원, 2009.

노장서. 「태국의 왕도건축 연구: 방콕을 중심으로」. 『한국태국학회』. 제16권 제1호(2009).

류팡린. 『중국 항구 도시의 성장 형태에 관한 해석』. 동국대학교 석사학위논문, 2018.

리궁밍. 남종진 옮김. 『광저우의 사람과 문화읽기』. 서울: 다산미디어, 2011.

마사시, 하네다. 이수영·구지영 옮김. 『동인도회사와 아시아의 바다』. 서울: 선인, 2012.

매리, 하이듀즈. 박장식·김동엽 옮김. 『동남아의 역사와 문화』. 서울: 솔과학. 서울, 2012.

바넷, 조나단. 한광야·여혜진 옮김. 『도시설계』. 파주: 한울아카데미, 2017.

박순관. 『동남아 건축문화 산책』. 파주: 한국학술정보, 2013.

박장식. 『동남아 문화 이야기』. 서울: 솔과학, 2015.

박진한. 『제국 일본과 식민지 조선의 근대도시 형성: 1920-30년대 도쿄 오사카 경성 인천의 도시계획론과 기념 공간을 중심으로』. 서울: 심산출판사, 2013.

박형신. 「필리핀의 교회와 국가의 유착: 스페인 식민통치 시기를 중심으로」. 『한국교회사연구지』. 제37권, 제37호(2014).

소병국. 『동남아시아사 창의적인 수용과 융합의 2천년사』. 서울: 책과함께, 2020.

송정남. 『베트남 역사 탐구』. 서울: 한국외국어대학교출판부, 2018.

수줘빈. 곽규환·남소라·한철민 옮김. 『현대 타이베이의 탄생: 보이지 않는 타이베이와 볼 수 있는 타이베이』. 서울: 산지니, 2020.

스미스, 다니엘 웨레스. 윤승준·이영미 옮김. 『동아시아, 서양인들의 답사 리포트』. 서울: 소명출판, 2017.

아키라, 나이토. 이용화 옮김. 『에도의 도쿄』. 서울: 논형, 2019.

양승윤. 『인도네시아: 많이 알려지지 않은 이야기들』. 서울: HUINE, 2017.

오도리코 다 포르데노네. 정수일 옮김. 『오도릭의 동방기행』. 서울: 창작과비평사, 2012.

웰, 조 스터드. 김태훈 옮김. 『아시아의 힘』. 고양시: 프룸북스, 2016.

유영하. 『홍콩: 천 가지 표정의 도시』. 서울: 살림, 2008.

유인선. 「필리핀의 역사와 문화: 필리핀 근대사의 성립과 전개과정」. 『고려대학교 아세아문제연구소 학회지』. 제84권(1990).

유인선. 『베트남 역사와 사회의 이해』. 서울: 세창출판사, 2016.

유인선. 『베트남의 역사 고대에서 현대까지』. 서울: 이산, 2018.

유인선. 『새로 쓴 베트남의 역사』. 서울: 이산, 2002.

이덕훈. 「글로벌 무역으로서의 마닐라 갈레온 무역과 중국인과 일본인의 교역: 대항해시대의 유럽의 가톨릭포교와 무역을 중심으로」. 『일본문화학보』. 제62권, 제62호(2014).

이승호. 『필리핀 공동주택 투자환경 분석에 관한 연구: Makati, Manila, Mandaluyong, San Juan and Taguig City를 중심으로』. 광운대학교 석사학위논문. 2009.

이하라, 히로시. 조관희 옮김. 『중국 중세 도시 기행: 송대의 도시와 도시 생활』. 고양시: 학고방, 2012.

정수일. 『해상 실크로드 사전』. 서울: 창작과비평사, 2014.

정환승. 『태국역사문화기행』. 서울: HUINE. 2019.

최병욱. 『동남아시아: 전통시대』. 경기도 광주시: 산인. 2006.

최병욱. 『동남아시아사: 전통시대』. 경기도 광주시: 산인. 2015.

최한희·오혜경·주서령. 「태국 중부지방 전통주택 공간구성요소의 장식적 특성」. 『한국실내디자인학회』. 제20권, 제6호(2011).

코터렐, 아서. 김수림 옮김. 『아시아 역사: 세계의 문명 이야기』. 서울: 지와사랑, 2013.

코헨, 위렌. 이명화·이일준 옮김. 『세계의 중심 동아시아의 역사』. 서울: 일조각, 2009.

하이듀즈, 매리. 박장식·김동엽 옮김. 『동남아의 역사와 문화』. 서울: 솔과학, 2012.

한광야·곽혜빈. 「필리핀 마닐라의 도시성장 특성에 관한 해석」. 『한국도시설계학회지』. 제19권, 제6호(2018).

한광야·김민지. 「코르도바의 도시형태 변화의 해석」. 『한국도시설계학회지』. 제14권, 제3호(2013).

한광야·신재영·하성현. 「태국 방콕의 도시성장 특성에 관한 해석」. 『한국도시설계학
　　회지』. 제21권, 제6호(2020).

한국국제협력단. 『필리핀 메트로 마닐라 우회고속도로 타당성 조사사업』. 국토연구원,
　　2010.

한국태국학회. 『태국의 이해』. 서울: 한국외국어대학교출판부, 2009.

현재열·김나영. 『근대 일본 해항도시의 공간형성 과정 연구: 비교도시계획연구의 관점
　　에서』. 서울: 선인. 2018.

찾 아 보 기

■

총서 📖 知의회랑을 기획하며
arcade of knowledge

대학은 지식 생산의 보고입니다. 세상에 바로 쓰이지 않더라도 언젠가는 반드시 인류에 필요할 지식을 생산하고 축적하며 발전시키는 일을 끊임없이 해나갑니다. 오랫동안 대학에서 생산한 지식은 책이란 매체에 담겨 세상의 지성을 이끌어왔습니다. 그 책들은 콘텐츠를 저장하고 유통시키며 활용하게 만드는 매체의 차원을 넘어, 인간의 비판적 사유 능력과 풍부한 감수성을 자극하는 촉매의 역할을 충실히 해왔습니다.

이와 같은 '책을 읽는다'는 것은 단순히 지식과 정보를 습득하는 데 멈추지 않고, 시대와 현실을 응시하고 성찰하면서 다시 그 너머를 사유하고 상상함을 의미합니다. 그러므로 '세상의 밑그림'을 그리는 책무를 지닌 대학에서 책을 펴내는 것은 결코 가벼이 여겨선 안 될 일입니다.

이제 우리는 다양한 방식으로 존재하는 지식과 정보, 그리고 사유와 전망을 담은 책을 엮어 현존하는 삶의 질서와 가치를 새롭게 디자인하고자 합니다. 과거를 풍요롭게 재구성하고 미래를 창의적으로 기획하는 작업이 다채롭게 펼쳐질 것입니다.

대학의 심장부에 해당하는 도서관이 예부터 우주의 축소판이라 여겨져 왔듯이, 그곳에 체계적으로 배치된 다양한 책들이야말로 이른바 학문의 우주를 구성하는 성좌와 다름없습니다. 우리는 그 빛이 의미 없이 사그라들지 않기를, 여전히 어둡고 빈 서가를 차곡차곡 채워가기를 기대합니다.

앎을 쉽게 소비하는 시대를 살고 있지만, 다양한 앎을 되새김함으로써 학문의 회랑에서 거듭나는 지식의 필요성에 우리는 공감합니다. 정보의 홍수와 유행 속에서도 퇴색하지 않을 참된 지식이야말로 인간이 가야 할 길에 불을 밝혀줄 수 있기 때문입니다. 앞으로 대학이란 무엇을 하는 곳이며, 왜 세상에 남아 있어야 하는 곳인지 끊임없이 되물으며, 새로운 지의 총화를 위한 백년 사업을 시작하겠습니다.

총서 '知의회랑' 기획위원
안대회 · 김성돈 · 변혁 · 윤비 · 오제연 · 원병묵

지은이 한광야

연세대학교에서 건축을 공부하고, 하버드대학에서 도시설계 석사(MAUD), 펜실베이니아 대학에서 도시계획 박사(PhD) 학위를 받았다. 보스턴 세실앤리즈비(Cecil and Rizvi) 설계 사무소와 필라델피아 WRT(Wallace Roberts and Todd) 설계사무소를 거치며 도시 중심부 블록설계부터 지역 환경계획까지 포괄하는 일련의 프로젝트들을 수행했다. '한반도 물리적 국토플랜', '동국대학교 캠퍼스커뮤니티 플랜', '서강대학교 남양주캠퍼스 구상' 등을 수립했으며, 2015년에는 '서울잠실도시재생국제현상설계'에 당선되었다.

현재 도시설계와 도시계획 두 분야를 아울러 연구와 실무에 매진하고 있다. '서울시 해방촌 도시재생'과 '신당동 도시재생'의 총괄기획가로 활동하면서 '한국 도시의 성장과 쇠퇴', '도시마을의 진화 과정', '지속 가능한 도시 인프라: 철도, 운하, 항구' 등의 연구를 진행하고 있다. 동국대학교 건축공학부 도시설계전공 교수로 후학을 양성하는 데도 힘을 쏟고 있다. 『미국 인터넷 산업의 지도』, 『Globan Universities and Urban Development』, 『도시의 진화체계』, 『도시설계』, 『대학과 도시』, 『Morphological Analysis of Cultural DNA』 등의 책을 쓰고 번역했다.

知의회랑
arcade of knowledge
023

동남아시아 도시들의 진화
인간과 문화를 품은, 바닷길 열두 개의 거점들

1판 1쇄 발행 2022년 2월 28일
1판 2쇄 발행 2022년 10월 30일

지 은 이   한광야
펴 낸 이   신동렬
책임편집   현상철
편   집   신철호·구남희
마 케 팅   박정수·김지현

펴 낸 곳   성균관대학교 출판부
등   록   1975년 5월 21일 제1975-9호
주   소   03063 서울특별시 종로구 성균관로 25-2
전   화   02)760-1253~4 팩스 02)762-7452
홈페이지   http://press.skku.edu

ISBN 979-11-5550-502-1 93540

ⓒ 2022, 한광야
값 38,000원

⊙ 이 저서는 2016년 정부(교육부)의 재원으로 한국연구재단의 지원을 받아 수행된 연구임 (NRF-2016S1A6A4A01019054).